香港志

自然

自然環境

香港地方志中心　編纂

中華書局

香港志｜自然・自然環境

責任編輯　許福順　黎耀強
裝幀設計　Circle Communications Ltd
製　　作　中華書局（香港）有限公司

編纂　　　香港地方志中心有限公司
　　　　　香港灣仔告士打道 77-79 號富通大廈 25 樓
出版　　　中華書局（香港）有限公司
　　　　　香港北角英皇道四九九號北角工業大廈一樓 B
　　　　　電話：（852）2137 2338　傳真：（852）2713 8202
　　　　　電子郵件：info@chunghwabook.com.hk
　　　　　網址：http://www.chunghwabook.com.hk
發行　　　香港聯合書刊物流有限公司
　　　　　香港新界荃灣德士古道 220-248 號荃灣工業中心 16 樓
　　　　　電話：（852）2150 2100　傳真：（852）2407 3062
　　　　　電子郵件：info@suplogistics.com.hk
印刷　　　中華商務聯合印刷（香港）有限公司
　　　　　香港新界大埔汀麗路 36 號中華商務印刷大廈 14 樓
版次　　　2023 年 11 月初版
　　　　　©2023 中華書局（香港）有限公司
規格　　　16 開（285mm×210mm）

ISBN　978-988-8860-78-4

衷心感謝以下機構及人士的慷慨支持，
讓《香港志》能夠付梓出版，永留印記。

*Hong Kong Chronicles has been made possible with the
generous contributions of the following benefactors:*

首席惠澤機構
Principal Benefactor

香港賽馬會慈善信託基金
The Hong Kong Jockey Club Charities Trust
同心同步同進 *RIDING HIGH TOGETHER*

惠澤機構
Benefactors

香港董氏慈善基金會
The Tung Foundation

黃廷方慈善基金
Ng Teng Fong Charitable Foundation

恒隆地產
Hang Lung Properties Limited

太古集團
John Swire & Sons

怡和管理有限公司
Jardine Matheson Limited

信德集團何鴻燊博士基金會有限公司
Shun Tak Holdings — Dr. Stanley Ho Hung Sun Foundation Limited

恒基兆業地產集團
Henderson Land Group

滙豐
HSBC

中國銀行(香港)有限公司
Bank of China (Hong Kong) Limited

名譽贊助人·顧問·理事·專家委員·委員會名單

名譽贊助人	李家超
名譽顧問	王賡武
當然顧問	陳國基

（按筆畫序排列）

編審團隊

主　編	陳龍生
評　審	劉雅章　鄧麗君
特聘方志顧問	陳澤泓
編纂總監	孫文彬
編　輯	羅家輝
撰　稿	岑智明　李欣禧　周國榮　林超英　莫慶炎　陳港生 陳龍生　焦赳赳　馮錦榮　楊宏峰　鄧家宙　龍德駿 鄺曉靖　羅　新
協　力	宋藹婷　李浩宏　李慶餘　周啓年　明柔佑　殷會敏 袁榮致　陳玉葆　陳柏軒　陳　瀚　麥穎添　黃艷瓊 劉芷琳　劉曉華　潘　青　蘇錦濤

（按筆畫序排列）

2017 年香港特別行政區地形圖（地圖版權屬香港特別行政區政府；資料來源：地政總署測繪處）

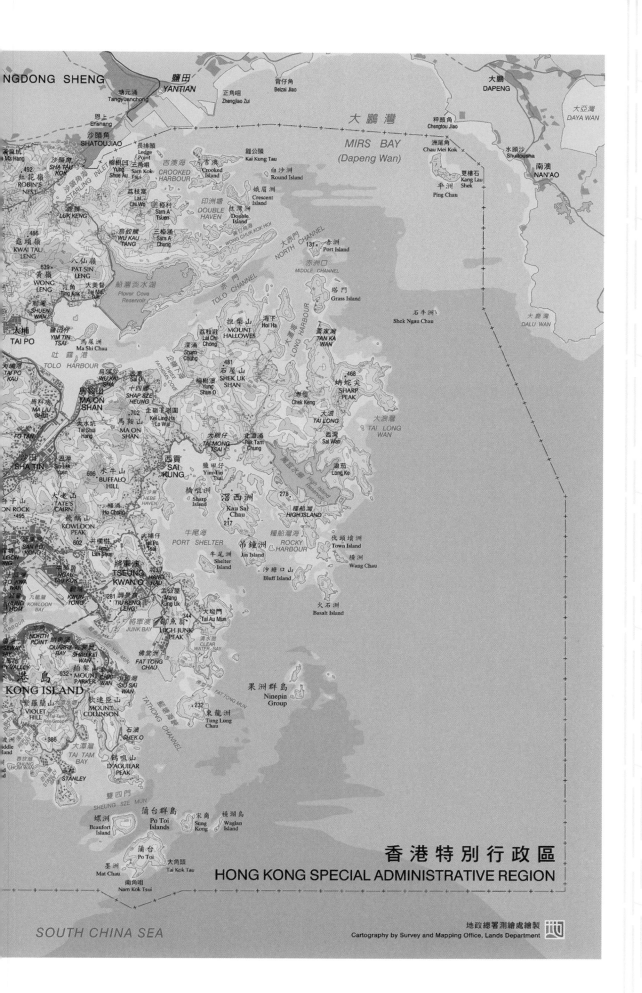

香港特別行政區
HONG KONG SPECIAL ADMINISTRATIVE REGION

地政總署測繪處繪製
Cartography by Survey and Mapping Office, Lands Department

序

「參天之木，必有其根；懷山之水，必有其源。」尋根溯源，承傳記憶，是人類的天性，民族的傳統，也是歷代香港人的一個情結，一份冀盼。

從文明肇始的久遠年代，中華民族便已在香港這片熱土上繁衍生息，留下了數千年的發展軌跡和生活印記。然而自清嘉慶年間《新安縣志》以來，香港便再無系統性的記述，留下了長達二百年歷史記錄的空白。

這二百年，正是香港艱苦奮鬥、努力開拓，逐步成為國際大都會的二百年，也是香港與祖國休戚與共、血脈相連，不斷深化命運共同體的二百年：1841 年香港被英國佔領，象徵着百年滄桑的濫觴；1997 年香港回歸祖國，極大地推動了中華民族復興的進程。

回歸以來，香港由一個「借來的地方，借來的時間」，蛻變成為「一國兩制」之下的特別行政區。港人要告別過客心態，厚植家國情懷，建立當家作主的責任意識，才能夠明辨方向，共創更好明天。

地方志具有存史、資政、育人的重要職能，修志過程蘊含了對安身立命、經世濟民、治國安邦之道的追尋、承傳與弘揚，是一項功在當代，利在千秋的文化大業。

香港地方志中心成立之目的，正是要透過全面整理本港自然、政治、經濟、社會、文化、人物的資料，為國家和香港留存一份不朽的文化資產，以歷史之火炬，照亮香港的未來。

凡例

一、香港是中華人民共和國的一個特別行政區。在「一國兩制」原則下，香港
　　修志有別於海峽兩岸官修志書的傳統架構，採用「團結牽頭、政府支持、
　　社會參與、專家撰寫」的方式，即由非牟利團體團結香港基金牽頭，在特
　　區政府和中央政府支持與社會廣泛參與下，由專家參與撰寫而成。

二、編修《香港志》目的在於全面、系統、客觀地記述香港自然和社會各方面
　　的歷史與現狀。在繼承中國修志優良傳統的同時，突出香港特色，力求在
　　內容和形式上有所突破、有所創新。

三、本志記述時限，上限追溯至遠古，下限斷至 2017 年 7 月 1 日。個別分志
　　視乎完整性的需要，下限適當下延。

四、本志記述的地域範圍以 1997 年 7 月 1 日香港特別行政區管轄範圍為主。
　　發生在本區之外，但與香港關係十分密切的重要事務亦作適當記述。

五、為方便讀者從宏觀角度了解本志和各卷、各章的內在聯繫，本志設總述，
　　各卷設概述，各篇或章視需要設無題小序。

六、人物志遵循生不立傳原則。立傳人物按生年先後排列。健在人物的事跡採
　　用以事繫人、人隨事出的方法記載。

七、本志所記述的歷史朝代、機構、職稱、地名、人名、度量衡單位，均依當
　　時稱謂。1840 年中國進入近代以前，歷史紀年加注公元紀年；1841 年
　　以後，採用公元紀年。貨幣單位「元」均指「港元」，其他貨幣單元則明
　　確標示。

八、本志統計資料主要來自香港政府公布的官方統計資料。

九、本志對多次重複使用的名稱，第一次使用全稱時加注簡稱，後使用簡稱。

十、為便於徵引查考，本志對主要資料加以注釋，說明來源。

十一、各卷需要特別說明的事項，在其「本卷說明」中列出。

目錄

第三章　氣象與氣候

附錄

自然
自然環境

本卷說明

一、本卷內容涵蓋香港地貌、地質、氣候和水文環境。除記述自然環境狀況外，亦涉及人類活動與自然環境的相互影響，說明環境對人類活動的制約，以及人為活動對環境的影響，當中尤以自然災害及相關應對措施為主。

二、本卷記述主要以政府部門資料為依據，亦參考學術著作和期刊。因應個別研究領域的慣例，部分數據和統計資料超出本志下限。

三、本卷引用的香港地理和測量數據，以零號三角網測站和香港大地基準1980（HK80）為測量基準，或其他較早期香港使用的大地基準。正文和圖表的計量單位，一般使用學科國際通用的單位，輔以通用漢譯。

四、本卷所涉人名原文為外文時，會在正文中以括注形式標出；地名、機構名稱、科學名詞和術語，必要時亦會在正文中以括注形式標出原文。

五、編纂本卷正文內容時，亦同步制作地理信息系統網站「香港地質資料館」。網站以地圖形式顯示香港地質和地貌熱點，配以簡單文字資訊、實地相片和影片。

概述

香港是一個國際大都會,予人以繁華、熱鬧、石屎森林的印象。其實,香港還擁有引人入勝、瑰麗繽紛的自然景貌,這些並非是單純岩石圈地質演化的結果,同時配合水文變化、氣候變化、人類活動等因素,共同締造出來了世界級地貌景觀。岩石圈、水文圈、大氣圈和生物圈構成香港自然資源的地球系統,這四個圈層息息相關、牢牢緊扣,沒有一個圈層能夠孤立地運作,而不受其他圈層的影響。

越是面積細小的地方,地球系統之間的相互影響愈強烈和明顯。由於百多年來香港需在極小的地面空間進行大規模發展,更凸顯人為因素對地球系統造成的影響。同樣的自然災害,相比其他地方,在香港也會產生更大和更明顯的影響。各類城市建設,如建屋、填海、渠道化等,亦大大改變着香港的自然景貌。

香港地處亞洲東南大陸架北緣海陸交接地區。中國南海大陸架寬約 350 公里,往南是深水的海盆地帶。香港地質構造上屬於華南板塊,地貌是丘陵地勢,而氣候屬亞熱帶型,受季候風氣候影響。地球磁場強度約為 45,400 nT,地磁偏角約 3°13',其變化以每年以 5 分向西移動。

香港總面積約 2754 平方公里,其中陸地佔 40%。雖然陸地面積約有 1106 平方公里,但其中 70% 是綠化地區。因此城市發展和居住地區高度集中,這就令到氣候和地質災害對市民影響相對嚴重。

香港在地質、地貌、水文、氣候各方面,基本上與廣東地區一脈相承。然而香港突出的發展經歷,也展現了香港自然環境的一些特點,並促進相關科研活動,如:1970 年代,西貢東部建設萬宜水庫時,露出了 1.4 億年前一次超級火山噴發形成壯觀的火山岩柱,締造了香港加入世界地質公園的條件;同時,大範圍的填海造地,提供了研究填海如何改變地下水文、海港水文的獨特範例;為應對氣候災害和地質特性,例如颱風、風暴潮、水浸、溶洞、斜坡、深層地基、水浸等各種難題,香港防災和岩土工程技術的研究和發展,相對許多周邊地區更為先進和成熟,在斜坡管理和監測技術方面,更在全球首屈一指。

三

十九世紀中葉以來，國內外地質學者已開始注意到香港的地質地貌，包括 1920 年代任教於北京大學的地質學者葛利普及內地著名地質學者李四光，在他們兩人發表的論文中，皆有香港地質構造的論述。1980 年代以來，本地地質學者努力不懈地進行大量古生物、絕對年齡測定的工作。同時，因岩土工程的需要，有關地質和地層的調查十分詳盡，當中從工程探孔和海洋地球物理勘探中，獲得了有關香港地底地層非常廣泛的資料。目前主管香港恒常地質調查工作主要是土木工程拓展署轄下的土力工程處及其下香港地質調查組。

香港地質構造和演化受制於整個東亞地區的板塊運動。香港所處華南板塊形成於 20 多億年前的元古代。香港地區最古老的岩石形成於晚古生代泥盆紀，當時地殼相當穩定，自然環境主要受氣候變化和海平面升降的控制。到石炭紀因海浸作用，令整個華南地區形成一片大陸架，並在整個地區沉積了厚厚的石灰岩層。

在中生代中期至晚期，華南板塊和南邊另一塊板塊碰撞，在華南沿岸地區形成一個非常廣闊的岩漿帶，帶內火山活動非常活躍。同時伴有多條因板塊碰撞造成的斷裂帶。估計當時香港地區底部受岩漿侵入，地表則遍布火山，而且多屬猛烈噴發型的火山。在香港東部導致火山岩柱形成的超級火山爆發，亦在此時期發生。

中生代後期板塊運動轉換為拉張運動，在華南沿海和南海北部大陸架地區形成許多拉張盆地，其中許多蘊藏豐富的天然氣和石油資源。後來，在西邊的印度板塊開始和歐亞板塊相撞，導致厚厚的海洋沉積層向上急速抬升，形成青藏高原。這次運動活化了東亞地區多條沉睡着的斷裂，最終建立了今天東亞地質的基本構造格局。這些不同階段的地質演化，在香港地質構造和岩石中都能夠一一反映。

在一億多年前形成的火山岩柱構成香港的岩石奇觀，而今天的外觀則是第四紀以來新構造運動和地表過程的產物。香港位處華南地區的廣東省南部，總體地貌是起伏和緩的丘陵地勢。除在新界西北地區之外，一般河溪都缺乏明顯的下游河段和寬敞的沖積平原，這可歸究於 20,000 年前冰河時期結束後海平面的不斷上升，令山丘地區許多河流的下游完全被海水掩蓋，造成岸邊平原狹窄、河盆範圍細小、大部分河溪短小和不連接。海平面的上升也造就了香港瑰麗的海岸地貌，令許多原是山嶺的山峰，變成了孤立的島嶼，令丘壑間交錯山咀變成了延綿曲折的海岸，更令河谷深溝變成了海港。香港最重要的地標 ── 維多利亞港 ── 就是這樣形成的。加上香港地處華南沿海，長期受季候風影響，因此東部海岸的侵蝕地貌特別發達，形成許多海崖、海蝕洞、海蝕拱等地貌。這與香港西部的濕地、淺灘、紅樹林的沉積地貌形成強烈對比。

雖然香港有得天獨厚的天然景觀，但保育和土地發展之間難免存在矛盾，例如歷年的填海移山，改變了維港海岸線，以及許多地區的自然地勢、平原下游的河道、天然斜坡的形態。經歷千萬年地質運動、氣候、水文過程帶來的地貌變化，遠不及近百多年來人為活動所造成巨大影響。

四

香港位處亞熱帶地區，在北回歸線以南約 120 公里，整體氣候是夏天炎熱、冬天涼爽，年降雨量達 2400 毫米以上，屬於高溫多雨的天氣。同時，因處於北回歸線附近，香港也受季候風的影響。冬天，亞洲內陸反氣旋為香港帶來強烈的季候風，此時主要吹東北風，間中強冷空氣抵達香港，成為寒潮。1 月至 2 月是一年最寒冷的時候，偶爾也出現霜凍現象，但降雪則極為罕見。夏天則普遍吹西南季候風，來自低壓槽的降雨通常於 6 月達到高鋒，香港大雨是中國「梅雨鋒」雨季的前奏。在香港東面，西太平洋海水變得非常溫暖，經常在 5 月至 11 月間形成颱風，高峰期在 7 月至 9 月。颱風向西或西北方向移動，每當掠過香港，都帶來不同程度的強風、暴雨，造成水浸和風暴潮等災害。

因丘陵地勢，以及山脈大致呈現東北—西南的走向，令境內氣候存在明顯的地區差異。山嶺一帶年平均降雨量偏高，新界西北平原和離岸島嶼則偏低。氣溫分布亦隨海拔高度而下降。鄉郊晚間氣溫因輻射冷卻偏低，樓宇密集的市區和沿岸地區受海洋調節影響而較暖。暴曬的日子情況相反，內陸地區氣溫偏高，沿岸地區較低。總體而言，鄉郊內陸的氣溫日較差相對大，市區和沿岸地區的日較差相對小。

本地氣象和地球物理現象監測歷史已接近 140 年，香港天文台自 1883 年成立以來，負責各種氣象觀測和發布的任務。除了恒常的氣象觀測外，天文台也負責授時、地磁、重力、環境輻射、衛星定位、地震，以及海嘯的監測，還負責發出颱風、暴雨、山泥傾瀉、山火風險、水浸等自然災害的警告。天文台除了監察香港衛星定位和地震台網的運作外，近年更引入多種先進氣象監測和計算技術，用於天氣預報、氣旋路徑預測、航空氣流和風切變觀測、高空探測等工作。天文台在香港境內建立各類觀察台網，包括水文、氣象、潮汐、地震等，台站分布密度也較高。歷年搜集的數據，有助研究長期氣候變化造成的影響，包括受影響區域的分布情況。

香港天文台長期的氣象紀錄，反映全球氣候變化造成的氣溫上升、雨量變化、海平面上升、極端天氣頻率增加等現象。全球氣候變化並非香港所能控制，而香港天文台根據科學基礎推算香港未來氣候變化的軌跡，可為政府與工商各界在工程設施、土地規劃、社會政策提供參考，亦有助防災工作。

香港都市發展不單改變了地貌景觀，亦影響着水循環系統。一個地方的水文系統，大致可分成地表水、地下水和海水三方面，香港負責管理和監察水文、水質及相關生態環境的政府部門主要有水務署、渠務署、土木工程拓展署、環境保護署（環保署）、漁農自然護理署（漁護署）和海事處等。

地表水是香港食水的主要資源，近年政府對河流的監控和管理趨向嚴謹。天然河流透過不同形式的侵蝕和沖積過程，分別在上、下游形成不同的地貌和景觀。香港擁有 200 條以上的河流及溪澗，總長度超過 2500 公里。由於缺乏大型河流，較有規模的河盆只有十多個，大部分河溪都是長度短、河道狹窄、徑流流量小而間歇，而且大範圍的河流流域都落在集水區內，河流和河盆的發育已不是純自然過程。在河流的源頭和上游部分，仍可看見一些雨水和地表徑流造成的土溝地貌和峽谷，大部分河流下游的河道都已改道，即使在新界西北地區的數條較大型的河流，亦因城市開發、需徵用大量平地和控制洪水氾濫，河道都被拉直、擴闊或改建成明渠，令許多一般在沖積平原發育的河流地貌，如邊灘、牛軛湖等消失。

英佔初期，香港人口相對稀少，地下水曾是主要食水來源，後來因應人口急速上升，港府在各地開始興建水塘。1960 年代以前，食水供應主要依靠數個收集天然雨水的水塘，許多鄉郊地方仍採用井水和泉水，有些村落一口井，甚至可養活數千人。事實上，因為多雨的環境，香港地下水資源相當豐富。從水循環系統的角度看，大氣層的降雨有六成以上會流入地底，進入地下水系統。

1960 年代初，因厄爾尼諾現象的影響，東亞地區出現嚴重乾旱，香港亦不例外，需要限制食水供應。儘管港府興建了兩個利用堤壩將港灣截開的大型水庫（船灣淡水湖和萬宜水庫），但也要到廣東省輸送東江水後，香港食水問題才得以基本解決，對地下水的依賴也愈來愈少。另一方面，造成山泥傾瀉其中一個主因是地下水壓的增加，因此香港斜坡治理其中一個政策，是利用各種方法減少雨水進入地下，降低地下水水位，藉以保持斜坡穩定性。因此，香港地下水資源雖然豐富，但在總體供水政策的重要性較低。較有系統的地下水研究寥寥可數，其中較有參考價值為 1980 年代以來的半山區地下水研究。

香港海岸線總長接近 1200 公里，海洋是香港發展的重要資源。除了維多利亞港是一個世界級的港口外，在鄉郊沿岸地區，還存在各類海岸生境，包括沙灘、河口、岩岸等，以及總面積達 600 公頃以上、分布於各區的紅樹林。而在市區和靠近發展地區的海岸線，基本上已被填海和海港工程所改變，海岸線的變化不單改變了海水流速和流向，也影響了水質和生態。1980 年代，港府將香港水域分成 10 個水質監察區，同時在陸上 30 條河溪，設立

水質監測站，對河水和海水的水質進行長期監控，務求達至既定的水質指標，保障市民健康和福祉，以及達成各種自然存護的目標。

六

英佔以來，導致人命和財產損失的自然災害，大多與氣象因素相關。雖然長期的地質運動在香港形成許多地質構造，包括摺曲、斷層和大大小小的節理帶，但是香港斷層一般活動性低，沒有明顯的活動斷層，境內亦沒有大地震的紀錄。香港的有感地震大多源於境外地區，而香港東南西北均有一些較活躍的地震帶。總體而言，本港的地震和海嘯風險較低。香港天文台、土力工程處和大學科研單位亦就香港的地震風險做過不少研究，至今本地大型建設均須有一定的抗震能力。

香港高溫多雨的氣候易於造成岩土風化，尤其是在花崗岩質的岩石，可形成過百米厚的風化層，風化層內含有大量透水度低的黏土。因香港樓宇和大型建築的樁柱必須建於岩基之上，深厚的風化層增加了工程技術的難度和建築成本。岩土內的黏土層容易導致地下水壓增加，為靠近邊坡的樓宇帶來山泥傾瀉風險。過去香港便發生了多宗造成嚴重傷亡的山泥傾瀉事件。其中包括 1972 年 6 月 18 日一場大暴雨，在九龍秀茂坪和港島半山寶珊道造成的山泥傾斜，導致共一百多人傷亡，事件促使港府積極處理斜坡問題。

經過多年的努力，香港在自然災害管理方面取得重大成就。1980 年代以來，已再沒有發生過導致嚴重傷亡的山泥傾瀉和颱風。近年港府更致力發展各種用於監測天然山坡穩定性的高端技術，包括航空照片分析、無人機航拍等，氣象和地質災害造成的人命損失亦隨時間大減。加上非侵入性地球物理勘探和激光雷達等遙感技術，香港的斜坡管理工作，位處世界前列。然而，因香港社會日益富裕，災害導致的財產損失，總體上比過往要大。同時造成各種災害的人為因素也愈來愈多。例如因為城市發展和斜坡管理的需要，令許多原為天然岩土的地區被水泥覆蓋，亦有大量斜坡的表面被噴漿，以防止雨水滲入地底，兩者令地表層承載雨水的能力大減，在暴雨發生期間，雨水迅速地匯集到山溝河溪，引致山洪暴發或水浸，這是人為因素對水文圈帶來的一個嚴重衝擊。

在香港，建設工程因各種天然條件，面對挑戰甚多，包括斜坡管理和山泥傾瀉風險、斷層帶、地下水、水浸、排洪、大理岩溶洞、開發隧道導致湧水等情況。港府負責監測和管理各種與自然環境相關的部門，包括香港天文台、土木工程拓展署、漁護署、環保署、地政總署、海事處等，也針對各種災害所做的長期不斷的努力，讓香港因自然災害造成的人命損失大為減少。也由於香港的地理限制，以及發展要求的迫切性，令香港在監察自然現象和防控自然災害兩方面，都走在全球前列。

香港得天獨厚的地貌景觀，為香港提供具吸引力的旅遊資源。但香港陸地幅員有限，要在狹小範圍裏居住數百萬人，加上國際大都會所需的各種建設，對土地供應和環境保育造成極大壓力。過去百多年來，香港主要依賴開山和填海增加土地供應，但大規模的填海，除了造成環境污染和永久性改變自然景觀外，大範圍的填海亦改變了香港水域的生態系統和水流狀態，致使港府相關部門於 1994 年開展長期的波浪監測，所收集的波浪數據，用於建立波浪模型，以預測海港的巨浪情況，為設計海上結構提供參考。

近年特區政府為進一步增加土地供應，着手研究發展地下空間。香港的地質提供了岩洞發展的條件，尤其是在一些花崗岩體，相對斷裂較少，岩石比較穩固，岩體有足夠承托力開發大型岩洞，安置污水處理設施、儲水池等，也直接騰空地面空間，以作更有價值用途。

香港對土地的迫切需要和城市發展的高速步伐，對自然環境構成了重大壓力，也間接地增加了各種自然災害的風險。人為活動和城市發展對香港的自然系統，包括岩石圈、大氣圈、水文圈和生物圈造成了不可逆轉的改變。然而，因長期且有效的環境保護政策，香港目前仍保持約佔七成土地面積的綠化地區，以及一個世界級地質公園。如何平衡城市發展和地貌保育，是未來不容忽視的議題。

第一章
地貌

香港是一個人口稠密的現代化城市，市區商廈聳立。同時，香港擁有豐富的地質和地貌資源，包括一些世界級自然景觀。四億年的地質演化歷史，加上第四紀以來的氣候變遷、亞熱帶地區氣候環境，形成了多元和獨特的地貌景觀。香港境域雖然不大，但自然條件得天獨厚，各區有不同地貌特徵，無論在陸地或海底，也有獨特的生態環境。

香港地處中國南海北緣大陸架上，當中包括珠江口盆地，該盆地可再分為珠一盆地、珠二盆地等，盆地內天然氣和石油氣資源豐富，極具經濟價值。

地貌是由內營力、外營力互相作用的結果。內營力是指源自地球內部能量引發的地殼運動，包括火山爆發、造山運動、地殼垂直升降運動、褶皺、斷裂、岩漿活動和地震等。外營力是指地球表面源自太陽的熱力和地球重力等各種力量，包括風化、侵蝕、滑坡、潮汐和波浪造成的各種外在力量。內營力改變地表的高低起伏，外營力則對地表產生剝蝕及堆積，造成地表的均夷狀態。內外營力的相互作用，形成地表各具特色的不同地貌。珠江口地區的陸上地貌，基本特徵可分為山地地貌、台地地貌和海岸地貌。香港地區山地地貌則以低於 1000 米的山嶺和丘陵為主，山脈一般呈東北─西南走向，跟廣東地區一致。

圖 1-1　2016 年香港及珠江三角洲衛星影像地圖（比例 1：25,000）

香港及珠江三角洲衛星影像地圖　HONG KONG AND PEARL RIVER DELTA SATELLITE IMAGE MAP

資料來源：　地圖版權屬香港特區政府，經地政總署准許複印，版權特許編號 29/2022。

香港陸地面積約 1106 平方公里，當中表層沉積物佔約 16%，基岩或岩石形成的風化層則佔約 84%。在這 84% 的佔比中，火成岩約佔 76%，是香港地表上最主要的岩石類型，包含火山岩和花崗岩（酸性侵入岩的統稱）兩大類岩石，當中火山岩約佔 48%，花崗岩約佔 28%；而沉積岩與變質岩則佔全港陸地面積約 8%，主要分布在新界北部和東北部。

第一節　地貌控制因素

香港目前地貌景觀是四個過程和因素的綜合結果，包括地質因素、氣候因素、海平面變化和人類活動。這些過程以不同的速度發生。香港完全自然的景觀，只見於未有人類活動時期。遠古人類活動對地貌的影響微乎其微，但在二戰後則大為不同。

一、地質因素

1. 岩石類型和分布

香港岩石主要形成在三段地質年代。最古老的岩石是泥盆紀、石炭紀、二疊紀和早侏羅紀的沉積岩，出露分布在新界的東北部和西北部。香港的岩石超過 85% 是由中侏羅世到早白堊世的火成岩組成，花崗岩和火山岩是香港地表上最主要的岩石類型，前者佔香港陸地面積 28%。早白堊紀至早第三紀的後火山期沉積岩，是香港最年輕的岩石。因香港的氣候變化，岩石風化過程特別明顯。第四紀風化層覆蓋了大部分區域，其中以花崗岩和粗粒火山岩的風化較為嚴重，而晚更新世和全新世的風化侵蝕過程，形成了陸相和海相的沉積層。

不同岩石造成不同的山坡坡度。較為堅硬的岩石山坡，坡度較陡峭；相對較容易侵蝕的岩石山坡，坡度較平緩。在香港許多地區的斜坡，都可見由不同岩石造成的坡度差異，當中以流紋岩和凝灰岩為主的火山岩，因為抗蝕力較強，在香港形成較高的山峰，例如大帽山、鳳凰山、大東山等。花崗岩內的礦物例如長石、雲母等較容易被風化，造成香港出露的花崗岩一般形成較低矮的山峰，如太平山、九龍群山等。沉積岩和較鬆散沉積物則形成較矮的山峰和平原地區，分布於新界北部和東北部。

2. 地質構造

地質構造主要包括岩層層理、褶皺、斷層和節理。香港在區域構造上位於蓮花山斷裂帶，這東北—西南走向的斷裂帶寬約 30 公里，其中包括幾條連續的平行走滑斷層，從廣東沿岸伸展到福建地區。這種地質構造控制了整個地區的地形，很大程度上決定了主要山谷和山脊的方向。香港地區褶皺和斷層有東北—西南、西北—東南、東—西三組，造成香港地形上的網狀結構。由於有些斷層和節理的岩石容易被侵蝕，使香港的河流和海岸線，皆明顯受這些斷層構造的方向所控制。其中最主要一條斷層線，由大鵬灣的赤門海峽向西南方

向伸延，穿越沙田河到西九龍。沿着這條帶斷裂的岩石都較為破碎，在陸地上形成線性的河谷地貌。

香港境內的地殼構造運動，主要發生在侏羅紀至始新世一段時間。自始新世以來，香港地區沒有明顯的構造運動，地殼構造相對穩定，沒有活動斷層的跡象，亦未有發現大規模的地殼抬升和沉降運動。地貌變化主要是受風化和侵蝕等因素所影響。

二、氣候環境

香港亞熱帶氣候宜於岩石的化學風化。季節性溪流和山泥傾瀉，以及強烈季候風、颱風和降雨，是塑造地貌的原動力。加上深厚風化土層和成熟的地下水系統，直接和間接地造成了不同的外觀地貌，例如滑坡、流域侵蝕、深層風化剖面、山谷和懸崖等不同的陸地地貌。

香港氣候高溫多雨，年均降雨量達 2400 毫米以上，岩石中的鐵質礦物，在高溫濕潤的環境容易被氧化。花崗岩內普遍存在的長石和雲母等礦物，亦容易被水分分解，形成黏土礦物。風化過程令到岩石密度和抗蝕能力降低、孔隙度增加，最後形成泥土。由於活躍的化學風化過程，造成香港深厚的風化層土壤。而土壤層內的黏土礦物具有不透水性，地下水容易積聚。地下水壓增加，導致斜坡的不穩定性，山體滑坡因此而起。

季節性降雨產生急流，但香港的河流並不發達，大多為較小和短的河流，也是每逢大雨洪水氾濫的原因。

三、第四紀海平面變化

香港沉積物反映了自全新世以來的海平面變化。第四紀（約 258 萬年前到現在）的氣候存在周期性變化，地球氣溫出現了多次冷暖周期，直接造成了海平面的大幅波動。冰河期至間冰期的期間，海平面上升幅度可超過 140 米。對世界各地近海區域的地貌和地質產生重要影響。

地球在過去 40 萬年，經歷過超過四次冰河時期。約在 12 萬年前的一次間冰期，地球氣候相當暖和，平均溫度是 40 萬年以來最高，全球海平面比今天的高約 4 米至 6 米。氣溫隨後不斷下降，約在 2 萬年至 1.8 萬年前到達最低點，全球海平面比今天的低約 120 米。當時華南海岸線伸展至香港以南約 120 公里位置。因為海平面下降，香港和珠江流域向外擴展，令河流侵蝕增加。大量河流沉積物和海相沉積物混合，形成了複雜的沉積層，這些沉積物特徵是以河沙為主，夾雜着少量的淤泥。

隨後全球氣候逐漸變暖，冰川開始融化，海平面上升。香港原有的谷地被海水淹浸，維多

利亞港便是這樣形成。在這一段時間內，香港海域沉積了一層厚厚的淤泥層，覆蓋在早前在冰河期形成的河流沉積物之上。整體來說香港水域的沉積物，反映着近 10 萬年的海平面變化。

海平面的變化也間接影響了陸地上河流侵蝕和沉積的速度。海平面下降導致河流向下侵蝕能力加強，同時在高海平面地帶遺留下大量沉積物。海平面的上升將大部分沿岸低窪地區淹浸，所以香港地區的海岸線，一般缺乏廣泛的近岸平原，許多河流短而直，只有上游河流的特色，沒有發育完整的下游。

四、人為因素

以都市發展為主的人文活動，大大改變了天然地貌。早期漁農業活動，主要集中在平原和山谷地區。後期因城市建設、鄉村都市化，從事漁農業人口減少。同時，在斜坡上進行的工程，也改變了地表和地下水的狀態（見圖 1-2，圖 1-3）。

1. 人類活動對陸地地貌的改變

香港的市區發展和建設，需要大量土地。早期的人類活動，較多在平原上開墾，亦有將部分山坡開發成梯田或住宅。許多近河口沼澤地區，被轉變成魚塘，改變了基本的天然地貌。英佔初期獲得土地的方法主要依靠開山和小規模填海，接近市區的許多天然山體被削平。

隨着人口增加，以及二戰後的工業化及城市化，興建大量房屋、道路、基建、軍事用地和休憩設施，對土地需求不斷增加。許多房屋建在狹窄的市區內，或靠近城市的山坡上，山坡被改動、切割或填平。目前仍然存在於市區的天然地貌絕無僅有，許多自然地標都因市區發展而被移除。雖然如此，港府亦保留大範圍的綠色地帶 ，並規劃為不可發展的郊野公園（見圖 1-4）。

為控制山泥傾瀉的風險，港府在天然斜坡上進行不同工程，穩定斜坡和控制地表水的流向，不但改變了原有地貌，也改變了地表和地下的排水系統。都市發展令地表被不透水的物料所覆蓋，大大減低了地表的儲水能力。另一方面，斜坡維修管理使用了各種減低降雨進入地下水系統的方法。這些人為活動，導致降雨在短時間內匯集成地表徑流，提高了土地沉降、河水氾濫和水淹等風險，也改變了地面的地貌。

2. 人文活動對河流及海岸線的改變

為控制洪水和排污，許多在平地的河流，都被拉直成為明渠。屬於上游的河流地貌，譬如瀑布、峽谷等，在香港高山地區仍然相對常見。但屬於下游地區的河流地貌，如天然河灣、牛軛湖、氾濫平原等，已經難得一見。

圖 1-2　2016 年香港土地用途示意圖

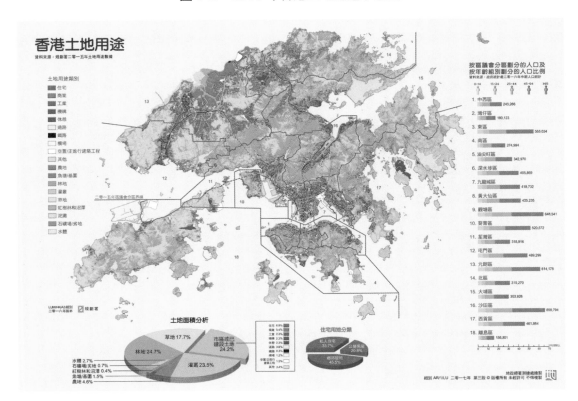

資料來源：　香港特別行政區政府。

圖 1-3　2015 年 2 月香港「數碼正射影像圖 DOPM50-L0」

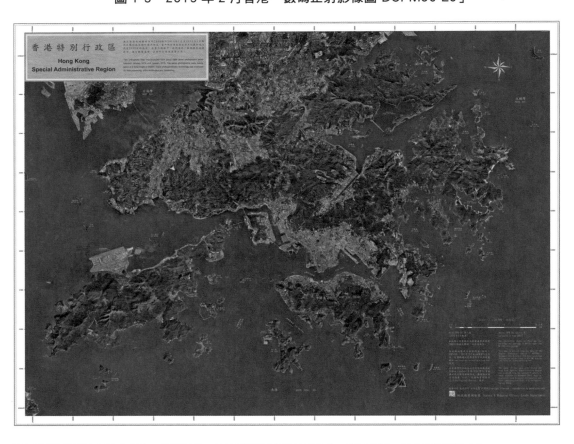

城市與郊野地區在香港的分布，清晰可見。（地圖版權屬香港特區政府；資料來源：地政總署測繪處）

香港有約 1200 公里的海岸線（其中天然海岸線約 900 公里），大部分郊野地區的海岸線仍然能保存自然地貌。但靠近城市的海岸，包括維多利亞港，因應海港發展和填海需要已完全改變。維多利亞港原本的寬度亦因填海而被縮窄（見圖 1-5）。另外，香港兩個主要的淡水水庫，即船灣淡水湖和萬宜水庫，均利用大型的堤壩截開港灣建成，一些靠海的地標亦被水庫所掩蓋。

第二節　陸上及海岸地貌

香港的丘陵景觀，與鄰近地區基本一致。然而，與鄰近地區相比，香港的海岸線更加蜿蜒和縮進，從而形成了顯著的沿海特徵，並帶來許多世界級地貌。香港的地貌形態，反映了地理、地質、氣候和水文因素的控制。

一、總體地貌概況

1. 不同岩石的地貌

香港地勢山多平地少，平地海拔平均低於 100 米，約佔陸地面積的 53%；高於海拔 300 米的地區約佔 12%。香港有 23 個山峰高於海拔 500 米，另有九個山峰在 480 米至 500 米之間。高於海拔 800 米的山峰有三個，包括大帽山（957 米）、鳳凰山（934 米）及大東山（869 米）。其中大帽山為全港最高的山峰（見圖 1-6）。

香港地勢東西對比顯著，西面地區以抗蝕力較弱的花崗岩為主，地勢通常較低矮，有開闊的平原，也較容易產生劣地。海岸地區沒有遭到強烈的東風正面吹襲，加上地區和珠江口接壤，水流速度緩慢，有利於沉積地貌的形成，因此境內最大和最廣闊的平地分布於北部和西北部，海岸則可見大片淺水泥灘。最大低窪地區位於元朗和粉嶺的平原，平原被周圍的山脈（大欖涌、雞公嶺和大刀岃）包圍。

香港東部地區以抗蝕力較強的火山岩為主，形成許多高山，也有較多陡峭的山坡、狹窄的山谷和曲折的海岸線。山嶺間狹窄的河谷沿着地質構造方向線發育，同時形成許多瀑布、水潭等地貌。海岸則長期受東面強烈的季候風和海浪侵蝕。同時第四紀後冰河時期海平面上升，導致許多低窪地區遭受淹浸，原有山嶺地區的山峰變成獨立島嶼，沿岸沒有廣闊海蝕平台，也沒有大規模發展的河流沖積平原，平地局限於谷底和狹窄海岸沿線。海岸地貌以侵蝕地貌為主，有許多海蝕崖壁、海蝕洞、海蝕拱等。全港最連續的高地也見於這一帶，由東北部的大刀岃（565 米）經過北大刀岃（480 米）伸延至沙頭角以東的紅花嶺（492 米）組成。

香港位於東北—西南走向的蓮花山斷裂帶之中，而香港地貌亦顯示出相同的結構趨勢，這

圖 1-4　2017 年香港郊野公園、地質公園、特別地區、海岸公園及海岸保護區分布圖

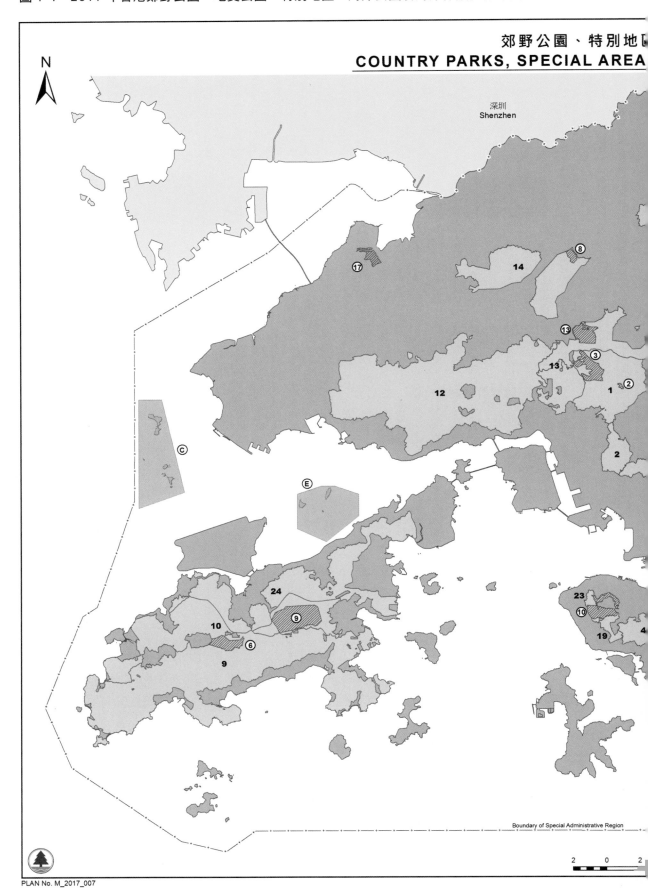

資料來源：　地圖版權屬香港特區政府，經地政總署准許複印，版權特許編號 29/2022，並由漁農自然護理署提供。

、海岸公園及海岸保護區
K, MARINE PARKS & MARINE RESERVE

新界東北沉積岩園區
Northeast New Territories
Sedimentary Rock Region

西貢火山岩園區
Sai Kung Volcanic
Rock Region

10 Kilometers

	1	郊野公園	COUNTRY PARKS
	1	城門	Shing Mun
	2	金山	Kam Shan
	3	獅子山	Lion Rock
	4	香港仔	Aberdeen
	5	大潭	Tai Tam
	6	西貢東	Sai Kung East
	7	西貢西	Sai Kung West
	8	船灣	Plover Cove
	9	南大嶼	Lantau South
	10	北大嶼	Lantau North
	11	八仙嶺	Pat Sin Leng
	12	大欖	Tai Lam
	13	大帽山	Tai Mo Shan
	14	林村	Lam Tsuen
	15	馬鞍山	Ma On Shan
	16	橋咀	Kiu Tsui
	17	船灣(擴建部分)	Plover Cove (Extension)
	18	石澳	Shek O
	19	薄扶林	Pok Fu Lam
	20	大潭(鰂魚涌擴建部分)	Tai Tam (Quarry Bay Extension)
	21	清水灣	Clear Water Bay
	22	西貢西(灣仔擴建部分)	Sai Kung West (Wan Tsai Ext.)
	23	龍虎山	Lung Fu Shan
	24	北大嶼(擴建部分)	Lantau North (Extension)

	1	特別地區	SPECIAL AREAS
	1	大埔滘自然護理區	Tai Po Kau Nature Reserve
	2	城門風水樹林	Shing Mun Fung Shui Woodland
	3	大帽山高地灌木林區	Tai Mo Shan Montane Scrub Forest
	4	東龍洲炮台	Tung Lung Fort
	5	吉澳洲	Kat O Chau
	6	鳳凰山	Lantau Peak
	7	八仙嶺	Pat Sin Range
	8	北大刀刃	Pak Tai To Yan
	9	大東山	Sunset Peak
	10	薄扶林	Pok Fu Lam
	11	馬鞍山	Ma On Shan
	12	照鏡潭	Chiu Keng Tam
	13	梧桐寨	Ng Tung Chai
	14	蕉坑	Tsiu Hang
	15	馬屎洲	Ma Shi Chau
	16	荔枝窩	Lai Chi Wo
	17	香港濕地公園	Hong Kong Wetland Park
	18	印洲塘	Double Haven
	19	果洲群島	Ninepin Group
	20	甕缸群島	Ung Kong Group
	21	橋咀洲	Sharp Island
	22	糧船灣	High Island

	地質公園	GEOPARK

		海岸公園	MARINE PARKS
A		海下灣	Hoi Ha Wan
B		印洲塘	Yan Chau Tong
C		沙洲及龍鼓洲	Sha Chau & Lung Kwu Chau
D		東平洲	Tung Ping Chau
E		大小磨刀	The Brothers

		海岸保護區	MARINE RESERVE
F		鶴咀	Cape D'Aguilar

May 2017

圖 1-5 2000 年香港填海地區分布圖

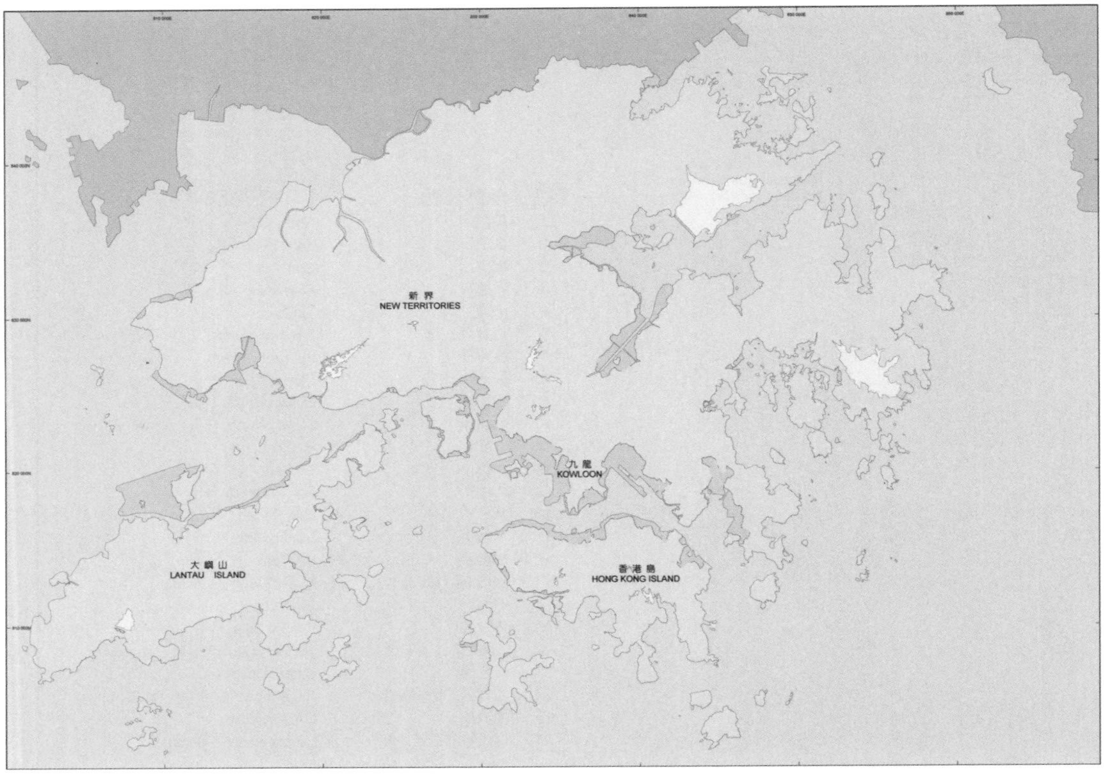

資料來源： 香港特別行政區政府土木工程拓展署。

是中國東南沿海地質結構的典型構造。這些結構性趨勢很大程度上控制了目前的河流、山谷、山脊和高地的形態，大部分沿着斷層線的海灣和海岸都呈一條直線。而風化和侵蝕沿着斷層線進行，結構趨勢主要是朝向東北或西南。

基岩或岩石形成的風化層，佔香港陸地面積的 84%，其中約 48% 為火山岩。火山岩是香港最普遍的岩石類別，構成最高的山峰和高地。這些岩石出露在新界大部分地區，包括大嶼山、新界東部及大部分郊野公園範圍之內，也見於香港島南部。火山岩的岩層，包括火山沉積互層，在地貌上形成中等到陡峭的斜坡、平緩的邊坡，以及狹窄的山脊。大帽山、鳳凰山、飛鵝山、大老山、馬鞍山、釣魚翁和蚺蛇尖，都是香港最突出的、棱角分明的山峰。由火山岩形成的山嶺，與由花崗岩形成圓潤的山峰，形成鮮明對比。尤其是在新界東部地區，火山岩往往形成陡峭的懸崖，直插海邊。

凝灰岩是由火山噴發出來的碎屑物質聚積固結所形成的岩石。凝灰岩所形成的地貌，視乎碎屑物粒度的大小和性質而定。粗灰凝灰岩有近似花崗質的岩性，具有中等厚度的風化剖面，以及平滑輪廓的高地。細灰凝灰岩通常具有明顯的層狀，較少岩核。凝灰岩有時會在

圖 1-6　2016 年香港 1：200,000 數碼地形圖

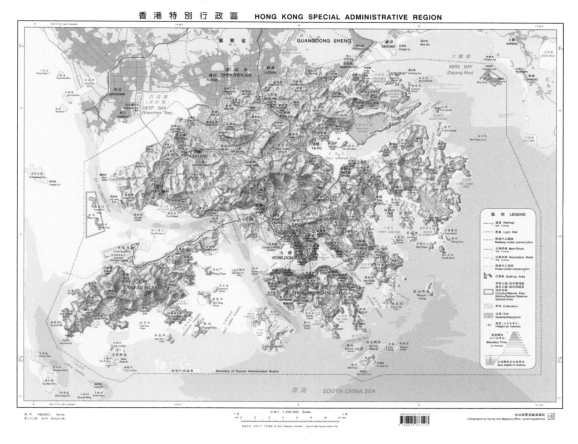

傾斜的高地上產生淺層黏土，結構和傾向能夠形成獨特的地形特徵。不同的火山岩有不同抵抗侵蝕的能力，形成了不同形態的崖坡地貌和懸崖。最突出的懸崖是八仙嶺、飛鵝山、西高山的西側、大嶼山北部兩側、石壁水塘及大澳等。岩石的風化差異容易形成瀑布群，梧桐寨、企嶺下海和大帽山等瀑布群便是代表例子。

花崗岩是酸性侵入岩的統稱，在香港約佔陸地面積的 28%，覆蓋範圍甚廣。花崗岩一般形成比較低矮、圓滑的山丘。香港大部分市區都建基在花崗岩上，例如九龍、香港島北岸、荃灣、沙田和大埔大部分地區，主要的岩基都是花崗岩。花崗岩抵抗風化能力比火山岩低，不會形成很高的山峰，地勢一般低於 70 米。其風化土壤比火山岩厚，通常很少有坡積層。在花崗岩中形成的地貌主要出露在新界中西部地區，從荃灣到沙田一帶，包括九龍半島和獅子山山脊、香港島的北部到中部，由跑馬地至筲箕灣，以及南丫島南部和大嶼山南部等。花崗岩景觀的特點是具有圓形峰頂，許多山脊和邊坡可看見沿着岩石裂縫物理風化產生的突石（Tors）。突石可在山脊或山腰等不同的地方出現。

沉積岩在香港佔陸地面積約 8%，大多位於新界北部和東北部。因為沉積岩具有明顯的岩石層理和色彩，形成許多具有瑰麗顏色的島嶼和明顯的山脊線。最著名的島嶼包括赤洲和東平洲。在吐露港北岸至大鵬灣一帶、黃竹角咀半島和大埔八仙嶺的單斜山，均是依着沉積岩的層理而形成的地貌。

香港的第四紀沉積層覆蓋約 16% 陸地面積，其中 6% 為填海土地。崩積層廣泛地覆蓋在斜坡上，在獅子山山坡的底部、香港島半山區、飛鵝山山坡、青山、大帽山和大嶼山等地區都有出露。在香港島半山地區發現的崩積層厚度大於 20 米，但在許多其他地區，崩積層因太薄而無法估算其厚度。崩積層在花崗岩上出現較多，在風化較淺的火山岩上比較少見。沖積層通常在溪流和河谷出現，在地質圖上呈現樹枝狀的分布圖案。

2. 河流系統

香港的河流系統緊密而簡單，陡峭山坡上的溪流通常緊密相連，並且大多數是直線流動。香港許多天然河道已被水塘的集水系統攔截，這些混凝土引水道，旨在收集河水和雨水，並將其輸送至水塘。目前大型水塘的河水收集系統，透過不同引水道或隧道，將雨水輸送到水塘內。

香港河谷和海岸的發育方向，受到斷層構造控制。斷層帶的岩石，因受到斷層移動，長期磨蝕而變得脆弱和容易受到侵蝕，河谷和海岸線多沿着斷層帶發育。香港的斷層主要呈現東北—西南、西北—東南、東—西三個方向，所以大部分河谷和重要的水道，亦循此三個方向發育。其中最主要的水道是從大鵬灣西端向西南方向伸展的赤門海峽，該海峽呈直線狀，沿着沙田河伸延到九龍西。此外，沿着相同方向發展的河谷有林村、大欖涌、香港仔、大潭等河谷。沿着西北—東南方向發展的河谷有新界的大水坑、涌尾、榕樹澳和香港島的大坑等。沿着東—西方向發展的河谷和海岸包括青山西面的大冷水和青衣與荃灣之間的藍巴勒海峽。

香港的河流系統大部分以樹枝狀水系為主，但亦有方格狀水系和放射狀水系。在一些地區，岩石內的斷層以近乎直角相交形式發育，例如新界的大欖涌地區，方格狀水系受方格狀的斷層結構所控制，河流的支流亦以近乎直角匯入幹流，形成矩形水系。在大帽山和大嶼山的鳳凰山等高山地區，河流從山頂流向四方八面，形成放射狀水系。

3. 陸地其他水體

香港陸地地區水體總面積約 2500 公頃，佔陸地面積 3%，除河流以外的其他水體，尚包括水塘、魚塘和淡水沼澤，其中以水塘佔最大面積，當中以船灣淡水湖、萬宜水庫、石壁水塘、大欖涌水塘等為代表，擁有較大的儲水量和面積。

船灣淡水湖位於吐露港北部的海灣，海灣呈月牙形狀，1960 年代港府在海中興建 2.1 公里長的主壩和兩條 200 米長的副壩，將船灣內的島嶼連接起來，圍成一個大面積水塘，佔地

約 12 平方公里，水壩高度 28 米，儲水量為 1.7 億立方米。

萬宜水庫位於西貢東部，亦稱為糧船灣淡水湖，與船灣淡水湖同屬在海灣興建的水庫。萬宜水庫原址為官門水道。港府在官門水道東西兩端築起兩條主要堤壩，將西貢半島與糧船灣洲連接起來。水壩高度達 64 米，另外有三條副壩。萬宜水庫總面積為 6.67 平方公里，儲水量達 2.8 億立方米。

香港曾有 20 個以上供應食水的公私營水塘。其中七姊妹水塘、太古水塘、佐敦谷水塘和馬遊塘水塘，因市區發展被改作其他用途。在目前 17 個食水水塘中，除上述船灣淡水湖與萬宜水庫外，以石壁水塘儲存水量為最大。石壁水塘位於大嶼山南部，佔地 1.03 平方公里，原址為石壁鄉，1950 年代改建成水塘。屯門大欖涌水塘是香港面積第三大水塘，佔地 1.7 平方公里。水塘範圍內原本有不少山丘，水塘建成後被淹沒，變成水塘中的島嶼，成為該水塘特色，有香港千島湖之稱。

此外，香港的魚塘面積約 16 平方公里，主要分布於新界西北地區。最大魚塘位於南生圍。

二、海岸形態

香港海岸線的形態主要受制於地質條件，及主要的盛行風或海浪方向。海浪力量有破壞性，也有建設性。破壞性海浪可造成侵蝕海岸，建設性海浪則造成沙灘或海灣。

在新界北部的印洲塘和吐露港地區，海岸主要由火山岩和沙質的沉積岩所組成。這一帶屬於內海地區，因為海域被島嶼或山脈所包圍，風浪不大，侵蝕和沉積作用均不顯著，海蝕地貌並不發育，亦沒有廣闊的海蝕地台，一般海岸平原非常狹窄。接近河口地區的濕地和紅樹林十分茂盛。

東部水域由大鵬灣伸展至東南角的橫瀾島，海岸長期受到東面海浪的侵襲，強烈的海浪沖擊，產生許多海崖岬角、海蝕洞和海灣。這一帶以火山岩為主，岩石幾乎是由垂直呈六角形節理的凝灰岩組成，這些岩石特點導致又高又深的懸崖發展，海蝕作用令到岩柱大規模地外露在海岸崖壁，並形成了許多海蝕拱和海蝕穴，包括火石洲、橫洲及吊鐘洲的海蝕拱。其中沙塘口山的海蝕拱高度超過 140 米，是香港最高的海蝕拱，多邊形的火山岩柱一直伸延到海平面以下，整個地區景象壯觀，被聯合國教科文組織（United Nations Educational, Scientific and Cultural Organization）列入世界地質公園範圍內（見圖 1-8）。

香港島北岸的海岸線大部分被填海所改變，變成人工直線的海岸。香港的南部和東南部岩石海岸，主要經歷由波浪而產生的侵蝕，形成許多陡峭的懸崖，和在懸崖邊滿布的巨石。尤其是在花崗岩上形成的島嶼和山坡，許多都呈圓拱形狀，山坡直插入海，一般以岩岸為主，海邊平地非常狹窄。因為香港島南面有幾個主要的半島，海灘在半島之間受遮蔽的地

方形成，其中較著名的有深水灣、淺水灣和大浪灣，都是分布在朝南的海岸。

香港西邊的海岸形態主要取決於珠江影響。來自珠江和深圳河的沉積物，混和了更冷、低鹽度的流水，形成淺水的泥濘和泥灘。在香港的西北部，廣闊的沖積低地形成低窪、泥濘、紅樹林環繞的海岸，例如后海灣沿海地區有地勢低窪的泥灘、鹹淡水交界地帶的沼澤和遍布蘆葦及紅樹林的海岸線。泥灘是各種甲殼類和兩棲動物的棲息地，亦是香港最重要的紅樹林分布地。而西部岩石海岸也同樣受到珠江的影響，形成許多長而平緩的海岸，以及水域中的連島沙洲。在青山近海的海岸線，原本有一個連島沙洲，由兩個花崗岩小島連接而成，那裏的沙很大部分已被挖掘為填海物料。

大嶼山北部海岸是由火山岩和沉積岩組成的天然懸崖，原本有一些小海灘，但這片海岸的延伸部分已被填海，成為香港國際機場及相關基建設施所在地。大嶼山南部海岸的海浪侵蝕較小，海岸線並不彎曲，因而有很多海灘。最廣闊的海灘位於長沙，全長約三公里，是香港最長的海灘。大嶼山和香港島之間有許多小島，主要是由花崗岩組成。這些島嶼都有

圖 1-7　香港的四個海水水域分界圖

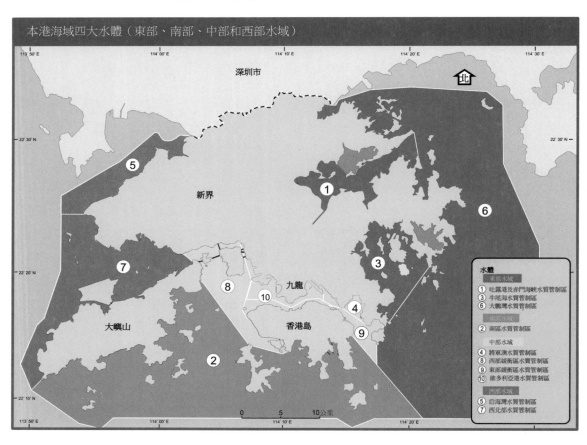

資料來源：　香港特別行政區政府環境保護署。

陡峭的懸崖和圓拱形的山體，海岸線形狀也跟山丘形狀差不多，例如長洲即由一個沙堤把兩個花崗岩山丘連接而成。

三、地形單元

香港地形單元豐富，古代文獻有關香港地貌最有系統的記載，當數清嘉慶《新安縣志》〈山水略〉，卷中記載了香港地區多條村落，以及山嶺、河流、路徑、山凹、海島和港灣。其中大部分地理名字與目前所用的相同或接近，包括九龍、大埔、屯門、仰船洲（昂船洲）、紅香爐、杯渡山（青山）和馬鞍山等。

圖 1-8　香港聯合國教科文組織世界地質公園分布圖

資料來源：　香港特別行政區政府漁農自然護理署。

1. 河流

香港有超過 200 條河流及溪澗,總長度超過 2500 公里。本地河流使用的名稱包括河、溪、涌、坑和石澗等,不過名稱上的分野,並無明確定義上的分別,長期有水流的較多稱為河或溪,而涌、坑和石澗等不一定長期有流水,也沒有大小的規定。其中有多條河溪,河水沒有直接和海水接壤,而是流入水塘、河渠或排水道等人工設施。

香港屬亞熱帶型氣候,有明顯降雨季節,蒸發量大,河流一般較短及坡度大。嚴格來說,境內全是溪澗,不足以稱為江河。除了幾條相對較大的河流外,河流上游河段大多數是間歇河。香港河網密度高,除了少數較大型河流外,下游的氾濫平原都十分細小。而較大的河流都集在香港北部和西北部,如深圳河、山貝河、錦田河、雙魚河、梧桐河等。

以長度來說,香港最長的河流是深圳河,全長約 37 公里;完全處於境內的最長河流則為城門河,全長約 16.5 公里,包括 5 公里人工延伸河道;如不包括人工延伸河道,全港境內最長河流則為山貝河,全長約 14.3 公里。以流域面積計算,最大為錦田河河盆,面積超過 44.3 平方公里。若計算人工延伸河道,流域面積最大為城門河河盆,約 58 平方公里。香港境內較重要河流的基本資料如表 1-1 所示,而官方文獻也有記載本地河流、溪澗、石澗、明渠和排水道的正式名字(見附錄 1-1)。

表 1-1　香港主要河流資料統計表

名稱	長度 (公里)	流域面積 (平方公里)	源頭地	源頭高度 (米)
城門河	16.5*	58.0	大帽山	930
山貝河	14.3	29.2	九逕山	380
錦田河	13.0	44.3	大帽山	910
雙魚河	10.4	11.1	大刀刃	不詳
梧桐河	10.6	21.2	黃嶺	不詳
林村河	10.8	18.5	大帽山	740
東涌河	11.2	11.1	鳳凰山	880
荔枝窩河	2.6	2.7	吊燈籠	不詳

注:* 表示其中五公里為人工延伸河道。
資料來源: 香港賽馬會惜水‧識河計劃網頁。

除上述河流外,香港還有百多條河流和溪澗,2005 年,特區政府把其中 33 條河流定為具重要生態價值河溪(見圖 1-9,表 1-2)。香港未發展成現代化城市前,河流的主要功能是灌溉。隨着人口增加,城市急速發展,以往迂迴的河道經常氾濫,很多流經市區的河道都被拉直、擴闊,或加深成人工排水渠。

圖 1-9　香港具重要生態價值河溪分布圖

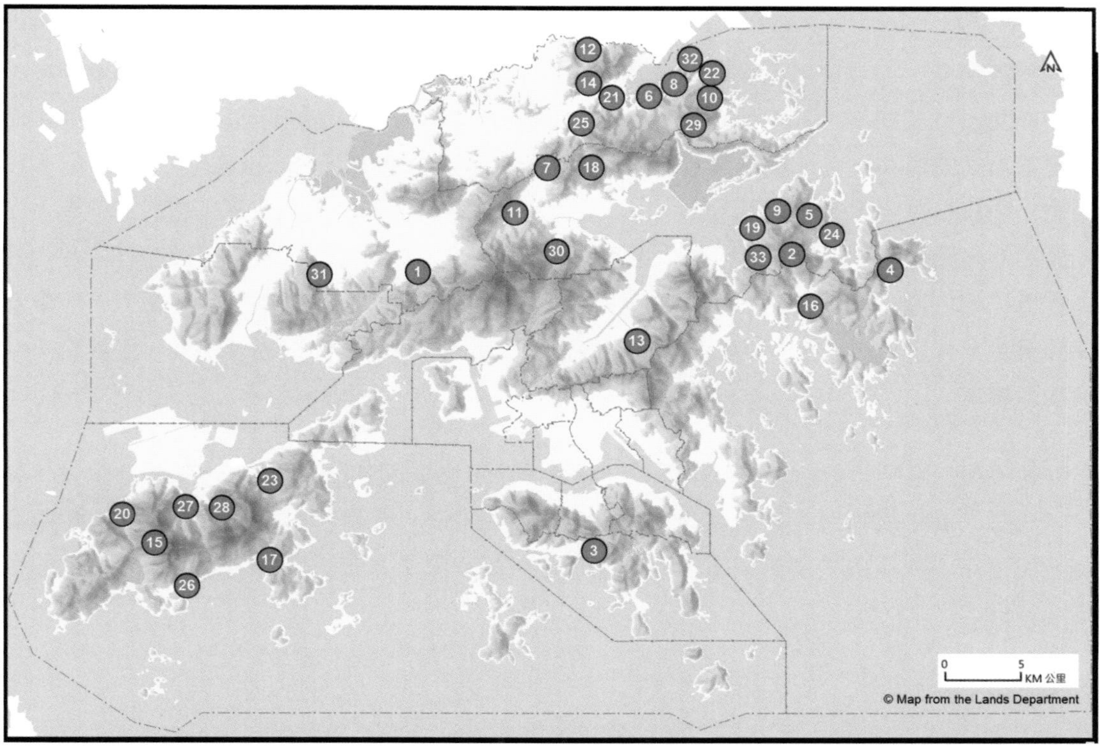

資料來源：　地圖版權屬香港特區政府，經地政總署准許複印，版權特許編號 29/2022，並由漁農自然護理署提供。

表 1-2　香港具重要生態價值河溪情況表

編號	所在區域	名稱	編號	所在區域	名稱
1	元朗錦田	長莆	18	大埔	沙羅洞
2	西貢	嶂上	19	西貢	深涌
3	南區	深水灣	20	大嶼山	深屈
4	西貢	鹹田	21	新界北	上禾坑
5	西貢	海下	22	新界東北	鎖羅盆
6	新界東北	雞谷樹下	23	大嶼山	大蠔
7	大埔	九龍坑	24	新界北	丹山河
8	新界東北	谷埔	25	西貢	大灘
9	西貢	荔枝莊	26	大嶼山	塘福
10	新界東北	荔枝窩	27	大嶼山	東涌（莫家及石門甲）
11	大埔	林村河（上游）	28	大嶼山	黃龍坑
12	新界北	蓮麻坑	29	新界北	烏蛟騰
13	沙田	馬麗口坑	30	大埔	碗窰
14	新界北	萬屋邊	31	大埔	楊家村
15	大嶼山	昂坪	32	新界東北	榕樹凹
16	西貢	北潭涌	33	西貢	榕樹澳
17	大嶼山	貝澳			

注：編號對應上圖 1-9。
資料來源：　香港特別行政區政府漁農自然護理署「具重要生態價值河溪」網頁。

2. 瀑布

香港河流甚多，而且許多河流源頭位於高山之上，加上地質條件關係，造成許多瀑布。一些瀑布更形成瀑布群，其中最著名者包括大埔梧桐寨瀑布群、南涌屏南石澗的瀑布群、西貢雙鹿石澗的瀑布群等。梧桐寨瀑布群位於大帽山西北之山麓，分布於高程 300 米到 500 米處，由散髮瀑、主瀑（長瀑）、中瀑（馬尾瀑）、下瀑（井底瀑）及較偏遠的玉女瀑、白蛇瀑和龍鬚瀑等多個瀑布組成。其中主瀑落差達 30 米，是香港最大規模的瀑布群。在八仙嶺郊野公園範圍內的屏南石澗，起於屏風山的北坡，一連串的瀑布包括草裙瀑、老龍瀑及清簾潭，落差超過 60 米。雙鹿石澗位於西貢大浪西灣，瀑布群位於石澗下游，主要有千絲瀑和四疊潭。

其他較著名的瀑布，包括大埔新娘潭和照鏡潭瀑布。後者高度達 35 米，水勢相當龐大。其他較小型的瀑布有梅窩銀礦灣瀑布、太平山頂盧吉飛瀑、將軍澳小夏威夷瀑布、港島南區瀑布灣瀑布、大嶼山大澳萬丈布、港島東南近柴灣的潭崗瀑布，以及馬鞍山至大水坑的英雄瀑布。

3. 外島

香港有 261 個面積超過 500 平方米的島嶼，集中在香港東部和西南部（見附錄 1-2）。其中最大的是大嶼山。也有一些僅露出水面的礁石，稱為石排。

4. 山峰

香港山峰眾多，最高的大帽山和鳳凰山分別高 957 米和 934 米，在 300 米以上的高山超過 130 個（見附錄 1-3）。地政總署在大部分山頂設置標高柱，方便有關人員測量該山高度。大帽山、青山等山頂都建有發射站、氣象站或航空雷達站。因城市發展需要，有一些靠近城市的小山被夷平，也有一些山體的範圍被大大縮小。其中包括香港島的摩利臣山、九龍東部鑽石山，以及曾為宋皇臺巨石所在的聖山。

5. 低地平原

香港主要有三個低地平原，位於新界北部，分別是元朗平原、粉嶺平原和大埔平原。元朗平原是香港最大的平原，面積 144.3 平方公里，涵蓋元朗市區、天水圍、流浮山、屏山、十八鄉、洪水橋、新田、落馬洲、八鄉、錦田、南生圍、米埔等地，是山貝河和錦田河下游的沖積平原。粉嶺平原包含粉嶺的聯和墟和上水的石湖墟，和合石則位於雙魚河和梧桐河匯流的沖積平原，也屬於粉嶺平原的一部分。大埔平原包括大埔墟市區和太和市區，是林村河的河口平原。

6. 高山平原

香港位於山上的平原不多，而且相對範圍較小。最遼闊的山間平原位於西貢半島嶂上地區，高度為 300 米，坐落於畫眉山和石屋山之間，平原上部分地區有濕地發育。另外，在

西貢半島馬鞍山東南地區的昂平平原，高程約 300 米，有相對遼闊的草地。大嶼山鳳凰山與彌勒山之間的昂坪平原，高程約 450 米，大部分土地已開發成為旅遊區。

其他坐落於山脊上的平原地區，包括大東山 700 米高的爛頭營一帶，以及大帽山川龍地區。後者原本是一片高山平原，後期發展成為村落，高程約 300 米。在清水灣半島的大坳門，原來是一片草地，後發展成高爾夫球場。在大埔沙羅洞至鶴藪水塘之間的高山濕地，高程約 240 米，目前仍被保留為具特殊科學價值地點。其他較小範圍的高山平地，包括港島區摩星嶺 230 米高和太平山 500 米高的平地，均已發展成為休憩用地。

7. 海峽

香港境內有近十個海峽，均是狹長和深水的水道，主要是在冰河時期沿着斷層帶形成的河谷，包括赤門海峽、鯉魚門海峽、東博寮海峽等（見附錄 1-4）。其中著名的官門水道，目前已成為萬宜水庫的一部分。

8. 港灣和海灘

香港海岸線長而曲折，有着許多懸崖、海蝕地形、海灣和海灘，詳情參見附錄 1-5。海灣和海灘被附近的山脈和岬角保護，很少出現大浪，適合游泳。因人口增長和對水上活動需求的增加，港府利用人工填沙方法，擴大了許多天然海灘的範圍。此外，在 1970 年代，為應付食水供應問題，港府將糧船灣和官門水道兩處地方建成水庫，許多在該兩地區的天然港灣和沙灘都被淹沒。

香港主要海灣包括北邊大鵬灣、西貢內海、印洲塘及后海灣。大鵬灣位處香港東北，東邊是大鵬半島，北邊是深圳鹽田、葵涌，東平洲位處大鵬灣東端。西貢內海位處香港東部，在牛尾海北部、滘西洲西部，被西貢半島包圍，主要島嶼是橋咀洲。印洲塘是香港新界北區一個海域，在大鵬灣西部，被吉澳島、娥眉洲、往灣洲和大埔半島包圍，目前被劃為印洲塘海岸公園。后海灣三面被陸地包圍，西面有南頭半島，北繫深圳，南面是新界米埔、流浮山等地，西南方向通向伶仃洋，三面有地環抱，可以泊船，但因有沙泥淤積，不宜巨輪航行或停泊，而且周圍地勢平坦，難以避風。后海灣又名深圳灣，與珠江口接壤，灣內形成淺灘和紅樹林，曾是本地養蠔業的重地。

9. 海蝕洞

香港東部面臨太平洋，受強烈東風影響，所以在東部海岸形成許多形態不一的海蝕地貌，包括海蝕崖、海蝕洞、海蝕柱和海蝕拱等。著名的海蝕洞包括吊鐘洲洞、木棉洞等。有些海蝕洞貫穿半島或岬角形成海蝕拱，其中最著名的有火石洲、橫洲、南果洲、橫瀾島等，有些海蝕拱寬度和水深更可讓小艇穿越。

10. 沙堤

在河口或水流匯流地區，因為流速減慢，水中沙土沉積成沙堤構造。有些時候沙堤將兩個

島嶼連結起來，形成連島沙洲。最著名的連島沙洲有西貢內海的橋咀洲，以及維多利亞港外的長洲，其中長洲的連島沙洲更成為了一個密集居住區。

11. 濕地和泥灘

濕地一般泛指多種水陸交接地帶的自然生態環境，包括河溪、淡水或鹹淡水沼澤、河口潮間帶和紅樹林。此外亦有人造濕地，例如魚塘及蝦塘、灌溉農地等。在天然河口附近和近岸地區有不少濕地和泥灘，其中最發育的一塊濕地是在后海灣南岸的米埔自然保護區，該處由世界自然基金會（World Wide Fund for Nature）香港分會管理和保育，被譽為香港「雀鳥天堂」。保護區內濕地生態環境豐富，分布基圍、紅樹林、潮間帶泥灘及蘆葦叢等生境，為野生生物提供棲身之所，更是水鳥遷徙的重要中途站。每年冬季，大約 60,000 隻水鳥會來到這裏渡冬。1995 年，米埔及后海灣濕地按《拉姆薩爾公約》（Ramsar Convention）被劃為「國際重要濕地」。2005 年，特區政府在米埔以西的天水圍區建立了濕地公園，是境內面積最大的濕地主題公園。

此外，香港尚有許多規模較小的濕地，都是從廢棄的農田演變而成，其中包括接連粉嶺平原的塱原濕地及南生圍的濕地。南生圍位於香港元朗橫洲東面，山貝村北面，天福圍西北面，被錦田河及山貝河包圍，是一片人工農郊池塘上孕育出來的濕地，內有不少極具生態價值的動植物。其餘規模較小的濕地分布在近沙頭角海的鹿頸、大嶼山東涌河口和吐露港深涌灣等地區。

除濕地外，香港許多岸邊都有相對廣闊的潮間帶，在退潮時會露出大片泥灘，孕育着多元的動植物，例如招潮蟹、彈塗魚及貝類等。規模較大的泥灘分布在吐露港沿岸的大埔滘、龍尾、泥涌、荔枝莊等；大嶼山的水口和東涌等；后海灣的流浮山和白泥等；以及沙頭角海沿岸的鹿頸、南涌等地。

第三節　海底地貌

香港位於珠江口東面，南邊面向中國南海，海域總面積為 1648.51 平方公里。海底地貌的測量工作，主要為探測水深和編製海圖，目的是確保航海安全和為海上工程提供準確的資料。港府的海道測量，主要是由海事處海道測量部負責，而和海事工程有關的海底測量，多是由發展單位聘用地球物理勘探公司進行。海床測量所用的方法和設備，包括用於測量水深的單波速或多波速偵探儀；用於記錄測量時船隻運動的速度和方向、方便後期數據處理和矯正的姿態傳感器；及用於計算水深的聲音速度計。地球物理勘探公司會使用地震波方法探測海床泥層的厚度，又會使用側射聲納儀觀察海床的地貌和人工物。因各種天然和人為因素的影響，香港東西兩部水域的水深、海底地貌、水質等，也有明顯的差別。

一、海底地貌控制因素

香港東部水域水深平均為 20 米至 30 米，一般水質清澈，屬於大洋型水域。西部水域水深平均為 4 米至 10 米，水質混濁，透明度低，帶有大量沙泥，屬於河口型水域（鹹淡水交界）。而東西水域之間的維多利亞港水深可達 44 米，是一條貫穿東西兩邊水域的主要潮汐水流通道。

香港海床的水深分布主要受地質條件控制。輪船航行所用的數條主要海道，包括維多利亞港和東西博寮海峽等，在最後一次冰河時期均為河谷，夾在陸地上的山嶺之間（見圖 1-10）。海床表面地貌主要由潮汐引起的流水所控制。水流速度視乎海道的寬窄度、海道的地理方向和潮汐水流的自然速度而變化。遇上了漏斗形的海底地貌，水流速度增加，從而加強沉積物的沖刷。相反，在西面水域，當潮汐水流遇上珠江河的流水，水流速度減慢，則導致水中沙泥的沉積。

香港水域的海底地貌同時受到多種人為因素的影響。本地漁民以海底拖網方式捕魚，魚網拖曳海泥，直接改變海底表層地貌。近數十年城市高速發展，本地水域進行了大量工程和建設（見圖 1-11），亦改變了海底表層地貌。除大規模的填海工程外，海床深處亦有開採填海用的沙料；同時大量挖掘淤泥，並將淤泥直接放置於指定地區的海床，這些活動不單改變了海床地貌，更造成嚴重的海水污染。其他海港工程，包括跨海大橋、海底隧道、鋪設電纜或其他管道設施等，亦直接改變海床地貌。

二、后海灣至汲水門

后海灣可說是珠江東部避風口，位於深圳和香港之間。后海灣東岸是深圳河河口，有許多淺灘和潮坪水道，而南北兩岸有大片紅樹林和泥灘。二戰後在后海灣兩岸地區被大規模開墾前，泥灘範圍更為廣闊，潮汐的影響伸延至內陸。后海灣的南岸是錦田河和山貝河，兩河流域直至錦田地區。而在北部，蛇口半島東部是大沙河的河口。

在后海灣西南部，珠江口矾石水道向南延伸，形成龍鼓水道。這水道直接進入大嶼山以北的磨刀海峽。在龍鼓水道的中部水深達 20 米，水道中以該處潮汐水流最強。由於海水和淡水交匯，在龍鼓水道和大嶼山北部一帶沿岸形成很多淺灘。龍鼓洲以西、沙洲和白洲一帶水深約 10 米，海床局部地方被侵蝕。龍鼓水道以南大部分地區的水深約 5 米，反映大量珠江口的泥沙在該區域沉積。在大小磨刀海峽以北的水深達 20 米。潮汐流向東流過藍巴勒海峽，造成海床被強烈沖刷，泥層被磨蝕，導致馬灣以北汲水門處水深超過 40 米。

圖 1-10　香港主要航道及實施分道航行制航道示意圖

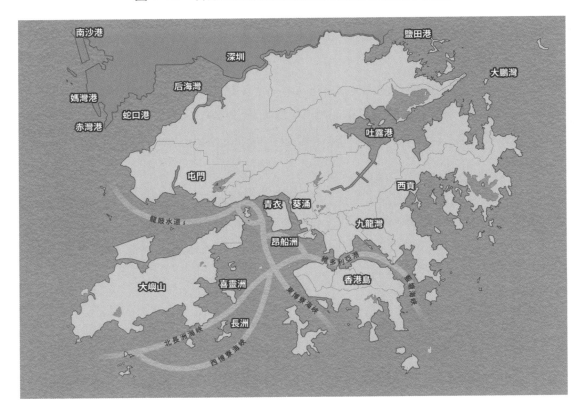

資料來源：　香港地方志中心參考香港海運港口局網頁製作。

圖 1-11　2014 年香港已開採的挖海砂區及可供將來使用的砂源位置圖

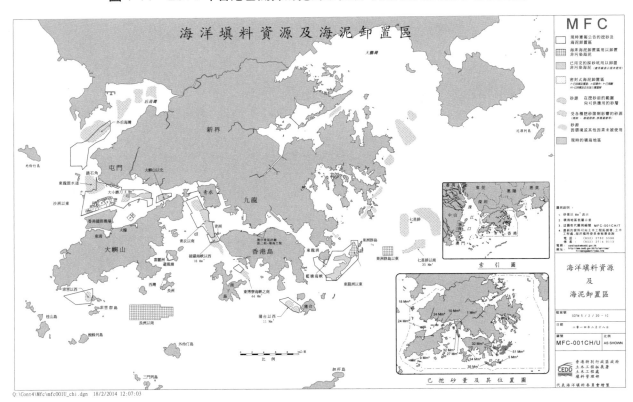

資料來源：　香港特別行政區政府土木工程拓展署。

三、汲水門至西博寮海峽

汲水門至馬灣海峽之間的通道潮汐水流強烈，海床被侵蝕至基岩，水深達 40 米。汲水門向南分支成東博寮和西博寮兩個海峽。兩個海峽是重要的潮汐通道，西博寮海峽有超過 30 米的水深，而東博寮海峽最深可達 40 米，以及達到每秒 0.5 米的流速。在鴨脷洲的西南方近東博寮海峽中心，水流侵蝕表層的淤泥層，令較深層的河沙層顯露出來。

大嶼山東部石鼓洲、芝麻半島、坪洲和喜靈洲一帶屬於淺水區，水深不到 5 米。潮汐流在大嶼山與石鼓洲間保持了一個較淺的通道，海床總體向南緩慢傾斜。長洲以南海床受到淤泥的干擾，泥積層範圍逐漸擴大。大嶼山西部是珠江口伶仃洋的延續，海床向南變深。大嶼山狗嶺涌南岸的海床約 15 米深，直至索罟群島一帶地勢平緩。索罟群島周圍的水流受到潮汐流和東南季風的影響，沉積過程較慢，水深不到 20 米。

四、維多利亞港至橫瀾島

維多利亞港西部以天然深水通道為邊界，東博寮海峽至香港島西北是一個較淺的海床，一般水深只有 5 米左右，而在香港島和青洲之間的硫磺海峽水深超過 20 米。西九龍填海區一帶水域不受季風和潮汐流的影響，水深約 8 米至 10 米。維港港內水深一般在 15 米左右，在紅磡至銅鑼灣之間的水深超過 20 米深度，較深的河沙層亦出露在海床上，這地區也是啟德機場擴建時的挖沙地點。九龍灣至維港北部形成一個內灣，水深少於 10 米。維港東邊的鯉魚門海峽，水深超過 40 米，是維港最深的位置，海底侵蝕作用亦令基岩顯露出在海床。

在香港島的東邊，陡峭的海岸懸崖伸延到海底，藍塘海峽水深達 20 米。港島以南，蒲台島以東一帶水域水深一般超過 30 米，而蒲台島和螺洲之間的螺洲門有一處水深達 71 米，是香港境內最深的海域，該處的潮汐流速度可達到每秒 0.5 米，在海床形成許多很深的沖刷坑，甚至讓基岩露出在海床。

五、牛尾海至西貢對開水域

新界東部海岸線四周都是陡峭的岩石峭壁，海床地勢一般平坦，水深約 20 米。西貢半島以東浪茄灣和大浪灣沿海地帶斜坡平緩，海床深約 20 米。由蚺蛇灣至大灘海，海床平緩，西南西貢海地區大部分的水域水深介乎 20 米和 30 米之間，海底坡度平和。

六、吐露港至大鵬灣

吐露港的水深介乎於 5 米至 15 米之間，在吐露港北部的赤門海峽，水深向東北方向增加，

企嶺下海水深約 10 米，而在赤門海峽中間的崩沙排和扯旗排之間的水深大於 20 米，在近白沙頭洲有一處水深約 25 米，而較深的河沙層亦出露在海床上。赤門海峽和大鵬灣接壤處水深不到 10 米，靠近塔門和赤門之間，水深急劇增加到超過 10 米。

大鵬灣大部分水域水深在 10 米至 15 米之間。在往灣洲、娥眉洲和吉澳洲之間廣闊的海床普遍約 5 米深，而娥眉洲和吉澳洲之間有一處水深達 20 米。在印洲塘至吉澳海的水域都是淺於 10 米水深，此地區遠離海浪和洋流，使厚厚的沉積物得以堆積。沙頭角海是一個遮蔽水域，集水面積相對較小，海床水深不到 10 米。深圳和鴨洲之間有局部地區水深達 10 米，由狹窄通道中的水流造成。東平洲和南部的石牛洲一帶海床地勢平緩，水深一般不到 15 米。

第四節　特殊地貌

香港雖是彈丸之地，但境內不乏壯麗的景色和地貌，規劃署亦曾將香港自然景觀按其景觀特色類型作分類（見圖 1-12）。本節選介各區主要自然地標，但不包括所有特色景觀（見圖 1-13），以凸顯香港雖作為現代化城市，各區仍保留自然地質和地貌。

以下是圖 1-13 各編號之自然地標說明：

1 維多利亞港

維多利亞港以夜景聞名，是一個具吸引力、交通暢達的世界級旅遊景點。此旅遊景點的背後，是地質過程演變而成的自然地貌。

維港位於香港和九龍之間，因港闊水深、終年不結冰，有利船隻航行；加上兩面環山，是優良的天然避風港，也是世界三大天然深水良港之一，與美國三藩市和巴西里約熱內盧齊名。英佔初年至十九世紀後期，港府從維港兩岸的平地開始發展市區，該區目前仍是香港都市的命脈所在。

維港的形成與自然地理因素有密切關係。在上次冰河時期，全球海平面比目前低 120 多米，目前維港所在的位置是一個深谷。九龍西到鯉魚門的海岸線，是當時河流的河岸。尖沙咀是一個在河曲內彎的邊灘，而香港島中環至灣仔一帶，則是在河曲外彎形成的下切崖。後來冰河時期結束，海平面上升，掩蓋了河谷地區，形成今天維港地貌。

歷史文獻涉及這個天然海港的記載可追溯至明代。清代文獻將維港稱為尖沙咀洋面或中門。英佔以後，1852 年港府進行填海工程，新海旁命名為文咸東街，是香港首個正式填海工程。1861 年英軍佔領九龍後，將香港島與九龍之間的水域，正式命名為維多利亞港。1867 年亦開始在九龍進行填海工程。

圖 1-13　香港自然地標位置圖

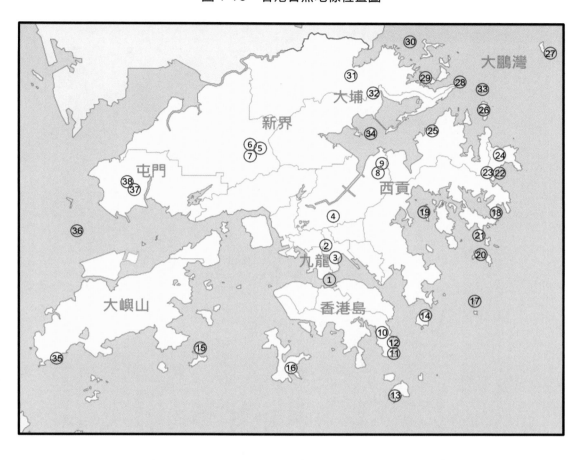

1　維多利亞港	11　鶴咀海岸保護區	21　白臘木棉洞	31　南涌屏南石澗
2　獅子山	12　石澳五分洲	22　西貢半島海灘群	32　八仙嶺
3　土瓜灣魚尾石	13　蒲台島奇石	23　西貢半島河流地貌	33　赤洲大斷裂
4　望夫石	14　東龍島	24　蚺蛇尖	34　馬屎洲摺曲岩層
5　大帽山	15　長洲花瓶石	25　荔枝莊岩石圖案	35　大嶼山白角
6　梧桐寨瀑布	16　南丫島	26　塔門呂字疊石	36　沙洲連島沙堤
7　石崗觀音山熱氣洞	17　西貢果洲大炮石和月球崖	27　東平洲	37　青山石英岩牆
8　馬鞍山鹿巢石林	18　東壩六角形火山岩柱	28　黃竹角咀摺曲構造	38　良田大峽谷
9　馬鞍山鹿巢怪石群	19　橋咀島連島沙堤、菠蘿包石	29　印洲塘紅石門	
10　龍脊徑	20　西貢外海海蝕洞	30　大細鴨洲	

資料來源：　陳龍生提供。

圖 1-12　政府規劃署香港自然景觀特色類型分布圖

資料來源：　香港特別行政區政府規劃署授權、雅邦規劃設計有限公司。

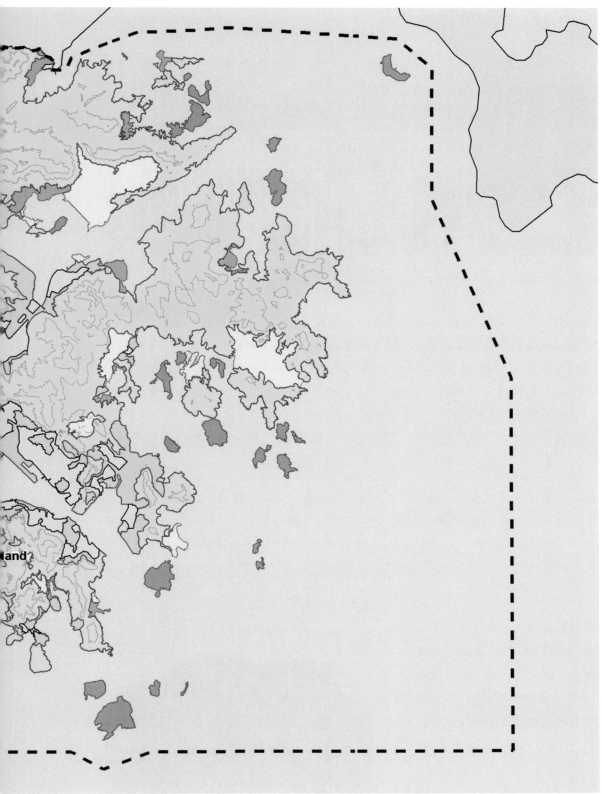

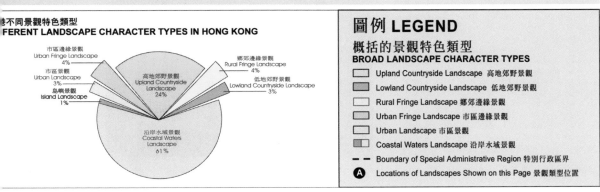

不同景觀特色類型
FERENT LANDSCAPE CHARACTER TYPES IN HONG KONG

市區邊緣景觀
Urban Fringe Landscape
4%

市區景觀
Urban Landscape
3%

島嶼景觀
Island Landscape
1%

鄉郊邊緣景觀
Rural Fringe Landscape
4%

高地郊野景觀
Upland Countryside
Landscape
24%

低地郊野景觀
Lowland Countryside Landscape
3%

沿岸水域景觀
Coastal Waters
Landscape
61%

圖例 LEGEND

概括的景觀特色類型
BROAD LANDSCAPE CHARACTER TYPES

- Upland Countryside Landscape 高地郊野景觀
- Lowland Countryside Landscape 低地郊野景觀
- Rural Fringe Landscape 鄉郊邊緣景觀
- Urban Fringe Landscape 市區邊緣景觀
- Urban Landscape 市區景觀
- Coastal Waters Landscape 沿岸水域景觀
- - - Boundary of Special Administrative Region 特別行政區界
- Ⓐ Locations of Landscapes Shown on this Page 景觀類型位置

35

圖 1-14　維多利亞港。（攝於 2021 年，CHUNYIP WONG via Getty Images）

維多利亞港範圍東至鯉魚門、西至青洲、由青衣島南灣角開始，覆蓋汀九、汲水門、藍巴勒海峽、硫磺海峽及鯉魚門藍塘海峽等水道。維港在英佔初期頗為廣闊，當時兩岸俱為天然海岸線。維港面積約為 41 平方公里，估計為原來天然海港總面積的 59%。目前維港的寬度，最狹窄的位置是尖沙咀和灣仔之間，兩岸只有約 900 米距離；最闊位置是西邊的邊界，由香港島西至汀九，長約 9.6 公里。維港兩旁海岸線共長 73 公里，平均水深達 12 米，最深的位置是鯉魚門，深約 43 米；最淺的是油麻地西之水域，約 7 米，港內潮差約 1 米。

坐落在維港內的島嶼包括青衣島、青洲、小青洲及九龍石。此外，因填海關係，港內有不少島嶼已成為港島或九龍半島的連接部分，包括荔枝角西邊的昂船洲、被啟德機場跑道連接了的海峽石、銅鑼灣燈籠洲（又稱奇力島）、土瓜灣海心島、青衣島南面的洲仔、紅磡灣林士石、藍巴勒海峽的芒洲、葵涌貨櫃碼頭附近的青洲，以及青衣以東的牙鷹洲。

2 獅子山

分隔九龍和新界之間的一個山峰，形成於花崗岩中，高 495 米。狀似向西遼望之一頭獅子，故名獅子山。在九龍多區可見，是香港最重要地標之一。「獅子山下」亦成為了象徵香港社會精神的名詞。

圖 1-15　獅子山。（香港特別行政區政府提供）

3 土瓜灣魚尾石

魚尾石位於土瓜灣海心公園內，是在花崗岩沿着裂縫和節理風化形成的奇石，高約 6 米。奇石看上去像一條插入水中的魚尾巴，是香港著名的風水寶地。

圖 1-16　土瓜灣魚尾石。（陳龍生提供）

4 望夫石

新界近沙田地區有多種奇石，包括望夫石、心形石、陽元石等，其中以望夫石最為著名。望夫石由數塊大小疊石組成，遠望有如一個背着小孩的婦人向遠方瞭望，冀盼着丈夫歸來模樣，因此稱為望夫石。這地區奇石是花崗岩節理和裂縫風化的結果。

圖 1-17　望夫石。（陳龍生提供）

5 大帽山

大帽山是香港最高山峰，主要由火山岩組成。大帽山有許多遠足山徑，附近有多處因火山岩柱崩塌而形成的石林，稱為七重岩，分別為妙高台石林、相思石林、石船石林、竹海石林、禾秧石林、石巢石林及斗壑石林。石林形成石床、石室等各種形態。

圖 1-18　大帽山。（攝於 2020 年，CHUNYIP WONG via Getty Images）

6 梧桐寨瀑布

梧桐寨瀑布群位於大帽山西麓，分布於海拔 300 米到 500 米高處，由井底瀑、中瀑、主瀑和散髮瀑等瀑布組成，其中主瀑落差高達 30 米，是全港最大規模的瀑布。

圖 1-19　梧桐寨井底瀑。（陳龍生提供）

7 石崗觀音山熱氣洞

觀音山位處於石崗嘉道理農場暨植物園範圍內,是由一套火山噴發岩組成。在近山頂處有幾個地穴,有暖氣從地穴中持續地排出,估計是山體內較深地方在恒溫狀態的空氣,沿着岩體裂縫溢流到地表,並且從洞穴釋放。而釋放出來的空氣,比外間空氣溫度高,造成了熱氣噴發假象。

圖 1-20　石崗觀音山熱氣洞。
(陳龍生提供)

8 馬鞍山鹿巢石林

在馬鞍山鹿巢山地區,由火山角礫岩形成的岩石,估計以前是一大片火山岩柱,後來因岩柱崩塌,造成大片石林。石林分成數段,包括近山頂的鹿巢頂石林、位於西面的石壘仔石林,以及鹿巢山西北的鹿巢坳石林。

圖 1-21　鹿巢山石林。
(陳龍生提供)

9 馬鞍山鹿巢怪石群

鹿巢山的怪石群包括龍船石、象鼻石、蛋糕石、蜥蜴石、獨木舟石等，是岩石被風化和侵蝕作用塑造出來不同的形態。

圖 1-22　鹿巢山獨木舟石。（陳龍生提供）

10 龍脊徑

龍脊徑是從石澳土地灣村到大浪灣、沿着鶴咀半島山脊的一段行山徑，特別是打爛埕頂山至雲枕山的一段山路連綿起伏，故有「龍脊」之稱。在龍脊上可眺望遼闊海景及香港島南區風光。

圖 1-23　從龍脊遠眺南區風光。（陳龍生提供）

11 鶴咀海岸保護區

位於香港島最南端，地區內有由海浪侵蝕而形成的海蝕拱。位於鶴咀的香港大學太古海洋研究所外，展示了一副 1955 年在維港擱淺鯨魚的骨骼。

圖 1-24　鶴咀海岸保護區。（陳龍生提供）

12 石澳五分洲

五分洲是港島南區石澳對出的一個孤島。島上有數條深刻和整齊的平衡裂縫，有如花崗岩被利刀切割成五份。

圖 1-25　石澳五分洲。（陳龍生提供）

13 蒲台島奇石

蒲台島岩石主要是花崗岩，岩石節理豐富，經過風化和侵蝕作用，形成各種形態特別的岩石，包括佛手岩、靈龜上山、僧人石、響螺石、熊掌石等。蒲台島南邊的南角咀，是香港境內最南的陸地。島上另有一史前石刻遺址。

圖 1-26　蒲台島靈龜上山。(陳龍生提供)

14 東龍島

東龍島古稱「通窿島」，因島上有一個由海浪侵蝕而成的吹洞，狀似「肚臍」而得名。島上岩石以熔結凝灰岩為主，岩石不斷地受海浪侵蝕，在岸邊形成許多海蝕地貌，包括肚臍洞、潛龍吐珠、噴水岩。海浪以大力度沖擊岩石造成的水泵效應，令海水從一些裂縫或吹穴中噴出來，造成上述潛龍吐珠、噴水岩等現象。

圖 1-27　東龍洲海蝕地貌。(陳龍生提供)

15 長洲花瓶石

長洲本是一個連島沙洲，海平面下降讓沙堤露出水面數米，屋宇多建在沙堤之上。長洲基岩是花崗岩，經長期的風化和風蝕作用，在長洲山坡上形成了各種奇趣的岩石，包括玉璽石、人頭石、饅頭石、花瓶石等。相傳清代海盜張保仔在島上花崗岩洞穴收藏贓物，張保仔洞也成為長洲重要地標。

圖 1-28　長洲花瓶石。（陳龍生提供）

16 南丫島

南丫島構成以花崗岩為主，島上遍布大大小小、維妙維肖的岩石。因其特別形狀而命名的岩石，包括有近索罟灣的菱角石、深灣的月老石、山地塘的大拇指石等。

圖 1-29　南丫島月老石。（陳龍生提供）

17 西貢果洲大炮石和月球崖

西貢以東外海的果洲群島，又稱九針群島，由北果洲、南果洲、東果洲，以及附近幾個小島和海蝕柱組成，位於世界地質公園範圍之內。在北果洲上，有很多整齊的多邊形火山岩柱，其中最著名的大炮石，是火山岩柱因為傾覆作用，由本來直豎方向傾覆變成橫向、狀似大炮的石柱。在大炮石附近，有一幅很大規模因為岩柱沿着一個節理面下塌的滑坡面，名為月球崖，也是北果洲的地標。在南果洲，沿着岩石上兩條大裂縫的海浪侵蝕作用，形成一個非常宏偉壯觀的海蝕拱。

圖 1-30　果洲月球崖和大炮石。（陳龍生提供）

18 東壩六角形火山岩柱

萬宜水庫東壩是世界地質公園的重要景點。在140萬年前，香港地區遍布火山，一次超級火山爆發，形成了超過400米厚的凝灰岩層。凝灰岩層冷卻過程中，因為體積收縮和張列，形成一系列非常壯麗的岩柱，其中很多岩柱成整齊的六邊形狀。本來大部分的火山岩柱被埋在風化泥層之下，在西貢東部萬宜水庫興建過程中，在被開發的斜坡崖壁上露出了大規模且非常整齊的火山岩柱，讓本來埋在地底的火山岩柱能夠重見天日，並成為世界地質公園的重要景觀。在萬宜水庫東壩末端有一小島，名為破邊洲，形如岬角被利刀切割出的一塊小島。破邊洲是由於海浪侵蝕形成的海蝕柱，在破邊洲崖壁之上，亦暴露出一系列甚為壯觀和整齊的多邊形岩柱。

圖 1-31　萬宜水庫東壩多邊形火山岩石柱。（陳龍生提供）

19 橋咀島連島沙堤、菠蘿包石

橋咀島位於世界地質公園範圍內，在島的西邊有一條連島沙堤，連結一個稱為橋頭的小島和橋咀島。在冰河時期該地區是一片高山，橋咀島和橋頭本來是兩個相近的山峰，該沙堤的位置是橋咀和橋頭之間的山脊，後來因為後冰河時期海水上升，淹沒了山脊，海浪帶來的沉積物形成了一個在退潮時外露的沙堤。在沙堤上可看見本來是花崗岩的巨礫，經過風化與海水侵蝕作用，在岩石表面形成網狀裂紋，狀似深受香港居民喜愛的地道美食「菠蘿包」，故被冠名「菠蘿包石」。

圖 1-32　橋咀洲菠蘿包石。（陳龍生提供）

20 西貢外海海蝕洞

西貢外海島嶼繁多，因缺乏天然屏障，長期遭受從東面湧來的風浪侵蝕，形成多樣侵蝕地貌，包括海蝕崖壁、海蝕洞、海蝕拱、海蝕柱等，景緻極為雄壯。甕缸群島包括滘西洲以東、糧船灣以南的甕缸洲、伙頭墳洲、橫洲、火石洲、番鬼倫洲，以及沙塘口洲多個島嶼，岩石主要是 140 萬年的火山凝灰岩組成。在各個島嶼的岸邊都出露了整齊的多邊形火山岩柱。海浪的侵蝕作用，形成許多沿着柱狀節理和破碎帶侵蝕出來的海蝕洞，有些洞穴穿透半島，形成海蝕拱。著名火石洲的關刀洞、沙塘口山的沙塘口洞、橫洲的橫洲角洞和吊鐘洲的吊鐘洞，合稱為東海四大名洞。

圖 1-33　東部海域海蝕地貌。（陳龍生提供）

21 白腊木棉洞

在西貢糧船灣洲南邊的白腊灣，附近一個半島之上有一個由海浪侵蝕而成的海蝕洞，稱為木棉洞。洞長超過 30 米，潮退時可涉水深入洞中。在洞頂可見兩條斷層構造，讓海浪沿着斷層侵蝕形成海蝕洞。

圖 1-34　西貢木棉洞。（陳龍生提供）

22 西貢半島海灘群

西貢半島有很多天然海灘，最著名的大浪四灣是由四個天然海灘組成，包括西灣、鹹田灣、大灣及東灣，總長度接近兩公里，背景是蚺蛇尖，東臨南海，是香港少數未受污染的天然海灘代表，坊間甚至有「港版馬爾代夫」的美譽。

圖 1-35　西貢大浪西灣海灘群。（陳龍生提供）

23 西貢半島河流地貌

瀑布和水潭是西貢半島一些重要的地貌和地標，其中著名的有雙鹿石澗，石澗下游的千絲瀑和四疊潭，均是沿着岩石構造發育出來的地貌。

圖 1-36　雙鹿石澗瀑布。（陳龍生提供）

24 蚺蛇尖

蚺蛇尖又稱「南蛇尖」，位於西貢大浪灣以北，海拔 468 米。山勢尖削陡峭，巍然聳立，是一個在西貢東部多處可見的重要地標。蚺蛇尖是著名「香港三尖」之一，另外兩尖為釣魚翁及青山（亦有說是西貢睇魚岩頂）。該地區由凝灰岩和熔岩組成，風化和侵蝕作用造成山坡滿布浮沙碎石，導致路段陡峭難行，堪稱香港第一險峰。

圖 1-37　蚺蛇尖。（陳龍生提供）

25 荔枝莊岩石圖案

荔枝莊是赤門海峽東岸的一個小鄉村，此處岸邊出露了一套色彩繽紛的沉積岩。荔枝莊位於世界地質公園之內，同時被列為具特殊科學價值地點。該處的岩層具備多種沉積構造和軟泥摺曲。某些岩層由極緻密燧石質的沉積岩組成，顏色變化多端，黑色、紅色、棕色和黃色的岩石形成互層，造成多種國畫般的美術圖案，極具觀賞價值。有幾層較堅硬的岩石，直插入海，形如一排龍舟，亦稱龍船石。

圖 1-38　荔枝莊岩石圖案。（陳龍生提供）

26 塔門呂字疊石

塔門是西貢北一個小島，位處大鵬灣東南。島長約 1.5 公里，在塔門東邊弓背灣旁的石灘，由兩塊大石相疊而成，約高 6 米，呈「呂」字的構造，名「呂字疊石」。

圖 1-39　塔門呂字疊石。（攝於 2022 年，香港旅遊發展局提供）

27 東平洲

東平洲原名平洲，是位處大鵬灣最東面的一個海島。因為地處東陲，加上地勢平整和缺乏起伏，故稱東平洲。東平洲形如向東北方向稍為內灣的一彎新月，島長約 2 公里、寬 600 米。風景秀麗，是世界地質公園沉積岩園區的重要部分，也屬於海岸公園的範圍。

東平洲上的岩石，由白堊紀至新生代的薄層沉積岩所組成，岩石特徵和形成環境在華南地區實屬罕有，因此東平洲的地質和景觀極具科學價值。東平洲的岩石主要由粉砂岩、泥岩和生物沉積岩所組成，島上有極豐富的化石和沉積構造，甚至可看見 5000 萬年前由雨滴造成的雨滴坑、波浪紋和由古細菌造成的疊層石構造。

在不同沉積環境形成的岩石有不同化學成分和顏色。長時間氣候周期性的變化，令到島上的岩石形成一系列如千層糕狀的韻律沉積。後期的地殼運動，令岩石向東北稍為傾斜，同時形成岩石上兩組成直角交叉的裂縫，侵蝕作用在裂縫和岩石面間形成許多三角形狀的潮池。潮池內物種非常豐富，孕育着各種魚類、蟹類、海膽、海葵、藻類等生物。

海浪侵蝕在東平洲上造成各種壯麗的海蝕地貌，其中最著名的是在東平洲南端的海蝕平台，和兩個海蝕柱造成的更樓石，此外有難過水和海螺洞。在東平洲西邊，海浪沿着破碎帶切割成一個名叫斬頸洲的海蝕柱。另外在龍鱗咀的地方，有一層約一米厚的燧石層，緩緩延伸入海中。岩層邊緣成三角齒狀，遠望仿似神龍入海，故稱龍落水。

圖 1-40　東平洲更樓石。（陳龍生提供）

28 黃竹角咀摺曲構造

黃竹角咀位於赤門海峽西北端的岬角。在黃竹角咀約 400 米長的海岸線，露出了一系列因地殼運動而形成的斷層和摺曲構造。該地區的岩石包括泥盆紀的沉積岩、中生代的火山岩和紅色岩層。黃竹角咀東端的岩石主要是石英質的砂岩和粉砂岩組成，岩層經歷地質運動，加上抗蝕力強，在海邊形成一系列垂直板狀的岩層。海浪沿着岩層侵蝕形成各種不同的形態，當中最著名的是如魔鬼之手的鬼手岩、鬼面，以及三角形狀的鯊魚鰭。在鬼手岩較西北地區，可以見到一系列摺曲構造，而且岩層是上下倒轉，其中有最漂亮的香港第一摺曲。

圖 1-41　黃竹角咀岩石摺曲構造。（陳龍生提供）

29 印洲塘紅石門

印洲塘是新界北部一個內海，地理位置上被橫嶺、往灣洲、娥眉洲和吉澳包圍，海面波平如鏡，有香港西湖之稱。海域大部分被劃入印洲塘海岸公園，景觀趣緻。遊人將印洲塘數處景觀和文房四寶用品聯想起來，包括形似羅傘的吉澳黃幌山、形似筆架的筆架洲，以及形似印章的印洲，合稱印塘六寶。此外乾門咀與往灣洲之間的水道，兩旁盡是赤紅色的岩石，是白堊紀時在河流沉積環境形成的沉積岩。因為當時的沉積環境氧氣供應充足，岩石內的鐵質礦物得到充分氧化，形成具有豐富氧化鐵的紅色岩石。

圖 1-42　紅石門。（陳龍生提供）

30 大細鴨洲

印洲塘北部的鴨洲島長約 500 米、寬約 100 米，是香港有人居住面積最小的島嶼。島上岩石全是紅色的角礫岩。在島的最北端，海浪侵蝕形成了一個海蝕洞，遠望小島猶如一隻浮在水中的鴨子，故有鴨洲之稱。在鴨洲以西有兩個小島，同樣是由紅色角礫岩所組成，分別稱為細鴨洲和鴨蛋。

圖 1-43　鴨洲島。（陳龍生提供）

31 南涌屏南石澗

屏南石澗位於新界東北部，是香港一條著名石澗，源頭起於屏風山，全長約一公里。在南涌近老農田的一段屏南石澗形成一連串的瀑布，其中最著名的是草裙瀑和老龍潭。瀑布主要是由抗蝕力較強的礫岩和抗蝕力較弱的砂岩交錯而成，當河流成功侵蝕穿越礫岩層時，向下沖刷速度急劇加強，形成瀑布水潭。

圖 1-44　屏南石澗瀑布。（陳龍生提供）

32 八仙嶺

八仙嶺是位於新界東北部的一條著名山脈，由東向西延綿超過一公里。山脈上有八個起伏大概一致的山峰，分別為仙姑峰、湘子峰、采和峰、曹舅峰、拐李峰、果老峰、鍾離峰及最高的主峰純陽峰。八仙嶺是一個單斜山，面向船灣水庫的南邊是一個峭壁，而向着印洲塘的北邊是傾度較緩的山坡。著名的新娘潭和照鏡潭兩個瀑布，位處於八仙嶺東邊的山腳之下。

圖 1-45　八仙嶺。（陳龍生提供）

33 赤洲大斷裂

赤洲是大鵬灣西南邊陲的一個島嶼，位處世界地質公園範圍內。赤洲的東部海岸遍布了褐紅色礫岩和粉砂岩岩層，有赤漠迷城、海上丹霞等稱號。在島北的一塊赤色大岩壁上，露出了多條非常壯觀的斷裂，斷裂由大鵬灣形成時的拉張運動造成。斷裂帶內可見漂亮的石英礦物。赤洲最北端一個石排上的岩石，有由砂岩中沙結核造成的洞孔，彷似一堆頭骨，遊人稱為群鼠出動，又稱骷髏島。

圖 1-46　赤洲大赤壁。（陳龍生提供）

34 馬屎洲摺曲岩層

馬屎洲位於大埔海東邊、吐露海峽的西南岸。岩石是屬於二疊紀「大埔海組」的沉積岩。
島上岩石有各種沉積特徵和摺皺構造，是一個極具科學價值的特別地區，也是地理學科考
察的熱門地點。

圖 1-47　馬屎洲摺曲岩層。（陳龍生提供）

35 大嶼山白角

白角是位於大嶼山西南岸一個海角，在該處約百米長的七色岩岸，可看見各形各色的岩
層，岩石中可見鐵銹幼紋和有趣的天然圖案。附近一崖壁形如鷹鼻人之側面，稱為勾鼻
佬石。

圖 1-48　大嶼山白角七色岩岸。（陳龍生提供）

36 沙洲連島沙堤

香港西部的水域和島嶼，包括龍鼓洲、沙洲、上下沙洲等，是中華白海豚（*Sousa chinensis*）的重要棲息地，被劃為沙洲及龍鼓洲海岸公園，海域面積約 1200 公頃。沙洲的形成乃因珠江口河水和香港西部海水匯聚，流速驟減，導致水中沙土沉積形成沙堤，將兩島接連起來。

圖 1-49　沙洲連島沙堤。（陳龍生提供）

37 青山石英岩牆

青山是位於新界西部的一座山峰。南朝劉宋時期（420—479），杯渡禪師曾到此遊歷和短暫居住，故又稱杯渡山。青山高 583 米，山峰形狀尖削，是「香港三尖」之一。青山禪院的一個大岩洞，名杯渡岩，岩洞內有一平石，據說是杯渡禪師初到青山居住的地方，而岩洞頂可見獨特岩石。青山頂可見一厚層和受地殼變形運動影響的石英岩牆。

圖 1-50　青山石英岩牆。（陳龍生提供）

38 良田大峽谷

良田坳位於屯門以西山區。因長期風化及侵蝕作用，形成一片劣地。劣地受水流侵蝕作用造成大洪溝，加上泥土呈現瑰麗顏色，坊間常稱之為良田大峽谷。

圖 1-51　青山良田大峽谷。（陳龍生提供）

第二章
地質

香港位於華南板塊，是歐亞板塊一部分。華南板塊的東、南、西和北邊，分別為菲律賓板塊、中國南海、青藏高原和華北板塊。這些地質單元和華南板塊之間在不同時期的相對運動，造成香港各種地質構造和地貌現象。

相對於 45 億年歷史的地球，香港地質歷史較短，最古老的岩石是 4 億年前古生代形成的沉積岩。經過中生代大規模火山爆發和新生代的地殼拉張運動，不同時期形成了不同的岩層，後期的地質運動疊加在早期形成的地質形態上，形成本港地區豐富而複雜的地質景貌。

因複雜的地質演化過程，香港範圍內可找到各大類岩石，包括火成岩、沉積岩和變質岩。有些岩石在變質過程中，形成一些具經濟價值的金屬礦物副產品，因此境內可找到鐵、鎢、鉛等礦產。地質運動的作用亦形成包括褶曲和斷層的各類地質構造。

整體而言，香港處於華南沿海活動地震區，區內地震活動雖遠低於華北或四川雲南等地區，但仍可能發生較大級數的地震，對香港產生一定威脅。所以在城市發展和工程建設中，亦涉及地震風險的評估。

因土地資源的限制，香港許多公共設施和樓宇依山而建。潮濕多雨的氣候和厚厚的風化層，容易造成山泥傾瀉。加上斷層和溶洞等因素，對城市發展的工程建設，構成不少困難和挑戰。香港的斜坡防治或工程地基設計，必須進行對地基地質的詳細調查和評估。相較許多地區，香港地質調查工作較精細。

一、華南地區構造及演化概況

香港位於亞洲大陸東南邊緣，東亞地區主要由幾個板塊合併組成，板塊之間的邊界結構複雜，而各板塊在不同時期的活動，控制了香港地質歷史演化。香港所處的華南板塊是歐亞板塊的一部分。華南板塊本身由於西北部的揚子地塊和東南部的華夏地塊（包含華夏褶曲帶）所組成（見圖 2-1）。揚子地塊基底的岩石屬晚太古代岩石，而華夏地塊的基底年齡並不清楚，估計較揚子地塊年輕，可能存在太古代的岩石。

香港所處的位置，屬於華夏褶曲帶內的蓮花山斷裂帶。這個 30 公里寬、500 公里長的斷裂帶，從粵東伸延到珠江口地區，穿越深圳和香港，總體為東北—西南走向，由 100 多條中小型斷層構成，其中包括韌性剪切與脆性變形的斷裂。蓮花山斷裂帶估計在中生代已形成，長期以來控制着華南地區的地質結構和演化。因此香港地質構造主要走向也是以東北—西南為主，岩漿岩亦沿着同樣方向形成和侵入，斷裂帶亦控制着廣東沿岸地區活動地震的分布。

圖 2-1 東亞地質構造示意圖

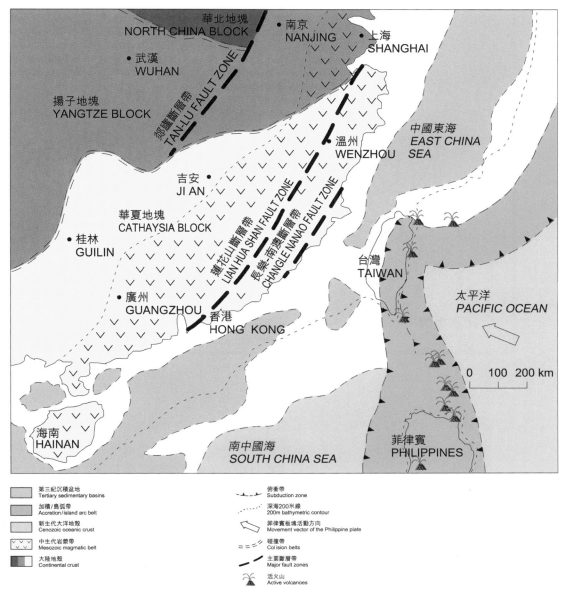

資料來源： 香港特別行政區政府土木工程拓展署。

香港位處華南板塊內，在不同時期華南板塊周邊的地質變動，形成了目前香港的地質格局。華南板塊的東面為菲律賓海洋板塊（見圖 2-2），歐亞板塊俯衝向菲律賓板塊之下，在板塊邊緣形成一系列的火山島弧，海底岩層因兩板塊碰撞抬升，而形成台灣島上的中央山脈。兩板塊之間的活動，亦是整個華南沿海地區、包括香港地震活動的成因。華南板塊的南邊是今中國南海，中國南海是由 16 百萬年到 32 百萬年前形成的海洋地殼。中國南海北邊的大陸架由中國大陸向海延伸 200 多公里，發育了一系列新生代盆地，也是因地殼拉張作用形成的斷層盆地，當中許多蘊藏大量石油和天然氣儲備。華南板塊的西面是青藏高

圖 2-2　東亞地質構造格局示意圖

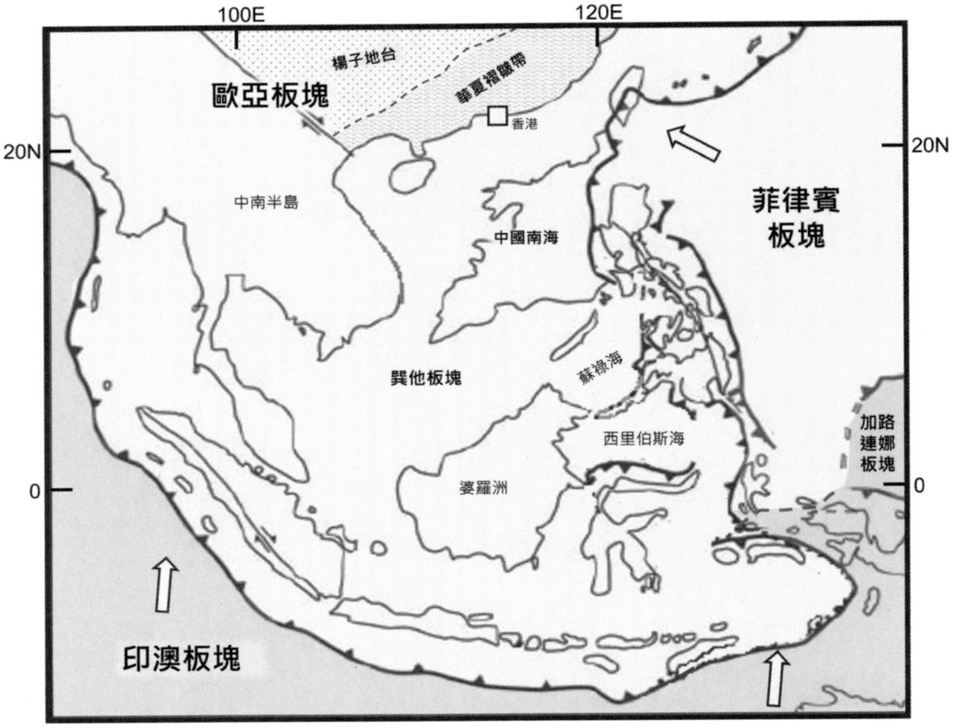

資料來源：　陳龍生提供。

原，青藏高原和華南板塊之間沿着東經 105 度是非常活躍的南北活動地震區。過去 35 百萬年間，印度板塊不斷向北移動，與歐亞板塊相撞，導致地殼抬升而形成青藏高原。青藏高原的地層被擠壓向東，活化了整個東亞地區斷層現象。在香港地區也可看見許多與青藏高原形成有關的地質構造，甚至大鵬灣和珠江口等拉張盆地的形成，也可能和青藏高原東緣的板塊活動有關。華南板塊的北面是華北地台，中間為秦嶺山脈所分隔，華南、華北之間地殼活動相對穩定，沒有明顯地震活動。

香港的地質地貌是長期演化的成果。大地構造和板塊不停的運動，導致不同時期地球上大陸與海洋的分布格局與今天非常不同。了解大地隨地質時間的演變過程，有助了解一個地區的地質演化。

地質年代一般以百萬年作單位，大致上可分成幾個主要時段，包括 4500 百萬年前地球形成至 542 百萬年前的前寒武紀，其中以 2500 百萬年作為界線，分為較早的太古代和較後的元古代。542 百萬年前至 251 百萬年前是為古生代，251 百萬年至 65 百萬年前為中生代，65 百萬年以後至今則為新生代（見圖 2-3）。

太古代的岩石在華南地塊只有零星的出露，分布在揚子地台北邊靠近大別山地區。在元古代，華南地塊與包括澳大利亞、華北、印度、南美和非洲在內的其他陸塊形成了一個稱為羅迪尼亞超大陸。元古代末期，香港附近地區屬於沿海和大陸架環境，存在着一系列東

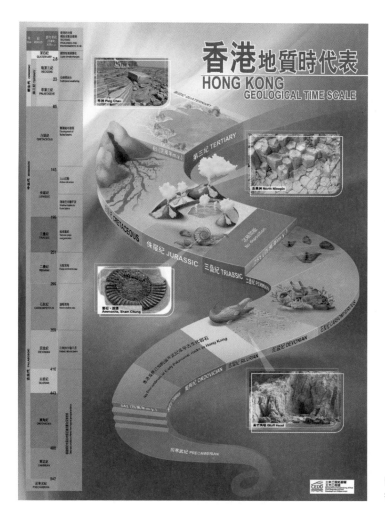

圖 2-3　香港地質時代表。（香港特別
行政區政府土木工程拓展署提供）

北—西南走向的沉積盆地，沉積了厚厚的泥質和砂質岩層，沉積環境仍然相當穩定，一直
持續至早古生代。雖然香港境內沒有發現前寒武紀的岩石，但花崗岩內礦物同位素的研究
結果顯示，香港地區的地殼基底可能存在太古代岩石，而且在香港北部邊界附近，可見元
古代的砂質沉積岩和地殼深處形成的混合岩。元古代岩石的褶曲構造和混合作用，可能與
羅迪尼亞超大陸的形成有關。

在古生代，華夏褶曲帶以淺海和大陸沉積序列為代表，總體屬於卡拉通地台形的穩定環
境，地質過程以海侵和海退序列為主。在古生代初期，香港所屬的華南地區是一片淺海，
奧陶紀發生的造山運動影響了廣東北部的基底岩石，但香港和附近地區幾乎沒有發現該次
地質運動的證據。直至泥盆紀時期，整個地區回歸為近岸的大陸環境，積聚了厚厚的陸相
沉積物。這些泥盆紀沉積物很可能起源於處於香港東南部的大陸陸塊，該陸塊後來脫離華
南板塊並向東北漂移。華南地區在石炭紀發生了另一次大範圍海侵事件，導致在華夏地區
形成廣泛的大陸架，及以碳酸質為主的沉積岩石，在香港形成石炭紀粉砂岩、泥岩和大理
岩層組別（見圖 2-4）。

隨着海平面不停的升降變化，二疊紀至中生代侏羅紀期間，香港地區以海洋環境為主。這段期間形成了一系列的海相沉積岩組，以粉砂岩和泥岩為代表，岩組內可發現豐富的化石。中生代早期，華南地區發生過一次造山運動，稱為印支造山運動，可能因華南板塊沿着哀牢山斷裂帶與印支地塊碰撞造成。在香港地區及其附近觀察到的一些地質過程，很可能是哀牢山斷裂帶相關構造過程的遠場效應。在后海灣曾發現屬於三疊紀的花崗岩，亦可能是這次印支造山運動的結果。

印支造山運動後，便是地殼隆升和岩漿活動事件的開始。從中侏羅世到白堊紀，中國東南部發生廣泛的火山作用和岩漿作用，並伴着大範圍的褶曲和斷層活動。當時在華南板塊南

圖 2-4　華南地區古生代至今地殼運動環境演化示意圖

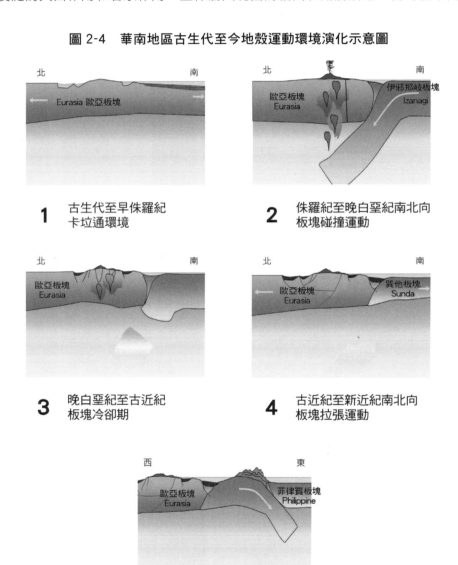

資料來源：　陳龍生提供。

邊有一古太平洋板塊，兩者之間是一個碰撞型板塊邊界。古太平洋板塊向北和華南板塊相撞，並在華南板塊下形成一個俯衝帶。板塊運動導致華南板塊上，形成了一個非常廣闊的岩漿帶，大量岩漿岩侵入地殼內，在地殼內冷卻形成花崗岩體。區內此次大規模地質運動稱為燕山運動，亦是香港最主要的成岩時代。當時整個華南地區遍布火山，火山噴發形態以猛烈的火山噴發為主，在火山盆地堆積了厚厚的火山碎屑物質和熔岩。這次岩漿岩運動一直持續到早白堊世（見圖 2-4）。

白堊紀晚期，岩漿活動停止，地殼冷卻而逆轉成拉張狀態，形成許多山間盆地，盆地沉積了厚厚的礫岩、砂岩和泥岩。因為沉積環境氧氣充足，加上當時氣候溫暖濕潤，導致岩石能充分氧化而形成厚厚的紅色岩層。直至新生代初期，氣候變得十分乾旱，在香港至廣東地區形成了一系列近岸地區的潟湖，因為蒸發量大，導致潟湖湖水鹽度和鹼性高，孕育着豐富的藻類和藍藻生物，形成含有疊層石的生物沉積岩，甚至蘊藏着石油和天然氣等具有經濟價值的資源。

最近期的構造運動是始於中新近紀的台灣運動，大約在 13 百萬年開始，歐亞板塊與菲律賓板塊以東—西方向相撞，形成今天中國東南部地區的地質面貌。

二、香港地層及地質

香港最古老的岩石是晚古生代非海相和淺海相沉積岩。這些泥盆紀、石炭紀和二疊紀岩石主要出現東北和西北部，佔陸上岩石的出露小於 10%（見圖 2-5）。侏羅紀沉積岩在香港只有一小塊區域（小於 3%）出露，它們包括沉積在深海陸架環境中的早中侏羅世砂岩、粉砂岩和頁岩。

中生代火山岩和侵入岩是香港的主要岩石類型，約佔陸上岩石出露的 85%。它們包括花崗岩岩體、岩脈和英安質至流紋質的凝灰岩和熔岩。大部分火成岩為晚侏羅世至早白堊世。火山中心及相關岩體的分布和形態，受東西走向和西北—東南走向斷裂的強烈控制。燕山活動後期，因拉張運動形成許多盆地，新生代的沉積岩主要出露於東北部。

三、香港基層結構

香港大部分地區出露的岩層是侏羅紀和白堊紀的火成岩和沉積岩。地表沒有早古生代或前寒武紀的岩層出露，但基底的岩性和年齡，可從地球物理數據和同位素方法間接測定。香港侏羅紀的火山岩中有石炭紀至二疊紀時期的大理岩碎屑，證明深層存在古生代岩石。但因中國東南部較少有前寒武紀結晶岩石出露，因此對基底結構了解仍然有限。根據古地理和鄰近廣東省出露的地層，香港基底極可能存在早古生代和元古代的岩石。近年的同位素研究結果亦表明，太古宙和元古代結晶岩，可能構成香港地區基底大部分的地殼。

圖 2-5　香港地質圖（比例 1:100,000）

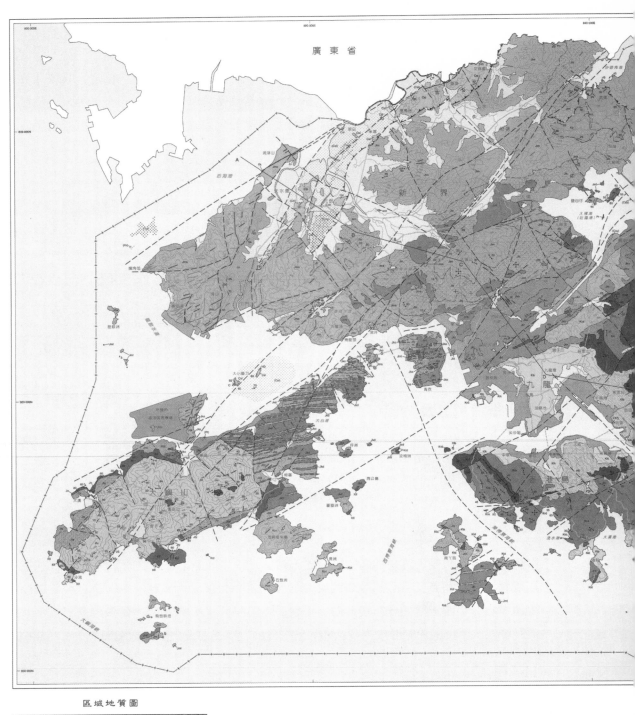

資料來源： 香港特別行政區政府土木工程拓展署。

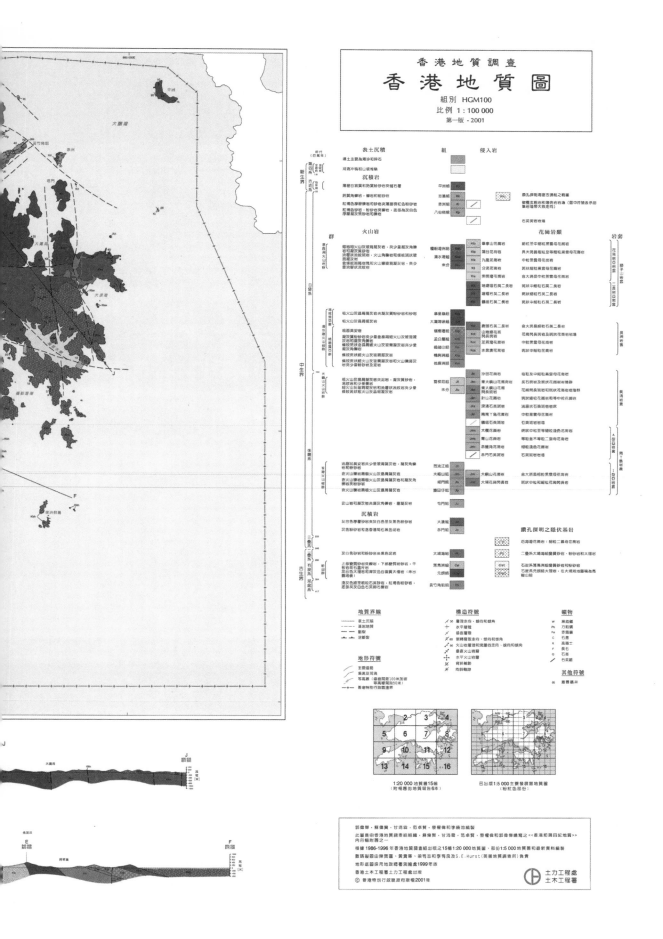

香港花崗岩和火山岩的同位素特徵表明，在晚古生代和中生代之間，香港地下深處存在一個主要的地殼不連續性，該斷面大致位於蓮花山斷裂帶的軸線。圖2-6將香港按花崗岩同位素，劃成三個地帶，當中Zone 1（包括新界西北、北、東北，以及大嶼山西北）含有晚太古宙地殼成分；而在東南地區，岩漿被更鎂鐵質的中生代—古生代地殼成分污染。香港基底岩中的同位素分區，為地殼不連續性的形成和演化，提供了重要線索。

圖 2-6　香港花崗岩同位素區劃圖（上）和基底地殼模型剖面圖（下）

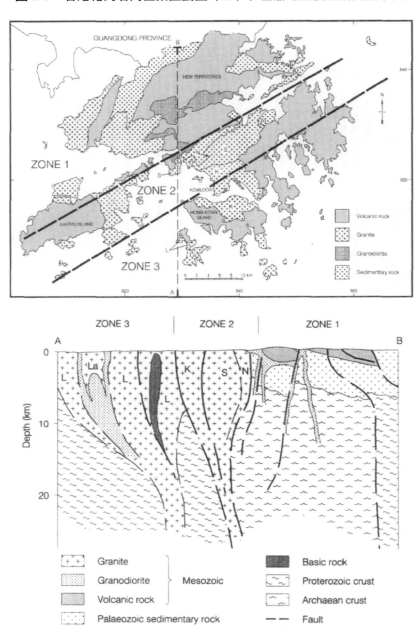

資料來源：　Figure 3 and 8 in Fletcher, C. J. N., Campbell, S. D. G., Carruthers, R. M., Busby, J. P. and Lai, K. W., "Regional Tectonic Setting of Hong Kong: Implications of New Gravity Models," *Journal of the Geological Society* (Oxford), Vol. 154 (1997): pp.1021-1030.

第二節　地層

一、元古代地質紀錄

香港基本上沒有元古代的岩層出露，而鄰近香港的深圳地區則發現元古代岩石。在與香港接壤的深圳蓮塘地區，也發現了震旦紀的岩石。該處屬王婆山組，該岩組以片岩為主，岩組厚度大約為 1150 公尺。岩石內存在藻類化石，雖在香港境內尚未發現同類岩石，但估計該岩層一直伸延至香港羅湖地區。

二、古生代地質紀錄

晚古生代岩石主要出露在香港的北部和西部（見圖 2-7）。香港晚古生代岩層按化石和地層序列進行分類，以泥盆紀、石炭紀和二疊紀沉積岩為主，其中一些曾經歷熱力變質和動力變質。總體來説，這些岩石記錄了大約 150 百萬年的地質歷史。此期間因海水上升，沉積環境逐漸由大陸邊緣變成海洋沉積，在石炭紀堆積了厚厚的碳酸岩。隨後海水慢慢退卻，變成了以泥岩、砂岩等為主導的碎屑岩層。

圖 2-7　香港古生代沉積岩分布圖

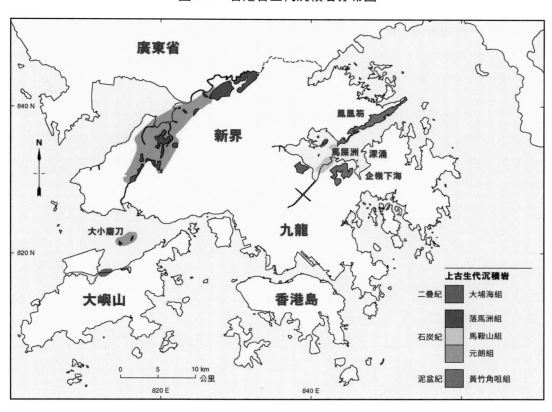

資料來源：　香港特別行政區政府土木工程拓展署。

1. 泥盆紀

泥盆紀時期，華南地區的海相沉積僅限於雲南至粵西地區，廣東屬大陸邊緣濱海環境。泥盆紀陸相沉積物集中在東北 — 西南走向的盆地，當時地理環境以湖泊環境為主，岩石內可找到淡水魚類和陸地植物的化石。

在香港，泥盆紀岩石主要出露於兩個區域：赤門海峽北岸和馬鞍山以西地區。在赤門海峽以北，泥盆紀岩石形成了一個東北走向的山脊，從西南的吐露港向東北伸展至黃竹角咀，形成一個狹長的半島。半島山勢陡峭，沿着半島有一系列小丘，其中一些小丘高度超過 200 米。在馬鞍山以西地區，泥盆紀岩石主要出露於烏溪沙、牛押山，以及馬鞍山的山麓。

「黃竹角咀組」這個泥盆紀地層的岩組名稱和年齡劃分，曾經歷多次的修訂。1926 年，有學者將該組岩石古老部分劃為赤門海峽組，提出該地層屬早期侏羅紀時代，並包含了赤門海峽北部和南部海岸以及平洲的岩層。1960 年及 1971 年，另有學者先後將赤門海峽和船灣之間的岩石歸為黃竹角咀組，將其年齡定為二疊紀，又將馬鞍山一帶的岩石劃入淺水灣組。1980 年代和 1990 年代的地質發現，讓此區地層的年齡得到細化。古生物學家先後在赤門海峽發現屬泥盆紀的魚類化石和雙殼類動物化石，黃竹角咀組被證實是早至中泥盆紀地層，是香港境內在地面出露最古老的岩組。同時，位於赤門海峽南側馬鞍山附近的岩層亦發現晚泥盆紀的植物化石，亦被歸入為黃竹角咀組。

赤門海峽是一個大斷層帶，在赤門海峽以北，黃竹角咀組的岩石被斷層切斷，夾雜在早侏羅紀赤門組沉積岩，及侏羅紀末期至白堊紀的凝灰岩之間。黃竹角咀岩層向西北方向以高角度傾斜，岩石傾角接近垂直。岩層內的沉積構造顯示岩層向西方向年輕化。但是根據化石證據，在東邊靠近赤門海峽的地層年齡主要是中泥盆紀，而西邊靠近船灣的岩層屬早泥盆紀，可能被一個逆斷層所分隔，或因地質運動導致整套岩層被覆轉。

泥盆紀岩組以黃竹角咀組為主，岩組主要由細粒至粗粒的石英質砂岩、紅色的粉砂岩和含有巨礫的礫岩構成，亦包括較次要的紅棕色和紫色絹雲母粉砂岩。岩層厚度超過 800 米，最典型的剖面位於赤門海峽西北出口的黃竹角咀。在該地區的海岸崖壁上露出完整的地層序列，地層結構複雜，靠近東南部的岩層非常陡峭，西部地層緊密褶疊成一系列東北 — 西南走向的背斜和向斜，而且層理覆轉，地層的褶疊構造沿着黃竹角咀半島向西南方向伸延。

白沙頭洲位於黃竹角咀半島最西南端，與吐露港接壤。該地區由淺灰色、中粒和粗粒石英質砂岩、細粒砂岩和粉砂岩的互層組成，偶爾可見白色石英礫岩層和砂岩透鏡體。香港的第一片魚化石發現之地，便位於白沙洲南端，該魚化石被鑒定為中泥盆紀晚期的盾皮魚。在黃竹角咀半島近鳳凰笏以北的地方，黃竹角咀組厚約 670 米。下部地層包括灰白色砂岩和角礫岩，上部則為細粒石英質、黏土砂岩及次要的絹雲母粉砂岩和透鏡狀礫岩，這些沉積岩主要是由流水作用造成的沉積物。在鳳凰笏則出露一層近 20 米厚的白色粗粒砂岩，內含良好的交錯層理，交錯層理傾角近 30 度，相信是風沙作用的沙丘沉積。

在馬鞍山附近的沉積岩，以 30 度傾角向東南方向傾斜。興建位於城門河以西的污水濾水廠時，工程地曾露出非常完整的岩層序列。在城門河以東的烏溪沙地區亦有沉積岩層出露，與黃竹角咀半島白沙頭洲的序列相若。該地區岩層厚度大約 300 米厚，覆蓋在馬鞍山和牛押山火山岩之下，露頭零星地分布在牛押山的西部山脊和西澳村西南的溪流中。岩石層理不明顯，主要由白色的石英砂岩、紫色的粉砂岩和石英岩組成。岩層中蘊藏晚泥盆紀的植物化石，因此該岩層歸入黃竹角咀組。

黃竹角咀組沉積物的形成環境，大概可分成數個沉積相，具有粒級層理和交錯層理的礫岩和砂岩層，大部分為河流環境的沉積物。礫岩代表在河流及河床的沉積，而砂岩和泥岩分別屬於邊灘沉積和沖積平原沉積。河道擺動造成的沉積物，有不同方向的交錯層理，橫向幅度大的礫岩層，代表洪水的沖積物；而傾斜角度較大的交錯層理，可能代表在沙丘的沉積物。鳳凰笏地區可見的古土壤剖面，主要由紅棕色至深紅棕色的泥岩組成，內含碳酸鹽和赤鐵礦結核，具乾燥裂縫。由古土壤形成的泥岩和沖積平原沉積的粉砂岩形成互層，可反映沖積平原受長期乾涸的沉積環境。黃竹角咀的岩層以細至中粒砂岩、粉砂岩和泥岩為主，具有粗粒化向上的特徵。從含化石的雲母砂岩、泥岩到粉砂岩，以及各種沉積結構如交錯層理、波紋以及粒級層理，加上岩石內植物和海洋化石的共同存在等現象，表明了一套三角洲到沿海平原的沉積環境。

2. 石炭紀

香港地區屬於石炭紀的地層統稱為新田群，石炭紀岩石主要出露在一個東北走向約 25 公里長、4 公里闊的區域內，地形主要是平原和小山丘。新田群由上部的落馬洲組，以及下部的元朗組和馬鞍山組（地面沒有出露）構成。在香港早期的地層分類，包括 1971 年的地質報告，並沒有新田群或元朗組。落馬洲組在 1943 年被命名，當時被認為是屬於中生代的岩組。其後，落馬洲組的年代曾經多次修改，最後在 1977 年修訂為屬於古生代的沉積物。元朗組在 1985 年命名，和落馬洲組合成新田群，兩組接觸面並不規則。有些地區，接觸面由碳酸質岩石漸變成粉砂質岩石。其他地方的兩組為斷層接觸，接觸面較為清晰。

元朗組

元朗組在香港西北地區，主要為大理岩，基本上只在地底存在，在地面上沒有出露。1970 年代，在發展元朗新市鎮的過程中，首次在鑽孔中發現大理岩。因為沒有在岩石中找到化石，不能從古生物學的方式確定大理岩年代。不過類似的碳酸岩在中國南方大範圍出露，從而判定元朗組為早石炭紀的沉積。估計整套元朗組厚度超過 600 米（見圖 2-8）。

在元朗地區，元朗組可劃分為下部的朗屏段和上部的馬田段。朗屏段主要由灰色至深灰色細緻中粒結晶大理岩和少量燧石組成。岩石內縫合構造非常明顯。估計原先岩石是薄層石灰岩和粉砂岩的互層序列，經過區域變質形成大理岩。大理岩包含約 8% 較深色碎屑的碳酸鹽岩薄層，主要由屬陸源沉積物的細粒粉沙碎屑岩變質而成，其他岩石包括燧石、石墨

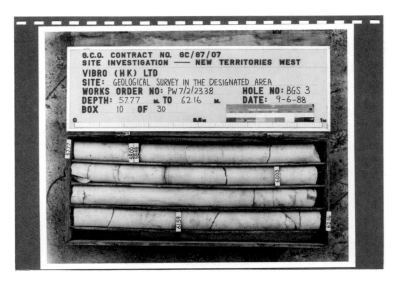

圖 2-8　元朗地區鑽芯內大理岩。（香港特別行政區政府土木工程拓展署提供）

粉砂岩和白雲岩。馬田段由厚層、純正、白色至灰白色、中至粗粒結晶大理岩組成，岩石結構已完全晶體化，沒有保存原始石灰岩沉積結構和化石。碳酸鈣含量超過 99%，輔助礦物包括白雲石、透閃石、綠簾石和矽灰石。變質等級被認為具有熱變質和區域變質成分。在整個地區，元朗組普遍被落馬洲組米埔段的變質砂岩和粉砂岩所覆蓋，米埔段的變質砂岩在這地區形成矮丘。在一些地區，特別是在大嶼山北部海岸，在與火成岩接觸地區，大理岩呈現出矽卡岩礦化，透輝石和石榴石在間隙粒狀方解石基質中。

在元朗西北和天水圍地區，元朗組普遍存在於地面以下 30 米至 55 米，並被一西北走向的斷層帶切割。元朗組主要由淺灰色至白色、細至中粒大理岩組成，上層被 18 米至 40 米厚風化土所掩蓋。在元朗東南地區地面下 18 米至 43 米深處，發現在大理岩岩層內存在一個典型卡斯特地貌，大理岩和風化土接觸面起伏不平而且具有許多陡峭崖壁，而且包括一層約 30 米厚岩溶區，區內有非常不規則的岩溶發育。大理岩岩基的不規則起伏和溶洞給該區的發展帶來了重大的工程問題。

馬鞍山組

馬鞍山組在地面沒有出露，只發現在工程鑽孔中。岩組由淺藍灰色至乳白色、白雲石和大理岩組成，並夾有深綠色變質粉砂岩薄層，岩層總體向東南方向以 70 度至 80 度傾角傾斜。在白沙頭洲在海床以下 25 米處與白雲質石灰岩相交，可能是馬鞍山組被夾雜在赤門海峽斷層帶的條狀岩帶。馬鞍山組估計最小厚度為 200 米。大理岩中沒有發現任何化石，與上下地層的接觸關係未明，根據岩性估計和元朗組同期。馬鞍山組頂部亦存在岩溶發育帶，與風化土接觸面的地勢非常不均勻，馬鞍山組和元朗組一樣，為城市開發帶來重大的工程問題。

落馬洲組

新田群的上部屬於落馬洲組。落馬洲組基本上由輕度變質的粉砂岩和碳酸岩所組成，可見出露部分厚度接近 700 米。在大嶼山以北的大磨刀島存在一個發育於落馬洲組的石墨片岩，石墨含量足夠開採。在礦場深達 90 米之處，仍可發現屬於落馬洲組的石墨片岩。由此可見，落馬洲組的總厚度超過 1000 米。

根據地層岩性，可將落馬洲組分成下部的米埔段和上部的大石磨段。米埔段主要由粉砂質的岩石所組成。岩石內的褐鐵礦經風化後經常呈現紅色和黃色等色澤。米埔段的底部，由帶有碳酸質的泥岩所組成，中間夾雜着經過輕度變質的石墨粉砂岩和片岩。岩石中含有電氣石、紅柱石、磁鐵礦等變質礦物，岩石片理明顯。岩石中的石英礦物經常因壓力而變形，形成扁平狀態。岩石的膠結物以絹雲母和黏土為主（見圖 2-9）。米埔段的沉積岩，可能屬於一個三角洲的沉積環境，沉積速度快而連續。古環境和古地形的迅速變化，也形成了米埔段岩層序列迅速變化的特徵。

新界北部由文錦渡向西南方向伸展，經過羅湖、大石磨、馬草壟至落馬洲地區，是米埔段出露範圍最廣泛，亦最具代表性的地區。該地區出露範圍約 5 公里、長 1 公里闊，主要由淺至深灰色的千枚岩、變質砂岩和粉砂岩所組成，主要出露在零星的小山丘，總體厚度達300 米。此地區米埔段岩石可分為三個亞段，下部主要由灰至深灰色千枚岩、絹雲母片岩組成，夾雜着 1 米至 2 米厚砂岩和石墨片岩。中部主要由千枚岩和變質粉砂岩所組成，其中包括一層 1.5 米厚層灰白色石英變質砂岩。上部由變質粉砂岩、絹雲母片岩，以及數層變質砂岩厚層所組成。在元朗地區，米埔段沒有在地面出露。但在工程鑽孔，常常發現米埔段的岩石覆蓋在元朗組的大理岩之上。大嶼山北大磨刀島上的岩石屬於落馬洲組米埔段，主要為粉砂質砂岩，夾雜着數層石墨粉砂岩。1950 年代至 1960 年代，此處曾是一個石墨礦場，岩層總體向東北方向傾斜，頂部以風化粉砂質砂岩為主，而下部則以石墨粉砂岩為

圖 2-9　缸瓦甫道出露落馬洲組的雲母片岩。（陳龍生提供）

主，岩層總體厚度超過 200 米。

處於米埔段之上是大石磨段。大石磨段主要由灰色至灰白色的細晶沙岩組成，中間夾雜着少量礫岩，礫石約佔岩石的 40% 至 60%，直徑約為 5 毫米至 30 毫米不等。礫石皆經過動力變質作用而變成扁平形狀。岩石中膠結物以石英、長石、雲母等為主。岩石總體具有良好的片理。大石磨段出露最清晰地區是上水河上鄉一帶，岩石主要是變質礫岩和帶礫石變質砂岩。在鐵坑地區，大石磨露出了兩層變質岩，夾雜着變質砂岩，其中變質礫岩厚度可接近 3 米。

3. 二疊紀

大埔海組

在香港地區古生代最後一個岩組是二疊紀的大埔海組。早期地層分類一般將大埔海組的岩石歸入赤門組之內。直至 1956 年，重新將大埔海一帶屬二疊紀的岩石命名為大埔海組。大埔海組主要由泥岩、碳酸質粉砂岩和砂岩所組成。根據岩石性質和特徵，大埔海組可分成兩部分，下部主要是碳酸質粉砂岩、泥岩和砂岩，上部則由厚層石英砂岩和礫岩所組成。二疊紀的大埔海組主要出露地方是吐露港的馬屎洲和丫洲。其中以馬屎洲的出露最為完整。此外，在工程鑽孔中，亦在大嶼山北、近東涌地區，找到了屬於二疊紀大埔海組的岩石。

在吐露港的馬屎洲可看到大埔海組岩層兩種明顯不同的岩相。下部岩層以泥岩為主，岩石形成薄層，並有發育良好的軟泥變形和滑動褶曲構造。在呈透鏡狀砂岩內部，也可看見低角度的交叉層理（見圖 2-10）。在某些岩層的底部，偶爾可見礫石層。這組岩石內可找到屬二疊紀的海洋動物化石和少量植物碎片。岩層上部的岩石主要出露在馬屎洲的東北海岸，岩相和特徵以石英質砂岩和礫岩為主，層內具有發育良好的交叉層理。岩層厚度可超過 1 米，中間亦夾雜着許多深色的泥岩和粉砂岩。岩石經歷了強烈的軟泥變形，滑動褶曲和搬移構造均非常明顯。

馬屎洲的大埔海組岩石厚度估計超過 500 米，岩層呈東北走向，並被侏羅紀的火山岩所覆蓋。除了滑動褶曲之外，根據岩層層理，亦可看見有大地運動造成的向斜和背斜構造。在馬屎洲附近的丫洲，也可發現屬於大埔海埔組的岩石（見圖 2-11）。岩石主要以石英質砂岩和深色粉砂岩為主，岩石內含有豐富的植物和動物蟲跡化石。有幾層砂岩，岩層厚度可達 1.6 米，此處岩層向東北方向傾斜和年輕化，岩層總厚度約 150 米。

在東涌的工程鑽孔中發現屬於大埔海組的岩石，岩石性質以變質砂岩和大理岩為主，估計它們是存在於花崗岩體內的大型塊體，這些塊體直徑可達 60 餘米，是花崗岩體內的捕獲體。此外，變質砂岩內亦有因熱力變質而形成的矽卡岩和鈣質硅酸鹽等礦物。

圖 2-10　馬屎洲的大埔海組沉積層。（陳龍生提供）

圖 2-11　丫洲的大埔海組地層。（陳龍生提供）

三、中生代地質紀錄

1. 侏羅紀

香港地區的中生代基本上沒有三疊紀地層出露，中生代的沉積岩包括侏羅紀的赤門組和大
澳組組成。前者在香港東北赤門海峽有零星出露，後者主要分布在大嶼山西北地區。

赤門組

赤門組是一套海相沉積岩，岩石性質主要是灰至灰白色的薄層砂岩和含化石的黑色泥岩。
早於 1926 年的地層分類，已有赤門組的名字。此組岩石極為重要，在二十世紀初期，地質

學家首次在這組岩石內發現海相的菊石和雙殼類化石，也首次證實此地區存在着侏羅紀的海相沉積岩。赤門組出露最清晰的地方，是在赤門海峽西北海岸的鳳凰笏和大埔海東南泥涌和深涌等地區。此外，在新界西北元朗以南的大棠，也發現了屬赤門組的岩層。

在赤門海峽的西北沿岸，赤門組在白角山以南、鳳凰笏和老虎笏等三處出露。在赤門海峽，赤門組和在西北面的黃竹角咀組沿着一條北東走向的斷層帶接觸，帶內發現了斷層角礫岩。赤門組在此三處的出露，也沿着岸邊北東走向的夾長條帶。在白角山以南的海岸，赤門組以深色薄層泥質岩和灰至深灰色粉砂岩為主，粉砂岩內含有鐵質結核。這裏赤門組總厚度約 75 米。在鳳凰笏，赤門組的露頭約 30 米至 120 米寬，岩石的特性以砂岩和含化石深色泥岩為主。在老虎笏，赤門組的岩石僅於潮退時在岸邊一個約 10 米寬的條帶內外露，岩石以深灰色的砂岩和薄層粉砂岩為主。

在馬屎洲，赤門組在該島的最南端出露，和二疊紀的大埔海組之間是一個斷層接觸，並被侏羅紀的火山岩所覆蓋。這裏的赤門組主要是由風化至粉紅到棕色的薄層雲母粉砂岩所組成，岩層總體向西面以高角度傾斜，估計岩層總厚度約 150 米。在這裏的赤門組露頭，也曾找到菊石化石，故推論該露頭屬侏羅紀的地層。在吐露港東岸的深涌角和南岸的泥涌兩處，均有赤門組的出露。兩處的岩石都是以深色粉砂岩和泥岩為主，而且都含有屬侏羅紀的菊石化石。

在大棠地區，屬於赤門組的岩石有幾處零星出露。岩石以粉砂岩和細晶砂岩為主，亦有少量灰色石英岩和輕度變質粉砂岩。岩石內曾發現菊石化石，因此推斷該岩石屬於下侏羅紀的地層。

大澳組

在中國東南部，侏羅紀的主要特徵是陸相沉積。在此期間，海平面逐漸下降，早侏羅紀的海侵層序演變為海退層序，露出大範圍陸地。在香港地區，侏羅紀的沉積岩被界定為大澳組，主要分布在大嶼山西北部（大澳至深屈灣沿岸）。此外，在新界吐露港中文大學附近、深涌和企嶺下海也有零星的出露。大澳組發現的化石包括幾種中侏羅紀植物，包括 *Ptilophyllum contiguum*、*Otozamites hsiangchiensis* 和 *Eretmo phylum* sp.。

大澳組主要由灰色細粒砂岩與粉砂岩，和砂質粉砂岩的互層層序組成。地層典型剖面位於大澳東北海岸。大澳東北海岸的岩層向南傾斜（約 40 度至 60 度傾角），地層層理良好，並呈現多種沉積構造。大澳組岩性以粉砂岩為主。岩層厚度從 4 米至 12 米不等，並經常呈現交叉層理。粉砂質岩層的層理較薄，連續出現粉砂岩序列的厚度可達 3 米。岩石具有蟲跡化石和乾涸龜裂構造。相信屬於陸上河流、沖積平原、小三角洲等沉積環境。

大澳組內的砂岩相信是河道沉積物，佔整套層序 50% 的厚度。砂岩層理明顯，岩層厚度一般 4 米至 7 米，偶爾有 12 米，岩層底部層理一般較明顯。砂岩大多為中至粗粒，顏色以灰

色至紅色為主，風化後則呈黃褐色。岩層在不同地點出露處具有一致的厚度。砂岩岩層內部出現分選情況，和向上細化的粉砂岩形成粒級層理構造，並普遍存在槽型交叉層理，交叉層理顯示，砂體總體向南或東南為流動方向。幾個砂體的底部和頂部含有黃鐵礦晶體。生物擾動和蟲跡也很常見。

大澳組的砂質粉砂岩，代表沖積平原的沉積物，約佔大澳組層序的 45%。粉砂岩由灰色至紅色，部分岩層厚度可達 3 米。層序內偶爾可見具有交叉層理透鏡砂岩體。生物擾動證據和蟲跡構造非常廣泛，含有大量由於生物活動而產生的蟲管（呈垂直或近水平方向）。多邊形狀乾涸龜裂構造，普遍存在於較粗粒粉砂岩或細粒砂岩中。沖積平原形成的粉砂岩、向上粗化的粉砂質砂岩和中粒砂岩，相信是在漸變成為三角洲的環境下形成，岩石具有波紋構造，反映水流向西南流動，生物擾動構造非常普遍。

在大嶼山西端的大澳組地層，由細層狀粉砂岩和具有豐富沉積結構的細粒砂岩組成。岩層以淺灰色及淺紅色為主，個別岩層厚度約厚 20 毫米。岩層呈東北偏東走向，接近垂直，並被擠壓成等斜褶曲。從岩石粒度細化的方向可判斷，地層在擠壓過程中沒有倒置，並向東南方向年輕化。在大澳至深屈灣之間屬於大澳組的岩石，向西北偏西以 60 度傾斜。岩石主要由深灰色的石墨粉砂岩和細晶體砂岩層所組成。石墨粉砂岩層厚度達 2 米。在深屈灣，屬於大澳組的沉積岩層，直接覆蓋在侏羅紀火山岩之上，兩者之間亦是一個整合接觸。從深屈灣到磡石灣稱為「粉紅海岸」的一段海岸，大澳組的岩石特徵以細晶砂岩和粉砂岩為主，偶爾亦可見到較深灰色的石墨粉砂岩。在磡石灣地區，大澳組的岩石以石英質砂岩為主。砂岩岩層內部呈現向上粒度變細的構造，而且顯示岩層向東方向逐漸年輕化，偶爾也見到由砂岩和粉砂岩構成的互層。在磡石灣東邊，大澳組的岩石被一個花崗岩體入侵，在兩者之間形成一個約 5 米寬的矽卡岩帶，在這個矽卡岩帶裏，可發現因變質作用形成的石榴石、符山石、透輝石、磁鐵礦等礦物。

除大嶼山外，屬於大澳組的岩石，也出露在接近香港中文大學（中大）、企嶺下海和深涌等地。在中大附近，大澳組的岩石主要以灰色至深灰色、幼至粗粒砂岩為主，沒有發現大型或花粉等化石，但可見到生物蟲管等遺蹟化石。在企嶺下海以北深涌角，屬於大澳組的岩石形成一個數十米寬，主要呈粉紅色風化的千枚質粉砂岩和砂岩的露頭。

2. 中侏羅紀

侏羅紀至白堊紀時期，是香港地區岩石形成的最重要時期。當時處於南邊的一塊古老板塊向華南板塊俯衝，造成華南沿岸一個非常寬敞的岩漿帶。香港及沿岸地區遍布火山，經過長時期的火山噴發活動，形成了厚厚的火山岩，和夾雜於火山岩之間的沉積岩。在地殼較深處，岩漿冷卻並形成大量侵入岩。火山岩和侵入岩兩種岩石，共佔據了香港陸地面積接近 76%。在香港地質研究中，火山岩和侵入岩曾用上多個不同的地層名稱，包括大嶼山組、香港組、大帽山組、淺水灣組、糧船灣組、大潭組等。大部分名稱已不再被使用。而

圖 2-12　香港中生代火山岩分布圖

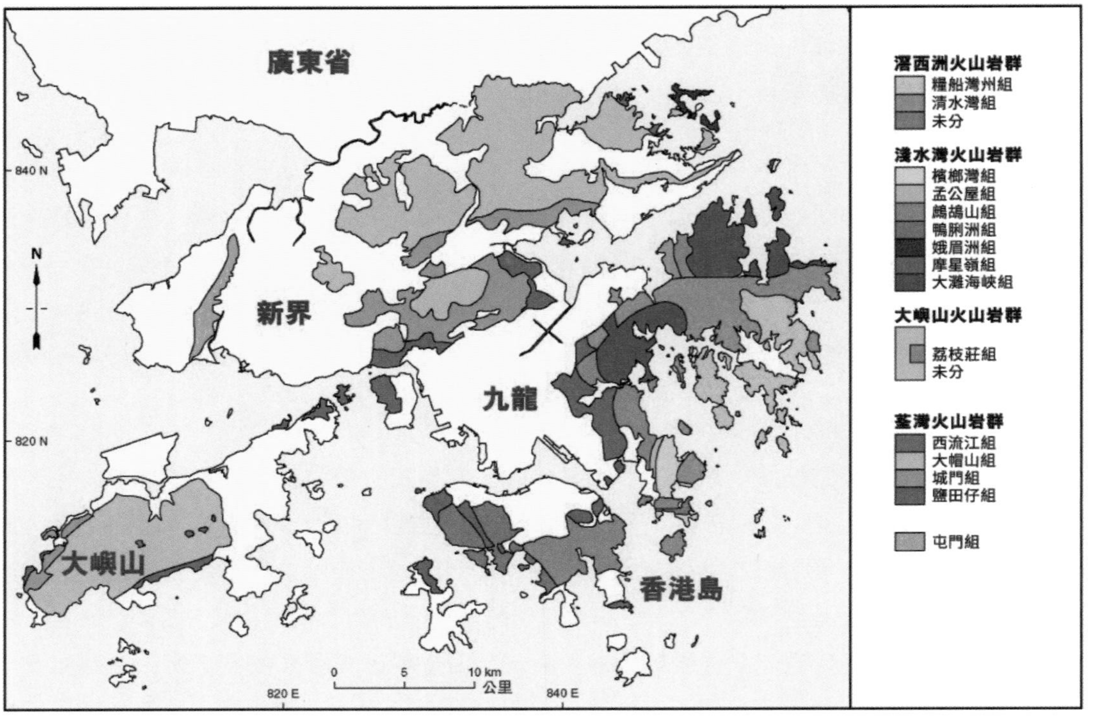

資料來源：　香港特別行政區政府土木工程拓展署。

香港地質調查組亦重新劃定香港侏羅紀岩組的地層。

香港火山岩的分層，基本上根據絕對年齡測定的結果、地層和岩性三種因素而定。香港主要的火山岩，以酸性火山岩為主。由下至上包括：屯門組、荃灣群、大嶼山群、淺水灣群和滘西洲群（見圖 2-12）。火山岩的絕對年齡方面，屯門組約為 180 百萬年前，其餘四個火山群為 164 百萬年至 140 百萬年前，可與深圳地區上侏羅紀和下白堊紀的梧桐山群和七娘山群作對比。

屯門組

屯門組的火山岩，是香港地區出露最古老的火山岩，出露範圍集中於香港西及西北部地區。屯門組下部，主要由砂岩、粉砂岩、千枚岩和少量安山質凝灰岩、凝灰質砂岩、粉砂岩和角礫岩所組成，總厚度估計 1000 米。屯門組的上部，主要是由安山岩夾雜少量火山礫凝灰岩、晶體凝灰岩和火山角礫石所組成，總厚度估計近 2000 米。在屯門以北地區，安山質凝灰岩內夾雜着大理岩，和懷疑是屬於古生代的岩塊，估計是接近一個噴發管道環境形成的火山岩（見圖 2-13）。有研究曾經利用氬氬定年法，在屯門組的一塊岩屑和一粒閃石結晶，得到大約 182 百萬年的絕對年齡，但是岩石可能經歷強烈的熱力事件，影響所得到絕對年齡的準確性。

圖 2-13　屯門西出露的屯門組火山岩。（陳龍生提供）

在青山東麓，屬於屯門組的岩石，以石英質砂岩、砂粉岩、千枚岩為主。岩層以高角度向東西方向傾斜。在該地方工程鑽孔顯示，在表層坡積土之下存在着厚層的石英質砂岩，岩層內存在交叉層理，並夾雜着灰至淡灰色的千枚質粉砂岩，在工程鑽孔中也發現了夾雜在砂岩和凝灰岩之間的礫岩岩層。礫岩以灰綠色至淺棕色中為主，基質呈白色，而礫石直徑達 5 厘米，呈近半圓形狀，主要由砂岩、脈狀石英和火山岩所組成。這層礫岩在青山寺和良田村有很好的出露，礫岩顏色由淺灰至灰綠色，主要由凝灰質岩石所組成，內含大量近圓形的礫石，礫石成分以砂岩和火山岩為主，岩石基質則主要為凝灰質物質。

在屯門西北良田村附近的屯門組岩石，主要為中至粗粒的安山岩，岩石帶有近圓形、屬於安山岩的岩石碎塊，細塊可達 25 厘米，也包括直徑達 8 厘米的石英砂岩碎塊。在大興邨附近的安山岩層，曾經受到變質作用影響，岩石呈灰綠色和具有強烈的片理。另外，在屯門東邊的工程勘探鑽孔之中，也經常發現有安山質的火山岩和火山碎屑岩。

3. 晚侏羅至早白堊紀
晚侏羅至早白堊紀期間，香港位於中國東南邊緣的一個廣闊岩漿區，地質以火山岩和侵入岩為主，佔香港基岩面積分別約 50% 和 35%。兩種岩石在年齡、化學成分、岩石學和分布均有密切關係。

火山岩主要由厚層的凝灰岩和較薄的熔岩流組成，並夾雜有經搬運和沉積而成的火山碎屑岩層，這些火山岩形成了香港大部分山區。火山活動高峰期出現在侏羅紀晚期和白堊紀早期，當時香港發生了多次大規模的火山噴發，火山活動主要由東北—西南走向的蓮花山斷裂帶所控制，導致沿斷裂方向形成複雜的破火山口。在香港境內中部及東部地區，找到最

圖 2-14　香港破火山口分布圖

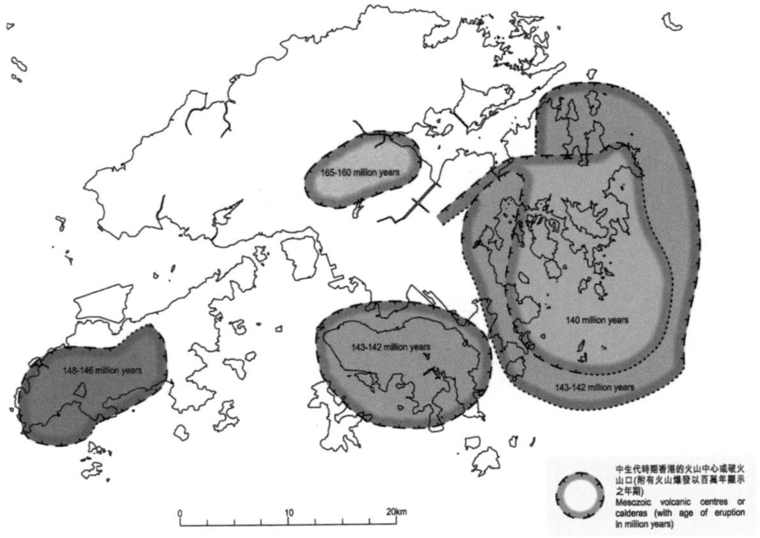

資料來源：　香港特別行政區政府土木工程拓展署。

少四個大型破火山口（見圖 2-14），其中最大的一個位於西貢海域，直徑達 20 公里。141 百萬年前一次超級火山噴發，在破火山口範圍內堆積了超過 400 米厚的火山灰，是已知地質歷史上相對罕見的超級火山噴發。

香港的火山岩，根據地理位置、年齡、層位和岩性，可分成荃灣火山岩群、大嶼山火山岩群、淺水灣火山岩群，以及滘西洲火山岩群四個火山岩群。其中荃灣火山岩群形成於中侏羅世早期，其餘三個火山岩群形成於侏羅紀末期至白堊紀初期，兩期的火山岩群中間有接近 20 百萬年的間斷。其中有幾群根據岩性或區域分布，可細分成個別岩組。以下介紹香港地區的火山岩層組及其絕對年齡測定結果。

荃灣火山岩群

荃灣群的火山岩，是繼中侏羅紀屯門組安山岩之後的火山噴發地層，亦代表香港地區最主要的、成岩時期最早的火山活動所造成的火山岩地層。荃灣群的火山岩可劃分成四組，由下至上分別為鹽田仔組、城門組、大帽山組和西流江組。荃灣火山群基本上在約 164 百萬年前形成。四組岩石岩性接近，岩石的絕對年齡亦相差不遠。每個火山岩組的岩性、年齡、分布和特徵詳述如下。

鹽田仔組　鹽田仔組的岩石分布非常廣泛，主要出露在吐露港一帶，在大嶼山、南丫島和港島南端，亦有屬於鹽田仔組的岩石。鹽田仔組的火山岩主要特徵是由含結晶碎塊粗灰凝灰岩所組成，一般來說，岩石含有火山礫，岩層非常厚和緻密，沒有明顯的層理，但岩

層有時會夾雜着一些由火山沉積岩和火山角礫岩造成的薄層，這些夾層厚度一般不大於 1 米，成為在野外鑒別鹽田仔組火山岩最重要的指標。用鈾鉛定年法測定鹽田仔組內鋯石的年齡為 164.5 百萬年。

在吐露港地區，鹽田仔組的厚度估計有 200 米，覆蓋在侏羅紀赤門組的沉積岩之上。岩石主要是由含有豐富晶體的凝灰岩所組成，偶爾亦可見直徑超過 20 厘米的岩屑。在凝灰岩內的晶體，沒有明顯排列方向，但間中亦可見到熔結作用造成的火焰構造。鹽田仔組底部可見一套頗厚的角礫岩層，整合地覆蓋在赤門組的岩石之上。在香港西部地區，鹽田仔組的厚度估計達 300 米，此地區鹽田仔組的岩石，主要由一些灰至黑色、含豐富晶體的凝灰岩所組成。凝灰岩內的晶體以石英、長石、黑雲母和角閃石等礦物為主。而火山礫一般有一層因為高溫造成的白色表皮，顯示凝灰岩在沉積後仍然保持相當高的溫度。

吐露港西岸包括鹽田仔洲、大埔滘和九肚山一帶，是鹽田仔組的火山岩出露範圍最為典型的地區。在吐露港的馬屎洲西北岸和鹽田仔洲的東南岸，可見屬於鹽田仔組最底部、由一組 30 多米厚的角礫岩所組成的岩層。角礫岩礫石以稜角狀的粉砂岩和細粒砂岩為主，顏色呈紅至粉紅色。沿着鹽田仔洲的岸邊，可以看見這一組角礫岩，被一組大約超過 100 米厚的凝灰岩所覆蓋。這組凝灰岩以淺灰色為主，含有豐富的火山礫和晶體碎塊。

以一塊在鹽田仔洲獲得的凝灰岩為例，在顯微鏡下，凝灰岩含有接近 40% 的晶體碎塊，晶體碎塊以石英和斜長石為主，並含有較少正長石和黑雲母相，亦含有砂岩和凝灰岩的岩屑。基質主要是由細晶的火山灰所造成，間中亦可看見由熔結作用造成的火焰構造。在九肚山和大埔滘一帶，可以看見近鹽田仔組頂部的岩層，相對於底部，近頂部的岩層含有較多基性礦物，較豐富的凝灰岩由火山礫和晶體凝灰岩所組成。在此地區，鹽田仔組的火山岩被城門組的火山角礫岩和沉積岩所覆蓋。

城門組　城門組的岩石，主要分布在新界大帽山附近和吐露港以北地區，亦有少量出露在青衣、大嶼山南邊、新界北近沙頭角和船灣淡水湖一帶。城門組厚度接近 600 米。組內的火山岩特徵非常複雜，存在巨大差異。岩石包括多種凝灰質岩石，主要有含岩石碎塊的凝灰岩、火山礫凝灰岩、條紋斑雜岩、火山角礫岩、火山沉積岩等，而火山沉積岩的種類包括顆粒大小不一的沉積岩，如礫岩、角礫岩、砂岩、粉砂岩、泥岩等，在野外很難單靠岩石的特徵，界定岩石是否屬於城門組的火山岩層。城門組的火山岩內的晶體以石英、正常石和斜長石為主，含有巨型岩塊的凝灰質角礫岩，可能代表噴發管口的堆積物或填充物。而帶有礫石的火山沉積岩可能是滑波作用或火山泥流形成的沉積物。

城門組被界定為上侏羅紀的岩層。在接近荔枝莊的地區，城門組的凝灰岩和流紋岩，用鈾鉛定年法測出為 164.7 百萬年的絕對年齡。在大嶼山北部近象山的城門組岩石，亦利用同樣方法測定為 164.2 百萬年的絕對年齡。

城門組的岩石根據岩石性質和層位，可分成石龍拱、牛寮和象山三段。石龍拱段以熔結凝灰岩為主，總厚度約 200 米，最典型的露頭在荃灣以西。岩石特徵以凝灰質角礫岩、含有火山礫的凝灰岩和玻璃狀凝灰岩為主，具有強烈的線理構造，線理估計是由凝灰岩動流形成。牛寮段估計厚度約 250 米，岩石主要分布在大帽山以西地區，由粗灰玻璃質凝灰岩所組成，岩石內沒有明顯的紋理。凝灰岩內的晶體主要由石英、斜長石、正長石組成。象山段的岩石以條紋斑雜岩為主，主要分布在大嶼山西象山地區，估計厚度達 500 米。

大帽山組　大帽山組的岩石在香港覆蓋範圍非常廣泛，大部分出露在沙田河谷西北地區，包括大帽山所有高地。印洲塘往灣洲至吉澳的火山岩也被界定為屬大帽山組。大帽山組整合地覆蓋在城門組的火山岩之上，總體厚度估計接近 600 米，經鈾鉛定年法測定，得出大帽山組為 164.6 百萬年的絕對年齡。

大帽山組主要由厚層的凝灰岩所組成，岩石缺乏內部構造，顏色以淡灰色至深灰色為主，含有豐富火山礫和粗粒火山灰。凝灰岩內的晶體以長石和石英礦物為主，間中亦可見到黑雲母和砂岩組成的碎塊，碎塊多數呈扁平狀，類似條紋斑狀構造。

在大帽山的東南面，大帽山組底部的岩石由火山礫和火山灰晶體凝灰岩所組成，直接整合地覆蓋在城門組的岩石之上。相對城門組的岩石，大帽山組的火山岩內較多粗粒，亦有較多含晶體和玻璃質碎塊的岩石，岩石總體外觀較為均勻一致。岩石內的岩屑碎塊多由玻璃狀火山物質組成，直徑一般約 2 毫米至 3 毫米，而且常常被擠壓成扁平狀的條紋斑狀構造。

在大刀岃地區，屬於大帽山組的火山岩以火山礫和粗粒晶體凝灰岩為主。凝灰岩內含有砂岩和粉砂岩造成的岩塊，顯微鏡下可見少量方解石和黑雲母的存在。在大刀岃以西地區，大帽山組的凝灰岩經過變質作用，在岩石內形成淡灰色、後再結晶的長石和石英礦物，礦物晶體的大小可達 6 毫米。岩石內亦可看見較粗粒的火山彈和火山礫碎塊，火山彈由含氣孔的熔岩所組成，直徑可達 25 厘米。此處大帽山組的火山岩層，間中亦可見一些凝灰質的砂岩和粉砂岩，個別岩層可厚達 20 米。

在船灣淡水湖以北橫嶺等地區，大帽山組的凝灰岩含有大量的碎屑岩石，夾雜着近 450 米厚的粉砂岩和泥岩。在較北地區，大帽山組的火山岩覆蓋在較年輕的八仙嶺組之上，兩者之間的接觸帶是一逆掩斷層。斷層附近的岩石，普遍呈現強烈的片理和糜稜岩化。

西流江組　荃灣火山群最頂層的西流江組，整合地覆蓋在大帽山組之上。香港屬於西流江組別的岩石，只有非常局限的出露，而且集中在新界東北印洲塘的西流江（見圖 2-15）。岩石以英安岩為主，夾雜着凝灰角礫岩、凝灰質粉砂岩和砂岩。經鈾鉛定年法測定後，得出西流江組岩石為 164.1 百萬年的絕對年齡。

圖 2-15　西流江帶流紋岩碎片的英安岩熔岩。（陳龍生提供）

在西流江，屬西流江組的火山岩以英安質熔岩為主，中間夾雜着流紋岩、凝灰岩和凝灰質沉積岩。熔岩含有大量碎塊，和紅色的粉砂岩、泥岩形成互層。在印洲塘的長石咀和深水角，西流江組的岩石特徵以英安岩和流紋岩為主，亦有由晶體凝灰岩和粉砂岩形成的互層。

大嶼山火山群

大嶼山火山群總體厚度達 1700 米，沒有被細分成個別岩組，火山群岩石主要由流紋質斑狀熔岩和熔結凝灰岩組成，中間夾雜着火山碎屑沉積岩的夾層。大嶼山火山群的岩石，主要分布在大嶼山島。岩石整合地覆蓋在鹽田仔組和城門組的火山岩之上。利用鈾鉛定年法，得出大嶼山組火山群的絕對年齡為 147.5 百萬年至 146.3 百萬年。

大嶼山火山群班狀熔岩內的斑晶，主要由長石和石英兩種礦物所組成，部分斑晶呈現碎屑狀，其他岩石包括條帶狀流紋質凝灰岩，和含有巨化石的泥岩。岩石具有良好流紋紋理，岩內的長石斑晶，亦呈現良好結晶體，一般沒有岩石碎屑，但凝灰岩內可發現少量岩石碎屑和火山礫。

在大嶼山西南白角地區，出露了一組層狀凝灰質沉積岩，岩石厚度達 300 米。岩層內含有大量碎屑岩塊，可能代表再次沉積的碎屑物，並且具有很多滑動褶曲和軟泥變形構造。部分經過熱熔變質作用的沉積物，可能極接近火山噴發口。

在彌勒山、鳳凰山和大東山一帶的火山岩石，主要由流紋岩熔岩所組成（見圖 2-16）。岩石內長石和石英的斑晶接近 5 毫米長，流紋條帶呈近水平狀，一般厚度為 5 毫米至 20 毫米

圖 2-16　大嶼山大礷森附近的流紋岩。（陳龍生提供）

不等。在大東山北麓，出露了一套黑至灰色的凝灰質泥岩，岩石呈現良好薄層。岩層厚度約 10 毫米至 20 毫米，具有良好沉積構造。火山沉積岩中含有近稜角狀至近圓形狀礫石，礫石直徑約 2 毫米至 15 毫米。在昂坪出露的岩石，以淡灰色的泥岩、粉砂岩和凝灰質粉砂岩為主。岩層厚度由 10 厘米到 50 厘米不等，並含有大量植物化石。

在大嶼山北近深屈地區，大嶼山火山群的岩石沿着深屈路出露，岩石主要由凝灰質粉砂岩和泥岩組成。岩石粒度亦具有向上細化的趨勢，在深屈可見一層呈自動角礫石化的流紋熔岩，覆蓋在近 50 米厚的火山凝灰沉積岩之上。在白角和狗嶺涌，凝灰質沉積岩也被覆蓋在流紋熔岩之下，砂岩和粉砂岩內可看到許多微型的沉積構造，包括微斷層、滑動褶曲和被壓成扁平狀的沙球結核。

大嶼山群的頂部有一層火山碎屑岩，稱為荔枝莊組。荔枝莊組的沉積岩代表一個淺水的湖泊環境，岩石以燧石質砂岩和粉砂岩為主，夾雜着十數米厚的凝灰岩層，形成互層。沉積岩內滑動褶曲和軟泥變形非常普遍。

淺水灣火山群

淺水灣火山群的岩石，分布在新界東面和港島南面的地區，根據岩石性質和地層可分成多個組別。從下至上分別是大灘海組、摩星嶺組、娥眉洲組、鴨脷洲組、鷓鴣山組、孟公屋組和檳榔灣組等個別火山岩組。岩石性質大致上可分成兩大類，第一類以流紋岩為主，包括大灘海組、摩星嶺組和鴨脷洲組；第二類以粗面岩為主，包括娥眉洲組、鷓鴣山組、孟公屋組和檳榔灣組。

以流紋岩為主的淺水灣火山群火山岩組，特徵是厚厚的凝灰岩，岩石內柱狀節理發育良好，可能代表接近火山盆地內的火山填充物。西貢以西屬淺水灣群的火山岩出露範圍，形成一個半圓形、以流紋岩為主的地區，可能是一個破火山口內的沉積物。

火山群內大灘海組和摩星嶺組的岩石特徵及其化學成分非常相似，大灘海組的岩石，以粗灰凝灰岩為主，岩石內包含有一些粉紅色的正長石結晶礦物，岩組的絕對年齡測定為 142.8 百萬年。摩星嶺組的岩石和大灘海組相似，但含有凝灰質的粉砂岩和砂岩，摩星嶺組內可發現條狀雜斑岩。另外，岩屑被擠壓成扁平狀的火焰構造發育良好。

鴨脷洲組主要出露在香港島南區，厚度可超過 1200 米，是淺水灣群中最厚的岩組。岩石主要是熔結凝灰岩，火焰狀構造發育良好，相信是噴發口附近的火山碎屑沉積。鴨脷洲組的絕對年齡和大灘海組的相似，測定結果為 142.7 百萬年，摩星嶺組和鴨脷洲組岩在特徵和年齡上都非常相似，估計兩組的岩石大致同時期形成。

娥眉洲組的出露主要在新界東北印洲塘吉澳和娥眉洲兩個地區，娥眉洲組整套岩層厚度估計超過 450 米，主要是由幼灰玻璃質的凝灰岩所組成，間中含有火山礫、凝灰岩、粗灰凝灰岩、流紋岩層和沉積岩夾層。在吉澳地區亦存在數層石灰岩，測定結果顯示其絕對年齡略少於 142.7 百萬年。

鷓鴣山組岩石以幼灰玻璃質凝灰岩為主，亦帶有條狀雜斑構造。絕對年齡是 142.5 百萬年，主要分布在香港東部、九龍東部、將軍澳和西貢等地區。

孟公屋組主要出露在清水灣半島一帶，整合地出露在鷓鴣山組之上，估計厚度達 300 米，由火山碎屑沉積岩、角礫岩、粉砂岩、砂岩等互層組成，岩石內可見由分選作用形成的粒級層理，間中亦可見由晶體凝灰岩和流紋岩造成的夾層，絕對年齡測定結果為 142.9 百萬年。

檳榔灣組的岩層厚度，估計超過 420 米，主要分布在清水灣半島一帶。岩石底部由一層粗英岩和凝灰質粉砂岩組成，組成超過 140 米厚的岩層，稱為大廟灣段。其餘的岩層，由幼灰玻璃質凝灰岩、流紋岩、熔結雜斑岩等所組成，間中夾雜有凝灰質砂岩和泥岩。

滘西洲火山群

滘西洲火山群的岩石主要分布在新界東部西貢地區，岩層主要分成下部的清水灣組和上部的糧船灣組。糧船灣組是厚厚的凝灰岩，由一次超級火山噴發堆積而成，厚度估計超過 400 米，凝灰岩形成了一系列非常完整的柱狀節理（見圖 2-17）。形成的節理面連續高度可超過 30 米，岩柱的寬度由數十厘米到數米不等，是世界上少數由凝灰岩形成的火山岩柱的景觀。屬於糧船灣組的火山凝灰岩，岩石特徵為平均緻密，含有豐富的結晶晶體，基質

圖 2-17　西貢東壩糧船灣組凝灰岩。(陳龍生提供)

由玻璃狀凝灰物質所組成，間中可見熔結條狀構造。利用糧船灣組岩石內的鋯石礦物，可測出岩石具有 140.9 百萬年的絕對年齡。

屬於清水灣組的岩石，主要出露在九龍和新界東部地方。清水灣組的總體厚度估計超過 400 米，主要由數層粗英質和流紋質的熔岩所組成，中間夾雜着幼灰凝灰岩、凝灰質泥岩和火山沉積岩。利用鈾鉛定年法，得出清水灣組的絕對年齡為 140.7 百萬年。

4. 白堊紀沉積岩

八仙嶺組

八仙嶺組主要出露於香港新界東北部。地層厚度估計為 500 米，覆蓋面積約 30 平方公里。該地層被認為是早白堊世的陸相沉積岩，在八仙嶺地區覆蓋範圍從西邊的黃嶺到東邊的觀音峒。八仙嶺組形成了一個突出的向北傾斜構造，不整合地覆蓋在大帽山組的火山岩上。北部則普遍被較古老的火山岩沿着一逆掩斷層所覆蓋。八仙嶺組為碎屑沉積岩，下部為厚層礫岩、凝灰質砂岩和紅棕色薄層粉砂岩；中部主要為灰紅色砂岩，偶爾夾雜礫岩；上部以紅紫色泥質岩、粉砂岩和砂岩為主。

八仙嶺組岩相主要有兩種類型：河床沉積和泛洪沉積。河床沉積以礫岩為主，泛洪沉積以砂岩和粉砂岩為主。礫岩分選程度差，基質比例高，石礫呈亞圓形至亞稜形狀。岩屑主要由紅色和棕色的火山岩組成，與典型的灰色至深灰色基質形成對比。泛洪沉積主要為紅砂岩，含有少量泥岩，其中粉砂岩具有乾燥龜裂和生物擾動的痕跡。

在屏風山、鹿頸和新娘潭地區，八仙嶺組下部有一礫岩厚層，整合地覆蓋在大帽山組凝灰

岩之上，礫岩向東變薄，局部地區缺失。新娘潭有三層礫岩，但西面屏風山只有一層。砂岩在剖面頂部呈灰白色，或淡灰色至灰紅色。在赤馬頭的出露剖面是八仙嶺組下部的典型層序，沉積旋回明顯。每一個旋回包括礫岩、砂岩和粉砂岩，每個旋回的厚度為 1 米至 3 米厚。八仙嶺組中部出露在上苗田附近，以砂岩為主，含有次要凝灰質砂岩和灰紅色泥質粉砂岩。上部地層以在往灣洲的出露為代表，主要為礫岩、砂岩和泥岩。砂岩分選差，細粒至粗粒，具交錯層狀，河道構造發育不良。

赤洲組

赤洲組是晚白堊紀沉積岩，出露於大鵬灣幾個小島之上，包括赤洲、白沙洲和石牛洲。地層總體以 30 度向東或東南方向傾斜，並不整合地覆蓋在早白堊世凝灰岩之上。在大鵬灣幾個海底工程鑽孔中均發現屬赤洲組的地層，赤洲組亦在大鵬灣的地震反射剖面形成了明顯反射層，所以被認為是大鵬灣地區的基底，估計總厚度超過 1200 米。

赤洲組主要由厚層的紅棕色礫岩和砂岩組成，夾有厚層至薄層粉砂岩，與八仙嶺組的區別主要是碎屑類型的變化較少，並且是以碎屑為主，而不是以基質為主的礫岩。赤洲組主要有河床和洪氾平原兩個沉積相。河床相以紅至粉紅色、棕色、碎屑的礫岩、砂礫岩和砂岩為主，岩層厚度在 3 米至 6 米之間，具槽型交叉層理的沉積構造。洪氾平原相包括三種主要的沉積岩：砂質粉砂岩、含鈣質粉砂岩和薄層砂岩。砂質粉砂岩由紅棕色、粗粒粉砂岩至細至中粒砂岩組成，厚度達 0.8 米。砂質粉砂岩通常包含沙結核和經侵蝕及的圓形洞穴，間中有乾燥裂縫。薄層砂岩的厚度可達 0.2 米。它們由紅棕色、中等粒度的砂岩組成，形成具有明顯層狀構造。

在赤洲東岸，一層 8 米厚的礫岩和礫質砂岩覆蓋在大灘組的凝灰岩上。在紅鷹咀兩側，風化凝灰岩中含有一些與赤洲組相似的礫石，這表明兩組之間可能是整合。覆蓋在厚礫岩之上主要為紅色礫岩和砂岩的互層，岩層厚度由非常厚至薄層不等。在大鵬灣西北部的白沙洲，赤洲組下部的岩層以紅棕色、厚至極厚粗粒砂岩夾礫岩為主。上部岩層為粗粒砂岩和礫岩互層，形成 30 厘米至 50 厘米厚的沉積旋回。岩層總體向東方向傾斜 30 度至 40 度（見圖 2-18）。

吉澳組

吉澳組分布在吉澳島北端、鴨洲和細鴨洲，在新界西北地區亦有零星出露。在沙頭角海南岸，吉澳組形成了一個以斷層為界的小型沉積盆地，岩石主要由鈣質角礫岩、礫岩和粗粒砂岩組成（見圖 2-19）。與八仙嶺和赤洲的沉積岩最大區別是，吉澳組的角礫岩含有豐富的碳酸質膠結物。在吉澳，吉澳組估計地層的最小厚度為 100 米。在該地區，地層向北平緩傾斜，不整合地覆蓋於早白堊紀娥眉洲組的細灰凝灰岩之上，岩石普遍含有方解石的礦脈，礦脈內亦可見方解石的結晶體。

在鴨洲島，吉澳組的岩石主要為紅棕色、厚層狀角礫岩，帶有薄層狀粗粒砂岩。膠結以含褐鐵礦和黏土基質為主。岩石碎屑包含凝灰岩、流紋岩和脈石英礦物，岩礫直徑可達 600毫米。岩層向北傾斜 5 度至 10 度，並被較小的正斷層切割。此外，出露於流浮山一小段海岸線的吉澳組地層，在后海灣的一個工程鑽孔中，發現有花崗岩碎屑的角礫岩和砂岩。吉澳組的岩石出露範圍雖然不大，但因為岩石特徵和白堊紀的八仙嶺組、赤洲組都有明顯的差別，所以劃分出成一組獨立的岩石組別，估計是一個陸上盆地，近斷崖邊的沉積產物。

圖 2-18　赤洲組在赤洲的傾斜紅色沉積岩層。（陳龍生提供）

圖 2-19　鴨洲吉澳組膠結良好的角礫岩層。（陳龍生提供）

四、新生代第四紀前地質紀錄：平洲組

平洲組是香港地區第四紀前最後一組的基岩，平洲組唯一出露的地方是位於大鵬灣東邊的東平洲。在這個小島出露的岩石很獨特，在廣東大鵬灣一帶亦未發現相類似的岩石，故平洲組為香港和鄰近地區在新生代的地質演化歷史提供了重要資料。

平洲組是一套薄層沉積岩，岩石層理非常平整，橫向連續性大。個別沉積岩層的厚度，一般為 20 毫米至 60 毫米，可橫向追蹤長達 100 米（見圖 2-20）。岩層主要由碎屑或生物沉積岩形成的薄層組成。碎屑沉積岩以泥岩、粉砂岩和白雲質粉砂岩為主。生物沉積岩含有鱗片狀的層理、疊層石和藻蓆構造。岩石內常有植物化石碎片，古生物專家亦在岩石中發現屬新生代的昆蟲化石。苞粉的研究顯示，岩石含有白堊紀和新生代的苞粉，因此相信平洲組是白堊紀末至新生代初的沉積物。

平洲組沉積岩有非常豐富的沉積構造。白雲質的粉砂岩和砂岩構成了很明顯的沉積韻律。沉積岩內可找到低角度交叉層理、波紋痕跡、雨滴印痕、乾涸裂縫和黃鐵礦結核，代表這是一個長期乾涸和間竭有雨的沉積環境。除了生物構造之外，岩層內還發現了許多由蒸發水分遺留的石膏礦物，以沸石為主的次生礦物亦常見。這些次生礦物形成了玫瑰花狀晶體聚集體，某些聚集晶體再次變質成錐輝石。

從平整連續和規律的沉積岩層、沉積構造、化石和蒸發礦物的存在，可推論當時的沉積環境是一個靠近海邊、鹽度甚高及為鹼性的潟湖。沉積韻律代表氣候環境長時間的周期性改變。當時環境高溫而乾旱，當潟湖湖水被完全蒸發，石膏礦物在沉積物中形成結晶。後期的高溫作用，令部分蒸發礦物被沸石和錐輝石取代。

圖 2-20 平洲組頁岩和白雲質粉砂岩層。（陳龍生提供）

在平洲島近龍落水的地方，有一層非常突出的燧石層，厚度由 60 厘米至 100 厘米不等，形成抗蝕力強的突出地貌構造。岩石基本上完全被硅化，但層內還可看見一些殘餘的層理和疊層藻構造。估計這燧石層因沉積環境改變，令岩層被從湖水沉澱出來的石英質取代而成。

五、第四紀地層地質紀錄

1. 概況

第四紀從 2.58 百萬年前開始，大約以冰川開始沉積作為界線，一直延續至今，是地球歷史上最短的一個地質年代。第四紀包含更新世和全新世兩個時期，當中的細分以全球氣候變化造成的冰川期和間冰期作為分界。

香港位於中國東南部珠江口地區，境內第四紀的沉積來自陸上和海洋，從幾毫米到幾十米厚。最厚沉積層出露在新界西北部和近海的地區，通常是覆蓋着風化地層之上，風化層愈厚，表示風化時間愈長，有些風化層可達 100 多米厚，表示該地區的岩石風化在第四紀沉積作用很久以前便開始了。

第四紀地表沉積物基本上可分為三類：沖積層、崩積層和海洋環境中的海泥。沖積物的主要來源為河流沉積物，崩積物是由山泥傾瀉、泥石流或崩石造成。陸上的沉積層以崩積層和沖積層為主，而在近海地區，沉積地層更多元化，除了河流沉積和崩積物外，還有河口沉積和海洋沉積，它們的性質和分布深受海平面上升和下降的影響。在最後一次的冰河時期，地球海平面大約比現時低約 140 多米，海岸線大約退至香港以南約 120 公里處。大範圍暴露的大陸架和河流系統向南延伸，令侵蝕過程特別強烈，形成大片河流沉積物。目前海平面已接近第四紀最高水平，因此海洋環境由全新世後冰河期持續到現在，海底沉積物覆蓋在河流沉積物之上，造成第四紀沉積的基本架構。

2. 第四紀地層層組

香港陸上全新世的地層整體歸納入粉嶺組，更新世陸生動物沉積則歸納入赤鱲角組。海域地區地層的測探工作，主要依靠海洋鑽孔和地球物理測量數據（見圖 2-21），所以對每組地層的敍述，也必須參考其他地球物理測量數據。目前在香港水域的第四紀地層以赤鱲角組和坑口組為主。坑口組可細分為東龍段、博寮段、果洲段和將軍澳段（見圖 2-22）。其他地區的第四紀地層包括位於香港水域西部和南部的深屈組、香港水域東南部的橫瀾組，以及大嶼山北部和大小磨刀附近的東涌組。詳情如表 2-1 所述。

圖 2-21　地震剖面圖，顯示全新世（深屈地層）和更新世（赤鱲角地層）的分布

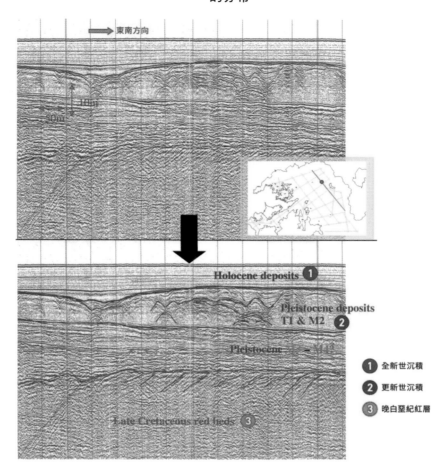

資料來源：　劉志棠提供。

圖 2-22　第四紀地層模型示意圖

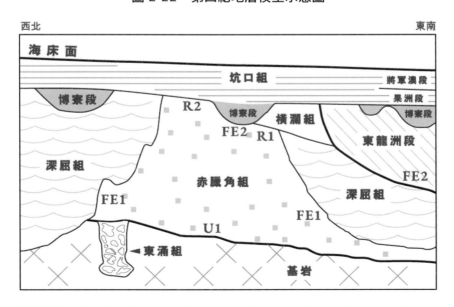

資料來源：　Reprinted by permission from Springer Nature: Springer Nature, Stratigraphy of Quaternary inner-shelf sediments in Tai O Bay, Hong Kong, based on ground-truthed seismic profiles by A. Bahr et al., 2004.

表 2-1 香港第四紀地層地球物理測量數據、沉積環境和沉積物，以及地震波反射特徵情況表

第四紀沉積	地球物理測量數據特徵	沉積環境和沉積物特徵	地震波反射特徵
粉嶺組	不適用。粉嶺組主要出露於陸上，沒有海洋物理測量資料。	沖積層和崩積層的混合沉積層。沖積層分選良好的黏土、淤泥、沙子和礫石，崩積層分選較差，淺黃褐色黏土質、砂質、粉砂質至礫質角礫。	2100±90 年
坑口組（將軍澳段）	強基底反射，幾乎水平的分層、低震幅、一些小角度截斷和河流侵蝕特徵。	海洋沉積環境。非常柔軟至柔軟、灰色、無結構的黏土質粉砂，常見有貝殼和幼砂。	最古老的放射性碳定年為 7990±70 年 BP
坑口組（果洲段）	混亂的內反射	海侵環境。泥質、含貝殼的沙被沙和黏土粉砂層互層覆蓋。	最古老的光釋光測年為 11,342±2468 年 BP
溝蝕表面			
坑口組（博寮段）	強基底反射，河道填充結構、水平分層、不對稱河道填充和整合地層。	淺鹹水。含有有機碎屑、灰色、沙質、貝殼質、黏土質淤泥的細沙帶。	放射性碳定年為 80,801±130 至 9310±80 年 BP
坑口組（東龍段）	河道切割和填充結構、交錯層理特徵、漸進河道填充反射、不對稱和斜面反射。	橫向充填、蜿蜒的河口通道。砂與黏土質粉砂互層，較粗的砂在底部有礫石。	估計 13,000 至 12,000 年 BP
河流壕溝面			
橫瀾組	高振幅平面基底反射。混濁的反射層被平行反射層覆蓋。	淺海沉積物。貝殼砂和黏土質粉砂互層的海底層，上層是海洋陸棚，由堅硬、灰色、貝殼狀、黏土質淤泥組成。	放射性碳定年由 29,100±1300 至 40,400 年 BP；光釋光測年為 23,175±4738 至 92,000±8,000 年 BP。
溝蝕表面			
深屈組	強烈的起伏底層反射。低到中等幅度的反射，連續的、平行的河道。	波動的鹹水和開闊的海洋環境。軟至堅硬的粉質黏土，灰色帶淡黃色斑紋，有核狀的強烈斑紋，一些細沙帶，貝殼通常被腐蝕。	未能定斷。放射性碳定年由 19,580±320 至 >43,860 年 BP；光釋光測年為 11,283±1567 至 94,000±16,000 年 BP。
河流壕溝面			
赤鱲角組	複雜的地球物理特徵，通常是混亂的，但包含強烈的平行反射、河道和交錯層狀填充。	波動的沉積環境，主要是沖積層，但包括湖泊、大量山泥傾瀉、潮間帶和海洋沉積。沉積物範圍很廣，從黏土、淤泥、沙子、礫石到巨石。	未能定斷。放射性碳定年由 16,420 至 >40,000 年 BP；熱釋光測年為 78,000±8500 年；光釋光測年為 80,000 年 BP±9000 年 BP；鈾測年法為 248,000±12/16。
東涌組	強和水平反射，盆地斜坡陡峭。	帶有礫石和巨石、分類差的沙質淤泥，填充在喀斯特環境中的深坑或河道。	未能定斷。可能含有中更新世的花粉。

（續上表）

第四紀沉積	地球物理測量 數據特徵	沉積環境和 沉積物特徵	地震波反射特徵
不整合			
基岩	花崗岩的風化層呈拋物線反射，火山岩的表面起伏，沉積岩有傾斜層理。	花崗岩、火山岩和沉積岩。有風化層在基岩上，一般來說，花崗岩上的風化層最厚，火山岩的風化層較薄，而沉積岩的風化層最薄。	岩石為中生代至古近紀；風化為古近紀至第四紀。

資料來源： 根據 Fyfe, J. A., Shaw, R., Campbell, S. D. G., Lai, K. W. and Kirk, P. A., *The Quaternary Geology of Hong Kong* (Hong Kong: Geotechnical Engineering Office, 2000) 及土力工程處資料綜合。

東涌組

東涌組在大嶼山西部，是最古老的第四紀地層、直接覆蓋在風化基岩之上的沉積層。東涌組主要是由火成岩衍生的沉積物所組成，主要為紅棕色的粉砂和礫石，礫石直徑 0.5 米至 3 米，呈圓形至亞圓形狀，主要是完全風化的流紋岩和凝灰岩。岩層分選程度較差，含有砂質和粉砂質的交替層，沒有明顯沉積結構，但有較好水平層理，泥層厚度可達幾百毫米。岩層孢子樣本包括 *Microlepia* sp.、*Anaphales (Compositae)* sp. 和 *Pinus* sp.。整體顯示沉積物的年齡為中更新世。

根據東涌組在大嶼山陰澳灣和大欖角的樣本地球物理測量數據，顯示沉積層結構良好，呈強地震反射特徵；沉積物以砂礫為主，地層跟基岩平行。東涌組屬於盆地沉積，當時在該地區至少有三個直徑分別為 200 米、300 米和 600 米的盆地，沉積厚度達 15 米。東涌組被更新世的赤鱲角組覆蓋。

赤鱲角組

赤鱲角組是中到晚更新世的沉積物，普遍存在於香港的海域，赤鱲角組岩層的岩性複雜而多樣，顯示長期波動的沉積環境。在海上和陸上赤鱲角組都覆蓋在基岩之上。陸上赤鱲角組的沉積物主要是沖積層、泥石流或山坡崩積層。地層的厚度變化很大。在陸地上山坡的崩積層一般沒有層理，岩層包括巨石、礫石、黏土和砂泥，分選極差。厚度和橫向範圍都隨着下坡而增加，在斜坡的底部以及平原邊緣的低窪地區，崩積層與沖積層相互交錯。

赤鱲角組海底的沉積物來自河流、沖積平原和崩積等陸源沉積物，交雜着潮間帶、河口和淺海形成的沉積層。在近岸環境中的赤鱲角組只有幾米厚，在香港南部和東南部海域，地層可以超過 70 米厚。赤鱲角組的沉積物複雜而多樣，包括石英、岩屑礫石、粗至細石英砂、粉砂和黏土，顏色由深灰色到鮮紅色和黃色，強度從柔軟到非常堅硬。地層中亦有微生物化石，包括微鹹水矽藻 *Cyclotella comta*、*C. striata*、*C. stylorum*、*Melosira (Paralia) sulcata*、*Cocinodiscus* sp. 和 *Nitzschia cocconeiformis*。地層中亦發現有厚壁的雙殼貝類，顯示赤鱲角組是在河口、沿岸沼澤或淺海環境形成的沉積物。總而言之，赤鱲角組是一個由陸源物質、河流沖積和近岸沉積交雜形成的岩組。

赤鱲角組的地球物理測量數據複雜，混亂的反射層、夾雜着強烈的平行反射，反映層組內具有許多侵蝕溝面。侵蝕壕溝一般深達 10 米，橫向寬度有限。從反射特徵可以識別為氾濫平原、湖泊、淺水區或海洋等環境。高角度的反射層代表有大型交錯層理的河道沉積層，不對稱反射顯示是河流中的邊灘沉積。赤鱲角組的底部一般覆蓋着風化的岩石，地球物理測量數據沒有橫向、持續或內部反射，但單單利用地球物理測量數據難以判別岩石的種類。

在陸地上的赤鱲角組可細分為黃崗山段及山下村段。黃崗山段的沉積層主要出露在粉嶺以西的平原上，主要是黃色至黃灰色和紅色的中粒砂層，帶有稜角亞圓形狀的礫石，以及中度至完全風化的凝灰岩、花崗閃長岩和石英脈。整段約有 3.7 米厚，覆蓋着完全風化的花崗閃長岩之上，而在赤鱲角最頂部被崩積物覆蓋，這些崩積物相信亦屬赤鱲角組。

山下村段主要出露在元朗西南邊的山下村，沉積層的厚度為 3 米至 15 米，沉積物覆蓋更新世的沖積層，而頂部被全新世粉嶺組的泥石流層覆蓋。沉積層內沉積物的顏色和顆粒大小隨着地形而有所不同，在平原地區和河流階地沉積物是紅色、磚紅色、黃色、棕色和白色的雜色黏土質粉砂岩。在山腳附近，沉積層主要是黃褐色的含礫粉砂，夾雜着深灰色、富含在湖泊或沼澤形成的有機物粉質黏土層。在上游地段，沉積層夾雜了較粗的崩積層。

深屈組

深屈組只存在於香港的西部和東南部水域，通常被坑口組或橫瀾組覆蓋，但大部分覆蓋在赤鱲角組之上，兩組之間的分隔是一個河流壕溝。深屈組主要是深灰色到淺灰色，帶有黃色斑點鐵結核的粉質黏土，強度變化大，厚度在數米到約 40 米不等。整個沉積層遍布腐爛的貝殼碎片和稀疏的植物碎片。貝殼碎片通常小於 2 毫米，而且柔軟易碎，難以用肉眼識別種屬，地層的底部主要是細砂層，夾雜有粉質黏土互層。黑色硫化物存在在整個深屈組的沉積層。沉積的礦物成分以高嶺土、綠簾石為主，間中混有少量雲母、石英、長石、方解石和黃鐵礦。深屈組地層是潮間帶到近岸的淺水沉積環境的產物。

深屈組的地層具有獨特的地球物理測量數據，容易被識別。沉積層的底部因有河道基面而深深地切入下層的赤鱲角組，造成強大的雙曲線形反射。而河道之間的山脊，代表當時的侵蝕面。河道寬度可達 100 米，深約 12 米，特點是陡峭，有近 15 度至 20 度的坡面，有對稱的 U 形或 V 形河谷。深屈組內的地層呈低至中等幅度、連續而平行的反射。深屈組的頂層通常是一個低角度的不整合面，上層是橫瀾組或坑口組，在某些區域有強烈的反射面。而在地層薄的地方，內部反射可能不明顯。

深屈組的沉積物顆粒細小，主要是屬於海洋沉積物。鑽孔樣本含有微型化石，反映當時是鹹淡水交界的環境，可能是為海邊或河口。深屈組和赤鱲角組侵蝕面的年齡和形成機制都存在不明因素。侵蝕面的形成可能是原地侵蝕和河道切入。原地侵蝕可能與海平面上升有關，相反，河道切入通常由於海平面下降或河流流量增加所致。

深屈組中發現的孢子一般都是以蕨類植物為主，例如 *Pteris* 和 *Alsophyla* 等，亦具有闊葉常綠植物的類型，例如 *Castanopsis*、*Liquidambar* 和 *Quercus*。相反，紅樹林花粉如 *Rhizophora* 和 *Acrostichum* 數量相當少，可推斷當時屬於亞熱帶森林地區。有孔蟲和介形蟲遍布深屈組地層，主要由 *Quinqueloculina senumulum*，以及 *Elphidium* 屬組成。而在 20 米深處，物種的種類豐富和具多樣性，種類明顯增加，是淡水和鹹水交界的證據。於 20 米至 50 米深處，物種多樣性迅速下降，表示回到鹹水的環境。因此，深屈組沉積層反映，沉積物最初在河口形成，後來漸漸變成海洋環境，其後又返回河口的環境。

橫瀾組

在香港，橫瀾組僅存於東南部較深的水域，覆蓋在赤鱲角組和深屈組之上，接觸面是一個溝蝕表面，被認為是屬於次冰川期之前的較高海平面時的沉積層。

在香港東部海域鑽孔中發現屬於這組的沉積層，主要是由含貝殼的砂質和黏土質海泥形成互層，砂層呈橄欖色至深橄欖灰色，細至粗粒、角狀、含礫石、貝殼和植物碎片。海泥一般是深色到深灰色，略帶砂質和粉質黏土，柔軟，含腐爛貝殼碎片和生物擾動痕跡。橫瀾組可以分成兩個單元，下單元是一約 2 米到 3 米厚的砂層，覆蓋在溝壑上，砂層向南和向東變厚，但不存在於整個區域。上單元包括細砂和粉質黏土夾層，存在於大部分地區，被上面的坑口組所覆蓋和沖蝕。

地球物理測量數據顯示下單元的特點是底部反射振幅大和內部反射混亂，但沒有連續的平行反射，底部的侵蝕溝表面形成平面的反射。而上單元岩層的反射特點是平行、低幅度和連續。間中可見許多小拋物線複雜反射組成，可能來自含貝殼的礫石，岩層向東南方向傾斜，頂部和坑口組泥層被溝壑所分隔。

在橫瀾組的鑽孔中發現的孔蟲大多數是大陸架底棲物種，在底層的砂中亦發現 *Globigerina* spp.，是海洋浮游生物。上單元有幾種陸架物種，包括 *Quinqueloculina* spp. 和 *Nonion* spp.，偶有內陸架物種，例如 *Elphidium* spp. 和 *Ammonia becarii*。橫瀾組中沒有發現任何矽藻在沉積物之中，可能當時的環境，不利矽藻的生長。

坑口組

坑口組海床沉積物的年齡屬於晚更新世至全新世，在 18,000 年前末期次冰期完結後至今一段時間形成。這一段時間由於海平面上升，在香港地區形成許多淺海和泥灘。坑口組由柔軟的黏土質淤泥組成，一般呈深藍色至橄欖灰色，底層是砂和泥層，含豐富雙殼類、腹足類和海膽碎片，但間中亦可見厚達 1 米的無殼層。在香港的水域，坑口組地層的厚度變化很大，在東南邊厚度可達 60 米。坑口組可以細分為四段：東龍段、博寮段、果洲段和將軍澳段。東龍段的沉積物主要是非常細的砂粒，而博寮段和將軍澳段以黏土和淤泥為主，顏色從中等橄欖灰色到非常深灰色，有貝殼和貝殼碎片在沉積物中。果洲段是泥質、有中到

粗糙的貝殼和砂粒。

在坑口組底層深 4 米處採得樣本中的孢粉，包括有石松 *Lycopodium* 和其他蕨類植物，明顯缺乏海洋藻類。沉積層的上部 9 米處以花粉為主，有 *Castonopsis* 和 *Quercus*，連同針葉樹和蕨類植物。孔蟲類分析顯示主要品種為內陸架底棲動物 *Elphidium hispidulum*、*E. crispum*、*E. advenum* 和 *Ammonia becarii*，少見大陸架底棲動物，但於 -19.35 mPD 至 -14.25 mPD 常見有 *Quinqueloculina senumlina* 的標本，*Bulimina marginata* 來自 -14.25 mPD 至 -12.25 mPD 之間，在 -8.25 mPD 的樣品中亦常見 *Quinqueloculina senumlina*，而在 -12.25 mPD 處可見稀有的浮游有孔蟲 *Globigerina buloides*。

坑口組的地球物理測量數據一般為低振幅反射，反映地層內的沉積構造。最古老東龍段的特點是河道填充結構，橫切面有漸進式的填充反射特徵。東龍段有兩個分開的河道，一個在大嶼山以北，另一個在大鵬灣。兩者都比較寬闊，河道底部有強烈的反射。在西邊，東龍段以河道和海侵沉積物為代表，這些被確定為原始珠江河道的填充物。而大鵬灣的河道是東南─西北方向，佔在大鵬灣的西側。兩條河道均呈現不對稱傾斜的反射。坑口組沉積物中存在大量腐爛植物排放出來的甲烷，令反射變得混濁和模糊。間歇釋出的氣柱常見於大嶼山以北。而在西博寮海峽，氣柱以連續的形態出現，並出現在大部分的區域。

東龍段　東龍段是坑口組最古老的單元，沉積物填滿了幾個在赤鱲角組的主要河道。東龍段以砂質沉積物為主，呈黃褐色，含細至中等、中等至良好分選的石英顆粒，並帶有石屑，和黏土質淤泥組成的互層。東龍段一般厚近 11 米，在東部水域，東龍段分布較為廣泛和複雜，當中包括一個寬闊的主要河道，寬度從北部 1.5 公里到南部近 3 公里。河道的內部反射代表着河道中的橫向沉積。在龍鼓水道至大小磨刀之間，有多個寬度不同的河道，最大的在大小磨刀附近約 2 公里處。河道的內層以水平反射為主，並稍微向東傾斜。

博寮段　博寮段充滿了大部分早期的河道侵蝕面，分布在大嶼山、維多利亞港、西博寮海峽南部和東博寮海峽，範圍比東龍段廣。地層數據顯示水平反射，在邊緣和河道中央反射重疊。西博寮海峽的鑽孔顯示該組有兩個單元，較低的一層帶有貝殼碎屑，上層以灰色黏土質淤泥為主，反映該地區當時是潮汐通道。博寮段在南邊水域較薄，鑽孔沉積物顯示底部有 1.2 米厚含貝殼的砂和礫石，代表海侵過程。在大嶼山以北、維多利亞港、索罟群島及后海灣的水域，博寮段沉積物中物存在大量生物分解出來的甲烷氣，許多時遮蔽了反射波，嚴重影響地球物理測量數據分析的結果。

果洲段　果洲段是一套海浸砂層，主要存在於東南部和南部水域，並且向西和北逐漸變薄。在東南部，全新世果洲段由砂質和黏土質粉砂組成互層，砂子含泥濘和雙殼類貝殼、腹足類，海膽類等動物的碎片，及少量植物碎片。其內部結構的地球物理測量數據混亂。

將軍澳段　將軍澳段在香港水域廣泛地出現，岩層向東變薄，沉積物包括黏土質淤泥，間

中有細砂層和貝殼碎片，也有腹足類、腕足類、雙殼類貝殼和海膽碎片。沉積物主要是非常軟、無結構的黏土質淤泥，含有豐富的貝殼碎片。在大嶼山的北部，地層厚約 10 米，以黏土質粉砂至粉質黏土為主。在大嶼山的南部，沉積層約有 15 米厚，主要由石英砂子和岩屑組成。內部反射一般為水平和低振幅，低角度的截斷面也很常見。

此外，在沿海和潮間帶的海灘和河口沉積物，也被歸納為未命名的坑口組成員。包括海灘沉積、潮間帶沉積和潮汐通道沉積。

<u>海灘沉積</u>　海灘沉積物以鬆散淡黃色砂粒和礫石為主，從低潮水位線向陸地延伸至受波浪影響的內陸。波浪作用的上限通常只達約 +3 mPD。大多數海灘位於相對隱蔽的位置，環境以低能量、建設性的波浪活動為特徵。在南部或向東南較暴露的海灣屬高能量地區，可能有鵝卵石和巨石，常見於陡峭懸崖底部的海岸。海灘可能延伸至約 +6 mPD 高度，有一些可能是在風暴或是在海平面上升的一段時期內形成的海灘沉積物。

<u>潮間帶沉積</u>　潮間帶是介乎在最高水位線和最低水位線之間的地帶。潮間帶的沉積物是混合沖積和海洋的沉積物，通常形成在較寬的河道、坡度較淺的低窪地區（見圖 2-23）。主河道沉積物以砂為主，潮間帶的沉積物通常由灰色黏土質粉砂組成，而上部都是泥漿，局部有砂質或含有砂質夾層，層理亦較厚。植物殘骸、有機黏土質粉砂和貝殼碎片在整個沉積層中很常見，由潮汐形成的波浪紋通常見於泥灘的表面。紅樹林和鹽生植物，是泥灘主要特徵。香港潮間帶沉積物發育良好，最廣泛的在后海灣沿岸、沙頭角海、大澳、二澳、深屈和水口灣等。

圖 2-23　鹿頸潮坪和潮潤河道。（陳龍生提供）

潮汐通道沉積　潮汐通道造成的網絡貫穿整個香港水域，潮汐通道中的砂質海底沉積物屬於坑口組。沉積物的性質，視乎潮汐通道的大小、方向、基岩、水流速度等種種因素而定。潮汐通道內形成的砂層是重要的填海物料。

粉嶺組

粉嶺組是陸地上河流沖積和山坡崩積層的混合沉積層。沖積層主要出現在低窪地帶，主要位於新界北部粉嶺至元朗平原，而崩積層主要分布於陡峭傾斜的地區。沖積層和崩積層在山坡底部相互交錯。在近海地區，粉嶺組和坑口組直接接壤。沖積層通常包括良好分選的黏土、淤泥、砂子和礫石，一般從軟到硬，有許多較粗的沉積物，鬆散而且不穩定，厚度可達 10 米。崩積層則分選較差，通常是淺黃褐色黏土質、砂質、粉砂質至礫質角礫為主（見圖 2-24）。崩積層厚度從 5 米至 15 米不等。出露於黃崗山下方的粉嶺組，在地表以下 1.9 米的泥層中採集的有機樣本，得出的放射性碳測定年齡結果為 2100±90 年 BP。

3. 第四紀沉積岩絕對年齡

赤鱲角組的沉積年齡

由於赤鱲角組的沉積物中普遍缺乏鈣質化石，而且有一部分地層被認為超過 40,000 年，超出了放射性碳測年的範圍，只能用熱釋光、光釋光或鈾測年。從木屑碎塊和幾個泥炭地層的樣本中，由放射性碳測定的年齡都比較年輕。根據光釋光測年數據，赤鱲角組的沉積物年齡為中至晚更新世。

圖 2-24　荔枝莊出露的凝灰岩風化層和頂部的崩積層。（陳龍生提供）

表 2-2　赤鱲角組絕對年齡探測結果情況表

來源物／位置（mPD）	年齡（年）	測定方法	資料來源
天水圍崩積物	26,000 至 27,000	碳測年	牛津放射性碳實驗室
赤鱲角離岸	16,420 至 >40,000	碳測年	牛津放射性碳實驗室
赤鱲角離岸	142,000±20,000；130,500±5300	鈾測年	牛津放射性碳實驗室
山下村段	23,800±2000	熱釋光	國家地震局
山下村段	79,000±6300	熱釋光	廣東省地質研究所
山下村段	126,100±10,100	熱釋光	國家地震局
黃崗山段	157,500±36,300	光釋光	威爾斯大學
香港島扯旗山北	196,100±12,600	光釋光	威爾斯大學
離岸沉積	31,743±4456	光釋光	香港大學
離岸沉積砂質淤泥	78,000±8500	熱釋光	香港大學
離岸沉積木碎片	35,000±1250	碳測年	牛津放射性碳實驗室
離岸沉積木碎片	23,800±2000；29,300±2300	熱釋光	國家地震局
山下村段	30,400±8000	光釋光	威爾斯大學
山下村底層沉積物	81,000±13,500	光釋光	威爾斯大學
黃崗山段	126,100±10,100	熱釋光	國家地震局
黃崗山段	157,500±36,300	光釋光	威爾斯大學

注：mPD 為距離水平基準面，單位為米。

深屈組的沉積年齡

深屈組的沉積物西部比東部的年輕。再加上本身的地層關係，底部的侵蝕面因為海平面上升而令沉積物被切斷而下墜，導致構造上有河流相關的壕溝，地層被視為全新世末期次冰河前的沉積物。

表 2-3　深屈組絕對年齡探測結果情況表

來源物／位置（mPD）	年齡（年）	方法測定	資料來源
55.48 貝殼	>43,860	碳測年	牛津放射性碳實驗室
70.01	94,000±16,000	光釋光	丹麥 Riso
24.8	>43,700	碳測年	牛津放射性碳實驗室
17.8	41,700±1700	碳測年	牛津放射性碳實驗室
24.45	63,000±11,000	光釋光	丹麥 Riso
25.6 木碎塊	19,580±320	碳測年	牛津放射性碳實驗室
24.65	11,283±1567	光釋光	香港大學
32.20 沉積物	60,000±6000	光釋光	丹麥 Riso
24.2 木碎片	20,760±480	光釋光	丹麥 Riso

注：mPD 為距離水平基準面，單位為米。

橫瀾組的沉積年齡

橫瀾組的海洋地層表面沉積物在高海平面的環境下形成，由於它在東南方覆蓋着深屈組，有機會在較早時形成，大約在 80,000 年前，當時海平面僅比現在低 30 米。橫瀾組的岩性跟坑口組很相似，它的化石組合表明，沉積環境是海洋。底層是一個相當強烈的侵蝕層，上面有海砂，砂子和貝殼碎片的存在，表明它們最初可能是海灘或海上屏障砂的來源。

表 2-4　橫瀾組絕對年齡探測結果情況表

來源物 / 位置 （mPD）	年齡（年）	方法測定	資料來源
55.7	32,500±1000	碳測年	牛津大學
52.4	29,100±1300	碳測年	牛津大學
49.37	>39,390	碳測年	牛津大學
50.15	>40,400	碳測年	牛津大學
47.37	92,000±8000	光釋光	丹麥 Riso
41.90	23,175±4738	光釋光	香港大學

注：mPD 為距離水平基準面，單位為米。

坑口組的沉積年齡

坑口組是海底的最年輕的沉積地層，年齡從大約 10,000 年前到現在。

表 2-5　坑口組絕對年齡探測結果情況表

來源物 / 位置 （mPD）	年齡（年）	方法測定	資料來源
19.50	8080±130	碳測年	澳洲 CSIRO
潮間帶沉積物	8132±823	光釋光	香港大學

注：mPD 為距離水平基準面，單位為米。

六、香港和鄰近地區的地層對比

過去 40 年，香港在地層和古生物方面的研究有重大進展，地層分層亦做得非常仔細，隨着新發現的化石和或同位素技術的改進，也不斷優化所獲得地層年齡的精確度。香港地質工作者曾多次嘗試對比香港、廣東中部及深圳地區的地層，表 2-6 綜合了三地地層的對比。因各地區使用的組群名稱不同，而且地層界限亦不一定有明確劃分，表內所敍述的對比，只供參考之用。

表 2-6　香港、粵中及深圳地層對比情況表

年代（紀 / 世）	香港	粵中	深圳
全新世	深屈組	現代潮坪	Qh
更新世	赤鱲角組	陸豐組	Qp
新近紀	不詳	不分	不詳
早第三紀	平洲組	莘莊組	莘莊組
白堊紀	吉澳組	大塱山組 三水組	大塱山組
白堊紀	赤洲組	大塱山組 三水組	大塱山組
白堊紀	八仙嶺組		官草湖群
白堊紀	滘西洲群		七娘山群
白堊紀	淺水灣群		不詳
侏羅紀	大嶼山群	高基平群	梧桐山群
侏羅紀	荃灣群		不詳
侏羅紀	屯門組		吉嶺灣組
侏羅紀	大澳組	潭平群	塘廈組
侏羅紀	赤門組	橋源組 金雞組	橋源組 金雞組
三迭紀	不詳	艮田群 大冶群	小坪組
二疊紀	大埔海組	童子岩	不詳
二疊紀	不詳	壺天群	壺天群
石炭紀	落馬洲組	梓門橋組 測水組 石磴子組	測水組
石炭紀	元朗組 馬鞍山組	劉家塘組 龍江組 大湖組	石磴子組 大湖組
泥盆紀	黃竹角咀組	雙頭群 鼎湖山群	雙頭群 鼎湖山群
志留紀	不詳	不詳	不詳
奧陶紀	不詳	龍頭群 長坑水組 下黃坑組 新廠組	不詳
寒武紀	不詳	八村群	不詳
元古代	不詳	雲開群	黃婆山組

第三節　古生物

古生物化石一般見於沉積岩之中，而香港地質以火成岩為主，沉積岩地層只佔少部分，主要分布於新界東北地區（見圖 2-25）。香港發現過化石的地層包括：船灣淡水湖、白沙頭洲、鳳凰笏、白角山、馬屎洲、丫洲、深涌、荔枝莊、泥涌、馬鞍山、嶂上、東平洲以及元朗南坑排等，另外大嶼山亦有部分地區含有沉積岩露頭，如石壁、昂坪、萬丈布、龍仔悟園及大澳等。香港發現過的化石以赤門海峽兩岸一帶最為豐富，而九龍及香港島則沒有沉積岩地層以及化石的紀錄。

香港發現過的古生物化石年代，涵蓋從最古老的泥盆紀時期，至最年輕的始新世時期，以下是各年代化石類型一覽：

泥盆紀　溝鱗魚、楊氏香港魚、腔棘魚、葉肢介、介形類、雙殼類、蕨類植物。

二疊紀　蜓、珊瑚、海百合、腕足類、雙殼類、腹足類、苔蘚蟲、蕨類植物。

侏羅紀　副狼鰭魚、菊石、海百合、雙殼類、腕足類、腹足類、介形類、掘足類、蕨類植物、裸子植物、木化石。

白堊紀　蕨類植物、裸子植物。

始新世　昆蟲、植物、介形類。

圖 2-25　香港沉積岩地層之分布圖

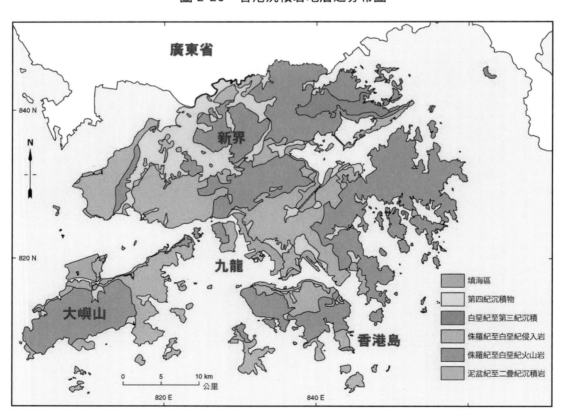

淺藍色及橙色為沉積岩。（香港特別行政區政府土木工程拓展署轄下土力工程處提供）

一、古脊椎動物

脊椎動物是指有脊椎骨的動物，帶頭骨及肋骨，絕大部分都有四肢，是動物界中結構最複雜和最高級的生物，包括魚類、兩棲類、爬行類、鳥類和哺乳類。古脊椎動物是指已滅絕而帶有脊椎骨的史前生物，其化石通常只保留到骨骼部分。

香港雖有泥盆紀到始新世年代的地層，但發現的古脊椎動物化石數量十分少，而且全部屬於魚類。第一件古脊椎動物化石於 1980 年由李作明於船灣淡水湖地區白沙頭洲的黃竹角咀組發現，這件化石屬於已滅絕的盾皮魚類，生活於泥盆紀時期，是香港年代最古老的化石，亦把香港地質歷史推前到 400 百萬年。另外，於 1988 年至 1990 年間，香港理工大學與中國科學院南京地質古生物研究所在對香港古生物及地層進行考察的過程中，於船灣淡水湖東岸泥盆紀時期的地層中，又採集到了一些魚鱗化石。中國科學院古脊椎動物與古人類研究所研究和鑒定了這些魚鱗化石，確認這些魚鱗化石屬於真掌鰭魚、腔棘魚及輻鰭魚等多種泥盆紀晚期的魚類，這些淡水魚類化石的發現，表明泥盆紀時期的香港很可能是一個河口或三角洲的環境（見圖 2-26）。

香港大學地球科學系的一位畢業生於 2014 年進行暑期研究時，在港大許士芬地質博物館收藏的一件化石標本中，發現了一塊硬骨魚化石。化石標本從荔枝莊中蒐集而來，經鑒定後確定為侏羅紀晚期的副狼鰭魚（*Paralycoptera* sp.）。

在香港的侏羅紀及白堊紀地層中暫未找到恐龍化石，但根據香港白堊紀時期的紅層類型，跟鄰近廣東省發現過恐龍化石的白堊紀紅層十分接近。

圖 2-26　鳳凰笏黃竹角咀組岩層。（陳龍生提供）

1. 盾皮魚類

1980 年於船灣淡水湖地區白沙頭洲的黃竹角咀組地層，在一層砂礫岩中首次發現盾皮魚類
（*Placodermi*）化石，該化石是盾皮魚的一塊甲片。隨後地質專家於船灣淡水湖內泥盆紀的
泥岩和粉砂岩中，再發現盾皮魚的鰭部化石，更確定先前發現的化石標本以及附近一帶地
層屬於同一時期。

香港發現的盾皮魚屬於溝鱗魚（*Bothriolepis* sp.），它們的頭部、軀幹部和胸鰭覆蓋着由多
塊甲片所組成的骨甲，身體前部有一個六邊形的頭盾，口小，位於腹面，胸鰭分為兩節（見
圖 2-27）。溝鱗魚主要生活於 387 百萬年前到 360 百萬年前，活躍於沿海和河口地區，這
種魚化石的發現也改寫了香港地質歷史（見圖 2-28）。

圖 2-27　白沙頭洲泥盆紀時期溝
鱗魚（*Bothriolepis* sp.）甲片化
石。（龍德駿提供）

圖 2-28　船灣淡水湖泥盆紀時期
溝鱗魚（*Bothriolepis* sp.）鰭部
化石。（龍德駿提供）

2. 真掌鰭魚類

真掌鰭魚（*Eusthenopteron*）是體形較長的肉鰭魚類，體表有鱗，帶有骨質的肉鰭，身體
特徵與早期兩棲動物有點相似。於船灣淡水湖內黃竹角咀組地層中發現了多塊鱗片化石，
鱗片屬於骨質圓鱗，具幾乎平行的長脊紋，是香港獨有的全新屬種，命名為楊氏香港魚
（*Hongkongichthys youngi*）（見圖 2-29）。

3. 腔棘魚類

腔棘魚（*Coelacanths*）是肉鰭魚類，胸鰭及臀鰭都是肉質的，尾巴及背鰭分叉成三葉，
帶有原始肺部，最早出現於泥盆紀中期。於船灣淡水湖內黃竹角咀組地層中發現了多塊
鱗片化石，鱗片呈橢圓形，脊紋密集，從中心向外幅射，以鱗片的特徵判斷為腔棘魚目
（*Coelacanthiformes*），但未能定出屬種（見圖 2-30）。

圖 2-29　船灣淡水湖泥盆紀時期
楊氏香港魚（*Hongkongichthys
youngi*）的鱗片化石。（龍德駿
提供）

圖 2-30　船灣淡水湖泥盆紀時期
腔棘魚（*Coelacanths*）的鱗片化
石。（龍德駿提供）

4. 輻鰭魚類

輻鰭魚類（*Actinopterygii*）是硬骨魚的一大演化支，因魚鰭呈輻條放射狀而得名。於船灣淡水湖內黃竹角咀組地層中發現了多塊鱗片化石，鱗片屬硬鱗類，大小一般 2 毫米左右，呈斜菱形，外表面具光滑閃光質脊紋。由於鱗片在魚身上分布位置不同，所以形狀和脊紋數目也不盡一樣，經對比國外相同年代之鱗片後，把標本暫定為莫伊魚（*Moythomasia* sp.）（見圖 2-31）。

5. 副狼鰭魚類

副狼鰭魚（*Paralycoptera* sp.）是一種已滅絕的骨舌魚科物種，它們生存於白堊紀時期的中國，是一種淡水魚。一件多年前從荔枝莊發現的化石標本，只保存了身體後半部，估計其完整長度為 4 厘米到 5 厘米，一直收藏於香港大學地球科學系內。2014 年經鑑定後，相信是侏羅紀晚期的副狼鰭魚化石，亦是香港首件發現恐龍時代的脊椎動物化石（見圖 2-32）。因為荔枝莊的石層年代比內地發現過的副狼鰭魚石層年代更早，故此研究亦把副狼鰭魚出現的地質時間由白堊紀早期推前至侏羅紀晚期。

二、古無脊椎動物

無脊椎動物最大特點是身體不具備脊椎骨，身體結構比脊椎動物簡單及低級，它們可以是有足或無足、有眼睛或無眼睛，骨骼系統大部分為外骨骼，如昆蟲及貝類動物的外殼。無脊椎動物的門類和數目在整個動物界中佔多數，佔所有動物的 90% 以上，廣泛分布於地球每個角落。

圖 2-31　船灣淡水湖泥盆紀時期莫伊魚（*Moythomasia* sp.）的鱗片化石。（中國科學院古脊椎動物與古人類研究所提供）

圖 2-32　荔枝莊副狼鰭魚（*Paralycoptera* sp.）化（香港大學許士芬地質博物館提供）

於香港發現過的古生物化石當中絕大多數以無脊椎動物為主，差不多每一個化石點，也有無脊椎動物化石的蹤跡。年代由最古老的泥盆紀地層，到最年輕的始新世地層都有發現過，這些化石證明香港的史前生態豐富多樣性，亦有助了解當時的環境究竟是海相還是陸相。

香港發現過的無脊椎動物化石包括：節肢動物門、軟體動物門、棘皮動物門、腕足動物門、刺胞動物門、苔蘚動物門及有孔蟲門等等。

1. 節肢動物門

節肢動物是動物界中最大的一門，總數超過 100 萬種，佔全部動物的總數 80% 以上，是一支數量和種類都非常龐大的生物門類，重要特徵是體外覆蓋着幾丁質的外骨骼，每一體節上有一對分節的附肢。節肢動物包括昆蟲、蝦蟹、蜈蚣及已滅絕的三葉蟲等。香港發現的節肢動物化石主要以介形類、昆蟲及葉肢介為主，至今暫時並沒有發現過三葉蟲化石的蹤跡。

介形類

介形類是一種小型的甲殼動物，軟體被包在兩瓣殼內，身體通常在 1 厘米以內，大部分生活於水中。香港發現過的介形類化石超過 20 個種，包括兩個新種，主要屬於中華豆石介族 Sinoleperditiini，當中於泥盆紀黃竹角咀組地層中發現過非常豐富的介形類化石，另外於侏羅紀赤門組地層中也發現過介形類的化石（見圖 2-33）。

船灣淡水湖黃竹角咀組的地層是泥盆紀時期，發現的介形類化石一般為內核或內模，外型呈橢圓形，分類主要屬於中華豆石介族，它們是一種底棲生活的小型甲殼動物，通常生活在淺海潮間帶，對環境和生物地理區系具有重要的參考意義。中華豆石介族分布於華南及相鄰地區之泥盆紀地層，其所有成員均發育有下垂「V」字型肌痕。

圖 2-33　黃竹角咀組介形類化石。（龍德駿提供）

船灣淡水湖發現的中華豆石介族化石類群：

　　似默勒介屬（*Paramoelleritia* Wang）

　　似默勒介亞屬（*Paramoelleritia* (*Paramoelleritia*) Wang）

　　短豆石介亞屬（*Paramoelleritia* (*Brevileperditia*) Wang）

　　似豆石介亞屬（*Paramoelleritia* (*Paraleperditia*) Sun）

　　中華豆石介屬（*Sinoleperditia* Wang）

　　假粗壯介亞屬（*Sinoleperditia* (*Pseudobriartina*) Wang）

新種：

　　香港似豆石介（*Paramoelleritia* (*Paraleperditia*) *hongkongensis* Wang sp. nov.）（見圖 2-34）

　　回歸假粗壯介（*Sinoleperditia* (*Pseudobriartina*) *reditalis* Wang sp. nov.）（見圖 2-35）

昆蟲

昆蟲是節肢動物門最大的一個綱，也是地球上種類最多和分布最廣的動物，身體可分為頭、胸、腹三個部分，頭部有一對觸角，身體一般都有六隻腳。昆蟲化石通常在陸相的地層中找到，而香港昆蟲化石紀錄絕大多數都是在東平洲發現。東平洲的地層屬於平洲組，

圖 2-34　香港似豆石介（*Paramoelleritia* (*Paraleperditia*) *hongkongensis* Wang sp. nov.）。（龍德駿提供）

圖 2-35　假粗壯介（*Sinoleperditia* (*Pseudobriartina*) *reditalis* Wang sp. nov.）。（龍德駿提供）

年代相信是始新世，所發現化石標本大多不完整，當時生物估計不是在原地生存及埋藏，是經過水流搬運到另一環境後再保存下來。

東平洲發現的昆蟲化石超過 10 個種，包括鞘翅目、同翅目及蜚蠊目等，當中很多都是新屬及新種。其中鞘翅目昆蟲化石，是保存比較完整的成蟲標本，能看到頭部、胸部和腹部，鞘翅具粗糙的皺紋和點，是新屬及新種。

東平洲發現的蜚蠊目昆蟲化石，是一塊前後翅標本，保存並不完整，但翅脈紋理清晰。東平洲發現的同翅目昆蟲化石，是一塊翅蓋標本，表面密布疹點，是新屬及新種。東平洲發現的昆蟲化石列舉如下（見圖 2-36，圖 2-37，圖 2-38，圖 2-39）：

圖 2-36　瘤點盾鞘龍虱（*Placoelytrum tuberculum* Lin gen. et sp. nov.）。（龍德駿提供）

圖 2-37　平洲等鞭原象甲（*Equiflagrum pingchauensum* Lin gen. et sp. nov.）。（龍德駿提供）

圖 2-38　彎翅蜚蠊屬（未定種）（*Panesthia* sp.）。（龍德駿提供）

圖 2-39　疹狀奇沫蟬（*Allocercopis punctatis* Lin gen. et sp. nov.）。（龍德駿提供）

葉肢介

葉肢介具幾丁質的雙殼瓣，殼面一般都有規則環狀條紋，常生活於淡水或鹹淡水中。香港
發現的葉肢介化石大小只有數毫米，主要來自泥盆紀黃竹角咀組地層。

2. 軟體動物門

軟體動物門是一種結構複雜及高級的無脊椎動物，由寒武紀開始出現，種類及數量至今仍
十分繁多，於動物界中屬第二大門類，廣泛分布於海洋、淡水和陸上，如蛤（蜆）、蝸牛、
田螺、烏賊、鸚鵡螺及已滅絕的菊石等。香港發現的軟體動物化石大多數是菊石、雙殼類
及腹足類，年代以泥盆紀至侏羅紀的海相地層為主。

菊石

屬於頭足類的菊石是最常見的化石之一，種類繁多，生活於海洋中，於泥盆紀早期開始出
現。它們有螺旋形的外殼，軟體居住於殼口的位置，並擁有眾多的觸腕，化石通常只能保
存到其外殼。菊石遍布世界各地，於白堊紀晚期（66 百萬年前）滅絕，是非常適合用作斷
定地層年代的一種標準化石。

香港發現的菊石化石數量眾多，大部分是不完整的個體，其年代主要是侏羅紀早期。1920
年於鳳凰笏赤門組地層中發現的菊石化石是香港獨有種，命名為香港菊石（*Hongkongites
hongkongensis* Grabau 1923），也是香港歷史上發現的第一件化石（見圖 2-40）。

圖 2-40　鳳凰笏侏羅紀早期香港菊
石（*Hongkongites hongkongensis*
Grabau 1923）是香港獨有種。（龍
德駿提供）

後來於白角山、深涌及泥涌同屬侏羅紀早期的地層中，也有各種菊石化石的紀錄（見圖 2-41，圖 2-42）。香港發現過的菊石約有 12 個種，分屬於 Schlotheimiidae、Arietitidae、Phylloceratidae 和 Juraphyllitidae 4 個科。

圖 2-41　深涌發現大量侏羅紀早期的菊石化石。（龍德駿提供）

圖 2-42　深涌發現侏羅紀早期的花冠菊石（*Coroniceras* sp.）化石。（龍德駿提供）

雙殼類

雙殼綱是常見的一種軟體動物，生活於海洋或淡水地區，因有兩片貝殼而得名，其鰓常呈瓣狀，所以又稱瓣鰓綱。雙殼類的特點是有兩片形狀及大小一樣的外殼，可呈卵形、扇形、三角形或不規側的形狀。雙殼類化石於香港發現的數量及種類繁多，大概有數十個種，主要分布於泥盆紀、二疊紀及侏羅紀時期的海相地層，舉例如下（見圖 2-43，圖 2-44，圖 2-45）：

圖 2-43　船灣淡水湖泥盆紀時期趙氏假似栗蛤（*Pseudonuculana zhaoi* Pojeta）化石。（龍德駿提供）

圖 2-44　馬屎洲二疊紀時期梳海扇（*Euchondria* cf.）化石。（龍德駿提供）

圖 2-45　深涌及白角山屬侏羅紀
早期雙殼類化石。（中國科學院南
京地質古生物研究所提供）

腹足類

腹足綱是軟體動物門中數量最龐大的一個綱，大約有數萬種，遍布於海洋、淡水及陸地，
生活在海水中的有海螺或海蛞蝓，生活在淡水中有田螺或螺螄，以及生活在陸地上的蝸牛
等。腹足類一般有外殼保護，外殼多呈螺旋形，軟體的腹部附有扁平足，而化石通常只會
保存到其外殼部分。

腹足類的化石，在全世界不同年代的地層中亦經常發現。但在香港找到的腹足類化石並不
算多，主要分布在深涌及泥涌侏羅紀早期的赤門組的地層中。另外馬屎洲二疊紀早期大埔
海組也有少量化石紀錄，這些腹足類標本絕大部分都保存不完整，而且多數是外模或內
核，發現超過十個種（見圖 2-46）。

圖 2-46　深涌及泥涌侏羅紀早期
腹足類化石。（中國科學院南京地
質古生物研究所提供）

3. 棘皮動物門

棘皮動物物種全在海洋生活，幼年期是兩側對稱，成年期則多為輻射對稱，以五輪為主（身體由五個相似部分組成）。棘皮動物體表堅硬並密布骨針或棘刺，其外觀差別很大，有星狀、圓筒狀、球狀和花狀等。棘皮動物主要分為七個綱，包括海星、海百合、蛇尾、海參、海膽，以及已滅絕的海蕾及海林檎，化石種類相當多，經常會作為標準化石。此類群中，在香港曾發現海百合化石。

海百合

海百合是在海洋珊瑚礁岩中常見的生物，身體呈花狀，分根、莖、冠三部分，冠部由許多條腕足所組成，腕上帶有兩排羽枝。海百合從奧陶紀開始出現，於古生代一度非常繁盛，化石種類遠比現生的多，其莖或冠部的化石於各年代地層中經常可找到。

香港發現過的海百合化石只有莖節部分，於馬屎洲二疊紀早期大埔海組找到數種海百合的莖節，莖面都是圓形，直徑 5 毫米至 7 毫米，中心帶圓形孔，大多數為印模化石。深涌及白角山侏羅紀早期赤門組發現另外一個種的海百合莖節化石，莖面呈五角星形，附有細紋，中心帶圓形孔，列舉如下（見圖 2-47，圖 2-48，圖 2-49）：

圖 2-47　馬屎洲二疊紀早期海百合莖節化石。（龍德駿提供）

圖 2-48　馬屎洲二疊紀早期的穆氏圓圓莖（*Cyclocyclicus mui*）化石。（龍德駿提供）

圖 2-49　深涌侏羅紀早期亞角狀斗篷海百合（*Chladocrinus subangularis*）化石。（龍德駿提供）

4. 腕足動物門

腕足動物是最古老的動物類群之一，全部生活在海洋中，於寒武紀開始出現，在古生代非常繁盛，到中生代大為減少，已描述過的化石種超過一萬種。腕足動物的外觀雖然與雙殼類很相似，但結構並不一樣，它們具有兩枚不同大小的殼瓣，每枚殼瓣一般是左右對稱，腹殼的後段可有一孔洞，肉莖由此伸出用以固着於海床或挖掘潛穴。

香港最早的腕足類化石記錄於 1950 年代末，來自馬屎洲二疊紀早期大埔海組，後來於此地層相繼發現了約 19 屬 26 種（見圖 2-50，圖 2-51），有舌形貝科（Lingulidae）、全形貝科（Enteletiidae）、直形貝科（Orthotetidae）、戟貝科（Chonetidae）、小戟貝科（Chonetellidae）、輪刺貝科（Echinoconchidae）、網格長身貝科（Dictyoclostidae）、戟蓋貝科（Chonostegidae）、烏魯希騰貝科（Urushtenidae）、圍脊貝科（Marginiferidae）、韋勒貝科（Wellerellidae）、馬丁貝科（Martiniidae）、雙腔貝科（Ambocoeliidae）等。

香港腕足類化石當中有兩個新種，分別是馬屎洲華夏貝（*Cathaysia mashichauensis* Liao sp. nov.）以及香港股窗貝（*Crurithyris hongkongensis* Liao sp. nov.）。

5. 苔蘚動物門

又稱外肛動物門，苔蘚蟲（Bryozoan）是其代表物種，外形雖像苔蘚植物，但具有一套完整的消化器官，所以歸類為動物界之中。絕大多數苔蘚動物生活在海洋中。苔蘚蟲於古生代非常繁盛，化石種超過一萬種，常見形狀有網狀，還有樹枝狀、球狀、半球狀、塊狀等。苔蘚蟲由許多細小的蟲體組成，小蟲體外面的骨骼稱蟲室，鈣質骨骼相當堅固，保存下來的化石通常都是其骨骼。

於馬屎洲二疊紀早期大埔海組地層有苔蘚蟲化石的紀錄，最早於 1960 年描述過，至今共確認了四個種，分別是窗格苔蘚蟲（*Fenestella* sp.）（見圖 2-52）、多孔苔蘚蟲（*Polypora* sp.）、窄管苔蘚蟲（*Stenopora* sp.）和羽苔蘚蟲（*Penniretepora* sp.），因為大部分化石保存狀況欠佳，無法進行切片作進一步研究，很多標本只能鑑定到屬級單元。

圖 2-50　馬屎洲二疊紀早期吉安海頓貝
（*Haydenella chianensis* (Chao)）化石。
（龍德駿提供）

圖 2-51　馬屎洲二疊紀早期烏魯希騰貝
（*Urushtenia*）化石。（龍德駿提供）

圖 2-52　窗格苔蘚蟲（*Fenestella* sp.）。
馬屎洲發現的苔蘚蟲化石，外觀為直立的
網狀群體，是由以隔膜互相連接窄小而間
距規則的枝所組成，窗孔呈矩形，大小
相近，化石大小約 1 至 3 厘米。（龍德駿
提供）

三、植物化石

植物在地球比動物出現早得多，於生物界擔當非常重要角色，遠在 30 多億年前已經出現了原始的低等植物，直到 4 億多年前志留紀，植物才擺脫對水的依賴而擴展至陸地，開始陸上演化的新一頁。植物化石對劃分和對比地層起着重要作用，各種古植物本身亦參與了成礦及成岩作用，例如植物是形成煤的原料，矽藻是形成矽藻土的主要成分等，所以古植物研究不但能夠認識植物的演化，也有助了解當時的地球環境。

香港的古植物化石相當豐富，遍及泥盆紀、二疊紀、侏羅紀、白堊紀及始新世時期，差不多有發現過化石的地層都有植物化石紀錄，最古老的植物化石是泥盆紀時期，都是以蕨類植物為主，而往後年代的地層中分別發現過裸子植物及被子植物化石。

1. 蕨類植物

香港最古老的植物化石來自泥盆紀時期，主要採集於船灣淡水湖黃竹角咀組及馬鞍山馬鞍山組兩地，發現的蕨類植物化石大約有六屬七種，大致可歸於三個組合：帶蕨屬（*Taeniocrada*）、原始蕨和鱗木屬（*Protopteridium-Lepidodendropsis*）和薄皮木屬（*Leptophloeumrhombicum*），這些蕨類植物的類別有助於斷定地層屬於泥盆紀年代（見圖 2-53，圖 2-54，圖 2-55，圖 2-56）。

香港含二疊紀晚期的植物化石地層位於大埔海的丫洲島，主要屬於大羽羊齒植物群，有超過十個種。

圖 2-53　小原始蕨（*Protopteridium* cf. *Minutum* Halle）化石。船灣淡水湖發現的蕨類植物化石，側枝呈多次不等二歧分枝和等二歧分枝，幼枝呈蠍尾狀。（龍德駿提供）

圖 2-54　假孢枝蕨（*Pseudosporochnus* sp.）化石。船灣淡水湖發現的蕨類植物化石，莖呈假輪狀分枝和指狀分枝。（龍德駿提供）

圖 2-55　大擬鱗木（*Lepidodendropsis arborescens*）化石。船灣淡水湖發現的木本蕨類植物化石，莖粗，葉座呈螺旋狀排列，具縱向的褶曲紋。（龍德駿提供）

圖 2-56　桫欏星囊蕨（櫛羊齒）（*Asterotheca cyathea*（*Pecopteris*））化石。丫洲發現二疊紀晚期的蕨類植物化石，羽軸粗壯，至少二次羽狀複葉，小羽片較小。（龍德駿提供）

中生代時期香港的蕨類植物化石主要採自白堊紀時期，而侏羅紀時期的只有少數被描述過，當中有大澳侏羅紀中期的網葉蕨（*Dictyophyllum* sp.）。白堊紀早期的淺水灣群發現過不少蕨類植物化石，分布在大嶼山的石壁、昂坪、萬丈布、龍仔悟園及大東山，還有西貢的嶂上及荔枝莊（見圖 2-57，圖 2-58）。

圖 2-57　大嶼山白堊紀早期的枝脈蕨（*Cladophlebis* sp.）化石。（龍德駿提供）

圖 2-58　嶂上白堊紀早期蕨類植物化石。（龍德駿提供）

2. 裸子植物

香港最早記錄的裸子植物化石來自二疊紀時期，但數量並不算多，於丫洲僅發現過福建擬
銀杏葉（*Ginkgophytopsis* cf. *fukienensis* Zhu），是一種掌葉類植物。發現屬於侏羅紀及白
堊紀時期的裸子植物化石相當豐富，分布在大嶼山地區及西貢嶂上，有蘇鐵綱、銀杏綱及
松柏綱植物。比較近代始新世時期的裸子植物相對稀少，化石也以種子為主（見圖 2-59，
圖 2-60，圖 2-61，圖 2-62）。

圖 2-59　香溪耳羽葉（*Otozamites hsiangchiensis* Sze）化石。大澳
侏羅紀中期的蘇鐵類裸子植物，羽葉大，長超過 10 厘米，葉脈自裂
片基部的下半部長出。（龍德駿提供）

圖 2-60　大嶼山石壁白堊紀早期邊氏耳羽葉（*Otozamites
beani*）化石。（龍德駿提供）

圖 2-61　大嶼山石壁白堊紀早期櫛形毛羽葉（*Ptilophyllum pecten*）化石。（龍德駿提供）

圖 2-62　石果（*Carpolithus* sp.）化石。東平洲始新世時期發現的裸子植物的種子化石，卵形，長 5 毫米，頂部帶圓錐形。（龍德駿提供）

3. 被子植物

被子植物（有花植物）於侏羅紀晚期才開始出現。香港正式研究及鑒定的被子植物化石可追溯到始新世時期。東平洲發現過很豐富的化石標本，數量及種類都相當多，除了棕櫚葉化石（*Amesoneuron* sp.）外，其他被子植物的葉子均為小葉型，大部分都屬於雙子葉植物；另外也發現過種子及果實化石。東平洲大部分發現的化石都是不完整的碎片，表明這些植物並不是原地埋藏，相信是經歷了長距離搬運，對了解當時環境氣候具有一定作用（見圖 2-63，圖 2-64，圖 2-65，圖 2-66）。

圖 2-63　東平洲發現的植物化石碎片。（龍德駿提供）

圖 2-64　葉片化石（*Phyllites* sp.）。屬於雙葉子植物，葉三裂，呈倒卵形，葉頂不完整。（龍德駿提供）

圖 2-65　毛茛果（*Ranunculicarpus* sp.）化石果實為蓇葖果，長 5 毫米左右，每個蓇葖呈橢圓形，其他特徵不明顯。（龍德駿提供）

圖 2-66　石果（*Carpolithus* sp.）化石。東平洲發現不少種子或果實化石，這種石果表面有網狀紋，長 4 毫米左右，可能屬於被子植物。（龍德駿提供）

四、藻類及生物沉積岩

香港地區由海藻或微生物造成的微生物蓆，只在大鵬灣東平洲組內發現。其中許多成同心圓狀構造，相信是疊層石構造。疊層石是由一些屬於底棲微生物造成，主要產生在潮間帶和潮上帶，尤其是藍綠菌生長於土壤的表面，容易黏着潟湖環境的堆積物，捕捉泥和沙粒等沉積物堆積成層。

東平洲上所發現的微生物蓆多呈半球形狀，直徑一般由 5 厘米至 15 厘米，以同心圓球狀球薄層為主。疊層石微生物可能為真核綠藻，暫時尚未被鑒定分類（見圖 2-67）。

圖 2-67　東平洲上所發現的微生物蓆。（陳龍生提供）

第四節　岩石

一、侵入岩

1. 概況

香港的地質結構，基本上以火成岩為主，全港約 76% 土地是火成岩。火成岩可分為侵入岩及火山岩兩大類。火山岩是火山作用噴出的灰燼、岩屑、和熔岩在火山附近堆積而成的岩石，侵入岩則是在地殼內部的岩漿慢慢地冷卻和凝固而成。

香港的侵入火成岩，包括以花崗閃長岩和以花崗岩為主的火成岩侵入體，以及由二長岩、石英二長岩、流紋英長岩、流紋岩、微花崗岩和鎂鐵質岩脈組成的次要侵入體，統稱為花崗岩。這些花崗岩和相關岩石，約佔香港陸地表面積的 31%。

香港的花崗岩以等粒狀結構為主，亦常見有斑狀結構，尤其是在長石斑岩岩脈中。另外，香港的花崗岩還呈現各種地質結構，常用於推論岩體經歷的構造應力，例如在花崗岩中的晶洞結構，説明這些花崗岩屬淺層侵入。常見於花崗岩中有兩類礦物晶體：偉晶岩和暗色微粒包體。偉晶岩含有巨大的礦物結晶，寬度一般從幾厘米到 1 米不等，而暗色微粒包體則通常有為幾厘米寬，但亦可寬達 25 米。兩類礦物晶體往往集中在岩體的頂部邊緣，因此可顯示岩漿侵入基岩時的深度。暗色微粒包體在長洲和獅子山岩套的花崗岩中很常見，卻不常見於較老的花崗岩中。這些包體大多數呈橢圓形，直徑小於 0.5 米，包體亦可以為岩漿侵入時捕擄的圍岩岩屑，例如在赤柱半島出露的花崗閃長岩中，便發現大量源自早期岩漿階段角礫狀的岩石碎片。

由於冷縮熱脹的關係，節理在花崗岩中非常普遍（見圖 2-68）。香港的花崗岩一般會有二到四個近乎垂直的節理組，並伴隨着一些低角度的節理組。節理的出現也可能是因為覆蓋在花崗岩上方的壓力被移除而造成。另外，在韌性剪切帶中的花崗岩也常見韌性變形的構造頁理，被拉伸的黑雲母、石英和長石晶體、常見於微裂縫中，尤其在香港西北部和南丫島岩套中的花崗岩。

香港侵入岩的侵入深度相對較淺，可能在地表幾公里之內。許多岩體直接侵入到年齡和成分相似的火山岩中。圍岩中的熱變質並不發達，一般僅限於相對狹窄區域，偶見超過 500 米寬的接觸帶。香港花崗岩岩基的形狀和大小受多種因素影響，如大埔花崗閃長岩和南丫島的花崗岩岩漿侵入時，受東北—西南走向的主要斷層控制，因此岩體大多呈橢圓形。由於區域壓力變形，這些岩體的邊緣通常呈葉狀。

圖 2-68　具多組節理花崗岩。（陳龍生提供）

相對年輕的大欖和青山花崗岩整體沿東北—西南方向延伸,很可能代表它們在拉張的環境下侵入。葵涌岩套的岩體主要沿東北—西南方向斷層分布,再次顯示斷層是對花崗岩岩漿侵入的重要因素。獅子山的岩體露頭大部分呈橢圓形,但其邊緣呈直線輪廓,表明東北—西南走向和西北—東南走向的斷裂控制了岩漿的分布。在局部地區,花崗岩岩漿以岩脈形式沿着斷層侵入火山岩中,並在火山岩層之間以小岩蓋的形式擴散,而在其他地方與圍岩的接觸帶則呈曲折狀,並在圍岩中造成環狀褶曲 。

2. 岩漿岩分布及類型

香港已發現 20 個主要和 6 個次要的入侵單位。主要單元由花崗岩類岩體組成,而次要單元主要由岩脈群組成（見圖 2-69）。

三疊紀花崗岩

<u>后海灣花崗岩</u>　后海灣花崗岩只見於從后海灣 14 個海床鑽孔中的樣本,在陸地上暫未發現任何出露,而后海灣花崗岩和香港較古老岩石的接觸仍不清楚。后海灣花崗岩由變形較弱的細粒至中粒二雲母二長花崗岩組成。在薄片中,石英、鹼長石和斜長石形成亞自形粒狀結構,次要礦物包括黑雲母和白雲母。主要的副礦物包括螢石、鋯石和獨居石。定年分析顯示表明岩漿結晶年齡為 236.3±0.8 百萬年,即三疊紀。

圖 2-69　香港地區侵入岩分布圖

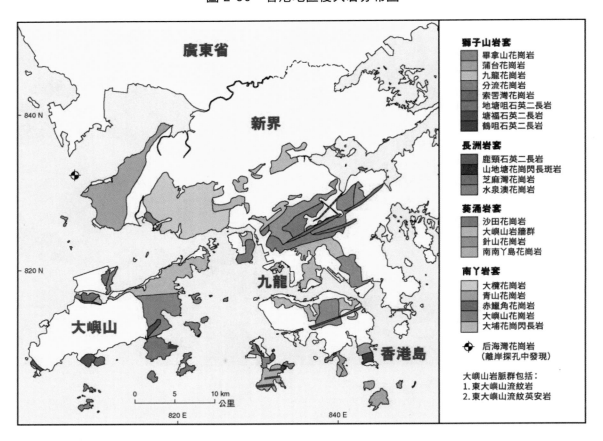

資料來源：　香港特別行政區政府土木工程拓展署。

中侏羅紀至早白堊紀花崗岩

中侏羅紀至早白堊紀的花崗岩，根據侵入的時序可分成南丫島、葵涌、長洲和獅子山四個花崗岩套。香港花崗岩的主要類別包括二長花崗岩、花崗閃長岩、二長岩和石英二長岩。當中礦物以石英、正長石和斜長石為主，基性礦物主要是黑雲母，而於硅質較少的花崗岩中間中有角閃石的存在。礦物包括鋯石、磷灰石、鈦鐵礦、褐簾石、磷釔礦、獨居石、鈦鐵礦和磁鐵礦。

南丫島花崗岩套　南丫島花崗岩形成於中侏羅紀。岩套的露頭分布廣泛，但大部分都集中在新界中西部。定年分析顯示花崗岩侵入在 165 百萬年至 160 百萬年之間。這些花崗岩包括大埔花崗閃長岩、大嶼山花崗岩、赤鱲角花崗岩、大欖花崗石岩和青山花崗岩，以及石英斑岩岩脈。

大埔花崗閃長岩　大埔花崗閃長岩出露在香港中南部，主要集中在新界中部和青衣，然而露頭的分布不連續，並被隨後的岩漿侵入和斷層嚴重切割。岩性結構由半自形粒狀花崗閃長岩到斑狀細粒花崗閃長岩再到緻密的斑狀英安岩不等。主要礦物包含石英、鹼長石和斜長石的半自體顆粒，次要的有綠褐色黑雲母和深綠色角閃石，副礦物包括鋯石、鈦鐵礦、

磷灰石和鐵氧化物。熱變質作用常見於大埔花崗閃長岩，當中包括石英和黑雲母的重結晶增生以及綠泥石和綠簾石的蝕變作用。

大嶼山花崗岩　大嶼山花崗岩出露在南丫島、大嶼山分流、索罟群島和屯門，是含角閃石和黑雲母的二長岩岩體。大嶼山花崗岩主要呈中粒結構，並偶有半自形的正長石巨晶（5毫米至15毫米）和斜長石斑晶（2毫米至5毫米）。基質主要由正長石、斜長石、石英、黑雲母和角閃石組成，副礦物包括鋯石、褐簾石、鈦鐵礦和鐵氧化物。

赤鱲角花崗岩　赤鱲角花崗岩出露於赤鱲角的一個近圓形花崗岩岩體，並侵入至大嶼山花崗岩之中。赤鱲角花崗岩主要呈等粒、細粒結構，並主要由正長石、斜長石、石英和少量黑雲母組成。在晶體的間隙亦可見於晚期結晶而成的白雲母和螢石，副礦物包括鋯石和鐵氧化物。

大欖花崗岩　大欖花崗岩以一個橢圓形岩體出露在新界西北部，北至元朗，東至荃灣，南至大嶼山，西至青山，由斑狀中粒至等粒細粒二長花崗岩組成。主要礦物包括石英、正長石、斜長石和以晶體聚集體出現的黑雲母，副礦物包括褐簾石和鋯石，另外，白雲母和螢石作為後期結晶產物出現而綠簾石和綠泥石作為蝕變產物出現。

青山花崗岩　青山花崗岩以一個橢圓形岩體出露在新界西部，其露頭從南面的龍鼓洲一直延伸到北面的尖鼻咀。岩體西部的邊界起自后海灣斷層，東部邊界則上於屯門斷層。青山花崗岩由變形、等粒到不等粒的二雲母二長花崗岩組成。主要礦物包括石英、正長石、斜長石、黑雲母和少量在結晶晚期形成的白雲母，副礦物包括褐簾石、獨居石和鋯石。整個青山花崗岩均受到不同程度的變形剪切，變形程度一般由西南向東北增加，使花崗岩糜棱岩化（見圖2-70）。

葵涌花崗岩套　晚侏羅紀的葵涌花崗岩套在香港中部和南部廣泛出露，並包含圓形至橢圓形黑雲母二長花崗岩岩體、斑狀微晶花崗岩、石英質流紋岩和長英質流紋岩脈。定年分析顯示葵涌花崗岩套主要侵入在148百萬年至146百萬年之間。

南南丫島花崗岩　南南丫島花崗岩出露在南丫島南部，呈近圓形並侵入南丫島花崗岩套的大嶼山花崗岩。南南丫島花崗岩主要由等粒和中等粒狀的黑雲母二長花崗岩組成，偶見結晶晚期的微晶岩脈。主要礦物包括自形至半自形的斜長石和正長石、石英和少量紅棕色黑雲母，微量白雲母作為晚期岩漿礦物或替代黑雲母出現，副礦物包括螢石、褐簾石、鋯石、鈦鐵礦和鐵氧化物（見圖2-71）。

沙田花崗岩　沙田花崗岩為一長軸呈東北—西南方向的不規則橢圓形黑雲二長花崗岩岩體。露頭自西南青衣起，迄於東北的烏溪沙，東南起自白田至西北的獅子山。沙田花崗岩的東南部被九龍花崗岩侵入，而西北部則被針山花崗岩侵入。岩體的中央以粗粒晶體為

圖 2-70　青山花崗岩。（陳龍生提供）

圖 2-71　南丫島具強烈節理的花崗岩。（陳龍生提供）

主，向邊緣的方向逐漸過渡至中粒至細粒的結構，而沿與上覆火山岩的接觸面會進一步變成斑狀細粒結構。粗粒花崗岩質地均勻，由粗粒石英、正長石和斜長石組成，晶體當中的間隙亦包含大量棕色的黑雲母聚集體，副礦物包括石榴子石、鋯石和鐵氧化物。斑狀細粒結構主要見於岩體的西南邊緣。強烈的變形導致這部分的花崗岩糜棱岩化及重結晶，形成次生的白雲母、絹雲母及綠泥石。

針山花崗岩　針山花崗岩為在城門谷西北側沿東北 ── 西南走向延伸的橢圓形岩體。針山花崗岩由斑狀細粒二長黑雲母花崗岩和等粒狀中粒二長黑雲母花崗岩組成，並包括大量細粒花崗岩岩脈。針山花崗岩在南部和西部侵入沙田花崗岩，在北部侵入大埔花崗閃長岩。主要礦物包括石英、以鈣長石為主的斜長石、黑雲母，鋯石和螢石是主要的副礦物。

長洲花崗岩套　長洲花崗岩套包含早白堊紀形成的一套黑雲母二長花崗岩岩體、流紋質英安岩脈和石英二長岩柱。這些岩體大約在 143 百萬年侵入（見圖 2-72）。

水泉澳花崗岩　水泉澳花崗岩為一長軸呈東北 ── 西南走向的橢圓體岩體，位於沙田和九龍花崗岩之間。水泉澳花崗岩以斑狀結構為主，呈細粒至中粒。主要礦物包括正長石和石英斑晶，並散布在富石英、斜長石以及綠泥石化黑雲母的基質中，副礦物包括鋯石、磷灰石和鐵氧化物。

圖 2-72　長州花崗岩。（陳龍生提供）

鹿頸石英二長岩　鹿頸石英二長岩在大嶼山鹿頸、分流和茶果洲出露。鹿頸石英二長岩通常呈細粒結構，包含亞自形的正長石巨晶（7毫米至10毫米）和次要的斜長石斑晶（3毫米至5毫米）。基質主要由斜長石、石英和黑雲母組成，並含有微量的褐簾石、鋯石、鈦鐵礦、磷灰石和鐵氧化物。

芝麻灣花崗岩　芝麻灣花崗岩為出露於大嶼山東部芝麻灣半島的亞圓形黑雲母二長花崗岩岩體。岩體向南和向東分別延伸至石鼓洲和長洲島，並侵入至在芝麻灣出露的大嶼山花崗岩及東大嶼山流紋岩脈之中。芝麻灣花崗岩主要呈等粒和中粒結構，以正長石、石英和黑雲母為主，副礦物包括鋯石、鈦鐵礦、褐簾石、磷灰石和鐵氧化物。岩體侵入年齡約在140百萬年。

獅子山花崗岩套　獅子山花崗岩套於早白堊紀形成的一套花崗岩岩體，於141百萬年至138百萬年左右侵入，代表了香港的侵入火成岩活動的最後階段。

鶴咀石英二長岩　鶴咀石英二長岩出露於香港南部鶴咀半島、赤柱半島和南丫島，並侵入至該區的鹽田仔組火山岩和大埔花崗閃長岩之中。鶴咀石英二長岩通常呈斑狀、細到中粒結構。5毫米至10毫米大的自形至半自形鈣長石斑晶散布於粒狀基質之中。基質主要由長石、石英和次要的角閃石和黑雲母組成，副礦物包括鋯石、鈉長石、磷灰石和鐵氧化物。

塘福石英二長岩　塘福石英二長岩以岩脈的形式出現不連續地出露在沙螺灣、塘福和分流，以及茶果洲、喜靈洲和周公島上。塘福石英二長岩侵入至大埔花崗閃長岩、大嶼山花崗岩和大嶼山火山群之中，並包有鹿頸石英二長岩的捕獲體。塘福石英二長岩含有大量粗粒正長石巨晶（長達15毫米），可佔全岩的40%至50%，亦具有次要（10%至20%）較小（1毫米至3毫米）斜長石斑晶。粒狀、細粒基質主要由石英和正長石組成，並含有少量斜長石、綠泥石化黑雲母和角閃石，副礦物包括鋯石、鈦鐵礦、褐簾石、磷灰石和鐵氧化物。

地塘仔石英二長岩　地塘仔石英二長岩以東—西或東北—西南走向的岩脈形式出露於新界中部、東南部，以及香港島。當中個別岩脈可寬達200米，並侵入至清水灣組、摩星嶺組和鴨脷洲組的火山岩、九龍花崗岩，以及畢拿山花崗岩之中。在西貢地區，少量石英二長岩脈在西貢破火山口周圍形成一個不連續的環帶。岩相方面，地塘仔石英二長岩通常呈斑狀細粒至中粒結構，含大量自形正長石斑晶（5毫米至10毫米）及次要的斜長石斑晶（3毫米至5毫米）。基質由正長石、斜長石和少量石英、黑雲母和角閃石組成。副礦物包括鋯石、褐簾石、磷灰石和鐵氧化物。

蒲台花崗岩　蒲台花崗岩出露於赤柱半島、鶴咀半島和蒲台東南部。蒲台花崗岩在南部和東部以粗粒巨晶結構為主，而在北部和西部以等粒的中細粒結構為主。另外，偉晶岩脈亦常見於蒲台花崗岩中，尤其在蒲台島上。斑狀和等粒結構均可見於蒲台花崗岩。在斑狀結

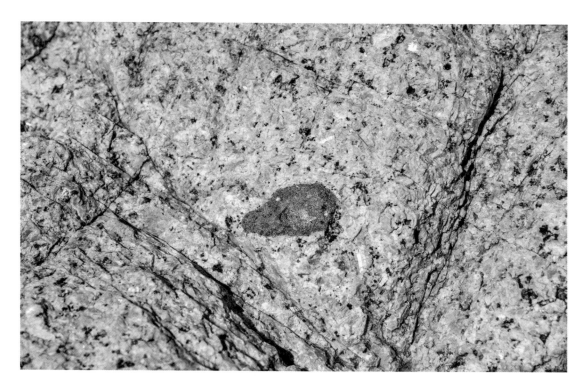

圖 2-73　蒲台島花崗岩的微花崗岩包含體。（陳龍生提供）

構下，自形至半自形的正長石巨晶（4 毫米至 10 毫米）和次要的石英斑晶散布於由石英、正長石和斜長石組成的中至細粒基質之中，而在等粒結構下，主要礦物組合類近，但斜長石的比例會較高，其他次要礦物包括黑雲母、褐簾石、鋯石和鐵氧化物，而螢石和白雲母通常作為次生礦物出現（見圖 2-73）。

九龍花崗岩　九龍花崗岩為以九龍和香港島為中心的一個似圓形花崗岩岩體。九龍花崗岩的質地和成分非常一致，主要為等粒的中粒黑雲母二長花崗岩。間中可見包含石英和斜長石為主的偉晶岩鑲嵌在以石英、正長石、斜長石和黑雲母組成的基質中，副礦物包括褐簾石、磷灰石、鋯石和鐵氧化物（見圖 2-74）。

畢拿山花崗岩　畢拿山花崗岩為一近圓形的二長花崗岩岩體，出露在香港島及九龍東部並侵入至九龍花崗岩及摩星嶺組和鴨脷洲組的火山岩之中。花崗岩的主要結構是等粒和細粒，局部呈中粒結構，主要礦物包括半自形的正長石、鈉長石和石英及少量黑雲母，副礦物包括鋯石、磷灰石和鐵氧化物。畢拿山花崗岩局部受到雲英蝕變並被西北偏西—東南偏東走向的石英脈切割，並伴隨少量的螢石、黃銅礦、輝鉬礦、黑鎢礦和綠柱石的形成。在靠近花崗岩和火山岩的接觸處，偉晶岩和微晶洞十分普遍。

索罟灣花崗岩　索罟灣花崗岩為一出露於南丫島北部索罟灣附近的小型斑狀二長花崗岩岩體，並侵入至鹽田仔組的凝灰岩之中。索罟灣花崗岩主要為等粒、細粒至中粒二長花崗

圖 2-74　油塘九龍花崗岩內的晶洞。（陳龍生提供）

岩，並局部呈斑狀結構。主要礦物包括石英、斜長石、正長石、黑雲母，而副礦物包括鋯石、鈦鐵礦、螢石和鐵氧化物。

分流花崗岩　分流花崗岩出露在大嶼山南部分流和石壁的細粒和斑狀花崗岩岩體。在分流花崗岩，石英和正長石斑晶分布以正長石、斜長石、石英和黑雲母為主組成的細粒基質中，副礦物包括鋯石和鐵氧化物。

3. 岩脈和次要侵入岩體

香港地區的岩脈是一種淺成侵入岩，與花崗岩侵入體的年齡大致相同，成分從酸性到鎂鐵質不等。可以是單一或以岩脈群形態出現，或以不規則形態共生於花崗岩體內。近年研究顯示，有部分岩脈可能是和侵入岩漿體內細粒相部分，和花崗同時間共生，而非後期入侵的岩脈。

酸性岩脈

酸性岩脈是已知最年輕的火成岩，常見於新界東部、九龍、香港島和蒲台群島的石英質流紋岩脈（見圖 2-75）。這些岩脈於中侏儸紀至早白堊紀火山期後形成，然而還沒有相關的定年分析。這些岩脈總體呈東南偏南—西北偏北或東北偏北—西南偏南走向 。其中主要的岩脈包括赤門流紋岩。

圖 2-75　蒲台島具有流紋紋理的流紋岩岩牆。（陳龍生提供）

<u>赤門流紋岩脈</u>　赤門流紋岩是一群石英質流紋岩脈的統稱。它侵入新界荃灣火山岩、大埔花崗閃長岩、青山花崗岩和火山前期沉積岩層。這些岩脈通常是東北—西南走向，寬度大多在 2 米到 5 米之間。主要礦物包括石英和長石，並有少量的鋯石和磷灰石。定年分析顯示岩脈的結晶年齡為 161 百萬年。

<u>鶴咀流紋岩脈</u>　鶴咀流紋岩是指一群侵入於香港島鶴咀的大埔花崗閃長岩和鹽田仔組火山岩中的石英質流紋岩脈。這些岩脈可寬達 10 米，呈帶狀流動，走向為東北—西南方向。主要礦物為石英並含少量的長石。侵入年齡為 152 百萬年。

大嶼山岩脈群

大嶼山岩脈群主要為一群在大嶼山北部的東北偏東—西南偏西走向的長英質岩脈。它們是香港所有岩脈中體積最大的一群（見圖 2-76）。這群岩脈可以再細分為相對較老、較寬闊（大於 5 米寬）的流紋質英安岩（東大嶼山流紋質英安岩脈），以及相對較年輕、較窄（小於 5 米寬）的流紋岩（東大嶼山流紋岩脈）。此外，岩脈中亦可見斑狀微晶花崗岩，屬於大嶼山長英質岩脈群的一種結構上的變體，在成分上與流紋質英安岩相同。早期的流紋質英安岩脈主要集中在大嶼山北部和東部，亦見於大嶼山中部及馬灣、索罟群島及以南的島嶼，並侵入至大嶼山花崗岩和大欖花崗岩之中。東大嶼山流紋質英安岩脈通常含有大結晶

圖 2-76　大嶼山岩牆群地質圖

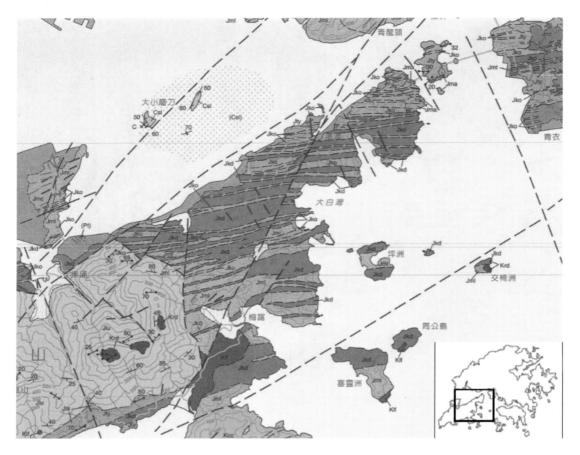

資料來源：　香港特別行政區政府土木工程拓展署，香港地方志中心後期製作。

圖 2-77　大嶼山深水角岩牆。（陳龍生提供）

（5 毫米至 20 毫米）的正長石和斜長石巨晶，其次是石英斑晶。在隱晶狀基質中會含有黑雲母的晶體聚集體，以及鋯石和鐵氧化物等副礦物。後期的東大嶼山流紋岩脈主要集中在大嶼山北部、馬灣及青衣，並侵入至早期的東大嶼山流紋質英安岩脈、鹽田仔組火山岩、大欖花崗岩及沙田花崗岩之中（見圖 2-77）。東大嶼山流紋岩脈合有大量石英斑晶、次要的正長石巨晶和斜長石斑晶，以及非常細粒的隱晶狀基質。較大的岩脈的內部結構通常從邊緣的斑狀流紋岩結構轉變到中心的斑狀微晶花崗岩結構。副礦物包括副礦物有鋯石、褐簾石、磷灰石、螢石和鐵氧化物。

山地塘流紋質英安岩

山地塘流紋質英安岩是所有斑狀流紋質英安岩和微晶花崗岩脈的統稱。岩脈侵入芝麻灣花崗岩和南丫島花崗岩岩體，從芝麻灣半島延伸至南丫島和香港南部一帶。這些岩脈含有大型長石巨晶及以細粒石英、長石和黑雲母為主的基質。

中基性岩脈

中基性岩脈常見於香港各地火成岩岩層和岩套。它們通常少於 1 米寬。這些岩脈的成分變化甚大，由玄武安山質至英安質不等，呈細粒結構，基質由輝石、角閃石、黑雲母、長石和鐵鈦氧化物組成。其中侵入至糧船灣火山岩層的中基性岩脈用氬 - 氬法測定的年齡為 108 百萬年到 75 百萬年。野外證據顯示該中基性岩脈與周邊的糧船灣組凝灰岩同時形成，從岩脈得出年齡可能反映了形成後受熱事件的時間，而不是岩脈的侵入年齡。

二、火山岩

1. 火山岩成因

在岩漿帶中，大部分岩漿會留在地殼內，在那裏逐漸冷卻而形成粗粒的侵入岩。根據岩石成分，侵入岩可分類為花崗岩、閃長岩和輝長岩等。部分岩漿會上升至近地表位置，通過火山口和岩石裂縫溢出到地表，或在接近地表的地方形成岩牆或岩脈，造成各種火山岩。熔岩在地表冷卻得快，形成細粒的火成岩。在一些猛烈型的火山噴發，岩漿突然減壓和接觸冷空氣，會令岩漿在瞬息間變成火山灰。在火山的周圍，經常可以發現噴出物和火山灰堆積形成的岩層和熔岩夾雜一起。這些岩石具有與沉積岩相似的特徵，故又稱為火山碎屑岩。在香港地區火山岩佔地表面積 40%，其中火山碎屑岩佔最大比例。

2. 火山岩類型

香港火山岩的地層命名曾經過多次修訂。國際上也有多種火山岩的分類方法。確定岩漿事件的序列，也需要利用地球化學和輻射測年等方法。

火山地層包括熔岩、凝灰岩、火山碎屑沉積岩三大類。在香港，凝灰岩佔火山岩最大部分。凝灰岩的成分分類，是根據國際地質科學聯盟對火山碎屑岩的分類法，因為岩石通常含有極細粒度的基質，難以準確測定各種礦物比例、對於岩石成分只能基於全岩化學，尤

其是利用岩石的總鹼（Na_2O+K_2O）和二氧化矽（SiO_2）比例作為岩石分類基礎。

熔岩

香港出露的火山岩總體的 15% 是熔岩，包括安山岩、粗英岩、英安岩和流紋岩。因為熔岩中較高的二氧化矽含量，導致岩漿流液黏度大，造成很厚但橫向範圍不大的岩層。以下是各種熔岩在香港的出露和分布。

<u>流紋岩</u>　流紋岩（*rhyolite*）是火山序列中最常見的岩石類型，它們通常具有流紋構造，流紋構造經常折疊扭曲，並且存在自動角礫化構造。除了在地表因為火山岩流形成的流紋岩外，有些熔岩是相對靠近地表淺層侵入圍岩而形成的岩牆或岩床。有些地區，火山熔岩岩流，遇上了水底的鬆散沉積物，形成了帶有流紋岩塊的角礫岩（見圖 2-78）。

<u>英安岩和粗英岩</u>　英安岩熔岩（*dacite*）主要在西流江組發現。而且從英安岩過渡到流紋岩的粗英岩（*trachydacite*），清水灣組的大廟灣段底部亦有發現。該單元的厚度達 150 米。岩石的特徵呈藍灰色，由大量具有明顯雙晶構造的斜長石和正長石斑晶（約 2 毫米）和小石英斑晶，鑲嵌在非常細粒度的基質中。間中會出現巨大的微細長石晶體（最大 7 毫米）。岩石內含有的副礦物，以磁鐵礦、黃鐵礦、綠泥石、絹雲母和方解石佔多數。岩石內的流紋紋理一般精細，並且存在複雜的流動痕跡，並常與凝灰岩形成互層。

<u>安山岩</u>　安山岩（*andesite*）主要位於新界西部屯門地區，在屯門組上部較為常見。存在於結晶凝灰岩和火山碎屑沉積岩之間的夾層。岩石以深灰色或灰綠色為主，一般呈現強烈綠簾石化。安山岩含有豐富的斜長石斑晶（1 毫米至 3 毫米），間中亦可見角閃石斑晶（見圖 2-79）。

火山碎屑岩 / 凝灰岩

香港火山岩以凝灰岩最為常見，特徵是常見有岩塊被高溫的火山灰焊接。火山爆發噴出來的玻璃質碎片，因為高溫被焊接起來，形成岩石內的條帶狀紋理。其他特徵包括高晶體含量，碎裂造成的角礫或破碎晶體岩屑，分選極差的沉積物。根據火山碎屑岩的成分，可分為流紋質凝灰岩、英安質凝灰岩等，在香港地區以前者居多。

火山碎屑岩的形成機制，大致可劃分成碎屑岩流和火山灰落（ashfall）兩個過程。前者是在火山噴發時火山碎屑隨熔岩流動形成的岩層，後者是由懸浮在空中較細小的火山灰落下沉積下來而形成的岩層。碎屑岩流形成的凝灰岩，許多具有明顯的熔結構造，以及由玻璃或浮石碎片造成的火焰結構，稱為熔結凝灰岩。有些凝灰岩不一定有明顯的熔結構造，岩石特徵以含晶屑、玻璃質和岩屑來確定，並根據三者的比例細分成晶屑凝灰岩、玻質凝灰岩、岩屑凝灰岩三種。有些岩體內間中可見含有巨型塊體的角礫岩，塊體直徑可能達到 1 米以上，稱之為凝灰角礫岩或火山角礫岩。凝灰角礫岩是接近火山噴發點的火山岩，亦有可能是火山管口內的填充物。

圖 2-78　流紋岩。（陳龍生提供）

圖 2-79　屯門安山岩。（陳龍生提供）

另一類型細灰凝灰岩，是懸浮在大氣中的火山灰經沉降過程而形成。這一類的凝灰岩層，特徵以薄層為主，厚度通常不超過數米。細灰凝灰岩通常是火山岩序列最上部的岩層，和代表距離火山噴發口較遠的沉積物。

次生火山碎屑沉積岩

次生火山碎屑沉積岩是原生的火山岩經過風化侵蝕及搬運等過程，在湖泊環境中形成次生的碎屑沉積岩，以砂岩、粉砂岩和泥岩為主，常與凝灰岩形成互層。在陸上火山環境中，因為火山碎屑沉積物容易被侵蝕，一般保存很差。但在湖泊或沖積平原的沉積物比較容易保存，可以有良好的分層和序列（見圖 2-80）。

3. 火山岩礦物及成分

凝灰岩

凝灰岩根據玻璃成分和粒度大小可分成由極細到較粗，及從火山礫大小到玻璃質碎塊兩類。玻璃質碎塊通常是由含氣泡狀的岩漿快速冷卻而成，也包含了一些噴發前形成的晶體。由於沉積後的壓力和溫度，碎片會熔結在一起並變形成條帶狀，這些條帶狀構造也稱之為火焰構造（fiamme）。玻璃物質因為長時間的反玻璃化作用而形成晶粒，留下以石英和長石為主的微晶基質（見圖 2-81）。在風化的岩石中，熔結作用形成的火焰構造，容易被綠泥石化或高嶺化，在暴露的表面上形成明顯凹陷。

礦物晶體

礦物晶體的大小可以從數毫米到數厘米。大多數的礦物晶體在噴發前已在岩漿內形成，有些從圍岩中崩離並被嵌入岩漿內。凝灰岩中的晶體多呈現破碎狀態。在顯微鏡觀測下可見晶體的邊緣呈現熔蝕狀態，相信是晶體被岩漿溶解的結果。

岩屑

岩屑在凝灰岩中很普遍，大小變化也很大，可從毫米大小到非常大的礫塊。岩屑可以是同源岩屑，和噴發岩漿具相同成分，亦可以是在噴發期間在噴管兩側被撕下的圍岩和混合入在岩漿中的非同源岩屑。

基質

基質是凝灰岩的緻密部分，通常是由極細的石英、長石、絹雲母、綠泥石和鐵氧化物等微晶礦物組成，代表噴發物的最細小的火山灰成分。如果基質是玻璃質，可以看到珍珠狀的破裂構造和反玻化的球粒。

變形構造

在凝灰岩地層中偶爾會出現變形構造。在一些斷層帶或剪切帶，凝灰岩中的如綠泥石和絹雲母等黏土礦物，和長石和黑雲母等板狀晶體，受地殼運動產生的壓力導致平行排列而形成片理。

圖 2-80　荔枝莊火山碎屑沉積岩。（陳龍生提供）

圖 2-81　東龍洲具火焰構造凝灰岩。（陳龍生提供）

4. 主要熔岩單元

流紋岩熔岩層在城門組、荔枝莊組、娥眉洲組、孟公屋組和清水灣組，以及大嶼山火山群內均有存在。

吐露港海峽南側的城門組和荔枝莊組的流紋岩為深灰色，厚達 35 米，具有隱晶基質和自形石英，石英晶體可達 7 毫米，鉀長石和斜長石晶體最大可達 3 毫米。流紋岩和上下地層平行，有可能是岩床而不是熔岩。

深涌流紋岩呈層狀排列，由北向南延伸到吐露海峽南側的榕樹澳並逐漸由 10 米增厚至 50 米。主要礦物為石英，以及次要的正長石和斜長石，散布於細粒、灰色至深灰色的隱晶基質中。這套流紋岩被認為是一岩床並侵入到城門組的粗灰晶凝灰岩之中（見圖 2-82）。

大嶼山火山群包括大東山南側和東側、二東山和蓮花山的流紋岩層，常常夾在較薄的粉砂岩或細粒砂岩層之間。岩石呈淺灰色至深灰色，通常含有白色、自形鹼性長石和石英斑晶，有時會出現球晶。在彌勒山，流紋岩帶有平面的流動紋理，代表黏性高的熔岩成分。此外，熔岩亦含有一些破碎的晶體，可能由熱力焊接火山碎屑物而形成，亦有可能不是真正的熔岩，而是高度矽化的層狀火山碎屑岩。

孟公屋組流紋岩在大網仔、清水灣附近出露，呈自角礫化構造，可能是沿斷層和噴發裂縫溢出的熔岩。

圖 2-82　橋咀洲的流紋岩。（陳龍生提供）

在西流江的熔岩，沿西北—東南方向分布，成分為英安質，並含有大塊流紋岩碎屑。基本是一侵入岩，可能是大埔花崗閃長岩的細粒變體。

安山岩在屯門組上部較為常見。在屯門西，安山岩是凝灰岩和火山碎屑沉積岩互層間的熔岩。岩石呈深灰色或綠灰色，合有豐富的斜長石斑晶，鑲嵌在隱晶質基質中。部分安山岩中可見強烈的綠簾石化作用。

三、火成岩的年齡

香港火成岩的年齡測定報告最早可追朔到 1971 年。報告中使用了 K-Ar 的同位素測年方法，得出香港花崗岩的年齡為 143 百萬年到 117 百萬年。香港地質調查部門用 Rb-Sr 全岩年齡測年法對花崗岩岩體進行的分析，得出火成岩年齡介乎 155 百萬年到 136 百萬年的範圍。其後的研究先後利用單晶粒和多粒鋯石 ID-TIMS 方法去測定最古老侵入岩的年齡，其中 1997 年的研究先得出 164 百萬年至 141 百萬年的結果，並將中侏羅紀至早白堊世紀香港的岩漿活動劃定了至少四個主要時期，一份 2012 年的報告測年結果進一步確立這個劃分。然而，2017 年的另一份關於鋯石 U-Pb 測年報告，結果顯示香港的岩漿活動具連續性，而最年輕的花崗岩岩體在約 138 百萬年侵入火成岩岩體。

1. 侵入火成岩的年齡

表 2-7 總結香港各個侵入火成岩岩體的同位素年齡。根據同位素測年結果，香港大部分侵入岩形成於中侏羅紀至早白堊紀，而早年使用 K/Ar 方法獲得的年齡一般比從 U-Pb 法所得的年輕。

表 2-7　香港侵入岩體同位素年齡統計表

侵入火成岩岩體	方法	年齡（百萬年）	文獻來源
后海灣花崗岩	U/Pb	<236.3±0.8	Davis 等（1997）
大埔花崗閃長岩	U/Pb	164.6±0.2	Davis 等（1997）
大埔花崗閃長岩	K/Ar	134±2	Allan & Stephens（1971）
宋崗花崗岩（大嶼山）	K/Ar	130±3 134±3	Allan & Stephens（1971）
大嶼山花崗岩	U/Pb	161.5±0.2	Davis 等（1997）
大嶼山花崗岩	U/Pb	160.9±1.1	Tang 等（2017）
赤鱲角花崗岩	U/Pb	160.4±0.3	Davis 等（1997）
赤門流紋岩	U-Pb	160.8±0.2	Sewell 等（2012）
大欖花崗岩	U/Pb	159.3±0.3	Davis 等（1997）
大欖花崗岩	Rb/Sr	155±6 158±7	Darbyshire（1993）in GEO118
青山花崗岩	U/Pb	<159.6±0.5	Davis 等（1997）
青山花崗岩	Rb/Sr	152±3	Darbyshire（1993）in GEO118
鶴咀流紋岩	U/Pb	151.9±0.2	Sewell 等（2012）

（續上表）

侵入火成岩岩體	方法	年齡（百萬年）	文獻來源
深涌流紋岩	U/Pb	146.6±0.2	Campbell 等（2007）
貝澳正長岩	Rb/Sr	146±8	Darbyshire（1993）in GEO118
南丫島花崗岩	U/Pb	148.1±0.2	Sewell 等（2012）
山地塘流紋質英安岩	U/Pb	147.3±0.2	Sewell 等（2012）
Phase 1-3（南丫島花崗岩）	Rb/Sr	163±35	Allan & Stephens（1971）
香港花崗岩	K/Ar	117±3	Allan & Stephens（1971）
沙田花崗岩	U/Pb	146.4±0.1	Sewell 等（2012）
沙田花崗岩	U/Pb	146.2±0.2	Davis 等（1997）
沙田花崗岩	Rb/Sr	148±9	Darbyshire（1990）
針山花崗岩	U/Pb	146.4±0.2	Davis 等（1997）
蒲台花崗岩	U/Pb	146.4±0.2	Sewell 等（2012）
大嶼山岩脈群	U/Pb	144.6±0.8	Tang 等（2017）
宋崗花崗岩（蒲台島）	K/A	134±3	Allan & Stephens（1971）
水泉澳花崗岩	U/Pb	142.1±0.6	Tang 等（2017）
水泉澳花崗岩	U/Pb	144.0±0.3	Sewell 等（2012）
芝麻灣花崗岩	U/Pb	139.6±0.8	Tang 等（2017）
芝麻灣花崗岩	U/Pb	<143.7+0.3	Davis 等（1997）
鶴咀石英二長岩	U/Pb	140.5±1.0	Tang 等（2017）
鶴咀石英二長岩	U/Pb	140.6±0.3	Sewell 等（2012）
鶴咀石英二長岩	U/Pb	140.7±0.4	Davis（GEO unplub）
鶴咀石英二長岩	K/Ar	143±4	Allan & Stephens（1971）
鶴咀石英二長岩	K/Ar	143±3	Allan & Stephens（1971）
鶴咀石英二長岩	K/Ar	134±4	Allan & Stephens（1971）
鶴咀石英二長岩	Rb/Sr	147±8	Darbyshire（1990）
塘福石英二長岩	U/Pb	138.7±0.9	Tang 等（2017）
塘福石英二長岩	U/Pb	140.4±0.3	Davis 等（1997）
九龍花崗岩	U/Pb	140.0±0.8	Tang 等（2017）
九龍花崗岩	U/Pb	140.4±0.2	Davis 等（1997）
九龍花崗岩	Rb/Sr	139±2	Darbyshire（1990）
九龍花崗岩	Rb/Sr	136±1	Darbyshire（1990）
Phase 4 (Lion Rock)	Rb/Sr	140±7	Allan & Stephens（1971）
長洲花崗岩	K/Ar	134+4	Allan & Stephens（1971）
畢拿山花崗岩	U/Pb	138.0±0.6	Tang 等（2017）
畢拿山花崗岩	Rb/Sr	136±1	Darbyshire（1990）
索罟灣花崗岩	U/Pb	139.8±0.9	Tang 等（2017）
索罟灣花崗岩	U/Pb	140.6±0.3	Sewell 等（2012）
塘福正長岩	Rb/Sr	144±6	Darbyshire（1993）in GEO118
塘福石英正長岩	U/Pb	140.4±0.3	Davis 等（1997）
針山花崗岩	U/Pb	146.4±0.2	Davis(GEO unplub)
大嶼山英安流紋岩	U-Pb	146.5±0.2	Davis 等（1997）
大嶼山流紋岩	U-Pb	146.3±0.3	Davis 等（1997）
大嶼山流紋岩	U-Pb	146.3±0.3 146.4±0.2	Sewell 等（2012）

2. 火山岩年齡

火山岩形成於中侏羅世至早白堊世。香港火山岩的年齡和花崗岩相約，但是近年研究結果顯示，花崗岩套和表層的火山岩不一定存在直接關係。有研究於 1971 年用 K-Ar 法在城門粗灰結晶凝灰岩中獲得了 154±4 百萬年的礦物年齡。1990 年代有研究用 Rb-Sr 定年法從鴨脷洲組和糧船灣組玻璃凝灰岩的樣本分別獲得了 140±2Ma 和 135±8Ma 的絕對年齡，還測定了大嶼山火山群流紋岩的年齡為 144±2Ma。

隨着新數據和新技術的出現，令絕對年齡的測定更準確。現代主要利用鈾鉛測年法，測定火山岩石中鋯石晶體的絕對年齡，香港地區最早的火山岩是中侏羅世之前的安山岩，鈾鉛法測年結果顯示該火山活動持續時間相對較短。而其後的火山活動主要集中在中侏羅紀至早白堊紀這段期間，火山活動可以分成多個階段，每階段持續 1 百萬到 4 百萬年，其間相對的靜止期長約 20 萬年至 12 百萬年。根據火山岩層的岩性和層序可將火山岩分成四個群及多個岩組。表 2-8 總結了火山岩的絕對測年結果。

表 2-8　香港發現的火山岩絕對年齡結果統計表

火山岩樣本位置	方法	年齡（百萬年）	文獻來源
屯門組	Ar-Ar	181±3	CEDD online map
屯門組	Detrital zircon	<169.5 ± 0.3	Sewell 等（2017）
西貢晶體凝灰岩	U/Pb	142.7±0.2	Davis 等（1997）
大帽山晶體凝灰岩	U-Pb	<164.5±0.7	Davis 等（1997）
鹽田仔晶體凝灰岩	U-Pb	164.5±0.2	Davis 等（1997）
城門組	U-Pb	164.0±0.7	Tang 等（2017）
城門組	U-Pb	164.2±0.3 164.7±0.3	Campbell 等（2007）
城門組	U-Pb	164.4±0.4 164.7±0.4	Davis GEO 118 Unplub
淺水灣組	K/Ar	154.4±4	Allan & Stephen（1971）
西流江組	U-Pb	164.1±0.3	Sewell 等（2012）
西流江組	U-Pb	164.1±0.4	GEO Davis Unplub
糧船灣	Rb-Sr	135±8	Darbyshire（1990）
糧船灣幼灰凝灰岩	U-Pb	140.9±0.2	Davis 等（1997）
糧船灣組凝灰岩	U-Pb	140.9±0.4	Tang 等（2017）
流紋岩	U-Pb	139.6±0.4	Tang 等（2017）
鴨脷洲	Rb-Sr	140±2 131±5	Darbyshire(1990)
鴨脷洲	U/Pb	142.7±0.2	Davis 等（1997）
鴨脷洲	U/Pb	140.1±0.7	Tang 等（2017）
大嶼山流紋岩	Rb-Sr	144±2	Darbyshire（1993）in GEO118
大嶼山 dike II	U-Pb	146.3±0.3	Davis 等（1997）
大嶼山幼灰凝灰岩	U-Pb	146.6+0.2	Davis 等（1997）

（續上表）

火山岩樣本位置	方法	年齡（百萬年）	文獻來源
大嶼山火山群	U-Pb	147.5±0.2	Campbell 等（2007）
大嶼山火山群	U-Pb	144.5±0.6	Tang 等（2017）
大嶼山 dike I	U-Pb	146.5+0.2	Davis 等（1997）
娥眉洲組	U-Pb	<143.7±0.1	Sewell 等（2012）
孟公屋組	U-Pb	142.9±0.2	Sewell 等（2012）
鷓鴣山幼灰凝灰岩	U-Pb	142.5±0.3	Davis 等（1997）
鷓鴣山組	U-Pb	142.1±0.8	Tang 等（2017）
清水灣粗灰凝灰岩	U-Pb	140.7±0.2	Davis 等（1997）
清水灣組	U-Pb	140.9±0.2	Sewell 等（2012）
清水灣流紋岩	U-Pb	139.0±0.6	Tang 等（2017）
清水灣凝灰岩	U-Pb	139.1±0.8	Tang 等（2017）
滘西洲火山群	U-Pb	141.1±0.2	Campbell 等（2007）
滘西洲組	U-Pb	140.7±0.8	Tang 等（2017）
荔枝莊組	U-Pb	146.6±0.2	Campbell 等（2007）
大灘晶體凝灰岩	U/Pb	142.7±0.2 142.8±0.2	Davis 等（1997）
大灘	U/Pb	141.7±0.5	Tang 等（2017）
檳榔灣	U-Pb	141.9±0.6	Tang 等（2017）
檳榔灣	U-Pb	141.2±0.3	Sewell 等（2012）
摩星嶺	U-Pb	140.8±1.1	Tang 等（2017）
摩星嶺	U-Pb	143.0±0.2	Sewell 等（2012）
摩星嶺	U-Pb	142.8±0.2	Campbell 等（2007）
赤洲流紋岩	U-Pb	141.1-139.5	Zhao 等（2017）

火山岩樣本獲得的絕對年齡大部分集中在 140 百萬年至 164 百萬年之間，大致上和幾套侵入岩的絕對年齡相約。火山岩 140 百萬年至 142 百萬年的絕對年齡相近於長洲岩套和獅子山岩套的年齡。兩岩套的絕對年齡範圍亦有重疊。160 百萬年至 164 百萬年的絕對年齡，則相當於南丫岩套的年齡。而從屯門組火山岩用氫氬定年法所獲得 181 百萬年的結果，侵入岩的樣本未見相約的絕對年齡。反之，香港地區未見年齡和后海灣相近的火山岩出露。

3. 岩脈年齡

表 2-9 顯示，香港的中基性岩脈大多形成於白堊紀晚期，只有少數樣本來自新生代。

表 2-9　香港地區中基性岩脈年齡統計表

火山岩樣本位置	方法	年齡（百萬年）	文獻來源
中基性岩脈	K/Ar	76±2/ 62±2/ 57±2/ 63±2	Allan & Stephens（1971）
青山	Ar-Ar	59.8±4.3 70.1±0.4 75.1±0.8	Campbell & Sewell（2007）

（續上表）

火山岩樣本位置	方法	年齡（百萬年）	文獻來源
糧船灣	Ar-Ar	99.8±0.5 93.8±1.9 87±12	Campbell & Sewell (2007)
大嶼山東北	Ar-Ar	108.3±1.6	Campbell & Sewell (2007)
大嶼山東北青洲仔	Ar-Ar	98.8±2.4	Lee unpubl data in GEO 118
馬灣	Ar-Ar	89.3±0.9 86.6±1.8	Campbell & Sewell (2007)
馬灣	Ar-Ar	84.3±2.1	Lee unpubl data in GEO 118
大嶼山東北青洲仔	Ar-Ar	71.6±7.8	Lee unpubl data in GEO 118
糧船灣	Ar-Ar	98.5±2.4	Lee unpubl data in GEO 118
鶴咀	Ar-Ar	109.8±2.7	Lee unpubl data in GEO 118
鶴咀	Ar-Ar	135±3.3	Lee unpubl data in GEO 118
赤鱲角	Ar-Ar	94.5±2.7	Lee unpubl data in GEO 118
蒲苔	Ar-Ar	89.2±2.2	Lee unpubl data in GEO 118
青衣	Ar-Ar	88.0±2.2	Lee unpubl data in GEO 118

4. 火山作用和侵入作用的關連

香港中生代構造以東北 ── 西南走向的蓮花山斷裂帶為主，其中主要斷裂走向多為東北 ── 西南走向，而當中一些斷層控制了中生代香港的火山活動和侵入岩漿活動。隨着火山作用的過程，主要噴發中心的位置及其對應的侵入岩體從西北 ── 東南走向東南遷移。這些轉變強烈影響了火山活動的性質、位置和地球化學，並且很可能最終受到當時板塊構造演化的控制。

早期地質調查研究將香港中生代的四套花崗岩套和四個火山岩群互相對應連結，並解釋這些花崗岩岩套為對應火山岩群的岩漿庫，岩漿由岩漿庫沿斷層侵入至淺層，或沿破火山口邊緣噴發，形成可厚達數百米的火山岩層。然而，最近年代學研究顯示部分花崗岩岩體和已知的火山岩群沒有直接關係，並可能在火山岩形成後侵入。例如畢拿山花崗岩的最新定年結果為 138 百萬年，較對應的糧船灣火山岩為年輕，應在糧船灣火山岩形成後侵入而非為船灣火山岩的岩漿庫。

另外，因為侵入岩內鋯石的溶解度有非常強的溫度依賴性，鋯石含量可以作為岩漿溫度的指標。「冷」的花崗岩表明岩漿長時間保持在鋯石飽和溫度以下，相反「熱」的花崗岩岩漿溫度必須長時間超過鋯石飽和溫度。根據地球化學研究顯示，淺水灣火山岩群對應的芝麻灣花崗岩和水泉澳花崗岩的鋯石飽和溫度為攝氏 740 度至攝氏 770 度，相對較「冷」。滘西洲火山岩群對應的索罟灣花崗岩和鶴咀石英二長岩的鋯石飽和溫度為攝氏 820 度至攝氏 860 度，相對較「熱」。火山作用和侵入作用的關係，可能受岩漿的溫度所控制。

四、火山活動的演化

大約在 180 百萬年前，香港地區位於華南板塊的沿海邊緣，華南板塊和南面一塊古板塊互相碰撞形成聚合性板塊邊界，古板塊向下俯衝入地幔，在華南地區形成了廣泛的岩漿岩帶。以安山岩為主的屯門組，就是這火山弧時期形成的熔岩。隨後，在俯衝帶弧後地區發生了大規模拉張火山活動，導致地殼破裂並讓岩漿上升，形成弧後火山活動。弧後火山活動都以猛烈的噴發為特徵，產生了含有大量浮石、晶體和岩石碎片的火山灰，熔岩流相對較少。

164 百萬年後的弧後火山活動，根據岩石年代可分成四階段（見圖 2-83）。第一階段的火山活動形成了荃灣火山群。火山活動受到東北－西南方向斷層控制，令到岩石主要沿着同

圖 2-83　香港火山弧演化模型示意圖

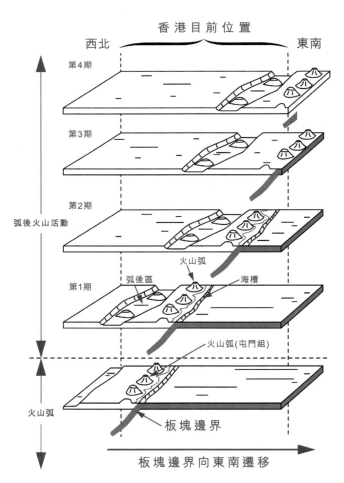

資料來源：　香港地方志中心根據 Shaw, R., Tang, D. L. K., Owen, R. B. and Sewell, R. J., "The Geological History of Hong Kong," *Asian Geographer*, Vol. 27, no.1-2 (2010): pp. 43-57 製作。

一方向分布。火山活動形成的岩石主要為粗灰的火山碎屑岩。隨後在一段火山活動相對不活躍的時期，沉積了一套厚火山灰層。其後劇烈的火山噴發恢復，形成大帽山組的火山碎屑岩，然後活動火山平靜下來，熔岩流從廣泛的裂縫中發生，形成西流江組的熔岩。

在弧後火山活動的第二階段，火山活動重心稍向西南移動，形成的火山岩主要沿東北西南走向分布。由赤門海峽延伸到沙田的斷層帶。同時形成位今大嶼山中部地區一系列的岩牆群。岩牆群從大嶼山東北部延伸到馬灣和青衣地區，岩牆以流紋岩和斑狀流紋岩為主。

在弧後火山活動的第三階段，火山活動進一步向東南方向遷移，而且變得更加複雜，出現至少兩個破火山口，一個在香港島，另一個在西貢大灘地區。前者的噴發含火山灰晶體很少，後者噴發的火山灰晶體豐富，但都沒有產生很多熔岩。這一階段的火山活動產生了淺水灣火山群內大灘組和摩星嶺組的流紋岩和粗粒凝灰岩，以及檳榔灣、孟公屋、鷓鴣山和娥眉洲組的火山碎屑沉積物。

在第四階段，弧後火山活動進一步向東南方向移動，當時在西貢糧船灣地區出現了一個大型火山口。大量火山灰從火山口裂隙噴發，並沉積了厚厚的凝灰岩和熔結凝灰岩。最大一次噴發發生在西貢東南部，導致火山口坍塌，形成了一個直徑約 20 公里的破火山口。厚達 400 米的火山灰填滿了火山窪地。火山灰緩慢冷卻形成獨特的六角形火山岩柱，目前可在萬宜水庫東壩附近和相鄰島嶼上看見此壯觀地貌。

五、沉積岩

1. 沉積岩成因、分布、類型及演變

香港地區沉積岩的成因與大地構造運動、華南地區的地理環境與及古氣候有密切關係，各種沉積岩的形成，可從沉積岩形成機制的角度描述。根據成因，沉積岩可分為三大類，一為碎屑沉積岩，來自破碎的岩石碎片；二為生物沉積岩，由有機物、殘留物堆積形成，有時與碎屑物混合；三為化學沉積岩，由溶液中的化學物質沉澱析出而形成，溶液的物理條件變化會導致溶解度改變。以上三種沉積岩皆可在香港找到。

在香港，沉積岩約佔陸地面積約 8%（見圖 2-84）。含有沉積岩的地層，包括古生代黃竹角咀組、落馬洲組、大埔海組，中生代的大澳組、赤門組、火山沉積單元、八仙嶺和赤洲組，以及新生代平洲組。在火山岩層，許多沉積單元是火山活動停止後在湖泊或河流環境形成，有些可能因為湖水的酸鹼值變化而從湖泊沉澱為化學沉積物。

沉積岩由砂粒、泥漿、海洋物種的骸骨和鵝卵石等物質沉積而成。隨着愈來愈多的沉積物分層沉積，年老層被上面年輕層的重量壓縮，最終硬化並成為沉積岩。未硬化前的沉積岩是水平狀，但如受外力影響，沉積岩或會出現變形結構，例如滑動褶曲。化石通常在沉積岩中保存得更好。香港沉積岩的描述如下：

碎屑沉積岩

這類岩石是分離性岩石，岩石在搬運和沉積過程中受到機械性擠壓而破碎。岩石通常按沉積碎屑的種類和顆粒大小進行分類。石礫的粒度超過 2 毫米，形成礫岩；沙的直徑在 1/16 毫米到 2 毫米之間，形成砂岩；粉砂在 1/256 毫米和 1/16 毫米之間，形成粉砂岩；黏土顆粒小於 1/256 毫米，形成泥岩。

礫岩和角礫岩　　這些岩石含有礫石碎屑，礫石一般 2 厘米至 20 厘米大小，膠結物主要為二氧化矽或氧化鐵（Fe_2O_3）等次生礦物（見圖 2-85）。礫岩中混雜有圓形或近圓形的碎屑，而角礫岩帶有尖銳或近乎尖銳的碎屑。在香港，礫岩和角礫岩常見於新界東北部的沉積層。黃竹角咀組中的幾個厚礫岩層，礫石主要由圓形的石英卵石碎屑組形。在某些情況下，卵石佔礫石的 90% 以上，膠結在一起形成以卵石為主的礫岩。白堊紀八仙嶺組底部的礫岩層包含許多火山岩卵石。八仙嶺組和赤洲組地層的上部可能包含火山和沉積岩層的碎屑。吉澳組的礫岩通常包含更多的稜角狀碎屑，統稱為角礫岩。新界北部吉澳組的角礫岩，其膠結物為碳酸質基質，與其餘地區找到的角礫岩有別。

砂岩　　砂岩在香港各種自然環境中都有發現。黃竹角咀組地層中的砂岩成分，主要為石英，可稱為石英砂岩。砂岩也廣泛存在於石炭系落馬洲組，該處砂岩層有時含有小卵石。

圖 2-84　香港晚中新生代沉積岩分布圖

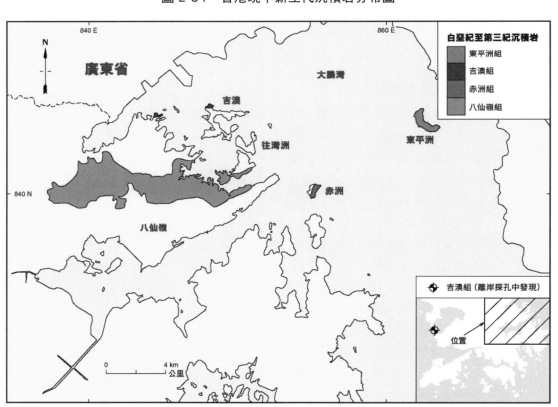

資料來源：　香港特別行政區政府土木工程拓展署，香港地方志中心後期製作。

由於沉積時氧化環境良好，造成八仙嶺組和赤洲組的砂岩紅色岩層。另外，馬屎洲和和黃竹角咀地區的砂岩層明顯存在由水流或風作用形成的交錯層理，可以由此判斷岩石形成時的時序。

粉砂岩　粉砂岩在沉積地層中很常見（見圖 2-86）。粒度大小由 1/256 毫米至 1/16 毫米不等，用肉眼仍可勉強分辨粉砂內較大的顆粒。

泥岩　泥岩是顆粒十分細小的沉積岩，粒度小於 1/256 毫米，含黏土礦物。泥岩在香港很普遍。在深色的泥岩中，經常可找到化石。通常地質學家利用化石時序，判斷岩層的年齡。有時存在泥岩中的鐵結核和軟泥變形等構造，可用來判斷沉積時的環境。泥岩通常容易被侵蝕，但少數地方的泥岩中含有高石英成分，因而抗蝕力較強而形成突出的山脊。

分布　碎屑沉積岩是原生岩石被風化和侵蝕等作用分解的碎屑物，再經過搬運和沉積作用而形成的層狀岩石。搬運的媒介可以是水流、冰川或風，膠結沉積物的物質則視乎沉積環境而成。形成的沉積岩可根據地理環境和形成機制，劃分成各種沉積相，如陸上的河床、泛洪平原、湖泊、濱海或海上的淺海、大陸架、深海等等不同的沉積相。

香港地區古生代和中生代的岩組多屬陸相沉積，包括泥盆紀的黃竹角咀組、石炭紀的落馬洲組、侏羅紀的大澳組、侏羅紀至白堊紀的火山碎屑岩、白堊紀的八仙嶺組、赤洲組、和新生代的東平洲組。陸相沉積大致上包括河流、湖泊、崖坡、淺灘和沙丘等環境。河流環境的碎屑沉積岩岩種包括礫岩、砂岩、粉砂岩和泥岩。礫岩一般代表岩石在河床水流較急的環境形成，礫石形狀通常為圓形或亞圓形狀。砂岩是在河流的淺灘沉積，常具交錯層理。泥岩一般為泛洪平原的沉積，多形成薄層並具植物化石。湖泊相以泥岩和粉砂岩為主，顆粒的分選度高，岩層層理一般非常整齊連續，岩層厚度具一致性，亦常含有植物化石。東平洲組和荔枝莊組均是湖泊沉積。

屬於海相的碎屑沉積岩，岩種以粉砂岩和泥岩為主，一般是在淺海或近岸地區形成。岩石中常含有貝殼、海百合等海洋生物化石。間中亦可見生物蟲管等遺蹟化石。海相沉積岩石在古生代以大埔海組和在侏羅紀的赤門組為代表。在吐露港更可發現菊石化石。

風成沉積是砂粒在沙丘形成的沉積物，一般沙丘沉積物具交錯層理，而交錯層的傾斜度比在河流環境形成的交錯層理高。在黃竹角咀組可發現沙丘沉積的例子（見圖 2-87）。

坡邊沉積物是積聚在斜坡底部的堆積物，多是岩壁崩塌時岩石掉落至崖底堆積的岩石碎屑，以尖銳稜角礫岩為主。岩石分選程度低，層理不明顯，岩石多呈稜角狀，顯示沒有經過長距離的搬運作用。在吉澳和鴨洲上的角礫岩層，相信屬於坡崖邊的沉積物。另外一種相類似的岩石，是由於火山噴發導致山坡或火山湖崩塌造成的角礫岩，岩石分選程度低，並不具層理，在香港中生代的火山碎屑岩中可見這種坡邊沉積岩的夾層。

圖 2-85　深涌地區的礫岩。（陳龍生提供）

圖 2-86　赤洲島紅砂岩層。（陳龍生提供）

圖 2-87　鳳凰笏風成沉積岩的交叉層理。（陳龍生提供）

在淺灘或潮間帶形成的沉積岩，以細粒的泥岩為主。沉積岩大多具有乾涸龜裂構造，而且常常有生物蟲管等的遺蹟化石，植物化石豐富。在二疊紀的大埔海組內可找到淺灘環境形成的沉積岩的例子。

生物沉積岩

白雲質粉砂岩　　這是有機物積累形成的沉積物。最重要的生物沉積物出露於東平洲的平洲組。這些沉積層中的細砂和淤泥混和藻蓆、藍綠藻形成疊層石。分辨疊層石的指標是其同心狀分層結構，有時因為它的抗蝕力較低而被移除，造成的空心構造。沉積層的層理結構也可反映沉積時的節奏，粒度和鐵含量的變化，也影響岩石的顏色（見圖 2-88）。

分布　　生物沉積物是由生物體的殘骸，例如貝殼、骨頭和牙齒堆積和分解釋放的有機物質沉澱而形成。超過 50％ 的生物沉積來源於有機物質。生物沉積物一般富含有機物，有些生物沉積由微生物如細菌或藻類生物造成，這些微生物產生黏性化合物，將沙粒和其他岩石材料黏合在一起，形成微生物蓆。在香港，最主要的生物沉積岩為石炭紀元朗組的大理岩，大理岩的前身是一套非常厚的石灰岩，岩石由生物的殘體組成，經變質後變成大理岩。另外，出露於東平洲的東平洲組以頁岩為主，岩石內部層理嶙峋如魚鱗狀，岩層中可見組疊層石構造和斜交層理。

圖 2-88　東平洲生物沉積岩。（陳龍生提供）

化學沉積岩

燧石質粉砂岩和泥岩　化學沉積岩在香港很少見。荔枝莊和深涌的燧石粉砂岩形成於湖泊
的環境，粉砂岩由極細粒的矽質顆粒組成，二氧化矽含量達 70% 至 90%。這樣的岩層可
能是在鹼性湖泊環境中形成。湖水酸鹼值的突然變化，導致二氧化矽的溶解度降低，讓水
中過飽和的二氧化矽在湖底析出沉澱。在飛鵝山發現的燧石和粉砂岩薄層，相信是在類似
的過程中形成。

白雲質石灰岩　在吉澳的細粒泥岩中發現了幾層薄層石灰岩。這些石灰岩很可能是由無機
過程形成，因為湖水酸鹼值的變化，而令到水中的化合物過量而從湖水沉澱析出。

分布　化學沉積岩可以是海水或湖水，因蒸發過程而沉澱析出的礦物質。在香港出露而屬
於化學沉積的岩石不多，在東平洲上的粉砂岩石有發現因海水蒸發而產生的礦物，但範圍
不廣。在九龍和新界中部的荔枝莊、深涌、飛鵝山等地區出露的燧石質粉砂岩和泥岩，則
有因為湖水酸鹼值改變而析釋出石英質的物質。

2. 沉積岩礦物

在沉積岩中發現的礦物可分為異源礦物和自生礦物兩類。異源礦物是在其他地方形成的礦
物，經過搬運和沉積過程，而到達當時的沉積地方。異源礦物種類視乎原生岩石和經歷的

風化過程而定。自生礦物是在沉積地區通過化學沉澱或後來的成岩過程形成的礦物。例如東平洲組岩石內可見的白雲石、石膏、鈣芒硝等，及在吉澳地區落馬洲組石灰岩的方解石，都是化學沉積的礦物。

香港地區的碎屑沉積岩主要礦物以石英和黏土礦物為主。近年研究顯示部分石英礦物亦可能是從湖水中經過化學作用沉澱而成。兩類礦物的成分都視乎岩石種類而定。例如黃竹角咀組砂岩內的石英礦物，一般佔岩石成分 80% 以上；而東平洲組的頁岩則以黏土礦物為主，含量可達 60% 以上。一般沉積岩內較次要的礦物，包括雲母、長石，以及重砂礦物如磁鐵礦、黃鐵礦、鋯石等，其含量視乎沉積物所經歷的風化程度而定。

碎屑沉積岩內膠結沉積物的物質，最普遍的是褐鐵礦和方解石兩種礦物。沉積岩形成後，許多時會因為化學環境或溫度提升而形成新的次生礦物，在東平洲的沉積岩上，可以找到黃鐵礦、褐鐵礦、沸石和錐輝石，都是在沉積後環境形成的次生礦物（見圖 2-89）。

3. 沉積岩年齡

沉積岩大部分不是由原生物質所組成，要測定沉積岩的年齡通常需要對比沉積岩內找到的化石，或是利用其他間接測年技術，包括根據同生火成岩和變質岩的夾層年齡，去估計沉積岩形成的時期。有時會利用沉積岩中找到的碎鋯石晶體，測定沉積岩形成時期的上限。

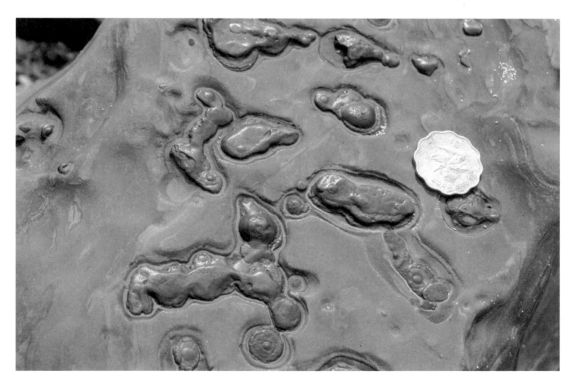

圖 2-89　平洲組沉積岩中的針鐵礦結核。（陳龍生提供）

香港地區古生代的沉積岩，包括黃竹角咀組、元朗組、大埔海組的沉積岩，其成岩的時間，主要是根據化石證據去決定岩組年齡。黃竹角咀內找到總鰭魚、輻鰭魚、介形類中華豆石和葉肢介等化石，足以將黃竹角咀定為泥盆紀岩石。石炭紀的元朗組和馬鞍山組，並沒有找到化石，只能和周邊地區的碳酸岩年齡作對比。大埔海組內豐富的腕足類、苔蘚蟲、雙殼類、珊瑚、海百合等化石，為岩組提供了屬於二疊紀年齡的證據。

中生代大澳組含有豐富的植物化石，包括蕨類和裸子類植物，認定是早中侏羅紀的陸相沉積岩。赤門組含有豐富的雙殼類和菊石化石，同時因為岩石內沒有火山岩岩屑，藉此可以斷定是火山活動之前屬於中侏羅紀的沉積岩。白堊紀的幾套沉積岩，包括八仙嶺組、赤洲組、和吉澳組都沒有找到化石，只能夠從岩石內的礫石成分，判定是火山活動之後的產物。2017 年有研究在赤洲一套覆蓋在赤洲組之下的火山岩，獲得絕對年齡為 139.5 百萬年至 141.1 百萬年的結果，或可能為赤洲組的年齡提供了上限，但不代表赤洲組的沉積年齡。

新生代的東平洲組則含有豐富動物和植物化石，包括昆蟲、介形類和孢子植物等，從而決定是晚白堊紀至早新生代的沉積岩層。

碎屑鋯石年齡是代表沉積岩內來源沉積物的年齡，而不代表沉積岩形成過程的時間。2016年，有研究從赤門海峽兩旁古生代及中生代的沉積岩樣本，以及吐露港兩旁，對 19 個樣品進行了碎屑鋯石 U-Pb 測年，發現來自赤門海峽兩側樣本的鋯石年齡明顯不同，更提出赤門海峽是代表兩個不同板塊的接觸帶。

六、變質岩

1. 變質岩成因

在香港，變質岩出露於地表不足 2%。香港變質岩由以下四種地質過程形成：（1）區域變質；（2）接觸變質；（3）動力變質；（4）熱液變質。除區域變質作用外，受其餘三種變質作用影響的岩石局限較大，所形成的變質岩僅限於在與侵入岩體接觸、剪切帶，以及被熱溶液入侵的地方。

當大範圍的岩石受到高壓和高溫影響時，便會發生區域變質作用。區域變質作用往往是由板塊碰撞等地殼運動引起，形成的岩石一般表現顯著的結構變化，包括褶曲、頁理和線理的發育。岩石中的礦物化學成分可能改變，或發生再結晶過程。

區域變質形成的變質岩可根據變質的溫度和壓力，劃分成不同的變質相。每個變質相都有特定的溫度和壓力範圍，並含有特殊的礦物組合。香港地區由區域變質形成的變質岩，主要分布在新界西北、元朗、落馬洲、屯門等地區，影響的岩石主要是石炭紀至侏羅紀的岩層，包括元朗組、落馬洲組、屯門組和部分屬於侏羅紀的火山岩和沉積岩。元朗組是石炭

紀厚層的大理岩序列，落馬洲組包括一系列板岩、千枚岩和片岩。

2. 變質岩分布及類型

大理岩

大理岩是碳酸質岩石經過礦物再結晶作用形成的變質岩。在香港，大理岩普遍存在新界西北、馬鞍山、東涌等地區。大理岩在地表沒有出露，主要在工程進行鑽孔中發現。在元朗地區的大理岩顏色從深灰色到白色不等，粒度為細至中粒，帶有少量燧石。大理岩的原始岩石被認為是薄石灰岩、鈣質泥岩和粉砂岩的互層序列。大理岩中深色的部分主要是細粉砂碎屑，佔岩石的 8%。這種碎屑成分相信是屬於陸源沉積物。

在顯微鏡下，大理岩晶體大小為 0.125 毫米至 0.3 毫米，並具有雙晶構造。因為再結晶作用形成較小的方解石脈非常普遍。隨方解石外，大理岩含有少量綠簾石、透閃石、矽灰石和石英等礦物，可能因為逆向變質作用而產生。透閃石、綠簾石和以褐鐵礦和黃鐵礦為主的不透光礦物佔總含量 3% 至 5%。

變質火成岩

火成岩無論受區域變質或動力變質影響，或會經過剪切和變形，形成輕度變質岩石。經過變質之岩石，其化學性質和礦物成分基本上沒有改變，只是形成新的片理，或礦物被壓碎或磨裂。根據岩體中是否存在片理，可分為非片狀變質和片狀變質。

在香港西北部有較好的變質凝灰岩出露，在顯微鏡下凝灰岩內的石英晶粒顯示消光行為，明顯遭受到一定程度的變形。在該地區較年輕的變質凝灰岩呈深灰色，風化後變成深紅棕色。絹雲母在岩石的基質中廣泛出現，原始火山碎屑結構保存良好，石英晶體一般較大，呈亞圓形、斷裂、拉長等特徵。亦有一些石英再結晶成更小顆粒的跡象。長石被石英和絹雲母取代，間中也被方解石取代，絹雲母平行的排列方向造成了岩石的片理（見圖 2-90）。

變質沉積岩

沉積岩經過輕度變質亦可形成變質砂岩、變質粉砂岩等。岩石的化學成分和礦物成分基本和原本的沉積岩一樣，岩石的構造出現片理和晶粒大小變化。如有熱力變質相結合，間中會達到綠片岩變質相的條件。

在香港新界北部出露的變質沉積岩，主要是灰白色至黃白色，中至細粒砂岩和粉砂岩，碎屑成分主要為石英質粉砂，並含有少量褐鐵礦、長石和黃鐵礦，膠結物為絹雲母，並呈現方向性排列。在顯微鏡下，石英顆粒顯示再結晶過程，亦可見少數電氣石和磁鐵礦。石英顆粒經常被拉成扁平狀，並表現出波浪狀消光特徵，並可見再結晶作用。絹雲母膠結物含微粒赤鐵礦和黃鐵礦，顆粒大小約 0.025 毫米。變質粉砂岩主要以薄層形式出現在落馬洲組大石模地區，岩石呈深灰色，一般呈片狀。有時還伴有較粗粒沙礫。

圖 2-90　河上鄉落馬洲組岩層的剪切作用形成的褶曲。（陳龍生提供）

該地區出露的變質砂岩通常呈塊狀的，並風化成米白色。岩石由大小約 0.3 毫米的微晶石英、絹雲母、少量黑雲母，以及不透光礦物組成。頁理由絹雲母的排列方向組成。不透光礦物包括褐鐵礦、黃鐵礦、磁鐵礦，共佔岩石含量 15%。一些石英晶體內具有金紅石包裹體，顯示岩石曾經過低溫的交代蝕變和再結晶過程。

變質礫岩粒度呈現雙峰分布的特徵，岩中的砂礫主要是亞圓形，由石英岩和脈石英所組成，砂礫大小從 5 毫米到 30 毫米不等，膠結在細粒到粗粒砂質基質中，砂礫佔岩石 40% 至 60% 並被壓扁和拉長。基質包括石英、長石、白雲母、磁鐵礦和赤鐵礦，以及微粒石英和絹雲母膠結物。綠簾石在變質礫岩中亦很常見。

千枚岩
千枚岩常見於新界北部落馬洲至文錦渡一帶。岩石通常呈綠色至灰色。劈理發育良好。千枚岩具有良好的結晶，由細小的絹雲母晶體以波浪狀形式圍繞着石英微晶或長石斑晶，基質的平均晶粒大小約為 0.04 毫米。石英晶粒被拉伸成扁平狀，C-S 構造明顯（見圖 2-91）。

石墨片岩
含豐富碳質泥岩，經變質作用後形成石墨粉砂岩或片岩。在磨刀島，石墨片岩以薄層或透

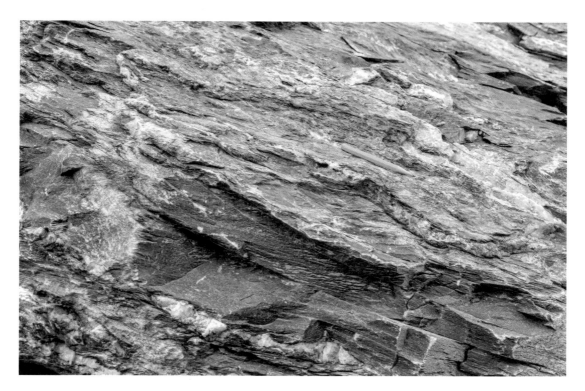

圖 2-91　文錦渡落馬洲組具 C-S 構造的千枚岩。(陳龍生提供)

鏡狀形式出現,呈深灰色至黑色,片岩頁理由絹雲母排列方向形成,帶有紅柱石和十字石晶體。在薄片中,岩石基質由微晶石英顆粒、絹雲母和針狀石墨組成。石墨佔岩石的 10% 至 25%。石英顆粒大小約為 0.02 毫米至 0.005 毫米。

片岩

片岩的顏色通常為銀色至灰色,具有良好的劈理和折曲結構。片岩由石英、長石、雲母和磁鐵礦為主要成分、並含有石榴石和電氣石等變質礦物。C-S 結構發展良好。岩石具有少量碎屑,成分主要石英質粉砂。石英顆粒經常被拉成扁平狀,並表現出波浪狀消光特徵。和千枚岩比較,雲母片岩質地粗糙,石英顆粒被強烈壓扁,也含較扁平的卵石和顆粒。

矽卡岩

侵入體邊緣的岩石因為和高溫接觸而產生熱力變質。熱力變質作用令岩石再結晶和形成新的礦物。碳酸質的沉積岩,經過熱力變質會形成矽卡岩。矽卡岩含有豐富的礦物包括氧化鐵、磷灰石、透輝石等。假若金屬礦物的含量高,可以形成具有經濟價值的礦床。

馬鞍山磁鐵礦是碳酸岩在與花崗岩體接觸帶形成的鈣質矽卡岩礦床。該矽卡岩在地下形成約 500 米寬的礦體,磁鐵礦以精細和針狀的晶體形式出現,並伴有多種礦物,包括透閃

石、陽起石、透輝石、石榴石、螢石、薔薇輝石、蛇紋石、坡縷石、方鉛礦、孔雀石、藍銅礦、磁黃石、方解石、磷灰石、黃玉、紅輝石、符山石和綠簾石等。

其他的矽卡岩則以較小規模的情況出現，在大嶼山碱石灣花崗岩與碳酸質岩石的接觸，形成一處 10 米寬的鈣質矽卡岩帶。矽卡岩內含有暗棗紅色約 5 毫米大小的石榴石晶體，和含有符石山晶體的矽卡岩。

糜棱岩
糜棱岩一般是由岩石經過強烈的擠壓剪切而形成的變質岩。糜棱岩常具有條帶狀構造，和波紋狀岩石紋理。壓力導致岩石內的晶粒完全破碎，晶粒粒度一般少於 0.1 毫米，主要是韌性剪切作用的結果。

在香港新界西部屯門、沙洲，以及新界西北地區均有糜棱岩出露，青山近山頂處在石英岩脈內形成一條約 5 米寬的糜棱岩帶。在大嶼山西北的沙洲，糜棱花崗岩帶寬度超過 20 米，屯門以西菠蘿山的糜棱岩寬度更超 50 米（見圖 2-92）。除了在花崗岩發育的糜棱岩，在屯門谷東北部地區可看見被糜棱化的大理岩。糜棱化大理岩夾有大理岩碎屑和變質沉積岩互層，糜棱質大理岩的碳酸鹽成分超過 50%。

剪切礫岩
在一些較細小的剪切帶，例如大埔南涌和吊燈籠的剪接帶，可以看見完全被剪切作用壓成扁平狀的石條。原本是鵝卵形的礫石，都變成了層狀的條帶層（見圖 2-93）。

雲英岩
雲英岩的產生，主要是地下水或高溫氣體在岩脈或裂縫中起的交互作用，形成以雲母和石英粗粒結晶的岩石。在許多地方雲英岩帶之寬度一般不超過數公分。

3. 變質礦物
香港地區的變質岩礦物，主要形成於區域變質岩、矽卡岩和次生礦物。高溫和高壓的區域變質作用，在岩石中形成許多新增礦物。區域變質岩主要存在於新界西北地區。矽卡岩礦物基本上存在於花崗岩體的接觸帶，較為突出的出露包括馬鞍山鐵礦，能夠在礦帽中找到的各類礦物，另外在大嶼山沙螺灣岩體大澳組的接觸帶，以及在西磨刀島到的石墨片岩，都能找到。因接觸熱溶液或高溫氣體產生的礦物交替作用，在香港十數處地區都可以找到，包括沙田的針山、蓮花山、大嶼山沙螺灣、新界北區蓮麻坑、大埔觀音山、九龍東的魔鬼山等多處地區，變質礦物主要因為接觸高溫的熱溶液而產生。至於在沉積岩形成的次生礦物，主要出露在大鵬灣的平洲組。在香港找到的可以變質礦物分述如下：

石墨
石墨（graphite）主要出現在大嶼山附近。石墨以透鏡狀岩體夾雜在粉砂岩和頁岩之間，岩

圖 2-92　青山具強烈剪切構造的石英岩脈。（陳龍生提供）

圖 2-93　南涌八仙嶺組因剪切作用被變形的卵石。（陳龍生提供）

層厚度由數公分至 4 米不等，主要煤炭層由熱力變質作用形成。石墨非常緻密和脆弱，並呈半金屬光澤。在新界東北區域的變質帶內找到石墨片岩，岩石內石墨成分不高，一般不具明顯石墨晶體（見圖 2-94）。此外，在新界西北部同樣有發現石墨的紀錄。

方鉛礦

方鉛礦（*galena*）主要由熱溶液作用形成。在新界東北蓮麻坑、大嶼山梅窩和蓮花山、大帽山等地區，可以在石英脈內找到方鉛礦。此外，在馬鞍山的矽卡岩和針山的鎢礦內，也能找到少量的方鉛礦。礦物硬度為 2.50 到 2.75 之間（莫氏礦物硬度表，Mohs scale of mineral hardness，下同），密度為 7.2 克 / 立方厘米至 7.6 克 / 立方厘米，一般形成 1 毫米至 1 厘米的正方體結晶，具有銀色金屬色澤。

閃鋅礦

閃鋅礦（*sphalerite*）主要由熱溶液礦物交替作用形成。在香港地區找到的閃鋅礦，一般以細粒至中粒晶體為主，呈黃色、棕紅色或黑色狀態，硬度為 3.5，密度約 4.0 克 / 立方厘米，具有半金屬光澤。閃鋅礦主要是分布在方鉛礦或是鎢礦的附生礦物。

黃銅礦

香港的黃銅礦（*chalcopyrite*）主要由熱溶液作用形成，常和方鉛礦或閃鋅礦共生。在馬鞍山和大嶼山沙螺灣的矽卡岩亦有少量黃銅礦的出露，主要特徵是細晶緻密，呈黃色金屬色澤，硬度約 3.5 至 4，密度為 4.3 克 / 立方厘米。

圖 2-94　石墨。（陳龍生提供）

磁黃鐵礦

磁黃鐵礦（*pyrrhotite*）一般呈黃色或青銅色金屬光澤，並帶有微量磁性。一般以不規則和極緻密的形態在石英岩脈和矽卡岩內出現。

黃鐵礦

黃鐵礦（*pyrite*）是香港相對比較普遍的金屬礦物。黃鐵礦以極緻密和細晶的形態存在於各類金屬礦體中，包括在蓮麻坑、梅窩、大帽山的方鉛礦，在針山、沙螺灣、蓮花山的鎢礦，在九龍魔鬼山花崗岩晶洞內和綠柱石共存的細結晶體，以及在馬鞍山矽卡岩的鐵礦礦體場。黃鐵礦亦有在馬屎洲、丫洲等沉積岩內以結核形態出現（見圖 2-95）。

輝鉬礦

輝鉬礦（*molybdenite*）常以六角形、板狀或頁狀團塊的形態出現，主要在石英脈內和鎢礦共生。在香港，輝鉬礦主要分布在大嶼山東涌、青山良田村、針山、上塘／蓮花山、馬鞍山等地區（見圖 2-96）。

圖 2-95　黃鐵礦。（陳龍生提供）

圖 2-96　輝鉬礦。（陳龍生提供）

螢石

螢石（*fluorite*）常以完整藍色、紫色或灰綠色正方體結晶出現。在香港，螢石主要存在於馬鞍山的矽卡岩、針山和沙螺灣的鎢礦，以及花崗岩的晶洞內（見圖 2-97）。

圖 2-97　螢石（紫色礦物）。（陳龍生提供）

磁鐵礦

磁鐵礦（*magnetite*）外表多為黑色至銀灰色，不透明，帶有亞金屬到金屬光澤，莫氏硬度在 5 到 6.5 之間，常以八面體晶形態出現。香港最廣泛的磁鐵礦礦體在馬鞍山地區、花崗岩和碳酸岩之間的接觸變質帶中形成，磁鐵礦以極緻密的晶體在矽卡岩中出現，由硅酸鹽膠結或固定在一起，形成獨立微細的晶體至重達數噸的塊體。純塊狀的磁鐵礦呈黑色、帶磁性、軟且呈顆粒狀。次要的磁鐵礦可以在香港各處的石英脈中發現（見圖 2-98）。

圖 2-98　磁鐵礦。（陳龍生提供）

赤鐵礦

赤鐵礦（*hematite*）是一種非常常見的氧化產物，通常來自含鐵質礦物，經氧化而成。赤鐵礦具有極其多變的外觀，顏色包括紅色到棕色，以及黑色到灰色到銀色。赤鐵礦有時具泥土光澤，或者亞金屬至金屬光澤。結構亦多變，能呈雲母狀、塊狀、結晶狀、葡萄狀、纖維狀、鮞狀等。儘管赤鐵礦的外觀變化很大，但它總是會產生紅色條痕。在沉積岩或沿海地區，赤鐵礦常以礦脈形式出現。在香港赤鐵礦不具開採價值（見圖 2-99）。

圖 2-99　赤鐵礦。（陳龍生提供）

軟錳礦

香港沒有具開採價值的軟錳礦（*pyrolusite*）礦床，但是這種礦物常以樹枝狀構造存在於節理或斷層面上。

針鐵礦

針鐵礦（*goethite*）常形成葡萄狀並帶有纖維結構的塊體。針鐵礦在香港廣泛分布，一般是含鐵礦物風化的次生礦物。在東平洲，針鐵礦以黃鐵礦假晶形體出現。

黑鎢礦

黑鎢礦（*wolframite*）礦物晶體呈深紅色、深褐色、紅黑色、深灰色底黑色。黑鎢礦晶體不透明，半金屬光澤或金剛光澤，在薄刺狀或背光照射時可能透光。最常見的形態有長棱柱狀晶體、柱狀晶體、塊狀和鑿狀晶體，以及扁平的板狀晶體。晶體通常縱向有條紋，並且可能會與另一晶體結成雙晶結構。主要以短柱狀晶體的形式出現，長達數厘米，厚達 2 厘米，主要存在於花崗岩內的石英脈中或偉晶岩內，最主要的出露地區為金山和沙螺灣地區（見圖 2-100）。

圖 2-100　針山黑鎢礦和輝鉬礦。（陳龍生提供）

紅柱石

紅柱石（*andalusite*）以白色或粉紅色柱狀晶體形式出現在香港島和青洲的火山岩，與花崗岩的接觸帶形成長達 3 厘米的柱狀晶體。在西磨刀島上的石墨片岩，紅柱石形成約 1 厘米長的放射柱狀晶體。

黃玉

黃玉（*topaz*）存在於針山黑鎢礦、魔鬼山的石英脈和馬鞍山的雲英岩，多為 1 厘米至 2 厘米、形成良好的棱柱形晶體。

粒細鎂石

黃綠色粒細鎂石（*chondrodite*）在馬鞍山矽卡岩礦脈中可見。

鐵鋁榴石

鐵鋁榴石（*almandine*）主要存在於沙螺灣接觸帶的鈣質矽卡岩，以緻密狀的形式出現，也有在捕客石內呈紅色、直徑可達 6 厘米的多面體晶體。

鈣鐵榴石

鈣鐵榴石（*andradite*）常見於馬鞍山矽卡岩，形成深紅棕色、2 毫米至 5 毫米大小的晶體，鑲嵌於黑雲母、透閃石或陽起石的基體中。在沙螺灣，鈣鐵榴石形成淺棕紅色的聚集體，常和符山石共生在鈣質矽卡岩中（見圖 2-101）。

圖 2-101　大嶼山矽卡岩中石榴石。（陳龍生提供）

符山石

主要存在於沙螺灣的矽卡岩，通常與石榴石共生。符山石（*vesuvianite*）形成棕綠色放射狀聚集體，晶體可長達 15 厘米。

綠簾石

綠簾石（*epidote*）是一種常見的、由岩石蝕變形成的低溫變質礦物，廣泛存在於酸性火山岩中。綠簾石亦可由黑雲母和長石經過的熱液蝕變作用而形成。

綠柱石

柱石形成綠色至白色六角棱柱狀晶體，主要出現在九龍的魔鬼山，在該處發現的綠柱石（*beryl*）長度可達 30 厘米。在沙螺灣、馬鞍山和花崗岩的偉晶岩中也可見少量綠柱石（見圖 2-102）。

圖 2-102　魔鬼山偉晶岩中的雲母和綠柱石。（陳龍生提供）

透輝石

透輝石（*diopside*）是馬鞍山矽卡岩的重要礦物，它以淺綠色至綠灰色柱狀晶體的聚集體形式出現，通常與石榴石、透閃石、螢石和磁鐵礦共生。

錐輝石

錐輝石（*aegirine/acmite*）是綠色長棱柱狀晶體，代表一種在高溫環境下形成的輝石，只在東平洲的沉積地層中發現，推論是沸石或一些次生礦物經替代作用而形成。錐輝石的出現表明沉積物經歷了達攝氏 200 度的變質作用（見圖 2-103）。

圖 2-103　東平洲的錐輝石。（陳龍生提供）

方解石

方解石（*calcite*）在岩脈中經再結晶過程形成，並且經常出現在有碳酸岩的附近地區。方解石能夠以六角片狀或菱形晶體形式出現。在馬鞍山矽卡岩中，方解石以片狀晶體的聚集體形式出現（見圖 2-104）。

圖 2-104　方解石。（陳龍生提供）

薔薇輝石

薔薇輝石（*rhodonite*）呈玫瑰色不規則的微小棱柱狀晶體塊，在馬鞍山矽卡岩中偶有出現。

透閃石

透閃石（*tremolite*）在馬鞍山矽卡岩中形成長達 5 毫米奶油色透鏡狀的纖維狀晶體，並與陽起石密切相關。

陽起石

陽起石（*actinolite*）是馬鞍山矽卡岩的主要礦物，也是鐵礦礦帽中的主要礦物。陽起石以暗綠色細粒狀形式出現，有時亦形成柱狀晶體的聚集體。石崗及大帽山一帶亦有發現陽起石的報導。

黑硬綠泥石

黑硬綠泥石（*stilpnomelane*）是一種比較稀有的礦物，僅在馬鞍山礦石的晶洞中發現。黑硬綠泥石具有亞金屬光澤和青銅色，相信是陽起石替代作用形成的礦物。

蛇紋石

蛇紋岩（*serpentinite*）主要由馬鞍山矽卡岩的鎂鐵質礦物經熱液蝕變形成，呈綠色纖維狀。

坡縷石

坡縷石（*palygorskite*）是一種相對稀有的礦物，呈棕黃色纖維狀，具有絲綢般的光澤，相信是由馬鞍山矽卡岩中含透閃石的岩石經熱液蝕變形成。

沸石

沸石（*zeolite*）包括方沸石（*analcime*）和鈉沸石（*natrolite*），從低溫次生礦物的生長過程形成，只發現在於東平洲的沉積岩中，並形成輻射狀的玫瑰花狀聚集體，相信是鹽湖蒸發形成的石膏礦物經過替換過程而形成（見圖 2-105）。

圖 2-105　東平洲頁岩的沸石。（陳龍生提供）

4. 熱液變質作用及現象

在變質過程中，熱力變質和熱液變質作用常會同時進行。從地殼深處冒上來高溫的地下水，可以與岩石產生化學或動力作用，令岩石完全石英化。因為熱溶液石英質含量非常高，熱液管道的岩石，經常被石英質完全取代，熱液入侵時的水壓，亦可令到岩石破碎形成角礫岩（見圖 2-106）。

圖 2-106　西貢鹽田仔洲熱液角礫岩。（陳龍生提供）

熱液角礫岩體主要在吉澳、娥眉洲、往灣洲等地方以柱狀或牆狀岩體出現（見圖 2-107）。熱液岩脈內的岩石，石英成分非常高，甚至可以達到 100%，被入侵的岩石亦可以被石英質所取代。

圖 2-107　娥眉洲熱液角礫岩體。（陳龍生提供）

在香港的許多花崗侵入岩中，可看見由熱溶液造成的偉晶岩和雲英岩化作用。兩種岩石在九龍東的侵入岩內非常普遍，在偉晶岩中甚至可找到一些相對稀有的礦物，例如在油塘魔鬼山的綠柱石，就是存在於偉晶岩中。而雲英岩是熱溶液高度蝕變的結果，通常主要由石英和白雲母組成，與岩漿凝固過程中釋放的揮發物有關。香港島北上環地區，在興建地鐵隧道的過程中，曾發現在中粒花崗岩中一條東北—西南走向、寬 7 米至 10 米的雲英岩帶，相信是由晚期熱液和氣體滲透令花崗岩再結晶而形成。

第五節　地質構造

地質構造由地殼運動產生，通常是地球內部發生強大應力的結果。地質構造有很多種，而且形成過程原因眾多，斷層和褶曲等構造都是因為地殼變形而造成。地殼活動與板塊運動有關，板塊的力量可令岩石褶疊或破碎，繼而反覆施加壓力，令已經折疊的岩石或已經斷開的岩層移位，結果變成一個非常複雜的地質地貌。人類依賴的一些天然資源，如金屬礦石和石油，通常是蘊藏在、或靠近這些地質結構的。因此，了解這些結構的起源，對天然資源的開採至關重要。

一、地質構造演化

香港的地質構造深受區域的板塊活動影響，岩層的演變和地質構造的形成過程息息相關。香港處於中國東南部，在過去的數十億年裏，香港地質構造都隨着三組古老地塊的運動而演變。中國的東南部有三塊重要的地塊，分別是華北地塊、揚子地塊及華夏地塊。這幾塊地塊經過多年來的板塊碰撞，造成目前的地質狀況。現時香港並非位於活躍的板塊邊緣上，但在過去 400 百萬年裏，香港地質環境曾由最早的河流及三角洲沉積環境，演變為溫暖的淺海，然後變為大陸深海，再成為活躍的火山口，最後成為乾旱的拉張盆地。

簡單而言，香港的地質構造分為燕山運動之前的古生代構造、侏羅紀至白堊紀的燕山運動構造，以及燕山運動後的拉張構造。香港最古老的岩石為晚古生代的沉積岩，燕山期前形成的岩石有泥盆紀的黃竹角咀組、石炭紀的元朗組和落馬洲組、二疊紀的大埔海組和侏羅紀的赤門組和大澳組。這些沉積岩都是由陸上及淺海的沉積環境形成，泥盆紀、石炭紀及二疊紀的岩石主要出露於香港的東北部和西北部。而侏羅紀的沉積岩是由沖積環境及淺海環境所形成的。

在早侏羅紀，燕山期的火山活動令中國東南沿岸的板塊，漸漸變成聚合型板塊，而海洋板塊，開始俯衝入大陸板塊之下。在這樣的板塊移動環境下，構成了複雜的火山群島和地震活動。在 182 百萬年前，香港位處火山弧地區。在 165 百萬年前至 140 百萬年前期間，

香港經歷了四次激烈的弧後型的火山活動，形成巨大的破火山口。由於香港的火山含有大量的二氧化矽，因此爆發猛烈，令大量的火山灰和熔岩噴出。香港的弧後火山爆發主要發生在四個重要時期，分別是（1）165百萬年前至160百萬年前期間、（2）148百萬年前至146百萬年前期間、（3）143百萬年前至142百萬年前期間，以及在（4）140百萬年前。四個時期除了火山爆發外，還有大型花崗岩岩漿侵入，香港大部分的火成岩，包括花崗岩、流紋岩、凝灰岩及熔岩，都是由侏羅紀晚期至白堊紀早期這段時間造成的。因此，這段時間的火山及岩漿活動，是香港重要的地質構造的開始。

受着南中國板塊運動影響，晚侏羅世至早白堊世期間是香港斷層的活躍期，香港東北—西南走向和西北—東南走向的斷層，便因脆性的岩石受到構造應力影響而造成破裂，那些斷層帶亦是岩漿上升到地面的通道。在新界中部及西北部，大部分的火成岩都是在（1）165百萬年前至160百萬年前的首段火山爆發時候所形成。這些岩石主要是含有大量結晶碎屑的凝灰岩，而且它們的出露，都是局限於東北—西南走向的斷層之中。

在（2）148百萬年前至146百萬年前期間，南中國聚合型板塊的邊緣進一步向東南方向移動，令到火山活動慢慢轉移至東南方，同時間使西北—東南方向的拉張力增強。新的破火山口由新界中部轉至大嶼山中部位置。而位於大嶼山西北部、馬灣及青衣一系列東北—西南走向的火成岩，都是屬於這次火山爆發，由地下沿着斷層線湧上來的岩脈。

在（3）143百萬年前至142百萬年前期間，南中國聚合型板塊的邊緣持續向東南方轉移，同一時間，火山爆發的規模和強度陸續增加，令到香港的地質活動變得更為複雜。在第三期火山活動期間，香港出現了至少兩座破火山口，一個位於香港島，另一個位於西貢的大灘海。火山活動的範圍增多了，火成岩的出露從局限於東北—西南走向的斷層中，續步向東南移動。

在（4）140百萬年前，香港的板塊構造環境發展成為弧後型擴張，最後一次的火山爆發在西貢糧船灣海位置，大量的火山灰沿着斷層線噴上天空，這次火山活動極為強烈，至少有400米厚的火山灰積存在火山口。令整個火山口向東邊倒塌，成為破火山口。熾熱的火山灰落在萬宜水庫東壩，冷卻後形成六角形柱狀岩石及出現滑塌構造。

香港四期的火山爆發深受南中國的板塊移動影響，而火成岩的入侵亦局限在斷層之中。再者，侏羅紀晚期至白堊紀早期的火山活動，也讓古生代的沉積岩出現變形。例如泥盆紀的黃竹角咀組和二疊紀的大埔海組，它們都出露在黃竹角咀、馬屎洲，以及赤門海峽一帶。因為這一帶是東北—西南走向的斷層活躍帶，所以沿着赤門海峽一帶的古生代沉積岩都被大幅度褶曲，在黃竹角咀組的岩石，都差不多抬升至幾乎垂直狀態。

在火山活動過後，香港的板塊構造相對穩定，發生了地殼拉張運動，形成許多沉積岩盆地，主要出現在香港的東北部地區。由於當時的氣候炎熱和乾燥，晚白堊紀的八仙嶺組、

赤洲組和吉澳組,都是由紅色的礫岩、砂岩和頁岩所組成,而當中的礫石含有中生代的火成岩碎塊。整體而言,新界東北的晚白堊紀地層都是向東北邊傾斜,跟區域拉張盆地的方向一致。

到了新生代,拉張運動加劇,華南沿海形成了數個盆地,包括香港東面的大鵬灣,並在灣內沉積了平洲組岩層,是香港最年輕的岩層。東平洲位於香港的最東北方,是一個腰果形的島嶼,整個東平洲都是一個大型向斜構造的一部分,受着東北―西南方向的拉張力而成。

新生代以來的地質運動,主要以拉張運動為主,拉張運動在香港形成許多正斷層和盆地,東面的大鵬灣和西面的珠江口盆地,均是地殼拉張所造成。香港的許多岩石顯示出共軛的節理或裂縫,最大主應力為垂直方向,拉張方向則以東北偏東―西南偏南方向為主。

過去 10 百萬年以來的台灣造山運動,歐亞板塊與菲律賓海洋板塊在東西方向上相撞,導致香港地區橫向的主應力方向,由侏羅紀、白堊紀的南北向變成東西方向。許多東北―西南走向的斷層被活化,由於應力方向的變化,之前斷層上的左旋運動變成右旋運動,許多逆斷層被激活為正斷層。

二、斷層

香港大部分岩石是在侏羅紀至白堊紀形成的,當時火山爆發伴隨着大量的花崗岩岩漿侵入地殼,這次區域性地質運動統稱為燕山運動。香港位置處於中國東南的蓮花山斷裂帶之中,蓮花山斷裂帶是一個東北―西南走向的板內構造,控制着侏羅紀白堊紀地質變形、岩漿作用和成礦作用。斷裂帶寬約 30 公里,並且由多個韌性剪切帶組成,其中一些剪切帶導致局部動力變質作用。斷層帶被認為在三疊紀開始形成,在晚侏羅世―早白堊世經歷了韌性左旋剪切,隨後在晚白堊世發生了脆性斷層。斷裂帶最強烈的活動是在中生代,斷裂構造控制着晚侏羅世至早白堊世火山和侵入岩的發育,伴隨着的左旋運動形成許多小型拉張盆地。香港位於蓮花山斷裂帶的西南端,北接深圳斷裂,南接海豐斷裂。香港的多次地殼運動與斷裂帶的運動歷史一致。

1. 脆性斷層

香港的整體地貌都是由斷層和節理所控制的,東北―西南方向和西北―東南方向的斷層決定山谷的方向、山脊的排列和平原的位置。無論在海岸線上,例如海灣、半島和島嶼的輪廓,到岩石的形態,露頭的形狀,都受到區域和局部的地質構造所影響。而東北―西南走向的斷層,強烈地影響着香港現在的地貌(見圖 2-108)。

東北―西南走向的斷層,是香港最長和最主要的斷層系統。這個方向的斷層系統與整個蓮花山斷裂帶,及香港附近的深圳斷裂和海豐斷裂方向一致。這斷層系統包括后海灣斷層、

屯門斷層、大欖斷層、沙頭角斷層、赤門海峽斷層和佐敦谷斷層。主要的東北—西南走向的斷層通常相距 6 公里至 12 公里。

其中赤門海峽斷層是香港最主要的斷層。赤門海峽南北海岸均出露晚古生代和中生代沉積岩。這些岩石出露最清晰的地點是在鳳凰笏、荔枝莊和馬屎洲。在鳳凰笏的海岸平台，早侏羅紀沉積岩與泥盆紀沉積岩斷層接觸（見圖 2-109）。接觸帶和赤門海峽平行，並以數米長的斷層角礫岩為特徵。岩石單元保存完好的位移和剪切的痕跡，包括剪切帶、微斷層、礦脈和拖曳褶曲等。赤門海峽斷層向西南延伸約 60 公里，沿着沙田河穿越九龍半島至西九龍。沙頭角斷層由沙頭角延伸 55 公里，經青龍頭至大嶼山貝澳。大欖斷層從沙頭角延伸至大嶼山南部。該地區的方格狀河流系統亦受控制於斷層格局。

西北—東南走向的斷層連續性不如東北—西南走向的斷層，但仍然長達 20 公里。它們通常被東北—西南走向的斷層所截斷，但有時又比東北—西南走向的斷層年輕。主要西北—東南走向的斷層有西貢糧船灣斷層和西沙路斷層，及香港島與南丫島之間的南丫斷層。西北—東南走向的斷層之間通常相距 4 公里至 12 公里，斷層地貌發展程度低於向東北—西南向的斷層，西北—東南走向斷層控制了一些小型山間盆地的發展。香港目前的河流

圖 2-108　香港斷層系統示意圖

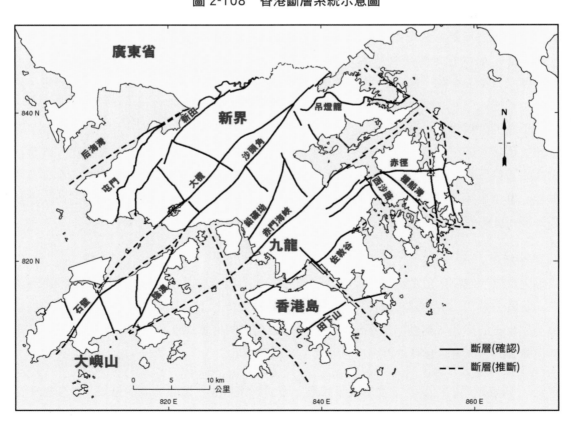

資料來源：　香港特別行政區政府土木工程拓展署，香港地方志中心後期製作。

系統、河口、河道和海岸部分也受到這組斷層所影響。其中南丫海峽斷層沿港島西側呈西北——東南走向,形成南丫島和香港島之間的天然航道。但斷層完全位於海上,在陸地上面沒有明顯的地質出露。

東——西走向的斷層長達 12 公里,但在香港發育得不太明顯。它們通常被東北——西南和西北——東南走向的斷層截斷。其中最大的是西貢的赤徑斷層,屯門至荃灣的海岸線亦可能沿東西斷裂帶發展。赤徑斷層從西貢赤徑向西伸延至企嶺下海,長達 28 公里,位於大灘破火山口的南緣,相信控制着在侏羅紀該地區的火山活動,也形成了西貢到大灘的線性地貌。該斷層在企嶺下海轉變成向西南方向發展,成為了西貢破火山口的西北緣、九龍花崗岩的西北,以及沙田花崗岩東南的邊界。

南——北走向的斷層主要局限於香港東部,在西貢半島的最東端,有兩條南——北走向斷層,長達 25 公里。

白堊紀晚期至新生代期間,喜馬拉雅造山運動與中國南海的形成,導致了香港盆地的出現

圖 2-109　赤門海峽鳳凰笏斷層角礫岩。(陳龍生提供)

和斷層的重新活動。原有已經形成的斷層再活化，斷層活動一直持續到相對較近的時期，被認為於燕山晚期造山運動後形成有三個沉積盆地，包括早白堊世八仙嶺盆地，晚白堊世大鵬灣盆地和鴨洲盆地。八仙嶺盆地的北面以吊燈龍斷裂為界，盆地西側是東北—西南走向沙頭角斷層。大鵬灣盆地以大鵬灣為中心，西南以赤洲斷層為界，整個盆地是拉張性的構造，平洲組岩層覆蓋在大鵬灣盆地上，沒有任何明顯的地層斷裂。鴨洲盆地位於吉澳海的北面，以東西向斷層為界。

香港斷層填充物的成分、形態和構造變化多而複雜。由於大部分斷層沒有出露在地表上，無法對其進行全面研究。赤門海峽斷層在沙田附近寬約 30 米，由石英角礫岩、剪切的花崗岩、斷層泥和碎裂岩組成，碎裂岩主要是淡粉紅色至淡黃色，呈現碎裂紋理和帶狀結構等脆性變形特徵。碎裂岩明顯經歷熱蝕變、綠泥石化、綠簾石化和碳化等過程影響。碎裂岩內的礦物包括已碎裂變形、填充石英顆粒之間的長石，裂縫中的綠簾石和綠泥石，以及方解石、白雲母、絹雲母和黃鐵礦等。在切片中可以看到在石英顆粒中廣泛發育的微裂紋。

2. 韌性剪切帶

香港的韌性剪切帶主要包括有新田韌性剪切帶、青山韌性剪切帶，以及吊燈籠韌性斷裂帶，它們共同特徵為沿斷裂帶均普遍有糜棱岩存在。

新田韌性剪切帶位於新界西北部，由元朗的大棠經至老鼠嶺地區。剪切帶走向 40 度至 60 度，並以 32 度至 46 度傾向西北，寬達幾十米至 1 公里。剪切帶可細分成若干條大致平行的主幹斷裂和副剪切帶。斷裂內和兩側的圍岩以侏羅紀凝灰岩和落馬洲組沉積岩為主，均變質為糜棱岩。糜棱岩中礦物有明顯的塑性流變和定向排列，出現亞晶和旋轉碎斑，礫岩中的礫石常被壓扁和拉長。C-S 構造顯示覆蓋在上的岩體向西北方向作韌性滑動。在米埔地區，新田群的炭質泥岩受熱力變質，形成綠片岩相，並帶有石榴石雲母片岩、雲母片岩和千枚岩。

青山韌性剪切帶沿青山花崗岩東側由屯門蝴蝶灣的白角向北延伸，經尖鼻咀至羅湖，剪切帶長 27 公里，走向 10 度至 20 度，傾角 47 度至 56 度傾向西北。沿接觸帶及兩側發育糜棱岩的拉伸線理走向 110 度，剪切應變自西向東逐漸加強。花崗岩向東被推至火山岩上。安山岩漸變為黑雲母綠泥石片岩。凝灰角礫岩和含大理岩岩塊安山岩中之角礫均被壓扁和拉長，並發生糜棱岩化。切片中可見波狀消光、亞晶、核幔、緞帶狀石英等。糜棱岩寬度由數十厘米至 20 米，局部不發育。在花崗岩岩體內部亦分布有糜棱岩帶，有些平行主斷面，多數呈東北偏東—西南偏面或西北—東南向，常伴有石英脈。這些糜棱岩不但是由動力變質引起在青山山頂附近就存在一條近 5 米寬的石英脈，石英脈開始糜棱岩化，並可見 C-S 構造（見圖 2-110）。

吊燈籠韌性剪切帶位於香港新界北部，中侏羅世火山岩與早白堊世砂礫岩之間，是一個東西向的韌性剪切帶，由西部的龜頭嶺延伸至東部往灣洲的滅角咀，長約 20 公里。西端被東北—西南走向的左行走滑斷裂截斷，東端為西北—東南走向斷裂切開。斷裂線在地面出露

圖 2-110　青山剪切石英岩脈。（陳龍生提供）

甚為彎曲，並出現飛來峰和構造窗等。剪切帶上下岩層均發生糜棱岩化。北側凝灰岩向南滑動覆蓋在砂礫岩的紅層上，傾角 20 度至 30 度。糜棱岩厚度由 1 米至 10 米不等，上盤凝灰岩在南涌、往灣洲西北端的執毛洲、角大排可見發育典型的糜棱岩，並見有不對稱褶曲和碎斑。下盤砂岩亦發生糜棱岩化，礫岩的礫石明顯地被壓扁和拉長，在老龍田、龜頭嶺等地點可見。除韌性變形外，亦發現大量脆性變形的碎裂和被剪切礫石，反映韌性脆性變形的過渡條件。

此外，在花崗岩中還可以發現許多較小的韌性剪切帶。在屯門以西的良田和西部水域的沙洲，剪切帶呈東—西走向，寬度約為 50 米，岩石在剪切帶完全被糜棱化（見圖 2-111）。

三、褶曲構造

褶曲可以是軟沉積變形或大地構造運動的結果，可以分為構造褶曲和滑動褶曲兩類：

1. 構造褶曲

在香港可以觀察到各種類型的構造褶曲，它們的形成都是與斷層、花崗岩入侵、火山構造塌陷，以及盆地發育有關。在香港大部分地區出露的岩石和地層，基本傾斜甚至倒轉，是岩石經歷大地運動被褶曲的證據。古生代岩石中的褶曲，可以在泥盆紀的黃竹角咀組和二

圖 2-111　西部水域沙洲的剪切花崗岩。（陳龍生提供）

疊紀的大埔海組找到。它們都是出露在黃竹角咀、馬屎洲和赤門海峽一帶。這些褶曲，通常是緊密而不對稱，褶曲軸走向為東北—西南。在香港東北一帶的褶曲，被認為是在侏羅紀時期華南板塊和南邊一塊古板塊碰撞的結果。兩板塊的碰撞在赤門海峽形成一個「花狀構造」，岩石被擠壓褶曲，同時沿着東北—西南向的斷層，發生左旋斷層運動。

在這個左旋擠壓帶內可看見許多褶曲構造，一般較大褶曲的有數米至數十米直徑。在黃竹角咀幾百米長的海岸，泥盆紀的沉積岩地層形成一系列向斜和背斜構造，岩層完全覆轉。這些較古老的褶曲，通常是高度變形的結果，變形的類型和強度，通常比年輕岩石更極端。赤門海峽兩岸的露頭，包括泥盆紀黃竹角咀組和赤門組的岩石，基本上都被擠壓，岩層變成直立狀態，推論褶曲是發生在侏羅紀或侏羅紀後（見圖 2-112）。

香港西北部的屯門斷層和褶曲帶，主要走向東北—西南。該地區石炭紀的落馬洲組，岩層輕微向西北傾斜，岩層內可看見許多被擠壓造成的褶曲構造。亦有些褶曲發生在韌性狀態，並且可能與區域剪切事件有關。這些褶曲是沿着東北—西南走向的逆衝斷層。形成一條穿過米埔的狹窄褶曲帶，長達 11 公里，此外亦有許多褶曲完全隱藏在表層沉積物之下，只能夠從鑽孔中找到存在證據，包括有元朗褶曲、沙下村褶曲、天水圍褶曲、藍地褶曲等，都是由於逆衝斷層的結果。

圖 2-112　黃竹角咀被褶曲的泥盆紀岩層。（陳龍生提供）

二疊紀大埔海組的沉積岩層，主要出露在大埔
海馬屎洲地區，島上以砂岩和粉砂岩為主，岩
層整體走向東北—西南，並且以差不多成直立
狀態高角度傾斜。估計亦是赤門海峽被擠壓時
期形成的褶曲。沉積岩內有一些相對比較小的
褶曲是屬軟泥沉積變形（見圖 2-113）。

在白堊紀和新生代的沉積岩層中，很多小型的
褶曲主要與盆地發育和盆地沉降有關。在大鵬
灣東部的東平洲島，島上的岩石輕微向東北傾
斜，形成一個向斜構造，估計是大鵬灣形成時
因為地殼拉張作用而造成地盆沉降有關（見圖
2-114）。在大埔船灣淡水湖以北的八仙嶺地
區，白堊紀的岩石向北傾斜，形成一系列單斜
構造。

圖 2-113　馬屎洲沉積岩中的褶曲。（陳龍生提供）

圖 2-114　東平洲地質示意圖

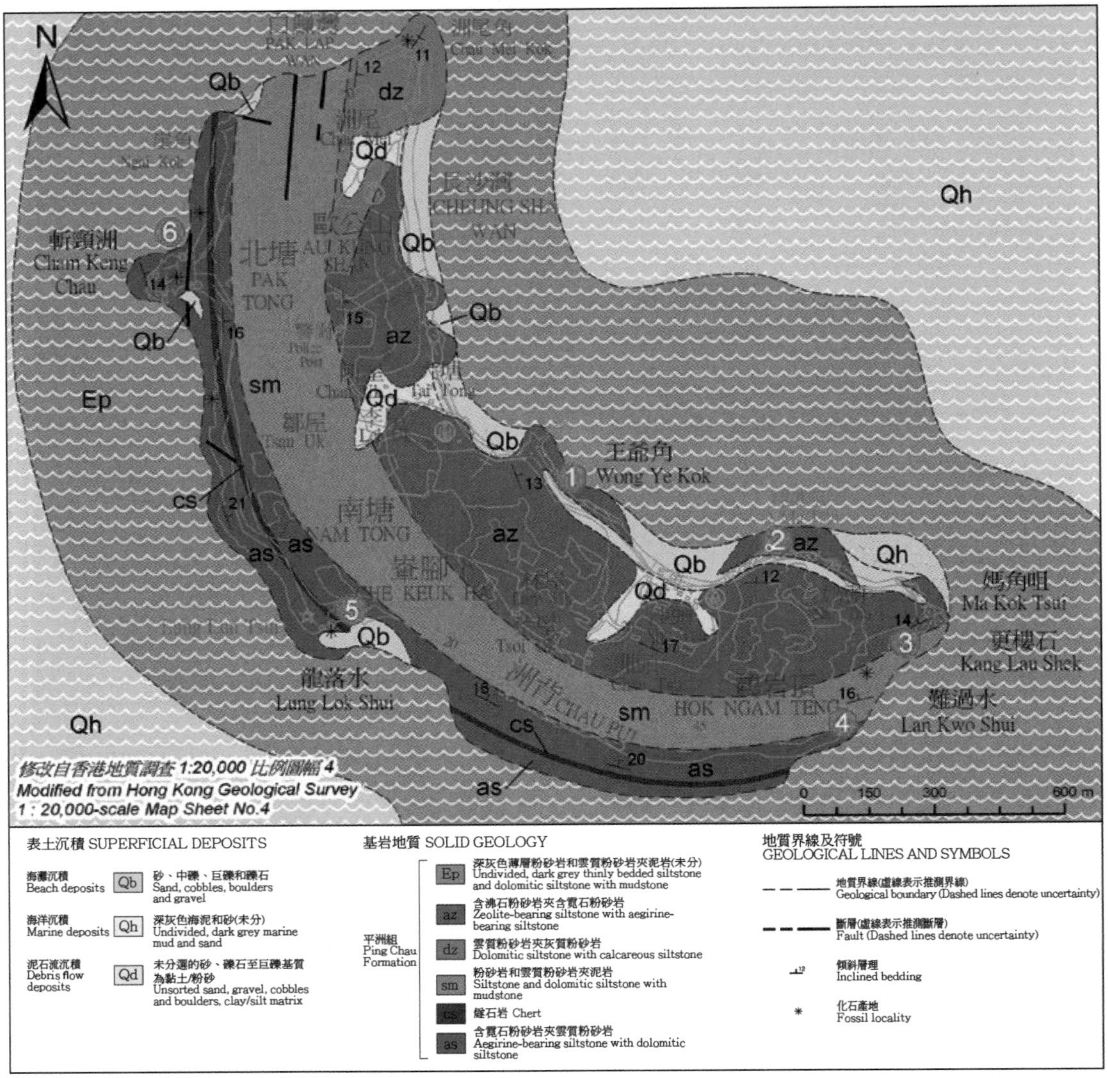

資料來源：　香港特別行政區政府土木工程拓展署。

2. 滑動褶曲

在軟質沉積物中，滑動褶曲很常見。這種褶曲的褶曲軸通常不具有一致方向，並且通常局限於某段沉積層內。滑動褶曲發生在沉積層處於半固結狀態時，可能是由海底滑坡或地震引發的。在香港，滑動褶曲最常見於大嶼山白角和大埔荔枝莊的侏羅紀地層，以及馬屎洲的二疊紀地層內。它們是屬於軟沉積物變形，一般而言，這些都是小型不對稱的褶曲，褶曲方向與沉積層的傾斜方向一致（見圖 2-115）。

圖 2-115　赤門海峽荔枝莊的崩塌褶曲。（陳龍生提供）

第六節　重力、地磁、地震層析

一、地球物理測量概況

香港的地球物理研究和發展可分為全球性、區域性和應用性三個方向。全球性的地球物理
監測主要由天文台主導。天文台除提供有關天氣資訊和預報外，還負責地球物理現象的監
測工作，對衛星定位、重力和地磁等地球物理現象作長期性的記錄；並作為重力及地磁國
際網絡一個基點，提供數據給國際單位，協助地球重力及地球磁場變化的長期性觀察。天
文台的地球物理組管理香港地區地震台站的運作，同時負責授時、衛星定位、天文、曆法
等工作。

區域性方向是土力工程處香港地質調查組和大學科研單位進行的區域性地球物理學研究，
目的主要是研究香港和華南地區的地殼構造和大地運動演化。中國科學院的南海海洋研究
所、香港大學地球科學系、香港地質調查組曾先後利用地震、地震層析、重力、地磁等方
法，研究香港地殼厚度和密度結構。

應用性方向是在岩土工程的應用。工程地質勘探有許多方法，包括地震法、電阻法、微重力、磁法、伽馬輻射和探地雷達等，都是以地球物理作為基礎，用以勘探斜坡和地底地質狀態。在香港，應用地球物理學的研究主要由香港大學地球科學學系陳龍生領導，其團隊研究範圍包括在岩土及環境工程中，使用表面波、探地雷達和伽馬光譜分析等方法。在1995年8月發生翡翠道及深灣道山泥傾瀉事件之後，土力工程處進行了一個地球物理實驗項目，邀請了多家國際地球物理勘探公司，鑒定與翡翠道及深灣道山泥傾瀉地點地質相似的斜坡位置，分析本港已風化岩石中的斷層特徵，特別是充塞黏土的節理，並參與地球物理方法在探測斜坡和擋土牆穩定性的可行性研究。此外，地球物理工程公司常規性在香港進行海洋地球物理勘測，包括使用海洋地震和聲納技術繪製海底地圖和測探海底地層。

上述應用性方向不在本章討論範圍內。本節主要描述全球性和區域性的重力和地磁觀察，以及對香港地區地殼結構的研究結果。

二、地震和地震層析研究

香港雖不常發生大地震，但仍屬於華南沿海活動地震帶一部分，地震帶內經常發生中小型震級的地震。土力工程處曾邀請香港大學李焯芬為香港地震風險作出研究和評估，陳龍生亦先後發表過香港地區地震頻率的 b- 值和地震震源機制等報告。在其中一個研究中，根據地震震譜的尾波 Q 值（coda-Q），提出地區的地質結構與世界上一些地震頻繁的地區類似，反映香港地區地殼構造的活動性。

地震層析研究主要目的，是從地震波速度差異，建構地殼的三維結構。2011年中國科學院南海海洋研究所研究團隊揉合海上和陸上地震數據，建構出香港地區地殼速度模型，利用陸上台站近 8000 個 Pg 和 PmP 地震波相的走時數據，加上六百多次海上爆破紀錄得香港地區地殼的三維層析模型。結果顯示香港區域莫霍面的最大深度為 29 公里，在靠近香港的中國南海北部，縱波速度隨深度逐漸增大，上地殼的縱波速度為 5.5 公里／秒至 6.4 公里／秒，而下地殼的縱波速度為 6.4 公里／秒至 6.9 公里／秒，莫霍面深度約為 25 公里至 28 公里（見圖 2-116）。大陸和海洋地殼結構明顯不同，在大陸—海洋地殼過渡帶之下，有一個寬 10 公里、長 75 公里至 90 公里的低速帶，該低速帶可能是一條主要構造斷層，是兩者大陸和海洋地殼的邊界。

地震速度的橫向分布展示出一個震速較高的中部區域（r1），以及兩側兩個震速顯著降低的近海區域（圖的 r2 和 r3）。香港地區的上地殼主要由火山岩和花崗岩岩體組成，下地殼具有較高的地震速度，反映在較深的地方具有較高密度的岩石，可能代表着元古代地殼的存在。另外在地殼 2 公里深處存在一負速度異常區，速度約 4.8 公里／秒至 5.0 公里／秒，比周邊低約 10%，相信是岩石斷裂的結果。

圖 2-116 香港地區地殼三維層析模型分析圖

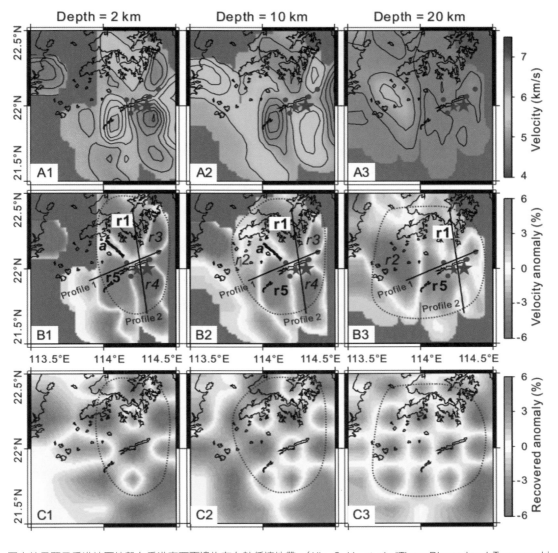

圖中結果顯示香港地區地殼在香港東西兩邊均存在較低速地帶。（Xia, S. H., et al., "Three-Dimensional Tomographic Model of the Crust beneath the Hong Kong Region." *Geology*, Vol. 40, no. 1 [2012]: p. 60）

三、重力測量

1. 全球性重力網絡香港基站測量結果

重力測量涉及從地球或地區的引力場測量結果，以計算地下密度的變化分布。大地測量學用重力測量準確測量地球的形狀和大小。地區性的重力測量通常用於研究地殼厚度、地質構造、資源勘探和地質工程。因為一個地方的重力變化，會影響炮彈的彈道，所以在軍事

上導彈的軌跡，必須依靠精確的重力測量，在十九世紀末，歐洲諸國海軍紛紛投入全球性的重力測量工作。在許多國家重力值的分布是屬於保密性資料。

香港天文台並無進行獨立的重力測量，而是提供場地，協助各國隊伍進行觀測。

香港天文台總部內的地磁小屋（1883 年建成），原是進行重力測量的理想位置，然而由於都市發展，地磁小屋日益受周圍建築物影響。香港天文台遂於 1918 年在總部內覓地，興建新的地磁小屋；其後於 1927 年把地磁觀測站搬離天文台總部，遷至凹頭。重力測量位置，則改於香港天文台總部大樓的走廊，在正門南方第一扇窗下，有一金屬圓牌，標示「重力測量基點」。

自 1892 年起，奧匈帝國海軍的海外測量任務，範圍包括歐洲、亞洲、澳洲、非洲、美洲諸地，並曾三度派遣軍艦訪港。首次測量由軍艦「震旦號」（Aurora）上尉勒納（Alexander Lernet）負責，於 1895 年 8 月 1 日至 2 日在香港天文台標準鐘室進行測量。第二次測量由軍艦 Saida 號上尉莫湯尼（Friedrich Muttoné）負責，於 1896 年 11 月 22 日至 23 日在香港天文台地磁小屋進行測量。第三次測量由軍艦 Panther 號少尉賀文（Otto Herrmann）負責，於 1897 年 10 月 28 日至 29 日在香港天文台標準鐘室進行測量。奧匈帝國海軍少尉凱斯利茨（Wilhelm Kesslitz）總結三次測量，取平均值，得出香港天文台所測重力為 $g = 978,760 \times 10^{-5} ms^{-2}$。

1903 年日本文部省測地學委員會在香港天文台地磁小屋進行天文、地磁及重力觀測，測得重力為 $g = 978,789 \times 10^{-5} ms^{-2}$。1904 年德國波茨坦地震台台長奧斯卡・海克爾（Oskar Hecker）利用鐘擺及他自行設計的「氣壓計與沸點儀」在香港天文台地磁小屋進行重力測量，測得重力為 $g = (978,787 \pm 1400) \times 10^{-5} ms^{-2}$。

1933 年至 1935 年，上海徐家匯觀象台台長、耶穌會士雁月飛（Pierre Lejay）在遠東地區進行重力測量。其間，他以中國北平研究院特約研究員身份，走訪中國境內包括香港天文台 173 個觀測點。在 1933 年 3 月 23 日至 1935 年 3 月 26 日期間，雁月飛於香港測得重力為 $g = 978,767 \times 10^{-5} ms^{-2}$。

1951 年，威斯康辛大學博尼尼（William Bonini）在天文台總部測得重力為 $g = 978,769.9 \times 10^{-5} ms^{-2}$，在地震監察室測得重力為 $g = 978,771.3 \times 10^{-5} ms^{-2}$。1958 年，該大學觀察員勞頓（Thomas Laudon）在天文台總部大樓長廊測得重力為 $g = 978,769.7 \times 10^{-5} ms^{-2}$，在地震監察室測得重力為 $g = 978,771.1 \times 10^{-5} ms^{-2}$。

1971 年，國際大地測量學與地球物理學聯合大會頒用的「國際重力基準網 1971」（IGSN71），包括十個香港重力站，其中兩個位於香港天文台。至 1990 年，因為城市發展關係，在香港只剩下兩個在天文台和美國駐港領事館內的重力站。第一個位於天文台總部大樓的「重力測量基點」（編號 09724N）和第二個位於美國駐港領事館地庫

的測量點（編號 09724B），測得重力分別為 g＝(978,754.47±0.028)×10⁻⁵ms⁻² 和 (978,755.85±0.028)×10⁻⁵ms⁻²，是 IGSN 71 所用的標準數據。

在 2000 年，由國家測繪地理信息局發起，聯同中國人民解放軍總參謀部作戰部測繪局和中國地震局，共同建立 2000 國家重力基準網，用絕對重力儀測定重力值，供全國參考，其中香港天文台納入 21 個重力基準點之一，定立為中國國家重力基準點 1012 號。香港地政總署邀請德國聯邦地理測繪局，先於 2001 年 10 月 17 至 20 日，在香港天文台地震監察室測得重力為 g＝978,755.2732×10⁻⁵ms⁻²。其後，中國國家測繪局人員於 2001 年 12 月 10 至 12 日，在相同地點測得重力為 g＝978,755.6615×10⁻⁵ms⁻²。

2005 年 3 月 1 日至 7 日，日本國土地理院在香港天文台地震監察室測得重力為 g＝978,755.6446×10⁻⁵ms⁻²；同月 8 日至 12 日，中國科學院在相同地點，測得重力為 g＝978,755.6410×10⁻⁵ms⁻²。香港天文台成立後，國際人員多次訪港，進行重力測量，附錄 2-1 為歷年測得的絕對重力值數值。

2. 香港區域性重力測量

1991 年英國地質調查所的巴斯比（Jonathan Busby）在香港進行了一次區域重力調查，調查共包括 632 個重力站，其中陸地站 499 個，海洋站 133 個。陸地和海洋站平均密度分別為每 1 和 4 平方公里設立一個重力站。調查發現香港地區的布格重力異常值介乎－33.5 至 ＋5.0 毫伽（mGal），整體向東南方向遞增，反映香港地殼厚度從西北向東南方變

圖 2-117　香港重力異常分布圖

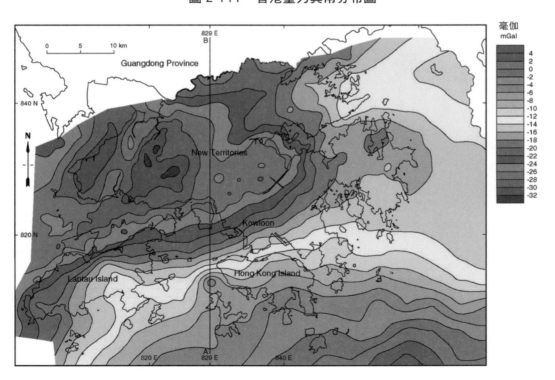

圖中重力值顯示香港地區地殼厚度向南變薄。（香港特別行政區政府土木工程拓展署提供，香港地方志中心後期製作）

薄。重力異常變化與地表地質幾乎沒有明顯關係,表明重力差異是受深源物質的影響(見圖 2-117)。區域性的異常分布情況,最低的布格重力異常值出現在元朗南部和西部,新界大部分地區的值仍低於 -20 mGal。重力值向東南增加,在香港島東南約 15 公里處達到最大 +5 mGal。朝向東北部大鵬灣的重力值也逐漸增加。通過重力數據反映得出地殼厚度。

結合 Busby 所得區域布格重力異常和香港地區的岩石同位素資料,費查(Chris Fletcher)得出了香港地區一個剖面的模型。模型顯示一個 25 公里寬、密度為 2660 公斤 / 立方厘米的地體,其兩側密度較高的,約為 2750 公斤 / 立方厘米。密度數值顯示是基底岩體分布的結果,短波重力異常反映上地殼在 1 公里到 8 公里深範圍內的構造。顯示四組主要大致平行線的重力異常帶:(1)東北—西南向一組在香港西北部相對普遍和連續;(2)南—北向組一般限於東部和西部近海地區;(3)西北—東南向一組在香港中部形成短距異常區;(4)東—西向一組集中在東部近海地區。而長波的重力異常顯示出香港總體東南向的重力梯度,估計是由於中地殼至底部的不連續性所造成。

重力資料的反算結果顯示,重力值的分布和地表的斷層相關聯,模型結果顯示東北—西南走向並置於中下地殼的塊體,與沿着華夏地塊東南緣的一系列長英質太古宙和鎂鐵質元古代地體的方向一致,估計香港重力分布是由中下地殼的不同年代的地塊所控制。香港和華南地區的地殼運動,在很大程度上亦受到深層剪切帶周期性的活動所控制。

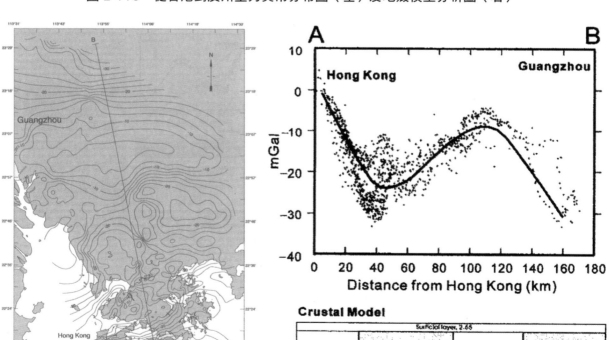

圖 2-118　從香港到廣州重力異常分布圖(左)及地殼模型分析圖(右)

資料來源:　Figure 5 and 6, in Fletcher, C. J. N. et al., "Basement Heterogeneity in the Cathaysia Crustal Block, Southeast China," *Geological Society, London, Special Publications*, Vol. 226, no.1 (2007): pp. 151-155.

另一個研究中，陳龍生與廣東省地震局合作測量由香港到廣州的布格重力異常，並從測量線數據建構出地殼岩石密度的變化（見圖 2-118）。得出的結論是此區域中的短波重力分布異常，反映了上地殼鹼性岩石和花崗岩的位置，而長波段的重力異常分布是源於中下殼岩石的密度差異。

四、大地地磁觀測

1. 天文台成立前的測量

由於地磁與航海有密切關係，英佔初期，英國海軍已籌備在香港進行地磁測量。1841 年 2 月 12 日，英國海軍上校卑路乍（Edward Belcher）在香港島測量磁傾角，得出數值為 30°02.7'。1843 年，卑路乍繼續在香港島測量，得出磁偏角為偏東 0°37'，磁傾角為 30°03'。1851 年，英國海軍上校歌連臣（Richard Collinson）又在香港島測量磁傾角，得出數值為 29°40'。1858 年 7 月 5 日至 18 日，奧地利海軍護衛艦 Novara 號途經香港時，馮‧薛澤（Karl Von Scherzer）在香港島測量磁傾角，得出數值為 31°08'。英國地磁學家薩賓（Edward Sabine）於 1874 年 6 月 18 日參考卑路乍 1843 年的數值、歌連臣 1851 年的數值和馮‧薛澤 1858 年的數值，取三者平均值，提出香港的磁偏角為偏東 0°37'，磁傾角為 30°17'。

1875 年 9 月 29 日，俄國設於北京的地磁氣象台台長費理飭（Hermann Fritsche）自上海乘船抵達香港。在留港期間，費理飭利用聖彼得堡英籍儀器匠喬治‧布饒爾（Georg Brauer）所製磁力經緯儀及倫敦科學儀器製造師亨利‧巴羅（Henry Barrow）所製方位羅盤在香港島測量，得出磁偏角為偏東 0°53'，磁傾角為 31°56.7'。費理飭同樣參考卑路乍、歌連臣和馮‧薛澤分別於 1843 年、1851 年和 1858 年所測數值，得出香港磁偏角平均每年西移 0.5'，磁傾角則平均每年增加 4.1'。

1877 年 10 月 5 日，香港總量地官裴樂士（John MacNeile Price）致函署任輔政司史密斯（Cecil Clementi Smith），倡議設立天文台。裴樂士在信中沒有為地磁觀測獨立成項，但建議天文台需採購的設備包括磁強計。1879 年 9 月英國皇家學會喬城委員會（Kew Committee of the Royal Society）副主席德拉律（Warren de la Rue）致函英國殖民地大臣希克斯畢奇（Michael Hicks-Beach），建議在香港設立天文台，特別強調應開展地磁觀測。

在 1883 年香港天文台正式成立前，已有一些抵港船隻進行地磁觀測。1871 至 1875 年間，英國皇家海軍「中國艦隊」總司令沙德維爾（Charles Shadwell）乘坐鐵甲艦「鐵公爵號」（HMS Iron Duke），前赴中國及日本，進行地磁觀測。沙德維爾於 1872 年 4 月 12 日、1873 年 4 月 1 日及 1874 年 12 月 21 日，分別三次到香港中環威靈頓炮台測量磁傾角，得出數值為 32°17.9'、32°19.5' 和 32°17.3'。沙德維爾亦提到，於 1857 年 5 月 26 日、1858 年 2 月 22 日及 1859 年 12 月 12 日，曾有人到訪香港中環威靈頓炮台，測得磁傾角分別為 31°26.0'、31°25.3' 和 31°28.5'，總括而言磁傾角有上升趨勢。

2. 天文台成立後的測量

1883 年，香港天文台正式成立。首任天文台台長杜伯克（William Doberck）來港赴任，他本在愛爾蘭馬可里天文台（Markree Observatory）已有地磁觀測之經驗。杜伯克和原屬喬城天文台（Kew Observatory）地磁助理霍格（Frederic Figg）帶備可攜式氣象觀測儀器和地磁測量儀器（包括「喬城天文台式磁強計」及「喬城天文台式磁傾儀」）來港，並先後於同年 11 月 6 日及 9 日在香港公家花園（今香港動植物公園）利用上述儀器進行初步地磁測量。為免地磁測量儀器受到外部環境影響，香港天文台另建地磁小屋，置放相關儀器，為訪港學者進行地磁考察提供便利。小屋用木搭建而成，小屋及傢具之駁口不用金屬釘，改用竹材，以防干擾儀器。小屋有兩道門，分別朝南及朝北，由北門可觀測北極星，使磁強計朝正北方向，量度磁偏角。

1903 年 2 月 23 日，日本文部省測地學委員會派遣新城新藏、大谷亮吉、山川弘毅三人乘坐海軍練習艦「橋立號」到訪香港，並蒙香港天文台協助，從 2 月 24 日至 27 日在香港天文台地磁小屋進行天文、地磁及重力觀測。

1904 年，香港天文台總部附近興建聖安德烈堂，受此影響，香港天文台曾於 1905 年 11 月以及 1906 年 3 月和 5 月，暫停地磁觀測。此後，由於地磁小屋日久失修，且與聖安德烈堂過於接近，香港天文台遂於 1918 年 12 月在總部內覓地，興建新的地磁小屋，翌年同時於新舊小屋作地磁觀測，比對結果。1920 年 12 月，舊地磁小屋拆卸，地磁觀測受到工程影響，再度暫停。1921 年 10 月，新地磁小屋投入觀測。

1904 年 12 月，上海徐家匯觀象台台長勞積勳（Louis Froc）在香港島寶雲道舊英軍醫院東南方及薄扶林水塘東南偏南方的一處高地進行地磁測量。觀測數據，發現香港的磁傾角呈上升後回落的趨勢，在 1884 年出現最大值。

1905 年至 1915 年間，美國華盛頓卡內基研究所（Carnegie Institution of Washington）地磁學系總監鮑爾（Louis Bauer），開展全球的陸地及海洋磁場測量。中國、中南半島及暹羅的地磁勘測，由廣州嶺南學堂監督、美國物理學家晏文士（Charles Edmunds）負責。晏文士蒙香港天文台借出磁強計、磁傾儀和經緯儀，以香港天文台為基站之一，在南中國進行多次地磁考察。1922 年 9 月 21 日發生日全食，鮑爾號召多國天文台及研究團體，參與觀測日食對地磁之影響。香港雖非處於日食帶，天文台仍積極響應，日食期間每分鐘監察地磁數據，並把數據轉發給鮑爾參考。

香港天文台總部附近，被日漸增加的建築物包圍，加上天文台總部於 1917 年 10 月興建高 150 英呎之無線電塔，對地磁觀測亦有影響。1924 年，香港天文台在新界凹頭興建地磁觀測站，該站無磁場干擾和不被建築物包圍。凹頭地磁觀測站於 1927 年 3 月竣工，共有兩間磚造小屋，屋頂用木搭建，上舖瀝青，兩間小屋外有木造欄柵圍繞。其中一間小屋「絕

對觀測室」放置觀測儀器，包括電流換向器，用以觀測磁偏角的磁強計，以及用以觀測磁傾角的電感器和檢流計。另一間小屋置放記錄儀器和擺鐘，擺鐘每兩小時發出訊號，記錄儀器便自動讀取地磁數據，並刻寫在紙軸上。

1941 年 12 月 8 日日軍入侵香港，天文台派出兩名職員希活（Graham Heywood）及史他白（Leonard Starbuck）前往凹頭觀測站，在執行既定撤離程序拆卸地磁儀器時為日軍所俘。凹頭地磁觀測站及相關儀器為日軍所毀，香港天文台之地磁觀測活動遂告中斷。二戰後香港天文台亦未有急於恢復地磁觀測。

1957 年，國際大地測量學與地球物理學聯合會發起新一次全球磁力勘察項目。1968 年，澳洲礦產資源部地磁學家麥格雷戈（Peter McGregor）參與世界地磁勘測計劃，到訪香港，建議在大老山設立地磁觀測站。1971 年 2 月，香港天文台與香港大學物理系合作，於大老山設立地磁觀測站，經費由奈飛爾基金會資助，香港天文台負責地磁觀測站之營運，由香港天文台聯同香港大學物理系共同進行測量。之後香港天文台分別於 1988 年及 1990 年借用英國皇家海軍的儀器於大老山進行地磁測量，以更新機場地圖上的磁偏角資料。自 2010 年起，香港天文台改為委託廣東省地震局，每隔數年在機場磁羅經校正場進行地磁測量，以滿足國際民用航空組織（International Civil Aviation Organization）的要求。2010 年和 2015 年，在機場測得的磁偏角分別為真北以西 2°19'21.5"，以及真北以西 2°36'51.4"。

香港天文台之地磁觀測數據均有定期出版。1884 年至 1886 年的數據，收錄於《香港天文台觀測記錄及研究》年刊；至於 1887 年至 1904 年的數據，則收錄於《香港天文台觀測記錄》年刊。香港天文台從 1931 年起，出版《磁學結果》年刊，首期收錄 1884 年至 1931 年之地磁觀測數據，其後則每年一刊，至 1939 年止。及至 1971 年，於大老山地磁觀測站設立後，香港天文台恢復出版《磁學結果》期刊，共三期。此後，期刊改名為《地磁數據》，共二期，分別為 1977 年刊（1978 年出版）以及 1978 年刊（1980 年出版）。

香港天文台之地磁觀測數據，亦有通過喬城委員會（1895 年改稱喬城天文台委員會）向外發布。1894 年至 1896 年出版科學期刊《科學進展》，轉載喬城天文台委員會收集之各地天文台地磁數據，其中分別收錄香港天文台 1892 年至 1894 年所測之地磁數據。此後，1895 年至 1899 年之〈喬城天文台委員會年度報告〉，收錄各地天文台之地磁數據，香港天文台表列其中，所收數據年份由 1894 年至 1898 年。1900 年，喬城天文台併入新成立之英國國家物理實驗室，香港天文台之地磁數據遂由英國國家物理實驗室發表，數據年份由 1900 年至 1908 年。1910 年，喬城天文台改屬英國氣象局所轄，是年，英國氣象局出版了最後一份世界各地天文台之地磁數據表，該表收錄香港天文台 1909 年之地磁數據。香港天文台歷年地磁觀測數據，參見附錄 2-2。香港天文台成立前或後非香港天文台人員在香港所進行的地磁觀測數據，參見附錄 2-3。

圖 2-119　1884 年至 2015 年香港天文台地磁觀測結果統計圖

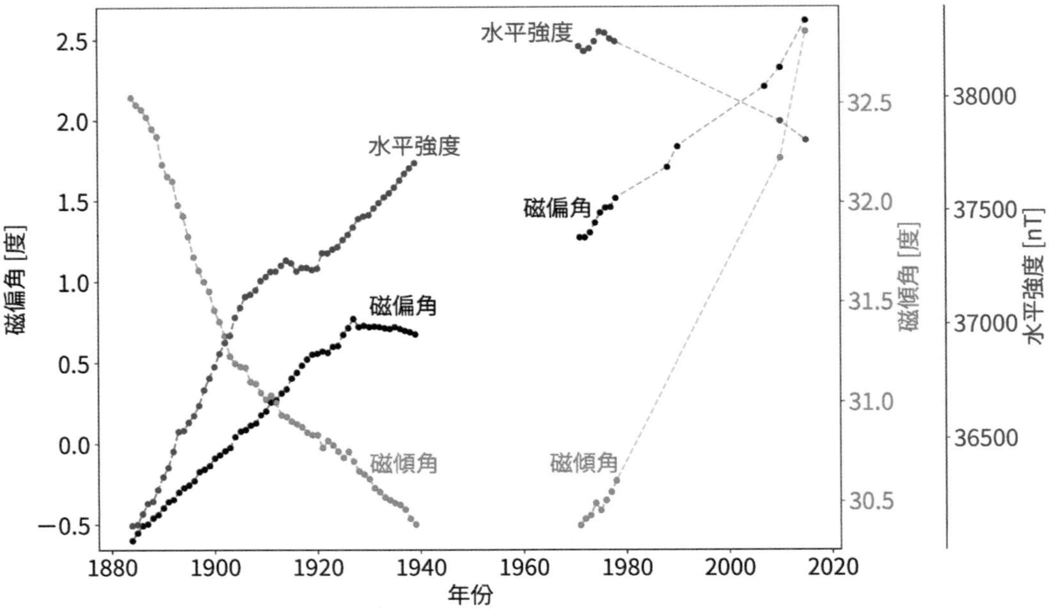

資料來源：　香港天文台歷年地磁觀測資料。

圖 2-120　香港海磁值分布圖

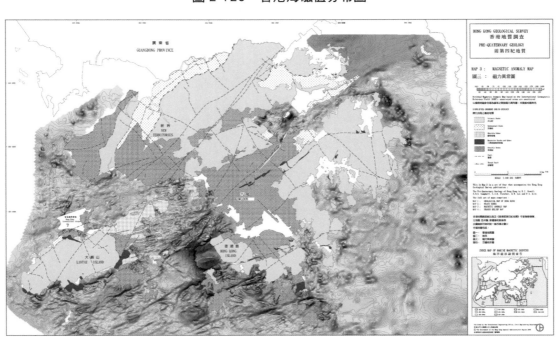

海磁值分布顯示東北—西南走向的構造格局。（香港特別行政區政府土木工程拓展署提供）

3. 海磁測量

磁場強度反映基岩的磁化率和岩石的剩磁強度。在 1990 年代，香港地質調查組委託承辦商，在香港進行大規模的陸地磁測及海洋磁測（以及重力測量），範圍包括赤鱲角、南丫島北、馬鞍山及吐露港、北大嶼山、青洲／青衣及坪洲、長洲、南丫島及蒲台島、赤門海峽及大鵬灣，藉以確定香港海域地區的地質情況。勘測方法是把磁力儀拖在船後 5 米至 10 米深度，測探磁場強度。當時測線間距一般為 200 米至 500 米。圖 2-120 為香港海域磁場強度分布圖。

香港海域磁場強度顯示，在香港西部、南丫島和長洲的磁場強度分布，整體反映基岩東北—西南走向的構造格局。沿這走向的線性磁場強度分布能夠與相同方向的斷層、和大嶼山東西向的岩牆群對比。這走向的線性磁場帶在汲水門被西北—東南走向線性構造截斷。此外，南丫島以北顯示一個強烈磁場異常，可能是由一個在於很深的板狀基質岩體形成。由於東北部測探線間距較寬，磁場異常地圖較粗糙，沒有顯示太多細節。

五、古地磁研究

1. 古地磁與板塊運動

古地磁方法涉及使用岩石磁性和方向來確定構造運動和環境變化。香港古地磁研究的主要工作由香港大學陳龍生主導。他早期的古地磁研究結果顯示，香港所在的華南板塊在二疊紀至三疊紀間曾向北移了約 9 度緯度。在 1992 年，他從香港中生代花崗岩的古地磁研究結果，推論華南和華北兩板塊在侏羅紀之前已經聚合。研究結果提供了關於華南板塊和周邊板塊之間相對運動的一些重要線索。

其後李永祥研究香港較晚期岩石的古地磁方向，他從香港地區岩牆的古地磁研究結果，推論包括香港的近岸地塊和華南板塊之間存在相對運動，自白堊紀以後香港相對華南板塊經歷了約 12 度的順時針方向旋轉。這可能是蓮花山斷裂帶的右旋剪切運動的結果。

2. 環境地磁研究

古地磁的研究成果也可用來研究環境污染的程度。陳龍生團隊發現香港竹篙灣表層海泥及一些市區公園塵土的磁化率特別高，顯示磁化率的強度可以和重金屬含量對比，讓磁化率變成一個重金屬污染的指標。

第七節　地表過程

一、風化與侵蝕概況

香港地理上靠近北回歸線，屬於亞熱帶氣候，炎熱潮濕，有明顯季節性降雨，岩石風化程度差異很大，因此香港的風化層厚度存在極大差異。風化層的厚度主要受岩石類型、結構、斜坡角度、水文以及侵蝕過程等因素影響。岩石內礦物受風化程度不同，以石英為代表的部分礦物，幾乎不會風化；而其他礦物如長石和鐵鎂礦物（黑雲母和角閃石），通常能夠完全風化，變為黏土礦物。侵蝕過程包括礦物顆粒脫離，原位脫離母岩，或在附近地表搬運而來，或搬運至別處沉積。風化過程可歸納為物理風化、化學風化和生物風化三類，而搬運過程通常與地面的滑坡有關。在香港，最活躍搬運過程為山泥傾瀉。

風化過程最初發生於暴露在地表上的岩石，沿着節理、斷層和其他裂口，由上而下，由外而內發生。雨水或地下水容易流過的地方會使物理和化學風化過程加劇，礦物容易產生化學變化，而且沿節理面由外至內發生。香港的季節和濕熱環境，更易促進化學風化，令礦物的氧化、水解和溶解過程變得更快。而相關的物理風化過程，包括礦物晶體的體積變化、應力變化、顆粒剝落等也發生在地表，形成土壤和殘留在土壤層中的核石。

本質上，核石是較難分解的岩體，而殘留的土壤，可在節理或斷層中找到。通常核石的大規模剝落現象，是由於應力消除而發生，由於岩石中有廣泛的節理，與地形呈不平行的表面，它們的間距會隨着岩石深度而增加。在香港，這些節理在火成岩中最明顯，節理是由於礦物、岩石性質、岩石結構、地形、侵蝕率、地下水狀況、熱液改變等因素而產生不同的變化，影響岩石風化的結果。

侵蝕包括許多化學作用和物理過程，導致岩石和泥土鬆動、磨損和搬運。通常受到風化的礦物會被剝離母體岩石，並沿斜坡滑走，個別的礦物受重力影響下直接被搬運，例如通過滾動，或通過水的運輸。在香港，山泥傾瀉角色尤其重要，是斜坡侵蝕過程的重要過程。香港侵蝕過程可分成以下幾類：斜坡、河流和海岸過程。

斜坡的侵蝕分為兩大類，分別是水侵蝕和山泥傾瀉。水侵蝕是一個連續的過程，包括雨滴、片狀侵蝕、河谷侵蝕和河底侵蝕。在強風暴雨期間，雨滴會導致土壤顆粒脫落，然後跌落於下坡。雨水會沖走細小顆粒的礦物，這現象在完全風化的粗粒花崗岩中較常見。在平坦或植被多的斜坡上，地表水的流動會令泥土產生一層滑動層，滑動層可能整體移動，造成山泥傾瀉或滑坡。這種表層侵蝕如維持時間較短，影響較小，但長時間可導致地表的大規模變形。流水在地表匯集成河流的過程和所需時間，受地形、降雨等多個因素影響，包括降雨量、土壤滲入能力、土壤的脆性、植被密度和植被類型等。

地表水流速的加快，溝渠切割規模增大，便會形成河谷。河谷是最大型的排水渠道，河谷通常起源於山坡下部或中部，或在抗蝕力較弱的岩石上，通常斜坡被植被覆蓋，累積的排放量足以侵蝕表土。河谷向上游剝蝕和橫向侵蝕發展快速，有時會合併形成樹枝狀系統。河底侵蝕主要位於河曲的外側，相反，河曲內側是沉積的地方。斜坡上如植被受到干擾或移除，特別容易受到河流侵蝕。香港現今在多處山坡進行人工種植，令河谷侵蝕的趨勢減低。香港所有岩石類型也能形成河谷，然而一些花崗岩區域，特別容易形成劣地。在早期航拍照片中可見，九龍市區在發展前有許多山丘遭受廣泛的河谷侵蝕。

另一類侵蝕過程是海岸過程。在香港的海岸，落石和滑坡常見。香港盛行東風，海浪侵蝕在香港東側和東南側最為強烈。海浪侵蝕切割懸崖底部，形成海崖、海蝕洞等多種侵蝕地貌。波浪侵蝕亦除去斜坡的底部和橫向支撐，導致落石和滑坡等現象。此外，地下水也是成因之一，尤其在強降雨令地下孔隙中的水壓力升高。

二、岩土風化

1. 風化過程

岩石的風化大致上由物理作用、化學作用和生物作用三種過程造成。三種過程在一個地區的相對重要性，需要視乎該地區的氣候、環境、地質演化歷史而定。不同的風化過程可以產生不同的地貌，不過更多的情況是，某種地貌是三種過程結合的結果，可能在地貌演變不同的時期，因為氣候和環境差異，某一種風化過程的重要性會相對較高。

物理風化

在香港的物理風化作用大致有以下幾類：

塊狀崩解　岩石塊沿着節理裂開，原因可以是岩石內應力的改變；或是沿着節理化學作用，令岩石強度減弱造成節理擴張（見圖 2-121）。

卸力作用　岩石形成時候處於高壓狀態，地面的侵蝕作用，可造成岩石在垂直或水平方向所受的壓力降低。因為壓力減低，岩石由本來的高壓狀態變成低壓狀態，岩石鬆弛造成張力，令岩石形成新的節理，或沿着原有的節理面裂開。香港境內許多岩體均存在因卸力作用而產生的節理，尤以花崗岩最為突出（見圖 2-122）。

溫差分解　白天和晚上的溫差，造成岩石在白天受熱膨脹而在晚間冷卻收縮，可在岩石內產生張力，擴大岩石內原有的裂縫。但是在香港的亞熱帶氣候，日夜溫差不大，溫差分解作用在岩石風化過程中重要性不高。

霜凍作用　假如地區在晚間的溫度跌至零度以下，可造成岩石內裂縫間的水分結冰，結冰

圖 2-121　沙田望夫石塊體分解作
用形成的岩塔。（陳龍生提供）

圖 2-122　蒲台島花崗岩體的卸荷節理。（陳龍生提供）

時水的體積膨脹，產生的壓力能夠讓裂縫擴大和伸延。這種情況一般在高緯度地區日夜溫差較大、或晚間溫度較低的地區比較常見，香港晚間溫度一般不會跌至零度，但不能排除在上一次冰河時期，霜凍作用相對重要。

乾濕循環作用　有些礦物會吸收水分，礦物表面在潤濕和乾燥狀態之間不斷變化，導致反覆的收縮和膨脹，在岩石中形成內部壓力，最終導致完全崩解。

鹽結晶　在潮間帶的岩石許多時會被海水滲透，在裂縫中的海水受熱蒸發，導致水分流失，海水中溶解的海鹽濃度增加直至飽和，在裂縫中形成鹽結晶，過程中產生巨大的壓力，造成岩石內裂縫擴大（見圖 2-123）。在橋咀島沙堤上著名的菠蘿包石就是這種過程造成。因為過程中的鹽主要是從溶解狀態結晶而成，所以歸納作為物理的風化過程。

化學風化

化學作用一般在高溫和多雨的地區比較常見，香港地區岩石的化學風化非常強烈。化學風化的結果令到岩石的原生礦物，被黏土礦物所取代，最後形成土壤。主要的化學風化作用分述如下。

鐵質礦物氧化　岩石一般都含有少量鐵質礦物質，當礦物氧化，會形成褐鐵礦，令岩石帶有鐵鏽顏色。尤其是在岩石的裂縫或節理邊緣，常可看見因礦物氧化而形成的氧化殼，氧

圖 2-123　橋咀洲潮間帶風化作用形成的菠蘿包石。（陳龍生提供）

化殼的厚度要視乎水在岩石的滲透能力而定。受氧化的岩石密度和強度較低，孔隙度度增加，造成岩石更容易風化和侵蝕。因氧化過程受岩石內縱橫交錯的節理面所控制，造成球狀風化和在泥土層中巨大的核石（見圖 2-124）。

還原作用　岩石中的礦物或有機質釋放氧氣，氧化附近的岩石，而礦物和有機質本身經歷還原作用，影響礦物和有機質的強度和穩定性。

黏土化　岩石中一些常有的礦物，包括雲母和長石等，可與水發生化學作用，礦物被水分解，變成新的物質，新的物質通常是伊利石、高嶺土等黏土礦物，這也是形成泥土的主要過程。

水合作用　有些黏土礦物可以吸收水分，導致黏土體積膨脹。

矽酸溶蝕作用　香港的岩石許多含有高成分石英礦物，在許多地方更可見到侵入的石英脈。石英在水中的溶蝕度很高，溶解了石英的地下水會形成矽酸。矽酸可以溶蝕多種礦物，更導致泥土的酸度增加，不利於植被的生長，容易造成風化，並衍生出各種劣地地貌（見圖 2-125）。

生物風化
許多生物的生長，包括岩岸的海螺、藤壺、陸地上植物根和地衣等，必須依靠自身分泌的化學物質，讓自身依附在岩石之上。分泌物具有強力的腐蝕性，在岩石表面形成許多小洞，加上後期的侵蝕作用，會令孔洞擴大。許多近岸的蜂巢狀構造，開始時是因岩岸生物產生的化學物質腐蝕岩石形成。

2. 風化結果

礦物風化
風化過程最初會將岩石暴露在地表上，由上而下沿着節理、斷層和其他裂口風化。礦物會發生化學變化，而高嶺土是岩石被風化後的殘餘礦物。很多岩石風化後，例如流紋岩、凝灰岩和花崗岩，只要是含有長石的岩石，在熱液蝕變或在較低溫度下，都會形成高嶺土。高嶺土的成分，主要包含了高嶺石（kaolinite）和埃洛石（halloysite），它們的含量差異可以很大，有些高嶺土含少量的白雲母、伊利石（illite）、石英和綠泥石（chlorite）。風化速率主要由水文地質控制，而地下水的環境很大程度上取決於當地地形和地質，例如在斷層的位置，提供了重要的管道給地下水的流動和儲存。一般而言，火山岩和侵入岩的孔隙度較低，水分較難滲入岩石內部，但節理可以促進地下水的流動。

風化層的形成
風化層的厚度很大程度上受水的影響，而岩石中的滲透性和氣孔含量很大程度上控制了地下水的流動狀況。一般來說，細粒火成岩和沉積岩粗度較細，滲透性低，令風化程度較

圖 2-124　果洲的球狀風化。（陳龍生提供）

圖 2-125　大嶼山石英脈促進的劣地發育。（陳龍生提供）

弱，形成的風化層比較淺和薄，而且較少核石（見圖 2-126）。香港最厚的風化層一般形成在花崗岩中，風化層都是幾十米厚，九龍西區風化層厚達 101 米厚，而港島西的風化層達 140 米厚。在東涌填海地區，全風化的花崗岩可達到 200 米厚。深層風化層通常與斷層有關，因為在斷層的位置令地下水滲透較深，因此產生更深層的風化。在新界西北部元朗附近，在屯門組變質火山岩中的風化層約有 199 米厚。

風化層可細分為數層，風化層的下部是腐土，保留如節理和石英脈的原始結構，直接源自母岩風化。腐土之上通常是輕微搬運過的土層，明顯受到重力、沉降和生物擾動的干擾，沒有任何岩石構造，而礦物會沉澱在土層較低位置。最頂部分通常有崩積碎屑，是完全經過搬運的外來物質。

風化層厚度取決於地形與水文，通常斜坡的下方風化層會比較厚。在許多細粒凝灰岩和沉積岩地方，風化分類可能未能完全分級，風化層和未風化的岩石接觸帶不明顯。

圖 2-126　典型風化剖面示意圖

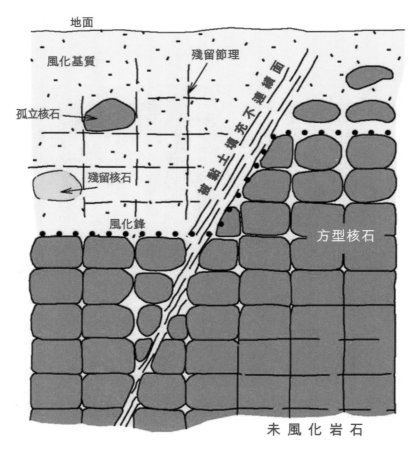

資料來源：　香港特別行政區政府土木工程拓展署，香港地方志中心後期製作。

核石

香港濕熱的環境促進化學風化，令礦物的氧化、水解和溶解過程變得更快。而相關的物理風化過程，包括礦物晶體的體積變化、應力變化、地表剝落等也會發生在岩石表面，在周圍形成核石和巨型核石，是較難分解的殘餘物岩體；而殘留的土壤，會在節理或斷層中找到。核石的形成在花崗岩和粗粒的火山岩中最為常見，通常存在於風化土層較高的位置。幼粒火山岩，例如細灰凝灰岩和流紋岩，由於礦物連接緊密，核石不常見。花崗岩風化成的黏土礦物脫離岩石遷移到別處，填充在一些節理隙裏，形成核石表層大規模的剝落現象。在香港，這些節理在火成岩中最為明顯，而節理的間距會隨着岩石的深度增加，造成核石亦隨深度而變大（見圖 2-127）。

在馬鞍山、元朗等存在大理石地區，地底的岩石可能會被略帶酸性的地下水溶解形成溶洞。這個地底過程必須是在地下水台階之上發生，但也是一種化學性的風化作用。在香港東北地區發現的溶洞曾有一個深度達 20 米。溶洞的存在，對工程建設帶來不少挑戰。

3. 風化礦物

風化過程產生的礦物主要是黏土礦物，黏土礦物是片狀型矽酸鹽類，包括多種礦物種類。而黏土礦物的性質、類型和含量主要是受到母岩蝕變的時間長短、風化程度和風化岩土的微氣候條件三個因素所控制。特別是高嶺土族礦物，在高度風化的岩石中存量一般很高。

圖 2-127　南丫島風化土中的核石。（陳龍生提供）

其中綠泥石和伊利石分別是輕微至中度風化岩石中含量最多的黏土礦物。綠泥石僅限於輕度風化樣品，而伊利石—膨潤石（smectite）在風化岩土中上隨處可見。埃洛石和高嶺石是高度至完全風化岩石中的主要黏土礦物。

4. 風化程度分級

香港的相關研究集中於花崗岩風化問題，主要原因是花崗岩佔了九龍市區及香港島北部的主要發展區域。基本上，香港的風化分類取決於它的應用，例如在隧道工程、地基工程或斜坡工程等。風化基礎的定義嚴格，分為新鮮岩石（等級 I）、輕度風化（等級 II）、中度風化（等級 III）、高度風化（等級 IV）、全風化（等級 V）和殘土（等級 VI），會應用至不同的工程上。

表 2-10　岩石風化等級及密度情況表

風化度分類	岩石密度（kg/m³×10³）	特徵
新鮮岩石（等級 I）	2.58-2.63	標本中所有礦物成分都堅硬而完好。岩石的整體顏色新鮮非常堅固。
輕度風化（等級 II）	2.55-2.60	岩石呈現輕微變色，通常狹窄深棕色帶和較寬的淺棕色至黃棕色帶。在某些情況下，變色區域中存在一系列微裂紋，被認為是在節理附近長石和黑雲母的輕微化學變化的結果。在更高的風化階段，這些微裂紋在岩石形成放射狀排列。
中度風化（等級 III）	2.30-2.58	岩石完全變為黃褐色。砂質的斜長石和相對較堅硬的鉀長石，岩石強度明顯降低。級岩石的深度被認為是岩基。
高度風化（等級 IV）	1.70-2.40	岩石被高度裂化變得非常脆弱，用手搓揉便可分解。岩石大多數斜長石是粉狀到砂礫狀，鹼性長石輕微砂礫狀。
全風化（等級 V）	1.20-1.80	一般來說，岩石完全變為黃棕色至黃灰色，可能有色斑。可以用輕微到中等的手指壓力分解成單獨的土壤顆粒。具有柔軟至粉狀的斜長石，仍保留其紋理輪廓。鹼長石大部分未分解，但強烈的微壓裂。
殘土（等級 VI）	1.25-1.60	花崗岩內部構造被完全破壞。土壤變為黃褐色、紅褐色、或黃灰色。長石礦物完全分解，泥土的成分以石英構成的沙粒和黏土礦物為主。

資料來源：　綜合 Irfan, T. Y., *Mineralogical and Fabric Characterization and Classification of Weathered Volcanic Rocks in Hong Kong*, Geo Report No. 66, Hong Kong: Civil Engineering Department, 1998, p. 37 及香港特別行政區土木工程拓展署其他資料。

5. 風化與地質災害

化學和物理風化作用能夠改變岩石的礦物結構、化學和物理性質。岩石內的長石和玻璃質物質等不穩定礦物分解為次生黏土礦物，令岩石膨脹或壓實。若岩石的強度和密度改變，將會顯著影響滑坡的穩定性，甚至導致山泥傾瀉的發生（見圖 2-126）。尤其是黏土礦物不單令到岩石抗剪切強度降低，形成岩體中的弱化區，礦物的滲透性降低也容易造成泥土層

層內的局部飽和區，增加地下水壓，導致斜坡滑動，引起泥石流或山泥傾瀉。在香港，有兩次嚴重的山泥傾瀉是和岩體內岩石的風化程度有關。

1995 年 8 月 12 日至 13 日颱風海倫在香港造成強降雨，有超過 120 處山體滑坡的報告，其中一場發生在柴灣翡翠道的山泥傾瀉，導致道路被山泥掩埋，造成 1 人死亡和 1 人受傷，是截至當時香港錄得最大規模的永久削坡遽然崩塌事件（見圖 2-128）。山泥傾瀉發生的地點地質特徵是強高嶺土化，山泥傾瀉詳細調查報告顯示該地區岩體存在着一層 0.6m 厚的黏土層，由凝灰岩風化形成。黏土層呈現淡黃白色，高嶺土含量達 70% 以上，在岩體中形成一個不透水層。在大雨期間，局部不透水層之上可能形成短暫的上層滯水，令地下水壓在黏土層之上不斷增加，加上黏土層向北輕微傾斜 10 度至 20 度，形成一個自然滑動面，最後導致山泥傾瀉。

颱風海倫造成的另一場山泥傾瀉發生在香港仔深灣道，摧毀了三間船廠及一間工廠，隨後崩潰的建築物發生火警，整場事件導致 2 人死亡和 5 人受傷。是次山泥傾瀉的泥石約有 26,000 立方米，是香港自 1972 年半山寶珊道山泥傾瀉以來，在受人類活動影響的山邊，所發生的最大規模遽然崩塌事件。現場是風化程度高的岩土，岩石中含有許多平緩傾斜的節理和裂縫，被高嶺土所填充，有些高嶺土層厚度達數十毫米，山泥傾瀉之前，山坡已經長時間在蠕動。在大降雨情況之下，地下水壓突然增加，最後造成山泥傾瀉。

圖 2-128　1995 年 8 月 13 日柴灣翡翠道山泥傾瀉。（南華早報出版有限公司提供）

三、侵蝕過程與地貌

侵蝕機制包括水力、腐蝕、磨損等作用。岩體內因水量增加而增加浮力，導致鬆散顆粒被吸入水流中。在海濱或河邊，流水沖擊岩石裂縫時，水流泵送和退出造成空氣反覆被壓縮及膨脹，短暫造成類似爆炸的效果，導致在裂縫中的岩石被擠壓分解，是為水力作用。腐蝕作用是指岩石因溶解或其他化學作用被逐漸分解和移除。磨損作用是攜帶在水流或風中的砂石在流動過程中會造成岩石表面的磨損。

香港侵蝕過程形成的地貌和分布，主要取決於地質和地理因素。侵蝕過程形成的地貌主要有劣地地貌、河谷地貌、風蝕地貌和海蝕地貌。

1. 劣地地貌

劣地地貌在植被較薄的土壤中最為常見，因土壤酸性程度高，植被覆蓋薄。尤其是土壤中如果存在豐富的石英礦物，因為石英屬高溶解度礦物，容易形成矽酸，導致土壤酸度特別高，不利植物根部發育。另外岩石的節理和剪切帶，導致岩石特別容易受到侵蝕而形成劣地。最著名例子是屯門以西地區的劣地，和沿剪切帶侵蝕形成的良田大峽谷（見圖 2-129）。

2. 河谷地貌

香港河流短而直，加上丘陵地勢環境有利於河流侵蝕的發育。在大嶼山和西貢等高地很常見陡峭的山谷，河流一般較短和間竭出現，只在大雨過後才有較強的洪流。河谷中常見瀑布、跌水潭和壺穴等地貌。瀑布的形成通常受到地質條件的控制，著名的屏南石澗、新娘潭、銀礦灣瀑布、梧桐寨瀑布等，都是因為抗蝕力強的岩層覆蓋着抗蝕力弱的岩層而形成。許多河流可見壺穴等地貌，屏嘉石澗有著名的壺穴群（見圖 2-130）。

3. 風蝕地貌

由風造成的侵蝕地貌主要是岩石於朝風向表面的蜂窩狀結構。風湍流帶有鬆散的石英和沙子顆粒，磨蝕作用在岩石表面形成侵蝕孔。侵蝕孔在長沙、蒲苔島等地區頗為常見（見圖 2-131）。

4. 海蝕地貌

海浪侵蝕沿海岸產生了多樣的海蝕地貌，包括海崖、海蝕洞、海蝕拱和海蝕柱。侵蝕通常沿着岩石中的節理和裂縫發育。香港因盛行東風，海蝕地貌在香港東部尤為顯著。在西貢半島以東的橫洲、火石洲、長咀和大鵬灣的東平洲等地可見巨大的海崖。波浪侵蝕有時會在海崖前形成海蝕平台，平台可以在潮漲期間被海水淹沒。香港地區最大的海蝕平台位於東平洲。海蝕洞、海蝕拱和海蝕柱也是由海浪侵蝕岬角形成。香港的海蝕洞很多，有的海蝕洞貫穿岬角而形成海蝕拱，其中著名的有橫瀾島、果洲、火石洲和橫洲的海蝕拱。更有些岬角若因波浪侵蝕而與大陸完全分離，便形成海蝕柱，最著名海蝕柱是西貢的破邊洲和東平洲上的更樓石（見圖 2-132）。

圖 2-129　屯門良田大峽谷是沿着剪切帶侵蝕而成的劣地地貌。（陳龍生提供）

圖 2-130　屏嘉石澗壺穴群。（陳龍生提供）

圖 2-131　蒲台島風蝕地貌。(陳龍生提供)

圖 2-132　西貢破邊洲海蝕柱。(陳龍生提供)

第八節　地質考察及研究

英佔以前，香港基本上沒有系統性的地質調查，對當時的地質的認識，亦只有來自因尋找石礦、煤礦或金屬礦物所需而進行鑽探工作的資料。直至十九世紀中期以後，中國內地和歐美地質學家開始對華南地區地質，進行較有系統的研究。其中提出地質力學理論的李四光，在他 1918 年完成的碩士論文中談及香港地質問題。

總括而言，香港地質研究歷史大致可分為三個階段，第一階段為 1920 年代及以前，這時期的研究主要由歐美博物學者主導，他們的研究並非只聚焦在地質與古生物學範圍，而是旁及較多跨學科內容；第二階段為 1920 年代至 1970 年代，隨着香港大學地理系成立，較多職業地質學者參與研究；第三階段為 1970 年代至今，土力工程處及本地大專院校組織了較多具規模的勘察與研究，亦更着重人才培訓等長遠發展。

一、第一階段：1920年代及以前

1816 年（清嘉慶二十一年），英國博物學家克拉克 · 阿裨爾（又譯克拉克 · 亞卑路，Clarke Abel）隨英國阿美士德（William Amherst）使節團到訪清廷，曾經過香港並踏足香港島、南丫島等地方，回英後把見聞輯錄成書。書中描述了一些地質情況，如在香港看到的花崗岩和玄武岩，包括他親訪由玄武岩構成高約 1500 英呎的山岡，下山時路過由紅白色長石構成的小丘，瀑布附近橫向豎向分層並帶有黃鐵礦的玄武岩層等。雖然考察時間不長（約兩三天，1816 年 7 月 16 日離開），這是最早有關香港地質的記載。

1865 年，英國工程師金斯密（Thomas Kingsmill）刊登在《皇家亞洲文會北中國支會會報》（*Journal of the North China Branch of the Royal Asiatic Society*）的文章是較有系統描述香港地質的文獻。這份報告並沒有詳細敍述香港地質的演變過程，而主要集中於對岩石的觀察（見圖 2-133）。

1880 年，英國皇家戰艦「大黃蜂號」（HMS Hornet）上一名外科醫生古皮（Henry Guppy）發表了一份附帶說明的香港地質圖。該地圖十分仔細，綜合了他多次橫越香港島所見的紀錄，亦較前述金斯密的敍述更為詳盡。

1893 年，植物學及地質學家施格茲尼（Sydney Skertchly）在他的著作《我們的島 —— 一位博物學者筆下的香港島》（*Our Island—A Naturalist's Description of Hong Kong*）中提出，香港由花崗岩和火山岩（包括長石質石英斑岩）所組成，當中火山岩的成分與花崗岩相似，估計兩者源自同一岩漿。他提出花崗岩含有豐富鐵質，並描述由花崗岩風化而成的高嶺土，又首次形容香港島上基性的岩牆。

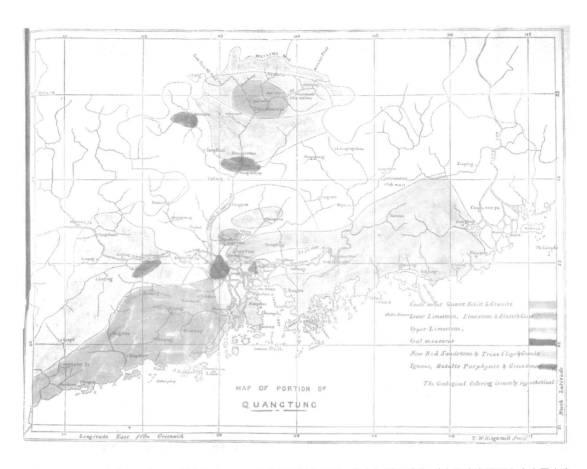

圖 2-133　1865 年英國工程師金斯密記述廣東一帶地質資料的地圖，當中包括了香港。（上海皇家亞洲文會中國支會圖書館提供）

1900 年代初期，為了在馬鞍山和落馬洲等地區進行礦物勘探，古皮繪製了該兩地區的地質圖。

1914 年，韋特（Christopher Weld）在《美國礦務工程師研究所公報》（*Transactions of the American Institute of Mining Engineers*）刊登文章〈香港地區鐵礦藏量摘要〉（"Notes on an Iron-Ore Deposit near Hong-Kong, China"），概述了香港的地質情況，指出香港的岩石主要為花崗岩，在西北部有片岩和板岩，而在東南部則是玄武岩和石英斑岩。韋特主要研究礦物，較關注香港金屬礦藏，特別是馬鞍山的情況。1923 年，丁格蘭（Felix Tegengren）建基於韋特的研究，撰寫《中國的鐵礦和鐵礦業：包括環太平洋區的資源概況》（*The iron ores and iron industry of China: including a summary of the iron situation of the circum-Pacific region*），文中尤其關注韋特描述的馬鞍山礦藏，並估計其蘊藏量約為910,000 噸，能以露天礦場方式開採。

1918 年，李四光在其碩士論文《中國的地質》（*The Geology of China*）中，引述金斯密的研究，談及一條嵌入花崗岩主體內、由板頁和石英層相間而成的沉積岩岩帶（或可稱為「石

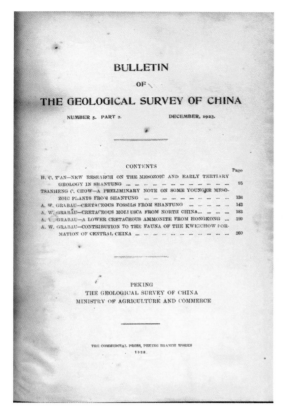

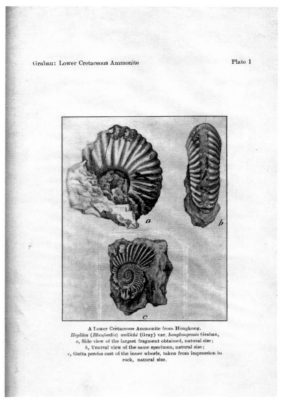

圖 2-134　1923 年 12 月出版的《中國地質調查學報》（*Bulletin of the Geological Survey of China*），No. 5 Part II，左圖為其目錄頁，右圖為葛利普發表的菊石化石圖片。（左圖：*Bulletin of the Geological Survey of China*, No. 5 Part II [Peking : The Geological Survey of China, Ministry of Agriculture and Commerce], 1923; 右圖：Grabau, A. W., "A Lower Cretaceous Ammonite from Hongkong, South China," *Bulletin of the Geological Survey of China*, No. 5 Part II [1923]: pp. 199-208）

英石」帶），以西北偏西 — 東南偏南走向橫越香港島，並指出這種地質現象甚為罕見。

至於香港古生物化石研究，可追溯到 1920 年政府檢疫及細菌學部門的首長韓雷（又譯韓義理，Charles Heanley）。一戰後，他在吐露港北岸、赤門海峽一帶的鳳凰笏沉積岩地層中發現了菊石化石和雙殼類化石，該發現最早在德裔地質學、古生物學家葛利普（Amadeus Grabau）1923 年發表的〈一塊採自香港的早白堊世菊石化石〉（"A Lower Cretaceous Ammonite from Hong Kong, South China"）提及，並確認該化石為香港獨有的新種。後來韓雷於 1924 年在《中國地質學會學報》（*Bulletin of the Geological Survey of China*）發表了一篇附帶一張地質圖的文章，描述了香港的地質情況。該發現轟動了亞洲地質界，是首次披露在中國東南地區存在海相沉積的菊石化石，也是香港歷史上發現的第一件化石。這些化石先後分別由葛利普和另一位古生物學家布肯（S. S. Bucan）鑒定，並被命名為 *Hongkongites Hongkongensis* Grabau（見圖 2-134）。這重要發現不單證明赤門海峽的岩石形成於侏羅紀時代，而非早期地質工作者所估計的前寒武紀或早古生代，也正式開展了香港地區的古生物研究工作。

1920 年代至 1930 年代長期擔任港府不同部門官員（包括新界南約理民官、巡理府等）的施戈斐侶（Walter Schofield），曾與韓雷合作，進行了多次的實地考察，描述了香港的地層序列和地質演替，亦報導了多個礦體，包括大、小刀島上的石墨礦層、綠柱石、黑鎢礦、輝鉬礦、錫石和方鉛礦等的蘊藏位置，正式開展了香港地區的地質研究工作。

二、第二階段：1920年代至1970年代

1923 年，港府邀請英屬哥倫比亞大學地理系的系主任，亦是前加拿大地質調查局局長兼礦業部副部長的布洛克（Reginald Brock）來香港進行詳細地質。布洛克和他的三位同事，包括史考費（Stuart Schofield）、烏格爾（William Uglow）和威廉斯（Merton Williams）都是當時著名的地質學家，先後在 1923 年至 1926 年來到香港，進行了香港第一次有系統的地質調查。由於初期繪製的地質圖未夠精確，布洛克在 1932 年再返香港進行較詳細的地質考察和印證工作，最終在 1935 年完成了首幅比例為 1：84,480 的香港地質圖（見

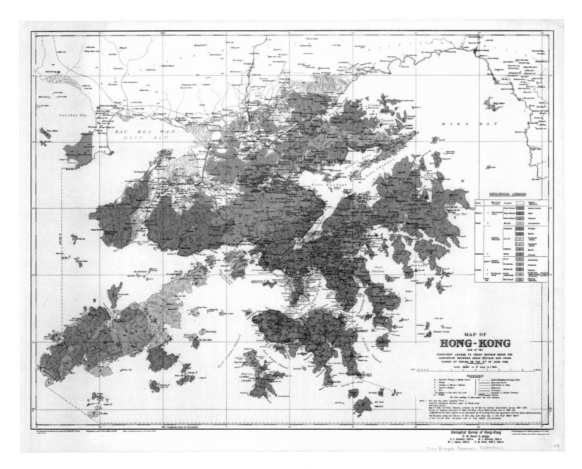

圖 2-135　1936 年布洛克繪製的香港地質圖。（Geological Survey of Hong Kong [1936], Map of Hong-Kong and of the territory leased to Great Britain under the convention between Great Britain and China signed at Peking on the 9th of June 1898, National Library of Australia, MAP Braga Collection Col./29）

圖 2-135），其後又於 1945 年以 1：80,000 的比例重新印製，以用於軍事目的（見圖 2-136）。該地圖顯示了火成岩、沉積岩以及表層沉積物的分布，但沒有描述斷層，褶曲等地質構造，亦沒有充分描述具經濟價值的地質結構。

這幅香港地質地圖和相關的調查報告的完成過程曲折。首先 1926 年烏格爾在返回溫哥華途中，在檀香山遇上了交通意外逝世，布洛克在撰寫地質報告期間遇上飛機失事而身亡。該份報告在史考費和威廉斯的共同努力下得以完成，並於 1939 年向港府提交。其後這份報告因太平洋戰爭而遺失，因此從未正式出版，而史考費亦因感染疫症過世。威廉斯後來憑所存資料重新編寫一份新的報告，最終在 1948 年完成並交給港府，再在國際會議中發表了有關香港的地層結構和古生物學的論文。

香港大學地理學系系主任戴維斯（Sydney Davis）是一位礦物地質學家，對香港蓮麻坑、針山和馬鞍山的礦物存量有濃厚興趣，並曾多次到這些地區進行地質考察。1949 年，戴維斯到溫哥華探訪威廉斯，雖然威廉斯離開香港已有四分之一個世紀，但威廉斯在儲藏庫一個舊箱子裏發現了布洛克和烏格爾在香港野外考察的原始筆記，更從史考費的太太處獲得了她丈夫極有價值的回憶錄手稿。這些資料讓戴維斯能在 1952 年出版《香港地質》一書。該書不單綜合了布洛克等人和他自己的地質觀察，並加上了經濟地質學和香港考古發現的

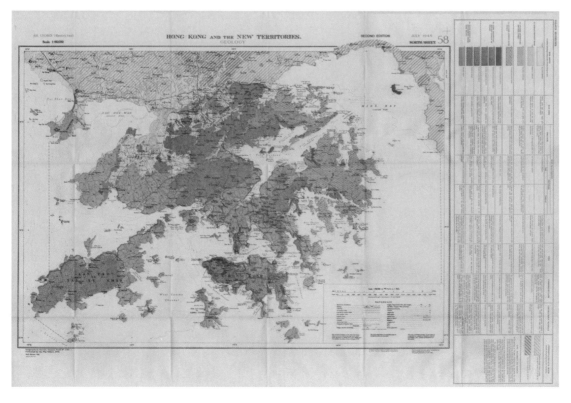

圖 2-136　1944 年香港簡化地質圖，比例為 1:80,000，由跨軍種地形部地質科在牛津編制，並附有 1945 年 1 月完成的報告。（© Royal Geographical Society [with IBG]）

一些章節,是香港地質學的經典著作。後來香港大學講師魯克斯頓(Bryan Ruxton)亦發表了多篇有關香港經濟地質學的詳細研究報告。這些研究引起了許多國際學者和學術機構對香港地質的興趣。以後的 20 年間,不少中國內地、美國、加拿大及英國學者,紛紛來到香港進行地質考察,並研究地質構造、岩石化學成分分析,以至勘探香港風化岩土的商業價值。

在 1967 年至 1969 年,為了修改 1936 年的地質圖,兩名英國地質調查局(前身為地質科學研究所)的地質學家艾倫(Peter Allen)和斯蒂芬斯(E. A. Stephens)在香港進行了地質調查,最終在 1971 年出版了兩張比例為 1:50,000、覆蓋全港範圍的地質圖和報告(見圖 2-137)。這兩張地質圖的內容比以前的地質地圖更為詳盡,除了顯示火山岩、侵入岩和沉積岩的主要分布之外,亦細分了第四紀岩石表層。另外,地質圖顯示了主要的地質構造,如褶曲、斷層及岩脈,也顯示了地層、斷層及節理構造的方向。

三、第三階段:1970年代至今

在 1970 年代和 1980 年代,來自國內外的地質學家,在香港做了大量的地層工作,並在許多地區找到了化石,對香港主要岩組的年代提供了重要線索。同時,港府成立土力工程

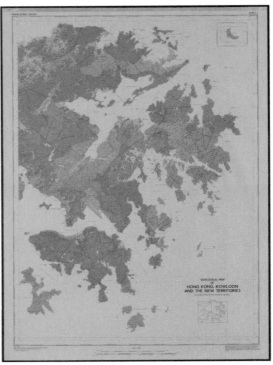

圖 2-137　1971 年由艾倫和斯蒂芬斯繪製的 1:50,000 比例香港地質圖。(政府檔案處歷史檔案館提供)

處，聘用不少外國和本地的地質和工程地質專才，專注解決香港地基和斜坡地質工程問
題。1982 年 7 月 26 日，民間成立了香港地質學會，定期出版學會通訊，發表香港地質研
究的新進展。以上種種，大大強化了香港在地質學科研人才的實力。與此同時，各研究單
位開展了多項有關香港地質、地球化學、地球物理和工程地質等研究項目。

1980 年，李作明在船灣淡水湖地區的白沙頭洲發現了泥盆紀時期的盾皮魚（溝鱗魚種）化
石（見圖 2-138）和在東平洲的昆蟲化石，代表香港地區最古老和最年輕岩組的年齡，把
香港的地質歷史推前至泥盆紀時代。

1982 年 5 月，土力工程處成立香港地質調查單位，向專業組織、政府機構、教育機構和學
術團體提供地質建議和數據信息，並編製比例為 1：20,000 的香港地質圖。地質調查工作
初期主要依靠外聘的專家人員，後來逐步轉向本地培訓的地質和工程地質專才。

1988 年至 1990 年間，香港理工學院與中國科學院南京地質古生物研究所進行了歷時 15
個月的合作研究。研究成果匯集成書，命名為《香港古生物和地層》，分別於 1997 年和
1998 年出版，成為香港地層研究的重要參考文件，提供了迄今為止香港古生物學的最全面
的說明（見圖 2-139）。

圖 2-138　李作明於香港發現過不同類型的化石，包括泥盆紀盾皮魚化石。（龍德駿提供）

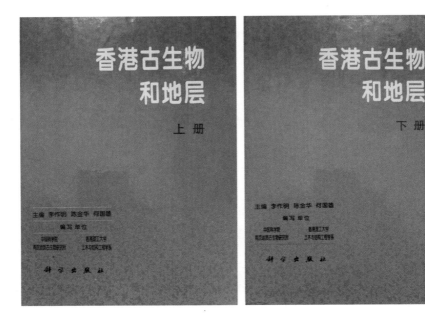

圖 2-139　兩卷《香港古生物和地層》的封面。（李作明、陳金華、何國雄主編：《香港古生物和地層》，上冊及下冊〔北京：科學出版社，1997〕）

1995 年香港大學成立地球科學系，為香港培訓地質人才。學系的許多畢業生成為香港地質調查和工程地質界的骨幹。香港地質學的發展，亦成功地由依靠國外專家轉移到以本地專才作為骨幹。同年地球科學系課程獲得英國倫敦地質學會（The Geological Society of London）確認符合專業地質師之要求，畢業生加上五年就業經驗，可以申請成為專業地質師，並且可在政府部門、英國及某些歐盟國家從事工程地質專業工作。

1996 年，土力工程處出版了一套共 15 幅比例為 1：20,000 的地質圖，和六本分區地質報告；並以比例 1：5000 為六個主要開發地區制定地質圖，提供地質資料配合地基建設、填海、隧道、滑坡等工程項目。1997 年，香港地質調查組在倫敦地質學期刊以香港地質作為主題，發表了八篇文章，內容含蓋香港地區基本地質到岩土工程工作。

多年以來，香港地質學會和香港大學地球科學系曾多次協辦地質研討活動，2001 年在香港主辦了第三屆兩岸三地及世界華人地質研討會，與會者近 300 多人，包括多名中國科學院院士，是香港地質界的一大盛事。同年，倫敦地質學會在香港成立了屬會，進一步強化香港地質界的專業性和影響力。

2003 年，土木工程署開始更新比例為 1：20,000 的地質圖，並設立互聯網上的互動地質信息系統（見圖 2-140）。這套地質圖系列，是一組相對有系統和大比例的地質地圖。

2008 年，特區政府為評估在香港設立地質公園的可行性進行研究，研究結果顯示，西貢

圖 2-140　2003 年土木工程處 1:20,000 香港地質圖（索引與示例）。（香港特別行政區政府土木工程拓展署提供）

火山岩園區包含分布廣泛及具有國際重要性的六角形岩柱，新界東北沉積岩園區具有長達四億年歷史的各種沉積岩，展示了香港的完整地質史。研究結果成為日後設立地質公園的基礎。

2009 年香港大學成立許士芬地質博物館，是全港首間以地球科學為主題的博物館。許士芬是礦業工程師，生前鍾情於收藏世界各地的礦物和岩石，曾於 1976 年香港第一屆礦物展中展出其珍藏品。許士芬捐贈大量礦石予香港大學，現於博物館中展出，讓參觀者從展品認識地球與其演變，推動大眾對地質學的興趣。

其後，隨着中文大學於 2012 年開辦地球系統科學本科課程，以及香港大學地球科學系開拓行星地質研究，並於 2016 年在香港大學理學院名下成立太空研究實驗室，香港地球科學界的活動變得更熱鬧和多元化。

第九節　地質與香港發展

一、基礎設施建設中地質因素的考慮

在香港部分地區，因地質結構特殊，經常導致工程建設的困難，其中最主要問題包括（1）山泥傾瀉和滑坡、（2）溶洞、（3）岩石斷層和破碎帶、（4）地面沉降。

1. 山泥傾瀉和滑坡

香港早期發展，由於人口與經濟急速增長，需要大量土地，而當時土地多是開墾山坡而來。在有限的經濟條件和不完備的法律影響下，大部分工程在不受監管的情況下進行。香港地理環境特徵為山多平地少，故許多開發項目高度集中在陡峭的斜坡上。另外，香港地質條件以受到風化的酸性岩石為主，風化層黏土成分高，排水性低，加上香港雨量豐富，容易令地下水壓增大，導致人工或天然斜坡在大雨期間容易發生山泥傾瀉。

在香港城市發展史中，山泥傾瀉多次造成重大的生命和經濟損失。發生在天然斜坡上的山泥傾瀉常和斜坡的地質結構有關，特別是岩石傾斜的不連續面。例如 1999 年發生在石壁與2000 年發生在青山東麓的粗凝灰岩泥石流，均和岩體傾斜節理有關。斜坡的維修及改善一直是工程界最關注的問題之一，政府土木工程拓展署轄下的土力工程處、大學科研單位，以及工程公司努力合作，利用地質勘探配合地球物理的勘探方法，評估斜坡是否存在一些可能導致山泥傾瀉或泥石流的地質因素，包括風化層的厚度、地下水的概況和地下水壓、黏土層的存在等等，並評估斜坡的穩定性。

2. 溶洞

在二戰後的數十年裏，港府不斷在新界建設新市鎮，在工程鑽孔中發現土層下埋藏有大理岩溶洞區，嚴重影響了基建設計和施工。這些地區主要分布在新界西北元朗至天水圍一帶、馬鞍山沿海，以及大嶼山北東涌部分地區。含有溶洞的岩層包括石炭紀至二疊紀的石灰岩和大理岩，及侏羅紀大理岩碎屑的火成岩。這些不同的碳酸鹽岩層顯示出不同程度的岩溶發育，最大規模的岩溶發育在純大理岩中，其中岩溶帶可以延伸到超過 -127mPD 的深度。不純大理岩的岩溶發育程度小於純大理岩，含大理岩碎屑的火成岩岩溶，以小規模蜂窩狀溶洞出現。岩溶常常給地基工程帶來的嚴重問題，地質結構、岩石類型、水文、古地貌和岩石強度等都是建設工程會留意的參數。在施工設計中，利用地基勘察詳細了解這些因素非常重要，可降低工程成本。由於埋藏的岩洞大多是在基岩之內，利用傳統鑽探技術未必可以事先察覺，故在地基勘察過程中，常常用上微重力的地球物理技術，測量溶洞存在。

3. 岩石斷層和破碎帶

隧道建造和開發工程若遇上了斷層或破碎帶，不但會令岩石的強度減弱，更容易產生湧水現象，對工作環境造成危險。香港斷層和破碎帶分布頻密，破碎帶的岩石具有較低岩石質量指數（RQD），容易令挖掘過程中出現湧水現象。如果隧道在土壤層開挖，地下水流動的速率和流入量取決於土層的不均勻性和滲透性。但在岩石開發的隧道，裂縫間距、寬度和裂縫數量是影響湧水速度重要因素。所以隧道設計必須詳盡考慮破裂帶對地下水的影響，在施工期間也要連續監測湧水的情況，並考慮如何控制湧水的方法，甚至灌漿材料的有效性。

4. 地面沉降

地面沉降是香港長期以來的地質隱患之一。香港大部分可用土地都是從填海而來,故地下水水位的改變,或含有高成分黏土的填海物質,都可能導致地面沉降,直接影響建築結構和地下設施,例如供水和排污系統。政府和大學科研單位一直研究在地面或遙距測量的方法,監察和評估地面沉降的幅度,為未來土地發展項目提供數據。除了利用經緯儀和全站儀等設備進行的常規測量外,研究單位也嘗試探討利用衛星干涉測量(INSAR)等遙距方法,研究在香港防止地面沉降問題的可行性。

二、香港地質物料資源

香港具經濟價值的主要地質資源,包括金屬礦物、石墨、黏土、石材和海砂。此外,積極利用岩洞空間,也有助增加香港的土地資源供應。

香港雖然面積細小,但金屬礦物種類頗多,大部分由中生代的岩漿活動造成,一些礦產更曾經作商業性開採,主要包括蓮麻坑和梅窩的方鉛礦、針山的黑鎢礦和輝鉬礦,以及馬鞍山的磁鐵礦。另外,自 1903 年開始,香港礦泥有限公司在九龍茶果嶺開採高嶺土達 80 年,礦場佔地 19 畝,多年來共生產了數千噸長石礦物。

圖 2-141 香港海砂資源分布圖

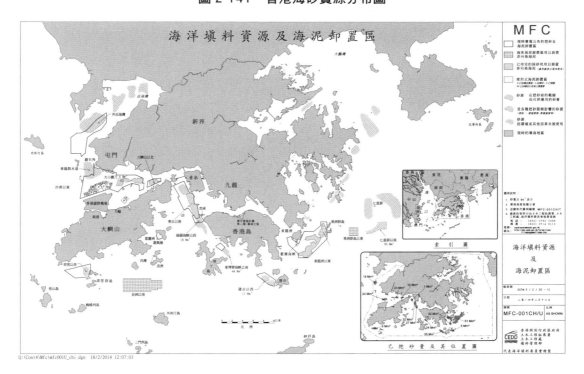

Q:\Cont4\Mfc\mfc001U_chi.dgn 18/2/2014 12:07:03

資料來源: 香港特別行政區政府土木工程拓展署。

圖 2-142　2017 年 12 月香港石礦場分布圖

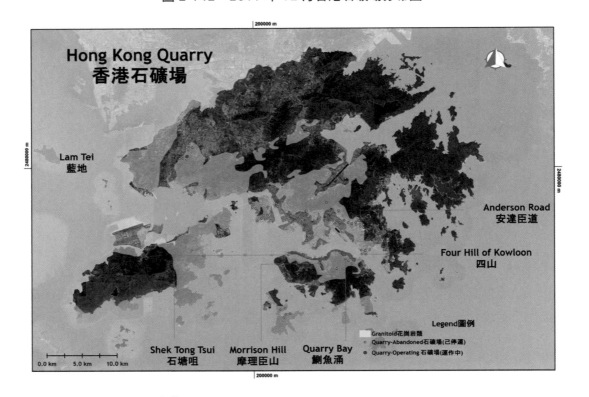

資料來源： Wanson Choi 提供。

隨着城市發展加速，香港對沙石和填海物料的需求也在增長。早年填海所用沙粒是從香港各地的海灘提取，1950 年代政府將海砂用於大型工程項目，也因此造成過度開採。到了1980 年代，填海規模擴大，對海砂的需求日益增加，政府開始有系統地勘探海床下的沙料資源。在上次冰河時期形成的赤鱲角組，含有大量河沙，是香港寶貴的沙料資源。1988 年政府開始在香港中西部水域進行勘查，結果找到了在海床底下多個沙體，可以用作填海物料。圖 2-141 顯示香港海砂借用區和儲備區。

石材是建築和製造混凝土的重要物料。香港有近四成岩石是花崗岩，適合用作建材。1970年代之前，香港有許多小型採石場，由小型公司開採。1974 年後，港府為加強控制採石場發展，開始優先採用大型採石場公司的政策，逐步關閉小型採石場。到 1988 年，境內的採石場數量減少至僅餘一個。至 2017 年，基本上所有境內的採石活動都已停止（見圖2-142）。

香港地表沒有大範圍石灰岩的出露，在境內發現的灰窯主要以珊瑚和貝殼作為原材料。但在新界北長排頭則有曾開採石灰岩的報導，相信產量極為有限。

香港地質環境有利於岩洞發展。岩洞可提供地下空間，增加土地供應。例如 1995 年，港府在赤柱利用岩洞建設污水處理廠；1997 年，在港島摩星嶺興建的港島西廢物轉運站，以岩洞作為廢物處理站的選址地點；2000 年，香港大學為擴建校園，將原來在地面的水庫移到地下岩洞，藉以騰出地面空間作學校發展之用等。

事實上，香港的丘陵地勢和火成岩地質提供了岩洞發展條件，目前在香港已經找到了近 50 處適合岩洞發展的地區（見圖 2-143）。

三、地質作為經濟及旅遊發展的資源

香港地質條件特殊而優越，政府以此推動旅遊業，帶動經濟發展。2011 年，特區政府經國家有關部門向聯合國教科文組織申請成功，確立香港世界地質公園網絡成員的地位，使其成為香港主要的旅遊景點。香港地質公園包括兩個主要園區：西貢火山岩園區和新界東北沉積岩園區。火山岩園區主要地質景點包括萬宜水庫東壩、橋咀洲和大浪灣等；新界東北沉積岩園區主要地質景點包括東平洲（見圖 2-144）、馬屎洲、荔枝莊、印塘洲和黃竹角咀等。地質公園的建立，促進了本土經濟，並提升了香港作為旅遊中心的價值。

圖 2-144　東平洲更樓石。（陳龍生提供）

圖 2-143　2017 年香港適合岩洞發展地區分布圖

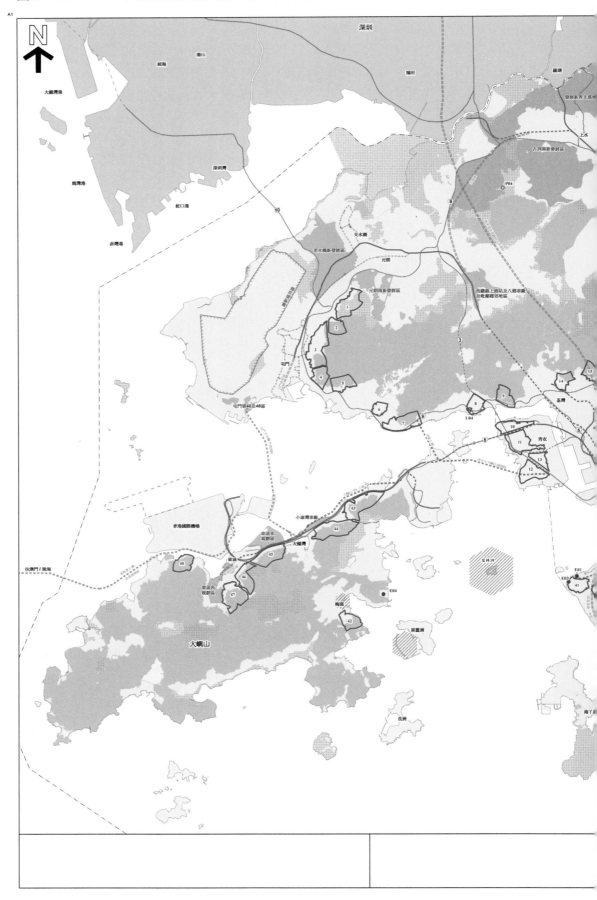

資料來源：　香港特別行政區政府土木工程拓展署。

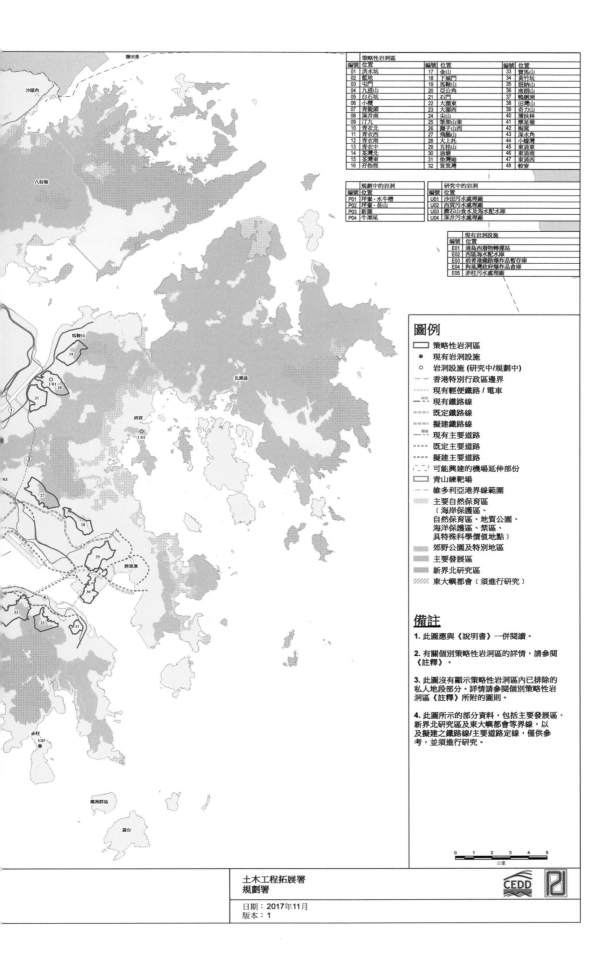

策略性岩洞區					
編號	位置	編號	位置	編號	位置
01	洪水坑	17	金山	33	寶馬山
02	藍地	18	下城門	34	黃竹坑
03	屯門	19	馬鞍山	35	班納山
04	九逕山	20	邪公角	36	南朗山
05	白石坑	21	石門	37	鴨脷洲
06	小欖	22	大圍東	38	田灣山
07	青龍頭	23	大圍西	39	奇力山
08	深井南	24	尖山	40	薄扶林
09	汀九	25	筆架山東	41	摩星嶺
10	青衣北	26	獅子山西	42	梅窩
11	青衣西	27	飛鵝山	43	深水角
12	青衣南	28	大上托	44	小蠔灣
13	青衣中	29	五桂山	45	東涌東
14	荃灣北	30	油塘	46	東涌南
15	荃灣東	31	柴灣坳	47	東涌西
16	孖指徑	32	筲箕灣	48	較寮

規劃中的岩洞	
編號	位置
P01	坪輋·水牛槽
P02	坪輋·長山
P03	新圍
P04	牛潭尾

研究中的岩洞	
編號	位置
U01	沙田污水處理廠
U02	西貢污水處理廠
U03	鑽石山食水及海水配水庫
U04	深井污水處理廠

現有岩洞設施	
編號	位置
E01	港島西廢物轉運站
E02	西區海水配水庫
E03	前香港鐵路爆炸品暫存庫
E04	狗虱灣政府爆炸品倉庫
E05	赤柱污水處理廠

圖例

- 策略性岩洞區
- ● 現有岩洞設施
- ○ 岩洞設施 (研究中/規劃中)
- — — 香港特別行政區邊界
- 現有輕便鐵路 / 電車
- 現有鐵路線
- 既定鐵路線
- 擬建鐵路線
- 現有主要道路
- 既定主要道路
- 擬建主要道路
- 可能興建的機場延伸部份
- 青山練靶場
- — — 維多利亞港線界範圍
- 主要自然保育區
  〔海岸保護區、
  自然保育區、地質公園、
  海洋保護區、禁區、
  具特殊科學價值地點〕
- 郊野公園及特別地區
- 主要發展區
- 新界北研究區
- 東大嶼都會〔須進行研究〕

備註

1. 此圖應與《說明書》一併閱讀。

2. 有關個別策略性岩洞區的詳情,請參閱《註釋》。

3. 此圖沒有顯示策略性岩洞區內已排除的私人地段部分。詳情請參閱個別策略性岩洞區《註釋》所附的圖則。

4. 此圖所示的部分資料,包括主要發展區、新界北研究區及東大嶼都會等界線,以及擬建之鐵路線/主要道路定線,僅供參考,並須進行研究。

土木工程拓展署
規劃署

日期:2017年11月
版本:1

CEDD

西貢火山岩園區出露着一系列凝灰岩岩柱，形成非常規則壯觀的六角形岩柱。1970 年代初，港府因興建萬宜水庫東壩，在開發道路挖掘斜坡時，發現了全球罕見的火山六角岩柱。岩柱的獨特性在於它們發育在火山灰層中，而且連續性很強，而地球其他地方發現類似的火山岩柱多數都發生在玄武岩中。除此以外，在這個園區裏面有很多發育良好的海蝕地貌，很多的海蝕洞、海蝕柱都非常漂亮壯觀。

沉積岩園區主要包括吐露港和大鵬灣地區，其中東平洲有一套很特別的沉積岩層，屬於生物沉積岩，裏面有很多化石，包括植物、昆蟲跟罕有的疊層石，在華南地區非常稀有。島上也有很多精彩海蝕地貌，包括全港最大的海蝕平台。而紅石門和赤州的紅色岩層、黃竹角咀的褶曲構造和「鬼手岩」（見圖 2-145）、印洲塘的鴨洲等，也是境內在白堊紀至新生代沉積岩發育的著名地質景觀。

圖 2-145　黃竹角咀鬼手。（陳龍生提供）

第三章
氣象與氣候

第一節　概況

一、香港氣象概況

香港位於華南海岸，屬亞熱帶季風氣候，四季天氣分明，年平均氣溫為攝氏 23.5 度，年平均總雨量為 2431.2 毫米。春季約在每年 3 月至 5 月，來自太平洋和中國南海的和暖空氣到達華南，較濕潤的空氣遇上廣東近岸海域較涼的海面會產生海霧，造成香港春天多霧的現象。夏季約在 6 月至 8 月，太平洋的亞熱帶高壓脊逐漸伸展至香港地區，帶來晴朗炎熱的天氣；同時，每年 7 至 9 月容易受熱帶氣旋影響，伴隨着高溫悶熱的天氣，逼近時則造成狂風暴雨。秋季約在 9 月至 11 月，東北季候風為香港帶來北方氣流，天氣漸趨清涼乾燥。冬季約在 12 月至翌年 2 月，西伯利亞和華北的冷空氣抵達華南，形成強度起伏的東北季候風，間中強冷空氣抵港會造成寒潮。

香港面積雖然不大，但基於地理、城市化程度等因素，不同地區的氣候情況存在較大差異。氣溫方面，各區域冬天夜間溫差可以超過攝氏 10 度，特定地區有機會出現結霜、結冰、霧淞、雨夾雪和降雪等現象。雨量方面，高地雨量較多，年雨量對比平坦地區，相差可達 1000 毫米，雨季時偶爾會發生冰雹、水龍捲和龍捲風等現象。風速方面，離島及高地的風速遠比內陸地區高，至於風向，除了屯門較偏南，將軍澳和西貢較偏北外，全港大多數地區都以偏東風為主。

香港的惡劣天氣主要源於熱帶氣旋和低壓槽，前者帶來風雨及風暴潮等災害，後者帶來暴雨。由於香港多山，大雨可引致暴洪、水浸及山泥傾瀉，其他災害包括雷暴、山火、旱災、酷熱天氣、低溫及霜雪現象、低能見度等。

二、香港氣象記載與相關活動

1. 1841 年以前

早在唐代（618—907），已有文獻記載嶺南受颶風吹襲，而且帶來「沓潮」，即風暴潮。關於香港地區的氣象情況，現存最早記載香港出現風暴潮現象的文獻為唐代詩人劉禹錫所作《沓潮歌》：「屯門積日無回飆，滄波不歸成沓潮。」詩的序記載：「元和十年〔815〕夏五月，終風駕濤，南海羨溢。南人曰：沓潮也。率三更歲一有之。余為連州，客或為予言其狀，因歌之。」唐代劉恂著《嶺表錄異》清晰描述廣州一帶沓潮的現象及其與颶風的關係。《東莞縣志》和《新安縣志》也有記載沓潮及自宋朝以來的災異，包括大雷雨、潮大溢、大旱、颶風、大雨雹及霜雪。一些流行於民間的諺語亦有關於天氣變化的觀察，例如：「東閃日頭紅，西閃雨重重，南閃長流水，北閃猛南風」，甚至簡單的天氣預測口訣：「朝看東南，

晚看西北」。

2. 英佔以後

英佔以來，香港逐漸發展成為一個重要的貿易港口，為確保港口運作暢順和船隻航行安全，1860 年代已有意見倡議成立一個科學機構提供準確報時服務。1874 年 9 月港澳地區受颱風侵襲，造成嚴重人命傷亡和財產損失，史稱「甲戌風災」，成立上述機構的需要變得更為迫切。與此同時，清朝政府海關總稅務司羅伯特‧赫德（Robert Hart）於 1869 年開始在中國各地，尤其是港口和燈塔，利用西方氣象儀器建立氣象觀測站。香港於 1870 年和 1871 年分別駁通連接上海和新加坡的海底電纜，為實時交換氣象觀測數據及建立現代天氣服務奠定基礎。

1877 年，量地官約翰‧裴樂士（John Price）向港府提出建立天文台的計劃，主要目的是為航海界提供準確的授時服務。裴樂士同時建議，在天文台成立數年後，可以加入氣象、地磁、颱風研究及警告，以及特別天文觀測等範疇。雖然此建議受英國海軍支持，但時任港督約翰‧軒尼詩（John Hennessy）並沒有把裴樂士的計劃送交英國殖民地部考慮。惟因應航運界的需要，船政司率先於 1877 年 8 月安排在船政廳懸掛風球和在水警輪鳴放風炮和懸掛風球，並於 1882 年 8 月安排在英國軍艦「維克托‧伊曼紐爾號」（HMS Victor Emmanuel）開始提供時間球服務。1879 年，英國皇家學會喬城委員會（Kew Committee of the Royal Society）向英國殖民地部提出另一個成立天文台的建議。這個建議後來在 1881 年經軒尼詩的副官皇家工兵團亨利‧帕爾默少校（Henry Palmer）修訂，成為日後天文台成立的藍本，但這次的修訂建議比當初裴樂士的計劃更為昂貴，軒尼詩一直得不到英國殖民地部的撥款批准。最終，建議在軒尼詩卸任後經裴樂士再作修訂，削減規模和經費後，於 1882 年獲批，香港天文台於 1883 年正式成立，1912 年改稱皇家天文台，1997 年 7 月 1 日起復稱香港天文台。

香港天文台成立時的主要任務為提供：（1）符合英國一流天文台要求的氣象觀測；（2）觀象授時服務；及（3）地磁觀測。1883 年建成的總部位於九龍尖沙咀艾爾尊山上，佔地約 1.62 公頃，海拔約 32 米。樓高兩層的主樓是維多利亞式磚砌建築（見圖 3-1），坐北向南，長 25.3 米、寬 13.7 米，位於山丘東部上（見圖 3-2）。在主樓兩側設有中星儀和赤道儀，主樓前草地設有溫度百葉箱／草棚，地磁小屋則建在山丘西部上（見圖 3-3）。配合天文台的發展，主樓先後於 1913 年及 1951 年至 1954 年擴建。1983 年在主樓東面落成並啟用樓高七層的「百週年紀念大樓」（見圖 3-4）。

氣象觀測方面，香港天文台總部於 1884 年 1 月 1 日啟用，並於同日開始恒常氣象觀測，除因日佔中斷了期間的觀測記錄外，恒常氣象觀測運作至今。2017 年香港天文台總部獲世界氣象組織認可為「百年觀測站」，為我國首批被國際認可的「百年觀測站」。為了有效監測天氣尤其是颱風，天文台於 1884 年安排在香港境內設立觀測站，利用人手進行地面氣

象觀測，同時亦透過電報公司接收境外的氣象報告。二戰後，天文台於1946年陸續恢復氣象觀測，並積極擴展海、陸、空觀測。1969年至1975年間分別接通至東京、曼谷和北京的點對點氣象線路，增加從境外接收地面及高空氣象觀測報告的數目和範圍。1970年代末開始應用集成電路和微處理器技術自行發展自動氣象站及數據處理系統。隨着電腦技術在1980年代發展，天文台在數據接收、處理、分析、預報產品製作、信息化、自動化、數值天氣模式預報、氣象衛星數據接收等範疇不斷與時並進，自1990年代起引入大量先進設施，並展開儀器及系統研發工作。

氣象預警方面，天文台於1884年8月16日開始運作熱帶氣旋警告系統，包括懸掛風球和鳴放風炮，1890年加入夜間燈號。百多年來，熱帶氣旋警告系統隨社會需求演化，雖然懸掛實體風球及發放夜間燈號已在2002年終止，於1917年設立的數字警告信號仍然是今天熱帶氣旋警告系統的基礎。二戰後，天文台陸續增加多類天氣警告，包括強烈季候風信號、雷暴警告、火災危險警告信號、霜凍警告、山泥傾瀉警告、暴雨警告、酷熱天氣警告及寒冷天氣警告，沿用至今。使用不同號碼和顏色作為警告分級也被世界各地仿傚。有效的天氣預警加上基建工程，大大減少近年因天氣造成的傷亡人數。

除了與氣象直接相關的監測外，天文台也在授時、曆法、天文、衛星定位及環境核輻射各方面，承擔科學測量任務，同時滿足科研及大眾的需要。

氣象觀測及預警離不開為人服務的目的。天文台早期以服務航運界為主，提供東亞主要港口和海區的天氣預報及天氣圖，主要發放途徑為電報傳輸、報章、張貼或郵寄天氣圖。1915年起無線電成為主要發放途徑。1937年，天文台職員開始在啟德機場當值，為航空界提供氣象信息及諮詢服務，並利用無線電報向航機發放天氣報告。二戰後，天文台的天氣預測總部於1947年至1957年間一度遷到啟德機場運作，凸顯航空氣象服務的重要性。因應科技進步，於1998年推出航空氣象資料發送系統，2017年推出適合在飛機駕駛艙內運作的「我的航班天氣」（MyFlightWx）電子飛行包天氣流動應用程式。

面向市民大眾方面，天文台提供的服務內容同樣隨着時代需求而演化，1927年率先向公眾以聲音廣播颱風警報及天氣報告。1950年代發展農業氣象服務，並為漁民提供華南海域天氣報告，以及積極擴展雨量站網以支援水資源規劃，1960年代起陸續擴充對基礎工程設計的氣象資訊服務。1961至1962年度天文台首次透過電視台提供天氣資訊，1976至1977年度開始天文台人員為電視台提供天氣節目製作支援，1987年起天文台人員更在電視台主持天氣節目，成為繼報章及電台後向公眾發放天氣信息的重要渠道。1985年及1987年分別開展「打電話問天氣」服務及專線電報及傳真信息服務。隨着互聯網興起，天文台於1996年推出網站，按用戶需要提供度身訂造服務。2010年，天文台推出「我的天文台」流動應用程式，提供個人化及定點化天氣服務，成為天文台向公眾發放資訊的第二主要渠道，僅次於電視。

THE GOVERNOR'S RESIDENCE, HONG-KONG, CHINA.—The island harbor of Kong-Kong formed one of those maritime spots whose advantages were early perceived by England and quickly appropriated. As the name implies, it is the place of "sweet streams." It is one of a group of several islands, none of them large, which lie close in against the mainland, and which in the hands of a powerful naval nation serve to command the cities and commerce of the Chinese shores for hundreds of miles. The Governor's Residence, so stately in appearance and here so finely photographed, is on one of those elevated knolls overlooking Victoria, the capital. It was in this residence that General Grant was so royally received and handsomely entertained by the then Governor, during his trip around the world. The numerous islands adjacent to Hong-Kong are all picturesque, and in the distance one may see the symmetrical peaks of Mt. Stenhouse, on the island of Lamma, whose crest rises to the height of 1140 feet.
112

圖 3-1　十九世紀末的香港天文台主樓。（約攝於 1893 年或之前，岑智明提供）

圖 3-2　二十世紀初位於艾爾尊山上的香港天文台。（約攝於 1900 年代初，岑智明提供）

圖 3-3　圖 3-2 細部放大圖。放大後可見天文台主樓、中星儀室、赤道儀、溫度草棚及地磁小屋。（岑智明提供）

圖 3-4　天文台主樓及「百週年紀念大樓」，其中天文台主樓在 1984 年被列為古蹟。（攝於 2009 年，香港天文台提供）

至於公眾教育，香港天文台多年來透過講座、傳媒訪問及節目、開放日、宣傳短片、出版書籍、實習等活動，向公眾介紹氣象及相關工作。1988 年成立的「香港氣象學會」促進天文台、學術界與民間互動，推動氣象學應用、合作及知識傳播，1989 年與中國氣象學會在香港合作主辦「東亞及西太平洋氣象與氣候國際會議」，聚集全球各地氣象學家進行研討。2007 年及 2013 年分別推出由天文台、大學和民間團體合辦的「社區天氣資訊網絡」和社區天氣觀測計劃，鼓勵學校、社團以至廣大市民進行天氣觀測，通過普及天文氣象知識，喚起市民對氣象問題的關注。

香港天文台長期與國內外重要天文氣象組織合作。天文台與中國內地氣象機構交流歷史悠久，早在 1910 年，清朝政府的中國電報局擬於東沙島建立無線電報站，天文台為其人員提供氣象觀測訓練，1949 年亦曾短暫與國民政府海關合作在廣東台山設立一個氣象觀測站。1956 年 6 月 1 日恢復接收中國內地氣象報告，1975 年香港—北京氣象專用通訊線路啟用，是天文台首次與中國內地部門簽署合作協議。1985 年首個粵港合作興建的自動氣象站於珠海市黃茅洲建成運作，1990 年代天文台陸續展開與中國內地相關機構的合作安排，包括中國氣象局及中國民用航空局等。

與此同時，天文台積極參與國際氣象組織（International Meteorological Organization）、聯合國世界氣象組織（World Meteorological Organization）及國際民用航空組織，以及亞太

區颱風委員會（Typhoon Committee）的工作。天文台人員更曾出任領導位置，包括國際氣象組織第二區域委員會主席及世界氣象組織航空氣象學委員會主席。香港於 1948 年 12 月 14 日成為聯合國世界氣象組織其中一個創會地區會員，1997 年 7 月 1 日香港特別行政區成立後，繼續以「中國香港」的身份作為世界氣象組織地區會員，香港天文台台長為「中國香港」在世界氣象組織的常任代表。

香港的天文研究及氣象觀測，有賴官方及學界的參與。各院校氣象科研歷史較短，大多從 1980 年代開始發展，內容較多為研究人員各自感興趣及擅長的領域。相對而言，天文台氣象科研歷史超過 130 年，且基於服務市民性質，發展較為全面。

三、香港氣候變化

自香港天文台成立後，天文台總部及其他氣象站錄得的地面氣象觀測資料由 1884 年起均每年出版，為香港長期氣候記錄的基礎。1884 年以來的記錄所得，香港的氣溫、濕球溫度、雨量、海平面均呈現長期上升趨勢，而極端天氣，包括極端降雨、酷熱日數、熱夜日數、甚至風暴潮都有變得愈來愈頻密的趨勢。根據聯合國政府間氣候變化專門委員會的評估，二十一世紀氣候變化將為香港帶來多方面衝擊。天文台自 2003 年向公眾發放全球及香港長期氣候變化資訊，並根據政府間氣候變化專門委員會的更新評估，為香港作出二十一世紀氣候推算，供社會各界參考，從而及早籌謀和實行應對措施，防禦氣候災害和避免人命及經濟損失。

根據聯合國政府間氣候變化專門委員會，2011 年至 2020 年全球平均氣溫對比 1850 年至 1900 年上升了約攝氏 1.09 度，主要原因為工業革命後人類活動排放的溫室氣體帶來的額外溫室效應造成。同期香港平均氣溫相對參考值上升了攝氏 1.77 度，比全球上升速率高出六成多。以一年時間劃分，四季之中，春季以日最高氣溫上升速率最高，秋冬則以日最低氣溫上升速率最高，造成四季溫差收窄。以時段劃分，1939 年以前平均氣溫上升速率為每百年攝氏 0.95 度，1947 年以後為每百年攝氏 1.78 度，變暖速率明顯加快，與九龍半島密集城市化有關。從平均溫度劃分，對比 1891 年至 1920 年和 1991 年至 2020 年兩個三十年期，嚴寒（日最低氣溫攝氏 7 度或以下）日數跌剩三分之一，寒冷（日最低氣溫攝氏 12 度或以下）日數剩一半左右，而酷熱（日最高氣溫攝氏 33 度或以上）日數多至近八倍，熱夜（日最低氣溫攝氏 28 度或以上）日數更多至 20 倍。

氣候變化問題由政府及市民共同面對。從防災、備災角度看，由於香港大量區域位於濱海地帶，任何海水淹浸都會造成巨大的經濟以至人命損失，因此在設計「百年大計」級別的大型城市建設工程時，尤其是位於低窪地區的人口和資產密集新居民點，工程設計參數必須調整至能夠面對「200 年一遇」極端海水高度數值，再加上海水的可能上升幅度、熱帶

海洋海水變暖可能導致超強颱風數字上升的因素，以及風暴潮隨颱風強度升高、進一步推高極端海水高度，不能只採納推算的平均值作決策基礎。長遠規劃應以可能範圍上限為設計標準，注意科學界對海平面上升現象的兩點觀察：（1）不能排除「低概率、高影響」的「低信度情景」的可能性；（2）進入二十二世紀海水上升仍會持續，長遠基礎工程設計必須保留應對的彈性，包括考慮一二百年後的推算海平面上升幅度，才能更有效地減低極端海水高度超出預計水平的風險。

極端天氣對人體健康有顯著負面影響，亦會加重社會福利和公共醫療體系負擔，是相關部門籌劃未來福利和醫療體系的重要參考。市民亦可透過更全面認識問題，產生解決問題動力，從而減低情況惡化程度。

第二節　氣候體系

香港氣候屬於亞熱帶季風氣候，整體受地理位置和環流系統影響。境內地區性氣候差異，則與山勢地形、海岸線彎曲、城市化有關。

一、地理因素

香港位於北緯 22 度 10 分至 35 分之內，在北回歸線以南不遠，每年夏至前後太陽兩次從頭頂直射，全年太陽仰角較高，太陽輻射量較大，構成亞熱帶氣候背景。

香港與阿拉伯半島和撒哈拉沙漠處於相同緯度，理論上如無其他因素影響，在副熱帶高壓脊影響下會全年高溫乾旱。不過，歐亞大陸與毗連的廣闊海洋出現季節性溫度差異，推動覆蓋東亞的大範圍季候風系統，使處於歐亞大陸東南隅沿岸的香港，四季天氣分明。春夏兩季來自東南和西南的氣流，經過漫長海路後抵達香港，挾帶的水氣有利春霧及降雨，使香港得以免於乾旱。秋冬兩季源自大陸反氣旋的東北季候風則帶來北方較涼空氣，拉開冬夏之間的溫度差距，形成香港亞熱帶季風氣候的基本特性。

表 3-1 展示香港氣溫和雨量與兩個緯度相若地點的比較，利雅德位於阿拉伯半島內陸（北緯 22.7 度），火奴魯魯位於太平洋中部（北緯 21.3 度），香港的季節溫度差距數字位於兩者之間，反映香港的沿岸位置。至於年雨量，香港數字遠遠大於兩者，反映春夏季候風降雨對香港的貢獻，而利雅德和火奴魯魯的雨量則受副熱帶高壓脊抑制。

香港位於華南海岸，東有太平洋，南有中國南海，直接面對來自海洋的熱帶氣旋。香港每年受熱帶氣旋影響的高峰期一般為 7 月至 9 月，而熱帶氣旋帶來的雨量約為年雨量四分之一。

表 3-1　香港與兩個緯度相若地點氣溫和降雨量比較統計表

地點	日最高氣溫（攝氏度）		日最低氣溫（攝氏度）		年雨量（毫米）
	月平均	差距	月平均	差距	
利雅德	20.1-43.7	23.6	6.9-26.4	19.5	111.1
香港	18.7-31.6	12.9	14.6-26.9	12.3	2431.2
火奴魯魯	26.7-31.5	4.8	18.9-23.9	5.0	434.3

資料來源：　世界氣象組織世界天氣信息服務網。

二、環流系統

1. 冬季（約 12 月至 2 月）

高氣壓和冷空氣籠罩西伯利亞和華北，約略每隔數天出現一次脈動，將西伯利亞的冷空氣推向華南，形成強度起伏的東北季候風。香港於冬季主要吹東北風，間中強冷空氣抵港會造成寒潮。每年 1 月及 2 月，冬天冷空氣伸展至最南位置，越過香港遠達中國南海，是香港全年最寒冷的時候，間中出現霜凍現象，但降雪則極為罕見。

冷空氣抵港有兩個途徑：（1）個別脈動推動力強度，足以令冷空氣越過粵北南嶺山脈，以北風形式直接南下香港。有時，季初香港氣壓上升初期到達的空氣，先前已在華南曝曬多天而變暖，使香港氣溫在北風抵達後一天左右才明顯下降。（2）個別東北季候風脈動推動力較弱，冷空氣被擋在南嶺以北，需待高氣壓向東伸延入東海，冷空氣才能繞過南嶺東端，向南進入台灣海峽，沿着福建、廣東海岸向西伸延，以東風形式抵達香港，這種過程帶來的降溫幅度相對較小。

2. 春季（約 3 月至 5 月）

春季為香港的過渡季節，內陸冷空氣脈動南下不如冬季般強勁和持久，同時來自太平洋和中國南海的和暖空氣到達華南，使較乾冷的大陸空氣和較濕暖的海洋空氣相遇機會增加，帶來多雲有雨以及潮濕有霧的天氣。冷暖空氣的分隔線可被視為一道微弱的「鋒」，不過兩邊的溫度差距不多。有時「鋒」的表現更像一道低壓槽，若濕暖空氣已存在一段長時間，冷空氣的抵達甚至會造成雷暴，不過視乎高層氣流的狀況，如出現下沉則天氣亦能頗快轉晴。

春季華北高氣壓每次伸展入東海後進一步東移，使香港轉吹東南風，來自海洋的較溫暖空氣遇上廣東近岸海域較涼的海面會產生海霧，因此春天是香港的霧季，本港尤其是面對東南方沿岸地區（包括維多利亞港）會受海霧影響。季末冷空氣進一步減弱，西南季候風漸漸建立，形成低壓槽，使降雨和雷暴增多。

4 月左右，由西向東以波浪形式移動的高空擾動氣流開始頻繁影響華南一帶，頻率偶然高達

每天一次。這些擾動間中疊加在冷暖氣相遇的交界線上空，觸發大雨和雷暴，甚至有大破壞力的颮線，以及落雹。

3. 夏季（約 6 月至 8 月）

西南季候風確立，香港來自低壓槽的降雨通常於 6 月達到高峰。由於香港位於中國大陸南緣，而低壓槽一般於 6 月逐步橫越華南沿岸往北移，因此香港的大雨可被視為全國「梅雨鋒」雨季的前奏。

太平洋的亞熱帶高壓脊一般於 7 月初左右，向西伸展至華南和北移，為香港帶來一段晴朗炎熱的日子，標誌着北方冷空氣和南方暖空氣共同影響下的低壓槽天氣結束，盛夏來臨。香港此後視乎亞熱帶高壓脊的位置和相對於西南季候風的強度，交替地受到太平洋東南氣流和南海西南氣流影響，天氣高溫潮濕，大致天晴而間有驟雨。

亞熱帶高壓脊東南氣流和南海西南氣流在中國南海匯合形成輻合帶，有時表現為東西走向的低壓槽，少部分熱帶氣旋會在距離香港不遠的低壓槽內形成，不過大部分熱帶氣旋主要於菲律賓以東的太平洋海面形成。隨着亞熱帶高壓脊北移，高壓脊南方的東風氣流將太平洋海面的熱帶氣旋送往西或西北方向，部分進入中國南海。每年香港受熱帶氣旋影響的高峰期為 7 月至 9 月，熱帶氣旋來臨前常有高溫悶熱天氣，逼近時則帶來大風、暴雨及風暴潮。

4. 秋季（約 9 月至 11 月）

9 月底起，東北季候風的氣壓脈動重新加強，開始為香港帶來北方清涼氣流，同時熱帶氣旋仍然會進入中國南海，間中遇上抵達廣東沿岸的較涼空氣，冷暖空氣交匯造成大風大雨的「秋颱」天氣。季初因濕度仍高和海陸日夜溫差變化較大，沿岸的海陸風輻合間中造成降雨。

秋季後期大氣形勢以高氣壓籠罩中國大陸為主，由於東海仍然溫暖，高氣壓未能東伸至東海或為香港送來東風氣流，因此香港基本上受來自北方的乾燥氣流影響，形成天晴乾燥的「秋高氣爽」天氣。

三、地勢及城市化

香港面積雖小，氣候情況卻存在重大地區性差異，主要原因在於其沿海位置及山嶺高度接近 1000 米的多山地區，山地的斜度促成空氣上升，有利增強降雨，因此年平均雨量的地區分布不均，山嶺一帶雨量偏高，新界西北平原和離岸島嶼則偏低。大雨配合多山地勢，可引致暴洪、水浸及山泥傾瀉。

境內的氣溫分布，除了山嶺氣溫隨着海拔高度下降，其他因素包括：與海洋的距離、局部地區的地勢、風向、城市化程度等。冬天風勢微弱時，晚間鄉郊谷地氣溫因輻射冷卻偏低，

而樓宇密集的市區和沿岸地區受海洋調節則偏暖，清晨境內氣溫差距可達攝氏 10 度。夏天風勢微弱和曝曬的日子，新界北部內陸地區氣溫偏高，也與沿岸地區有攝氏幾度的差距。總體而言，鄉郊內陸的氣溫日較差相對大，市區和沿岸地區的日較差相對小。

第三節　氣象觀測

一、氣象觀測場所及綜合觀測

1. 天文台成立前的站點

英佔以後，港府引入西方氣象觀測方法，先後於 1844 年至 1861 年在域多利監獄、海員醫院、船政廳、山頂、政府國家醫院及昂船洲安排氣象觀測，觀測對象包括每日的平均氣壓、最高、平均及最低氣溫、風向、風級、相對濕度、天氣、雨量等，是香港最早使用科學儀器和有系統進行的氣象觀測（見圖 3-5）。觀測紀錄在政府憲報刊登。1876 年增加在鶴咀及山頂警署進行氣象觀測。

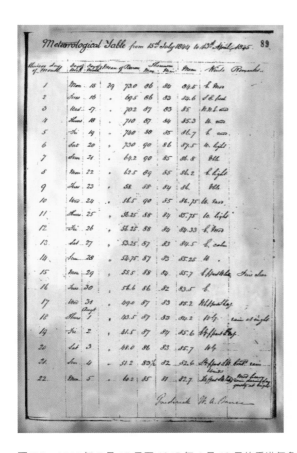
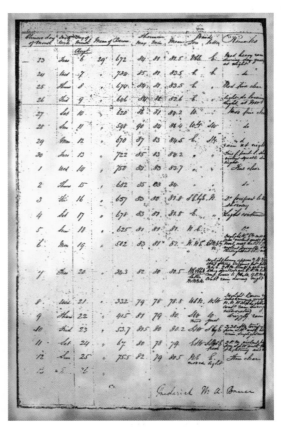

圖 3-5　1844 年 7 月 15 日至 1845 年 4 月 13 日的香港氣象報告。（英國國家檔案館提供，編號 CO 133/1）

2. 天文台總部及外部站點

天文台總部

隨着香港天文台在 1883 年成立，恒常地面氣象觀測於 1884 年 1 月 1 日在天文台總部正式展開。當時觀測參數有氣壓、乾球溫度、濕球溫度、最高溫度、最低溫度、風向、風速、雲種、雲量、雲的移動方向、天氣、雨量及日照時間等，每日觀測四次。觀測的方法基於首任天文台台長杜伯克所制定的「香港和中國條約港口的氣象觀測指引」。觀測參數由自計表在紙張記錄，而相對濕度則由乾、濕球溫度根據濕度表計算。氣象儀器在英國採購，付運香港前由英國喬城天文台監督儀器比對。在 1889 年 6 月開始採用「印度模式」，以棕櫚葉和竹席製成的溫度表棚取代百葉箱，以改善溫度表的通風和減少出現過熱情況。這種溫度表棚一直沿用至今。圖 3-6 和圖 3-7 分別顯示天文台總部在早期及 2020 年的儀器位置。附錄 3-1 列出天文台總部 1884 年至 2017 年的主要儀器變更。比較突出的是於 1910 年在主樓加裝丹斯測風計，長期與羅便臣 - 伯克利式風速計比對（見圖 3-8），以及於 1916 年開始每日 24 小時的每小時天氣觀測。鑒於舊丹斯測風計於 1936 年 9 月及 1937 年 9 月兩次颱風期間未能記錄得最高陣風，1939 年 1 月安裝在主樓的新型丹斯測風計成為新標準，測風計高度亦由原本離屋頂 13 呎（約 4 米）提升至離屋頂 32 呎（約 9.8 米）（見圖 3-9）。

日佔時期，日軍「氣象班」於 1941 年 12 月 25 日香港淪陷後即進駐香港天文台，利用天文台既有的氣象儀器及設備從事氣象觀測，但最終大部分儀器在戰時散失。二戰結束後，天文台總部被英軍接管用作海軍及空軍預報中心。1946 年 5 月 9 日，恢復每日 24 小時的每小時天氣觀測，1947 年更增加能見度觀測。1949 年至 1950 年增加最低草溫及土壤溫度觀測。1961 年 12 月 31 日停止日照時間觀測。1980 年代開始逐步將天文台總部的氣象觀測自動化。2017 年香港天文台總部獲世界氣象組織認可為「百年觀測站」，為我國首批被國際認可的「百年觀測站」。

1950 年代前外部站點

自 1884 年 1 月 1 日，天文台除了在總部作地面氣象觀測，亦安排在太平山頂、鶴咀、昂船洲及青洲進行定時氣象觀測，其中在山頂的觀測儀器較為全面，包括氣壓計、乾球溫度計、濕球溫度計、風速計及雨量計。山頂、鶴咀及青洲包括雲、海況及天氣觀測，昂船洲則只進行雨量觀測。1892 年開始在蚊尾洲島燈塔每天日間作三次氣象觀測，並經電報將報告傳送至天文台。同年，太平山頂的氣象觀測報告亦在日間每小時經電報傳送至天文台。1907 年開始經電報從橫瀾島每日接收氣象觀測報告。

1946 至 1947 年度，天文台恢復由橫瀾島燈塔人員進行的天氣觀測，惟蚊尾洲燈塔被戰火嚴重損壞，太平山頂觀測站同樣被毀，天氣觀測未能恢復。1947 至 1948 年度，駐守青洲燈塔人員開始進行天氣觀測。

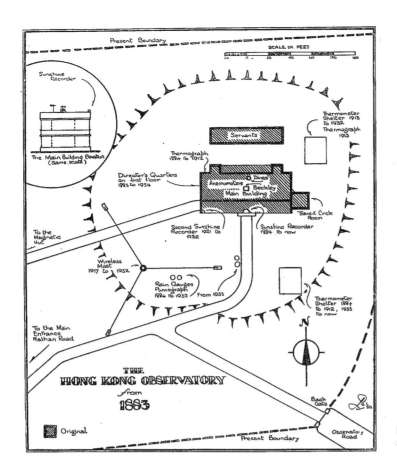

圖 3-6　1884 年至 1950 年天文台總部的儀器位置。（香港天文台提供）

圖 3-7　2017 年天文台總部的儀器位置示意圖

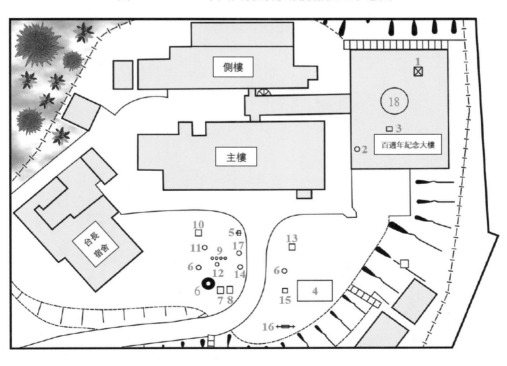

1.	風杯式風速計	7.	草溫計	13.	百葉箱
2.	降雨偵測器	8.	土壤溫度計	14.	虹吸雨量器
3.	氣壓計（1 樓）	9.	土壤溫度計	15.	暑熱壓力測量系統
4.	溫度表棚	10.	降雨率記錄器	16.	測雲器
5.	普通雨量計	11.	降雨偵測器	17.	秤重雨量計
6.	0.5 毫米翻斗式雨量計	12.	0.1 毫米翻斗式雨量計	18.	氣象衛星雷達罩

資料來源：　香港天文台。

圖 3-8　二十世紀初天文台主樓屋頂的羅便臣 - 伯克利式風速計（左）及丹斯測風計（右）。主樓右前方亦可見溫度表棚。（約攝於 1930 年代初，Family of Mr. G. S. P. Heywood 提供）

圖 3-9　1939 年安裝新型丹斯測風計之後的天文台主樓。（攝於 1939 年，Family of Mr. Leonard Starbuck 提供）

1950 年代起外部站點

航空氣象站點　為更有效監測啟德機場東西兩邊進場區域天氣的需要，天文台在橫瀾島和長洲增建氣象觀測站，分別於 1952 年 12 月 1 日和 1953 年 1 月 1 日投入運作，由天文台人員值班，日間每半小時進行觀測一次。1964 年 1 月 1 日橫瀾島的氣象觀測轉交海事處負責。同日，哥連臣角氣象站投入運作，由原本駐守橫瀾島的天文台人員負責觀測。1970 年 4 月 20 日新建的長洲航空氣象站投入業務運作，取代舊長洲氣象站。哥連臣角氣象站於 1974 年 7 月停止運作並關閉。在機場於 1998 年 7 月搬遷至赤鱲角後，啟德氣象站及長洲氣象站仍然提供基本氣象觀測，主要作為熱帶氣旋警告系統的參考測風站。2000 年 4 月 1 日位於赤鱲角的機場航空氣象站取代京士柏氣象站成為世界氣象組織的基本地面觀測站。2005 年開始，機場水平能見度觀測是基於維薩拉公司（Vaisala）能見度儀自動量度的數據，正式取代以往氣象觀測員的目測觀測數據。

京士柏氣象站　天文台於 1951 年建立京士柏氣象站，成立時的主要功能為高空氣象探測站，但不久已開始進行地面氣象觀測，這包括在 1951 年 6 月開始測量氣壓、氣溫、露點溫度，在 1951 年 10 月開始測量可能蒸散量和每日總雨量，以及 1952 年 6 月開始進行測量降雨率。鑒於天文台總部受附近建築物遮蔽，於 1957 至 1958 年度在京士柏氣象站開始進行全面氣候觀測，這包括在 1957 年 7 月開始測量最低草溫（又稱草地表面溫度）和土壤溫度，並開始觀測每日最高和最低溫度，及在 1958 年 1 月開始定期測量蒸發量，以提供數據評估天文台總部的觀測有否出現變化。至 1992 年 7 月 1 日，京士柏氣象站取代天文台總部成為世界氣象組織的基本地面觀測站。2007 年安裝天文台自行研發的暑熱壓力測量系統（Heat Stress Monitoring System）。

測風站　1961 至 1962 年度在大老山雷達站安裝一個丹斯測風計，以獲取在風暴時的風速報告。1972 至 1973 年度及 1973 至 1974 年度分別在九龍天星碼頭及青洲安裝風速計以加強觀測維多利亞港的風向風速情況。

哥連臣角氣象站於 1974 年 7 月停止運作後，其丹斯測風計搬遷到尖鼻咀警署運作。因應熱帶氣旋警告系統在 2007 年的改變，發出三號和八號信號的風力參考範圍擴大至涵蓋全港不同地區接近海平面的八個測風站。至 2017 年，這八個測風站為：啟德、青衣、長洲、沙田、打鼓嶺、香港國際機場、西貢及流浮山。

自動氣象站　天文台於 1983 年自主開發自動氣象站技術，利用電話線將數字化的風向風速、溫度、濕度、氣壓及雨量從外站實時傳送至天文台總部。1984 年 7 月、8 月及 9 月分別在天文台總部、沙田及赤鱲角建立首批自動氣象站（見圖 3-10）。

1985 年 7 月首個粵港合作興建的自動氣象站於珠海市黃茅洲開始運作（見圖 3-11），天文台提供氣象儀器、無線電通訊和太陽能發電等裝備及技術；廣東省氣象局則提供土地、興建氣象站、運輸和其他相關協助。同年 9 月及 10 月分別在流浮山及打鼓嶺建立自動氣象站。

1987 年 4 月在青衣建立自動氣象站，同年 12 月在大帽山和大老山建立自動風向風速站。1989 年 8 月在黃竹坑及橫瀾島建立自動氣象站。鑒於海事處人員撤出橫瀾島，天文台將島上的氣象及海洋觀測全面自動化，並於同年 10 月在橫瀾島安裝一套錄像系統以實時觀測島上的天氣情況及能見度。同年亦與海事處合作，在爛角咀、黃竹角咀、東大嶼山及石鼓洲安裝自動風速站，供船隻航行中心及天文台預測總部使用。

天文台於 1990 年代起陸續增加自動氣象站，尤其於發展赤鱲角新機場期間在大嶼山一帶安裝多個自動氣象站。1996 至 1997 年度再與廣東省氣象局合作在沱濘列島、內伶仃島及外伶仃島設立自動氣象站。在 2007 年開展「一區一站」計劃，目標是全港 18 區每區最少有一個量度氣溫的自動氣象站。2007 至 2008 年度率先建立中西區香港公園及東區海防博物館自動氣象站，2008 至 2009 年度建立灣仔及黃大仙氣象站，2009 至 2010 年度建立赤柱、觀塘及深水埗氣象站，至此「一區一站」計劃完成。1983 年尚未全面建立自動氣象站

圖 3-10　1990 年代的沙田自動氣象站。（香港天文台提供）

圖 3-11　工作人員於黃茅洲氣象站設置風速表。（約攝於 1985 年，香港天文台提供）

之前，由天文台觀測人員運作的氣象站只有六個：天文台總部、京士柏氣象站、橫瀾島、啟德機場、長洲氣象站及大老山雷達站。全面自動化後，氣象站數目大幅增加，至 2017 年運作的自動氣象站達 87 個（見附錄 3-2，圖 3-12）。

二、專題氣象觀測

1. 海洋氣象觀測

1948 至 1949 年度，香港志願觀測船隊成立，提供海上氣象報告，由天文台提供氣象儀器、氣象記錄簿、操作說明及儀器校對服務。參與船隻及氣象報告數目見圖 3-13。1953 年至 1955 年，天文台與一艘志願觀測船合作，使用天文台提供的測風氣球在來往香港與婆羅洲航道進行高空風觀測。天文台參與世界氣象組織「首次 GARP 全球試驗」，於 1979 年 4 月 30 日至 6 月 8 日派員在一艘志願觀測船上進行高空觀測。

天文台於 2013 年首次在兩艘志願觀測船上裝置自動氣象站，每小時所收集到的天氣數據

圖 3-12　2017 年底自動氣象站分布圖

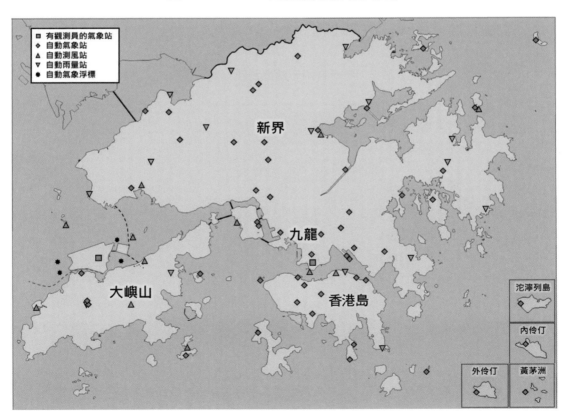

資料來源：　香港天文台自動氣象站元數據。

經處理後轉發到世界各地供其他氣象機構使用。2015 年與東方海外貨櫃航運有限公司合作，委託旗下一艘志願觀測船在中國南海投下配備氣壓及海面溫度感應器的飄移浮標（見圖 3-14），加強海洋及熱帶氣旋氣象觀測。天文台人員於 2015 年 6 月 13 至 18 日期間，在東方海外貨櫃航運有限公司旗下由香港開往新加坡的貨櫃輪上，利用便攜式高空探測系統，在中國南海的航程中施放繫有探空儀的氣球，以收集高空大氣的溫度、濕度、風向、風速等氣象數據（見圖 3-15）。

2. 航空氣象觀測

自啟德機場啟用後，機場氣象觀測設施構成航空氣象站，以支援發出機場天氣報告。最早的儀器安裝紀錄為 1939 年 3 月安裝的丹斯風速計。不晚於 1952 年開始在機場使用照雲燈量度雲底高度，1952 年在橫瀾島和長洲釋放氣球來量度雲底高度。1959 年底在機場擴建的跑道上安裝兩支丹斯測風計以量度跑道兩端的風向及風速，實時數據在控制塔及機場氣象所顯示。1969 至 1970 年度在機場安裝第一台脈衝光雲冪儀（pulsed light ceilometer）以量度雲底高度。1974 年至 1975 年，因應跑道擴建計劃，跑道東南端的丹斯風速計搬遷到對面新建的消防局天台上。1974 年 6 月 1 日啟用位於機場西南邊的三套跑道視程透視表，數據實時在空中交通管理單位和機場氣象所顯示。隨着機場於 1998 年 7 月搬遷至赤鱲角，機場航空氣象站亦轉移至位於赤鱲角的香港國際機場運作。香港國際機場的航空氣象站設施包括：安裝於每條跑道旁的三個風速計和三套跑道視程透視表，安裝於空中交通

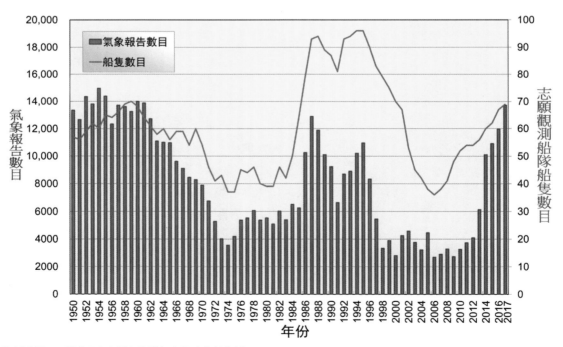

圖 3-13　1950 年至 2017 年香港志願觀測船隊船隻數目及氣象報告統計圖

資料來源：　香港天文台歷年海洋氣象服務統計資料。

圖 3-14　2015 年天文台首次在中國南海投下飄移浮標作海洋及氣象觀測。（香港天文台提供）

圖 3-15　2015 年天文台人員在船員
的協助下在貨櫃船上施放探空氣球。
（香港天文台提供）

管制大樓旁機場氣象觀測坪內的乾球及濕球溫度計、翻斗式雨量計、虹吸式雨量計、降水感應器及雲冪儀。2002 年增加在每條跑道旁安裝三台能見度儀及兩台雲冪儀 。

3. 農業氣象觀測

1949 年 12 月 1 日在天文台總部開始進行最低草溫觀測。次年 1 月 6 日開始進行土壤溫度觀測，溫度計分別位於 1 呎及 4 呎深度（歷年儀器變遷見附錄 3-1）。1950 年 1 月 1 日與香港農業處合作開始在上水的大龍實驗農場進行氣象觀測，包括最低草溫及土壤溫度觀測。1951 年 10 月開始在京士柏氣象站進行可能蒸散量觀測。1956 至 1957 年度在京士柏安裝蒸發皿以量度蒸發量。1963 至 1964 年度，京士柏氣象站亦開始量度最低草溫及土壤溫度。

為幫助預報霜凍，天文台於 1966 至 1967 年度在大老山雷達站及大帽山山頂附近增加安裝一個史蒂文生式百葉箱以量度氣溫，尤其是代表高地的最低溫度；1969 至 1970 年度再增加在上水和打鼓嶺量度氣溫。天文台分別於 2006 年 12 月、2008 年 2 月及 2010 年 3 月在打鼓嶺、大帽山及滘西洲開始進行草溫觀測。2008 年 6 月亦開始在滘西洲進行土壤溫度觀測。

4. 水文氣象觀測

1906 年天文台在大埔警署安裝雨量計，這是第一個新界氣象觀測站。1929 年再於粉嶺設立第二個新界雨量站。至 1939 年，香港共有 21 個雨量站，11 個與水務設施有關。

二戰結束後，1950 至 1951 年度開始大規模在香港各處設立雨量站，主要設在新界、離島，亦有市區的植物公園、賽馬會及京士柏氣象站。至 1953 年 3 月香港境內共有 50 個雨量站。因應興建船灣淡水湖，於 1959 年再增加 18 個雨量站。全港雨量站數目至 1970 年達 122 站。大部分的雨量站由義務工作者或政府人員運作和做記錄。

為了監測大雨引致山泥傾瀉的風險，天文台應土力工程處要求，在 1978 年設計及開始安裝一個遙距記錄翻斗式雨量計網絡，利用電話線將數字化的雨量讀數每 15 分鐘實時傳送至土力工程處的控制中心。首年安裝 17 個雨量計。該系統在 1982 年 5 月投入業務運作，實時的雨量數據亦經電話線傳輸至天文台。至 1983 年雨量站增加至 42 個，並在同年 6 月將傳輸的速度提高至每 5 分鐘一次。翌年，天文台的實時雨量數據收集系統亦開始運行，系統的設計改進自上述系統，而鑒於土力工程處的雨量計集中在市區，天文台的八個實時雨量站設於新界和離島。

1994 年渠務署建立水浸監察及報告系統，監察新界北部水浸黑點。水浸監察及報告系統設有 100 多個自動化測量站，測量站分布於河道，可 24 小時實時監察水位和蒐集水文數據，包括降雨量及潮水位。

由於香港經常受大雨影響，而傳統雨量計在大雨情況下容易出現偏差，天文台有需要引入儀器量度降雨率。1952 年率先在京士柏氣象站安裝查迪型降雨率測量器，隨後於 1967 年在總部安裝同款儀器。至 2015 年，再於總部安裝秤重式雨量計以更準確量度降雨率。

至 2017 年，天文台、土力工程處及渠務署的雨量站共 196 個，分布見圖 3-16。

5. 恒常高空觀測

在英國氣象局的支持下，香港天文台早於 1921 年展開研究利用氣球作高空氣象觀測的試驗，為日後提供航空氣象服務奠定基礎。當時測風氣球在天文台總部施放，地面人員利用經緯儀追蹤氣球來計算高空風向和風速（見圖 3-17）。觀測數據亦與國際氣象組織高層大氣研究委員會（Commission for the Investigation of the Upper Atmosphere）分享。1930年 1 月開始每日兩次定時施放測風氣球。

二戰後，天文台恢復施放測風氣球。1949 年 2 月開始在晚間施放測風氣球。

圖 3-16　2017 年底雨量站分布圖

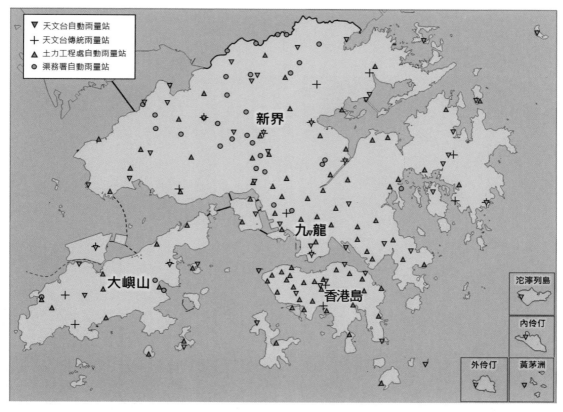

資料來源：　香港天文台、土力工程處及渠務處雨量站元數據。

圖 3-17　1930 年代初天文台職員在總部施放測風氣球（左）及操作經緯儀（右）。(Family of Mr. G. S. P. Heywood 提供）

圖 3-18　1949 年天文台人員在總部向傳媒介紹無線電探空儀。（岑智明提供）

圖 3-19　1951 年京士柏氣象站啟用儀式。(Family of Mr. Leonard Starbuck 提供）

1949 年 11 月 1 日開始在天文台總部每日施放無線電探空儀,量度高空氣壓、溫度及濕度（見圖 3-18）。每日三次施放測風氣球繼續,到 1950 年 2 月增加至每日四次。1951 年 6 月 1 日無線電探空儀運作轉移到京士柏氣象站。同年 11 月 9 日,京士柏氣象站正式啟用（見圖 3-19）。1951 至 52 年度與陸軍合作,利用雷達追蹤繫於無線電探空儀氣球上的目標,每日進行高空風測量。

1954 年 7 月 1 日,施放測風氣球的運作也轉移到京士柏氣象站。同年 10 月 16 日,測風雷達追蹤無線電探空儀取代施放測風氣球,後者改為備用。1955 年 1 月 1 日,新安裝在京士柏氣象站的 GL III 探空雷達（見圖 3-20）取代陸軍雷達每日進行四次高空風測量。

1962 年 4 月 28 日 GL III 測風雷達因儀器老化而停止運作。新的替代測風雷達 Decca WF2 於同年 7 月 16 日投入運作（見圖 3-21）。

1969 年 1 月 1 日起加強高空探測,每日於早上 8 時和晚上 8 時利用無線電探空儀量度高空氣壓、溫度、濕度及風向風速,而於下午 2 時和凌晨 2 時量度高空風向風速。

1981 年使用一套維薩拉公司製「微科拉」（MicroCORA）探空系統取代雷達測風,同時自動接收無線電探空儀的溫度、濕度和氣壓數據及利用「奧米茄」長程導航站網的甚低頻信

圖 3-20　安裝在京士柏的 GL III 探空雷達。（Family of Mr. G. S. P. Heywood 提供）

圖 3-21　安裝在京士柏的 Decca WF2 測風雷達。（香港天文台提供）

號來確定探空儀位置，從而計算高空風向和風速。

「微科拉」於 1993 年 7 月退役，由「數碼科拉」（DigiCORA）接替，自此探空工作進入了全數碼化時代。「數碼科拉」新增探測組件來測量輻射水平及臭氧（O_3）含量。香港首次高空輻射及臭氧量觀測分別在 1993 年 2 月 26 日和 1993 年 3 月 4 日進行，自此天文台定期進行高空臭氧量及高空輻射探測。

香港高空氣象觀測在 2004 年全面自動化：天文台裝設了當時東南亞首台全自動高空探測系統（見圖 3-22），該系統由維薩拉公司製造，自動將氣球充氣及發放。自 2008 年底起，以氦氣取代氫氣為氣球充氣。

自動高空探測系統在 2016 年 11 月進行升級，採用了最新型的無線電探空儀，備有更精準的感應器來探測溫度和濕度，而氣壓和風速則利用 GPS 數據計算。新探空儀除了測量準確度更高外，亦十分輕巧，重量只有 80 克，加上探空氣球物料更堅韌，探空儀一般可以提供至 30 公里高的觀測數據。

6. 閃電監測

1953 至 1954 年度，天文台人員自行製造一個量度大氣閃電干擾數目的儀器，在京士柏氣象站運作。後於 1975 年初再製造一個無線電接收器以偵測大氣閃電干擾。1984 年夏季，天文台從中華電力有限公司自動接收其閃電定位系統的實時數據，支援天氣預報。

圖 3-22　安裝在京士柏的全自動高空探測系統。（香港天文台提供）

2005 年 6 月，香港天文台、廣東省氣象局和澳門地球物理暨氣象局合作建立的閃電定位系統投入運作。該系統包含五個閃電儀，其中三個位於香港春坎角、尖鼻咀及沙頭角，一個位於廣東三水，另一個位於澳門氹仔；再分別於 2007 年及 2012 年啟用廣東惠東及陽江兩個閃電儀，以擴大監測範圍和提高探測可靠性。

2017 年 5 月啟用探測效率和準確度較高的加強版閃電定位資訊系統（Enhanced Lightning Location Information System，見圖 3-23），並更新香港境內的閃電儀至最新型號。新系統具有更強數據處理能力，並採用較先進的閃電定位方法，在探測香港境內雲對地及雲間閃電的能力均有所提高。新系統比舊系統能探測多約一至兩成雲對地閃電，而雲間閃電則大概多一倍。

7. 大氣成分觀測

1977 年天文台首次於京士柏氣象站利用化學儀器量度大氣中的二氧化硫。1978 年 9 月 4 日再於京士柏安裝一套李爾‧西格勒（Lear Siegler）SM1000 型二氧化硫監測器。

1985 年 9 月天文台根據世界氣象組織的建議在西貢元五墳設立一個測量站，量度包括大氣中的氣溶膠質量和降水化學成分。觀測資料傳送至美國國家氣候資料中心（National Climatic Data Center），供全球氣候及大氣科學研究之用。

图 3-23 2017 年加強版閃電定位資訊系統的閃電儀分布圖

資料來源： 香港天文台。

香港於 1993 年 3 月 4 日在京士柏進行首次臭氧量探空觀測，同年 10 月開始每月一次觀測高空臭氧量，1996 年 1 月成為世界氣象組織全球大氣監測計劃（Global Atmosphere Watch）的臭氧監測站，每月一次將觀測數據送交世界臭氧及紫外線數據中心。2003 年 4 月起臭氧量探空觀測增加至每周一次。

香港理工大學於 1994 年在鶴咀設立背景大氣監測實驗室，量度大氣中的一氧化碳（CO）、地面臭氧、臭氧總量、氮氧化物（NO/NOy）、二氧化硫（SO_2）、總懸浮粒子（TSP）及可吸入懸浮粒子（PM_{10}）。香港理工大學曾向世界氣象組織提供 1994 年至 1996 年的一氧化碳數據及 2003 年至 2010 年的臭氧總量數據。

天文台分別於 2009 年 5 月和 2010 年 10 月在京士柏和前述理工大學位於鶴咀的大氣監測站量度大氣中二氧化碳（CO_2）濃度，儀器為 LI-COR Biosciences 製 LI-820 二氧化碳分析儀。該兩個站均為世界氣象組織全球大氣觀測計劃下的區域監測站，所錄得的數據傳送至全球溫室氣體數據中心（World Data Centre for Greenhouse Gases）。

8. 天氣、能見度及太陽輻射觀測
太陽輻射觀測方面，在天文台總部進行儀器測試半年後，1959 年 1 月開始在京士柏氣象站使用雙金屬日射計進行總太陽輻射觀測。1961 年 1 月 1 日京士柏氣象站的康培爾·斯托克日照計（Campbell-Stokes Sunshine Recorder）取代總部的同類型日照計量度日照。1968 年 11 月在京士柏氣象站安裝 Lintronic 製圓頂熱電堆總輻射表以量度太陽總輻射量，1970 年 1 月正式使用。2009 年起使用 EKO 製日射表量度直接太陽輻射和漫射太陽輻射。2015 年 1 月 1 日，Kipp & Zonen 製 CSD-1 自動日照時間表投入運作，取代自 1884 年開始使用的康培爾·斯托克日照計。

紫外線觀測方面，1999 年起在京士柏氣象站使用 Yankee Environmental Systems 的寬波段 UVB-1 紫外線儀量度紫外線強度，並在同年 10 月向公眾提供紫外線指數。2010 年起使用 Kipp & Zonen 製 UVS-A-T 輻射儀來量度紫外線 A 強度。

2005 年開始在網站提供天文台總部及長洲氣象站網路攝影機的實時天氣照片。2007 年增至 10 部攝影機，至 2017 年增至 26 部。2006 年亦開始在網站提供中環碼頭的自動能見度數據，由維薩拉公司製能見度儀量度，其後再陸續增加提供香港國際機場、西灣河及橫瀾島的自動能見度數據。

2008 年 7 月在西貢滘西洲新設太陽輻射及自動氣象站，總太陽輻射由 EKO 製日射表量度。2010 年增加安裝 EKO 製日射表量度直接太陽輻射和漫射太陽輻射。

9. 暑熱壓力觀測
為支援 2008 年在香港舉行的奧運馬術比賽項目，天文台自行研發暑熱壓力測量系統（見

圖 3-24　2006 年天文台自行研發的暑熱壓力測量系統，是天文台首項科學發明專利。（香港天文台提供）

圖 3-24），於 2006 年 6 月開始在沙田及上水雙魚河收集所需的氣候數據，為比賽提供特殊天氣服務。暑熱壓力測量系統亦於 2007 年及 2010 年分別在京士柏氣象站及天文台總部安裝，以發展公眾暑熱資訊服務。該系統於 2009 年 4 月成功在香港註冊成為天文台首項科學發明專利。

三、氣象觀測技術

1. 高空觀測技術

自 1921 年開始，天文台以探空氣球作為高空氣象觀測技術。隨着技術進步，由最初利用經緯儀追蹤探空氣球以估計高空風向風速，二十世紀中葉發展至利用地面雷達追蹤探空氣球及繫上氣象傳感器以探測風、溫度、濕度、氣壓等高空資料，並在二十世紀後期及二十一世紀初期分別利用更先進的無線電長程導航站網和衛星導航技術追蹤探空氣球。期間因傳感器變得愈來愈輕巧，觀測數據的高度及準確度也不斷增加。至 1996 年，天文台在深水埗和沙螺灣引入 Radian 製 L 波段氣流剖析儀（見圖 3-25），儀器將電磁波向三個不同方向發射，利用多普勒原理量度風向及風速的垂直廓線。2000 年再於小蠔灣安裝同類型氣流剖析儀。

為節省資源，天文台於 1999 年和 2007 年使用深水埗氣流剖析儀分別取代探空儀提供清晨

2 時和下午 2 時的高空風觀測。2013 年 3 月天文台在京士柏安裝微波輻射計，以遙測技術測量溫度和濕度的垂直廓線。

高空氣象觀測亦可以利用飛機進行。天文台早在 1924 年首次與英國皇家空軍（Royal Air Force）合作利用飛機探測高空溫度，到了 1938 年更與遠東飛行訓練學校（Far East Flying Training School）合作，利用飛機探測高空溫度及濕度。1939 年 4 月 1 日開始，遠東飛行訓練學校每日進行飛機氣象探測。二戰後，天文台和遠東飛行訓練學校合作恢復每日進行飛機氣象探測。1949 年 2 月開始與香港飛行會合作每日進行飛機觀測，直至 1949 年 10 月 31 日被施放無線電探空儀取代為止。2003 年 11 月，接收飛機氣象報告踏上新里程，天文台與國泰航空有限公司及民航處合作，建立一個自動從航機電腦下傳天氣報告至天文台的系統，並於 2004 年 4 月成為亞洲第一個氣象部門接收和向全世界發送航機自動傳來的天氣報告。此系統由建立時的 1 部航機逐漸擴展至 2017 年的 38 部航機。二十一世紀初，天文台與政府飛行服務隊合作，在政府飛行服務隊的捷流 41 定翼機上安裝了一套天氣觀測系統（見圖 3-26），以準確量度風向風速及其他高分辨率氣象數據。2011 年 6 月，定翼機首次飛近熱帶氣旋中心收集數據，證明該系統有能力支援熱帶氣旋警告服務。數據亦應用於風切變及湍流研究。2016 年在政府飛行服務隊新購置的龐巴迪挑戰者 605 定翼機上增加安裝下投式探空儀系統，以加強監測中國南海熱帶氣旋（見圖 3-27）。

圖 3-25　1996 年安裝在沙螺灣的氣流剖析儀。
（香港天文台提供）

圖 3-26　政府飛行服務隊捷流 41 定翼機上的天氣觀測探頭。（攝於 2012 年 2 月，香港特別行政區政府提供）

圖 3-27　2016 年 9 月 27 日天文台首次於中國南
海進行下投式探空，於颱風鮎魚附近取得氣象數
據的垂直分布。（香港天文台、日本氣象廳提供）

2. 雷達及激光雷達

氣象雷達

天文台最早於 1952 至 1953 年度接收軍用雷達的降雨資料，以製作本地天氣圖支援航空氣象服務。天文台亦曾嘗試利用於 1954 年安裝的 GL III 測風雷達來探測降雨。1955 年 5 月天文台從香港警務處借用一台海洋雷達，安裝在總部支援人工降雨實驗。

天文台的第一台業務使用的天氣雷達「迪卡 41 型 X 波段雷達」於 1959 年 11 月在新建的大老山天氣雷達站（見圖 3-28）運作。雷達信號通過微波鏈路傳送至天文台總部顯示。迪卡 41 型雷達的天線只能作水平方向掃描，在暴雨情況下雷達的探測範圍約 100 公里，而且雷達天線沒有保護罩，在大風時需要用繩索將天線固定，以防損壞。在 1962 年 9 月 1 日雷達天線被颱風溫黛摧毀，1964 年初修復，同年 9 月 5 日再被颱風露比摧毀，12 月底修復。

1965 年底，天文台改建大老山雷達站以安裝新雷達。天文台第二代天氣雷達「皮里斯 43S 型 S 波段雷達」於 1966 年 8 月開始基本運作，整個系統包括連接大老山和天文台總部及大老山和機場氣象所的微波鏈路於 12 月完成（見圖 3-29）。1966 年 12 月迪卡 41 型天氣雷達重新安裝和業務運行。皮里斯 43S 雷達的天線受天線罩保護，因此大風情況下亦可運作。雷達天線能作水平及垂直方向掃描。皮里斯 43S 雷達的有效偵測範圍達 450 公里，有助探測遠方的大雨及熱帶氣旋。迪卡 41 型雷達則主要用以監測本地雨區及作為備份。

1983 年，天文台天氣雷達數碼化，在大老山雷達站安裝第一台配備電腦的 S 波段天氣雷達（見圖 3-30），替換迪卡 41 型雷達。電腦方便儲存雷達圖像，游標位置方便讀取經緯度，並可以動畫形式顯示雷達影像及製作不同類型的產品，包括彩色平面圖和垂直剖面圖。

1962年颱風溫黛的風眼
Eye of Typhoon Wanda in 1962

圖 3-28　大老山迪卡 41 型雷達（左）及所探測到的溫黛風眼（右）。雷達並未附有雷達天線罩（半圓型球體），容易受到外部影響，於 1962 年及 1964 年兩度被颱風毀壞。（香港天文台提供）

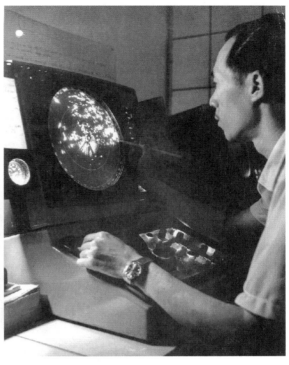

圖 3-29　大老山皮里斯 43S 雷達（左）及其單色顯示屏（右）。這時期開始，雷達都附有雷達天線罩（半圓型球體），
能更好地保護內部器械，也能全天候運作。（香港天文台提供）

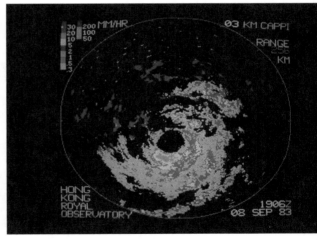

圖 3-30　大老山數碼天氣雷達（左）及其彩色顯
示屏（右）。（香港天文台提供）

1994 年，香港進入多普勒雷達年代，第一台 S 波段多普勒天氣雷達安裝在大老山（見圖 3-31）。雷達由 Enterprise Electronics Corporation 製造。此雷達能夠利用多普勒效應探測雨點的移動速度，從而獲得高空風的數據，有助分析熱帶氣旋中心風力和雷暴結構。

1999 年，天文台於大帽山安裝第二台 S 波段多普勒天氣雷達（見圖 3-32），由三菱電機（Mitsubishi Electric Corporation）製造，與大老山的多普勒天氣雷達聯網，兩台雷達相輔相

圖 3-31　香港第一台多普勒天氣雷達。（香港天文台提供）

圖 3-32　大帽山多普勒天氣雷達。（香港天文台提供）

圖 3-33　大老山雙偏振 S 波段多普勒天氣雷達。（香港天文台提供）

成，互為備用，全天候監測颱風和雨帶移動及發展。大帽山雷達具備多項先進功能，包括
採用速調管作為雷達發射機放大器，使表現更穩定。此外，雷達的電腦能自動探測和警告
惡劣天氣如暴雨、雷暴、冰雹等。

2015 年 10 月啟用香港首台「雙偏振」S 波段多普勒天氣雷達（見圖 3-33），安裝在大老
山，取代 1994 年安裝的多普勒天氣雷達。雷達由 MetStar 製造，「雙偏振」技術能加強監
測冰雹和降雨率。

風切變雷達

天文台第一部 C 波段機場多普勒天氣雷達（Terminal Doppler Weather Radar）於 1997 年
業務運行（見圖 3-34）。雷達由雷神公司（Raytheon Company）製造。此雷達專為機場探
測由雷暴引起的微下擊暴流和風切變而設，備有先進設備，能全自動處理雷達數據，識別
微下擊暴流的位置和強度，並自動發出預警，經航空交通管制員即時傳送至飛機，保障航
空安全。

2012 年，天文台首台 X 波段多普勒天氣雷達啟用（見圖 3-35）。該雷達安裝在大嶼山小
濠灣，作為正在老化的機場多普勒天氣雷達的備份。位於大欖角的新風切變雷達站在 2014
年年底落成，由三菱公司製造的第二部 C 波段機場多普勒天氣雷達在 2015 年啟用（見圖
3-36），與大欖涌的機場多普勒天氣雷達互為備份。

圖 3-34　大欖涌機場多普勒天氣雷達。（香港天文台提供）　　圖 3-35　天文台首台 X 波段多普勒天氣雷達。
（香港天文台提供）

圖 3-36　大欖角機場多普勒天氣雷達。（香港天文台提供）

激光雷達

天文台於 2002 年 6 月在香港國際機場空中交通管制大樓安裝一台 Coherent Technologies Incorporated 製 WindTracer 近紅外線多普勒激光雷達（見圖 3-37），以監測晴空無雨情況下的風切變。這是世界上首部用於機場天氣預警的激光雷達。

天文台於 2006 年 11 月在香港國際機場北跑道旁安裝了第二部同型號的激光雷達（見圖 3-38），作為首部激光雷達的後備。由於第二部激光雷達掃瞄較頻密，監測北跑道風切變的能力有所提高。首部激光雷達在 2008 年 3 月中搬遷至機場南消防局，兩部雷達的激光束可以分別對準南、北跑道，監測跑道上風切變的精確度因此得以提升。自此，機場每條跑道均有專用的激光雷達探測風切變，這個雙激光雷達風切變預警系統屬世界首創。

2015 年天文台更換香港國際機場的兩部激光雷達，新的激光雷達由三菱公司製造。

3. 氣象衛星接收系統

美國於 1963 年 12 月 21 日發射第一枚能夠將雲圖實時傳回地球的 TIROS 8 號人造衛星，天文台隨即利用自行研發的儀器試驗接收衛星圖像（見圖 3-39），成為美國國外首批接收衛星雲圖的機構。衛星接收天線由人手操控，追蹤衛星移動軌跡，接收到的信號顯示在一部經過改裝的電視機屏幕，再用攝影機將衛星圖像拍攝，沖曬成照片後用汽車送往天文台總部。TIROS 8 號衛星失效後，天文台亦試驗接收 1964 年 8 月 28 日發射的 NIMBUS 1 號衛星的圖像。

1966 年 2 月 28 日美國發射 ESSA 2 號衛星。天文台自行研發的衛星接收儀器成功每天上午接收覆蓋赤度以南至北緯 60 度的可見光衛星圖像（見圖 3-40）。同年 5 月 15 日美國發射 NIMBUS 2 號衛星，除了每日一至兩次接收其可見光衛星圖像，天文台亦成功接收其晚間的紅外光圖像。1967 年 1 月 26 日，美國發射 ESSA 4 號衛星。天文台每日早上可以接收其介乎 10°S—60°N，80°E—150°E 的衛星圖像。1967 年 11 月 12 日 ESSA 4 號衛星被 ESSA 6 號衛星取代。

1968 年開始在京士柏使用傳真記錄儀印出衛星圖像，然後用汽車送往天文台總部。自 1969 年 3 月開始，接收的衛星信號可以經電話線直接傳送至天文台預報中心和機場氣象所。

1968 年 12 月 25 日 ESSA 2 號衛星被 ESSA 8 號衛星取代。NIMBUS 3 號衛星於 1969 年 4 月 14 日發射，天文台從該衛星接收日間可見光及晚間紅外光圖像。ITOS 1 號太陽同步軌道衛星於 1970 年 1 月 23 日發射，天文台從該衛星接收日間和晚間的紅外光圖像。天文台亦於 1970 至 1971 年度接收 NOAA 1 號及 NIMBUS 4 號衛星的圖像。1970 年代 NOAA 系列衛星逐步更替，天文台先後接收 NOAA 2 號至 5 號衛星的圖像。

圖 3-37　香港第一部多普勒激光雷達。（香港天文台提供）

圖 3-38　位於機場北跑道旁消防分局的激光雷達。（攝於 2013 年，香港天文台提供）

圖 3-39　1960 年代位於京士柏的衞星接收天線（左）及衞星圖像顯示儀器（右）。天文台職員利用自製的天線接收人造衞星圖片。（政府檔案處歷史檔案館提供）

圖 3-40　1966 年 5 月天文台接收 ESSA 2 號的衞星雲圖，颱風珠蒂清晰可見。（香港天文台提供）

1977 年，日本發射區內首枚地球同步氣象衛星 GMS，每 3 小時一次以模擬傳真形式傳送可見光及紅外光圖像。天文台於 1978 年 7 月開始利用自行研發的儀器試驗接收 GMS 低分辨率雲圖（見圖 3-41）。1979 年 11 月 19 日啟用麥當勞 - 迪特維利聯合有限公司（MacDonald Dettwiler Associates Limited）製接收系統（見圖 3-42），24 小時接收 GMS 高分辨率雲圖。

GMS 系列衛星在 1981 年至 1995 年逐步更替，天文台先後接收 GMS 2 號至 5 號衛星的圖像，而傳送模式亦由模擬傳真形式轉為數字形式，並且每小時傳送衛星圖片一次。為切

圖 3-41　1978 年 7 月 26 日天文台接收的 GMS 衛星圖像。（日本氣象廳提供）

圖 3-42　1979 年 11 月 19 日地球同步氣象衛星接收系統啟用儀式。（香港天文台提供）

合這些轉變，天文台於 1988 年安裝新的電腦化 GMS 衞星接收系統，開始接收高分辨率數字傳輸，並能更頻密地接收衞星圖片。1996 年更換一套更先進的 GMS 衞星接收系統，以接收最新的圖像，包括大氣水氣分布圖（見圖 3-43）。

1999 年天文台開始接收中國氣象局風雲二號 A（FY-2A）衞星的圖像。2000 年在總部安裝新天線接收風雲二號 B（FY-2B）衞星的圖像。2001 年底在京士柏安裝一台衞星接收系統，接收風雲一號系列衞星（見圖 3-44）和美國國家海洋及大氣管理局（National Oceanic and Atmospheric Administration of the United States）NOAA 系列的極地軌道氣象衞星的圖像。

2004 年在京士柏安裝另一台衞星接收系統，以接收 Terra 和 Aqua 衞星上「中分辨率成像光譜儀」MODIS 的圖像，對監測山火及煙霞等現象尤為有用。

圖 3-43　1996 年天文台接收的 GMS 大氣水氣分布圖。（日本氣象廳提供）

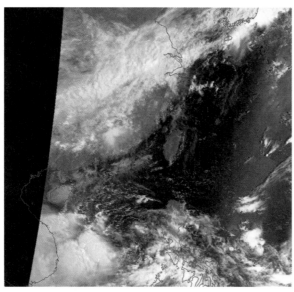

圖 3-44　2002 年 8 月 15 日天文台接收的首張風雲一號 D 雲圖。（風雲一號 D 衞星 [FY-1D] 拍攝；中國氣象局提供）

天文台接收於 2005 年投入業務運作的風雲二號 C（FY-2C）衛星及日本氣象廳於同年發射的多用途輸送衛星 -1R（MTSAT-1R）的圖像。2007 年 8 月於總部安裝一套新的衛星接收系統以取代沿用之系統，接收 MTSAT-1R 新廣播形式的數據及圖像。2008 年初在天文台總部安裝風雲衛星數據廣播系統接收站，接收 FY-2C 及 FY-2D 圖像。

2010 至 2011 年度開始接收日本 MTSAT-2 衛星圖像，取代 MTSAT-1R。天文台於 2013 年 5 月利用互聯網開始接收韓國 COMS 氣象衛星數據。2015 年 7 月 7 日，開始接收向日葵 8 號衛星的數據，該衛星取代 MTSAT-2，並提供更頻密和更多種類的衛星資料。至 2017 年，天文台利用衛星接收系統接收我國、日本、美國及歐洲的氣象衛星數據，並通過互聯網獲取美國、日本、韓國及歐洲的衛星數據。

第四節　氣象要素及特點

本節描述香港溫度、濕度、氣壓、風速及風向、雨量與降雨率、雲霧、煙霞及能見度、太陽輻射、日最低草溫、土壤溫度、蒸發量、可能蒸散量、暑熱壓力、高空氣象（風速、風向、溫度、濕度）和大氣成分的情況。除特別說明外，香港各氣象要素的氣候平均值以 1991 年至 2020 年間 30 年於天文台總部測量的數據計算。其他地點的各氣象要素平均值亦以 1991 年至 2020 年間 30 年的測量數據計算，於 1991 年後開始有測量數據的平均值會說明計算年份。各氣象要素的極端值亦會說明計算年份。

一、溫度

1. 概況

香港位於亞熱帶，約半年時間氣候溫和，在季候風影響下，四季天氣分明。全年平均氣溫，平均日最低氣溫及平均日最高氣溫分別為攝氏 23.5 度、攝氏 21.6 度和攝氏 26.0 度（見圖 3-45）。

春季約在每年 3 月至 5 月，天氣較和暖。3 月和 4 月偶然出現乍暖還寒的天氣，平均分別有 1.0 天和 0.1 天出現寒冷天氣（日最低氣溫在攝氏 12.0 度或以下）；5 月開始出現初夏天氣，平均出現 0.8 天酷熱天氣（日最高氣溫在攝氏 33.0 度或以上）及 1.0 個熱夜（日最低氣溫在攝氏 28.0 度或以上）。

夏季約在每年 6 月至 8 月，天氣炎熱，該三個月平均共出現 14.5 天酷熱天氣及 20.5 個熱夜。

秋季約在每年 9 月至 11 月，天氣涼快。初秋時天氣仍然較炎熱，9 月平均出現 2.1 天酷熱

圖 3-45　1991 年至 2020 年日最高、平均及最低氣溫的月平均值統計圖

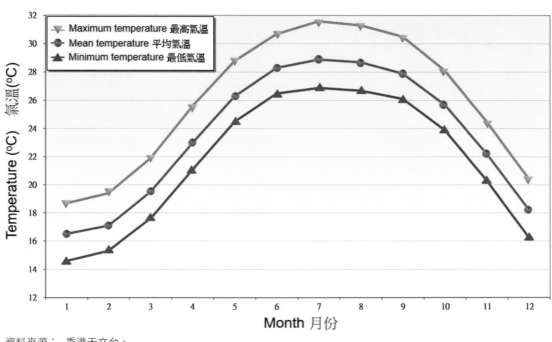

資料來源：　香港天文台。

天氣及 1.9 個熱夜；11 月開始出現入冬天氣，平均有 0.1 天出現寒冷天氣。

冬季約在每年 12 月至翌年 2 月，氣溫較低，間中有冷鋒過境，天氣寒冷，該三個月平均共有 14.0 天天氣寒冷，平均有 0.5 天氣溫下降至攝氏 7.0 度或以下，天氣嚴寒，新界和高地的氣溫有時降至攝氏 0 度以下，並有結霜現象。

2. 特徵

香港不同地區有各自獨特的地理環境，再加上城市化影響，「城市熱島效應」（Urban heat island）突出，氣溫區域差異明顯，高地（如大帽山、昂坪、山頂）氣溫較接近海平面的地區低，而離島（如長洲、塔門）及新界較空曠地區（如打鼓嶺、流浮山）的氣溫較人口及建築物密集的城市（如位於尖沙咀的天文台總部、屯門）低（見圖 3-46）。

日際變化方面，新界內陸地區晚間降溫及日間升溫都較城市快（見圖 3-47，圖 3-48），所以晚間氣溫比市區低，日間氣溫卻比市區高（見圖 3-49）。在冬天，新界內陸地區與城市晚間氣溫相差較大，在雲量少和微風的情況下相差可以超過攝氏 10 度，寒冷天氣亦較多（見圖 3-50）；在夏天，新界內陸地區的酷熱天氣比市區多（見圖 3-51），但熱夜卻較少（見圖 3-52）。

圖 3-46　1991 年至 2020 年香港分區氣候 — 年平均氣溫統計圖

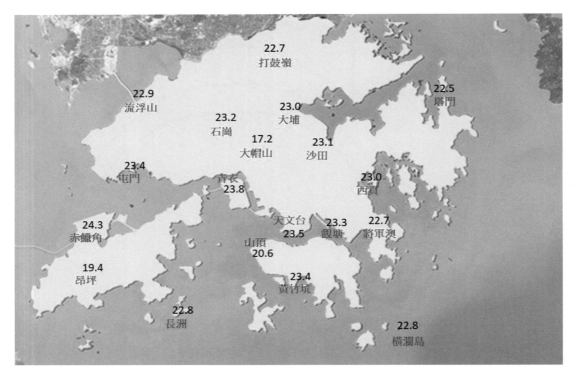

資料來源：　香港天文台。

圖 3-47　1991 年至 2020 年位於尖沙咀的天文台總部與位於新界內陸的打鼓嶺在 1 月的每小時氣溫變化統計圖

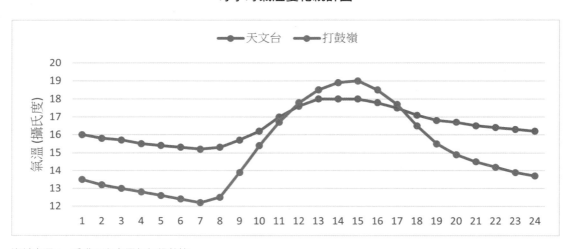

資料來源：　香港天文台歷年氣候數據。

圖 3-48　1991 年至 2020 年位於尖沙咀的天文台總部與位於新界內陸的打鼓嶺在 7 月的
每小時氣溫變化統計圖

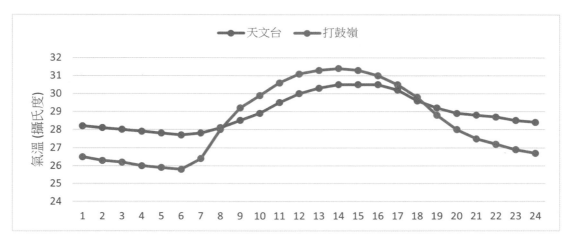

資料來源：　香港天文台歷年氣候數據。

圖 3-49　1991 年至 2020 年香港分區氣候 ─ 年平均最高 / 最低氣溫統計圖

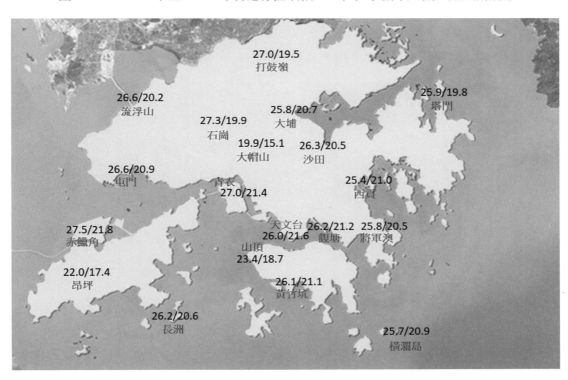

資料來源：　香港天文台。

圖 3-50 1991 年至 2020 年香港分區氣候 — 年寒冷天氣日數統計圖

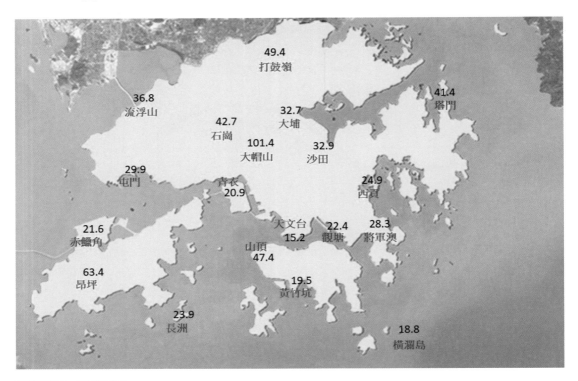

資料來源： 香港天文台。

圖 3-51 1991 年至 2020 年香港分區氣候 — 年酷熱天氣日數統計圖

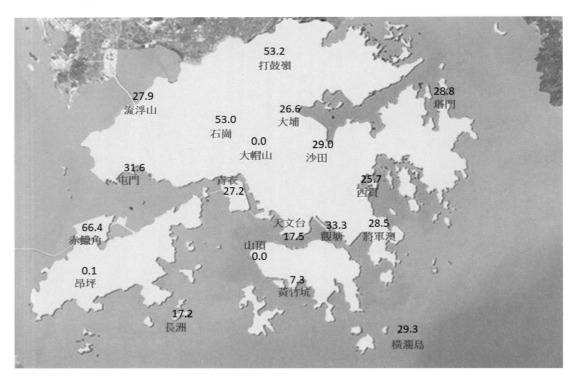

資料來源： 香港天文台。

圖 3-52　1991 年至 2020 年香港分區氣候 — 年熱夜日數統計圖

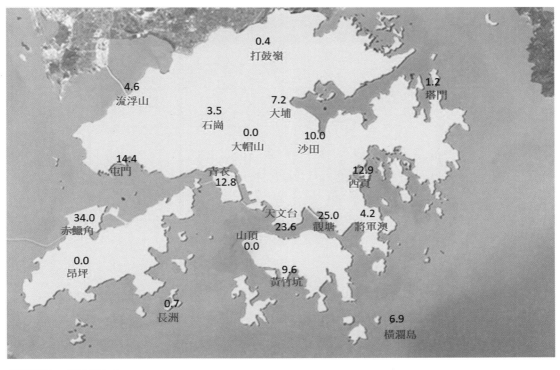

資料來源： 香港天文台。

3. 冬季特殊天氣現象

寒帶地區在冬季常見的天氣現象，例如降雪，在香港較為罕見。根據天文台紀錄、目擊者報告和文獻，香港冬季曾有結霜、結冰、霧淞、雨夾雪（或稱夾冰丸）和降雪等五種特殊天氣現象的報告。圖 3-53 和圖 3-54 分別列出 1948 年至 2020 年這些天氣現象按年份和月份的出現日數。從分布圖中可見，結霜、結冰、霧淞、雨夾雪和降雪按次序愈見罕有。當中，霧淞、雨夾雪和降雪報告非常少，73 年中均僅出現數次。除 1987 年 11 月曾有過一次結霜報告外，其餘的冬季特殊天氣現象皆在 12 月至 3 月期間發生。

雨夾雪和降雪是香港最罕見的冬季天氣現象，1948 年至 2020 年僅有 10 天收到相關報告（見表 3-2）。

4. 特別寒冷及酷熱天氣現象

本部分記錄 1884 年至 2020 年出現過的連續 20 天或以上寒冷天氣的寒潮、最低氣溫在攝氏 4.0 度或以下的嚴寒天氣、連續 15 天或以上酷熱天氣的熱浪，以及最高氣溫攝氏 35.0 度或以上的酷熱天氣。

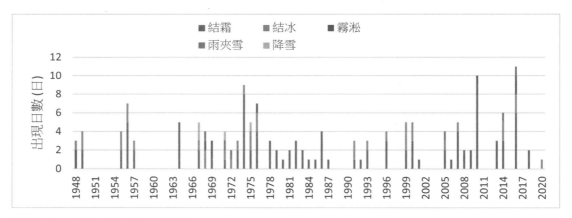

圖 3-53　1948 年至 2020 年香港每年出現結霜、結冰、霧淞、雨夾雪和降雪現象日數的分布圖

資料來源： 香港天文台歷年氣候資料。

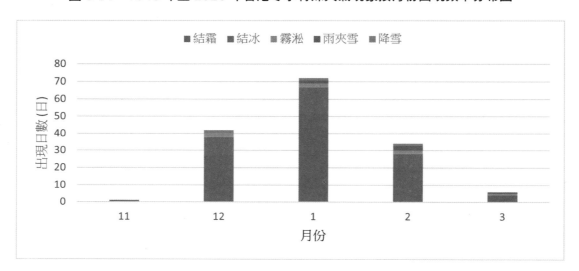

圖 3-54　1948 年至 2020 年香港冬季特殊天氣現象按月份出現頻率分布圖

資料來源： 香港天文台歷年氣候資料。

特別寒冷天氣

1893 年 1 月 14 日至 19 日期間，香港天氣嚴寒，每天最低氣溫在攝氏 5.0 度以下，在 1 月 18 日的早晨更降至攝氏 0.0 度，是自 1884 年有記錄以來最低溫度，在高地如港島山頂和植物公園的氣溫更低於攝氏零度。天文台沒有觀測到降雪，惟天文台報告中指出山上好像被雪和白霜所覆蓋，香港報章亦有山頂居民見到結冰和冰柱掛在電話線上的報導。該股寒潮持續至 1 月 22 日。

1900 年 1 月 1 日至 12 日天氣寒冷，其中 1 月 6 日至 9 日天氣嚴寒，1 月 9 日最低氣溫只有攝氏 3.1 度。

表 3-2　1948 年至 2020 年雨夾雪和降雪紀錄情況表

日期	地點	據報特徵
1967 年 2 月 2 日	歌連臣角懲教所	微小白色雪粒
1967 年 12 月 13 日	大帽山（近山頂）	非常輕微降雪；細小的雪花下飄
1968 年 2 月 13 日	大帽山（近山頂）	雨夾雪；持續約半小時
1971 年 1 月 29 日	大帽山（近山頂）	雲霧中有雪花
1971 年 1 月 30 日	大帽山	雨夾雪
1972 年 2 月 9 日	大帽山和大老山	雨夾雪
1975 年 12 月 14 日	大帽山（近山頂）	輕微降雪
2005 年 3 月 4 日	港島司徒拔道	雨夾雪
2014 年 2 月 10 日	大帽山	非常輕微雨夾雪
2016 年 1 月 24 日	高地及新界部分地區	雨夾雪

資料來源：　香港天文台數據。

1901 年 2 月 1 日至 7 日天氣寒冷，其中 2 月 3 日至 6 日天氣嚴寒，2 月 5 日最低氣溫只有攝氏 3.6 度。

1917 年 1 月 3 日至 20 日（除了 1 月 15 日）天氣寒冷，其中 1 月 7 日至 11 日連續 5 天天氣嚴寒，1 月 8 日及 9 日最低氣溫分別只有攝氏 3.9 度和攝氏 3.8 度。1917 年底寒潮再臨，由 12 月 23 日至翌年（1918 年）2 月 1 日這 40 天（除了 1918 年 1 月 11 日）天氣寒冷，其間有 24 天的最低氣溫在攝氏 10.0 度或以下，1918 年 1 月 9 日最低氣溫只有攝氏 5.6 度。受該股寒潮影響，1918 年 1 月為 1884 年有記錄以來最寒冷的 1 月。

1948 年 1 月 24 日至 30 日天氣寒冷，其中 1 月 25 日至 28 日天氣嚴寒，1 月 26 日最低氣溫只有攝氏 3.8 度。

1955 年 1 月 3 日至 13 日天氣寒冷，其中 1 月 5 日、6 日，以及 10 日至 12 日天氣嚴寒，1 月 11 日最低氣溫只有攝氏 3.1 度。

1956 年 1 月 7 日至 13 日天氣寒冷，其中 1 月 7 日至 10 日天氣嚴寒，1 月 9 日最低氣溫只有攝氏 3.9 度。

1957 年 2 月 5 日至 14 日，以及 16 日至 20 日天氣寒冷，其中 2 月 7 日及 10 日至 12 日天氣嚴寒，2 月 11 日上午 7 時至 8 時間氣溫下降至攝氏 2.4 度，是 1884 年有記錄以來 2 月份錄得的最低氣溫，當日山頂及新界多處地區結冰。

1969 年 1 月 31 日至 2 月 9 日天氣寒冷，其中 2 月 4 日至 6 日和 8 日天氣嚴寒，2 月 5 日最低氣溫只有攝氏 4.0 度。

1972 年 2 月 7 日至 11 日天氣寒冷，其中 2 月 8 日至 10 日天氣嚴寒，2 月 9 日最低氣溫只有攝氏 3.8 度。

2008 年 1 月 24 日至 2 月 16 日連續 24 天天氣寒冷，期間平均最低氣溫只有攝氏 9.9 度，2 月 3 日最低氣溫只有攝氏 7.9 度。天文台就這股寒潮發出的寒冷天氣警告共維持 594 小時 30 分（由 1 月 24 日下午 3 時至 2 月 18 日上午 9 時 30 分），是自 1999 年寒冷天氣警告開始運作以來生效時間最長的紀錄。

2016 年 1 月 22 日至 27 日天氣寒冷，其中 1 月 23 日至 25 日天氣嚴寒，1 月 24 日的最低氣溫只有攝氏 3.1 度，大帽山的最低氣溫更達攝氏零下 6.0 度，高地及新界部分地區出現廣泛結霜、結冰及霧淞和降下凍雨、雨夾雪及冰粒（見表 3-2）。1 月 25 日天氣仍然嚴寒，最低氣溫只有攝氏 4.3 度。

特別酷熱天氣

1900 年 8 月 12 日至 19 日期間有 4 天天氣酷熱，8 月 18 日及 19 日最高氣溫分別為攝氏 35.3 度和攝氏 36.1 度。

1962 年，由於持續少雨，7 月和 8 月非常炎熱，分別有 11 天和 15 天天氣酷熱，8 月 31 日的最高氣溫更達攝氏 35.5 度。

1963 年 5 月自中旬開始持續高溫，月內有 13 天天氣酷熱，5 月 18 日至 22 日連續 5 天最高氣溫都在攝氏 34.0 度或以上，其間 5 月 21 日最高氣溫為攝氏 35.0 度。酷熱天氣在 5 月底再度出現，5 月 30 日至 6 月 1 日的最高氣溫都在攝氏 35.0 度或以上，6 月 1 日的最高氣溫更達攝氏 35.6 度。

1968 年 7 月 19 日至 8 月 1 日（除了 7 月 26 日和 27 日）天氣酷熱，其中有 4 天最高氣溫達攝氏 34.0 度或以上，7 月 25 日更達攝氏 35.7 度，是 1884 年至 2020 年有記錄以來 7 月份的最高氣溫紀錄。

1978 年 7 月 4 至 22 日連續 19 天天氣酷熱，是自 1884 年有記錄以來持續時間最長的連續酷熱天氣。

1990 年 8 月 13 日至 19 日（除了 8 月 14 日和 16 日）天氣酷熱，8 月 18 日的最高氣溫達攝氏 36.1 度。

2007 年 7 月 24 日至 8 月 4 日連續 12 天天氣酷熱，其中有 6 天的最高氣溫達攝氏 34.0 度或以上，8 月 3 日更高達攝氏 35.3 度。

2009 年 8 月 23 日至 9 月 8 日連續 17 天天氣酷熱，其中 4 天最高氣溫達攝氏 34.0 度或

以上，9 月 7 日的最高氣溫更高達攝氏 34.6 度。此外，8 月 20 日至 30 日的最低氣溫都在攝氏 28.0 度或以上，連續 11 晚熱夜，是 1884 年至 2020 年第二長的連續熱夜紀錄。[1]

2015 年 6 月 14 日至 20 日天氣酷熱，其中有四天最高氣溫在攝氏 34.0 度或以上。同年 8 月 3 日至 9 日天氣酷熱，8 月 8 日受超強颱風蘇迪羅下沉氣流影響，最高氣溫上升至攝氏 36.3 度。

2016 年 6 月 19 日至 7 月 1 日（除了 6 月 28 日）天氣酷熱，其中有七天最高氣溫在攝氏 34.0 度或以上，6 月 24 日至 27 日連續四天的最高氣溫更在攝氏 35.0 度或以上，6 月 25 日的最高氣溫達攝氏 35.5 度。受超強颱風尼伯特下沉氣流影響，持續酷熱天氣於 7 月 7 日至 9 日再度影響香港，該三天的最高氣溫都在攝氏 34.0 度或以上，其中 7 月 9 日最高氣溫達攝氏 35.6 度。

2017 年 8 月 17 至 22 日天氣酷熱，其中有四天最高氣溫在攝氏 34.0 度或以上。受超強颱風天鴿外圍下沉氣流影響，8 月 22 日下午更錄得攝氏 36.6 度，是 1884 年有記錄以來的最高氣溫，而濕地公園更錄得攝氏 39.0 度高溫，成為全港所有自動氣象站有記錄以來的最高氣溫紀錄。

2018 年 5 月 17 日至 6 月 1 日連續 15 天天氣酷熱，其中有 10 天最高氣溫在攝氏 34.0 度或以上，4 天在攝氏 35.0 度或以上，5 月 30 日最高氣溫達攝氏 35.4 度。

2020 年 6 月 11 日至 7 月 30 日這 50 天中共有 26 天酷熱天氣及 34 晚熱夜，其中有 10 天最高氣溫在攝氏 34.0 度或以上，3 天在攝氏 35.0 度或以上，7 月 23 日最高氣溫達攝氏 35.3 度。由 6 月 19 日至 7 月 1 日的連續 13 晚熱夜和 7 月 5 日至 15 日的連續 11 晚熱夜更是 1884 年至 2020 年最長和第二長的連續熱夜紀錄。

5. 極端值

1884 年至 2020 年天文台總部錄得各月絕對最高氣溫和各月絕對最低氣溫紀錄詳列於表 3-3。

表 3-3　1884 年至 1939 年、1947 年至 2020 年天文台總部錄得各月絕對最高氣溫和各月絕對最低氣溫紀錄統計表

月份	絕對最高氣溫		絕對最低氣溫	
	攝氏度	日期	攝氏度	日期
1 月	26.9	1959 年 1 月 29 日	0.0	1893 年 1 月 18 日
2 月	28.3	2009 年 2 月 25 日	2.4	1957 年 2 月 11 日

1　與 2020 年 7 月 5 日至 15 日連續 11 晚熱夜並列第二長的連續熱夜紀錄。

（續上表）

月份	絕對最高氣溫		絕對最低氣溫	
	攝氏度	日期	攝氏度	日期
3月	30.1	1973 年 3 月 31 日	4.8	1986 年 3 月 1 日
4月	33.4	1956 年 4 月 27 日	9.9	1969 年 4 月 5 日
5月	35.5	1963 年 5 月 31 日	15.4	1917 年 5 月 1 日
6月	35.6	1963 年 6 月 1 日	19.2	1926 年 6 月 2 日
7月	35.7	1968 年 7 月 25 日	21.7	1989 年 7 月 30 日
8月	36.6	2017 年 8 月 22 日	21.6	1955 年 8 月 3 日
9月	35.2	1963 年 9 月 5 日	18.4	1935 年 9 月 26 日
10月	34.3	1890 年 10 月 12 日	13.5	1978 年 10 月 30 日
11月	31.8	1959 年 11 月 19 日	6.5	1922 年 11 月 26 日
12月	28.7	1953 年 12 月 1 日	4.3	1975 年 12 月 14 日
全年	36.6	2017 年 8 月 22 日	0.0	1893 年 1 月 18 日

資料來源： 香港天文台數據。

二、濕度

1. 概況

香港秋冬兩季受來自內陸的東北季候風影響，天氣乾燥，濕度偏低；春夏兩季受來自海洋的偏南氣流影響，天氣潮濕，濕度偏高。

香港年平均相對濕度為 78%，3 月至 8 月的月平均相對濕度都在 80% 以上，11 月和 12 月較低，月平均相對濕度分別為 72% 和 70%；日際變化明顯，上午 2 時與下午 2 時的相對濕度一般相差超過 10%（見圖 3-55）。年平均露點溫度和濕球溫度分別為攝氏 19.3 度和攝氏 20.9 度，年平均水汽壓為 23.7 百帕斯卡，7 月的月平均值最高，分別為攝氏 25.2 度、攝氏 26.3 度和 32.1 百帕斯卡；1 月的月平均值最低，分別為攝氏 11.7 度、攝氏 14.0 度和 14.2 百帕斯卡（見圖 3-56）。

2. 特徵

香港高山地區如大帽山、昂坪和離島如長洲、塔門的相對濕度較高，都超過 80%；而東部區域如西貢、將軍澳則較西部地區如屯門、赤鱲角高（見圖 3-57）。

3. 極端值

1961 年至 2020 年間，共有四年的年平均相對濕度在 80% 或以上，2012 年最潮濕，年平均相對濕度為 80.8%（見表 3-4）；共有三年的年平均相對濕度在 75% 以下，1963 年最低，年平均相對濕度為 73.1%（見表 3-5）。

1961 年至 2020 年間，各月的最高月平均相對濕度和最低月平均相對濕度列於表 3-6。

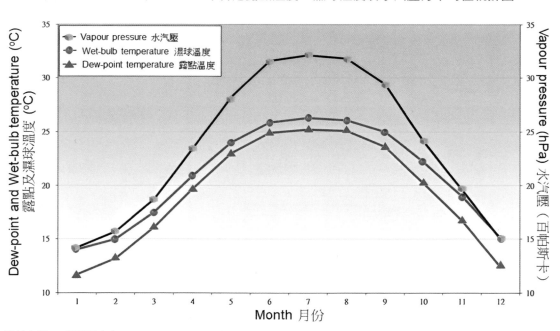

圖 3-55　1991 年至 2020 年香港相對濕度月平均值統計圖

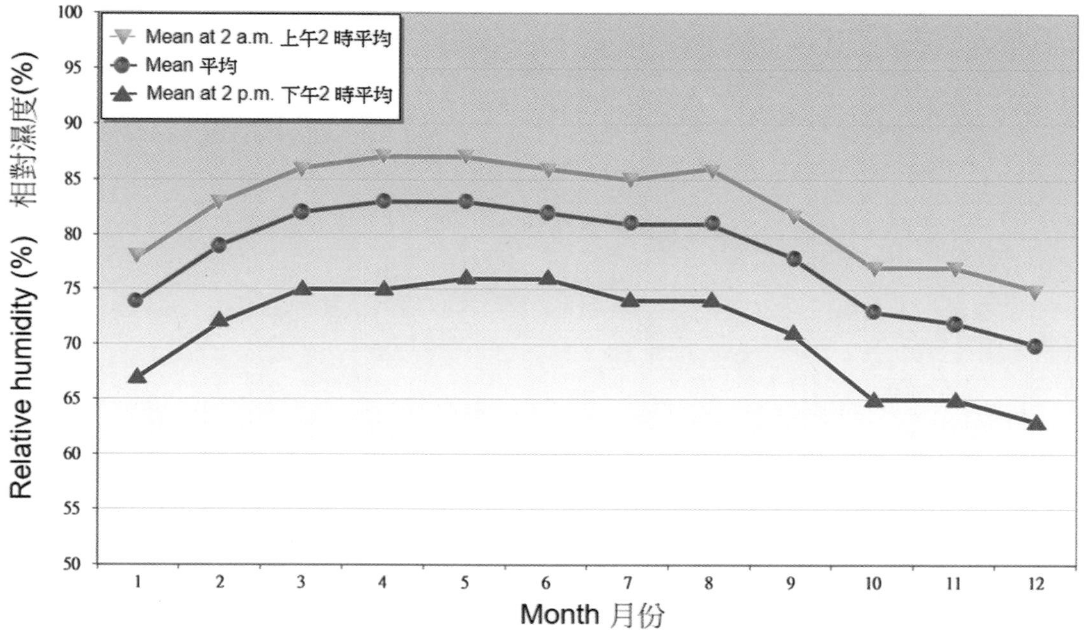

資料來源：　香港天文台。

圖 3-56　1991 年至 2020 年香港露點溫度、濕球溫度及水汽壓月平均值統計圖

資料來源：　香港天文台。

圖 3-57　1991 年至 2020 年香港分區氣候 — 年平均相對濕度統計圖

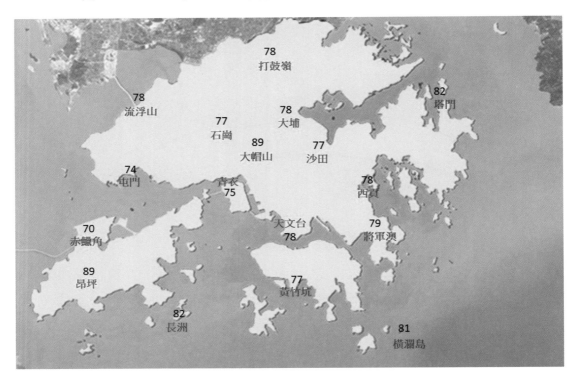

資料來源：　香港天文台。

表 3-7 為 1884 年至 2020 年天文台總部錄得的各月絕對最低相對濕度紀錄，1959 年 1 月 16 日錄得絕對最低相對濕度只有 10%。

表 3-4　1961 年至 2020 年間年平均相對濕度在 80% 或以上年份統計表

年份	年平均相對濕度（%）
2012	80.8
2016	80.5
2006	80.4
2010	80.3

資料來源：　香港天文台數據。

表 3-5　1961 年至 2020 年間年平均相對濕度在 75% 或以下年份統計表

年份	年平均相對濕度（%）
1963	73.1
1971	73.6
1967	74.1

資料來源：　香港天文台數據。

表 3-6　1961 年至 2020 年間各月的最高月平均相對濕度和最低月平均相對濕度統計表

月份	最高月平均相對濕度（%）	年份	最低月平均相對濕度（%）	年份
1 月	84	1969	45	1963
2 月	88	2010	67	1999
3 月	90	1978 1992	71	2011
4 月	89	2016	76	1970 2011
5 月	90	1972	74	1966
6 月	88	2008	78	1967 1988 2000 2004
7 月	87	1973	76	2003 2020
8 月	87	1972	75	1990
9 月	84	1961 1973 2020	61	1966
10 月	81	1962	61	1979
11 月	81	2012	58	1971
12 月	81	1994	51	1973
全年	90	1972（5 月） 1978（3 月） 1992（3 月）	45	1963（1 月）

資料來源：　香港天文台數據。

表 3-7　1884 年 4 月至 1939 年、1947 年至 2020 年間天文台總部錄得的各月絕對最低相對濕度紀錄統計表

月份	絕對最低相對濕度（%）	日期
1 月	10	1959 年 1 月 16 日
2 月	13	1955 年 2 月 21 日
3 月	16	1977 年 3 月 4 日
4 月	22	1922 年 4 月 17 日
5 月	23	1955 年 5 月 14 日 1961 年 5 月 4 日
6 月	29	1887 年 6 月 1 日
7 月	43	1968 年 7 月 25 日
8 月	41	1900 年 8 月 28 日
9 月	26	1966 年 9 月 17 日

（續上表）

月份	絕對最低 相對濕度（％）	日期
10 月	21	1968 年 10 月 25 日 1973 年 10 月 28 日 1991 年 10 月 27 日 1991 年 10 月 28 日 1998 年 10 月 17 日
11 月	17	1900 年 11 月 16 日 1971 年 11 月 17 日 1995 年 11 月 24 日
12 月	14	1898 年 12 月 14 日 1973 年 12 月 31 日
全年	10	1959 年 1 月 16 日

注：絕對最低相對濕度基於每小時人手觀測數據。
資料來源： 香港天文台數據。

三、海平面氣壓

1. 概況

受不同的大尺度天氣系統影響，香港的海平面氣壓季節性變化明顯。秋冬季受大陸性反氣旋支配，海平面氣壓較高；隨着大陸性反氣旋減弱並開始受低壓糟影響，春季海平面氣壓開始下降，至夏季間中受熱帶氣旋影響，海平面氣壓是全年最低。根據 1991 年至 2020 年天文台總部的測量數據，8 月的月平均海平面氣壓最低，只有 1,005.2 百帕斯卡，1 月和 12 月的月平均海平面氣壓最高，為 1,020.1 百帕斯卡（見圖 3-58）。日際變化方面，每日海平面氣壓的平均波幅在 4 百帕斯卡左右，夏季較小，冬季較大（見圖 3-58）。

1884 年至 2020 年天文台總部各月錄得的最高和最低海平面氣壓紀錄列於表 3-8，最高者為 2016 年 1 月 24 日一股強烈東北季候風影響香港時錄得的 1037.7 百帕斯卡，而最低者為 1962 年 9 月 1 日颱風溫黛襲港時錄得的 953.2 百帕斯卡。

天文台總部於 1884 年至 2020 年錄得的最高 10 個年最高逐時海平面氣壓和最低 10 個年最低逐時海平面氣壓的年份分別列於表 3-9 和表 3-10。最高 10 個年最高逐時海平面氣壓都在 1030.0 百帕斯卡以上，全部與強烈的東北季候風相關，於秋冬季錄得（除了 2005 年 3 月 5 日的 1,033.8 百帕斯卡）。而最低 10 個年最低逐時海平面氣壓都在 980.0 百帕斯卡以下，都是颱風襲港時錄得。

圖 3-58　1991 年至 2020 年香港海平面氣壓的月平均值統計圖

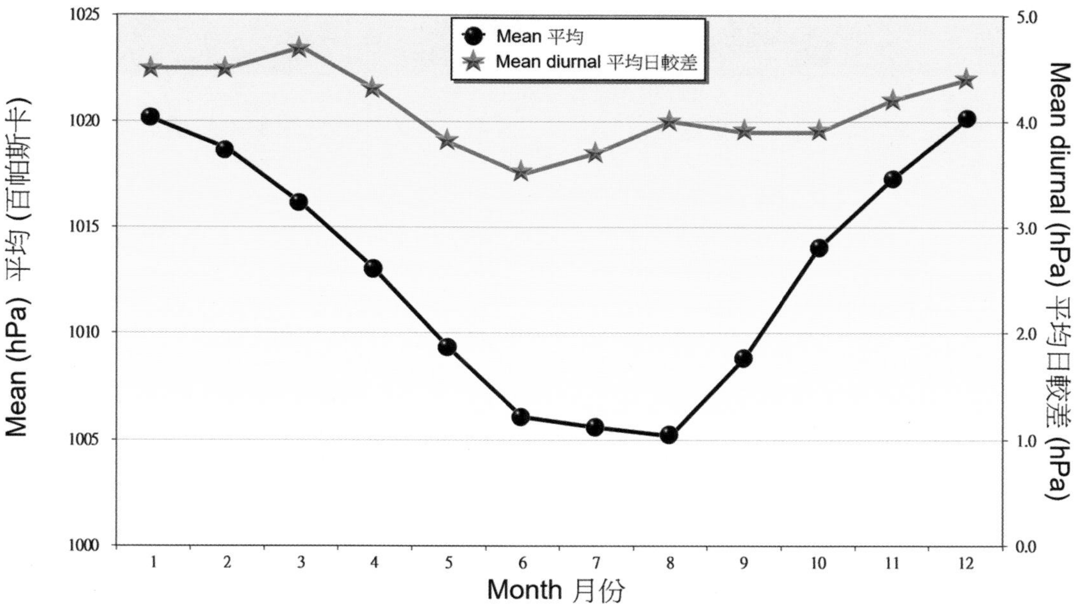

資料來源：　香港天文台。

表 3-8　1884 年至 1939 年、1947 年至 2020 年天文台總部錄得的各月絕對最高和各月絕對最低海平面氣壓紀錄統計表

月份	絕對最高海平面氣壓		絕對最低海平面氣壓	
	百帕斯卡	日期	百帕斯卡	日期
1 月	1037.7	2016 年 1 月 24 日	1003.1	1980 年 1 月 29 日
2 月	1032.7	1962 年 2 月 1 日	998.3	1898 年 2 月 19 日
3 月	1033.9	2005 年 3 月 5 日	1001.9	1918 年 3 月 24 日
4 月	1028.4	1925 年 4 月 9 日 1991 年 4 月 2 日	999.9	1924 年 4 月 2 日
5 月	1020.2	1934 年 5 月 1 日	981.1	1961 年 5 月 19 日
6 月	1014.7	2004 年 6 月 12 日	973.8	1960 年 6 月 9 日
7 月	1014.8	1934 年 7 月 30 日	975.8	1896 年 7 月 29 日
8 月	1016.3	1969 年 8 月 13 日	961.6	1979 年 8 月 2 日
9 月	1019.0	2019 年 9 月 24 日	953.2	1962 年 9 月 1 日
10 月	1024.5	1888 年 10 月 23 日	977.3	1964 年 10 月 13 日
11 月	1033.2	1922 年 11 月 26 日	974.9	1900 年 11 月 10 日
12 月	1033.5	1913 年 12 月 31 日	1004.6	1974 年 12 月 2 日
全年	1037.7	2016 年 1 月 24 日	953.2	1962 年 9 月 1 日

資料來源：　香港天文台數據。

表 3-9　1884 年至 2020 年天文台總部錄得的最高 10 個年最高逐小時海平面氣壓統計表

排名	年最高逐小時海平面氣壓（百帕斯卡）	日期
1	1037.2	2016 年 1 月 24 日
2	1035.3	1903 年 1 月 6 日
3	1034.8	1917 年 1 月 10 日
4	1033.8	2005 年 3 月 5 日
5	1033.7	1955 年 1 月 11 日
6	1033.4	1913 年 12 月 31 日
7	1033.2	1896 年 12 月 22 日
7	1033.2	1922 年 11 月 16 日
7	1033.2	1999 年 12 月 22 日
10	1032.9	1983 年 1 月 22 日

資料來源：　香港天文台數據。

表 3-10　1884 年至 2020 年天文台總部錄得的最低 10 個年最低逐小時海平面氣壓統計表

排名	年最低逐時海平面氣壓（百帕斯卡）	日期	相關颱風	颱風導致的絕對最低海平面氣壓（百帕斯卡）
1	955.1	1962 年 9 月 1 日	溫黛	953.2
2	960.9	1937 年 9 月 2 日	丁丑風災	958.3
3	961.8	1979 年 8 月 2 日	荷貝	961.6
4	968.7	1968 年 8 月 21 日	雪麗	968.6
5	971.0	1964 年 9 月 5 日	露比	968.2
6	971.7	1923 年 8 月 18 日	癸亥風災	968.2
7	973.7	1997 年 8 月 2 日	維克托	973.0
8	974.3	1960 年 6 月 9 日	瑪麗	973.8
9	975.0	1900 年 11 月 10 日	庚子風災	973.1
10	976.6	1896 年 7 月 29 日	無名	974.0

資料來源：　香港天文台數據。

四、風速、風向

1. 概況

香港秋冬季主要受東北季候風影響，夏季則受西南季候風影響。位於尖沙咀的天文台總部年盛行風向為東風（090），年平均風速為 9.9 公里／小時（見圖 3-59）；位於離岸的橫瀾島年盛行風向為東北偏東風（070），年平均風速為 22.9 公里／小時（見圖 3-59）。

個別月份方面，除了 6 月至 8 月吹西南風外，其餘月份都是吹偏東風；秋冬季平均風速在東北季候風長期影響下，較夏季西南季風為主而間中受熱帶氣旋影響的平均風速大（見圖 3-59）。

圖 3-59　1991 年至 2020 年天文台總部和橫瀾島錄得盛行風向及平均風速的月平均值統計圖

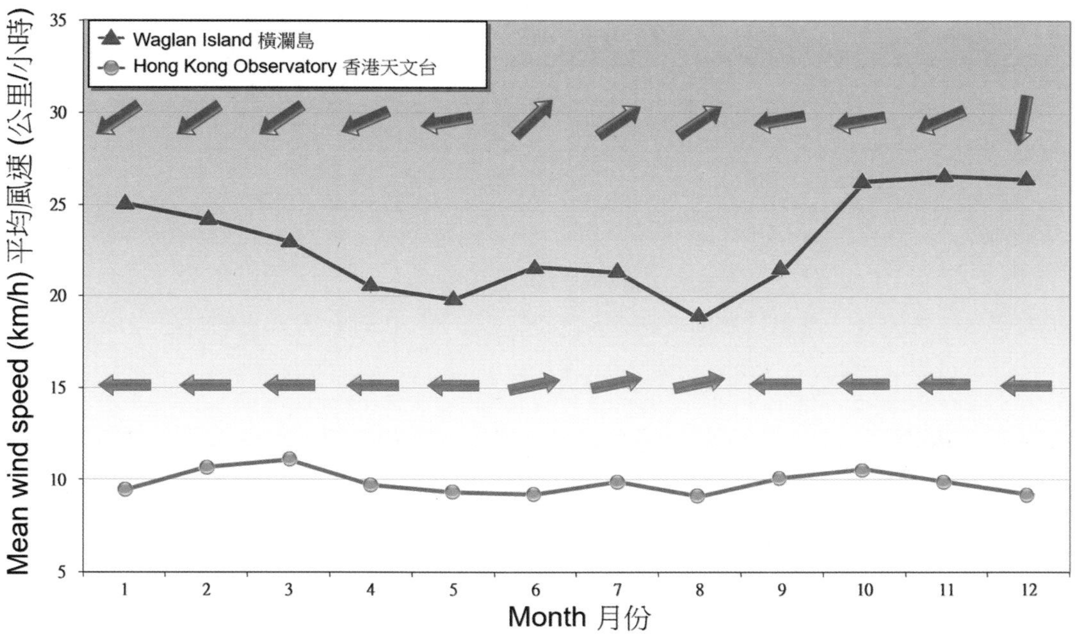

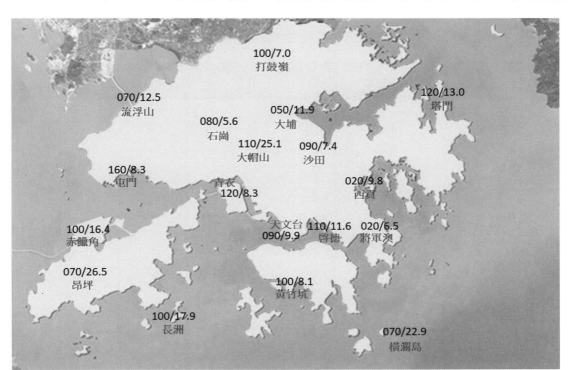

資料來源： 香港天文台。

圖 3-60　1991 年至 2020 年香港分區氣候 ── 年盛行風向（度）/ 平均風速（公里 / 小時）統計圖

資料來源： 香港天文台。

2. 特徵

根據天文台在各區氣象站的測量數據分析（見圖 3-60），高山的風速明顯較近海平面大，大帽山和昂坪的年平均風速分別為 25.1 公里／小時和 26.5 公里／小時；另外，離島的風速亦較內陸地區大，長洲的年平均風速為 17.9 公里／小時。風向方面，除了屯門較偏南，將軍澳和西貢較偏北外，都是以偏東風為主。

3. 極端值

橫瀾島（1975 年至 2020 年）各月錄得的最高和最低月平均風速列於表 3-11。其間，2020 年 10 月的月平均風速最高，達 37.2 公里／小時。1975 年 9 月的月平均風速最低，只有 10.7 公里／小時。

香港錄得比較大的短時間平均風速都與颱風襲港有關。表 3-12 列出 1884 年至 2020 年颱風影響香港時天文台總部錄得的首 10 位最高 60 分鐘平均風速的颱風。自 1884 年天文台有記錄以來，最高 60 分鐘平均風速為 1896 年 7 月錄得的 135 公里／小時。除了姬羅莉亞（1957 年）和溫黛（1962 年），表 3-12 中所列風速皆是太平洋戰爭前錄得。

天文台總部（1911 年至 2020 年）和橫瀾島（1953 年至 2020 年）各月錄得的最大陣風列於表 3-13。天文台總部的最大陣風紀錄為 259 公里／小時，於 1962 年 6 月 1 日颱風溫黛襲港時錄得。而橫瀾島的最大陣風紀錄為 234 公里／小時，於 1999 年 9 月 16 日颱風約克襲港時錄得。

表 3-11　橫瀾島 1975 年至 2020 年各月錄得的最高和最低月平均風速紀錄統計表

月份	最高月平均風速		最低月平均風速	
	公里／小時	年份	公里／小時	年份
1 月	29.5	2018	19.0	1976
2 月	30.2	1986 1997 *	19.3	1978
3 月	27.1	1979 1994 *	16.9	1977
4 月	30.5	1996 *	15.9	1978
5 月	26.1	2019	13.5	1982
6 月	29.9	1994 *	14.1	1991 *
7 月	31.2	1992 *	14.5	1975
8 月	26.1	1995 *	12.8	2015
9 月	30.4	1976	10.7	1975
10 月	37.2	2020	17.6	2006
11 月	31.3	1981	21.9	1980
12 月	32.1	1975	21.3	1977
全年	37.2	2020 年 10 月	10.7	1975 年 9 月

注：* 代表數據不完整。
資料來源： 香港天文台數據。

表 3-12　1884 年至 2020 年颱風影響香港時天文台總部錄得的首 10 位最高 60 分鐘平均
　　　　風速的颱風統計表

排名	颱風	襲港時間	最高 60 分鐘逐時 平均風速（公里／小時）
1	無名	1896 年 7 月	135 東／北
2	溫黛	1962 年 9 月	133 北
2	癸卯風災	1923 年 8 月	133 東北偏北
4	無名	1936 年 8 月	130 東／北
5	丁丑風災	1937 年 9 月	120 東北／東
6	無名	1931 年 8 月	119 東／北
7	姬羅莉亞	1957 年 9 月	115 東北偏東
8	庚子風災	1900 年 11 月	113 東北偏北
9	無名	1884 年 9 月	111 東北偏東
9	無名	1929 年 8 月	111 東南

資料來源：　香港天文台數據。

表 3-13　1911 年至 1939 年、1947 年 4 月至 2020 年天文台總部、1953 年至 2020 年
　　　　橫瀾島錄得的各月絕對最大陣風紀錄統計表

月份	天文台總部錄得絕對最大陣風		橫瀾島錄得絕對最大陣風	
	公里／小時	日期	公里／小時	日期
1 月	96	1961 年 1 月 16 日	103	1955 年 1 月 15 日
2 月	103	1960 年 2 月 11 日 1980 年 2 月 27 日	110	1955 年 2 月 19 日
3 月	108	1934 年 3 月 21 日	103	1960 年 3 月 31 日
4 月	106	1965 年 4 月 11 日	135	1990 年 4 月 11 日
5 月	166	1961 年 5 月 19 日	140	1964 年 5 月 28 日
6 月	191	1960 年 6 月 9 日	194	1960 年 6 月 9 日
7 月	151	1966 年 7 月 13 日	158	1973 年 7 月 16 日
8 月	224	1971 年 8 月 17 日	209	1968 年 8 月 21 日
9 月	259	1962 年 9 月 1 日	234	1999 年 9 月 16 日
10 月	175	1964 年 10 月 13 日	184	1964 年 10 月 13 日
11 月	155	1954 年 11 月 6 日	175	1954 年 11 月 6 日
12 月	104	1950 年 12 月 9 日	108	1991 年 12 月 28 日
全年	259	1962 年 9 月 1 日	234	1999 年 9 月 16 日

資料來源：　香港天文台數據。

圖 3-61　1991 年至 2020 年天文台錄得的雨量及降雨日數的月平均值統計圖

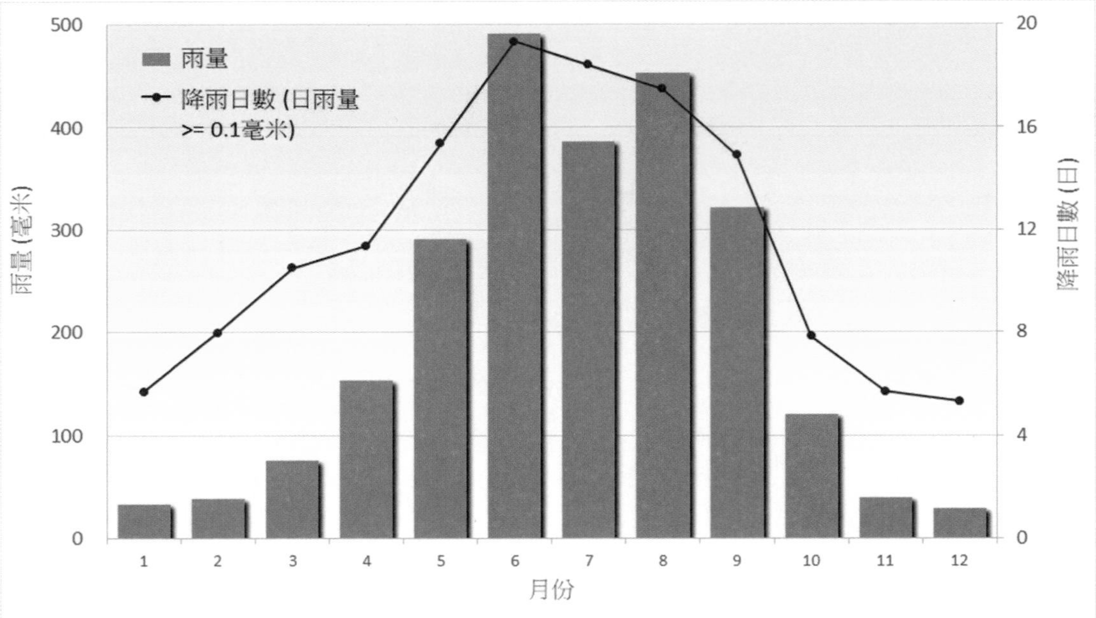

降雨日數為降雨量大過或等於微量報告日數。（資料來源：香港天文台）

五、降雨：雨量與降雨率

1. 概況

香港年雨量正常值為 2,431.2 毫米，全年有 139.9 天降雨。雨季在 5 月至 9 月，佔了全年雨量大約 80%。6 月和 8 月是最多雨量的月份，降雨日數亦最多；而 1 月和 12 月雨量最少，降雨日數亦較少（見圖 3-61）。

1884 年至 2020 年間，1963 年雨量最少，只有 901.1 毫米，是唯一雨量不足 1000 毫米的一年；1997 年雨量最多，達 3,343.0 毫米，年雨量超過 3000 毫米的還有 1982 年（3,247.5 毫米）、2005 年（3,214.5 毫米）、1973 年（3,100.4 毫米）、2001 年（3,091.8毫米）、2008 年（3,066.2 毫米）、1889 年（3,041.8 毫米）、1975 年（3,028.7 毫米）和 2016 年（3,026.8 毫米）。

每年平均有 13.4 天日雨量達 50 毫米或以上，在 5 月至 9 月佔了 11.2 天；每年平均有 4.2天日雨量達 100 毫米或以上，在 5 月至 9 月佔了 3.6 天。

1884 年有記錄以來分別共有 7 次和 14 次在天文台總部錄得每小時 100 毫米或以上和日雨量 300 毫米或以上的暴雨（見表 3-14，表 3-15），全部都在 5 月至 9 月的雨季出現。表3-16 列出 1884 年有記錄以來天文台總部最高的 10 個 24 小時雨量記錄個案。

2. 特徵

香港的多山地理環境，導致各區的每年平均雨量差別頗大（見圖 3-62），高山地區雨量較多，而較平坦的新界西北部和南部離島雨量較少，相差可以超過 1000 毫米。大雨的分布也差不多，在高山地區日雨量 50 毫米或以上的日數比新界西北部和南部離島多（見圖 3-63）。

表 3-14　1884 年至 2020 年天文台總部錄得每小時 100 毫米或以上的暴雨紀錄統計表

排名	日期	時間	1 小時雨量（毫米）
1	2008 年 6 月 7 日	上午 8 時至 9 時	145.5
2	2006 年 7 月 16 日	上午 2 時至 3 時	115.1
3	1992 年 5 月 8 日	上午 6 時至 7 時	109.9
4	1966 年 6 月 12 日	上午 7 時至 8 時（夏令時間）	108.2
5	1989 年 5 月 2 日	中午 12 時至下午 1 時	104.8
6	1926 年 7 月 19 日	上午 3 時至 4 時	100.7
7	1968 年 6 月 13 日	上午 3 時至 4 時（夏令時間）	100.0

資料來源：　香港天文台數據。

表 3-15　1884 年至 2020 年天文台總部錄得日雨量 300 毫米或以上的暴雨紀錄統計表

排名	日期	日雨量（毫米）
1	1926 年 7 月 19 日	534.1
2	1889 年 5 月 30 日	520.6
3	1998 年 6 月 9 日	411.3
4	1966 年 6 月 12 日	382.6
5	1983 年 6 月 17 日	346.7
6	1886 年 7 月 15 日	342.3
7	1982 年 8 月 16 日	334.2
8	1965 年 9 月 27 日	325.5
9	1992 年 5 月 8 日	324.1
10	1989 年 5 月 20 日	322.8
11	1985 年 6 月 12 日	320.9
12	1989 年 5 月 29 日	320.6
13	2008 年 6 月 7 日	307.1
14	2005 年 8 月 20 日	303.3

資料來源：　香港天文台數據。

表 3-16　1884 年至 2020 年天文台總部最高 10 個 24 小時雨量紀錄個案統計表

24 小時雨量紀錄排名	日期	終止時間	24 小時雨量（毫米）
1	1889 年 5 月 30 日	上午 6 時	697.1
11	1926 年 7 月 19 日	下午 3 時	552.2
28	1998 年 6 月 9 日	下午 6 時	428.4
32	2008 年 6 月 7 日	上午 11 時	417.6
34	2005 年 8 月 20 日	下午 6 時	416.4
35	1976 年 8 月 25 日	上午 11 時（夏令時間）	416.2
40	1923 年 10 月 31 日	上午 9 時	408.8
47	1966 年 6 月 12 日	中午 12 時（夏令時間）	401.2
50	1982 年 5 月 29 日	上午 10 時	394.3
58	1989 年 5 月 21 日	上午 5 時	387.8

注：24 小時雨量紀錄排名以小時計算，計算該時點過去 24 小時雨量。每個案日期有多於 1 個排名記錄。
資料來源：　香港天文台數據。

圖 3-62　1991 年至 2020 年香港平均年雨量分布統計圖

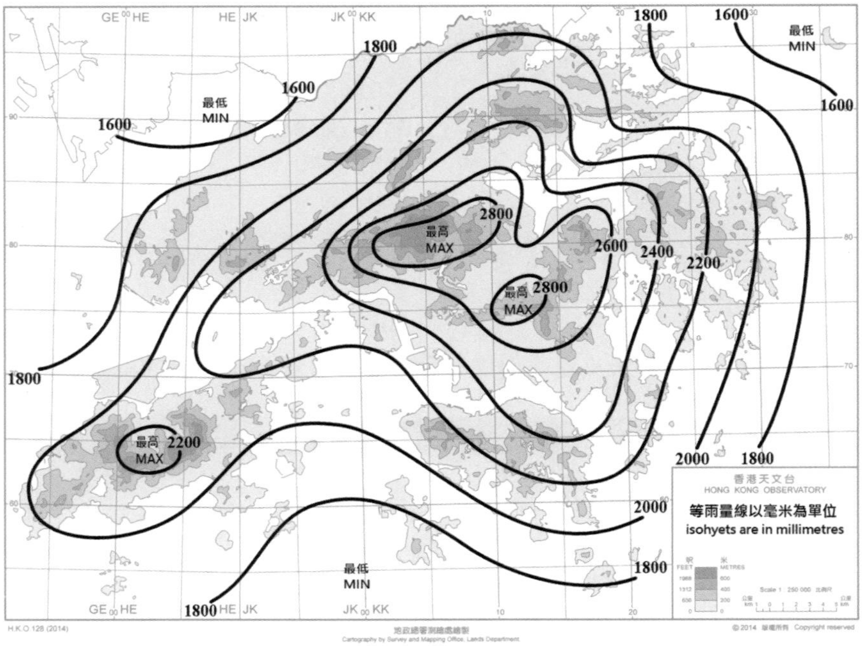

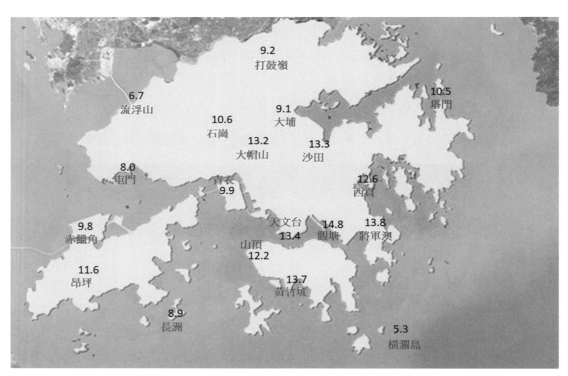

資料來源：　香港天文台。

圖 3-63　1991 年至 2020 年香港分區氣候 ── 平均每年日雨量 50 毫米或以上日數統計圖

資料來源：　香港天文台。

3. 雨季特殊天氣現象

香港的大雨經常伴隨着閃電和狂風雷暴,冰雹、水龍捲和龍捲風亦偶有出現。

天文台總部每年平均分別有 55.4 日和 42.3 日出現閃電和雷暴,超過 85% 在 5 月至 9 月出現(見圖 3-64)。1947 年至 2020 年間,2014 年雷暴日數及閃電日數最多,分別有 59 日及 72 日。

2006 年至 2020 年,香港境內每平方公里的年平均雲對地閃電次數普遍介乎 10 次至 20 次(見圖 3-65)。

圖 3-64　1991 年至 2020 年天文台總部有閃電及雷暴日數的月平均值統計圖

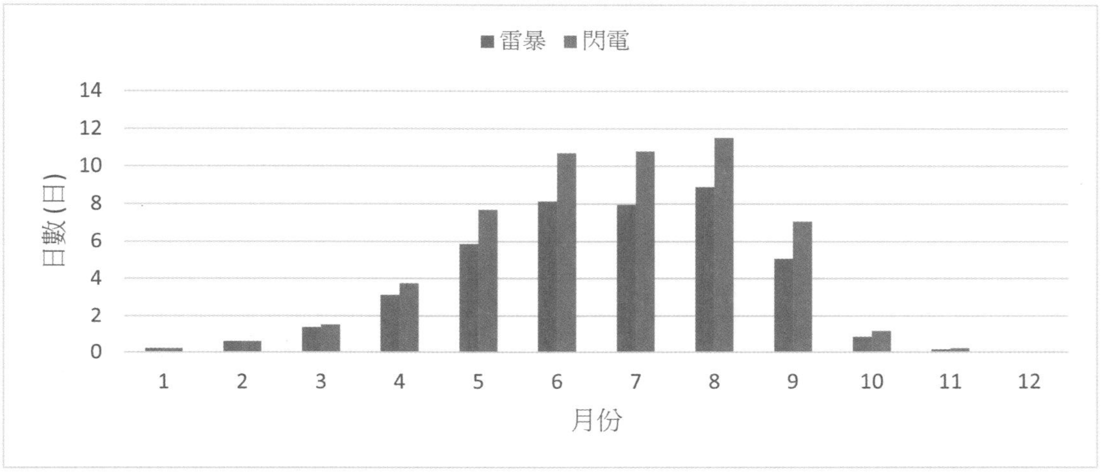

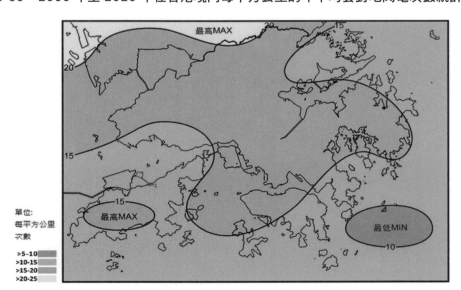

資料來源:　香港天文台歷年氣候資料。

圖 3-65　2006 年至 2020 年在香港境內每平方公里的年平均雲對地閃電次數統計圖

資料來源:　香港天文台。

1967 年至 2020 年，香港共有 40 天有落雹報告，最多在 3 月和 4 月，分別有 11 天和 14 天（見圖 3-66）；1983 年 3 月最多，有四天落雹。

圖 3-66　1967 年至 2020 年香港錄得的每月總落雹報告日數統計圖

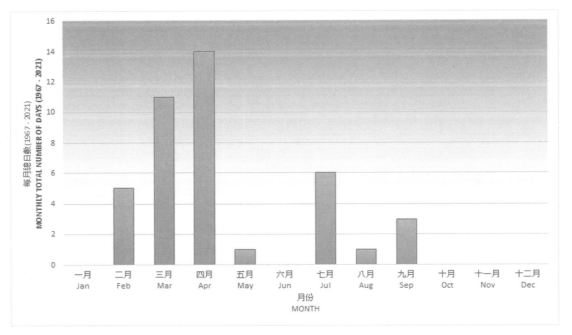

資料來源：　香港天文台。

圖 3-67　1959 年至 2020 年香港錄得的每月總水龍捲報告日數統計圖

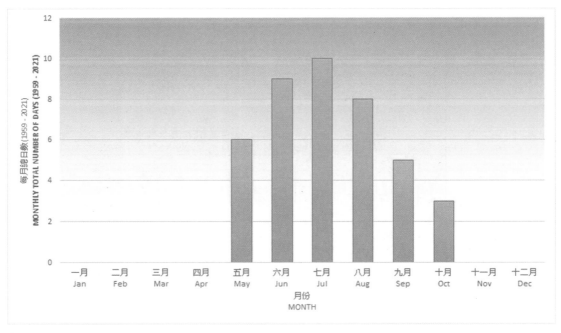

資料來源：　香港天文台。

1959 年至 2020 年，共有 40 天香港水域內有水龍捲報告，主要集中在 5 月至 9 月（見圖 3-67）；2003 年 7 月最多，有四天出現水龍捲。其中五個水龍捲有造成人命傷亡或破壞。上述香港水域出現水龍捲報告的日期、時間、地點等資料列於表 3-17。

表 3-17　1959 年至 2020 年香港水龍捲報告情況表

日期	時間 （香港時間）	地點	持續時間	移動方向	備註
1959 年 9 月 19 日	下午 6 時 30 分 （夏令時間）	香港水域	不詳	不詳	不適用
1972 年 6 月 4 日	下午 2 時 30 分 （夏令時間）	大浪灣	3 分鐘至 5 分鐘	向北移動	不適用
1973 年 9 月 30 日	日間	龍蝦灣	不詳	不詳	不適用
1975 年 5 月 11 日	下午 12 時 30 分 （夏令時間）	西博寮海峽	15 分鐘	向東北移動	不適用
1975 年 6 月 19 日	上午 8 時 30 分 （夏令時間）	藍塘海峽	不詳	向西北移動	不適用
1975 年 6 月 29 日	下午 2 時 24 分 （夏令時間）	大澳以北	不詳	不詳	不適用
1977 年 5 月 21 日	上午 10 時 25 分	后海灣	1 分鐘	不詳	不適用
1978 年 6 月 27 日	下午 4 時 30 分 至 5 時 5 分 （夏令時間）	赤柱半島以南、 黃麻角與南灣頭洲 之間、海洋公園	不詳	不詳	三個水龍捲
1978 年 7 月 11 日	上午 9 時 （夏令時間）	龍鼓洲	15 分鐘	向東北偏北 移動	兩個水龍捲
1978 年 9 月 15 日	下午 4 時 40 分 （夏令時間）	尖鼻咀	2 分鐘	不詳	不適用
1980 年 10 月 18 日	下午 12 時 30 分	索罟洲	不詳	不詳	不適用
1982 年 8 月 18 日	上午 7 時 15 分	青衣島南灣	5 分鐘	不詳	不適用
1983 年 9 月 9 日	上午 10 時	火藥洲附近	1 分鐘	不詳	不適用
1984 年 6 月 24 日	下午 2 時 20 分 至 2 時 30 分	西博寮海峽、 香港仔附近	不詳	不詳	不適用

（續上表）

日期	時間 （香港時間）	地點	持續時間	移動方向	備註
1985 年 9 月 21 日	上午 9 時 35 分 至 9 時 50 分	黃麻角以南	不詳	向西移動	不適用
1986 年 8 月 21 日	下午 9 時左右	高流灣、塔門 以南	不詳	不詳	當晚亦有龍捲 風經過香港仔
1987 年 5 月 16 日	下午 1 時 30 分	美孚新邨附近 荔枝角對開海面	不詳	不詳	不適用
1988 年 8 月 16 日	正午 12 時左右	鴨脷洲東南 對開海面	不詳	不詳	不適用
1992 年 8 月 9 日	約下午 2 時 45 分	香港水域南部	不詳	不詳	不適用
2001 年 7 月 1 日	下午 12 時 50 分至 12 時 55 分	石澳	不詳	由東南向西北 移動	不適用
2003 年 7 月 1 日	約上午 7 時 30 分	石鼓洲附近	不詳	不詳	不適用
2003 年 7 月 6 日	中午到下午 1 時	大嶼山以南	不詳	不詳	不適用
2003 年 7 月 9 日	上午 8 時 30 分	香港國際機場以西 約 30 公里	約 40 分鐘	不詳	不適用
2003 年 7 月 31 日	約上午 7 時 45 分	香港國際機場西南 約 25 至 30 公里	約 20 分鐘	不詳	同時觀測到另 外三個漏斗雲
2005 年 5 月 10 日	上午 3 時至 3 時 30 分	柴灣	不到 30 分鐘	不詳	不適用
2005 年 5 月 27 日	約下午 6 時 31 分	大嶼山銀礦灣 泳灘	不詳	移向喜靈洲	不適用
2005 年 7 月 3 日	約上午 10 時 15 分	浪茄附近水域	約 3 分鐘至 4 分鐘	從水面向陸地 移動	不適用
2005 年 8 月 13 日	約下午 4 時 50 分	大澳	不詳	不詳	不適用
2009 年 8 月 19 日	上午 7 時至 8 時	赤柱（蒲台島 對開海面）	約 10 分鐘	不詳	不適用
2010 年 7 月 22 日	約下午 4 時 30 分	小西灣附近	不詳	不詳	不適用
2010 年 7 月 27 日	上午 8 時 30 分 至 9 時	后海灣下白泥 附近	10 分鐘	不詳	最少有三個 水龍捲
2014 年 8 月 12 日	下午 6 時	南丫島和香港仔 之間	不詳	不詳	不適用
2014 年 10 月 3 日	上午 11 時 30	石壁附近	不詳	不詳	不適用
2015 年 7 月 22 日	約上午 8 時	交椅洲附近	不詳	不詳	不適用
2015 年 10 月 7 日	上午 6 時 30 分	清水灣附近	約 3 分鐘	不詳	不適用

（續上表）

日期	時間 （香港時間）	地點	持續時間	移動方向	備註
2018 年 6 月 7 日	約下午 6 時 45 分	長洲東灣之 東北偏北	30 秒	不詳	不適用
2018 年 6 月 12 日	約上午 8 時 50 分	果洲群島附近	不詳	不詳	不適用
2018 年 6 月 22 日	約上午 8 時 57 分	長洲以西	約 5 分鐘	不詳	不適用
2018 年 8 月 29 日	約上午 11 時	汀九橋和麗都灣 泳灘之間	不詳	不詳	不適用
2020 年 6 月 8 日	約上午 10 時	香港國際機場 附近	不詳	不詳	不適用

資料來源： 香港天文台數據。

1982 年至 2020 年，香港共有 10 天有龍捲風報告，其中 8 個龍捲風都有造成人命傷亡或破壞。上述香港出現龍捲風報告的日期、時間、地點等資料列於表 3-18。

表 3-18　1982 年至 2020 年龍捲風報告情況表

日期	時間	地點	備註
1982 年 6 月 2 日	上午 10 時 30 分至 11 時	元朗	當天香港受雷暴天氣影響。 是 1884 年有記錄以來第一個香港的龍捲風報告。 龍捲風經過白泥、羅屋村、橫洲、紅毛橋，在大江埔附近消散。
1983 年 9 月 9 日	下午 1 時 15 分	新田石湖圍新村	當天香港受超強颱風愛倫影響。 是第一個於颱風過境香港期間的龍捲風報告。
1986 年 5 月 11 日	約正午	元朗流浮山	當天香港受暴雨及雷暴天氣影響，天文台總部於該日錄得 127.7 毫米雨量。
1986 年 8 月 21 日	約下午 9 時	香港仔	颱風韋茵第二次影響香港之後出現，當晚香港受黃昏雷暴影響。
1994 年 5 月 17 日	約下午 4 時	粉嶺	當日下午新界北部受強烈雷暴影響。
2002 年 5 月 20 日	下午 8 時 30 分至 9 時 30 分	赤鱲角東部	當天香港受強烈東南季候風及雷暴天氣影響。
2004 年 5 月 8 日	上午 7 時至 7 時 30 分	相思灣及香港 東部的橫洲	當天香港廣泛地區受大雨及雷暴天氣影響，黑色暴雨警告於上午 7 時 20 分發出。
2004 年 9 月 6 日	約下午 5 時 55 分	香港國際機場	當天香港受雷雨天氣影響。
2005 年 10 月 28 日	約上午 11 時 20 分	香港國際機場	當天香港普遍吹東風，龍捲風出現時機場受偏西海風影響。
2020 年 9 月 25 日	約下午 4 時 20 分至 4 時 40 分	香港國際機場 附近	當時一股偏東氣流剛抵達赤鱲角機場，與原本的西風匯合，產生渦旋，形成龍捲風。

資料來源： 香港天文台數據。

4. 特大降雨天氣事件

以下為 1884 年至 2020 年於天文台總部 1 小時錄得 100 毫米或以上雨量、連續三天或以上錄得日雨量超過 100 毫米，以及單日雨量超過 500 毫米的特大降雨天氣。

1889 年 5 月 29 日及 30 日連續兩天受低壓槽帶來的暴雨及雷暴影響，這兩天的日雨量分別為 320.6 毫米和 520.6 毫米。1889 年 5 月 30 日上午 6 時錄得的 24 小時總雨量為 697.1 毫米，上午 5 時錄得的 4 小時總雨量及 3 小時總雨量分別為 302.3 毫米及 243.9 毫米，皆是 1884 年至 2020 年的最高紀錄。

受汕頭附近登陸颱風殘餘相關的一股活躍西南氣流影響，1926 年 7 月 19 日早上香港出現滂沱大雨及雷暴。暴雨在午夜後開始侵襲香港，凌晨時分雨勢最大。早上約 4 時錄得每小時雨量為 100.7 毫米。早上 9 時錄得的 6 小時總雨量為 430.6 毫米，下午 1 時錄得的 12 小時總雨量為 526.7 毫米，當日的總雨量為 534.1 毫米，三者均是 1884 年至 2020 年的最高紀錄。

1959 年 6 月雨量達 913.7 毫米，其中 80% 於該月的 12 日至 15 日錄得，該四天的日雨量分別為 97.1 毫米、175.5 毫米、181.7 毫米和 270.3 毫米。

1966 年 6 月，香港受低壓槽影響，天氣不穩定及持續下雨，除 26 日外，天文台在其餘 29 天均有錄得降雨量。1966 年 6 月整月雨量達 962.9 毫米，創下了當時 6 月份最高雨量紀錄。12 日早上，一個強雷雨區影響香港，天文台於上午 7 時至 8 時（夏令時間）期間，錄得雨量 108.2 毫米，當日總雨量亦達 382.6 毫米。

1968 年 6 月 12 日和 13 日受暴雨影響，日雨量分別錄得 126.2 毫米和 200.0 毫米，其中 6 月 13 日上午 3 時至 4 時（夏令時間）錄得 100.0 毫米。

1972 年 6 月 16 日至 18 日連日大雨，3 日的日雨量分別為 205.9 毫米、213.8 毫米和 232.6 毫米，3 日總降雨量達 652.3 毫米。連續 3 日均錄得超過 200 毫米的日雨量，是 1884 年至 2020 年的唯一一次。

1989 年 5 月 2 日受一道低壓槽影響出現連場狂雷暴雨，由上午 8 時至下午 2 時共錄得 204.3 毫米雨量，中午 12 時至下午 1 時雨勢最大，錄得 104.8 毫米雨量。

1992 年 5 月 8 日清晨，與低壓槽相關的強雷雨區影響香港，上午 6 時至 7 時雨勢最大，錄得 109.9 毫米雨量，全日共錄得 324.1 毫米雨量。

1994 年 7 月雨量為 1,147.2 毫米，是 1884 年至 2020 年最多雨的 7 月，其中 22 日至 24 日的日雨量分別為 297.0 毫米、195.1 毫米和 119.1 毫米。

1999 年 8 月 23 日，颱風森姆離開香港後，與其相關聯的西南強風為香港帶來暴雨。8 月 23 日上午 6 時 13 分，天文台發出黑色暴雨警告信號，至中午 12 時改發黃色暴雨警告信號。8 月 24 日上午 4 時 35 分，天文台再次發出黑色暴雨警告信號，直到上午 10 時 56 分取消。天文台於 8 月 22 日至 24 日錄得的日雨量分別為 157.9 毫米、207.4 毫米和 174.9 毫米。森姆為香港帶來的總雨量（即熱帶氣旋在出現於香港 600 公里範圍內至其消散或離開香港 600 公里範圍之後 72 小時期間，天文台錄得的雨量）為 616.5 毫米，打破了 1926 年由另一熱帶氣旋所創的 597.0 毫米紀錄，成為自 1884 年有記錄以來為香港帶來最多雨量的熱帶氣旋。

2006 年 7 月 15 日，本港受活躍西南季候風影響，持續有驟雨，7 月 16 日清晨更有大雨及狂風雷暴。午夜至早上 5 時，天文台於港島、九龍、長洲及將軍澳錄得超過 150 毫米雨量。早上 2 時 50 分至 5 時，天文台發出黑色暴雨警告信號。早上 2 時至 3 時，天文台錄得 115.1 毫米雨量，打破 1992 年 5 月 8 日早上 6 時至 7 時錄得的 109.9 毫米雨量紀錄。

2008 年 6 月，香港受大雨及狂風雷暴影響，錄得雨量為 1,346.1 毫米，是 1884 年至 2020 年最高月雨量。6 月 7 日早上，廣闊的雷雨帶為香港帶來暴雨，天文台於早上 6 時 40 分發出黑色暴雨警告信號，維持 4 小時 20 分。當日上午 8 時至 9 時及上午 8 時至 10 時，天文台分別錄得 145.5 毫米及 190.5 毫米雨量，是 1884 年至 2020 年最高的 1 小時及 2 小時雨量。

5. 極端值

天文台總部錄得的各月絕對最高雨量和京士柏錄得的各月絕對最高瞬時降雨率紀錄列於表 3-19。

表 3-19　1884 年至 1939 年、1947 年至 2020 年天文台總部錄得的各月絕對最高雨量與最低雨量，以及 1952 年 6 月 11 日至 2020 年 12 月 31 日京士柏氣象站錄得的各月絕對最高瞬時降雨率紀錄統計表

月份	最高時雨量		最高日雨量		最高月 / 年雨量		最低月 / 年雨量		京士柏錄得最高降雨率[#]	
	毫米	日期	毫米	日期	毫米	年份	毫米	年份	毫米 / 小時	日期
1 月	37.0	5/1/2016	99.8	26/1/1887	266.9	2016	0.0	1914	168	23/1/1964
2 月	31.9	23/2/1990	94.1	7/2/2010	241.0	1983	0.0	1911	244	23/2/1990
3 月	56.0	30/3/2014	130.0	23/3/2002	428.0	1983	1.1	1971	320[*]	24/3/2009
4 月	92.4	30/4/1975	237.4	19/4/2008	547.7	2000	6.0	1994	330	9/4/2001
5 月	109.9	8/5/1992	520.6	30/5/1889	1,241.1	1889	6.0	1963	>=347	11/5/1972
6 月	145.5	7/6/2008	411.3	9/6/1998	1,346.1	2008	59.7	1901	320[*]	7/6/2008
7 月	115.1	16/7/2006	534.1	19/7/1926	1,147.2	1994	76.9	2007	329	31/7/1995
8 月	82.1	2/8/1979	334.2	16/8/1982	1,090.1	1995	44.2	1933	320[*]	3/8/1955

（續上表）

月份	最高時雨量		最高日雨量		最高月 / 年雨量		最低月 / 年雨量		京士柏錄得 最高降雨率[#]	
	毫米	日期	毫米	日期	毫米	年份	毫米	年份	毫米 / 小時	日期
9 月	84.0	22/9/1948	325.5	27/9/1965	844.2	1952	16.3	1902	314	3/9/1973 29/9/1981
10 月	78.7	19/10/2016	292.2	31/10/1923	718.4	1974	0.0	1979	301	13/10/1964
11 月	46.6	3/11/2008	149.2	17/11/1897	224.2	1914	微量	1924 1971 1983 2019	144	24/11/2013
12 月	51.7	9/12/1931	177.3	2/12/1974	206.9	1974	0.0	1909	147	29/12/1992
全年	145.5	7/6/2008	534.1	19/7/1926	3,343.0	1997	901.1	1963	>=347	11/5/1972

注： [#] 1952 年至 2015 年使用查迪型雨量計，由 2016 年開始使用秤重式雨量計。
[*] 代表測量器的上限。
大老山於 1971 年 8 月 17 日 7 時 30 分錄得（查迪型雨量計）香港最高瞬時降雨率 513 毫米 / 小時。
資料來源： 香港天文台數據。

六、雲量、霧、煙霞、低能見度

1. 雲量

香港年平均雲量為 68%，其中 3 月、4 月和 6 月的雲量較多，月平均值為 77%，12 月雲量最少，月平均值只有 57%（見圖 3-68）。

1884 年至 2020 年，以單月計算，1920 年 2 月和 1931 年 2 月這兩個月的雲量最多，達 98%，而 1893 年 11 月的雲量最少，只有 9%。如以整年計算，1920 年、1931 年、1935 年和 2012 年的雲量最多，均達 74%，而 1963 年最少，只有 52%。

2. 霧

霧是指水汽凝結令能見度只有 1000 米或以下，而當能見度在 100 米或以下則稱為濃霧。根據天文台總部的觀測數據，平均每年有 3.7 日有霧和 0.2 日有濃霧，多在 2 月至 4 月出現，平均有霧日數分別為 1.1 日、1.47 日和 0.83 日，平均濃霧日數均為 0.07 日（見圖 3-69）。

1947 年至 2020 年間，1947 年是有霧日數最多的一年，達 23 日有霧，其中 7 日出現濃霧，亦是同期濃霧日數最多的一年。同一時期只有 1960 年、1963 年、1996 年和 2007 年沒有霧（見圖 3-70）。按圖 3-70 顯示，1947 年至 2020 年每年的有霧日數和濃霧日數都有減少趨勢。2000 年後，濃霧僅在 2012 年 2 月 24 日一天出現。

1968 年至 2020 年，天文台總部共有 12 日錄得濃霧（見表 3-20），當中能見度最低者為 1995 年 3 月 22 日的 80 米。

圖 3-68　1991 年至 2020 年香港雲量月平均值統計圖

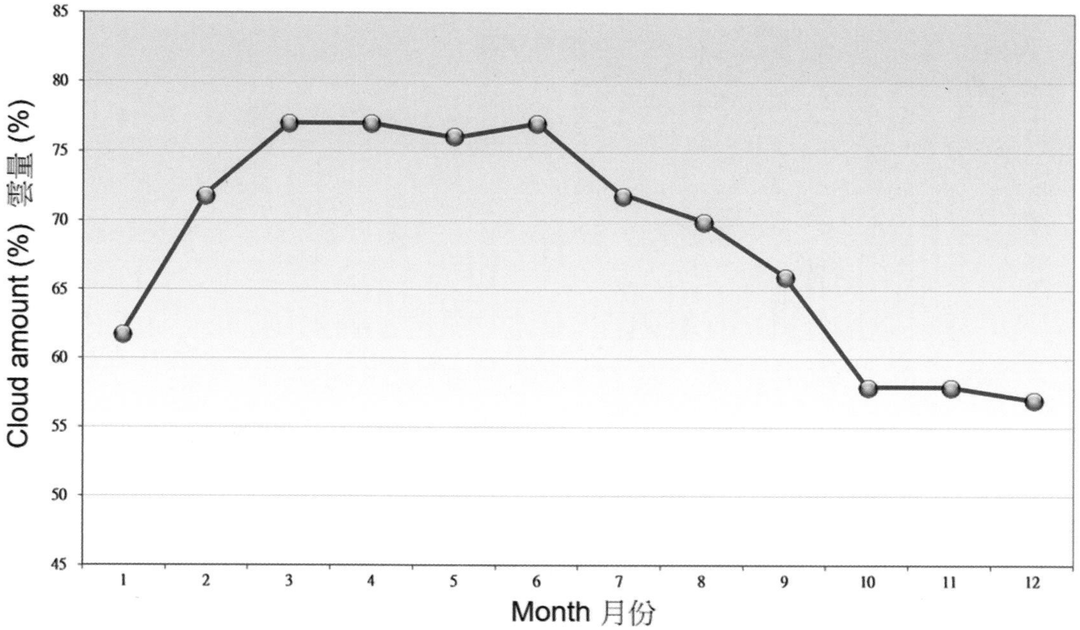

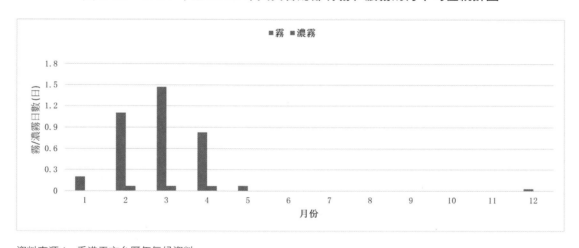

資料來源：　香港天文台歷年氣候資料。

圖 3-69　1991 年至 2020 年天文台總部有霧和濃霧的月平均值統計圖

資料來源：　香港天文台歷年氣候資料。

3. 煙霞

煙霞是指能見度在 5000 米或以下、同時相對濕度低於 95% 的天氣現象，情況嚴重時能
見度也可以頗低。天文台總部每年平均錄得 11.6 日有煙霞，其中 1 月最多，月平均有 2.5
日，7 月最少，月平均有 0.5 日（見圖 3-71）。

1968 年至 2020 年間，天文台總部共有 14 天錄得能見度 2000 米或以下的煙霞，當

圖 3-70　1947 年至 2020 年天文台總部全年有霧日數及濃霧日數統計圖

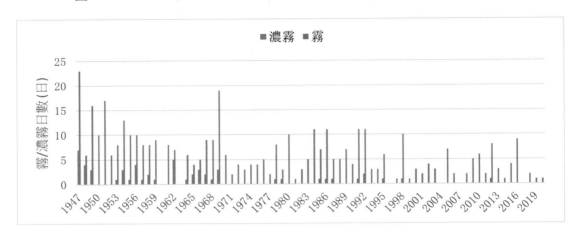

資料來源：　香港天文台歷年氣候資料。

表 3-20　1968 年至 2020 年天文台總部錄得濃霧紀錄統計表

日期	能見度（米）
1995 年 3 月 22 日	80
1968 年 3 月 7 日	100
1969 年 4 月 20 日	100
1969 年 4 月 22 日	100
1978 年 4 月 11 日	100
1979 年 4 月 8 日	100
1985 年 3 月 3 日	100
1986 年 4 月 15 日	100
1987 年 3 月 31 日	100
1991 年 2 月 14 日	100
1992 年 4 月 1 日	100
1992 年 4 月 11 日	100

資料來源：　香港天文台數據。

中 1968 年 1 月 13 日及 2009 年 1 月 22 日的煙霞最嚴重，能見度只有 1500 米（見表 3-21）。

根據 1997 年至 2020 年觀測數據，香港國際機場平均每年有 41.3 日觀測到煙霞，1 月最多，月平均有 8.1 日，6 月最少，月平均有 0.6 日（見圖 3-71）。

4. 低能見度

低能見度是指能見度低於 8 公里、同時相對濕度低於 95%，不包括出現霧、薄霧[2] 或降

2　薄霧是指水汽凝結令能見度在 1000 米至 5000 米之間。

圖 3-71　天文台總部 1991 年至 2020 年及香港國際機場 1997 年至 2020 年每月錄得煙霞的平均日數統計圖

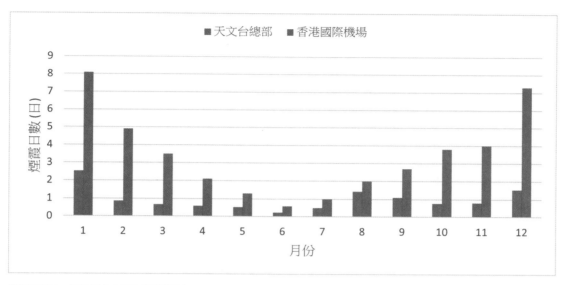

資料來源：　香港天文台歷年氣候資料。

表 3-21　1968 年至 2020 年天文台總部錄得能見度 2000 米或以下的煙霞紀錄統計表

日期	能見度（米）
1968 年 1 月 13 日	1500
2009 年 1 月 22 日	1500
1999 年 1 月 19 日	1800
2003 年 11 月 2 日	1800
1999 年 9 月 20 日	1900
2019 年 1 月 12 日	1900
1970 年 5 月 1 日	2000
1974 年 2 月 20 日	2000
1990 年 2 月 11 日	2000
1996 年 1 月 22 日	2000
2002 年 9 月 6 日	2000
2003 年 12 月 31 日	2000
2010 年 3 月 22 日	2000
2018 年 1 月 22 日	2000

資料來源：　香港天文台數據。

水。天文台總部平均每年有 825.8 小時觀測到低能見度的情況，當中 1 月最多，月平均有
142.9 小時，6 月最少，月平均只有 11.5 小時（見圖 3-72）。根據 1997 年至 2020 年的
觀測數據，香港國際機場的年平均低能見度時數為 1,111.5 小時，當中 1 月最多，月平均
有 213.6 小時，7 月最少，月平均有 12.5 小時。

**圖 3-72　天文台總部 1991 年至 2020 年和香港國際機場 1997 年至 2020 年錄得的平均
每月低能見度時數統計圖**

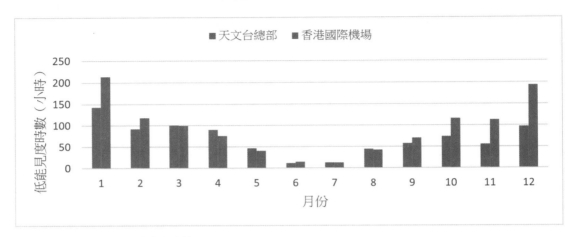

資料來源：　香港天文台歷年氣候資料。

1968 年至 2020 年，天文台總部只有 3 個小時（1969 年 1 個小時、1972 年 2 個小時）
觀測到 1500 米以下的比較嚴重低能見度的情況。香港國際機場方面，由 1997 年至 2020
年共有 38 個小時，其中 1999 年最多，共有 16 小時。

七、太陽輻射

1. 概況

香港位處北半球，接近北回歸線，太陽仰角和照射時間有明顯的季節變化，是影響香港太
陽輻射量和紫外線強度的主要因素，其他影響因素包括雲量、雨、霧、大氣的懸浮粒子、
煙霞、臭氧等。

太陽輻射量可分為太陽總輻射量、太陽直接輻射量和太陽漫射輻射量。太陽光從太陽到達
地球表面的過程中，有部分直接穿越大氣層到達地面，稱為太陽直接輻射。其餘的太陽光
因被大氣中的空氣分子、水蒸氣及懸浮粒子、或者建築物所散射或反射，而以間接的路徑
抵達地面，稱為太陽漫射輻射。太陽總輻射是指所有到達地面的太陽光，即太陽直接輻射
及太陽漫射輻射的總和。

太陽釋放不同能量或波長的紫外線，包括紫外線 A（315 納米至 400 納米）、紫外線 B（280
納米至 315 納米）和紫外線 C（100 納米至 280 納米）。由於所有紫外線 C 被大氣層所吸
收，因此到達地面的只有紫外線 A 和紫外線 B，當中超過 98% 為紫外線 A，紫外線 B 只佔
不足 2%。世界衛生組織界定的紫外線指數（見表 3-22）是量度太陽紫外線對人類皮膚可
能造成的傷害。紫外線指數愈高，皮膚及眼睛受傷的機會愈高，造成傷害所需的時間也愈
短。香港夏季，紫外線指數在陽光充沛的日子通常可上升至超過 10。

表 3-22　世界衞生組織界定的紫外線指數及其對應的曝曬級數情況表

紫外線指數	曝曬級數
0-2	低
3-5	中
6-7	高
8-10	甚高
>=11	極高

資料來源：　香港天文台數據。

2. 日照時數

根據京士柏氣象站的測量結果，香港年平均日照時數為 1,829.3 小時，年平均日照百分比為 41%。月際變化方面，呈現上半年少下半年多的情況（見圖 3-73），7 月至 12 月的月平均值都在 160.0 小時以上，其中 7 月和 10 月最多，分別達 197.3 小時和 197.8 小時，另 10 月的日照百分比達 55%，是全年最高。1 月至 6 月的日照時數較少，2 月和 3 月分別只有 101.7 小時和 100.0 小時，其中 3 月的日照百分比僅 27%，是全年最低。

1961 年至 2020 年，京士柏氣象站共有 14 年錄得年總日照時數超過 2,000.0 小時，其中 1963 年最多，錄得 2,469.7 小時（見表 3-23）。另外共有 17 年錄得年總日照時數少過 1,800.0 小時，其中 2012 年最少，只有 1,551.2 小時（見表 3-24）。

1961 年至 2020 年，京士柏氣象站共有 9 個月錄得月總日照時數超過 280.0 小時（見表

圖 3-73　1991 年至 2020 年京士柏氣象站錄得的月平均日照時間統計圖

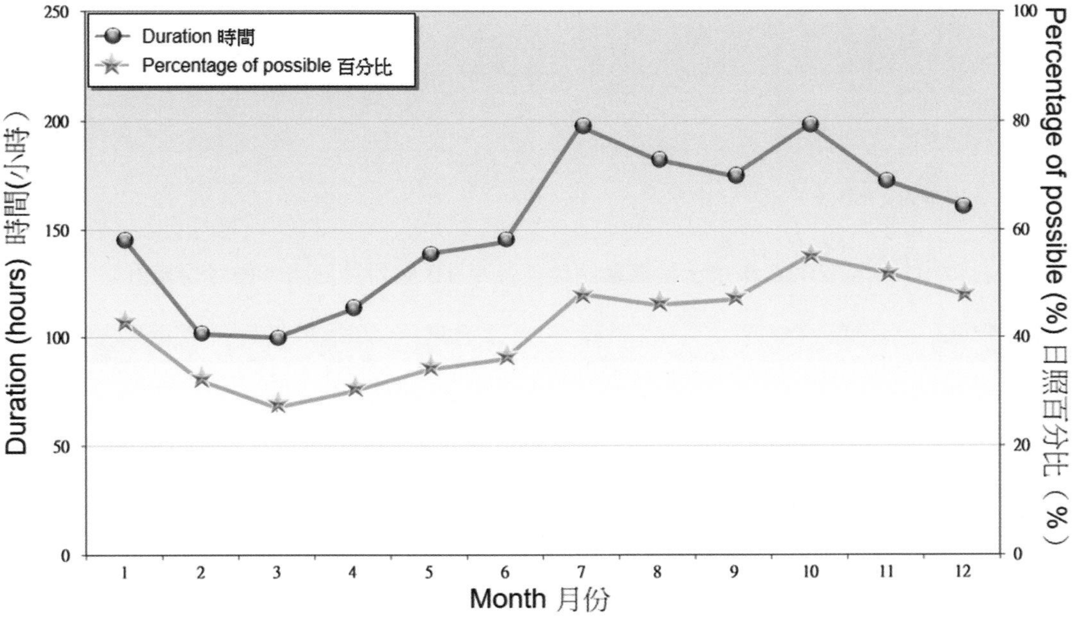

資料來源：　香港天文台。

3-25），最多在 1984 年 7 月，錄得 301.4 小時。另外共有 15 個月錄得月總日照時數少過 50.0 小時（見表 3-26），其中 1978 年 3 月最少，只有 21.7 小時。

表 3-23　1961 年至 2020 年京士柏氣象站錄得最高 10 個年總日照時數年份統計表

排名	年總日照（小時）	記錄年份
1	2,469.7	1963
2	2,395.4	1962
3	2,201.3	1977
4	2,116.6	1971
5	2,116.5	2003
6	2,114.8	1966
7	2,090.9	1967
8	2,072.6	1969
9	2,044.1	2004
10	2,029.6	1964

資料來源：　香港天文台數據。

表 3-24　1961 年至 2020 京士柏氣象站錄得最低 10 個年總日照時數年份統計表

排名	年總日照（小時）	記錄年份
1	1,551.2	2012
2	1,558.2	1997
3	1,567.8	2016
4	1,665.3	1998
5	1,701.9	1984
6	1,702.5	1994
7	1,709.3	2010
8	1,711.2	1985
9	1,713.4	1975
10	1,750.9	1973

資料來源：　香港天文台數據。

表 3-25　1961 年至 2020 年京士柏氣象站錄得最高 10 個月總日照時數月份統計表

排名	月總日照（小時）	記錄時期
1	301.4	1984 年 7 月
2	297.4	1979 年 10 月
3	297.0	1963 年 5 月
4	293.6	2003 年 7 月
5	289.5	1962 年 8 月
6	285.1	1962 年 7 月
7	283.7	1967 年 7 月

（續上表）

排名	月總日照（小時）	記錄時期
8	281.6	1964 年 7 月
9	280.6	1966 年 9 月
10	279.1	1961 年 10 月

資料來源：　香港天文台數據。

表 3-26　1961 年至 2020 年京士柏氣象站錄得最低 10 個月總日照時數月份統計表

排名	月總日照（小時）	記錄時期
1	21.7	1978 年 3 月
2	27.9	1985 年 2 月
3	31.2	1970 年 3 月
4	31.8	2010 年 2 月
5	33.3	1983 年 3 月
6	34.4	2005 年 2 月
7	36.5	1983 年 2 月
8	37.1	1988 年 3 月
9	37.6	1992 年 3 月
10	38.0	1979 年 3 月

資料來源：　香港天文台數據。

3. 太陽總輻射量、太陽直接輻射量和太陽漫射輻射量

根據京士柏氣象站的測量結果，香港的年平均日太陽總輻射量為每平方米 13.23 兆焦耳，季節性變化明顯（見圖 3-74），夏季比冬季高，5 月至 10 月的月平均日太陽總輻射量都在每平方米 14.00 兆焦耳以上，其中 7 月最高（每平方米 17.22 兆焦耳），而 2 月最低（每平方米 10.24 兆焦耳）。

1968 年至 2020 年間，[3] 京士柏氣象站於 1969 年 8 月錄得的月太陽總輻射量最高，全月為每平方米 702.24 兆焦耳（見表 3-27），即月平均日太陽總輻射量達每平方米 22.65 兆焦耳。1983 年 2 月錄得的太陽總輻射量最低，全月為每平方米 115.67 兆焦耳（見表 3-28），即月平均日太陽總輻射量只有每平方米 4.13 兆焦耳。

1968 年至 2020 年間，京士柏氣象站在 1972 年錄得的年太陽總輻射量最多，達每平方米 6,030.56 兆焦耳（見表 3-29）；1997 年最少，只有每平方米 4,314.23 兆焦耳（見表 3-30）。

3　京士柏氣象站於 1959 年 1 月開始使用雙金屬日射計進行太陽總輻射量觀測。1959 年至 1967 年間雙金屬日射計的測量靈敏度係數曾出現變化而作出修定，期後與於 1968 年 11 月安裝的圓頂熱電堆總輻射表比對後天文台再以另一個靈敏度係數全面修定 1959 年至 1967 年的太陽總輻射量數據。此外，雙金屬日射計於 1962 年超強颱風溫黛襲港時被毀，1962 年 9 月至 1963 年 12 月的總太陽輻射量需以京士柏氣象站量度的日照資料估計。考慮到 1959 年至 1967 年的數據可能有較大不確定性，氣候排名只使用 1968 年至 2020 年數據。1968 年至 1983 年期間，如當天沒有太陽輻射數據，會以日照數據估算當天的太陽總輻射量。

圖 3-74　1991 年至 2020 年京士柏氣象站錄得的月平均日太陽總輻射量統計圖

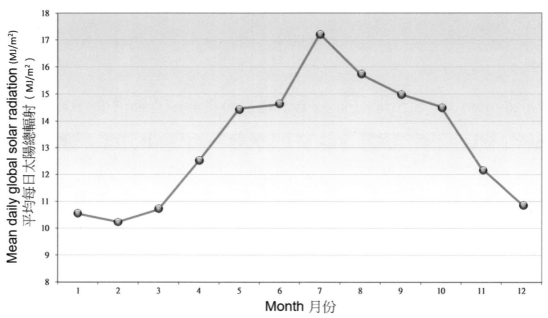

資料來源：　香港天文台。

表 3-27　1968 年至 2020 年京士柏氣象站錄得最高五個月太陽總輻射量月份統計表

排名	月太陽總輻射量 （每平方米焦耳，單位：兆）	記錄時期
1	702.24	1969 年 8 月
2	697.61	1978 年 7 月
3	679.67	1984 年 7 月
4	676.83	2020 年 7 月
5	675.17	2007 年 7 月

資料來源：　香港天文台數據。

表 3-28　1968 年至 2020 年京士柏氣象站錄得最低五個月太陽總輻射量月份統計表

排名	月太陽總輻射量 （每平方米焦耳，單位：兆）	記錄時期
1	115.67	1983 年 2 月
2	145.10	1985 年 2 月
3	149.38	1983 年 3 月
4	168.69	2005 年 2 月
5	176.87	2010 年 2 月

資料來源：　香港天文台數據。

表 3-29　1968 年至 2020 年京士柏氣象站錄得最高五個年太陽總輻射量年份統計表

排名	年太陽總輻射量 （每平方米焦耳，單位：兆）	記錄年份
1	6,030.56	1972
2	5,960.32	1971
3	5,663.62	1969
4	5,624.54	1970
5	5,623.91	1978

資料來源：　香港天文台數據。

表 3-30　1968 年至 2020 年京士柏氣象站錄得最低五個年太陽總輻射量年份統計表

排名	年太陽總輻射量 （每平方米焦耳，單位：兆）	記錄年份
1	4,314.23	1997
2	4,326.19	1983
3	4,414.45	2005
4	4,428.75	1982
5	4,457.40	1998

資料來源：　香港天文台數據。

根據京士柏氣象站 2009 年至 2020 年的測量結果，太陽直接輻射量的月際變化與日照時間相似（見圖 3-75），呈現上半年低下半年高的現象。7 月至 12 月的月平均日太陽直接輻射量都在每平方米 9.00 兆焦耳以上，最高在 7 月（每平方米 11.87 兆焦耳）；1 月至 6 月的月平均日太陽直接輻射量都在每平方米 9.00 兆焦耳以下，最低在 3 月（每平方米 4.68 兆焦耳）。2009 年至 2020 年期間，2019 年 11 月錄得的月平均日太陽直接輻射量最高，達每平方米 17.99 兆焦耳；2010 年 2 月錄得的月平均日太陽直接輻射量最低，只有每平方米 1.20 兆焦耳。

根據京士柏氣象站 2009 年至 2020 年的測量結果，太陽漫射輻射量的月際變化較接近太陽總輻射量（見圖 3-76），4 月至 9 月的月平均日太陽漫射輻射量都在每平方米 8.00 兆焦耳以上，最高在 5 月（每平方米 8.80 兆焦耳）；其他月份都在每平方米 8.00 兆焦耳以下，最低在 12 月（每平方米 5.42 兆焦耳）。2009 年至 2020 年期間，2016 年 5 月的月平均日太陽漫射輻射量最高，達每平方米 10.07 兆焦耳；2016 年 1 月的月平均日太陽漫射輻射量最低，只有每平方米 4.71 兆焦耳。

4. 紫外線指數

根據京士柏氣象站 2000 年至 2020 年的測量結果，香港的紫外線指數亦呈現明顯的季節性變化（見圖 3-77），5 月至 9 月的月平均都在 3.00 以上，最高在 7 月（月平均為 4.40），而冬季（12 月至 2 月）只有 2.00 左右。2000 年至 2020 年期間，月平均最高紫外線指數

圖 3-75　2009 年至 2020 年京士柏氣象站錄得的月平均日太陽直接輻射量統計圖

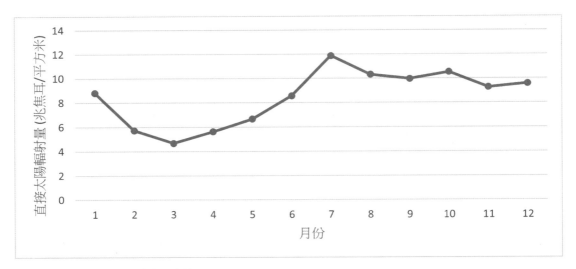

資料來源：　香港天文台歷年氣候資料。

圖 3-76　2009 年至 2020 年京士柏氣象站錄得的月平均日太陽漫射輻射量統計圖

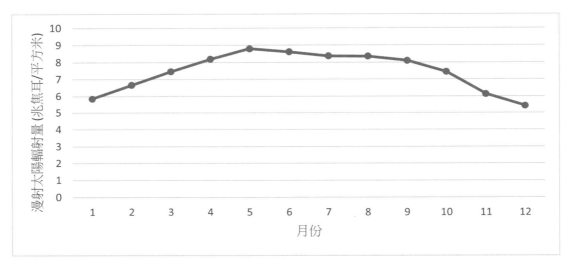

資料來源：　香港天文台歷年氣候資料。

為 2003 年 7 月的 5.68，而最低則為 2016 年 1 月的 1.22。

根據京士柏氣象站 1999 年至 2003 年的測量結果，紫外線指數具有明顯的日際變化，全年由中午 12 時至下午 1 時的每小時紫外線指數均為最高。日與日之間紫外線的變化主要受本地的因素影響，例如雲的覆蓋、空氣微粒和臭氧等，都會令到達地面的紫外線減弱，因而降低紫外線指數 。

另外，紫外線指數在 2000 年至 2020 年間呈輕微下降趨勢（見圖 3-78）。

圖 3-77　2000 年至 2020 年京士柏氣象站錄得的月平均日紫外線指數統計圖

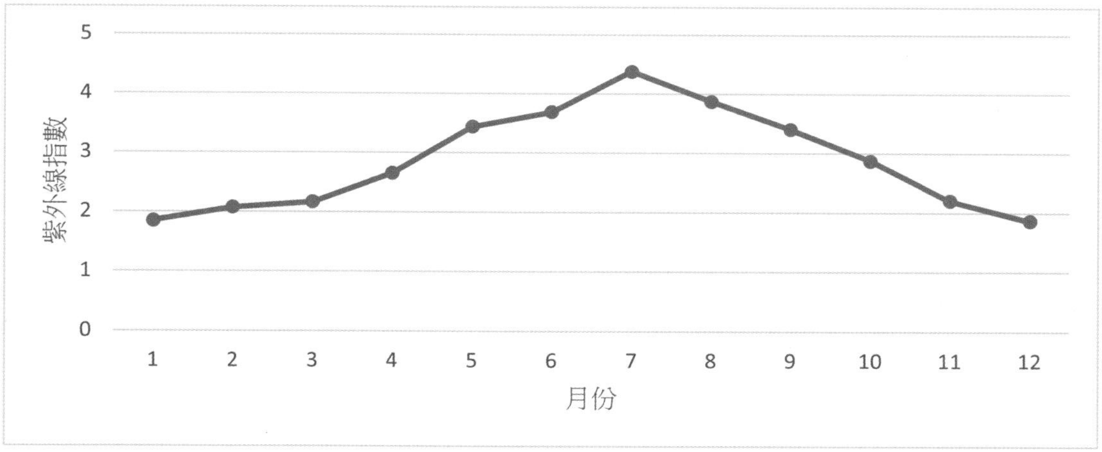

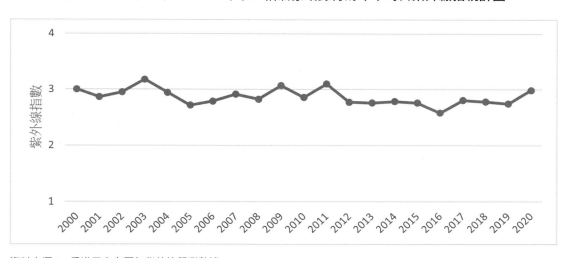

資料來源：　香港天文台歷年紫外線觀測數據。

圖 3-78　2000 年至 2020 年京士柏氣象站錄得的年平均日紫外線指統計圖

資料來源：　香港天文台歷年紫外線觀測數據。

八、日最低草溫、土壤溫度、蒸發量、可能蒸散量

1. 日最低草溫

根據天文台總部（1991 年至 2020 年），以及於打鼓嶺[4] 和大帽山[5]（2006 年至 2020 年）

4　打鼓嶺草溫觀測數據由 2006 年 2 月 1 日開始。

5　大帽山草溫觀測數據由 2005 年 12 月 21 日開始，2005 年 12 月 21 日至 2008 年 2 月 6 日為儀器測試期，
　　數據經品質管理後確認可用。

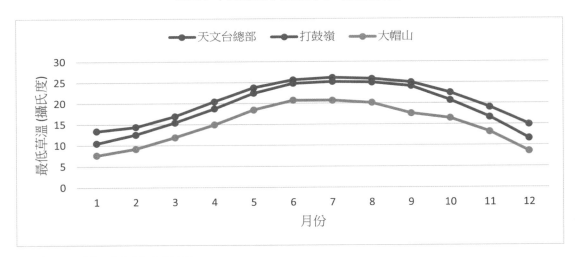

資料來源：　香港天文台歷年氣候資料。

的測量數據，該三個測量站的年平均日最低草溫分別為攝氏 20.7 度、攝氏 19.0 度和攝氏 15.0 度；1 月最低，月平均值分別為攝氏 13.4 度、攝氏 10.5 度和攝氏 7.6 度；天文台總部和打鼓嶺 7 月最高，月平均值分別為攝氏 26.2 度和攝氏 25.2 度，大帽山 6 月最高，月平均值為攝氏 20.8 度（見圖 3-79）。

2. 土壤溫度

根據天文台總部錄得的土壤測量數據，在上午 7 時測量地面下 0.5 米、1.0 米和 1.5 米土壤溫度的年平均值分別為攝氏 25.2 度、攝氏 25.4 度和攝氏 25.5 度，與在下午 7 時測量的年平均值相若（分別為攝氏 25.1 度、攝氏 25.4 度和攝氏 25.5 度）。

不同深度的土壤溫度皆呈現夏季高冬季低的季節性變化（見圖 3-80）。由初春至入夏的上升速率較快，愈接近地面上升得愈快；由初秋至入冬的下降速率較慢，愈深入地下下降得愈慢。由 4 月至 9 月，愈接近地面的土壤溫度愈高；由 10 月至翌年 3 月，愈深入地下的土壤溫度愈高。此外，不同深度的土壤溫度在夏季差別較少，冬季差別較大。

3. 蒸發量和可能蒸散量

根據京士柏氣象站的蒸發量和可能蒸散量測量數據，年平均蒸發量和可能蒸散量分別為 1,204.1 毫米和 1,010.8 毫米。季節性變化明顯，7 月最高，月平均蒸發量和可能蒸散量分別為 142.0 毫米和 113.8 毫米；2 月最低，分別為 60.4 毫米和 54.7 毫米（見圖 3-81）。

1968 年至 2020 年，京士柏氣象站錄得的最高月平均蒸發量和可能蒸散量分別為 1978 年 7 月的 213.0 毫米和 1997 年 6 月的 220.8 毫米，而最低月平均蒸發量和可能蒸散量分別為 2005 年 2 月的 35.1 毫米和 1988 年 12 月的 5.7 毫米。

圖 3-80　1991 年至 2020 年天文台總部錄得土壤溫度的月平均值統計圖

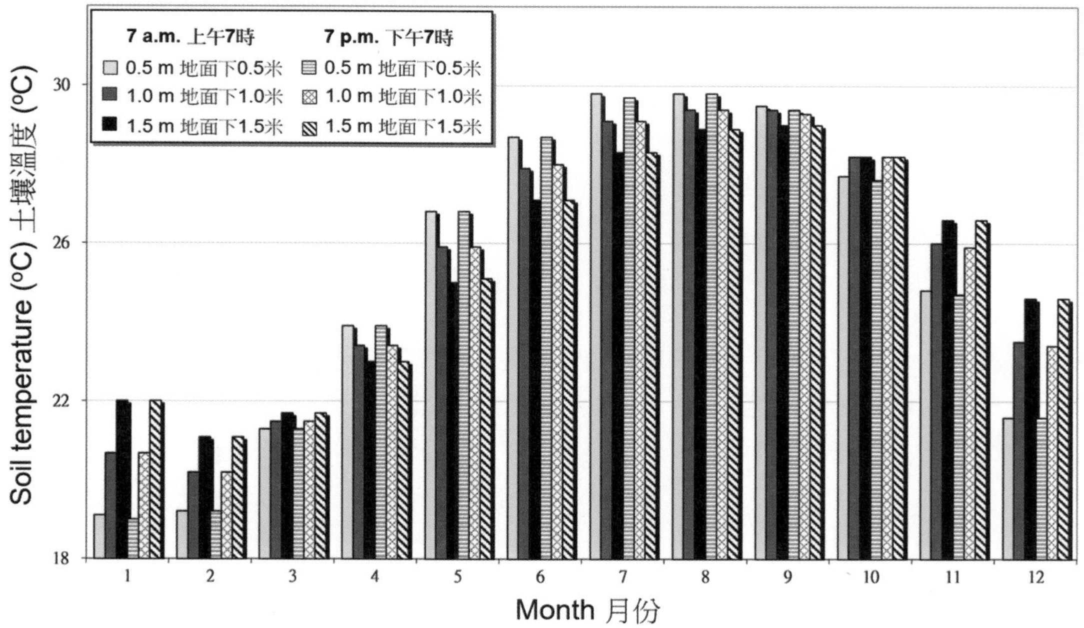

資料來源：　香港天文台。

圖 3-81　1991 年至 2020 年京士柏氣象站錄得蒸發量及可能蒸散量的月平均值統計圖

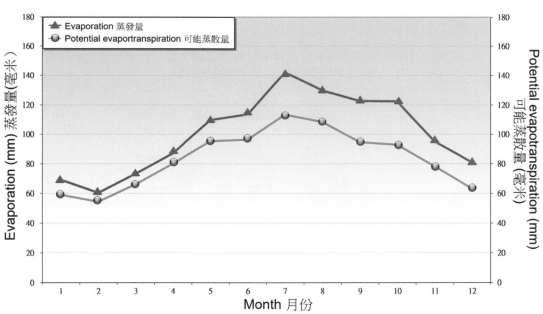

資料來源：　香港天文台。

九、暑熱壓力

1. 黑球濕球溫度

2006 年 6 月起，天文台為支援 2008 年在香港舉行的奧運馬術比賽項目，使用自行研發的黑球濕球溫度暑熱壓力測量系統，在沙田及上水收集所需的氣候數據，其後亦在京士柏氣象站安裝一套相同系統作黑球濕球溫度測量。2014 年，京士柏氣象站測量的黑球濕球溫度以該系統測量所得的自然濕球溫度（Tnw）、黑球溫度（Tg）和乾球溫度（Ta）綜合計算出來，其數值相等於 0.70 Tnw+0.20 Tg+0.10 Ta。

根據 2008 年至 2014 年京士柏氣象站測量的數據，黑球濕球溫度每年的月際變化呈現與氣溫相似的季節性變化，夏天高而冬天低（見圖 3-82），7 月、8 月最高，月平均為攝氏 27.6 度，月平均最低分別為攝氏 25.1 度和攝氏 25.0 度，月平均最高分別為攝氏 32.2 度和攝氏 32.3 度；1 月最低，月平均、月平均最低和月平均最高分別為攝氏 13.8 度、攝氏 10.9 度和攝氏 18.4 度。

2. 暑熱指數

天文台綜合黑球濕球溫度暑熱壓力監測系統所測量的自然濕球溫度、黑球溫度和乾球溫度，於 2014 年開始試驗運行一個適合香港氣候及更能反應暑熱壓力對香港市民健康影響的「香港暑熱指數」，其數值相等於 0.80 Tnw+0.05 Tg+0.15 Ta。一般來說，當指數在約攝氏 30 度或以上，市民便應採取適當的防暑措施，避免炎熱天氣帶來的健康影響。

圖 3-82　2008 年至 2014 年京士柏氣象站月平均黑球濕球溫度、月平均最高黑球濕球溫度和月平均最低黑球濕球溫度統計圖

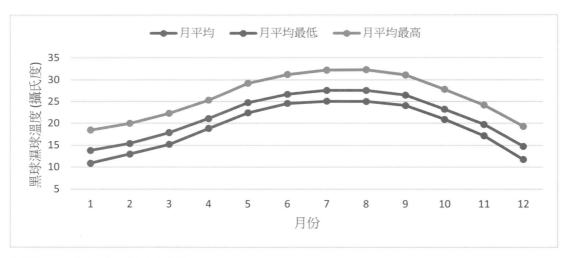

資料來源：　香港天文台歷年氣候資料。

圖 3-83　2015 年至 2020 年京士柏氣象站月平均暑熱指數、月平均最高暑熱指數和月平均最低暑熱指數統計圖

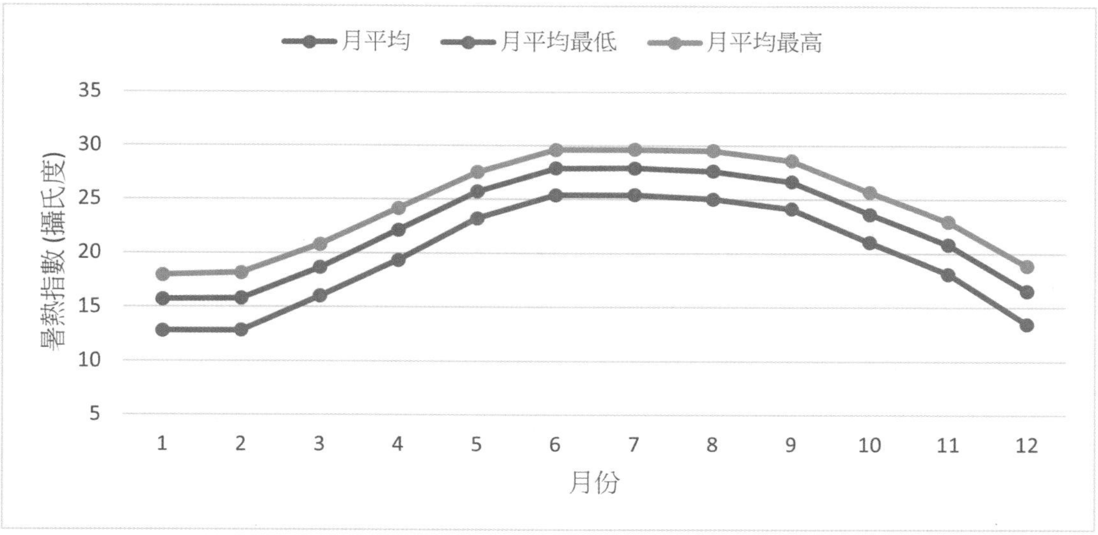

資料來源：　香港天文台歷年氣候資料。

暑熱指數每年的月際變化亦呈現與氣溫相似的季節性變化，夏天高而冬天低（見圖 3-83）。根據 2015 年至 2020 年在京士柏氣象站的暑熱壓力監測系統的測量數據，7 月的月平均暑熱指數、月平均最高暑熱指數和月平均最低暑熱指數都是全年最高，分別為攝氏 27.9 度、攝氏 29.7 度和攝氏 25.4 度，而 1 月則最低，分別為攝氏 15.7 度、攝氏 17.9 度和攝氏 12.8 度。

由 2014 年 6 月至 2020 年 12 月，京士柏氣象站錄得的最高和最低月平均暑熱指數分別為攝氏 28.4 度和攝氏 13.5 度，分別於 2020 年 7 月和 2016 年 2 月錄得，而最高月平均最高和最低月平均最低暑熱指數分別為攝氏 30.1 度和攝氏 10.3 度，分別於 2014 年 7 月和 2016 年 2 月錄得。

同一時期，共有 375 天的日最高暑熱指數在攝氏 30.0 度或以上，集中在 5 月至 10 月，其中 7 月最多，平均有 16.3 日（見圖 3-84）。在該 375 天中，有三天的日最高暑熱指數在攝氏 32.0 度或以上，分別在 2019 年 8 月 12 日（攝氏 32.4 度）、2019 年 7 月 18 日（攝氏 32.2 度）和 2019 年 8 月 10 日（攝氏 32.0 度），該三天的最高氣溫分別為攝氏 34.0 度、攝氏 35.0 度和攝氏 33.2 度。

圖 3-84　2014 年 6 月至 2020 年 12 月京士柏氣象站每月平均日最高暑熱指數
>= 攝氏 30.0 度日數統計圖

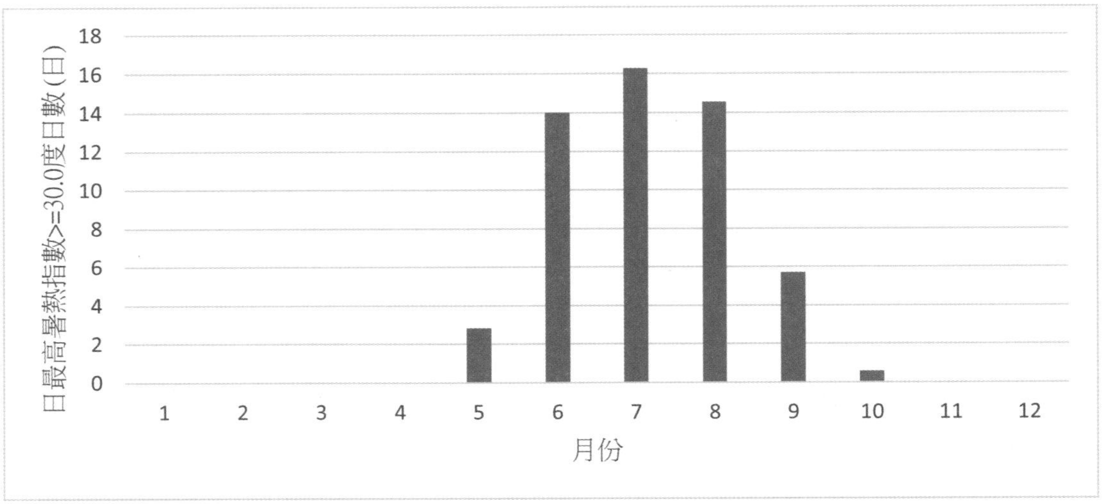

資料來源：　香港天文台歷年氣候資料。

十、高空觀測

1. 風場

圖 3-85 為協調世界時零時各標準層的正常月平均矢量風。

低層 1000 百帕斯卡的盛行風以偏東風為主，6 月至 8 月夏季吹偏南東風，9 月至翌年 2 月秋冬兩季吹偏北東風。

在 850 百帕斯卡，風向續漸由 1 月的西南轉為 7 月的偏南，再到 9 月開始轉為偏東風。

由 700 百帕斯卡往上至 100 百帕斯卡，1 月至 5 月，以及 10 至 12 月主要受偏西氣流影響，風勢亦普遍較大；而在 6 月至 9 月，700、500 和 400 百帕斯卡的風向續漸由西南轉為偏南再轉為偏東風，300 至 100 百帕斯卡則 6 月吹偏北風，7 月至 9 月轉吹帶北分量的偏東風。

70 至 20 百帕斯卡方面，愈往上，吹東風的月份愈多，30 和 20 百帕斯卡基本整年都是吹東風。

2. 溫度

圖 3-86 為協調世界時零時各位勢高度的正常月平均溫度。圖中可見各月的對流層頂部（離地面 10 餘公里，溫度不再隨高度增加而降低）的位勢高度變化不大，大約在 17,000 位勢

圖 3-85　協調世界時零時各標準層的正常月平均矢量風統計圖

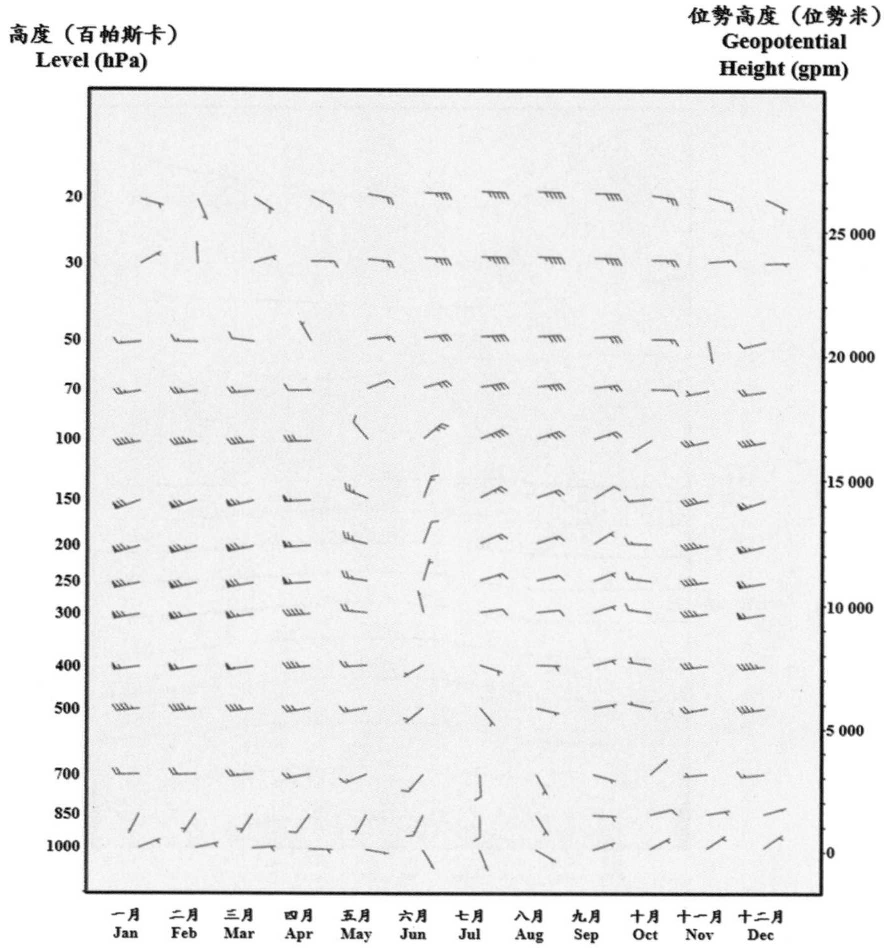

資料來源：　香港天文台。

米至 18,000 位勢米左右，1 月、2 月和 10 月至 12 月溫度較低，可以在攝氏零下 80 度以下。

由地面往上至對流層頂部，愈往上溫度梯度愈大，6 月至 8 月在接近對流層頂部的溫度梯度最大。

而在平流層（對流層之上，離地面 10 餘公里至 50 公里的大氣層），較低層的溫度在夏末秋初時最高，而在較高層的溫度則春季時最高。

3. 相對濕度

圖 3-87 為協調世界時零時各位勢高度的正常月平均相對濕度。基本上相對濕度隨着高度上升而降低。另外，在 15,000 位勢米以下，愈接近地面季節性變化愈細，整個對流層而言，夏季是相對濕度最高的季節。

圖 3-86　協調世界時零時各位勢高度的正常月平均溫度統計圖

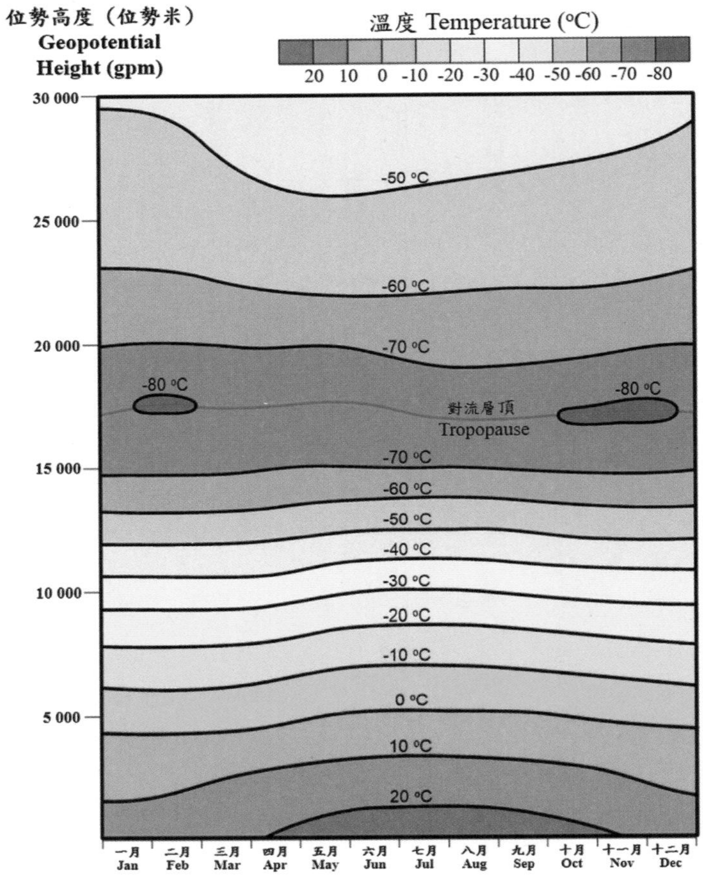

位勢高度（位勢米）
Geopotential Height (gpm)

溫度 Temperature (°C)

資料來源： 香港天文台。

十一、大氣成分

1. 概況

大氣的主要成分為氮氣和氧氣，分別佔約 78% 和 21%，餘下的約 1% 包含氫氣等惰性氣體（約 0.93%）、二氧化碳（約 0.03%），以及不定量的水蒸氣和其他化學成分。其中，二氧化碳雖然無色無味，而且不會直接傷害人體，卻是近年來導致全球暖化的主因。天文台分別於 2009 年 5 月和 2010 年 10 月開始在京士柏氣象站和理工大學位於鶴咀的大氣監測站進行二氧化碳測量，並向世界氣象組織的全球大氣觀測計劃提供數據。

位於地表的臭氧雖然被視為空氣污染物，可導致呼吸道疾病，惟高空的臭氧是大氣層保護人類不可或缺的一部分。位於平流層的臭氧可以吸收 100 納米波長至 280 納米波長的紫外線，保護人類免受強紫外線的影響。同時，臭氧的形成在平流層和對流層具有不同性質，例如在平流層的臭氧由查普曼循環（Chapman cycle）生成，透過吸收強紫外線將氧分子光

圖 3-87　協調世界時零時各位勢高度的正常月平均相對濕度統計圖

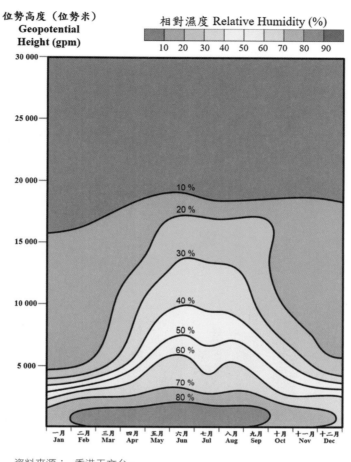

資料來源： 香港天文台。

解成氧原子，並和其他氧分子結合形成臭氧。由於愈高空氣愈稀薄，而愈接近地面則紫外線愈弱，所以臭氧通常聚集在約 15 公里至 20 公里高度，我們稱之為臭氧層。另一方面，位於地表的臭氧根據當地的氮化物和揮發性有機化合物的濃度，其化學反應也會不同，時而由氮化物主導，時而由揮發性有機化合物主導。因此，一般而言城市內的臭氧濃度會比郊區高，但是如果在城市產生的過氧醯基硝酸鹽（PAN）被傳輸到郊區，經過熱解之後將會產生氮化物，從而提高郊區的臭氧濃度。天文台在 1993 年 10 月開始在京士柏氣象站進行定期的臭氧高空觀測，並於 1996 年 1 月開始向全球大氣觀測計劃提供臭氧數據。

2. 二氧化碳

根據 2011 年至 2020 年京士柏氣象站和鶴咀的監測數據，位於市區的京士柏氣象站二氧化碳濃度比遠離市區的鶴咀高，年平均濃度分別為 412.3 ppm（百萬分比，parts per million）和 404.7 ppm。

香港的二氧化碳濃度有明顯的季節性變化，在植物生長旺盛的夏季出現低谷，其中 7 月最低，京士柏氣象站和鶴咀的月平均濃度分別為 401.4 ppm 和 393.8 ppm，植被不活躍的冬季出現高峰，京士柏氣象站最高在 1 月，月平均濃度為 424.0 ppm，鶴咀最高在 12 月，月平均濃度為 416.6 ppm（見圖 3-88）。

由 2011 年至 2020 年這 10 年間，京士柏氣象站和鶴咀的二氧化碳濃度有明顯上升趨勢，位於市區的京士柏氣象站比遠離市區的鶴咀上升較快，上升速率分別為每年上升 2.83 ppm 和 2.66 ppm（見圖 3-89），比全球平均上升速率高（同期每年上升 2.40 ppm）。

圖 3-88　2011 年至 2020 年京士柏氣象站和鶴咀二氧化碳月平均濃度統計圖

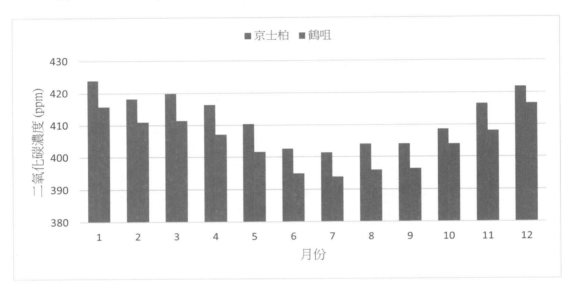

資料來源：　香港天文台歷年二氧化碳監測數據。

圖 3-89　2011 年至 2020 年京士柏氣象站和鶴咀二氧化碳濃度趨勢統計圖

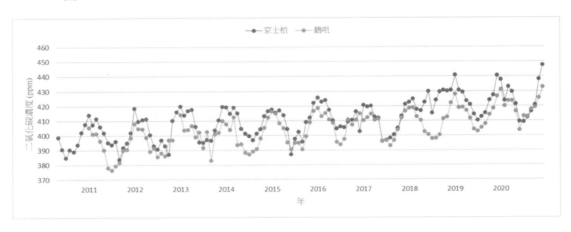

資料來源：　香港天文台歷年二氧化碳監測數據。

3. 臭氧

根據 1994 年至 2013 年京士柏氣象站的監測數據，各月份不同高度臭氧濃度的變化顯示
（見圖 3-90），對流層以上的臭氧濃度隨高度大幅上升。於平流層，離地面超過 30 公里的
臭氧濃度最高，比對流層的濃度高超過 100 倍。受太陽入射角變化影響，平流層的臭氧濃
度具有季節性變化，夏季最高，最高值可達 8800 ppbv（按體積計算十億分比，parts per
billion by volume）或以上。

由於對流層高層受平流層和對流層之間的相互作用影響，而對流層下層受氣象因素影響，
對流層的臭氧濃度的季節變化比平流層複雜。

**圖 3-90　根據 1994 年至 2013 年京士柏氣象站測量錄得的臭氧數據分析香港各月份大氣層
不同高度臭氧濃度變化統計圖**

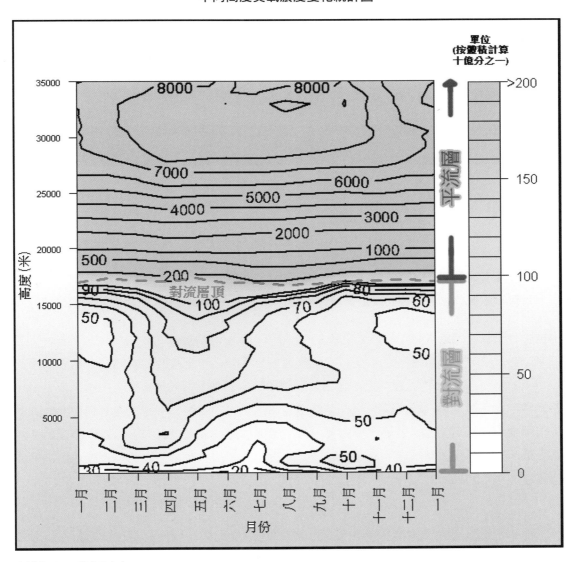

資料來源：　香港天文台。

在春季，平流層的臭氧穿過對流層頂部接近地面，使 10 公里附近高度的臭氧濃度可達 80 ppbv，比其他季節都要高。而在對流層低層（5 公里以下），可能受東北季候風帶來的與臭氧相關的化合物所致，春、秋和冬季的臭氧濃度都比主要受對流性及較潔淨的海洋氣流影響的夏季高。

整體而言，根據 1994 年至 2013 年京士柏氣象站測量錄得的臭氧數據，香港由地面至大氣層頂部的總臭氧年平均含量為 264 DU[6]，而對流層的臭氧年平均含量為 39 DU，佔總含量的 15%。四季之中總臭氧含量春季最高，冬季最低，分別為 280 DU 和 237 DU（見表 3-31）。

表 3-31　1994 年至 2013 年香港大氣臭氧含量季節性變化統計表

臭氧含量	春季	夏季	秋季	冬季	全年
對流層含量（DU）	46	36	37	36	39
地面至大氣層頂部總含量（DU）	280	277	263	237	264
對流層含量佔總含量百分比（%）	16	13	14	15	15

資料來源：　Kong, Y. C. and Lee, S. M., "Analysis of 20-Year Ozone Profiles over Hong Kong", 29th Guangdong-Hong Kong-Macao Seminar on Meteorological Science & Technology (2015).

第五節　人為氣候變化

一、觀測與因素

香港天文台總部位於九龍尖沙咀，1884 年開始氣象觀測，百多年來氣象站沒有搬遷，是全球極少數擁有超過 100 年定點觀測紀錄的氣象站，惟受太平洋戰爭影響，1940 年至 1946 年沒有觀測數據存世，本節討論數據時，除特別說明外，均指香港天文台總部所收集數據。

根據聯合國政府間氣候變化專門委員會（Intergovernmental Panel on Climate Change，下稱 IPCC），2011 年至 2020 年全球平均氣溫對比 1850 年至 1900 年已經上升了約攝氏 1.09 度，由工業革命後人類活動排放溫室氣體帶來的額外溫室效應造成，主要來自燃燒化石燃料，與工業、現代化農業和現代尤其是城市生活方式有關。不過這些活動也向大氣層排出污染物包括氣溶膠及各種化學物質，產生複雜的連漪效應，例如：阻擋太陽光到達地面，抵消部分溫室效應、在大氣層內吸收太陽光能量和加熱空氣，以及在接近地面處造成霧霾等。

香港志──自然‧自然環境

6　從地面至大氣層頂部的臭氧濃度一般以總臭氧柱（ozone column）表示，單位為多布森單位（DU），而 1DU ＝ 2.69×1020 分子 / 平方米。

本節展示香港自 1884 年起有儀器觀測以來的各種氣象要素的轉變。十九世紀末的香港天文台氣象觀測，基本上反映工業革命前期 100 年的全球氣候背景，以及九龍半島人口稀少的鄉郊狀況。進入二十世紀，觀測數據反映了全球氣候變化的大趨勢，以及天文台周邊逐步城市化兩大因素的共同影響，尤其受二戰後 70 年間香港城市化愈趨密集和規模擴大的內部因素影響。氣候變化引致海平面上升的現象，也見於香港。

作為未來防災備災工作的科學基礎，香港天文台根據 IPCC 評估報告的全球氣候推算結果，推算香港二十一世紀氣候變化的軌跡，包括氣溫、雨量、海平面等，以及指定重現期的極端值，供設計重大工程設施及規劃長期社會政策參考。

二、氣溫變化

1. 總體趨勢

IPCC 採用 1850 年至 1900 年的全球平均氣溫為代表工業革命未有顯著影響氣候時的氣溫參考值，香港天文台的氣象觀測在這段時間中後期開始。由於 1884 年資料不齊全，本節採用 1885 年至 1900 年共 16 年的數據為參考值，平均氣溫數值為攝氏 22.0 度。綜觀 1885 年至 2020 年之間 100 多年的年平均氣溫數據，雖然存在一定程度的年際變化，總體呈現上升趨勢，平均速率為每百年攝氏 1.31 度（見圖 3-91）。

圖 3-91　1885 年至 2020 年香港天文台年平均氣溫紀錄統計圖

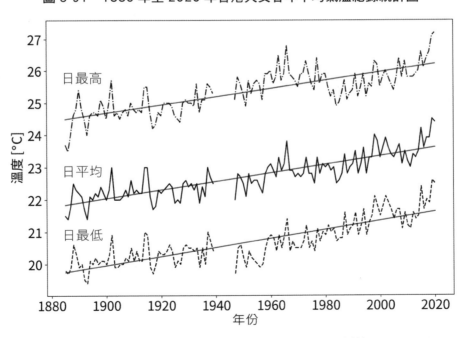

備註：1940 年至 1946 年沒有數據。（資料來源：香港天文台歷年氣候資料）

2011 年至 2020 年十年平均氣溫為攝氏 23.77 度，相對參考值上升了攝氏 1.77 度，根據 IPCC，2011 年至 2020 年全球平均氣溫比工業革命前水平上升了攝氏 1.09 度（攝氏 0.95 度至攝氏 1.20 度），相差攝氏 0.68 度，可見香港天文台測量數據的上升速率比全球平均高出六成多，而天文台研究估計這段時間香港天文台由城市化引致的氣溫上升率約為每百年攝氏 0.8 度。

在總體上升趨勢之中，1960 年代和 1970 年代約 20 年，日平均氣溫和日最高氣溫都展示下降趨勢，情況與世界各地一致，反映全球規模的工業擴充造成區域性污染，大氣層氣溶膠增多，吸收了部分太陽光，以致抵達地面的太陽光減少，即所謂「全球暗化」現象，地面氣溫上升的趨勢因而受到抑制。1980 年代起全球環境治理工作逐步加強，氣溶膠數量減少，促成包括香港在內的全球氣溫於 1980 年代回到總體上升的軌跡。2000 年代香港氣溫上升再有一次短暫停滯，與全球氣溫情況大致同步。

2. 四季氣溫變化趨勢

檢視過去 100 多年四季氣溫，日平均氣溫長期上升速率四季表現不同，春季（3 月至 5 月）年際變化幅度最大，總體上升速率（每百年攝氏 1.63 度）也最高，高於其餘三季頗多，冬季（12 月至 2 月）年際變化幅度次之，上升速率（每百年攝氏 1.32 度）也比夏秋兩季稍高，夏季（6 月至 8 月）氣溫年際變化幅度最小，上升速率卻較秋季高，秋季（9 月至 11 月）的上升速率為四季中最低。綜合而言，一年四季之中，春季氣溫的長期變化對總體氣溫上升速率的影響最大（見圖 3-92）。

綜觀四季的日最高和最低氣溫數字，春季以最高氣溫上升速率最高，夏季兩個數字相若，秋冬兩季則以日最低氣溫上升速率最高（見表 3-32），與市民「冬天不冷，春天早熱」的直觀印象配合。

表 3-32　1885 年至 2020 年香港天文台四季氣溫長期上升速率統計表

單位：每百年攝氏度

上升速率	春季	夏季	秋季	冬季
日最高氣溫	1.80（0.18）	1.17（0.10）	0.95（0.12）	1.18（0.17）
日平均氣溫	1.63（0.16）	1.16（0.07）	1.12（0.10）	1.32（0.16）
日最低氣溫	1.62（0.16）	1.17（0.08）	1.34（0.12）	1.48（0.17）

注：不包括 1940 年至 1946 年。括號內數字是標準誤差。
資料來源：　香港天文台數據。

3. 二戰前後城市化的對比

香港的城市發展在二戰前後兩個時段有頗大分別，1939 年及之前的「前半期」為期 56 年，1947 年及之後的「後半期」為期 74 年。前半期的平均氣溫上升速率為每百年攝氏 0.95 度，後半期為每百年攝氏 1.78 度，幾乎是前期的一倍（見表 3-33），變暖速率加快，與全球變暖加速和九龍半島密集城市化有關。

圖 3-92　1885 年至 2020 年香港天文台四季平均氣溫紀錄統計圖

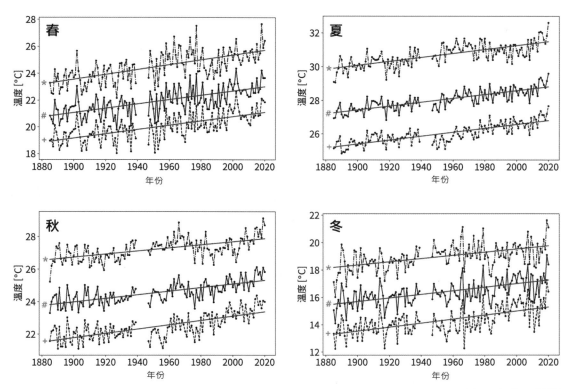

*日最高　#日平均　+日最低

備註：1940 年至 1946 年沒有數據。（資料來源：香港天文台歷年氣候資料）

表 3-33　1885 年至 2020 年香港天文台氣溫長期上升速率統計表

單位：每百年攝氏度

上升速率	總體趨勢 1885 年至 2020 年	二戰前 1885 年至 1939 年	二戰後 1947 年至 2020 年
日最高氣溫	1.28（0.09）	1.34（0.33）	0.81（0.24）
日平均氣溫	1.31（0.08）	0.95（0.24）	1.78（0.18）
日最低氣溫	1.40（0.08）	1.02（0.27）	2.58（0.18）

注：不包括 1940 年至 1946 年。括號內數字是標準誤差。
資料來源：　香港天文台數據。

日最高氣溫的長期上升速率在後半期顯著轉緩，下降近四成，日最低氣溫則在後半期上升一倍以上，這個情況是城市化影響氣溫的典型表現，日間污染與塵埃擋去部分太陽輻射，部分抵消全球暖化的背景作用，但是日間建築物和道路等吸收太陽熱力，到晚上把空氣加暖，令最低氣溫降不下去，造成日最低氣溫上升趨勢高於氣候變化的總體趨勢背景。

4. 二戰結束後 70 多年升溫加速

二戰結束後 70 多年，香港天文台在不同時段的日平均氣溫長期上升速率（單位：每百年溫度）為：1947 年至 2020 年為 1.78，1971 年至 2020 年為 2.34，1991 年至 2020 年為 2.43，愈接近現代，氣溫上升速率愈高，升溫加速。

氣候學傳統以 30 年期計算指定地點的「氣候平均值」，對比 1951 年至 1980 年和 1991 年至 2020 年兩個 30 年期，天文台平均氣溫前段年平均氣溫是攝氏 22.8 度，後段是攝氏 23.5 度，上升攝氏 0.7 度（見圖 3-93）。最熱和最冷月份仍然是 7 月和 1 月。以月份計，升溫幅度最大在冬春之際的 1 月至 4 月，次高峰在秋季 10 月至 11 月，夏季升幅最小。

同一時期日最高和日最低氣溫的長期趨勢有差別，前者上升速率相對較低，綜合結果是 70 年間日際變化總體下降，1951 年至 1980 年平均值是攝氏 5.2 度，1991 年至 2020 年平均值是攝氏 4.3 度，反映城市內建築物及各種混凝土構築物夜間散發熱量，令氣溫難以下降的典型城市化情況。

香港市區，由於城市發展有先後差距，氣溫上升情況亦有差別，香港天文台總部和京士柏氣象站同位於九龍半島，然而天文台總部於二戰後較早受尖沙咀繁盛地區城市發展影響，京士柏則到較後期才逐漸受周邊城市化影響。兩組數據比較顯示，京士柏的氣溫上升速率較高，由初期平均比天文台低接近攝氏 1 度，到近年追近天文台氣溫水平，反映近數十年尤其是 1990 年代起京士柏周邊城市化的顯著影響（見圖 3-94）。

5. 酷熱、熱夜、寒冷及嚴寒日數變化
香港平均氣溫長期上升，在每日天氣的具體表現是每年寒冷天氣（日最低氣溫攝氏 12 度或以下）和嚴寒天氣（日最低氣溫攝氏 7 度或以下）日數顯著減少，而酷熱天氣（日最高氣溫攝氏 33 度或以上）和熱夜（日最低氣溫攝氏 28 度或以上）日數則大幅上升，從百年時

圖 3-93　1951 年至 1980 年及 1991 年至 2020 年兩個三十年期月平均氣溫比較統計圖

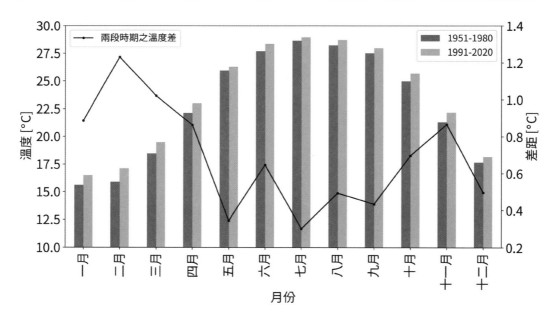

資料來源：　香港天文台歷年氣候資料。

圖 3-94　1951 年至 2020 年香港天文台與京士柏氣象站日平均氣溫長期趨勢統計圖

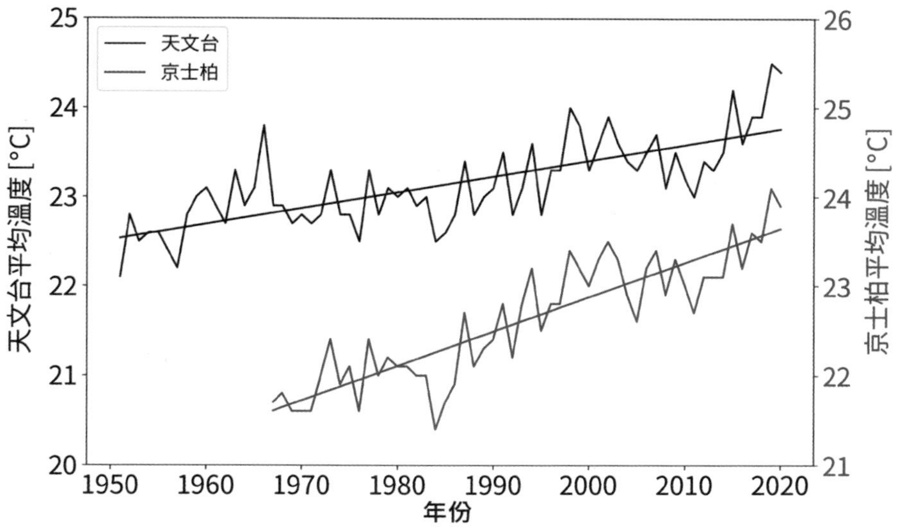

資料來源：　香港天文台歷年氣候資料。

間尺度看，對比 1891 年至 1920 年和 1991 年至 2020 年兩個 30 年期，嚴寒日數跌剩三分之一，寒冷日數剩一半左右，而酷熱日數多至近 8 倍，熱夜日數更多至 20 倍之譜，熱夜甚至早至 5 月和遲至 10 月出現（見表 3-34），這些巨大變化已經達到影響市民生活和令他們感受到氣候變化的地步。

表 3-34　1891 年至 1920 年和 1991 年至 2020 年，平均每月酷熱、熱夜、寒冷和嚴寒天氣日數統計表

單位：日

月份	1891 年至 1920 年				1991 年至 2020 年			
	酷熱	熱夜	寒冷	嚴寒	酷熱	熱夜	寒冷	嚴寒
1 月	0	0	9.67	0.83	0	0	6.43	0.23
2 月	0	0	8.90	0.83	0	0	4.37	0.13
3 月	0	0	3.40	0	0	0	1.03	0
4 月	0	0	0.10	0	0	0	0.07	0
5 月	0.03	0	0	0	0.80	0.97	0	0
6 月	0.07	0.37	0	0	3.10	6.40	0	0
7 月	0.67	0.33	0	0	6.03	8.40	0	0
8 月	1.07	0.40	0	0	5.37	5.73	0	0
9 月	0.40	0.03	0	0	2.10	1.93	0	0
10 月	0.07	0	0	0	0.07	0.17	0	0
11 月	0	0	0.83	0	0	0	0.13	0
12 月	0	0	6.00	0.10	0	0	3.17	0.13
全年	2.30	1.13	28.90	1.73	17.47	23.60	15.20	0.50

資料來源：　香港天文台數據。

以上談到的巨大變化，主要出現在二戰結束後的 70 多年。直到 1965 年左右，每年熱夜日數罕有超過 5 天，1970 年代升至 10 天水平，此後至 2010 年左右徘徊在 20 天水平，隨後 10 年急增至 2020 年破紀錄高達 50 天，反映暖化步伐加速（見圖 3-95）。

二戰結束後直至 1952 年，每年酷熱天氣日數少於 10 天，此後上升至 1960 年代一個高峰，1990 年代回復約每年 10 天水平，進入 2010 年代急速上升，至 2020 年破紀錄的 47 天，整體趨勢反映暖化步伐近年加速，最近 10 年左右尤為嚴重（見圖 3-96）。

圖 3-95　1947 年至 2020 年天文台每年熱夜日數統計圖

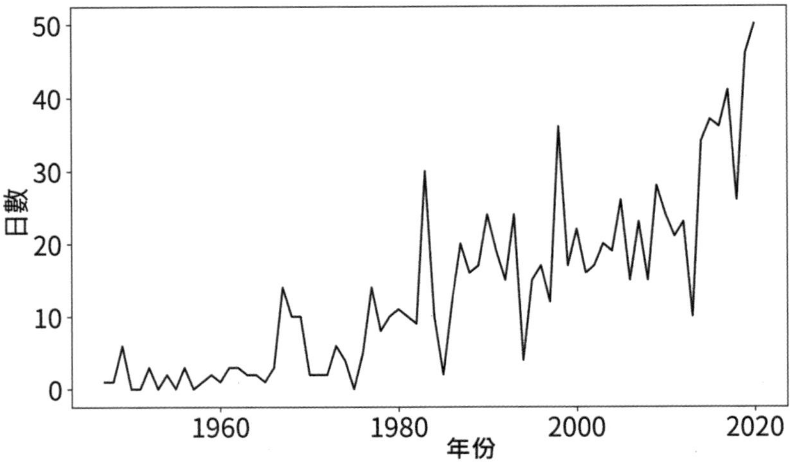

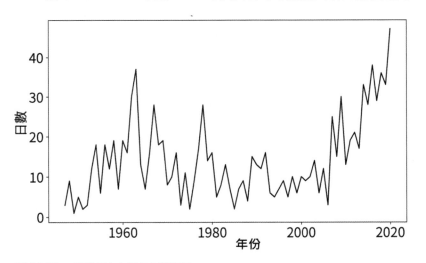

資料來源：　香港天文台歷年氣候資料。

圖 3-96　1947 年至 2020 年天文台每年酷熱天氣日數統計圖

資料來源：　香港天文台歷年氣候資料。

圖 3-97　1947 年至 2020 年天文台每年寒冷天氣日數統計圖

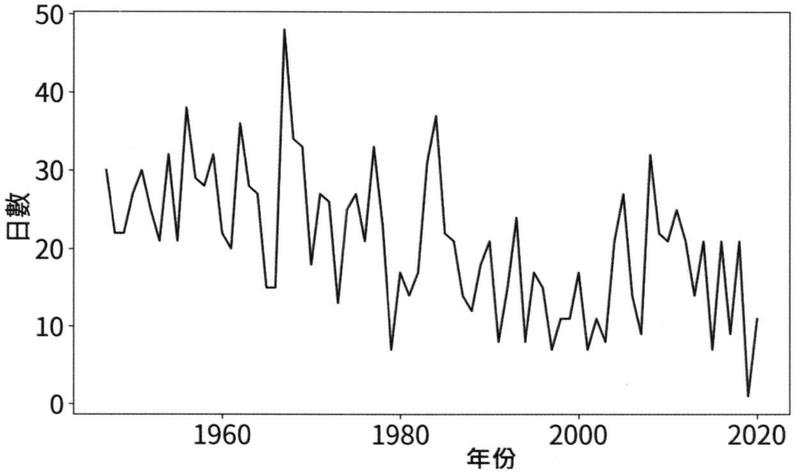

資料來源： 香港天文台歷年氣候資料。

每年寒冷天氣日數在全球氣候暖化背景下，二戰結束後初期每年平均約 25 天，到了 1980 年代明顯轉折向下，跌到 2000 年前後約 10 天。2010 年前後有一個為期數年的峰值，與全球平均氣溫上升趨勢稍為停滯幾年或有關連。接近 2020 年出現快速下降的趨勢，2019 年只錄得 1 天，部分香港市民感覺「沒有冬天」（見圖 3-97）。

三、雨量變化

1. 總體趨勢

1884 年至 2020 年 100 多年期間，雖然年雨量的年際變化幅度頗大，但是有長期平均上升趨勢，速率為每年 2.3 毫米。以 1 小時雨量超過 30 毫米為指標的每年大雨日數也呈上升趨勢，速率為每 10 年增加 0.2 日，兩個速率都在統計學上達到 5% 顯著水平（見圖 3-98）。

極端降水事件有愈來愈頻繁的趨勢，研究顯示：對比 1900 年和 2000 年，1 至 3 小時降水的強度和頻率總體呈上升趨勢，百年之間，指定雨量對應的重現期都大幅縮短，舉例說 1900 年每小時降雨量為 100 毫米或以上的重現期為 37 年，到了 2000 年降低至 18 年，縮短一半左右，2 小時和 3 小時雨量有類似觀察（見表 3-35）。

表 3-35　1900 年及 2000 年的 1 小時、2 小時和 3 小時指定極端雨量的重現期統計表

極端雨量	1900 年	2000 年
1 小時雨量 ≥ 100 毫米	37 年	18 年
2 小時雨量 ≥ 150 毫米	32 年	14 年
3 小時雨量 ≥ 200 毫米	40 年	21 年

資料來源： 香港天文台數據。

圖 3-98　1884 年至 2020 年香港天文台年雨量紀錄統計圖

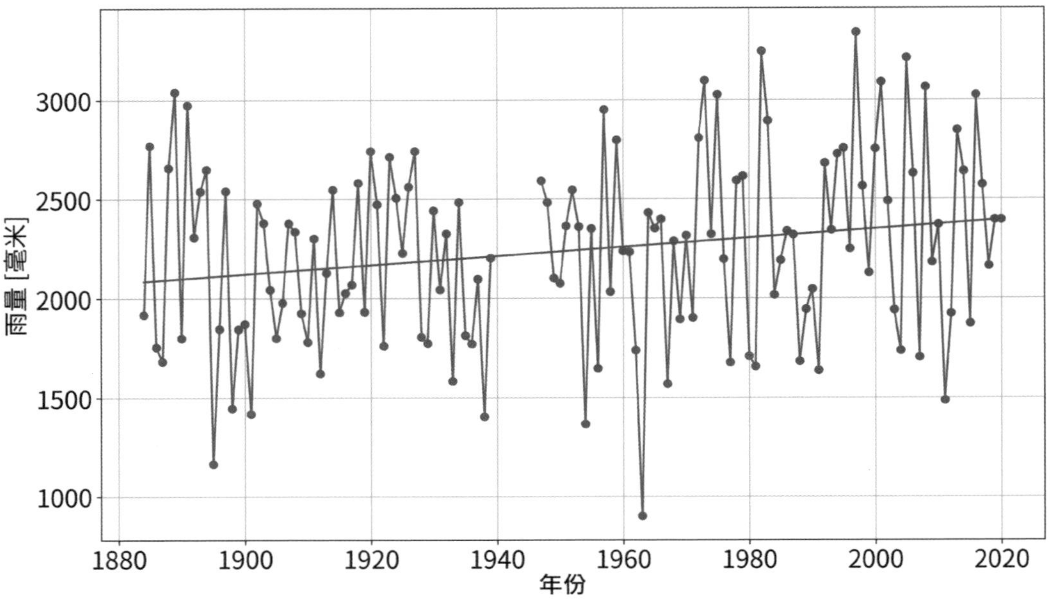

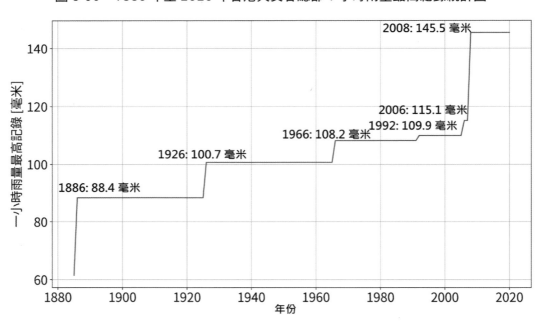

備註：1940 年至 1946 年沒有數據。（資料來源：香港天文台歷年氣候資料）

從另一角度看極端雨量，1992 年之前，天文台總部 1 小時雨量最高紀錄超過 30 年才刷新一次，但 1992 年起卻已三破紀錄，而且 2008 年的新紀錄 145.5 毫米，比上次紀錄 2015 年的 115.1 毫米多出 30.4 毫米，增幅達 26%，超過所有以前的增幅，反映氣候變化在雨量方面的影響加強和加快（見圖 3-99）。

圖 3-99　1885 年至 2020 年香港天文台總部 1 小時雨量最高紀錄統計圖

備註：1940 年至 1946 年沒有數據。（資料來源： 香港天文台歷年氣候資料）

2. 二戰結束後七十多年雨量變化

1951 年至 2020 年 70 年間年雨量平均上升速率是 4.22 毫米 / 年，比起 1884 年至 2020 年長期平均上升速率 2.3 毫米 / 年，高出近倍，來自四季雨量增幅的貢獻分別為：春季 0.64 毫米 / 年，夏季 3.20 毫米 / 年，秋季 0.30 毫米 / 年，冬季 0.08 毫米 / 年，即是四分之三的年雨量增幅來自夏季。

1951 年至 1980 年 30 年期的平均年雨量是 2,224.7 毫米，1991 至 2020 年是 2,431.2 毫米，增加了 206.5 毫米。對比兩個 30 年期的月雨量時間分布，最大的月雨量增幅在 6 月、7 月、8 月，相當於夏季西南季風帶來海洋溫濕空氣的時期，一個次高峰在春季 3 月、4 月，所佔份額少得多（見圖 3-100）。

年雨量的長期增加，也反映在平均每年較大雨量的日數、最大雨一天及最大雨連續三天的總雨量的統計數字。同樣對比兩個 30 年期，日雨量 10 毫米或以上和 30 毫米或以上的年平均日數都有增加，每年最高一日雨量和最高連續三天總雨量的平均雨量數字亦有上升，不過後兩者的年際變化幅度大，上升僅屬輕微（見表 3-36）。

表 3-36　1951 年至 1980 年及 1991 年至 2020 年平均雨量參數比較統計表

每年	1951 年至 1980 年	1991 年至 2020 年	對比增加
日雨量 ≥10 毫米日數（日）	47.9（1.6）	52.1（1.6）	8.7%
日雨量 ≥30 毫米日數（日）	21.9（1.0）	24.8（1.17）	13.2%
年最高一日雨量（毫米）	203.4（13.8）	210.4（12.9）	3.4%
年最高連續三日雨量（毫米）	327.7（24.1）	338.7（21.5）	3.4%

注：括號內數字是標準誤差。
資料來源：　香港天文台數據。

圖 3-100　1951 年至 1980 年及 1991 年至 2020 年兩個 30 年期月平均雨量比較統計圖

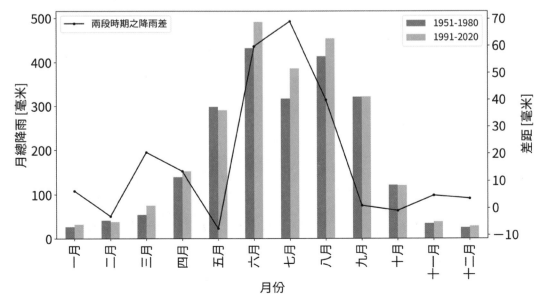

資料來源：　香港天文台歷年氣候資料。

四、其他氣象元素

1. 濕球溫度、露點溫度、相對濕度

1951 年至 2020 年期間兩個與空氣水汽有關係的氣象元素：濕球溫度和露點溫度都有上升趨勢，但後 30 年上升速率相對高一倍以上。至於相對濕度，前 20 年有下降趨勢，1970年代開始至 2020 年保持大致穩定或輕微上升（見圖 3-101，表 3-37）。

表 3-37　1951 年至 1980 年及 1991 年至 2020 年平均濕球溫度、露點溫度和相對濕度上升速率統計表

	1951 年至 1980 年	1991 年至 2020 年
濕球溫度	1.11 (0.63) ℃ / 百年	2.45 (0.79) ℃ / 百年
露點溫度	1.06 (0.93) ℃ / 百年	2.79 (1.01) ℃ / 百年
相對濕度	-3.82 (4.02) % / 百年	3.31 (2.94) % / 百年

注：括號內數字是標準誤差。
資料來源：　香港天文台數據。

2. 草地表面溫度、土壤溫度

草地表面溫度與氣溫有緊密關係，天文台總部及京士柏氣象站有較長的草地表面每日最低溫度（又稱最低草溫）紀錄，1971 年至 2020 年期間上升速率穩定，約為每百年攝氏 5.0度至 6.0 度。2000 年代起增加了打鼓嶺、滘西洲和大帽山資料，前兩者代表郊區環境，後者代表高地情況。打鼓嶺、滘西洲和大帽山三個站在有紀錄的十多年間上升速率依次為每

圖 3-101　1951 年至 2020 年平均濕球溫度、露點溫度和相對濕度趨勢統計圖

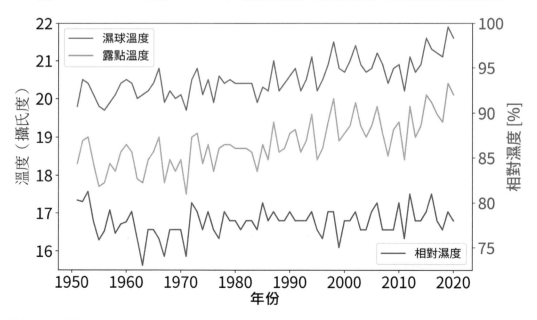

資料來源：　香港天文台歷年氣候資料。

百年攝氏 15.2 度（2007 年至 2020 年）、每百年攝氏 13.0 度（2010 年至 2020 年）、每百年攝氏 17.1 度（2006 年至 2020 年），都超過每百年攝氏 10.0 度，顯著高於天文台和京士柏（見圖 3-102）。

根據天文台不同深度的土壤溫度數據，氣候暖化的影響已深達地下 3 米，1990 年代起顯著上升，淺層溫度上升速率較高，深層如 1 米至 3 米速率較低。1991 年至 2020 期間各層溫度的上升速率分別為：5 厘米為每百年攝氏 10.1 度、20 厘米為每百年攝氏 9.7 度、1 米為每百年攝氏 6.3 度、3 米為每百年攝氏 5.5 度（見圖 3-103）。

3. 風速

香港境內山巒起伏，風速的空間變化頗大。橫瀾島位於香港東南海域，代表開放海域，觀

圖 3-102　1971 年至 2020 年香港各地草地日最低溫度趨勢統計圖

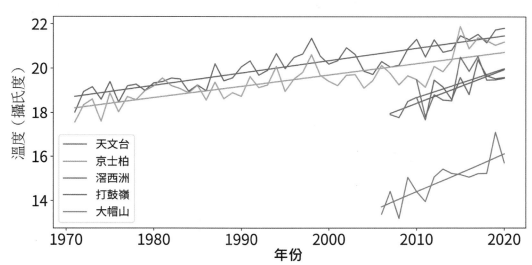

資料來源：　香港天文台歷年氣候資料。

圖 3-103　1981 年至 2020 年天文台土壤溫度（上午 7 時）統計圖

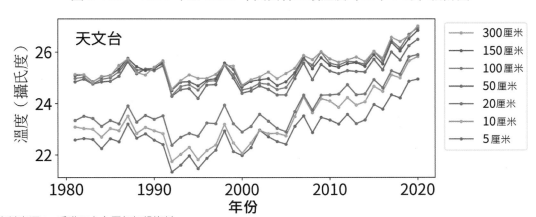

資料來源：　香港天文台歷年氣候資料。

測到的風速變化反映氣候變化下的區域趨勢。京士柏位於維多利亞港內，受九龍半島和香港島的山屏障，風勢相對小，也受樓宇密集及逼近影響，令風速更低。由於 1996 年京士柏風速表轉移位置和安裝於較高桅杆之上，以及橫瀾島於 1999 年更換風速表型號，兩站的風速資料均分兩段處理和展示，前段時期橫瀾島風速總體上升，但京士柏風速相對弱得多，也有顯著下降趨勢，地形屏障以及城市化的影響明確，1999 年後橫瀾島風速上升趨勢持續，京士柏風速則輕微下降，城市化影響仍有痕跡（見圖 3-104，表 3-38）。

4. 日照時間、太陽輻射量

總日照時數數據來自京士柏，1961 年至 2020 年的長期趨勢分前後兩期，前期至 1980 年代下降，與全球暗化現象相關，後期至 2020 年平穩或輕微上升（見圖 3-105）。

表 3-38　1971 年至 2020 年橫瀾島和京士柏風速變化趨勢

單位：米 / 秒

十年平均趨勢	橫瀾島	京士柏
1971 年至 1993 年	0.14 (0.12)	-0.70 (0.05)
2000 年至 2020 年	0.15 (0.09)	0.02 (0.06)

注：括號內數字是標準誤差。
資料來源：　香港天文台數據。

圖 3-104　1971 年至 2020 年京士柏和橫瀾島風速變化統計圖

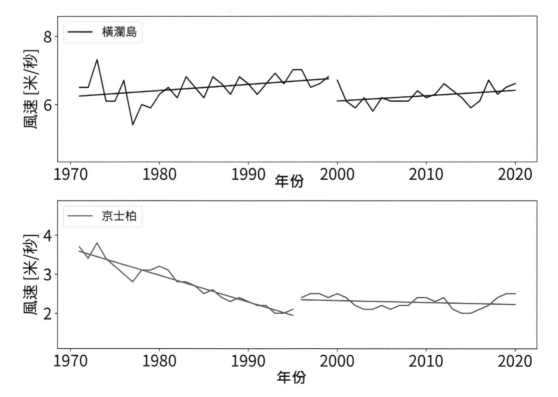

京士柏風速表於 1996 年轉移位置和升高，橫瀾島風速表於 1999 年更換型號，故此歷年風速數據並不完全連貫。
（資料來源：香港天文台歷年氣候資料）

太陽總輻射量數據主要來自京士柏，1968 年及之後的數據比較確定，2009 年增添直接
太陽輻射量和漫射太陽輻射量，滘西洲只有 2009 年至 2020 年數據，時間較短（見圖
3-106）。京土柏太陽總輻射量在 1968 年至 2020 年的 50 多年間出現一次轉折，前期
1968 至 1980 年代，由每日約每平方米 16 兆焦耳下降至約每平方米 12 兆焦耳，減幅約
四分之一，後期 1990 年代至 2020 年期間，則回升至每平方米 14 兆焦耳至 15 兆焦耳水

圖 3-105　1961 年至 2020 年京士柏年總日照時數統計圖

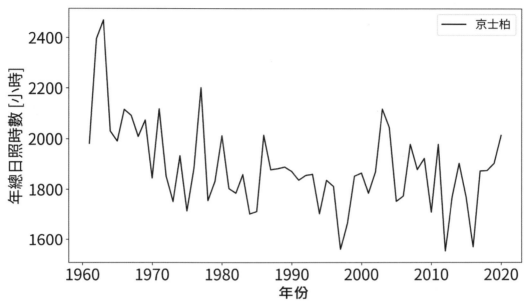

資料來源：　香港天文台歷年氣候資料。

圖 3-106　1968 年至 2020 年京士柏及滘西洲年平均日太陽總輻射量統計圖

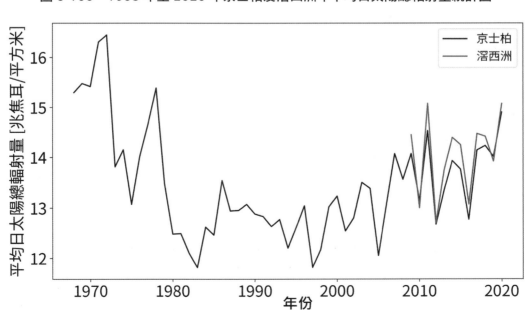

資料來源：　香港天文台歷年氣候資料。

平，這個變化時序與總日照時數數據、華南地區觀測資料及全球暗化大致同步。研究顯示大氣氣溶膠光學厚度分布與太陽總輻射量變化趨勢一致，說明前期總輻射量減少與區域性空氣污染有關，後期的回升則連繫到地區性環境整治和污染物排放減少。滘西洲 2010 年代數據展示上升趨勢，與京士柏一致。

京士柏直接太陽輻射量和漫射太陽輻射量的數據歷史不長，只稍多於十年，2009 年至 2020 年平均日直接太陽輻射量呈上升趨勢，上升速率是每年每平方米 0.10 兆焦耳，2020 年錄得最高值每平方米 9.79 兆焦耳。年平均日漫射太陽輻射量沒有明顯趨勢，2012 年的漫射輻射量比直接輻射量平均每日多每平方米 0.92 兆焦耳，是這段時間唯一漫射比直接輻射量高的年份，而同年平均雲量偏多（見圖 3-107）。

5. 蒸發量、蒸散量

京士柏的年蒸發量，前期 1968 年至 1990 年左右，由 1600 毫米至 1700 毫米下降至約 1100 毫米，減幅高達三成，與太陽輻射量減少和風速降低的情況匹配，1990 年代後期至 2000 年蒸發量一度上升後再度下降（見圖 3-108）。

京士柏的年蒸散量 1968 年至 2020 年期間呈現起伏，與蒸發量變化的相同處在於數值前期高、末期低，由約 1400 毫米下降至約 800 毫米，跌幅接近六成，不同之處在於 1980 年前後和 2000 年代末各有一個高峰期（見圖 3-109）。

圖 3-107　2009 年至 2020 年京士柏年平均日太陽直接輻射量和太陽漫射輻射量統計圖

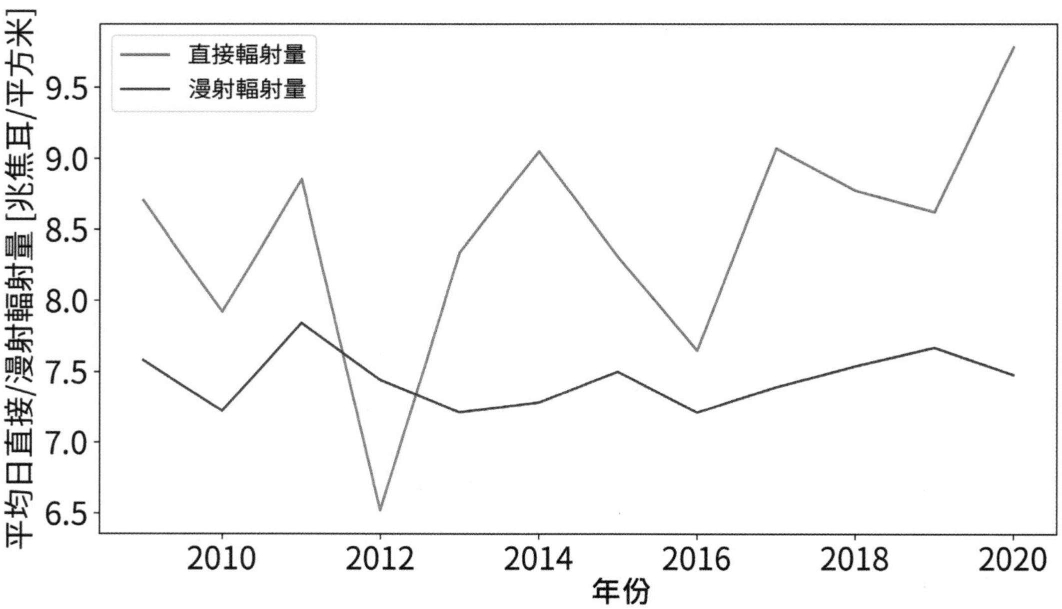

資料來源：　香港天文台歷年氣候資料。

圖 3-108　1968 年至 2020 年京士柏年蒸發量統計圖

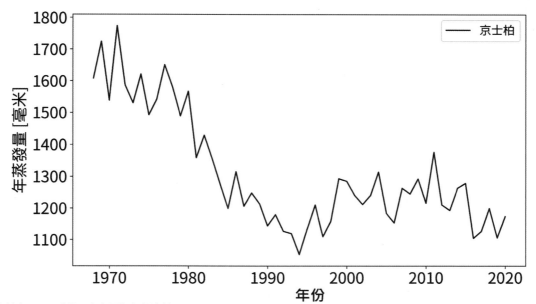

資料來源：　香港天文台歷年氣候資料。

圖 3-109　1968 年至 2020 年京士柏年蒸散量統計圖

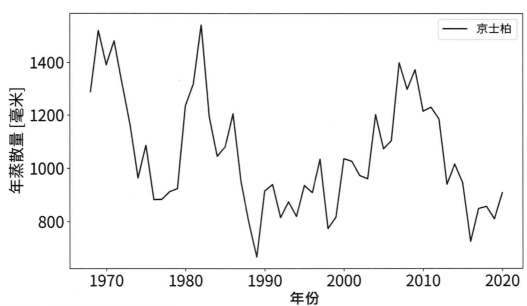

資料來源：　香港天文台歷年氣候資料。

6. 低能見度

根據天文台（1971 年至 2020 年）的觀測，1971 年至 2000 年每年低能見度時數穩定上升，2000 年至 2004 年出現大幅上升，由 2000 年全年 623 小時上升至 2004 年最高全年 1570 小時，此後時數逐漸下降。位於赤鱲角的香港國際機場（1997 年至 2020 年）觀測數字的起伏大致同步，由 2000 年全年 899 小時上升至 2007 年最高全年 2267 小時，隨後下降較快。2020 年天文台及香港國際機場的全年低能見度時數分別為 346 小時和 171 小時，都低於 2000 年的數字。研究指出香港的低能見度與直徑小於 2.5 微米（PM2.5）的懸浮粒子濃度有密切關係，而香港和華南地區懸浮粒子的主要源頭為建築工程、汽車廢氣和燒煤發電等人類活動。2000 年代的低能見度峰值，反映當時香港及鄰近地區以工業及城市活動為基礎的發展期，其後的時數下降反映整治空氣污染工作的成效（見圖 3-110）。

7. 高空氣溫

香港氣溫上升不限於地面，也見於大氣層高處。根據京士柏氣象站每天上午 8 時（協調世界時 0 時）無線電探空儀數據，1957 年至 2020 年期間，由 850 百帕斯卡至 200 百帕斯卡等壓面，相當於對流層內高至約 12 公里水平，氣溫都呈現長期上升趨勢，分析結果顯示這些層面的高度同期都有輕微上升趨勢（見圖 3-111）。由於對流層內氣溫隨高度下降，指定氣壓面升高則溫度理應略為下降，觀察到的氣溫上升反映厚達 12 公里的對流層的總體暖化趨勢。

圖 3-110　1971 年至 2020 年天文台和 1997 年至 2020 年赤鱲角香港國際機場全年低能見度時數統計圖

資料來源：　香港天文台歷年氣候資料。

圖 3-111　1957 年至 2020 年京士柏探空儀指定氣壓面氣溫距平統計圖
（相對於 1957 年至 1980 年平均值）

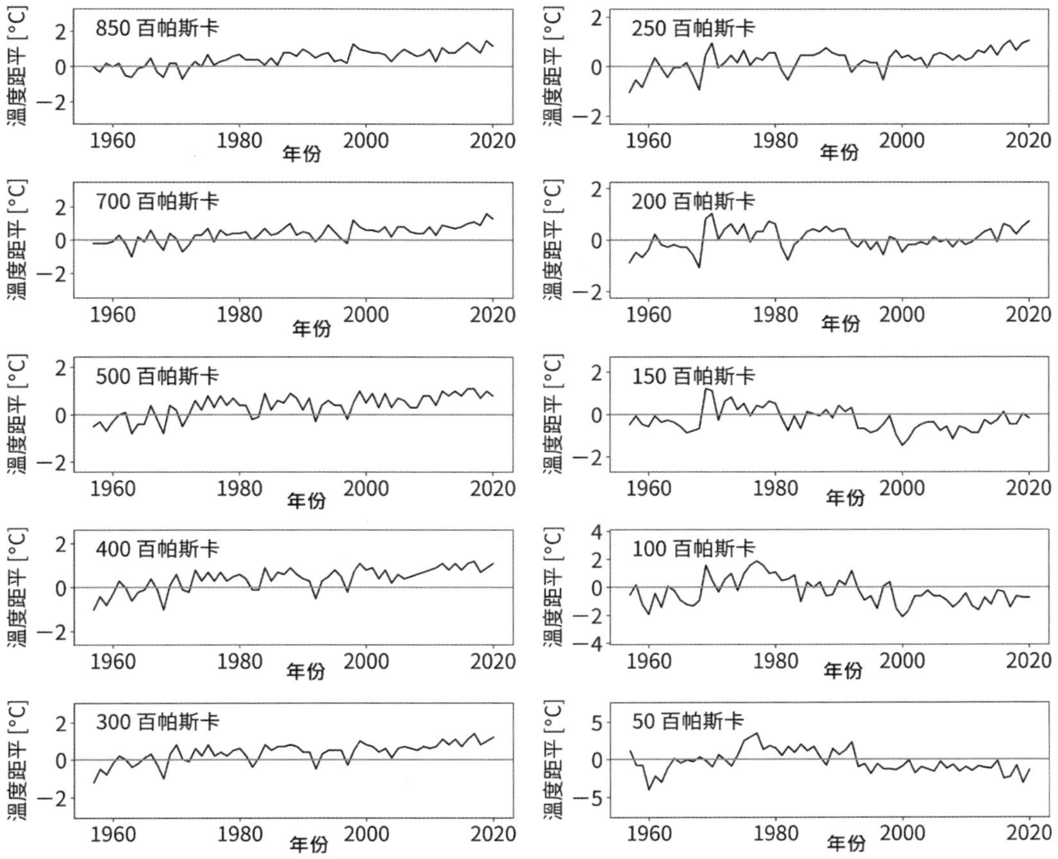

資料來源：　香港天文台歷年氣候資料。

再往上的 150 百帕斯卡、100 百帕斯卡及 50 百帕斯卡等壓面，相當於約 14 公里至 20 公里高度，從 1970 年代起，氣溫呈現總體下降趨勢，100 百帕斯卡等壓面的降溫幅度超過 2 度，遠大於等壓面升高帶來的降溫（少於 0.5 度），因此判斷這個高度的大氣層本身 50 年間總體降溫，至於 50 百帕斯卡等壓面，對比 1970 年代，觀測到超過 5 度的降溫，由於這個氣壓面已位於對流層頂以上的平流層內，氣溫隨高度上升，50 百帕斯卡等壓面上升理應帶來升溫，觀測到的降溫反映大氣層在這個高度的總體降溫。總括而言，50 年間在香港高空的變化分兩個部分：大部分對流層（由地面至約 12 公里高度）氣溫上升，是地面氣溫上升的伸延，對流層頂部和平流層底部（約 14 公里至 20 公里高度）則氣溫下降。

五、海平面及風暴潮

1. 海平面

氣候變化的一個下游效應是海水變暖和膨脹，加上陸上冰融化流入海洋，導致海平面上

圖 3-112　1954 年至 2020 年維多利亞港平均海平面高度統計圖（海圖基準面以上）

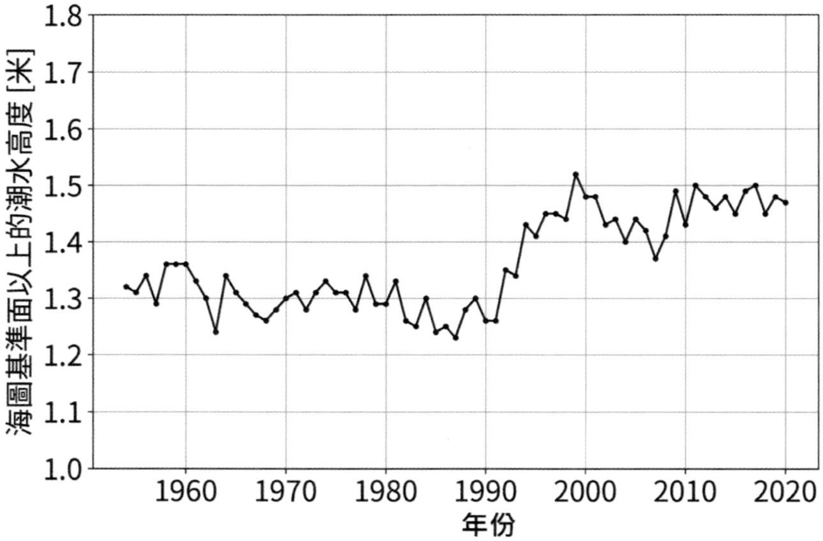

資料來源：　香港天文台歷年氣候資料。

升。全球海平面在 1901 年至 1971 年間每年上升 1.3 毫米，2006 年至 2018 年間上升速率加快至約每年 3.7 毫米。香港的潮汐測量站也錄得海平面上升，1954 年至 2020 年維多利亞港內潮汐測量站資料顯示，平均海平面高度上升趨勢跟衛星遙感觀測所得及其他南海沿岸各站記錄的水位變化相若，平均每年上升 3.1 毫米（見圖 3-112）。

2. 風暴潮及極端海水高度

風暴潮是熱帶氣旋引致的額外海水上升，熱帶氣旋尤其是當颱風接近香港時，風暴潮疊加在天文潮上，水位升高可淹浸沿岸低窪地區。根據 1954 年以來維多利亞港潮水觀測紀錄，在海平面上升的趨勢下，颱風影響香港期間的最高海水水位有愈來愈高的趨勢。1954 年至 2020 年 60 多年之間，最高前十名案例有一半來自最後 20 年，前五名更佔八成（見表 3-39）。至於位於香港西北角的尖鼻咀潮汐測量站，1974 年至 2020 年 40 多年間，前五名案例更有六成來自最後 20 年，比例均遠高於平均比例，顯示颱風風暴潮風險隨着海平面上升而迅速提高。

通過極端值統計學方法，利用過往錄得的年最高海水高度數據，得出香港境內海岸各處指定重現期的對應最高海水高度（見表 3-40），用作大型工程應對海水淹浸風險的設計參數，但必須留意，這些數字只處理了已經出現的氣候變化，未有處理未來的氣候變化。

1954 年之前，歷史上有幾個颱風帶來很高海水高度，包括 1874 年 9 月 22 至 23 日的甲戌颱風為維港帶來最高海水高度為 4.88 米、1936 年 8 月 16 至 17 日的颱風為 3.81 米、1937 年 9 月 1 至 2 日的丁丑颱風為 4.05 米等。這幾個颱風離 2010 年代超過 80 年，氣

表 3-39　1954 年至 2020 年維多利亞港熱帶氣旋帶來最高海水高度前十名統計表

排名	海圖基準面以上海水高度（米）	熱帶氣旋	年份
1	3.96	溫黛	1962
2	3.88	山竹	2018
3	3.57	天鴿	2017
4	3.53	黑格比	2008
5	3.38	尤特	2001
6	3.32	比絲	1974
7	3.27	戈登	1989
8	3.25	尼格	2011
9	3.23	伊蘭	1971
10	3.18	艾黛	1954

資料來源：　香港天文台數據。

表 3-40　極端值統計學推算指定重現期對應年最高海水高度，調整至以 1986 年至 2005 年年平均海水高度為參考推算表（海圖基準面以上）

單位：米

重現期（年）	北角／鰂魚涌（1954 年至 2019 年）	大埔滘（1962 年至 2019 年）	尖鼻咀（1954 年至 2019 年）*	大澳（1954 年至 2019 年）*
2	2.90	3.08	3.21	3.01
5	3.11	3.38	3.46	3.31
10	3.27	3.64	3.66	3.51
20	3.46	3.97	3.89	3.71
50	3.74	4.51	4.24	3.99
100	3.98	5.04	4.56	4.20
200	4.26	5.70	4.92	4.43

注：括號內年期是計算用歷史資料年份。* 為通過與北角／鰂魚涌站的相關延長數據年期。
資料來源：　香港天文台數據。

候變化背景下的海平面上升最少 0.2 米，它們如果重臨香港，則極端海水高度對應為 5.08 米、4.01 米和 4.25 米。同樣道理，如 1962 年的颱風溫黛重臨，對應的最高海水高度亦達 4.16 米，則 1874 年至 2020 年之間的 147 年內，已有四個颱風足以在 2020 年海平面高度的條件下帶來 4 米極端海水高度，平均重現期少於 50 年，而上表顯示 4 米的重現期多於 100 年，顯示氣候變化會令到極端海水高度的出現更頻繁（見表 3-41）。

工程部門為謹慎起見，對於海水淹浸後會產生嚴重後果的基礎設施如機電工程裝備，設計時會考慮採納一組包含 1954 年之前出現的重大風暴潮歷史事件而推算得出的極端海水高度參考值。

表 3-41　包含 1954 年之前歷史風暴潮紀錄之極端海水高度參考值，調整至以 1986 年至 2005 年平均海水高度為參考推算表（海圖基準面以上）

單位：米

重現期（年）	北角／鰂魚涌（1874 年至 2019 年）			大埔滘（1874 年至 2019 年）		
	極端海水高度參考值	95% 置信度區間		極端海水高度參考值	95% 置信度區間	
		下限	上限		下限	上限
2	2.89	2.86	2.92	3.06	3.03	3.10
5	3.10	3.04	3.17	3.36	3.28	3.46
10	3.28	3.17	3.38	3.66	3.47	3.86
20	3.49	3.30	3.66	4.04	3.68	4.38
50	3.82	3.48	4.16	4.73	4.00	5.43
100	4.12	3.62	4.67	5.45	4.27	6.59
200	4.49	3.76	5.32	6.41	4.56	8.22

注：括號內年期是計算用歷史資料年份，分析包含儀器數據和非儀器數據。
資料來源： 香港天文台數據。

六、應對氣候變化

IPCC 於 2001 年發表第三次評估報告，首次指有實在證據確認之前 50 年的全球暖化大部分源於人類活動，以及人類活動的影響將在二十一世紀延續，推算氣溫在 1990 年至 2100 年之間上升攝氏 1.4 度至攝氏 5.8 度。這個幅度將對全球人類產生重大衝擊，香港天文台於 2000 年代展開了一系列行動，向社會各界及普羅市民推廣對氣候變化的認識，以促進各方採取應對行動。香港天文台亦根據 IPCC 多次發布的評估報告連繫及同步公開提供的相關數值模式計算數據，量化推算二十一世紀香港氣溫、雨量及海平面上升等變化，作為政府和社會各界策劃未來應對策略的科學基礎。

1. 提高社會意識
鑑於應對氣候變化需要提高社會的危機意識，從而產生全民參與、共同解決問題的動力，香港天文台於 2000 年代開始向香港公眾宣傳氣候變化的存在和成因，2006 年首次向公眾展示二十一世紀氣溫和雨量的推算，2007 年向學校派發氣候變化教材套，建立資訊網頁，以及派員到學校演講，兩年間進行超過 150 場，此後持續不輟。

此外，2007 年香港天文台協助工程界舉辦在香港首個國際氣候變化研討會，2008 年至 2009 年香港天文台聯同廣東省氣象局、澳門地球物理暨氣象局和香港上海滙豐銀行，合辦「氣候在變化，我們要行動」展覽，在三地巡迴展出。2010 年代與保險業加強溝通，2017 至 2018 年度首度合作評估颱風造成的損失，促進公眾了解氣候變化下極端天氣的嚴重後果。

2. 政府策略

二十一世紀氣候變化將為香港帶來多方面的衝擊，高溫會增加健康風險和醫療系統的負擔，也增加建築物的空調及電力負荷，極端風雨會增加水淹及山泥傾瀉風險，海平面上升會增加沿岸地區的風暴潮風險等等，需要政府及早籌謀和實行應對措施，尤其是調整基礎工程建設及新建建築物的設計參數，邁向碳中和、防禦氣候災害和避免人命及經濟損失。

2007 年，特區政府成立由環境局主持的「氣候變化跨部門工作小組」，2010 年提出《香港應對氣候變化策略及行動綱領》，2012 年成立粵港應對氣候變化聯絡協調小組，2016 年成立由政務司司長主持的高層次「氣候變化督導委員會」，加強督導和統籌各決策局和部門應對氣候變化的工作，2017 年公布《香港氣候行動藍圖 2030+》，目標於 2030 年把本港的碳強度由 2005 年的水平降低 65% 至 70%，相當於人均碳排放量減少 26% 至 36%，作為香港對緩減全球暖化的貢獻，《藍圖》亦涉及適應氣候變化的措施，如強化城市結構及提高防災備災意識等。

3. 應對氣候變化的科學基礎

香港天文台為了讓決策者規劃應對未來氣候變化時有量化的科學基礎，採用 IPCC 歷次評估報告及相關全球氣候模式數據，持續更新本地二十一世紀氣溫和雨量的推算，以及在未來氣候背景下出現各種極端天氣的次數或頻率。香港天文台與鄰近地區氣象部門保持聯繫和協調，重點項目包括 2008 年與廣東省氣象局和澳門地球物理暨氣象局合作組織首個「珠江三角洲地區氣候變化及預測工作坊」。

首次氣候推算

2006 年天文台首次公開發布二十一世紀的氣候推算，以 2001 年 IPCC 的第三次評估報告為根據。二十一世紀末 2090 年至 2099 年十年期氣溫和雨量的推算數值，均以 1961 年至 1990 年氣候值為參照，推算也給出每年寒冷、酷熱和熱夜日數的數字（見表 3-42）。

表 3-42　以第三次評估報告為基礎的香港 2090 年至 2099 年十年期氣候推算數字推算表

	氣溫 （攝氏度）*	年雨量 （毫米）*	寒冷日數	酷熱日數	熱夜日數
預測值上限	+5.6	+1028	4.0	35.1	40.6
平均預測值	+3.5	+216	0.8	24.2	30.0
預測值下限	+1.7	-1051	0.0	17.3	22.9

注：* 是相對於 1961 年至 1990 年氣候值。
資料來源： 香港天文台數據。

值得注意的是，根據 2010 年至 2019 年十年期的觀測，平均每年酷熱日數是 26.7 天，超過了世紀末推算的 24.2 天，而熱夜日數則是 29.8 天，等於世紀末推算的 30.0 天，反映氣

候變化中變熱的影響現實比這個推算來得快，事後回顧，這個情況與進入二十一世紀後全球溫室氣體排放急速上升有關。

2014 年氣候推算

2014 年 IPCC 發表第五次評估報告，這一輪評估採納多個「溫室氣體排放情景」，反映全球社會經濟運行的不同模式和對化石燃料的依賴程度。未來實際出現的氣候變化，如氣溫、雨量和極端天氣頻數等的變化幅度，視乎人類溫室氣體排放能否大幅向下調整。從防災和備災角度出發，天文台以可能出現的最壞情況為基礎，在檢視氣候變化推算時，以「非常高」溫室氣體排放情景（報告的術語為 RCP8.5）的推算為主要參考。

氣溫　2014 年進行的香港氣候推算，得出 2091 年至 2100 年十年期的氣溫，對比 1980 年至 1999 年平均值上升攝氏 4.4 度，上下限是攝氏 5.7 度和攝氏 3.3 度，都比 2006 年首次推算的數字高。同時預計二十一世紀每年熱夜數目快速上升，由二十世紀末約半個月升到二十一世紀中近三個月，以至世紀末約五個月，即是整個夏季和部分春秋季全是熱夜。酷熱日數也顯著增加，由平均每年九天增至世紀中近兩個月和世紀末近四個月，以上數字對比 2006 年的推算數字高，反映十多年間人類溫室氣體排放持續增加的後果（見表 3-43）。

由於熱夜和酷熱日子對人體健康有顯著負面影響，將為社會福利和公共醫療體系增添負擔，這些情境是籌劃未來福利和醫療體系的重要參考。至於每年的寒冷日數則會減少，世紀末個別年份冬天甚至會沒有寒冷日子。

表 3-43　RCP8.5 情景下，熱夜、酷熱及寒冷每年平均日數推算表

	1986 年至 2005 年（觀測紀錄）	2051 年至 2060 年	2091 年至 2100 年
熱夜平均日數	18	81	149
酷熱平均日數	9	52	112
寒冷平均日數	15	4	1

資料來源：　香港天文台數據。

濕球溫度　為了進一步探討氣候變化對醫療體系的潛在衝擊，香港天文台推算了濕球溫度在二十一世紀的變化。濕球溫度是暑熱壓力的一個基本指標，數值高表示環境既暖又濕，散熱較困難，人體舒適度下降。推算濕球溫度的變化有助估算未來暑熱壓力的上升和影響，以日最高濕球溫度攝氏 28.2 度或以上為指標定義極端「暖濕」天氣。RCP8.5 情景下，二十一世紀每年極端暖濕天氣日數推算將大幅上升，由世紀初約半個月增加到世紀末超過三個月（見表 3-44）。根據研究，連續的酷熱日子顯著提高長期病患者的死亡率，同一情景推算每年最長連續極端「暖濕」天氣日數由前期六天大幅增至世紀末幾乎一個月，將會對醫療體系造成龐大的負擔。

表 3-44　RCP8.5 情景下，極端暖濕日數推算表

	2021 年至 2030 年	2051 年至 2060 年	2091 年至 2100 年
每年極端暖濕天氣日數	16	52	96
每年最長連續極端暖濕天氣日數	6	16	28

資料來源：　香港天文台數據。

<u>雨量</u>　全球變暖的背景下，香港年雨量在二十一世紀將展示總體上升趨勢。RCP8.5 情景下，二十一世紀末年雨量會較 1986 年至 2005 年時段年平均 2400 毫米，上升約 180 毫米。同時，RCP8.5 情景下，香港出現極端多雨（年雨量多於 3168 毫米）的年數會增多，1885 年至 2005 年約 120 年間實況觀測有 3 年，2006 年至 2100 年 95 年期間推算約 12 年；至於極端少雨（年雨量少於 1289 毫米）的年數，兩個時段同為 2 年左右。這組數字顯示，雖然極端多雨年份轉多，但是由於雨量年際變化幅度大，二十一世紀防災備災卻仍需旱澇兼顧。

同樣 RCP8.5 情景下，將出現較多的雨集中在較少的日子落下的情況，即是年降雨日數減少而極端日雨量增多，推算以日雨量 100 毫米或以上為指標的每年極端降雨日數字，將由 1986 年至 2005 年實況觀測的平均每年 4.2 日，增加至二十一世紀末（2091 年至 2100 年）約 5.1 日。平均降雨強度（即年雨量除以降雨日數），每年最高日雨量、每年最高連續三日雨量和每年最長連續乾日數目都會增加，其中最高日雨量和最高連續三日雨量在這個時段分別上升 24% 和 42%，是未來基礎建設工程於防洪和防止塌坡設計的重要考慮（見表 3-45）。

根據香港天文台的未來雨量推算，香港《排洪工程設計手冊》（2018 年版）要求工程師於設計項目時，需要把《手冊》內設計用的降雨強度及合成暴雨廓線加以訂正，從而反映氣候變化的影響，2041 年至 2060 年期間應提高 10.4%，2081 年至 2100 年則為 13.8%，兩個數字將隨着氣候變化推算的更新而調整。

<u>海平面及風暴潮</u>　在 RCP8.5 情景下，2091 年至 2100 年香港的平均海平面高度推算會較 1986 年至 2005 年的平均值高出 0.78 米，可能範圍是 0.53 米至 1.08 米，IPCC 以 66% 概率定義「可能範圍」，因此將來實際超過 1.08 米的概率為 17%（34% 的一半）。

隨着海平面上升，熱帶氣旋帶來的風暴潮威脅會因應上升，現時少見的極端水位高度會愈趨頻繁，進行具體推算時，必須將表 3-41 中的極端海水高度參考值加上推算相對海平面上升平均值和可能上限。在 RCP8.5 情景下，50 年一遇海水高度（海圖基準面以上 3.82 米）世紀末重現期將少於 5 年，200 年一遇海水高度（海圖基準面以上 4.49 米）世紀末重現期將少於 50 年。如果選擇海平面上升的上限值 1.08 米計算，50 年一遇海水高度世紀末重現期甚至變得少於兩年，而 200 年一遇也變成不多於 20 年一遇（見表 3-46）。

表 3-45　RCP8.5 情景下各種雨量參數的推算表

	1986 年至 2005 年（觀測紀錄）	2051 年至 2060 年	2091 年至 2020 年
每年極端降雨日數（日雨量 ≥100 毫米）	4.2	5.0	5.1
每年平均降雨強度（毫米／日）	23.4	25.4	26.7
每年年最高日雨量（毫米）	221.0	243.0	273.0
每年年最高連續三日雨量 （毫米）	367.0	476.0	523.0
每年最長連續乾日數	46.0	54.0	59.0
每年降雨日數	102.0	100.0	97.0

資料來源： 香港天文台數據。

表 3-46　RCP8.5 情景下指定重現期對應年最高海水高度，調整至以 1986 年至 2005 年平均海水高度為參考推算表（海圖基準面以上）

單位：米

重現期（年）	極端海水高度參考值（1874 年至 2019 年）	2091 年至 2100 年 RCP8.5 上升 0.78 米	2091 年至 2100 年 RCP8.5 上限 上升 1.08 米
2	2.89	3.67	3.97
5	3.10	3.88	4.18
10	3.28	4.06	4.36
20	3.49	4.27	4.57
50	3.82	4.60	4.90
100	4.12	4.90	5.20
200	4.49	5.27	5.57

注：括號內年期是計算用歷史資料年份 ，分析包含儀器數據和非儀器數據。
資料來源： 香港天文台數據。

第六節　氣象服務

一、氣象信息接收、通訊及處理

1. 太平洋戰爭前

能實時接收香港境內外的氣象觀測數據，對天氣監測、預測和災害預警至關重要。現代氣象發展源於電報網絡的設立。兩條分別從香港通往上海和新加坡的海底電纜先後於 1870 年

和 1871 年駁通,令氣象觀測紀錄可以實時交換。與此同時,清朝政府海關總稅務司羅伯特・赫德已開始在中國各地,尤其是港口和燈塔,利用西方氣象儀器建立氣象觀測站,並且在 1873 年安排在每日早上將上海的氣象觀測紀錄通過電報傳往香港、廈門和日本長崎。在《德臣西報》的推動和支持下,香港船政廳自 1873 年 8 月 5 日開始每日在報章上公布「中國沿海氣象記錄」,內容為香港、上海和廈門的氣象觀測紀錄(見圖 3-113)。及後隨着香港通往馬尼拉的海底電纜於 1880 年駁通,馬尼拉的氣象紀錄亦能實時傳送至香港,自 1882 年 3 月 23 日開始,每日在報章刊登的「中國沿海氣象記錄」增加馬尼拉的氣象紀錄。

雖然香港天文台在 1890 年之前還未接駁電報網,「東延」(The Eastern Extension Australasia and China Telegraph Company Limited)和「大北」(The Great Northern Telegraph Company)兩間電報公司在 1884 年向天文台免費提供由上海、廈門、馬尼拉、長崎、海參崴、福州、海防及呂宋博利瑙的每日天氣紀錄,由天文台信差從電報公司帶回天文台。到 1888 年再增加接收澳門及東京每日兩次的氣象紀錄。而通過郵遞,天文台於 1884 年亦能收到另外 24 個中國內地和台灣地區氣象觀測站的紀錄,包括 11 個燈塔觀測站。同時,天文台亦從抵港軍艦和商船收集與颱風相關的氣象觀測。至 1885 年,天文台經電報公司及郵遞共接收來自 45 個東亞地區觀測站(見圖 3-114)的氣象紀錄,包括 36 個屬於清朝政府海關的觀測站,其中超過一半都是採用首任天文台台長杜伯克所制定的「香港和中國條約港口的氣象觀測指引」進行觀測。天文台亦為這些觀測站提供氣象儀器檢查和校對服務。1889 年,天文台人員開始登上港內船隻,從「船舶日志」抽取其中的氣象紀錄,用作分析和研究颱風。

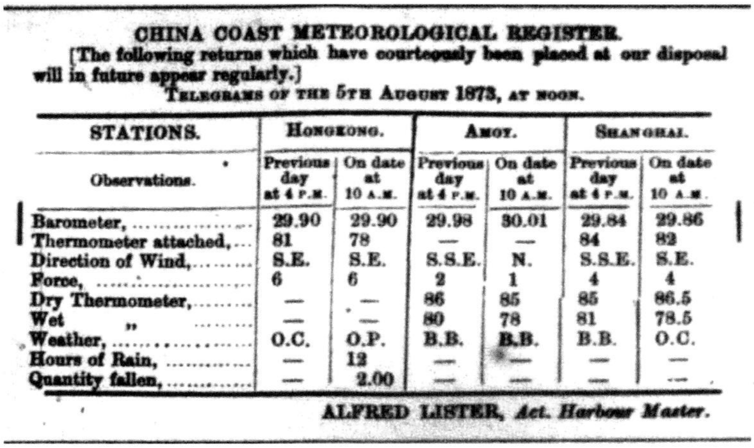

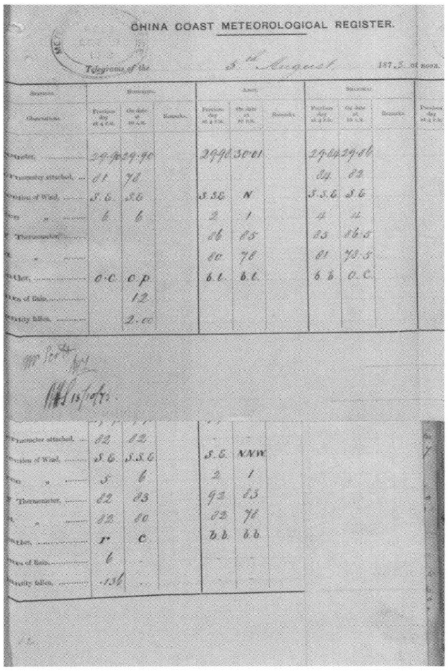

圖 3-113　1873 年 8 月 5 日船政廳在《德臣西報》發出的第一份「中國沿海氣象記錄」(左)及其電報原稿(右)。(南華早報出版有限公司、英國氣象局提供)

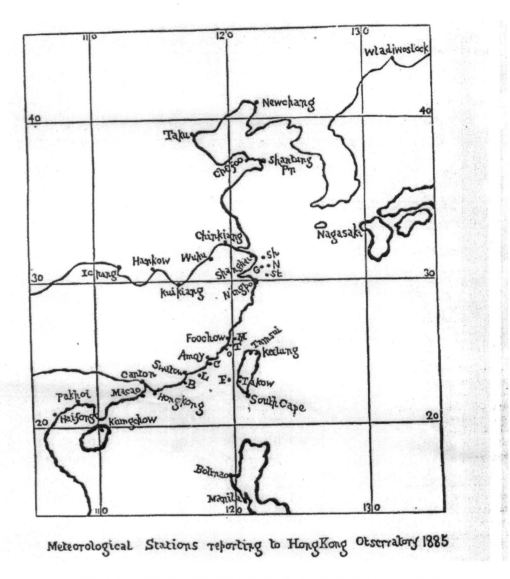

圖 3-114　1885 年天文台所接收來自東亞地區 45 個觀測站的位置分布。（政府檔案處歷史檔案館提供）

天文台於 1890 年春季經維多利亞港新鋪設的海底電纜接駁至香港島的電報公司，通過電報接收來自 15 個東亞地區觀測站的氣象報告。天文台亦於 1892 年接收太平山頂及蚊尾洲島燈塔的氣象報告。1899 年增加接收來自菲律賓、日本及台灣地區的氣象報告。在「東延」電報公司的協助下，使用天文台所提供的儀器在菲律賓增加 4 個觀測站，取代博利瑙站，每日提供兩次觀測報告。天文台亦得到日本當局協助，加快台灣地區傳輸氣象報告的速度。天文台又於 1907 年通過電報接收橫瀾島燈塔的氣象報告。能夠近實時接收這些觀測站的氣象報告，尤其是菲律賓和台灣地區的報告，對監測颱風起了重要作用。

1912 年，天文台開始通過電報接收中國內地城市長沙及宜昌的氣象報告。其後幾年再增加接收漢口、九江、重慶的氣象報告。

十九世紀末，無線電通訊技術雖然已經面世，但初期在香港只有軍部可以使用，軍部與香港政府的合作尚未展開。在 1906 年和 1908 年兩場風災後，港府汲取教訓，改善通報颱風消息，天文台於 1908 年開始通過無線電報從英國軍艦接收鄰近海域的氣象觀測。隨着鶴咀無線電站（台號 VPS）在 1915 年 7 月 15 日啟用，天文台制定船隻透過無線電提供氣象觀測的要素，並開始接收來自英國、荷蘭和日本船隻的天氣報告。1919 年 9 月天文台與馬可尼公司（Marconi Company）安排免費通過無線電報每日兩次從海上船隻接收氣象報告。至 1924 年，經香港總商會鼓勵，英國商船顯著增加提供氣象報告，信息數目比 1923 年增加兩倍。1926 年 11 月 30 日，位於天文台總部南端的無線電站落成，台號 OBW，取代鶴咀無線電站直接接收船隻天氣報告。

在 1910 年代及 1920 年代，天文台亦不斷擴展接收亞太區內的氣象報告，包括東沙島、西北太平洋島嶼、長江流域、華北、朝鮮半島、越南、雲南、中南半島等地的氣象報告。

2. 二戰後

日佔時期，香港天文台總部被日軍接管，業務停頓。二戰後，天文台於 1946 至 1947 年度恢復通過無線電接收遠東區域的地面及高空氣象報告，亦從澳門船政廳和東沙島接收氣象報告。隨後數年逐漸增加覆蓋範圍，西至印度、東至斐濟、北至蘇聯、南至澳洲。

天文台在 1947 年 8 月 1 日從皇家空軍接手民航氣象服務，並於同年 9 月 1 日將預測總部搬到啟德機場運作，提供所有氣象預報。三部無線電接收機亦於同年 9 月從天文台總部的無線電站 OBW 轉移到啟德機場，歸民航處核下的航空廣播科管理，接收飛機及其他海外氣象中心的天氣報告。OBW 同時繼續接收澳門船政廳和東沙島的氣象報告及通過 VPS 接收船隻天氣報告。總部與機場氣象所的通訊由打字電報機聯繫。同年增加接收印度、仰光及西伯利亞的氣象報告。1948 年增加接收西沙群島氣象報告，並通過航空點對點無線電頻道接收西貢、曼谷、馬尼拉、上海及一些中國內地機場每小時的氣象報告。來自中南半島、馬來亞及菲律賓的氣象報告也有所增加。

1948 年天文台首次使用何樂禮打孔卡片製表機作船隻及飛機氣象報告統計分析，朝自動化邁出了第一步。

1949 年 3 月，天文台與國民政府海關合作，在廣東台山利用天文台提供的儀器設立一個氣象觀測站，每日五次由海關人員進行觀測並將報告傳送至天文台，此舉至 1949 年 10 月結束，接收中國內地的氣象觀測亦於年底終止。此情況持續至 1956 年 5 月，在此期間，天文台增加接收船隻報告以彌補觀測資料不足。1956 年 6 月 1 日恢復接收中國內地氣象報告後，每天從北京的氣象廣播接收約 1600 個地面報告和 200 個高空報告。

1951 年 10 月開始利用無線電電傳打字機（見圖 3-115）接收來自關島的氣象報告，節省人手和增加效率。

圖 3-115　天文台用來接收氣象報告的馬可尼電傳打字機。（香港天文台提供）

1957 至 1958 年度，天文台為大東電報局在主樓增加辦公室，統一收發所有氣象信息，包括之前由民航處航空廣播科所負責的氣象通訊。自此之後，民航處航空廣播科只負責與民航有關的氣象通訊。同年將無線電電傳打字機接收延伸至日本，並開始接收西北太平洋高空預報圖，及來自朝鮮、日本、台灣地區、澳洲北部、新幾內亞、太平洋島嶼與船隻的地面及高空氣象報告和颱風偵測飛機報告。天文台從我國每日接收約 2500 個地面報告和 340 個高空報告；從海外則每日接收約 2000 個地面報告、400 個高空報告及 600 個船隻報告。1961 至 1962 年度接收來自蘇聯和外蒙古的氣象報告。1963 至 1964 年度，天文台從海外 30 個國家和地區接收超過 300 個氣象觀測站的地面及高空報告，範圍西至巴基斯坦、東至東經 180 度；再加上 17 個機場每小時的報告、飛機觀測及船隻報告。與海外的機場交換氣象信息主要通過航空固定電信網。同年，天文台從印度和新加坡的無線電電傳打字機廣播接收氣象報告。1966 年 11 月 1 日開始從泰國曼谷的無線電電傳打字機廣播接收氣象報告。1967 至 1968 年度再增加接收堪培拉、馬尼拉和西貢的無線電電傳打字機廣播。

自 1926 年開始運作的天文台無線電接收站 OBW 於 1965 年 12 月搬遷到大東電報局畢拉山電台，以改善從船隻接收無線電信息的效率。

香港與海外交換氣象信息於 1969 年至 1970 年踏入新里程：1969 年 3 月 10 日建立香港與東京的氣象通訊線路，並於 1970 年 6 月 8 日建立香港與曼谷的氣象通訊線路，曼谷—香港—東京線路是世界氣象組織所建立的全球電信系統一部分。天文台於 1975 年 12 月 20 日建立香港經廣州連接北京的氣象通訊線路。1976 年 4 月開始實施香港—東京、香港—曼谷和香港—北京線路的電腦信息交換。歷年的氣象線路變更見附錄 3-4。受惠於香港—北京線路於 1990 年的提速，1990 年 9 月天文台與廣東省氣象局開始實時交換雷達圖像，1992 年 6 月亦開始在線路上運作傳真交換。而於 2008 年提速的香港—北京線路除了能處理龐大的氣象數據交換外，亦加入視像會議功能。

天文台信息處理自動化在 1969 年度踏上新里程：自該年起，天文台開始使用政府電腦資料處理處的國際電腦公司（International Computers Limited）ICL 1902 型電腦，進行氣候數據處理和分析。1973 年 12 月安裝天文台首台萬國商業機器（International Business Machines）IBM 1130 電腦，次年 1 月 1 日業務運行，用以將所有從通訊線路接收的信息解碼、處理、製作天氣圖並將有用數據儲存在磁帶上。IBM 1130 電腦亦用以製作夏季雨量預測、預報工具和天文圖表，以及將 1958 年至 1972 年的 80 萬個船隻報告記錄在磁帶上。1974 年 5 月及 7 月再分別安裝兩台 IBM 7 系電腦，用以從通訊線路直接接收信息。同年 8 月 1 日所有從通訊線路接收的信息改由電腦自動解碼和核實。大部分自 1884 年有記錄以來的基本氣象觀測數據亦轉為儲存在電腦磁帶上。

1978 年 6 月 28 日 IBM 7 系電腦被兩台通用數據公司（Data General Corporation）Eclipse S/130 型電腦取代。隨着電腦資源增加，天文台業務運行首個數值天氣預報模式—單層平衡正壓模式，輸出 500 百帕斯卡高度場的 24 小時預報。1979 年開始，在熱帶氣旋逼近香港時利用風暴潮模式預測低窪地區因風暴潮引致水浸的情況。

1987 年 Eclipse S/130 型電腦系統被兩台通用數據公司 MV20000 型電腦取代，其中一個重點是開發氣候數據庫，製作每年出版的《香港地面觀測年報》。同年 12 月地面及高空天氣觀測圖由電腦自動繪畫，取代人手繪畫。為提升預報能力，除了於 1987 年開始接收及使用海外氣象中心的全球數值預報模式產品外，亦於 1988 年運行一套有限區域數值模式，預報香港及鄰近地區的天氣轉變，分辨率為 110 公里。

1991 年天文台引入 IBM RS/6000 540 型伺服器運作有限區域數值模式、預報工具及製作產品。1994 年添置兩台 IBM RS/6000 590 型伺服器，取代 MV20000 型電腦。1999 年再添置一部超級電腦 CRAY SV1 以運作從日本引進的一套非靜力數值預報模式，分辨率為 20 公里。於 2000 年展開伺服器整合計劃，購入一部 IBM SP 伺服器叢集以取代過時的電腦系統。該系統隨後進行更新，增加了節點的數量，以用作日常氣象數據運算及資料庫運作。

天文台自 2006 年 10 月 1 日起以自身的電腦系統取代大東電報局人員運作天文台的氣象電信中心。在 2010 年初安裝了一個 DELL 高效運算叢集 HPCC 電腦系統，取代自 1999 年操作的 CRAY SV1 電腦。HPCC 電腦系統由 93 個 x86 伺服器組成，能提供峰值達 7.7 TFLOPS 的運算速度，比舊電腦快 400 倍，主要用以運作高分辨率數值天氣預報模式，模式的最高分辨率為 2 公里，為舊模式的 10 倍。天文台電腦自 1999 年至 2016 年的最高運算能力及內存最高容量分別見圖 3-116 及圖 3-117。

隨着互聯網通信的普及，天文台逐漸透過互聯網取得世界各地提供的氣象資料，包括：利用互聯網接通東京（2002）、北京（2012）及曼谷（2012）的「區域電訊樞紐」；2005 年接通深圳市氣象局；2015 年接通澳門地球物理暨氣象局及 2017 年接通台灣地區的氣象機構。天文台亦透過互聯網以及世界氣象組織信息系統與國內外多個氣象中心，包括中國氣象局、歐洲中期天氣預報中心、日本氣象廳、美國國家海洋及大氣管理局、英國氣象局、韓國氣象局等連接，取得由這些中心提供的數值天氣預報模式產品、氣象衛星及天氣雷達等數據。隨着大數據在近年興起，接收這些數據量龐大的氣象信息將成為香港天文台踏入大數據進程中重要的一步。

圖 3-116　1999 年至 2016 年天文台電腦的最高運算能力統計圖

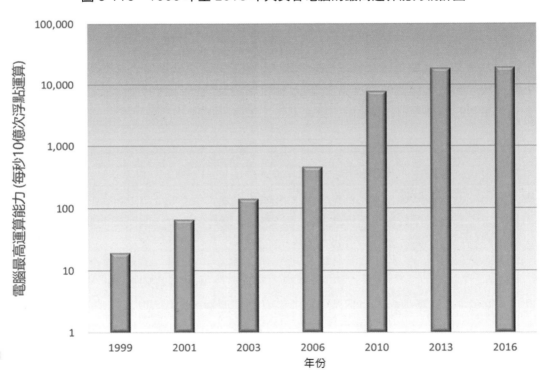

資料來源：　香港天文台歷年資料。

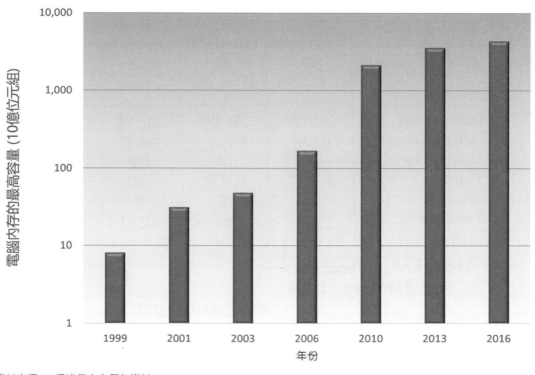

圖 3-117　1999 年至 2016 年天文台電腦的內存最高容量統計圖

資料來源：　香港天文台歷年資料。

二、太平洋戰爭前的氣象服務及信息發放

天文台早期的服務主要面向航運界。除了發出颱風預警外，最重要的資訊服務是在各大報章刊登「中國沿海氣象記錄」和天文台總部的觀測紀錄（稱為「氣象記錄」）（見圖 3-118）。發出「中國沿海氣象記錄」的服務由來已久，自 1873 年 8 月 5 日船政廳已經開始在報章刊登「中國沿海氣象記錄」。但從香港天文台在 1884 年 1 月 2 日取代船政廳所發出的「中國沿海氣象記錄」可以看到，內容已經即時作出修訂，例如用濕度取代濕球溫度、精簡了一些多餘的要素和加入了長崎的氣象報告。製作「中國沿海氣象紀錄」所使用的氣象報告由「東延」和「大北」兩間電報公司免費提供。在 1884 年 1 月 10 日的「中國沿海氣象記錄」更開始包含一段描述天氣概況的文字，有需要時亦會提供颱風動向信息。天文台總部及其他氣象站錄得的地面氣象觀測資料由 1884 年起均每年出版。

但是早年的信息發放還未完善。每日發出的「中國沿海氣象記錄」和「氣象記錄」只能經信差於下午 1 時 30 分送到海軍總部、船政廳、電報公司及三家英文報館。天文台於 1890 年春季才接通電報公司，「中國沿海氣象記錄」和「氣象記錄」自此可以透過電報傳到電報公司和船政廳，並張貼在它們的告示板上。船員亦可以免費透過電報公司向天文台查詢天

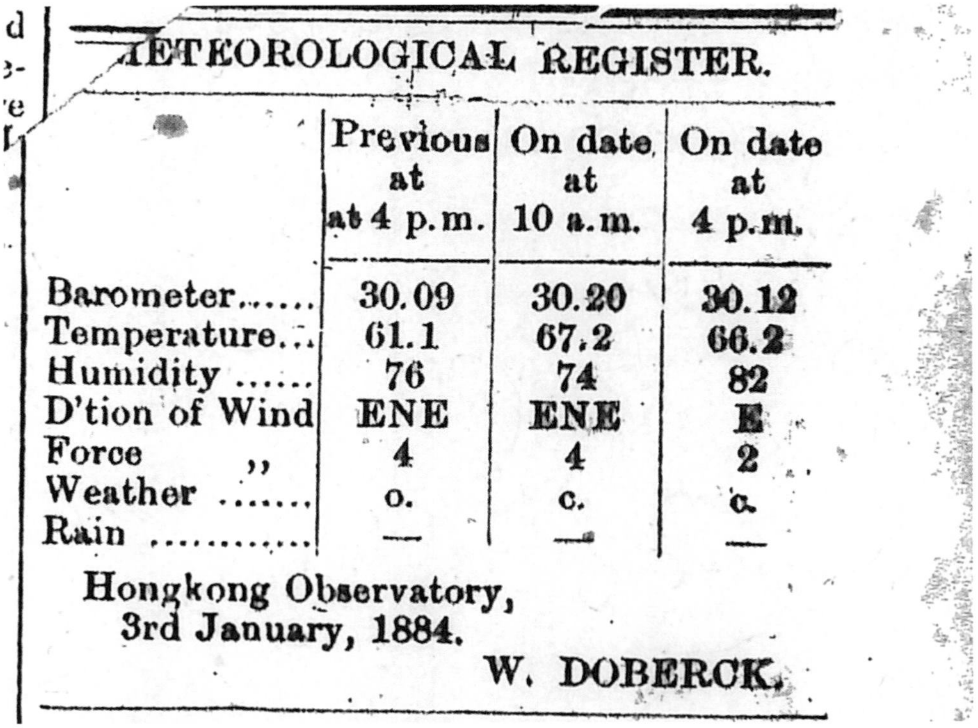

METEOROLOGICAL REGISTER.

	Previous at at 4 p.m.	On date at 10 a.m.	On date at 4 p.m.
Barometer......	30.09	30.20	30.12
Temperature....	61.1	67.2	66.2
Humidity	76	74	82
D'tion of Wind	ENE	ENE	E
Force ,,	4	4	2
Weather	o.	c.	c.
Rain	—	—	—

Hongkong Observatory,
3rd January, 1884.

W. DOBERCK.

圖 3-118　第一個由香港天文台發出的「氣象記錄」，刊登於 1884 年 1 月 3 日《德臣西報》，報導溫度、氣壓、濕度、風向等內容。（南華早報出版有限公司提供）

氣資料。「中國沿海氣象記錄」所包含的氣象觀測站持續增加，至 1890 年 10 月增至 17 個：香港、太平山頂、澳門、廣州、汕頭、廈門、福州、上海、安平（台南）、海口、馬尼拉、博利瑙（呂宋）、海防、頭頓（越南）、東京、長崎及海參崴。1900 年增加至 26 個、1910 年 43 個、1920 年 45 個、1930 年 47 個。為保證觀測資料準確，天文台亦為觀測站及船隻提供氣象儀器檢查和校對服務。

1892 年，天文台增聘一名助理氣象學家負責發出天氣預測、「中國沿海氣象記錄」和「氣象記錄」，以及登上停泊在港口的船隻，從「船舶日志」抽取氣象紀錄，用作氣象分析和製作海洋氣候圖。從 1893 年至 1911 年之間共整理接近 42 萬個氣象觀測紀錄，首批海洋氣候圖在 1914 年完成，但工作隨後因人手問題中斷。一套基於 1890 年至 1912 年船隻觀測的南海平均氣壓、風向及風速的氣候圖最終於 1925 年出版，供船長免費使用，並且供給世界各地主要氣象台。氣候圖亦供市民購買，每套 3 元。

香港天文台從 1892 年起亦在每日早上將「中國沿海氣象記錄」印製並送到報館，以便刊登在中午左右出版的報紙號外。此安排初期遇到困難，沒有報章定期在當天黃昏甚至第二天早上刊登。到了 1893 年 10 月 14 日，天文台印製「中國沿海氣象記錄」，並經船政廳向有需要的船長提供。1895 年 1 月 21 日，「中國沿海氣象記錄」開始提供香港的天氣預測（見圖 3-119）。

21st JANUARY, 1895, at 10 a.

Wladivostock,	30.23	–7	71	N	1	b	
Tokio,	..	..	..	..	..	..	..
Nagasaki,	..	..	..	..	..	..	..
Shanghai,	30.60	30	..	NW	3	c	..
Foochow,	..	..	..	..	..	..	..
Amoy,	30.38	50	58	NE	3	o	..
Anping,	..	..	..	..	..	..	..
Swatow,	30.27	65	..	ENE	5	o	..
Canton,	..	..	..	..	..	..	..
Hongkong,	30.32	53	76	ENE	4	o	0.01
Victoria Peak,	..	..	..	..	..	..	..
Gap Rock,	30.30	..	..	NNE	5		..
Macao,	30.34	51	82	NW	1	o	..
Hoihow,	..	..	..	..	..	..	..
Haiphong,	30.26	51	74	NNE	1	o	..
Bolinao,	30.07	77	77	N	3	c	..
Manila,	30.08	79	69	WSW	1	o	..
Cape S. James,	..	..	..	NE	3	m	..

the 20th at 11.0 a.. Forecast :— barometer falling : fresh to moderate N winds : cloudy, some drizzling rain.
the 21st at 11.0 a.. Forecast :— barometer steady : fresh NE winds : cloudy, some drizzling rain.

F. G. FIGG,
First Assistant

Hongkong Observatory, Monday, 21st January 1895.

圖 3-119　1895 年 1 月 21 日發出的「中國沿海氣象記錄」，包含香港的天氣預測。為滿足航運界需要，報告同時提供當時香港船隻較常前往地區的天氣，包括上海、福州、長崎、馬尼拉等地。（香港天文台提供）

1902 年天文台將「中國沿海氣象記錄」每日免費供給所有船公司。1906 年 7 月 23 日，開始在「中國沿海氣象記錄」加入不同海區的 24 小時天氣預測，覆蓋範圍東至台灣海峽，西至海南島。

1909 年 6 月，天文台開始將每天繪製覆蓋東亞地區的天氣圖製作副本，在船政廳、卜公碼頭及九龍天星小輪碼頭的告示板張貼，供市民閱覽（見圖 3-120）。在其後數年，每日印製的「中國沿海氣象記錄」（後來改稱為「每日天氣報告」）及 24 小時海區天氣預測廣受本地及境外機構歡迎。1912 年，天文台開始將「中國沿海氣象記錄」每日寄到澳門氣象台、每周寄到東京水文辦公室及皇家暹羅海軍（或後來的曼谷水文辦公室）、每 10 日寄到海防市扶連中央氣象台及每月寄到華盛頓、馬尼拉和墨爾本的氣象局。1913 年開始，每月將每日天氣報告整理出版，包含氣候平均統計數字，名為「每月天氣摘要」，並分發到世界各地氣象及科學機構。1914 年 1 月 1 日，為了應付不斷增加的需求，每日天氣報告供市民訂閱，每年費用 10 元。同年 11 月 5 日，每日天氣圖利用石版印刷進行複印，取代以往使用人手複製。1917 年，每日天氣圖供市民訂閱，每年費用 36 元。

隨着位於香港島東南端的鶴咀無線電站（台號 VPS）在 1915 年 7 月 15 日啟用，天文台開始於每日通過摩斯電碼向船隻發放氣象情況、天氣預報和颱風警告。天文台當時經電報把天氣信息傳送至鶴咀無線電站，再於下午 1 時向船隻傳送。1919 年，每天的傳送次數增加

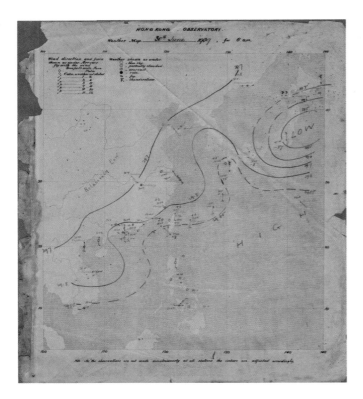

圖 3-120　1909 年 6 月 30 日上午 6 時的天氣圖，是香港天文台現存最早的天氣圖。（香港天文台提供）

至兩次，1923 年增加至四次，並加入遠東氣象站報告。1926 年 11 月 30 日，天文台總部的新無線電廣播站（台號 GOW）落成，颱風警報及天氣報告分別於 1927 年 4 月 1 日及 8 月 13 日直接由 GOW 以聲音廣播。1928 年 VPS 開始轉播上海及馬尼拉的風暴警告，而當香港本地颱風信號生效，GOW 亦同樣轉播上海及馬尼拉的風暴警告。1928 年 6 月 1 日，GOW 移交政府作為公眾廣播測試，並且搬到山頂，以聲音廣播天氣報告、預報及颱風警報，而 VPS 則繼續以無線電報廣播天氣報告、預報及颱風警報。1929 年 2 月 GOW 台號改為 ZBW，即香港廣播電台的前身。ZBW（及其後成立的中文廣播 ZEK）繼續以聲音廣播天文台的天氣報告、預報和颱風警告。

日佔時期，香港天文台總部被日軍接管，業務停頓。

三、二戰後海洋氣象服務

二戰後，香港天文台被英軍接管用作海軍及空軍預報中心。1946 年 5 月 1 日，天文台職員回到天文台總部工作，逐步與英軍交接。5 月 8 日恢復在 VPS 廣播海區天氣預測及天氣概況。6 月 17 日，皇家空軍預報中心搬到啟德機場運作，並提供民航氣象服務。1946 年 7 月中，天文台從海軍全面接手其他運作。每天繪製的天氣圖連同天氣報告亦於 1946 年恢復，重新在船政廳及九龍天星小輪碼頭的告示板張貼。天文台亦恢復為船隻提供氣壓計比對服務。

1947 年 5 月 1 日，在 VPS 廣播的海區天氣預測範圍作出調整，從五個海區擴展至七個，東至呂宋海峽，西至北部灣（舊稱東京灣），每日廣播兩次。同年 9 月 1 日將預測總部搬到啟德機場運作，提供所有氣象預報。

1948 年透過皇家空軍位於紅磡的無線電電站 ZCU 向海外氣象中心廣播地面及高空天氣信息。同年 7 月恢復複印並分發每日天氣圖給各界用戶。

二戰後的海洋氣象服務主要有三方面：大範圍海區船舶天氣預報服務（包括熱帶氣旋預警）、華南海域漁民天氣服務以及香港水域天氣服務。香港天文台歷史悠久的海洋天氣服務，奠定了在中國南海這方面的國際地位，促成世界氣象組織指定成為全世界八個收集海洋氣象資料及編纂《海洋氣候摘要》的中心（見「參與世界氣象組織及其前身組織」子目）。

1. 遠洋船舶

1952 年 5 月在 VPS 廣播的海區天氣預測從七個海區擴展至十個，覆蓋琉球群島、東海及日本以南海域，1954 年 4 月再增加黃海海區。1953 至 1954 年度開始，天文台通過海事處港口管制辦事處向每艘離港船隻提供天氣圖和船舶預報。

1956 年 2 月 1 日 VPS 及 ZCU 無線電氣象廣播整合流程，將本地天氣報告、船隻報告、香港高空數據、分析、風暴警告及船舶預報廣播統一從 OBW 輸入，由 ZCU 和 VPS 以摩斯電碼進行「香港區域廣播」及「中國海域天氣廣播」。此外，當天文台發出風暴警告，VPS 會即時發出「中國海域風暴警告廣播」。1957 至 1958 年度增加在香港廣播電台每日四次發放船舶天氣概況。

因應日本海岸 300 英里（483 公里）範圍內的海區預報廣播改由日本負責，1960 至 1961 年度天文台在 VPS 廣播的海區天氣預測從 11 個海區減至 8 個海區。1964 年 1 月 13 日，香港區域廣播增加以無線電電傳打字形式廣播。自 1967 年 2 月 1 日起，中國海域天氣廣播中船舶預報的預報範圍採用國際協議的 16 個分區（見圖 3-121）。1967 年 3 月 1 日將中國海域天氣廣播及中國海域風暴警告廣播合併由 VPS 廣播。1967 年 3 月 15 日香港區域廣播停止以摩斯電碼發送，只以無線電電傳打字形式廣播。在 1970 年 6 月 8 日全面實施曼谷—香港—東京點對點線路後，香港區域廣播於 1970 年 10 月 1 日停止運作，餘下中國海域天氣廣播繼續運作。

向船舶發出的熱帶氣旋路徑預報時效分別於 1978 年、2003 年及 2015 年從一日延伸至兩日、三日及五日。

1992 年 8 月全球海上遇險與安全系統（Global Maritime Distress and Safety System）實施，專為海上船隻提供電訊傳輸服務的「國際海事衛星」投入服務。天文台的海洋天氣預測及警告被納入我國及日本發出的全球海上遇險與安全系統信息內。隨着船隻普遍使用國

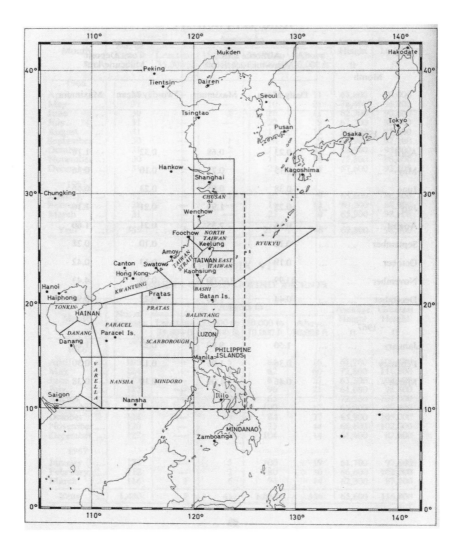

圖 3-121　1967 年起天文台發出船舶預報的 16 個海區。（香港天文台提供）

際海事衛星接收天氣信息，天文台自 1915 年開始透過無線電利用摩斯電碼向船隻提供天氣信息的服務於 2000 年 10 月 1 日終止。同時，天文台所發出的船舶預報的範圍修訂為中國南海十個海區。

2. 漁民天氣

1955 年 12 月開始，天文台在香港廣播電台以廣東話向漁民發放華南海域天氣報告，東至汕尾以南、西至北部灣（舊稱東京灣）以南。1960 年 1 月 1 日，報告時效由原來的 12 小時延長至 24 小時。1969 至 1970 年度起，華南海域天氣報告亦在香港商業電台廣播。

華南海域天氣報告於 1975 年 4 月加入南澳以南區域並增加播出時間。1979 年 4 月華南海域天氣報告以中文及英文廣播，同時增加海況和華南沿岸氣象站最新天氣報告。

1991 年 8 月開始採用無線電話頻道廣播華南海域天氣報告。

2005 年 7 月，華南海域天氣報告的展望期由兩日延伸至三日。

3. 香港水域天氣

1964 年 2 月 29 日開始在星期六、日及公眾假期每日兩次發出「遊艇天氣資訊」，附加在天氣報告之後。同年 3 月 21 日至 24 日，天文台首次為每兩年一度的中國海帆船賽提供特別預報服務，由香港廣播電台中文台發放。1974 年 9 月遊艇天氣資訊改名為「香港水域天氣報告」，並增加發出次數。

天文台與海事處合作，自 1971 年 1 月 18 日開始，當維多利亞港能見度低於 2 海里時，通過海港電台甚高頻頻道廣播能見度報告，再於 2002 年合作在天文台網站推出「香港水域能見度報告」網頁。

四、二戰後公眾氣象服務

二戰結束後初期，香港天文台被英軍接管用作海軍及空軍預報中心。1946 年 5 月 1 日，天文台職員回到天文台總部工作，逐步與英軍交接。1946 年 6 月 17 日，皇家空軍預報中心搬到啟德機場運作，並繼續提供民航氣象服務。1946 年 7 月中天文台從海軍全面接手其他運作，並在同年恢復將本地天氣概況、預測和風暴消息在 ZBW 及 ZEK 頻道分別以英文及中文廣播。同年亦恢復將每日天氣報告及預測在報章刊登。預測總部於 1947 年 9 月 1 日搬到啟德機場。

1948 年至 1949 年，天文台台長報告將公眾天氣服務從海洋氣象服務抽出，單獨報告，顯示公眾天氣服務開始受到重視。當年主要的公眾天氣服務渠道為電台廣播、報章及分發天氣圖。1957 年 5 月 1 日預測總部由啟德機場遷回天文台總部，負責將天氣預報和警報發放給公眾、海洋用戶及傳媒。

1. 範圍

公眾氣象服務涵蓋為市民大眾發出各類天氣資訊，包括熱帶氣旋警告、天氣預報及預警，統一由位於天文台總部的天氣預報中心發出（見圖 3-122）。二戰後科技日新月異，傳遞天氣信息的渠道與時並進：先後發展通過電台、電視台、電訊網絡、互聯網、流動裝置及社交媒體提供資訊服務。互聯網及流動裝置（尤其智能手機）亦使提供的資訊量以幾何級數速度增加，而且可以因應用戶位置及個人需要提供度身訂造的服務，社交媒體更能夠讓天文台與市民互動，增強天氣服務以人為本的效果。

隨着預報技術的提升，發出預測的時效亦逐漸延伸：1974 年 1 月 19 日首次推出每逢星期

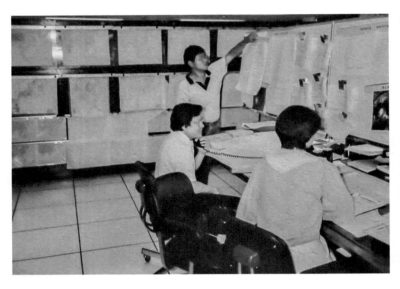

圖 3-122　1983 年超強颱風愛倫襲港時（左）和 2017 年超強颱風天鴿襲港時（右）的天氣預報中心。（John Peacock、香港天文台提供）

圖 3-123　1993 年至 2017 年天文台三天、五天、七天及九天天氣預報準確度比較統計圖

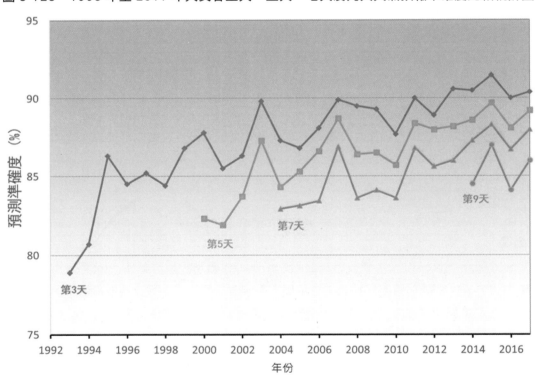

資料來源：　香港天文台歷年公眾氣象服務統計資料。

六中午發出的「星期日展望」；1974 至 1975 年度按需求發出長至三天的天氣展望；1983 年起每天提供三天天氣預報。1990 年代後期開始，數值天氣預報技術突飛猛進，天氣預報時效得以再延長至四天（1998 年）、五天（2000 年）、七天（2003 年）及九天（2014 年）。在推出九天天氣預報的初期，第九天天氣預測的準確度達約 85%，即相當於 1990 年代中第三天天氣預測、2000 年代中第五天天氣預測和 2000 年代底第七天天氣預測的準確程度（見圖 3-123）。天文台更於 2017 年推出長達 14 天的「延伸展望」概率預報，以及長達九天的熱帶氣旋路徑概率預報。臨近預報及觀測技術在近 20 年的發展亦有助提升天氣預警能力，天文台於 2012 年 3 月推出「特別天氣提示」，在天氣出現重大轉變前，例如預計強雷暴、大雨來臨或熱帶氣旋警告信號有可能改變時，提醒市民有關快將出現的惡劣天氣。

香港發展成為國際大都會，與中國內地及其他地區的來往愈趨頻密，市民自然關注各地的天氣資訊。天文台於 1989 年 1 月開始發出 25 個海外城市天氣報告。至 1998 年，天文台網頁大規模增加其他城市天氣資訊，包括世界各大城市天氣、廣東省各地天氣預測及全國各大城市天氣預測。2010 至 2011 年度與廣東省氣象局及澳門地球物理暨氣象局合作推出「大珠三角天氣網站」，一站式提供區內共 11 個城市的天氣警告及預報。

數值預報及臨近預報能力的提升亦有助預報的精細化。天文台於 2008 年推出香港分區氣溫預報及珠江三角洲地區降雨臨近預報；2012 年推出定點降雨預報；2013 年推出自動分區天氣預報及降雨概率預報；2016 年推出局部地區大雨報告服務，2017 年推出閃電預報，都是精細化預報的例子。

以下闡述不同範疇的公眾天氣服務在二戰後的發展。

2. 傳媒

報章

隨着信息傳播渠道不斷發展，報章刊登日常天氣資訊的服務逐漸被其他渠道取代，但時至今日，仍然有部分報章每日刊登天氣資訊，方便市民查閱本港及各大城市的天氣情況。每當有惡劣天氣出現，尤其颱風和暴雨，各大報章亦會詳盡報道天文台最新天氣信息和惡劣天氣對香港社會的影響。

電台

1949 年 3 月香港首間商營電台麗的呼聲啟播，天文台發出的天氣資訊開始經商營電台播出，1959 年 8 月再擴展至新成立的香港商業電台。為統一資訊發放，1960 至 1961 年度天文台將所有向公眾發放的資訊經電傳打字機傳送到政府新聞處，再分發到各電台及報章。

風暴警告方面，1952 年在大東電報局協助下，當懸掛烈風信號或以上時，天文台每小時透過香港廣播電台直接廣播風暴消息。自 1962 年 9 月颱風溫黛襲港時開始，在同樣情況下更安排香港廣播電台廣播員每 15 分鐘在天文台的廣播室直接用粵語廣播風暴消息，英文的風暴消息則繼續由電台直接廣播。次年度起，從天文台直接用粵語廣播的風暴消息經大東電報局發送至三間電台播出。

電視台

隨着香港首間電視台麗的映聲啟播，天文台於 1961 至 1962 年度開始為其黃昏電視天氣節目提供天氣圖、東南亞各大城市天氣報告等資訊。同年亦開始提供天氣圖給報章刊登。1967 年 11 月電視廣播有限公司啟播後，天文台透過政府新聞處提供天氣信息以支援電視台製作天氣報告。1975 年 9 月香港佳藝電視啟播，本港接受天文台天氣服務的電視台頻道增加至五個。1976 至 1977 年度更安排天文台人員為電視台提供天氣稿、圖像及向天氣節目主持人提供簡報服務，以支援黃昏電視天氣節目製作。天文台人員根據政府相關規例以個人身份在工作時間外為電視台提供有償服務。

1987 年天文台安排專業氣象人員為亞洲電視中文台提供星期五黃昏電視天氣節目（見圖3-124）。1988 年 7 月亦在亞洲電視英文台播出同類節目。1991 年 2 月亞洲電視中文台的黃昏電視天氣節目增加至每星期五天。1993 至 1994 年度增加為電視廣播有限公司提供電視天氣節目。1995 年初天文台在總部設立錄影室，專門用來向傳媒簡報惡劣天氣情況及製作電視天氣節目。1996 年在錄影室添置電腦天氣圖像顯示系統，支援電視天氣節目製作。錄影室設有專線接駁電視台，方便傳送影像。2000 至 2001 年度，天文台與電台及電視台安排，當烈風信號或以上生效時，天文台高級科學主任每小時在錄影室舉行新聞發布會。

2013 年 12 月，天文台推出免費電視天氣服務，每星期六天為公眾提供自行製作的天氣節目，包括每星期一集「氣象冷知識」教育短片（見圖 3-125）。新服務通過電視台、天文台YouTube 頻道及「我的天文台」流動應用程式播放。

3. 電訊網絡

1985 年天文台展開了一項「打電話問天氣服務」，市民可以通過一套自動回答設備從電話中獲得最新天氣消息。1986 年此服務分為中、英文兩項服務。1988 年增加分區天氣報告，1991 年改用新的數碼系統，加入華南海域天氣報告及潮汐預報。

1987 年開始，天文台亦為不同電訊公司的專線電報服務、傳真服務、聲訊服務和流動服務提供天氣資訊。1992 年信息發放轉為自動化，天文台業務運作一套圖文傳真系統，可以同時將資料以圖像形式發送到八個不同用戶。同年安裝一個電訊門路連接系統，讓用戶透過專線電報接收有關資訊。

圖 3-124　1987 年起，天文台專業氣象人員主持電視天氣節目。（攝於 1980 年代末，香港天文台提供）

圖 3-125　天文台自行製作的「氣象冷知識」教育短片。（攝於 2015 年，香港天文台提供）

1997 年天文台自行發展一套氣象資料傳送系統，通過網絡和傳真機把天氣預警及資料自動即時發送給傳媒、公眾和特殊用戶。該系統於 2007 年更新。

2005 年初，天文台更新「打電話問天氣」電話錄音系統，市民只需撥一個電話號碼 187 8200，便可收聽以粵語、普通話或英語報道的最新天氣消息。

4. 互聯網、流動裝置和社交媒體

網站
1996 年 3 月天文台在互聯網推出網站，並不斷充實網站內資料，陸續涵蓋天文台所有資訊服務範圍，1997 年瀏覽量達 340 萬頁次。歷年來天文台網站不斷增加資訊（見附錄 3-5）、加入多媒體和互動功能、改善設計及提升用戶體驗等，瀏覽量大幅增加，至 2007 年超過 10 億頁次，是 1997 年使用量的 315 倍，2017 年更超過 1671 億頁次（包含天文台網站及「我的天文台」流動應用程式）。1997 年至 2017 年的天文台網站瀏覽量見圖 3-126。

2012 年 1 月開始，天文台在網頁發放每月天氣摘要及每日天氣圖，長達一個世紀的每月天氣摘要及每日天氣圖印刷版本訂閱服務終止。

流動裝置
2010 年 3 月推出在 iPhone 智能手機平台上運作的「我的天文台」流動應用程式（見圖

圖 3-126　1997 年至 2017 年天文台網站及「我的天文台」流動應用程式年瀏覽量統計圖

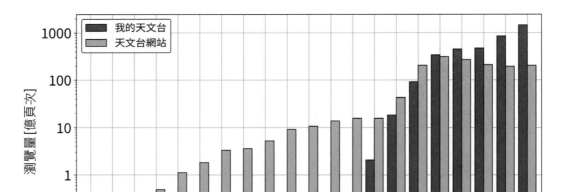

資料來源： 香港天文台歷年公眾氣象服務統計資料。

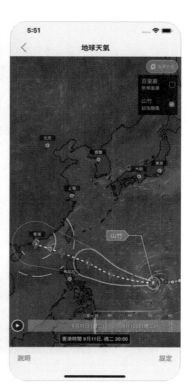

圖 3-127 「我的天文台」流動應用程式介面。（香港天文台提供）

3-127）。2010 年 11 月將「我的天文台」流動應用程式擴展至 iPad 及 Android 平台上，2014 年擴展至 Windows Phone，2016 年再擴展至支援可穿戴設備。由於「我的天文台」流動應用程式能夠提供個人化及定點天氣服務，不斷增加資訊及功能（見附錄 3-6），其瀏覽量快速增長，2013 年超越天文台網站的瀏覽量，達 340 億頁次，至 2017 年更達 1464 億頁次，佔天文台網上資訊服務瀏覽量近 88%。2017 年香港境內使用的所有流動應用程式中，「我的天文台」的月活躍用戶排名第五，總下載量近 700 萬次。2010 年至 2017 年「我的天文台」瀏覽量見圖 3-126。

社交媒體

2009 年 1 月天文台在 YouTube 上設立部門頻道，與公眾分享天文台每周製作的天氣及教育短片。這是天文台首個社交媒體服務平台。2010 年 9 月及 2011 年 3 月分別在 Twitter 及新浪微博上開設官方賬戶，提供天文台最新消息及實時天氣警告。2013 年 12 月，天文台自行製作的天氣節目，包括每星期一集「氣象冷知識」教育短片，在天文台 Youtube 頻道上播出。2014 年 7 月在微信推出天氣資訊服務。

2017 年起天文台策劃「香港天文台 HKO」Facebook 專頁及「hk.observatory」Instagram 平台（見圖 3-128），透過社交媒體加強與公眾溝通和互動。

圖 3-128　「香港天文台 HKO」Facebook 專頁（左）及「hk.observatory」Instagram 平台（右）。（香港天文台提供）

5. 氣候資料及氣候預報服務

香港各氣象站錄得的地面氣象觀測數據由 1884 年起均刊載於每年出版的氣候資料刊物（見圖 3-129），惟 1940 年至 1946 年的氣象觀測數據因二戰而缺失。現存日佔時期的氣象紀錄只有 1944 年 5 月日軍在香港天文台所做的觀測紀錄（見圖 3-130），載於《南支那氣象概報》，由日本陸軍氣象部第四氣象聯隊第三大隊印製。

二戰後香港社會發展對氣候資料服務需求日益增加，天文台除了自 1947 年恢復每年出版《氣象資料第一部分（地面觀測）》刊物，亦會按要求提供氣候資料給不同政府部門、工程及工業等界別，支援各類研究及發展項目（詳見「第八節　氣象科研與合作」）。1969 年開始利用電腦編製每年的氣候資料。此刊物在 1987 年改稱為《香港地面觀測年報》。隨着刊物精簡化及方便讀者掌握一年的天氣情況，內容由 1993 年起只有摘要資料和圖表。地面及高空數據亦從該年起一併刊載，刊物名稱亦更改為《香港氣象觀測摘要》。2007 年開始增加潮汐測量站海平面資料的摘要，名稱亦更改為《香港氣象及潮水觀測摘要》。

2001 年開始，天文台於每年 3 月的新聞發布會向公眾公布全年雨量和影響香港的熱帶氣旋數目的展望。

TABLE I.
BAROMETER.

DATE.	OBSERVATORY.			VICTORIA PEAK.		
	10 a.	4 p.	10 p.	10 a.	4 p.	10 p.
1884.	ins.	ins.	ins.	ins.	ins.	ins.
January 1,.............	30.135	30.016	30.047	28.358	28.204	28.248
„ 2,.............	30.062	29.974	30.033	28.238	28.193	28.188
„ 3,.............	30.094	30.021	30.072	28.301	28.239	28.280
„ 4,.............	30.129	30.026	30.072	28.335	28.286	28.346
„ 5,.............	30.203	30.089	30.152	28.374	28.349	28.354
„ 6,.............	30.197	30.088	30.156	28.375	28.339	28.351
„ 7,.............	30.229	30.130	30.222	28.353	28.354	28.474
„ 8,.............	30.356	30.232	30.325	28.473	28.471	28.481
„ 9,.............	30.324	30.221	30.291	28.474	28.398	28.455
„ 10,.............	30.281	30.162	30.209	28.471	28.396	28.385
„ 11,.............	30.144	30.046	30.075	28.295	28.244	28.270
„ 12,.............	30.135	30.057	30.127	28.326	28.291	28.302
„ 13,.............	30.153	30.066	30.122	28.339	28.359	28.325
„ 14,.............	30.132	30.020	30.068	28.351	28.247	28.297
„ 15,.............	30.144	30.056	30.127	28.339	28.249	28.312
„ 16,.............	30.138	30.043	30.086	28.317	28.281	28.300
„ 17,.............	30.165	30.105	30.163	28.364	28.343	28.367
„ 18,.............	30.219	30.106	30.170	28.378	28.317	28.353
„ 19,.............	30.190	30.082	30.164	28.374	28.340	28.360
„ 20,.............	30.223	30.116	30.171	28.376	28.305	28.320
„ 21,.............	30.200	30.086	30.135	28.352	28.300	28.319
„ 22,.............	30.113	30.029	30.088	28.294	28.274	28.257
„ 23,.............	30.065	29.960	30.048	28.283	28.215	28.242
„ 24,.............	30.085	30.004	30.053	28.298	28.263	28.293
„ 25,.............	30.097	30.016	30.055	28.285	28.225	28.294
„ 26,.............	30.090	29.974	30.035	28.289	28.232	28.260
„ 27,.............	30.094	29.971	30.012	28.306	28.210	28.206
„ 28,.............	30.027	29.912	29.955	28.236	28.178	28.188
„ 29,.............	29.983	29.856	29.902	28.198	28.133	28.147
„ 30,.............	29.999	29.889	29.944	28.198	28.116	28.152
„ 31,.............	30.049	29.976	30.084	28.257	28.213	28.282
Mean, ...	30.144	30.043	30.102	28.329	28.276	28.303

圖 3-129　自 1884 年起，天文台每年都會出版不同的氣候資料刊物，刊載全港各氣象站錄得的地面氣象觀測數據。圖為 1884 年 1 月香港天文台總部及太平山頂的氣壓紀錄，載於 1885 年出版的《1884 年香港天文台氣象觀測及研究》。（香港天文台提供）

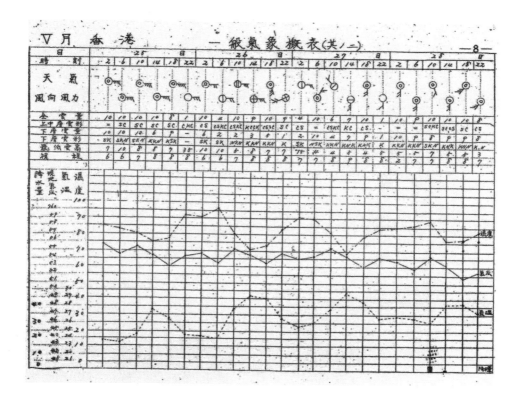

圖 3-130　《南支那氣象概報》所載香港 1944 年 5 月 25 日至 28 日氣象觀測資料。（《南支那氣象概報》S19［1944］5 月香港一般氣象概表，日本防衛省防衛研究所館藏）

天文台在 2006 年 3 月運作首個區域氣候預測模式，並在網站上發布由模式計算的溫度及雨量的季度氣候預報。同年亦推出新的氣候資料服務網頁，透過簡易的介面，讓市民輕易地找到各種香港氣候資料。

6. 特殊用戶服務

1968 至 1969 年度台長報告首次記錄天文台向特殊用戶提供有償服務，包括為電視台特別天氣節目提供天氣資訊和為電力公司每日提供天氣預報以協助計算用電需求。

2000 年天文台推出政府天氣資訊系統及天氣資訊系統，分別為不同政府部門及機構提供特殊天氣資訊服務。用戶可以使用撥號調解器或通過政府主幹網絡接駁到系統。2001 年及 2004 年分別開始透過電郵和手機短信發放天氣警告予有關政府部門。2005 年推出系統加強版，用戶可以使用寬頻互聯網接駁到系統。

2011 至 2012 年度，天文台開始為企業客戶提供「閃電臨近預報」服務，以協助業務易受閃電影響的特殊用戶預先作出評估，以便及早採取預防措施。

五、航空氣象服務

1. 位於啟德的香港國際機場

為滿足航空界要求，天文台於 1936 年開始每日為啟德機場提供包含高空風資料的遠東天氣圖，並將每小時天氣報告進行廣播，同時亦為航空公司提供每小時天氣報告及航路預測。次年 5 月 18 日，天文台安排一位高級職員和一位華籍助理每日在特定時間駐守啟德機場，除了提供以上的資料和服務外，更為離港班機的機師提供諮詢服務。這是天文台提供現代航空氣象服務的開端。二戰後初期的航空氣象服務由啟德機場的皇家空軍氣象組負責，1946 年 6 月 17 日，皇家空軍預報中心從天文台總部搬到啟德機場運作，並提供民航氣象服務。香港天文台於 1947 年 1 月派預報員恢復負責部分運作，同年 8 月天文台從空軍接手航空氣象服務。為滿足大量增加的航空需求，同年開始為每月 150 班至 200 班離港航班提供飛行文件，內有航路預報、終端機場預報、橫切面圖及最新天氣圖，並向機組人員提供面對面的簡報（見圖 3-131）。天文台更於同年 9 月 1 日將預測總部搬到啟德機場運作，凸顯航空氣象服務的重要性。同月 25 日開始通過無線電報在日間每半小時廣播機場天氣報告和每小時廣播機場天氣預報、向來港班機提供飛行預報諮詢和降落預報，以及通過航空點對點無線電頻道 24 小時向新加坡、西貢、曼谷、上海和馬尼拉傳送天氣報告。天文台每年為離港航班提供飛行文件數目見圖 3-132。

以上的航空氣象服務除了參考國際民用航空組織的要求外，天文台亦根據世界氣象組織建議於 1951 年 10 月 15 日開始為香港飛行情報區在日間提供區域氣象監測服務，並發出危險天氣警告。

圖 3-131　機場氣象所的航空預報員為機組人員提供面對面諮詢簡報。（香港天文台提供）

圖 3-132　1948 年至 2017 年天文台每年為離港航班提供飛行文件數目統計圖

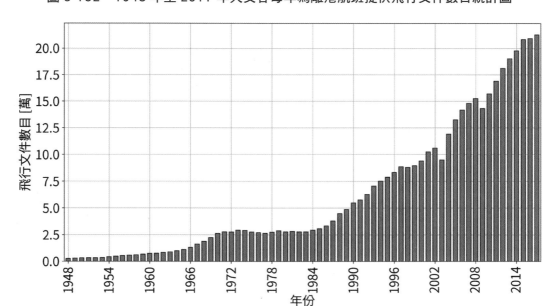

資料來源：　香港天文台歷年航空氣象服務統計資料。

為監測啟德機場東西兩邊進場區域天氣，天文台分別於 1952 年 12 月 1 日和 1953 年 1 月 1 日開始運作橫瀾島和長洲氣象觀測站，日間每半小時的觀測經無線電話傳至機場氣象中心，向航機廣播。

由於航機使用無線電話趨於普及，天文台於 1955 年 1 月增設聲音區域廣播 VOLMET，與無線電報廣播並行，每半小時提供機場及進口觀測報告和預報。無線電報廣播於 1956 年 7 月 1 日終止。區域廣播每半小時提供機場天氣預報以及啟德機場、橫瀾島、長洲、馬尼拉、台北和台南的氣象報告。1957 至 1958 年度將機場預報延長時效，從 3 小時增至 6 小時。1958 至 1959 年度增加廣播在香港負責範圍內的熱帶氣旋警告及香港飛行情報區危險天氣警告。1959 至 1960 年度將機場預報時效從 6 小時增至 9 小時。VOLMET 亦為香港港內船隻提供本地天氣信息。

1956 年，根據國際民用航空組織的要求，天文台被指定為香港的氣象當局，為國際民用航空提供氣象設施和服務。

1963 年 8 月底，為配合機場 24 小時運作，天文台所提供的航空氣象服務開始 24 小時運作。

1973 年 4 月從日本傳真廣播接收航空區域預報圖，再於 1974 至 1975 年度從新德里和達爾文接收航空區域預報圖。1975 年利用電腦自行製作 250 百帕斯卡航空天氣圖。以上的預報圖及天氣圖為離港班機飛行文件的一部分。1976 至 1977 年度為國泰航空有限公司提供電腦製作的航路高空風和溫度資料，以支援飛行計劃運作。1979 至 1980 年度，應民航處要求，用電腦製作航路風及溫度數據供空中交通服務單位使用。

1977 至 1978 年度天文台在鯉魚門、又一村及九龍仔安裝風速計以研究監測風切變。1978 年與瑞士航空（Swissair）合作，接收其來港飛機上的低空風切變資料。1979 年 9 月 10 日天文台研發的低空風切變系統在啟德機場運作（見圖 3-133），該系統自動提供風切變預警，經空中交通管制人員傳送至升降航班。在 1990 年代籌劃赤鱲角的機場氣象儀器的同時，天文台亦為啟德機場改良低空風切變系統，成功發展一套強化風切變及側風警報系統，於 1997 年投入業務運作。該系統使用的數據包括原有低空風切變系統的風速計及於 1996 年在深水埗安裝的氣流剖析儀。

天文台於 1980 年代初開始提供飛行文件支援從香港飛往中國內地、北美洲、中東及歐洲的航班。為應付航空氣象資料需求的增長，開始從倫敦及華盛頓兩個世界區域預報中心接收風及溫度網格點數據，以電腦繪製預報圖供長程飛機使用。亦從法蘭克福、東京及墨爾本的航空區域預報中心接收顯著天氣預報圖，供長程飛機使用。由於飛往中國內地的飛機採用較低空域，需要為飛往中國內地的航班提供不同高度的航空預報圖，天文台在 1986 年 11 月開始製作低層航空預報圖給短途飛機使用。

圖 3-133　為啟德機場低空風切變系統裝設的風速計位置圖

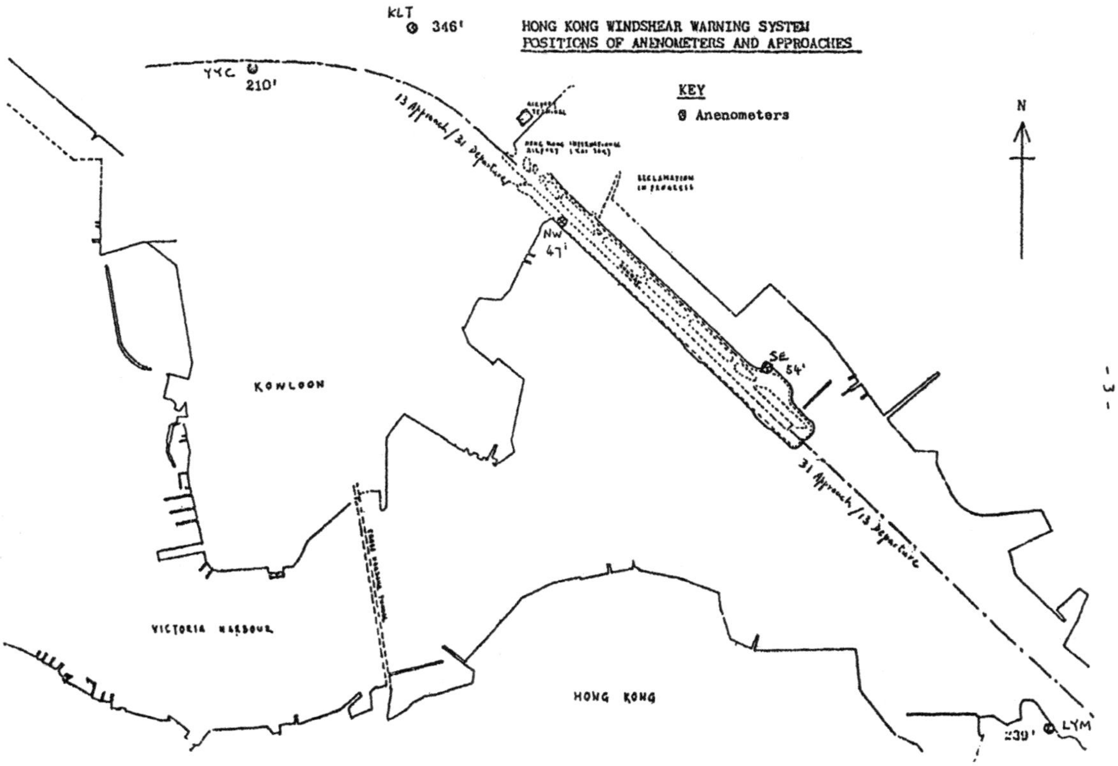

資料來源：　香港天文台。

2. 位於赤鱲角的香港國際機場

1970 年代初期，港府已就機場發展進行研究，1978 年決定選址赤鱲角。天文台於 1979 年 6 月開始在赤鱲角島運作一個氣象站，由天文台觀測員駐守，為新機場研究提供數據。1980 年初天文台與皇家輔助空軍合作，在赤鱲角進行了三次定翼機飛行，以研究進場區域的風切變及湍流。赤鱲角氣象站運作至 1983 年 9 月 9 日被超強颱風愛倫摧毀為止。1984 年 9 月在赤鱲角安裝自動氣象站繼續進行觀測。隨着赤鱲角新機場工程展開，該自動氣象站於 1993 年搬遷至沙螺灣。1995 年 10 月，新機場填海工程提供土地，天文台在其東北部安裝自動氣象站，恢復在赤鱲角的觀測。1996 年 4 月，天文台派員在新建的控制塔開始進行定時天氣觀測。

天文台於 1993 年開始一系列計劃，為新機場購置氣象儀器，包括探測風切變的機場多普勒天氣雷達、機場氣象觀測系統及氣流剖析儀，並展開業務風切變預警系統和機場氣象數據處理系統的開發工作。1994 年起利用設有氣象儀器的飛機、氣流剖析儀、聲雷達探空儀、多普勒激光雷達和陸上風速表等進行數據收集。天文台亦與國泰航空有限公司合作，收集航機上的飛行數據和氣象資料。

1996 年年中及年底分別完成安裝大欖涌機場多普勒天氣雷達（見圖 3-134）及機場氣象觀測系統（Aerodrome Meteorological Observing System）。1997 年，機場多普勒天氣雷達和風切變及湍流警報系統（Windshear and Turbulence Warning）先後投入運作。天文台亦完成自行發展的航空氣象數據處理系統及航空氣象資料發送系統，供新機場使用。

1998 年 7 月 6 日新的香港國際機場啟用，機場氣象所在當晚順利由啟德機場過渡至赤鱲角的新機場運作（見圖 3-134）。新的機場氣象所位於機場控制塔內，天氣觀測員能夠進行全方位觀測。天文台設立的航空氣象數據處理系統（Meteorological Data Processing System, METPS）及航空氣象資料發送系統（Aviation Meteorological Information Dissemination System）全面運作，收集和處理氣象數據，包括由世界區域預報中心、火山灰諮詢中心及區域專責氣象中心等接收的預報圖及資料，製作產品，並將氣象資料傳送至航空交通服務單位及為離港航機提供飛行文件。航空氣象資料發送系統利用撥號網絡技術，為航空公司遙距提供飛行文件及其他氣象資料供飛行計劃使用，逐漸取代為機組人員提供的面對面諮詢服務。該系統不斷應用戶需求增加資料及產品，瀏覽量屢創新高（見圖 3-135）。

隨着天文台開始為新機場提供服務，天文台自 1998 至 1999 年度向機場管理局收回服務成本。首年收回的成本為 6548 萬元，全數撥入政府庫房。從機場管理局收回的成本逐年增加，至 2017 年達 1 億 1450 萬元。

1998 至 1999 年度天文台完成為機場第二條跑道安裝氣象設施，並於 1999 年 5 月跑道啟用時投入業務運作。天文台亦於 1999 至 2000 年度在後備航空交通管制大樓內設立輔助機場氣象所，並制定應變措施，當有緊急事故發生時，位於控制塔內的機場氣象所操作可轉至輔助機場氣象所繼續運作。

為改善風切變探測和預警，天文台與航空公司、飛機師及空中交通管理人員合作，於 2000年 3 月及 8 至 9 月進行兩次為期一個月的風切變報告徵集活動。2001 年底，天文台完成

圖 3-134　位於赤鱲角機場控制塔內的機場氣象所。（攝於 2018 年，香港天文台提供）

圖 3-135　1998 年至 2017 年航空氣象資料發送系統瀏覽量統計圖

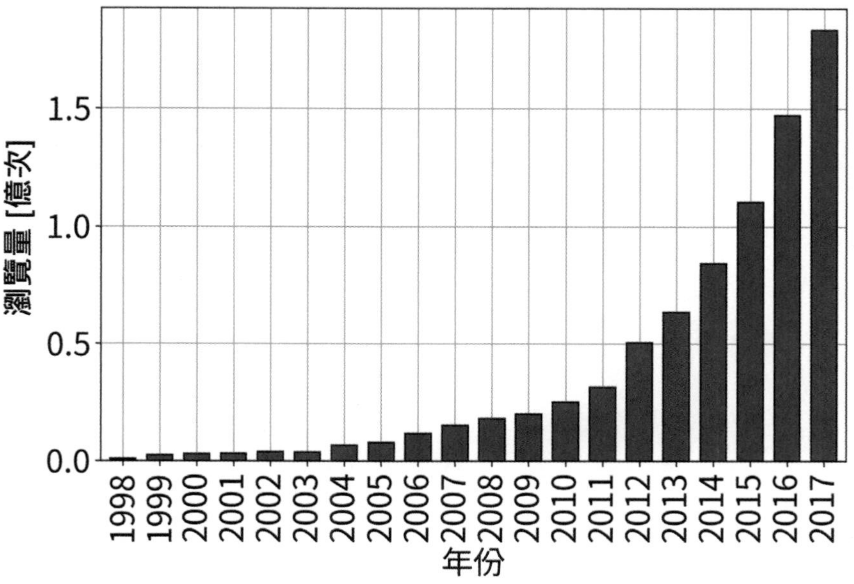

資料來源：　香港天文台歷年航空氣象服務統計資料。

對風切變及湍流預警服務的檢討，並實施改善措施，包括於 2002 年 6 月在位於機場航空交通管制大樓安裝一台激光雷達（見圖 3-37），以監測晴空無雨情況下的風切變；於 2002 至 04 年在機場東、西兩邊水域安裝五個浮標氣象站（見圖 3-136），以監測海風及颮鋒等天氣系統所引致的風切變。實施了上述改善措施後，風切變預警的成功率由原來的約 50% 提升至 2004 年的 95%。天文台在低空風切變及湍流預警方面的成績，獲得國際航空界廣泛認同。天文台人員於 2003 年 3 月在「國際民用航空組織期刊」（見圖 3-137）發表關於改善風切變及湍流預警的文章。2004 年第四季應世界氣象組織的邀請，在其季刊發表文章，以天文台的風切變及湍流預警服務作為示範例子介紹給各會員。

天文台利用在機場跑道上的風速表及安裝在機場附近水域的多個氣象浮標的數據，發展出一套嶄新的風切變探測方法，並於 2004 年 5 月開始運行，加強了對海風引起之風切變的預警能力。同年年中，激光雷達系統在經過兩年試驗性運行後正式投入業務運作。2005 年底，天文台自主研發世界上首個自動激光雷達風切變預警系統投入業務運作。

天文台與西北航空公司（Northwest Airlines Corporation）在 2006 年 4 至 10 月和 2007 年初進行合作，試驗將機場多普勒天氣雷達的微下擊暴流預警和激光雷達風切變預警（LIDAR Windshear Alerting System）上傳到航機。這是亞太區首次同類嘗試。

激光雷達風切變預警系統的科學創新成果於 2006 年被美國航空航天雜誌報導，並由天文台人員於 2008 年在美國氣象學會（American Meteorological Society）《氣象應用期刊》（*Journal of Applied Meteorology and Climatology*）發表。美國聯邦民航局於 2007 年在國

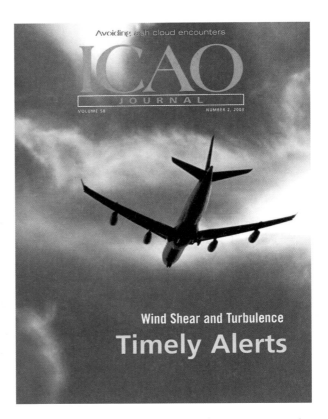

圖 3-136　天文台於機場一帶水域安裝的氣象浮標。(香港天文台提供)

圖 3-137　香港的風切變預警系統成為 2003 年 3 月國際民用航空組織期刊的封面主題。(國際民用航空組織提供)

際民用航空組織期刊發表的文章指出,激光雷達探測乾燥情況下的風切變之能力在香港得到證明。該系統在 2009 香港資訊及通訊科技獎取得最高榮譽 — 全年大獎,並同時贏得最佳創新及研究大獎和公開組金獎。

自 2005 年,天文台為極地航線提供特別溫度預報資訊,更在 2015 年開始在航空氣象資料發送系統提供太空天氣預警,讓使用極地航線的航班採取必要的防備措施。

天文台和香港機場管理局在 2008 年 3 月合作推出新一代機場雷暴和閃電預警系統(Airport Thunderstorm and Lightning Alerting System)取代機場管理局原有系統,用以探測和預報影響香港國際機場的閃電,從而保障地面工作人員免受閃電的傷害。天文台開發的系統結合閃電資訊系統及臨近預報系統的數據,能夠更精準地預測閃電的短期移動趨勢。

自 2010 年 6 月開始,天文台預報員每日向民航處空管人員提供一次重要對流天氣的簡報試驗服務,以助規劃航空交通流量管理。為配合這項新服務,天文台亦為民航處開發「重要對流天氣監察及預報」實驗產品,提供重要對流天氣的觀測資料和未來 12 小時預報。同時,天文台亦發展航空雷暴臨近預報系統(Aviation Thunderstorm Nowcasting System),預測在香港飛行情報區內雷暴的移動情況,協助空管人員更準確地掌握最新的天氣情況,並藉此加強飛行安全及減少雷暴對航道上交通流量的阻延。隨着民航處新航空交通管制中

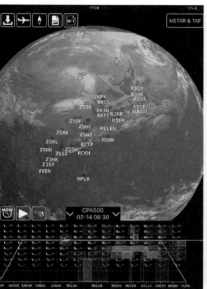

圖 3-138　設計在飛機駕駛艙內使用的「我的航班天氣」流動應用程式（左），以及在飛機駕駛艙內使用「我的航班天氣」流動應用程式的情況（右）。（香港天文台提供）

心於 2016 年 6 月啟用，天文台為民航處提供的強對流天氣預報產品在日間全面運作，以助其估算航機升降和空域容量。

2013 年推出新一代航空氣象資訊發送系統和專為航空公司及機師而設的「我的航空天氣」流動應用程式。2017 年 12 月天文台與國泰航空有限公司合作，在 iOS 平台推出適合在飛機駕駛艙內運作的「我的航班天氣」電子飛行包天氣流動應用程式（見圖 3-138），為機師提供與航班更適切的氣象資訊。「我的航班天氣」是全球首個由官方氣象機構自行研發的電子飛行包天氣流動應用程式。

六、氣象教育

1. 政府部門推行

香港天文台在早年已開始為市民尤其是學生和年輕人提供氣象教育活動，以提升公眾對天氣及防災的認識。早期活動包括（括號內為首次舉辦年份）：參觀天文台（1922 年）、電台節目講解（1952 年至 1953 年）、與大學合作建立氣象觀測站（1953 年至 1954 年）、氣象講座（1954 年至 1955 年）、大學生暑期實習（1959 年至 1960 年）、氣象課程（1966 年至 1967 年）、公開展覽（1968 年）、大學生研究（1968 年）、開放日（1969 年）、製作教育及宣傳短片（1979 年至 1980 年）以及發行郵票（1983 年）等。

近年一些教育活動卓有成效，1996 年成立「天文台之友」（見圖 3-139），加強市民和天文台的溝通，提高市民對天氣服務的認識。天文台之友義工除了在每年一度的開放日（見

圖 3-140）擔任導賞員，更於 2004 年協助成立「天文台全方位遊」計劃，在周末為市民提供參觀天文台活動，接觸的市民以十萬計。

天文台於 1999 年初推出「教育資源」網頁，提供氣象及地球物理教育資訊，並於 2004 年

圖 3-139　1996 年「天文台之友」成立典禮。（香港天文台提供）

圖 3-140　每年一度的天文台開放日，吸引超過 10,000 人參觀。（攝於 2014 年，香港天文台提供）

5月重新編排，同時推出《教育資源電子通訊》，以電郵形式定期發放給學生、教師和一般讀者。

天文台先後於 1999 年、2001 年、2005 年和 2014 年與香港電台聯合製作一系列有關天文台工作、天災及防禦措施以及氣候變化的電視紀錄片「氣象萬千」(I 至 IV)，在電視台播出。

自 2003 年起，天文台先後與香港城市大學、香港大學、香港理工大學及香港中文大學展開合作計劃，為大學生提供數個月至一年的實習機會。

2006 年初，天文台與香港大學工程學院合作，舉辦中、小學生「雨量計設計比賽」，以及一系列講座、工作坊及參觀，以介紹量度雨量的方法。之後每年都以不同儀器種類為題舉辦比賽及活動。

天文台在 2006 年聯同 29 個其他政府部門合辦多項公眾教育活動，名為「科學為民」服務巡禮，目的是讓市民了解政府部門如何利用科技提供公眾服務，以及認識各部門在科學方面的成就。2008 年 11 月 14 日至 17 日在維多利亞公園舉行大型「科學為民」嘉年華（見圖 3-141），安排多項以科學為題的表演，吸引約 40,000 人參觀。

為提高年青人對氣候變化的關注，天文台在 2007 年中編纂氣候變化教材套發給全港中小學校、圖書館及其他相關機構，並在同年 9 月起設立一隊氣候變化志願外展隊，為學校、專業及綠色團體就氣候變化作演講。

圖 3-141　2008 年 11 月 14 日，「科學為民」嘉年華舉行開幕儀式。（香港天文台提供）

天文台透過與香港理工大學應用物理學系及香港聯校氣象網於 2007 年 8 月正式啟動「社區天氣資訊網絡」。該網絡支援學校及其他參與團體建立自動氣象站，並將收集所得資料透過網站發放，目的是促進學生對天氣觀測及氣象學的興趣。至 2017 年，共有 161 間學校及團體參與網絡。2013 年，在「社區天氣資訊網絡」框架下推出社區天氣觀測計劃，鼓勵市民進行天氣觀測並將天氣照片上傳 Facebook 群組分享。至 2017 年底該計劃已吸引約 6000 名市民參與。2017 年 11 月「社區天氣資訊網絡」推出新一代微氣候觀測站，藉此推動社區參與和智慧城市發展。

為慶祝天文台成立 130 周年，天文台於 2013 年 7 月初至 9 月初與香港歷史博物館聯合舉辦「香港天文台—有緣相聚百三載」展覽，吸引超過 146,000 人參觀。

2016 年，天文台與多個政府決策局及部門、大專院校和社區伙伴合辦「科學為民」服務巡禮中名為「回應·氣候展」的大型巡迴展覽（見圖 3-142），吸引超過 100,000 人參觀。

2. 非政府組織及人士推行

1990 年代中期，互聯網的興起催生了民間自發成立的天氣網站，例如「香港地下天文台」，除了發放香港天文台及其他海外氣象機構的天氣觀測、預測及預警資料，亦提供一個讓業餘氣象愛好者分享天氣知識的平台，隨後亦有多個類似的網上平台相繼成立。而部分電視台亦提供氣象節目，例如「武測天」，將相關信息深入淺出地帶給普羅大眾，促進氣象科普教育。

圖 3-142　2016 年 6 月 2 日，「回應·氣候展」巡迴展覽開幕禮於香港中央圖書館舉行，是「科學為民」服務巡禮首次主辦巡迴展覽，活動包括在港九新界展出應對氣候變化為題的展覽，以及一系列的科普講座。（香港天文台提供）

第七節　授時、曆法、天文、衛星定位、環境核輻射

香港天文台成立時其中的一個主要任務是提供授時服務，早期以天文觀測為基礎。曆法的制定亦與天文息息相關。因此，作為香港的官方授時機構，天文台除了以不同技術及方法提供授時服務之外，亦出版天文台年曆，提供西曆及中曆的資訊，並向市民推廣天文知識。近年，授時資訊亦通過不同的全球衛星定位系統交換和發放，相關的定位數據亦對大地測量起了關鍵作用。隨着世界對核輻射問題日益關注，天文台自 1961 年起，也展開了環境核輻射監測活動。

一、授時

1. 中星儀時期

早在 1861 年，香港社會已經有意見認為當時以鳴炮報時服務不準確，提議設立一個以科學方法提供的準確報時服務。

量地官裴樂士於 1877 年向港府提出建立天文台的方案，主要目的是為航海界提供準確授時服務，讓抵港船隻可以利用時間球服務校準航海鐘，而不需要把鐘送到岸上校準。裴樂士的方案經修訂後終於在 1882 年獲得英國殖民地部批准成立香港天文台。因應社會需要，在天文台還未正式成立前，船政司於 1882 年 8 月 1 日起安排在英國軍艦「維克托・伊曼紐爾號」提供時間球服務。

香港天文台成立後，成為香港官方授時機構，以天文觀測為科學基礎。初期採用特羅頓和辛姆斯（Troughton & Simms）製口徑 3 吋的中星儀（見圖 3-143），基於「香港子午線」的「平太陽時」，亦即「香港民用時」，以提供觀象授時服務（見圖 3-144）。「香港民用時」較格林尼治平時 GMT 快 7 小時 36 分 42 秒。中星儀安裝在天文台主樓東邊的「中星儀室」（見圖 3-3），連同在 1884 年安裝於「中星儀室」正北約 70 呎的「北子午線標記」（見圖 3-145），及在同年安裝於灣仔半山、位於中星儀正南 11,354 呎的「南子午線標記」（見圖 3-146），定義「香港子午線」。兩支石柱上設有十字形標記（北標記）或貫穿兩個圓形的垂直一字形標記（南標記），讓中星儀能夠憑瞄準兩個標記而保證對準南北方向，把測定時間的誤差減至最低。由於香港子午線的經度已知，天文台可以利用中星儀觀測特定恒星越過香港子午線的「恒星時」來校正天文台的「標準恒星鐘」和「平時鐘」。當年天文台所使用的標準恒星鐘和平時鐘都是由 E Dent & Co 製造的機械擺鐘，採用鋅鋼補償，鐘擺有鋅管及鋼管部件，即使氣溫改變，鋅管及鋼管的長度變化剛好互相抵消，令鐘擺總體長度以及擺動周期保持不變。隨後使用擺鐘作授時服務的變更見附錄 3-7。

1884 年，天文台在尖沙咀水警總部面向港口一方興建時間球塔（見圖 3-147），時間球

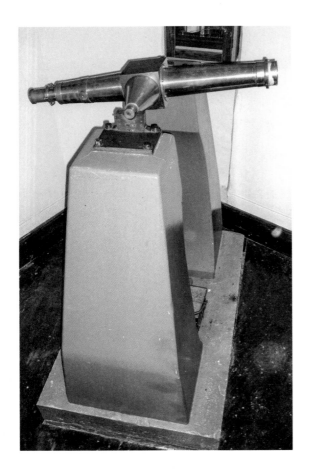

圖 3-143　一款特羅頓和辛姆斯製口徑 3 吋的中星儀。香港天文台早期使用同類型中星儀作觀象授時服務，在二戰期間被日軍取去。（Orwell Astronomical Society [Ipswich] 提供）

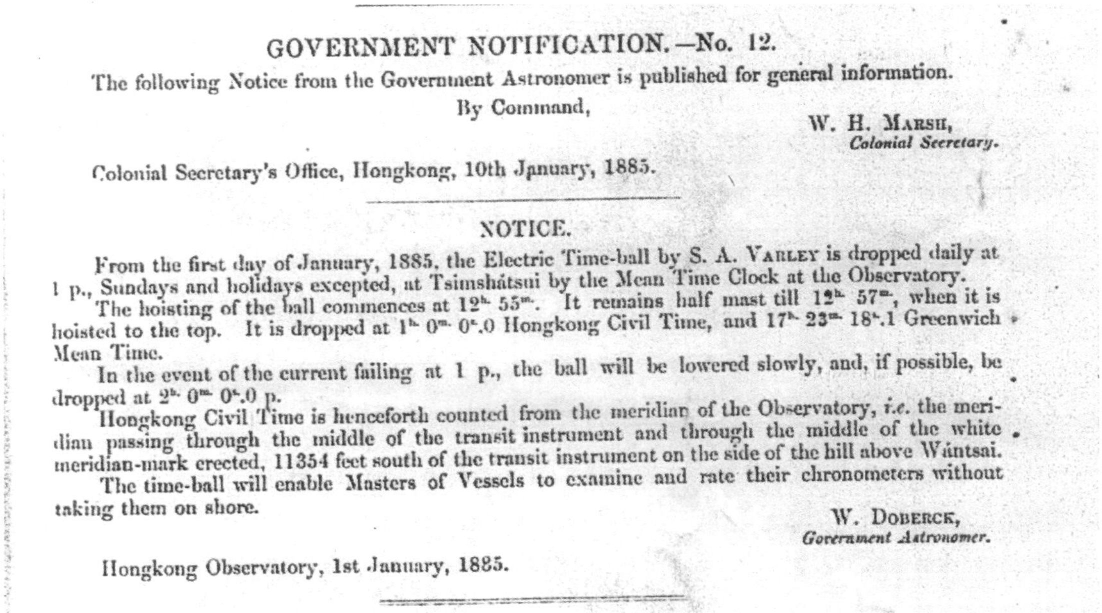

GOVERNMENT NOTIFICATION. — No. 12.

The following Notice from the Government Astronomer is published for general information.

By Command,

W. H. MARSH,
Colonial Secretary.

Colonial Secretary's Office, Hongkong, 10th January, 1885.

NOTICE.

From the first day of January, 1885, the Electric Time-ball by S. A. VARLEY is dropped daily at 1 p., Sundays and holidays excepted, at Tsimshátsui by the Mean Time Clock at the Observatory.

The hoisting of the ball commences at $12^h 55^m$. It remains half mast till $12^h 57^m$, when it is hoisted to the top. It is dropped at $1^h 0^m 0^s.0$ Hongkong Civil Time, and $17^h 23^m 18^s.1$ Greenwich Mean Time.

In the event of the current failing at 1 p., the ball will be lowered slowly, and, if possible, be dropped at $2^h 0^m 0^s.0$ p.

Hongkong Civil Time is henceforth counted from the meridian of the Observatory, *i.e.* the meridian passing through the middle of the transit instrument and through the middle of the white meridian-mark erected, 11354 feet south of the transit instrument on the side of the hill above Wántsai.

The time-ball will enable Masters of Vessels to examine and rate their chronometers without taking them on shore.

W. DOBERCK,
Government Astronomer.

Hongkong Observatory, 1st January, 1885.

圖 3-144　天文台於 1885 年 1 月 1 日在《香港憲報》公布的時間球服務，提及的 Hongkong Civil Time（香港民用時）即是香港的平太陽時。（政府檔案處歷史檔案館提供）

圖 3-145　安裝在天文台總部的北子午線標記。（香港天文台提供）

圖 3-146　安裝在灣仔寶雲道附近的南子午線標記。（攝於 2023 年，地方志中心拍攝）

圖 3-147　位於尖沙咀水警總部的第一代時間球塔，塔旁可見用來懸掛風球的信號杆。（攝於約 1886 年，岑智明提供）

直徑達 6 呎，懸於塔頂上的桅杆。時間球塔在 1885 年 1 月 1 日投入服務，於工作日（星期一至六）下午 12 時 55 分，在水警總部的人員協助下，將時間球升至塔上桅杆的一半高度，然後於下午 12 時 57 分將時間球升至桅杆的最高點，最後於下午 1 時正由天文台總部的平時鐘通過電路控制時間球降下。星期日及公眾假期不提供時間球服務。報時的平均誤差在 0.2 秒以下，以當年的科技水平是一個非常準確的服務。隨後的時間球服務變更見附錄 3-8。

1904 年，香港採納 GMT＋8 小時作為香港標準時間，當時需要將本地時間調校快 23 分 18 秒。位於尖沙咀水警總部的時間球塔於 1907 年 12 月 9 日起停止運作，讓天文台人員把儀器搬遷至同區的大包米（又名訊號山）（見圖 3-148）新塔。訊號山時間球塔於 1908 年 1 月 8 日投入服務。

天文台自 1912 年 11 月 14 日分別於每日上午 9 時及上午 9 時 45 分通過電報分別向「東延」電報公司及九廣鐵路提供報時信號。同年 12 月 20 日，天文台通過中國日本電話有限公司（China and Japan Telephone and Electric Company）新敷設的香港至九龍海底電纜，為該公司和郵政總局分別提供每日及每小時報時信號。

圖 3-148　位於訊號山的第二代時間球塔。塔旁可見懸掛着風球的信號杆。（攝於 1920 年代，岑智明提供）

1913 年天文台設立一對新的子午線標記，新的南標記安裝在中星儀正南 72 呎，而新的北標記在中星儀正北 16,655 呎，即在九龍筆架山山腰。與舊標記類似，兩支石柱上設有垂直一字形標記（北標記）及圓形洞（南標記）。設立兩個新標記取代原來的兩個，主要原因是由於維多利亞港上船隻釋出的煙會遮蔽在灣仔半山的南標記，而且海面的折射也會令（在望遠鏡中）影像不穩定。同年 11 月 4 日開始，利用中星儀作日常的天文觀測由華籍計算員進行。

天文台自 1916 年 3 月 23 日開始，先後通過電話或電報線路，每小時向水警總部、郵政總局以及各電報公司提供報時信號。1919 年及 1920 年亦分別增加每小時向九廣鐵路及電話公司提供報時信號。

2. 無線電時期

隨着無線電技術的發展和鶴咀無線電台的建立，天文台於 1918 年 9 月 1 日開始通過鶴咀無線電台提供無線電報時服務。此報時信號每日於上午 11 時 56 分至正午 12 時正及下午 8 時 56 分至 9 時正發出。

自 1920 年 1 月 1 日開始，天文台開始於總部的無線電桿上（見圖 3-149）利用三盞白色閃燈於晚上 8 時 56 分至 9 時正提供報時服務。從 1923 年開始，在每年除夕 12 月 31 日下午 11 時 56 分至翌年 1 月 1 日子夜 12 時，天文台會重覆發放燈號，標誌新的一年來臨。

圖 3-149　1920 年代尖沙咀，照片遠方可見天文台主樓及第一代無線電杆。（岑智明提供）

天文台於 1921 年 5 月 1 日將無線電報時服務從鶴咀無線電台轉到昂船洲無線電台提供，此報時信號每日於上午 10 時正及下午 9 時正提供，形式與之前相同。1927 年 4 月 1 日，無線電報時服務恢復從鶴咀無線電台提供。

1920 年 11 月天文台在海軍的協助下安裝一台無線電接收器，開始從馬尼拉及東京接收報時信號，與天文台的標準時鐘進行比對。1924 年 4 月 30 日，無線電接收器搬遷至舊赤道儀室，由工務局的專業人員運作。自此，天文台同時進行天文觀測和接收無線電報時信號，以保證標準時鐘的準確度。

由於無線電技術發展迅速，利用時間球報時日趨落伍。在得到海軍及香港總商會的同意後，長達將近半個世紀的時間球服務最終於 1933 年 6 月 30 日下午 4 時起停用。

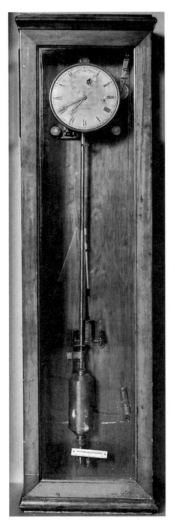

圖 3-150　1924 年開始運作的 Leroy 製平時鐘，現存放於天文台。（香港天文台提供）

圖 3-151　1950 年至 1966 年所使用的同步標準擺鐘，現存放於天文台。（香港天文台提供）

二戰結束後天文台於 1946 年中恢復運作，使用逃過戰火洗禮的 Leroy 製平時鐘（見圖 3-150）作為授時標準，平時鐘利用英國廣播公司（British Broadcasting Corporation）的報時信號校準。由於中星儀和提供報時服務的儀器被日軍取走，天文台考慮資源效益後決定不重置中星儀而購置提供報時服務的時鐘系統。1950 年 5 月裝置了一台電動機械式同步標準擺鐘（見圖 3-151），利用世界各地授時中心的報時信號校準。同年 9 月，同步標準擺鐘的誤差達至每日 0.2 秒，正式投入運作，成為天文台的時間標準，天文台總部在下午 9 時前提供的 5 分鐘報時燈號服務亦得以恢復。1951 年 10 月 1 日鶴咀無線電台恢復無線電報時服務，每日於上午 10 時正及下午 6 時正提供。除了為晚上報時燈號和無線電報時服務提供信號外，同步標準鐘可以提供多種報時信號：為電話公司及九廣鐵路（自 1952 年 12 月）每小時提供一響報時信號及為啟德機場每小時提供六響報時信號（自 1953 年 1 月），再經紅磡無線電台 ZCU 向航機廣播。自 1953 年 4 月 11 日，每小時六響報時信號經香港廣播電台播出。

1957 年 9 月 30 日開始為啟德機場提供連續每秒一響報時信號，以驅動機場的時鐘系統和讓其每半小時向航機提供六響報時信號。

1966 年 9 月 1 日，天文台業務運行石英報時系統（見圖 3-152）取代同步標準擺鐘作為香港時間標準。此石英報時系定時與東京及上海的無線電報時信號比對，準確度達 0.05

圖 3-152　1966 年開始使用的石英報時系統。（香港天文台提供）

秒。同日起，天文台以甚高頻無線電廣播取代電話線路向香港廣播電台、鶴咀無線電台、啟德機場及九廣鐵路提供報時訊號，並開始以 95 兆赫頻率直接由天文台每 15 分鐘播出六響報時信號。天文台總部在晚上提供的報時燈號亦同時加密，與每 15 分鐘播出的六響報時信號同步。

1972 年 1 月 1 日，香港採用基於「原子時」的協調世界時 UTC 作為時間標準。由於需要將協調世界時與「天文時」保持在 0.9 秒以下，每隔一段時間必須加進閏秒。天文台首次在 1972 年 7 月 1 日加進閏秒。

3. 原子鐘時期

1980 年 7 月天文台購置首台銫原子鐘報時系統（見圖 3-153），準確度為每日 1 微秒內，可溯源至日本郵政省通信總合研究所的基本標準。天文台亦接收 LORAN-C 報時信號作比對，以監察原子鐘的穩定性。1994 年更換一台新的銫原子鐘。

天文台通過 95 兆赫頻率播出的六響報時信號於 1989 年 9 月 16 日終止。

報時服務分別於 1998 年 4 月和 1999 年 3 月延伸至天文台資料查詢系統及天文台網站，包括顯示標準時間和透過互聯網連接至天文台的伺服器以取得時間服務。

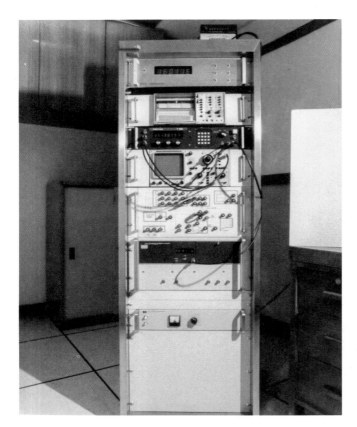

圖 3-153　1980 年開始使用的銫原子鐘報時系統。（香港天文台提供）

2004 年 5 月，天文台安裝了一套高準確度授時系統，利用全球定位系統共視方法，向國際度量衡局提供香港原子鐘時間資料，參與訂定協調世界時。天文台亦根據國際度量衡局提供的時間資料調校原子鐘，使其準確度保持在一百萬分之一秒以內。

2012 年，天文台推出 IPv6 網路授時服務，為本地 IPv6 網路提供網路時間信號，以支援新一代通訊標準的需要。2017 年，天文台透過互聯網授時服務次數超過 256 億次。

二、曆法

1. 政府部門推行

自英佔開始，香港奉行英國以至歐洲、美國所用之格里曆（簡稱西曆），港府機構一般依據格里曆，安排辦公及休假。然而在香港，歐美人士畢竟只佔少數，社區有不少華人，仍然依照中國傳統曆法（簡稱中曆）安排節慶，因此香港社區長期中、西曆二者並行。

為了照顧各方需要，港府於 1875 年 10 月 26 日頒布《1875 年公眾及銀行假期條例》，除了元旦、復活節、聖誕節等歐美節日外，也把春節納入銀行假期之一。太平洋戰爭前，香港天文台未有從事中國傳統曆法的計算工作，因此春節乃至其他中國傳統節日的安排，港府及市民大致依賴中國內地的曆書，包括清朝政府所頒的《時憲書》、北洋政府所頒的《中華民國曆書》以及南京國民政府所頒的《國民曆》。

1948 年，天文台開始出版來年的《香港天文台月曆》，形式為掛牆月曆，最遲於 1968 年起中西曆並列。1984 年，天文台出版《天文台年曆》，以中英文雙語印刷，除中西曆外，加入潮汐及天文資料，《天文台年曆》內算法部分根據英國格林威治天文台及美國海軍天文台的數據編制。

香港天文台從事編曆，作用之一是確定以中曆為基礎的節慶日期，如農曆新年、中秋節等。隨着與中國傳統文化相關的公眾假期日漸增加，天文台的編曆重要性日益加強。如1978 年出現了中秋節雙胞事件，即可見一斑。中國傳統曆法，以新月之日為初一日。按現代天文學計算，1978 年 9 月 3 日凌晨 0 時 9 分出現新月，故該日為中曆八月初一日，而中秋節應是 1978 年 9 月 17 日，與中國科學院紫金山天文台曆算組的結果一致。然而香港市面仍然流通着一些以舊算法訂定中曆日子的傳統曆書，俗稱「通勝」，計算新月時間有數分鐘誤差，錯以 1978 年 9 月 2 日為中曆八月初一日，結果中秋節錯誤定早了一天。為了此次中秋節雙胞事件，香港天文台以授時機構官方身份解釋錯誤所在及確認了正確的中秋節日期，及後派人員往南京紫金山天文台學習中曆編纂。

2. 非政府組織及人士推行

香港民間編制中國傳統曆書始於 1950 年從廣州遷來香港的蔡氏真步堂傳人蔡伯勵，是香港

唯一以天文計算編製曆書的堂號。蔡氏每年編撰《七政經緯曆書》，自行推算及對照西方天文測算資料包括香港天文台的資料，確保精準。

香港坊間流通的「通勝」，主要是由廣經堂及永經堂出版，與曆法相關的部分由真步堂編制。

三、天文

1. 政府部門的觀測

除使用中星儀作授時服務，香港天文台於 1885 年起以口徑 5.9 吋（15 厘米）的「李氏赤道儀」觀測天象（見圖 3-154），1905 年出版的《南天恒星赤經觀測目錄》，列出 2120 顆位於天球赤道以南恒星的測定赤經，支援授時工作。1910 年哈雷彗星回歸，天文台台長報告彗星於 4 月 17 日肉眼可見，亮度達 4 等。二戰後因資源問題，天文觀測沒有恢復。

2. 非政府組織及人士的觀測

位於香港仔的華南總修院在 1935 年安裝 13 吋（33 厘米）口徑「馬克里折射鏡」，作為教學用途（見圖 3-155）。二戰期間望遠鏡被日軍空襲破壞，鏡頭幸保不失，二戰後鏡頭轉移離港。

香港首位知名民間天文學家廖慶齊 1940 年代起觀察及拍攝星空（見圖 3-156），1972 年在上水的私人天文台安裝 12.5 吋（32 厘米）口徑反射式望遠鏡。他的天文攝影國際知名，

圖 3-154　香港天文台使用過的李氏赤道儀，現為英國科學博物館藏品。（岑智明提供）

圖 3-155　華南總修院的馬克里折射鏡。(© 天主
教香港教區版權特許編號 HKCDA-067/2022,經
天主教香港教區檔案處准許複印)

圖 3-156　廖慶齊及其 16.5 厘米牛頓反射式望遠
鏡。廖慶齊是本地著名的天文學家,曾多次獲得
國際天文學獎項,後於 1980 年成為香港太空館首
任館長。(拍攝於 1950 年代,香港太空館提供)

是香港天文學家獲國際天文雜誌深入介紹首例（1974 年），亦是第一位獲得國際天文攝影獎項的香港人（1977 年），1998 年獲國際天文聯會把小行星 6743 號以他的姓命名為 Liu。

香港民間天文學家有不少國際成就，朱永鴻拍攝的精細月球相片，2010 年及 2012 年分別獲採用在德國及英國出版月球攝影地圖。前香港天文學會會長楊光宇先後發現超過 2000 顆小行星，數量為當時全球第二；又發現兩顆彗星：楊彗星及萊蒙 - 楊 - 泛星彗星，並因此於 2003 年及 2016 年兩度獲威爾遜獎。

3. 天文普及

政府部門推動

1920 年起香港天文台向公眾發布天文信息，每月在政府憲報公布日出及日落時間；向公眾提供夜空星圖則可追溯至 1936 年；早於 1955 年在電台節目講解天文現象；1959 年起出版《香港天文曆表》，1962 年起向報刊及學校提供香港每月夜空星圖，1970 年星圖納入《香港天文曆表》，1971 年改名《香港天文曆表及星圖》。

1976 年香港市政局委任廖慶齊統籌香港太空館的建設，1980 年開幕，是全球第一間擁有全電腦化天象廳的天文館（見圖 3-157）。

1981 年，太陽望遠鏡和太陽科學廳落成啟用，1993 年起舉辦「每月星空巡禮」節目，1994 年首次舉辦戶外觀星活動，反應踴躍，此後與各天文團體合辦多種特殊天象觀測活動，1998 年首次網上直播。2000 年起太空館主辦中學生天文訓練計劃，20 年間共培訓 1000 多名高中學生，成為學界天文生力軍。

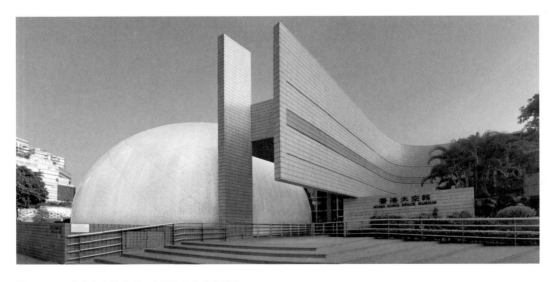

圖 3-157　香港太空館外觀。（香港太空館提供）

2008 年太空館與麥理浩夫人度假村合作的「香港太空館西貢遙控天文台」落成（見圖
3-158），2010 年又建成位於西貢萬宜水庫的「天文公園」，是香港首個天文主題公園。

非政府組織及人士推動

民間天文普及工作於 1950 年代末起步，「香港大學學生會天文學會」於 1959 年成立，是
香港第一個大學天文組織。1961 年廖慶齊在任教的皇仁書院成立香港第一個中學天文學
會，隨後其他中學仿效成立。1965 年朱維德於麗的映聲主持「星空巡禮」節目，開廣播媒
體天文普及節目先河。香港天文台與電視廣播有限公司於 1969 年 3 月 18 日首次合作直播
日環食。

1966 年至 1977 年廖慶齊在香港大學校外課程部舉辦天文觀測課程，培訓大批香港第一代
業餘天文學家，成為民間天文組織的創立者和骨幹成員，因此他被譽為「香港天文之父」。
同期，香港大學天文學會每年夏季舉辦中學生天文班，擴大年青天文愛好者群體。

首個民間天文團體「香港業餘天文學會」1974 年註冊成立，1977 年及 1979 年與籌建中
的香港太空館合作，在香港大會堂舉辦兩次天文展覽，均有萬計市民參觀，掀起民間學習
天文學的風氣，1993 年更名「香港天文學會」。其他民間天文團體陸續成立，有「坐井會」
（1976 年）、「香港觀天會」（1979 年）、「天文工作坊」（1992 年）及「星匯點」（2004
年），還有中學生的「香港聯校天文協會」（1976 年）。

圖 3-158　香港太空館西貢遙控天文台。（攝於 2008 年，香港太空館
提供）

圖 3-159　可觀自然教育中心暨天文館。（嗇色園主辦可觀自然教育中心暨天文館提供）

1977 年起華僑日報每月月底刊出天文版（至 1991 年），同年《科技世界》雜誌刊出「天文信箱」，為天文普及進入中文報刊之始。1983 年香港業餘天文學會與香港電台合辦「宇宙行」播音節目，為首個電台天文普及節目，1980 年代多本天文普及書籍面世。

1995 年起可觀自然教育中心暨天文館，向中小學生提供天文課程及使用大口徑天文望遠鏡的機會（見圖 3-159）。

四、衞星定位

隨着全球定位系統技術的普及，各國和地區紛紛建立基於全球導航衞星系統的衞星定位連續運行站網。香港地政總署於 2000 年開始利用此技術建造一套「香港衞星定位參考站網」，並於 2010 年 2 月 4 日開始向公眾提供香港衞星定位參考站數據服務。參考站網由平均分布於香港各處的連續運行參考站組成，參考站數目續漸增加至現時 18 個（見圖 3-160 及附錄 3-9）。其中，鰂魚涌衞星定位參考站設於香港天文台的鰂魚涌潮汐站。香港天文台亦於 2006 年初開始運作位於大老山及大嶼山石壁潮汐站的衞星定位連續觀測站。鰂魚涌站和石壁站分別監測該兩處的地殼垂直活動，聯同驗潮儀所得數據，有助監測香港海平面的長期變化。

圖 3-160　2017 年「香港衞星定位參考站網」參考站分布圖

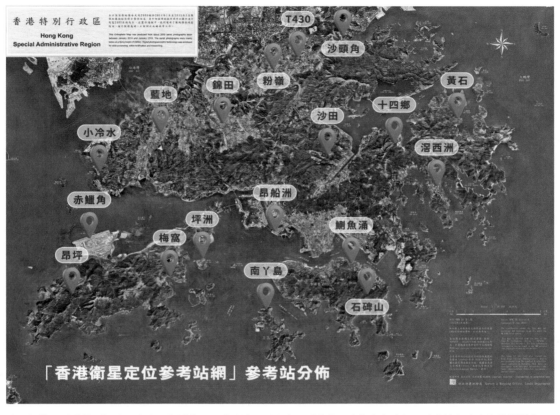

地圖版權屬香港特別行政區政府；資料來源：地政總署測繪處、香港衞星定位參考站網；香港地方志中心後期製作。

五、環境核輻射

香港天文台負責監測香港的環境輻射水平，並採集環境及食物樣本進行定期輻射測量。萬一發生核事故，天文台會加強輻射監測，並聯同其他有關政府部門評估事故對香港可能造成的影響和向決策者建議公眾防護措施，以及經不同途徑向市民發放輻射水平和最新情況等資訊。

1. 環境輻射監測

1956 年，世界氣象組織執行委員會舉行第八屆會議，通過設立四人專家小組，成員分別來自美國、英國、法國及蘇聯，進行原子能在氣象方面的研究。經過數年的籌備工作，在 1961 年，世界氣象組織執行委員會通過決議，邀請會員從事大氣輻射的監測，及出版數據。香港天文台對此響應，開始籌備環境輻射監測活動。

從 1961 年 10 月開始，香港天文台與醫務衛生署合作監測香港的環境輻射水平，監測大氣中的放射性物質。香港天文台每日在京士柏高空氣象站收集空氣、大氣飄塵、總沉積物和

雨水樣本，送往瑪麗醫院放射部測定輻射水平。至 1962 年 1 月，香港天文台自行設計儀器，開始獨立進行輻射檢測，並將其中一些樣本送往瑪麗醫院作比對測試。1962 年 8 月，香港天文台外購儀器，並於 1963 年安裝，提高檢測能力，部分樣本則送往英國哈威爾的原子能科學研究院作詳細分析。1965 年 5 月，香港天文台按照世界氣象組織的建議，添置儀器，專門測量伽馬輻射水平。一般而言，香港輻射水平甚低，但若世界各國有核試或核事故，例如中國內地於 1965 年進行第 2 次核試，1966 年進行第 4 次及第 5 次核試，1967 年進行第 6 次及第 7 次核試，1971 年進行第 11 次核試，1972 年進行第 12 次核試，香港也能測知。1986 年 4 月 26 日，蘇聯切爾諾貝爾核電廠發生核事故，從 5 月 9 日起，京士柏收集的空氣樣本測出極微量的人工放射性核素，並於 5 月 16 日至 18 日達到峰值（銫 -137：14.4 mBq m^{-3}；銫 -134：7.6 mBq m^{-3}；釕 -106：9.5 mBq m^{-3}；鍶 -90：210 mBq m^{-3}）。2011 年 3 月 11 日，日本東部發生猛烈地震和大海嘯，引發福島第一核電廠核事故，自 3 月 26 日起，京士柏每日收集的空氣樣本測出極微量的人工放射性核素碘 -131，並於 3 月 29 日至 30 日達到峰值 828 mBq m^{-3}；另外在 4 月 8 日至 13 日，亦測出極微量的銫 -137，峰值 67 mBq m^{-3}。

自 1965 年起，香港天文台每年出版《輻射報告》月刊，發表輻射監察數據；1980 年改成年刊，至 1983 年止。從 1989 年起，因應大亞灣核電廠的興建，香港天文台陸續出版一系列的香港環境輻射監測技術報告，包括《香港環境輻射監測：環境伽馬輻射水平》月刊、《香港環境輻射監測年報》、《香港環境輻射監測摘要》，以及其他不定期發表的技術報告。

圖 3-161　1960 年代，天文台工作人員在京士柏進行輻射測量。（香港天文台提供）

香港天文台除了自行採樣分析，出版輻射監測報告外，亦有參與由國際原子能機構（International Atomic Energy Agency）和世界氣象組織舉辦的國際性環境輻射監測計劃。1960 年，國際原子能機構與世界氣象組織合作，推行降雨中同位素濃度全球調查計劃，建立檢測降雨中同位素濃度的全球網絡。從 1961 年起，香港天文台每三個月一次，將在京士柏採集的雨水樣本，送交位於維也納的國際原子能機構（見圖 3-161）。

香港雨水中氚、氘及氧 -18 的濃度分析結果，定期刊載於國際原子能機構《環境同位素數據：降雨中同位素濃度全球調查計劃》（Environmental Isotope Data: World Survey of Isotope Concentration in Precipitation）的技術報告。另外從 1962 年起，香港天文台亦參與英國哈威爾原子能管理局主導的全球輻射監測計劃。京士柏的雨水樣本每三個月一次，或當雨水儲滿十公升容器時，送交哈威爾原子能管理局分析。1964 年起，大氣飄塵樣本亦每兩星期送交該局。輻射檢測結果定期刊載於英國哈威爾原子能管理局《大氣及雨水中放射性沉降物》（Radioactive Fallout in Air and Rain）報告。由於數據浩繁，本文節選 1974 年至 1975 年兩年測值，載於附錄 3-10。

2. 大亞灣應變計劃

1983 年，中國水利電力部及廣東省政府計劃在深圳市大鵬鎮興建核電廠，向香港及其他廣東省市供電。核電廠最終選址在大亞灣畔的嶺澳村，遂命名為「大亞灣核電廠」。然而籌建期間，蘇聯境內切爾諾貝爾核電廠於 1986 年發生事故，因操作不當，4 號反應堆發生蒸汽爆炸，頂部防護層被炸開，大量放射性物質隨之釋放至周邊環境，造成輻射污染，30 公里半徑範圍內的居民須永久撤離。我國政府重新審視設計後，大亞灣核電廠於 1987 年開始動工，至 1994 年建成並投產。此後，我國政府在大亞灣核電廠東北方向 1 公里，興建嶺澳核電廠，工程共分二期，分別於 2002 年至 2003 年間，及 2010 年至 2011 年間竣工。

因應大亞灣核電廠的興建，香港天文台於 1980 年代推行環境輻射監測計劃，共分兩階段進行。第一階段名為「本底輻射監測計劃」，於 1987 年至 1991 年進行，為期五年，通過監測，為香港界定本底輻射水平。第二階段的環境輻射監測計劃，自 1992 年開始運作至今，透過持續監測香港的輻射水平，及早判別有無異常情況。為了全方位監測香港環境輻射水平的變化，香港天文台訂立綜合的取樣計劃，所採集樣本的種類有大氣樣本（包括大氣飄塵、降雨、氣態碘、水蒸氣）、地面樣本（包括食米、牛奶、蔬果、肉食、土壤）以及水體樣本（包括飲用水、地下水、海水、海產、潮間帶土、海床沉澱物）。

香港天文台在 1986 年於京士柏設立了一所具備輻射測量儀器的實驗室，進行樣本的放射性分析（見圖 3-162）。

同年，天文台在京士柏、尖鼻咀、沙頭角和元五墳建立輻射監測站，設有高壓電離室實時測量環境伽馬劑量率，數據即時傳回輻射實驗室作監測。倘若有任何一個監測站錄得的輻射水平，超越某一預設數值，天文台總部便響起警號。天文台自 1988 年開始使用輻射巡測

圖 3-162　1980 年代的京士柏輻射實驗室（頂部有欄杆的
建築物）。（香港天文台提供）

車，配備可攜式輻射測量儀器及採樣工具，到香港不同地區收取樣本及實地測量環境輻射
水平。1989 年，天文台亦首次在船灣淡水湖測量宇宙射線的輻射強度。

天文台在 1990 年於總部成立「輻射監測及評價中心」，統籌應急輻射監測和事故評價的工
作。1993 年，天文台擴展輻射監測網絡至 10 個固定監測站，並首次利用氣球攜帶輻射探
測組件在京士柏進行高空輻射探測。1996 年，天文台在大鵬灣的平洲設立自動伽馬譜法系
統（Automatic Gamma Spectrometry System, AGSS），該系統不斷收集空氣粒子和氣態碘
樣本，能及早測量空氣粒子樣本中相關的天然及人工放射性核素的輻射濃度。1998 年，天
文台開始利用空中輻射監測系統進行香港境內的空中輻射巡測。系統安裝在政府飛行服務
隊的直升機上，能以輻射煙羽追蹤模式來測定香港上空有否出現輻射煙羽，也可以轉為地
面輻射測量模式運作，測量地面是否受輻射沉降物影響。

在 2011 年日本福島核事故後，因應市民對本港輻射水平的關注，天文台在數天內於網頁
發放全港輻射監測站的實時環境伽馬輻射水平數據。此外，天文台亦添置了額外的輻射測
量和空氣取樣儀器，加強應急輻射監測能力，其中包括一部更高容量的空氣取樣器和在線
伽馬譜法分析儀，能加快採集空氣中的放射性物質和及早識別放射性物質的種類。天文台
亦添置多一部輻射巡測車，使流動巡測及樣品收集更為靈活和有效，在應急情況下協助確
定是否有放射性熱點在香港出現。因應廣東西部核電站的興建，天文台在 2012 年分別於
香港西部的赤鱲角及南部的鶴咀加設輻射監測站，輻射監測網絡固定站增至 12 個（見圖
3-163，圖 3-164，圖 3-165）。

圖 3-163　2013 年至 2017 年香港境內輻射監測站年平均環境伽馬輻射劑量率空間分布圖

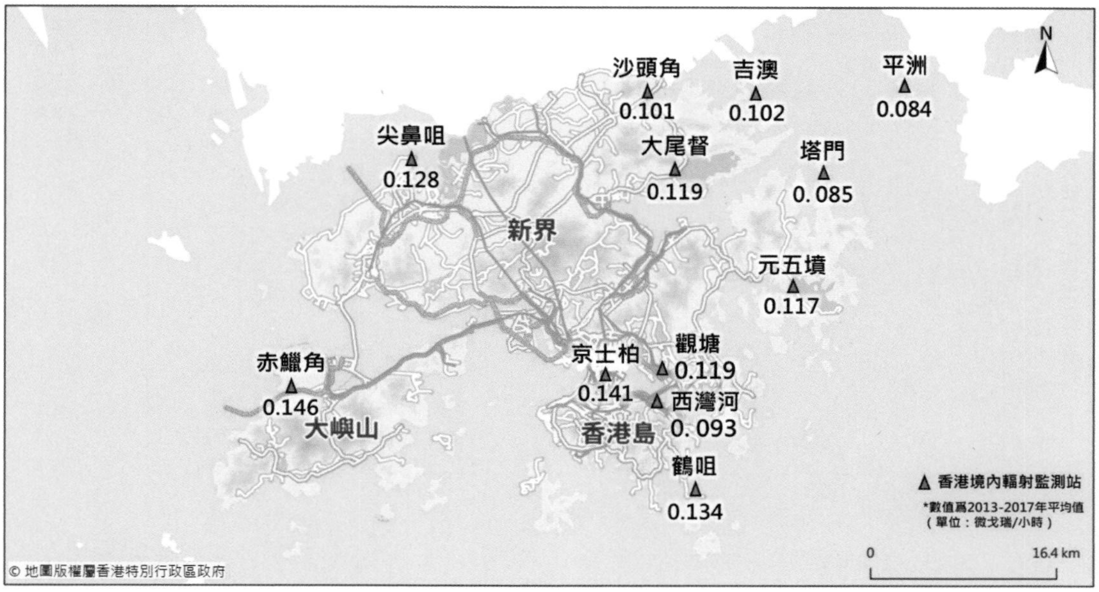

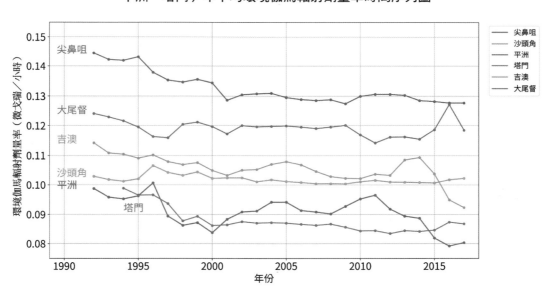

地圖版權屬香港特別行政區政府；資料來源：地理資訊地圖網站、香港天文台歷年輻射監測資料。

圖 3-164　1992 年至 2017 年香港境內輻射監測站（尖鼻咀、大尾督、吉澳、沙頭角、平洲、塔門）年平均環境伽馬輻射劑量率時間序列圖

資料來源：　香港天文台歷年輻射監測資料。

資料來源：　香港天文台歷年輻射監測資料。

第八節　氣象科研與合作

本節主要記述香港天文台及與本地大學合作的氣象科研成果，以及香港參與境外氣象合作
情況。

一、太平洋戰爭前本地氣象科研

香港最早的氣象科研成果是首任香港天文台台長杜伯克分別於 1886 年及 1889 年在
Nature 發表的〈東海颱風規律〉及〈中國颱風規律〉兩篇文章，是遠東較早研究熱帶氣旋
的著作。及後〈東海颱風規律〉再以小冊子形式於 1898 及 1904 年出版（見圖 3-166），
在氣象及航運界流通。二十世紀初，天文台人員持續研究颱風，並先後進行中國沿岸海
霧、香港風向風速、香港氣候及利用測風氣球探測高空風等研究，將相關成果出版。表
3-47 載有天文台於太平洋戰爭前發表的氣象科研著作。

二、二戰後天文台氣象科研

1. 熱帶氣旋研究
二戰後，天文台恢復颱風研究，1950 年代出版《香港颱風》及發表多篇關於西太平洋及中

表 3-47　香港天文台早期氣象科研著作情況表

出版年份	著作
1886	〈東海颱風規律〉（*Nature*）
1889	〈中國颱風規律〉（*Nature*）
1898、1904	《東海颱風規律》
1906	《中國沿岸海霧》
1921	《香港的風》
1931	《香港的氣候（1884-1929）》
1932	《遠東颱風分佈（1884-1930）》
1933	《香港的高空風》
1938	《中國海颱風規律》

資料來源：　香港天文台資料。

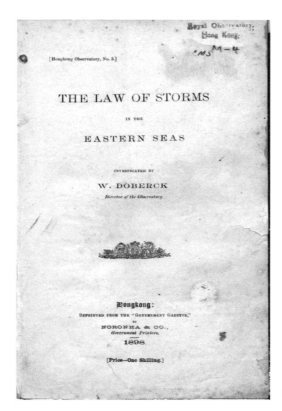

圖 3-166　1898 年出版的〈東海颱風規律〉。（香港天文台
提供）

國海域的颱風統計資料、路徑以及颱風結構等文獻。1960 年代，天文台積極研究預測熱帶
氣旋路徑的客觀方法，並取得進展。同期，天文台與工程界及香港大學合作研究香港極端
風速及抵抗颱風的樓宇設計，並在鶴咀設立模擬大廈記錄氣象數據，為香港建設能抵禦颱
風的高樓大廈奠定重要基礎。

1970 年代，天文台研究各客觀方法在預測熱帶氣旋移動的表現，通過修正偏差來改進準確

度，後發展「空間平均」方法，將預報時效從 24 小時延長至 72 小時。1970 年代中期至 1980 年代則主要研究熱帶氣旋相關的雨量分布、香港各測風站的風速預報技術、熱帶氣旋結構、最低氣壓及生成機制等課題。

2000 年代，天文台研究利用多模式集合改進熱帶氣旋路徑預報，取得良好效果。2010 年代，再研究利用模式集合預報，進一步提升熱帶氣旋路徑及強度預報效果。

2. 降雨研究

1950 年代，天文台進行的降雨研究包括香港雨量統計、東亞及華南夏季天氣以及降雨天氣特徵等課題，發表多篇論文及報告。1960 年代，天文台統計不同時距降雨率，完成香港最大可能降雨研究。1966 年，天文台隨着第二代雷達投入運作，開始研究定量預測雨量。此外，基於天氣學分析，確定 6 月份大尺度天氣環境和香港暴雨的關係。

1970 年代，天文台研究降雨的機制和特徵，包括寒潮、低壓槽和熱帶氣旋相關的降雨，以及冬季天氣形勢對香港夏季雨量的影響。1981 年，天文台利用不同回歸期計算方法研究香港的設計暴雨廓線。1980 年代中，應用雷達、衛星等數據研究降雨相關的中尺度過程，並研究追蹤雷達回波作短期降雨預測。1987 年，開始研究利用全球模式預測暴雨。

1997 年，天文台發展一套名為「小渦旋」的臨近預報系統（SWIRLS Nowcasting System），利用雷達及雨量站數據自動追蹤雨區走向，作未來數小時定量降雨預測，支援暴雨及山泥傾瀉預警服務。2000 年代至 2010 年代，自動追蹤雨區的方法採用「光流變分法」技術得以提升；亦將「小渦旋」及中尺度模式預報結果結合，加強定量降雨預測及延長預報時效；並應用模式集合預報發展概率定量降雨預報。2010 年代中，天文台與香港科技大學合作研究利用機器學習及深度學習等人工智能技術作臨近降雨預測。「小渦旋」臨近預報系統技術成熟後，透過世界氣象組織輸出到多個會員國應用。

3. 航空氣象研究

1950 年代，天文台分別研究啟德機場和石崗機場的低雲及低能見度對飛行運作的影響。1976 年，天文台與航空用戶合作展開研究，為啟德機場設計一套低空風切變探測系統，於 1979 年開始運作。1984 年，系統增設位於鯉魚門的聲波雷達，並收集飛機報告以作評估。

1979 年至 1982 年，天文台參與新機場可行性研究計劃，在赤鱲角進行氣象及海洋研究，包括安排皇家香港輔助空軍在赤鱲角進行三次研究飛行，以及模擬赤鱲角附近的氣流情況。1980 年代後期，天文台繼續進行赤鱲角的風切變及湍流研究，並於 1990 年代為赤鱲角新機場計劃持續進行風切變及湍流探測系統研究、設計和開發。

2000 年代初，天文台利用風切變雷達（見圖 3-167）數據研究大嶼山複雜地形所引致的風切變情況，發表論文。2002 年，天文台在機場安裝激光雷達（見圖 3-168）研究風切變探

測，為世界首創，結果顯示激光雷達能在晴空情況下捕捉海風鋒、下坡風、背風波等引致風切變現象。2004 年，發明利用激光雷達作下滑道掃描，加上自主研發的計算方法，成功開發世界首個激光雷達風切變預警系統，自動探測機場航道上的風切變，研究成果均以論文公開發表。該系統獲得國際航空界的廣泛認同及重視，被其他國家參考仿傚採用，並在 2009 年香港資訊及通訊科技獎勇奪最高榮譽—全年大獎。

2000 年代末，天文台利用「小渦旋」技術為機場開發閃電臨近預報系統，同時進行多種監測風切變和湍流的研究，包括利用風切變雷達監測湍流，利用短程激光雷達監測機場建築物所產生的風切變以及利用飛機飛行數據評估激光雷達在探測湍流的表現等。2010 年代，天文台進行多項研究，包括利用模式集合預報作機場側風的概率預報，應用模式的總雲量數據預測海風，研究高分辨天氣雷達及激光雷達數據同化等課題，發表多篇論文。2017 年，天文台研究利用激光雷達進行飛機尾渦觀測。

4. 飛機偵測研究

1953 至 1954 年度，天文台首次與駐港皇家空軍合作，利用一部桑德蘭水上飛機在中國南海進行颱風偵測任務。1956 年 6 月再度合作在中國南海偵測一個熱帶擾動，機上搭載一名天文台人員作為氣象觀測員。1973 年 7 月 15 日，天文台台長鍾國棟駕駛皇家香港輔助空軍的雙引擎飛機飛入熱帶風暴黛蒂的中心並確定其中心位置。1978 年 12 月，天文台在世界氣象組織的冬季季候風實驗期間，再利用皇家香港輔助空軍的定翼機在中國南海北部進行偵測飛行，收集數據以研究寒潮天氣過程。

圖 3-167　天文台的風切變雷達。（香港天文台提供）

圖 3-168　2002 年天文台安裝的激光雷達。（香港天文台提供）

1980 年末，天文台就美國在 1987 年終止飛機偵測任務對中國南海熱帶氣旋預報的影響進行研究，發現缺少飛機偵測數據令 24 小時預測誤差增加。2009 年中開始，天文台安排香港政府飛行服務隊定翼機飛近中國南海北部的熱帶氣旋中心收集氣象數據，恢復中斷長達 22 年的中國南海熱帶氣旋飛機偵測能力。天文台研究 2009 年及 2011 年收集的數據對模式預報的影響，發現能改進地面風力和降雨預測以及 36 小時至 60 小時熱帶氣旋路徑預報。

5. 氣候與氣候變化研究

1950 年代，天文台對自 1884 年以來的氣象紀錄及氣候要素作出綜合檢視，並研究不同季節的氣壓形勢及天氣特徵，發表報告。1970 年代中，天文台研究利用冬季季候風強度預測翌年夏季降雨量。

1988 年，天文台分析 1884 年至 1987 年香港的年平均溫度，發現期間有顯著的上升趨勢，二戰後比之前的升幅更大。1990 年代，天文台分析厄爾尼諾現象（El Niño）及拉尼娜現象（La Niña）與香港雨量、溫度及影響香港的熱帶氣旋數目的關係。2000 年代初，天文台研究短期氣候預測，探討預測全年總雨量及影響香港的熱帶氣旋數目的方法。

2003 至 2004 年度，天文台研究 1884 年至 2002 年香港的氣溫變化，確定出現變暖現象，而市區變暖幅度明顯較郊區為大，並發現維多利亞港海平面上升的趨勢。2004 年至 2008 年，天文台研究城市化對香港天氣的影響，發現城市化可能是其中一個引致香港雨量趨勢上升及出現區域雨量趨勢分布不均的原因。

2005 年，天文台開始研究適用於香港的暑熱壓力指數及酷熱天氣與健康的關係。於 2010 年代初與長者安居協會合作研究冷熱天氣對長者的影響。2015 年，天文台與香港中文大學合作，成功確立「香港暑熱指數」與健康的關係，並採用於加強暑熱天氣資訊服務。

天文台先後與香港及外地多間大學研究氣候與健康的關係，包括 2005 年分析非典型肺炎、禽流感以及日本腦炎的氣候條件；2008 年分析嚴重急性呼吸系統綜合症及白紋伊蚊蚊患相關的氣候條件以及氣候對紅斑狼瘡症的影響；2009 年研究甲型及乙型流感與季節、氣溫及濕度的關係；2010 年利用氣候模型預測白紋伊蚊的為患情況；2013 年研究輪狀病毒與天氣的關係以及 2015 年研究常見呼吸道病毒的活躍程度在不同季節的變化。

6. 人工增雨研究

1950 年及 1954 年天文台為處理水荒問題，與工務司署及皇家空軍合作研究人工增雨，計劃在積雲上灑乾冰及在較低的雲底灑水，但由於在選定的日子有雨，擱置有關試驗。1955 年，天文台再與水務局合作研究人工增雨，水務局在太平山及歌賦山山脊安裝三個噴水列陣（見圖 3-169），模擬地形產生的降雨，但結果顯示此方法未能增雨。

7. 應用氣象研究

1950 年代至 1970 年代，天文台為本港各類工程及發展項目提供研究支援，表 3-48 列出

圖 3-169　研究人工增雨的噴水列陣。（香港天文台提供）

主要項目。天文台其他應用氣象研究包括：1954 至 1955 年度天文台為林務主任及徙置事務專員分析山火及寮屋火災的有利氣象條件；1955 年天文台發表日照數據，包含太陽角度資訊，滿足建築師的需求；1960 年代至 1970 年代研究發電廠及工業排放對海港能見度、機場運作、市民健康等影響；及 1980 年代天文台支援中國南海油田開發，研究海面上最大風速。

1978 年 1 月，天文台常設一個部組，負責為其他政府部門及顧問公司的發展項目提供應用氣象研究支援，自此相關工作成為常態，其中一項主要工作為規劃將軍澳新市鎮發展進行空氣流通研究。

三、二戰後本地大專院校氣象科研

自 1980 年代開始，香港有多所新的大學成立，另亦有多所大專院校升格成為大學。隨着超級電腦與大數據分析技術日趨成熟，香港學術界在氣象與氣候研究發展蓬勃。與擔任官方機構的天文台性質不同，本地院校的科研內容，主要是研究人員各自感興趣及擅長的領域，部分會牽涉一些熱門的題目，各團隊研究項目之間不一定有預設的聯繫。

表 3-48　1950 年代至 1970 年代天文台提供氣象支援的各類工程和發展項目情況表

時間	工程／項目
1950 年代	啟德機場（包括跑道延伸工程、發展規劃、新跑道、容納噴射機運作） 船灣淡水湖工程 跨海橋／隧道工程 水塘集水設計
1960 年代	供水運作 啟德機場（包括啟德機場跑道、啟德機場直升機運作） 設計船灣溢洪道 過海隧道 下城門水塘 石壁水塘 赤柱衛星地面站 興建葵涌貨櫃碼頭
1970 年代	啟德機場 興建葵涌貨櫃碼頭 赤柱衛星地面站 萬宜水庫 獅子山纜車工程 青衣島大型油缸及碼頭 青山海水化淡廠 焚化爐選址 放置主要海底電纜 新市鎮發展工程（沙田新市鎮、大埔、將軍澳、梅窩、屯門新市鎮、元朗、石湖墟、坪洲、長洲） 吐露港填海工程（研究吐露港的風暴潮風險，以制定大埔和沙田新市鎮的填海高度） 設計香港地下鐵路沉管 興建赤鱲角新機場（研究直至 1980 年代初） 踏石角及南丫島發電廠

資料來源：　香港天文台資料。

香港大學麥基（Sean Mackey）在 1960 年代至 1970 年代研究香港極端風速，尤其在颱風情況，對建築物的影響。近年，李玉國研究城市熱島效應、城市氣候、建築物通風等題目。

在香港中文大學，劉雅章領導的研究，包括大氣環流系統的結構和動力學、大尺度大氣－海洋相互作用、不同時間尺度大氣變率的模擬，以及氣候變化的區域影響等。吳恩融和任超從事的研究，包括城市熱島效應、城市形態對微氣候的影響和複雜城市環境的室外熱舒適度、城市氣候圖、熱壓力與健康等。陳英凝團隊與氣象相關的研究題目包括氣候變化與健康、防災減災及熱壓力指數等。譚志勇主要的研究範疇，包括季候風和熱帶氣象、氣候預測，以及城市化對極端天氣的影響。戴沛權的研究方向，主要在臭氧－植被相互作用、氣候變化等，並於 2015 年以題為「暖化問題及空氣污染的結合嚴重威脅全球糧食安全」的論文獲頒世界氣象組織青年科學家研究獎。陳文年及嚴鴻霖皆主力研究空氣質量。

在香港城市大學，由陳仲良領導的團隊主要研究熱帶氣旋頻率、結構、移動的物理過程，

熱帶氣旋的業務預測和季節預報，厄爾尼諾現象及氣候變化與西北太平洋及登陸颱風頻數及強度的關係等。而由周文牽頭的團隊主要研究極端氣候動力學，包括研究阻塞高壓與極端天氣及東亞季風活動之間的聯繫、海洋耦合模態調控東亞水汽輸送及降水多尺度變異規律的物理機制、極端高溫事件的動力機制、厄爾尼諾南方濤動對季節內振盪與颱風活動關係的放大效應等。

在香港科技大學，劉啟漢早期研究關注東亞季風、中尺度天氣系統和強對流，2000 年後工作重心轉移至大氣污染的預測研究和遙感領域，與馮志雄和郁建珍合作在天氣、空氣污染和人體健康的交叉學科上有一系列研究。

在香港理工大學，劉志趙的研究小組致力於大氣遙感研究工作，主要研究對流層大氣水汽反演算法，三維重構模型，及時間序列分析，以及在極端氣象條件下（例如颱風、地磁風暴）對流層和電離層的擾動現象。王韜的小組研究東亞地區的大氣化學尤其臭氧的觀測及趨勢。

香港浸會大學的研究，主要在氣象與氣候、氣象氣候和社會經濟及生態系統相互影響等方面，例如極端天氣分析及未來變化預估、強烈霧霾事件中的氣象和化學反饋等，探究天氣與氣候對人類和人類行為的影響，以及氣候變化與生物進化和物種多樣性之間的關係，研究主題切合聯合國千年發展目標（Millennium Development Goals）。

四、太平洋戰爭前香港天文台境外氣象合作

1. 氣象觀測合作

天文台與境外的氣象合作始於首任台長杜伯克在上任後不久於 1883 年 9 月至 10 月走訪中國各地氣象觀測站，包括汕頭、廈門、上海、鎮江、九江、漢口、打狗（高雄）及位於東莒島、牛山島、烏坵嶼、漁翁島和鵝鑾鼻的燈塔，考察當地的氣象觀測儀器，並利用隨身儀器進行氣象觀測。至 1885 年，天文台經電報公司及郵遞共接收來自 45 個東亞地區觀測站（見圖 3-114）的氣象紀錄，包括 36 個屬於清朝政府海關的觀測站，其中超過一半都是採用杜伯克所制定的「香港和中國條約港口的氣象觀測指引」進行觀測。天文台亦為部分觀測站提供氣象儀器檢查和校對服務。1899 年增加接收來自菲律賓、日本及台灣地區的氣象報告。在「東延」電報公司的協助下，使用天文台所提供的儀器在菲律賓增加四個氣象觀測站。天文台亦得到日本當局協助，加快台灣地區傳輸氣象報告的速度。在二十世紀初，天文台陸續擴展接收亞太區內的氣象報告，包括東沙島、西北太平洋島嶼、長江流域、華北、朝鮮半島、越南、雲南、中南半島等地的氣象報告。天文台台長霍格於 1909 年訪問馬尼拉天文台，安排當有颱風影響時將額外氣象觀測傳送至香港天文台。1910 年，清朝政府的中國電報局擬於東沙島建立無線電報站，天文台為其人員提供氣象觀測訓練。

1896 年，俄羅斯普爾科沃皇家天文台（Pulkovo Observatory）及奧地利軍方分別派員來港，在香港天文台進行重力觀測。1903 年，日本文部省測地學委員會到天文台進行天文、地磁及重力觀測。1904 年，上海徐家匯觀象台台長到港進行地磁測量。1906 年至 1915 年間，美國華盛頓卡內基研究所（Carnegie Institution of Washington）數度到天文台校正地磁觀測儀器，再走訪中國大江南北，進行地磁觀測。天文台亦與華盛頓卡內基研究所合作，在《地磁及大氣電學》，收錄香港天文台之地磁觀測數據。1922 年 9 月 21 日發生日全食，天文台參與華盛頓卡內基研究所號召的國際合作，研究日食對地磁之影響。

2. 其他國際合作及參與國際氣象組織

踏入二十世紀，採用一致的風暴信號系統及氣象電報編碼成為區域及國際氣象合作的主要議題。1911 年 10 月至 11 月，候任天文台台長卡勒士頓走訪馬尼拉、東京及上海徐家匯三地的天文台，與區內氣象局長交流。1912 年 6 月，卡勒士頓就任台長，同年 9 月獲選為「國際氣象組織」「海洋氣象及風暴警告委員會」會員。國際氣象組織為現今「世界氣象組織」的前身，卡勒士頓的獲選代表香港首次正式參與國際氣象組織的工作。1913 年 5 月，卡勒士頓出席在東京舉行的首屆「遠東地區氣象局長會議」，討論上述議題。1921 年卡勒士頓訪問上海、神戶、東京及馬尼拉，商討氣象電報交換、一致的氣象電報編碼、濕度量度方法及無線電報時信號等問題。1929 年 8 月及 9 月，卡勒士頓遠赴倫敦及丹麥哥本哈根，分別出席「大英帝國氣象學家會議」及國際氣象組織舉辦的「氣象局長大會會議」，得到大英帝國氣象學家會議支持，建議儘早舉行一個遠東地區氣象局長會議，討論統一風暴信號及氣象電報編碼。此建議獲國際氣象組織氣象局長大會會議接納，卡勒士頓擔任會議召集人。卡勒士頓亦當選國際氣象組織「地磁與大氣電學委員會」及「高層大氣研究委員會」會員。

1930 年 4 月 28 日至 5 月 2 日，香港舉行遠東地區氣象局長會議（見圖 3-170）商討上述建議，與會者包括印度支那聯邦、香港、上海徐家匯、青島、菲律賓及東沙等氣象局局長及中國中央研究院氣象研究所代表。卡勒士頓被選為會議主席，會議通過採用天文台建議的《本地風暴信號》和氣象電報編碼以及《中國海域風暴信號》作為遠東地區標準。

1933 年台長謝非士被增選為國際氣象組織「海洋氣象委員會」會員，取代卡勒士頓。1935 年謝非士出席在華沙舉行的國際氣象組織氣象局長大會會議，大會成立「第二區域委員會（遠東）」。這是現今世界氣象組織「第二區域協會（亞洲）」的前身。1937 年 1 月 13 日至 21 日，天文台協辦國際氣象組織「第二區域委員會（遠東）」第一次會議，翌年台長謝非士獲選為該會主席。這是天文台舉辦國際氣象組織會議及台長獲選出任該組織高層位置首例。

CONFERENCE OF DIRECTORS FAR EASTERN WEATHER SERVICES
APRIL, 28TH. — MAY, 2ND. 1930.

圖 3-170　1930 年在香港舉行的遠東地區氣象局長會議與會者，包括天文台台長卡勒士頓（左五）、徐家匯天文台台長勞積勛（Aloysius Froc，左四）、馬尼拉天文台台長綏爾加（Miguel Selga，左七）、代表國民政府氣象學者竺可楨的沈孝凰（右四）、青島氣象台台長蔣丙然（右二）及東沙氣象台台長沈有基（右一）。（香港天文台提供）

五、二戰後香港天文台境外氣象合作

1. 參與世界氣象組織

二戰後，各國推動將國際氣象組織改革為世界氣象組織，是隸屬於聯合國的政府間組織，以加強國際氣象合作。台長希活在回港履新前於 1946 年 3 月在倫敦出席「大英帝國氣象學家會議」。1947 年 8 至 10 月，助理台長史他白（Leonard Starbuck）分別出席於加拿大多倫多舉行的多個國際氣象組織技術委員會，包括「航空氣象學委員會」及「儀器和觀測方法委員會」的會議，及於美國華盛頓舉行的國際氣象組織氣象局長大會會議，並於 10 月 11 日代表香港簽署《世界氣象組織公約》（見圖 3-171）。1948 年 11 至 12 月，台長希活出席於印度新德里舉行的國際氣象組織第二區域委員會（亞洲）會議及國際民用航空組織「東南亞地區空中導航會議」。1948 年 12 月 14 日，香港正式加入世界氣象組織成為其中一個創會地區會員。1950 年 3 月 23 日，世界氣象組織根據同日生效的《世界氣象組織公

圖 3-171　1947 年 10 月 11 日，天文台助理台長史他白代表香港於華盛頓簽署世界
氣象組織公約。（世界氣象組織提供）

約》成立，1951 年成為聯合國專門機構。1949 年，天文台招募以本港為基地的船舶，加
入世界氣象組織的國際志願觀測船舶計劃。1949 年 5 月，希活參加在馬尼拉舉行，由國際
氣象組織召開的「風暴預警程序會議」，並被任命為會議主席。1952 年 7 月，希活參加在
倫敦舉行的世界氣象組織海洋氣象學委員會第一屆會議。

1956 年，天文台被港府指定為香港的「氣象當局」，在國際民用航空組織的框架下為國際
航空提供氣象設施和服務。1957 年 6 月至 1958 年 12 月，天文台配合國際地球物理年，
以及延續至 1959 年的國際地球物理合作項目，加密探空觀測至每日兩次，並延伸至上空 6
萬英尺或以上，亦分析雨水的化學成分，收集志願觀測船的觀測報告。

1963 年，天文台採納世界氣象組織決議，香港被指定為全世界八個收集海洋氣象資料及
編纂《海洋氣候摘要》的中心之一，負責範圍由赤道至北緯 30 度及由東經 100 度至 120
度的中國南海部分。天文台與世界氣象組織其他會員交換記錄在打孔卡片上的船隻氣象報
告，並利用打孔卡分揀機將數以萬計的船隻報告整理，以製作《海洋氣候摘要》。1964 年
的《海洋氣候摘要》於 1970 年出版，是世界氣象組織《海洋氣候摘要》系列首本出版物。
天文台編纂的《海洋氣候摘要》至 1990 年按計劃終止。1965 至 1966 年度，天文台配合
國際寧靜太陽年，按國際規劃加強高空氣象探測工作。天文台加入世界氣象組織在 1968 年
開展的世界天氣監測網計劃。

1972 年，天文台科學主任朱榮基在日本東京協辦的世界氣象組織海洋氣象學委員會第六次
屆會獲選為「海洋氣候工作組」主席，其後連任至 1981 年。

2001 年，天文台受世界氣象組織委託，負責開發及管理兩個全球天氣網站，分別為「世界天氣信息服務」（World Weather Information Service）及「惡劣天氣信息中心」（Severe Weather Information Centre），提供全球各大城市的官方天氣預報及氣候資料，以及全球惡劣天氣警告，網站於 2005 年 3 月正式運作。2008 年，「世界天氣信息服務」獲得資訊科技界斯德哥爾摩挑戰賽大獎（Stockholm Challenge Award），表揚其全球視野及創新國際天氣資訊交換模式。2011 年「世界天氣信息服務」推出流動應用程式「我的世界天氣」，這是首個提供全球官方天氣資訊的流動應用程式，至 2017 年「世界天氣信息服務」共有 11 個語言版本。

2004 年 4 月，天文台開始向全世界收發從商業航機上自動傳來的天氣報告，成為亞洲第一個開展世界氣象組織「飛機氣象資料下傳」計劃（Aircraft Meteorological Data Relay, AMDAR）的氣象部門。

2006 年 11 月，天文台台長林超英及香港城市大學教授陳仲良擔任聯合主席，主持在哥斯達黎加聖荷西舉行的第四屆世界氣象組織「國際熱帶氣旋工作坊」。同年 11 月至 12 月，天文台高級科學主任岑智明在瑞士日內瓦舉行的世界氣象組織航空氣象學委員會第十三次屆會中當選該委員會的副主席。

2010 年 2 月，天文台在香港協辦世界氣象組織航空氣象學委員會第十四次屆會，是該委員會首次在亞洲區召開屆會。助理台長岑智明在會上獲選為委員會主席（見圖 3-172）。這是天文台人員歷來在世界氣象組織擔任的最高職位。2014 年 7 月，岑智明於在加拿大蒙特利爾舉行的世界氣象組織航空氣象學委員會第十五次屆會獲選連任委員會主席。

2012 年至 2018 年，陳仲良出任世界氣象組織熱帶氣象委員會熱帶氣旋小組主席。

2017 年 3 月，世界氣象組織委託天文台開發和管理的《國際雲圖》（International Cloud Atlas, ICA）網上版推出。同年 10 月，天文台總部獲世界氣象組織認可為世界首批百年觀測站（centennial observing stations）之一（見圖 3-173）。

2. 其他國際領域合作

1955 年 2 月，天文台派員到印度新德里參加世界氣象組織第二區域協會（亞洲）第一次屆會。

1968 年 2 月，天文台台長鍾國棟參加聯合國亞洲及太平洋經濟社會委員會／世界氣象組織（ESCAP／WMO）「颱風委員會」章程臨時會議，表達有意加入颱風委員會。同年 12 月，香港成為颱風委員會七個創會會員之一。

1972 年 7 月，天文台科學主任岑柏在泰國曼谷舉行的國際民用航空組織中東及東南亞通訊

圖 3-172　2010 年，天文台助理台長岑智明（右一）在世界氣象組織航空氣象學委員會第十四次屆會上獲選為委員會主席。（香港天文台提供）

圖 3-173　2017 年，世界氣象組織授予香港天文台的長期觀測站認可證書。（香港天文台提供）

及氣象區域計劃組第一次會議當選為副主席。

1990 年，天文台參與 SPECTRUM（Special Experiment Concerning Typhoon Recurvature and Unusual Movement）國際合作項目。兩個月的實驗期間，西北太平洋及中國南海周邊國家和地區加強收集對熱帶氣旋的觀測數據。1992 年，天文台與歐洲中期天氣預報中心（European Centre for Medium-Range Weather Forecasts）合作研究，利用 SPECTRUM 數據證實加強觀測及模式分辨率有助提升全球數值天氣預報模式對熱帶氣旋路徑預報的表現，並發表報告。

2001 年 10 月，因世界氣象組織第二區域協會（亞洲）的領導位置出缺，天文台台長林鴻鋆獲選出任協會副主席。2003 年 7 月，天文台高級科學主任岑智明在曼谷舉行的國際民用航空組織亞太區通訊、導航、巡測及氣象分組第七次會議當選為副主席，主持氣象分組會議，其後連任至 2009 年。2004 年 12 月，天文台協辦世界氣象組織第二區域協會（亞洲）第十三次屆會，天文台台長林超英獲選為協會副主席。

2005 年至 2010 年，天文台派出專家以世界氣象組織顧問身份分別到訪斯里蘭卡、巴基斯坦、科威特及不丹，提供建議，協助當地氣象部門加強氣象和減災設施以及服務發展。

2010 年 7 月，天文台高級科學主任鄭楚明在印尼雅加達舉行的國際民用航空組織亞太區通訊、導航、巡測及氣象分組第十四次會議，獲選為聯合副主席。

2012 年及 2017 年，香港天文台分別與韓國氣象廳及泰國氣象局簽署《合作諒解備忘錄》。

3. 與中國內地、台灣地區和澳門的合作

1975 年 10 月，天文台台長鍾國棟帶領天文台代表團訪問中央氣象局（1982 年起改稱中國氣象局），商討在世界氣象組織的全球電信系統下設立北京 — 香港氣象通訊線路，並簽署合作協議。這是天文台首次與中國內地部門簽署合作協議，線路於同年 12 月開通。

1984 年，天文台與廣東省氣象局簽訂合作協議（見圖 3-174），共同在黃茅洲島上建立自動氣象站，並於翌年開始輪流主辦粵港重要天氣研討會，1989 年，澳門亦加入研討會，日後發展為每年一度的「粵港澳氣象業務合作會議暨氣象科技研討會」。1996 年，天文台與中國氣象局簽訂《氣象科技長期合作諒解備忘錄》，及後在 2001 年更新為《氣象科技長期合作安排》。1999 年，天文台與中國民用航空局空中交通管理局簽訂《航空氣象服務長期技術合作備忘錄》。

1989 年 7 月，香港氣象學會與中國氣象學會在香港合辦「東亞及西太平洋氣象與氣候國際會議」，聚集海峽兩岸暨香港，以及美國等地氣象學家進行研討，自此開啟兩岸氣象交流。

2000 年天文台與中國地震局簽訂《地震科技合作安排》。2005 年 6 月，天文台、廣東省

圖 3-174　1984 年，天文台台長費礐（前左）與廣東省氣象局局長謝國濤（前右）簽署合作協議。（香港天文台提供）

圖 3-175　2016 年，香港天文台台長岑智明（前左）、中國民用航空局副局長王志清（前中）和中國氣象局副局長嬌梅燕（前右）在北京簽訂聯合建設亞洲航空氣象中心的協議。（香港天文台提供）

氣象局和澳門地球物理暨氣象局合作建立涵蓋珠三角的閃電定位系統正式運作。2007 年 1 月，天文台與國家海洋局簽署《海洋科技合作協議》。

2011 年，天文台聯同廣東省氣象局及澳門地球物理暨氣象局推出「大珠三角天氣網站」。同年，天文台與深圳市氣象局簽署《數值天氣預報技術長期合作協議》。2014 年，天文台與廣東省氣象局簽署《氣象科技合作協議》。2016 年 10 月，天文台與中國民用航空局和中國氣象局簽署建設「亞洲航空氣象中心」的合作協議（見圖 3-175）。

六、氣象學會

1988 年 12 月，香港氣象學會成立致力發展及傳播有關氣象、海洋、水文及地球物理等科學知識，推廣專業應用，鼓勵持份者相互合作等。1989 年 7 月，香港氣象學會與中國氣象學會在香港合辦「東亞及西太平洋氣象與氣候國際會議」。

學會不時舉辦研討會與講座，邀請訪港著名氣象學家、從事氣象科研的學者和專業氣象人員作專題演講，亦安排參觀本地或海外的氣象及地球物理設施。1991 年，學會開始出版氣象學會會報，與會員交流有關學會的新聞、活動信息、學術文章及學會公告。2014 年，學會設立網上社交平台專頁，增加與會員的溝通聯繫。學會為增加公眾對氣象及地球物理等認識，不時舉辦公開普及講座及氣象課程，亦與不同團體合作舉辦各類比賽活動。

學會在 1996 年及 2015 年先後設立「竺可楨獎」及「希活年輕科學家獎」，鼓勵年輕學者進行氣象科研及推廣氣象教育。

第四章
水文

本章介紹香港水圈（Hydrosphere）或水文環境，包括水循環、水體分布、水質、人為活動影響和科研活動。香港水環境由地面水、地下水和海水構成。

水循環是指水在地球上的循環過程，包括蒸發、降水、滲透、地下水流動、河川流動、湖泊蒸發等。香港水循環主要由中國南海水域蒸發形成雲層，再由降水進入地面水及地下水系統，形成河川、湖泊等水體，最終流入中國南海。

地面水是指地表上的水體，包括河川、湖泊、水庫等。香港地面水系統發達，有較多的河流及小溪。香港地面水主要集中在新界地區，其中包括境域內最長的深圳河、大型水塘萬宜水庫及船灣淡水湖等，為香港提供了充足的儲水量，也構成各類自然地貌。

地下水是指地下的水體，是地表水和大氣水循環的一部分。香港地下水的補給來源主要是大氣降水、河水入滲和各類水管滲漏。跟地面水不同的是，香港地下水往往被視為工程問題，影響斜坡的穩定性，也阻礙了不同地基工程的開展。此外，隨着城市化進程的加快，地下水受到了不少人為污染的威脅。

香港東、南、西三面被海洋環繞，海岸線總長度近 1200 公里。香港的海岸線有不少特殊地貌，包括岩岸、沙灘、泥灘、紅樹林等，總長度約 554 公里。另一方面，港府在海水水質監控方面不遺餘力，自 1986 年以來，長期監測海水水質變化，並制定相關政策，嘗試改善水質，減少破壞和污染。

隨着城市化進程的加快，香港的水文系統受到了不少人為活動影響。首先，城市化進程導致了土地的大量開發，導致地表植被的減少，使得水在地表的停留時間變短，容易引發洪水等問題。其次，城市化進程還會影響地下水系統，如地下水的過度開採和污染等，都會對地下水質和生態造成不良影響。最後，人類活動對海水質量的影響也不容忽視，如工業和城市污水等，都對海水質量造成污染和破壞。

水文環境構成香港重要的一部分，早在 1841 年以前，官方及民間已有觀察和記錄。英佔以後，基於經濟、軍事、科研等不同原因，港府與民間組織持續進行直接或間接的水文考察，為個別範疇帶來豐碩的成果。

第一節　水循環

水循環組分包括地面水組分（例如降雨、蒸散發、地表徑流、水庫蓄水等）及地下水，具體水循環路徑詳見圖 4-1。降雨降落地表，可入滲部分進入地下水系統；未入滲部分形成地面溢流（overland flow），並最終匯入河道或流入近海海域。入滲部分形成土壤水和地下水，以基流（baseflow）形式維持非降雨時期或旱季河水水量。地下水部分以向海排放

圖 4-1 香港水循環示意圖

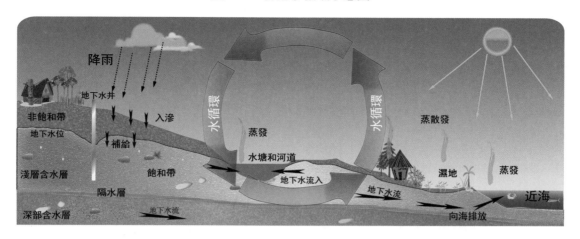

資料來源： Luo, X., "Groundwater discharge quantification in marine, and desert environments using radium quartet, radon-222 and stable isotopes" (PhD Thesis, University of Hong Kong, 2014), p. 1；原圖內容 為英文，該論文作者羅新提供中文翻譯版本。

的方式排泄到近海海域中，亦有部分向河流排泄。以下將以流域（watershed）或集水區（catchment）為基本單位，說明香港水循環各個組分。

一、降水

香港於 1985 年至 2017 年間錄得平均降雨為 2379 毫米／年。天文台在香港九個主要河流流域設有 19 個提供降雨記錄的監測站：林村河流域 1 個、大美督流域 8 個、上水流域 1 個、城門河流域 2 個、元朗流域 2 個、梅窩河流域 2 個、井欄樹流域 1 個、啟德河流域 1 個、東涌河流域 1 個（見圖 4-2，柱狀圖上方黑色數字）。

根據天文台於 1985 年至 2017 年在各流域監測站降雨紀錄，可計算出各流域內平均年降雨量（見圖 4-2，白色數字），反映香港各流域年平均降雨量差別很大。位於九龍的啟德河流域平均年降雨量最高，達到 2472 毫米；位於新界北部的上水河流域年降雨量最低，只有 1588 毫米，兩個流域年均降雨差別近 880 毫米。其他流域年均降雨量由高至低分別為：井欄樹流域（2217 毫米）、林村河流域（2210 毫米）、城門河流域（2196 毫米）、東涌河流域（2188 毫米）、梅窩河流域（1993 毫米）、大美督流域（1925 毫米）、元朗流域（1653 毫米）。

九個流域錄得的降雨數據，反映香港西部流域的降雨高於東部流域，南部流域的降雨高於北部流域。香港降雨主要受太平洋水氣影響，西部和南部流域因靠近中國南海，水氣豐沛，故而降雨量較高。而北部流域受到山脈阻隔影響，水氣減弱，因此降雨量減少。

圖 4-3 顯示各流域從 1985 年至 2017 年年降雨量的變化，各流域歷年的年降雨量變化俱呈

圖 4-2　1985 年至 2017 年香港九個主河流流域的年均降雨量統計圖

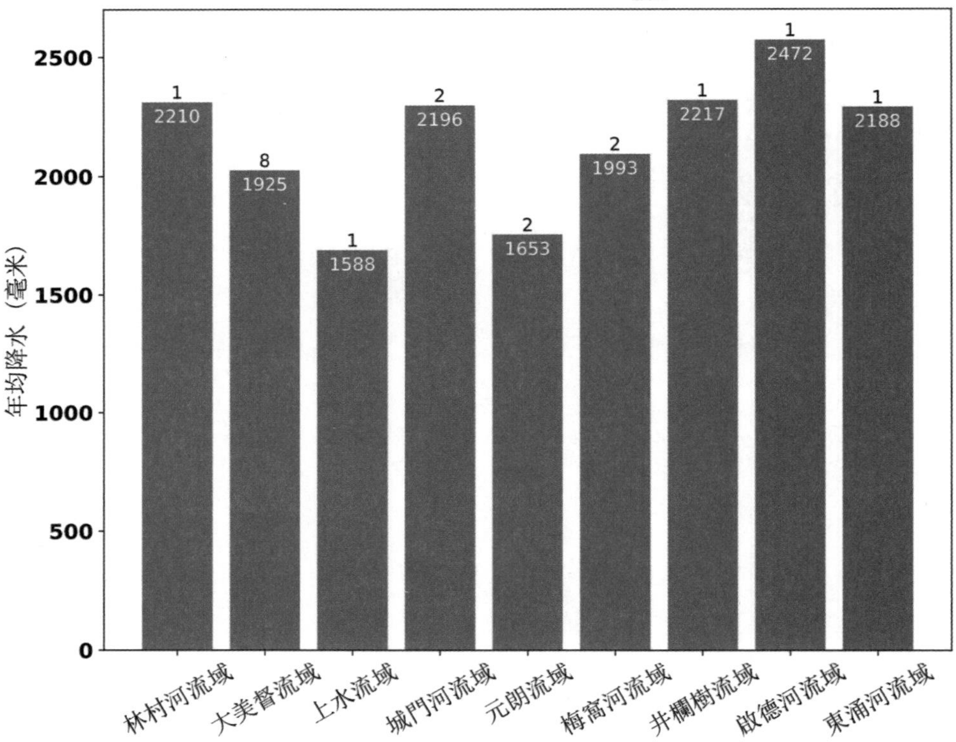

資料來源：　香港天文台在各流域監測站降雨記錄（1985 年至 2017 年）。香港地方志中心製作。

現波動起伏，但保持大致相同的走勢和年際變化。如 1992 年、1997 年、2005 年、2008 年、2012 年和 2016 年，各流域年降雨量俱為谷值；而 1995 年、1998 年、2002 年、2007 年、2009 年、2014 年和 2017 年，各流域年降雨量俱為峰值。在 1985 年至 2017 年期間，1998 年錄得年降雨量極值，其中在城門河流域、井欄樹流域、林村河流域錄得的降雨量俱接近 3500 毫米，可與 1998 年華南地區出現大範圍水災相互印證。

二、蒸發和潛在蒸散發（又稱可能蒸發）

蒸發（evaporation）和蒸散發（evapotranspiration）是水循環的重要部分，代表了地面水和流域內主要的水分損失。蒸發是指水由液態或固態，轉化為氣態的相變過程。在水文領域，蒸發主要由蒸發皿測試，所得為自由水面的蒸發速率（pan evaporation）。而潛在蒸散量（又稱可能蒸散量）是指在土壤經常保持濕潤的狀況下，所能出現的蒸散量。自 1957 年始，天文台在京士柏氣象站用蒸發皿進行蒸發速率監測，並以磚和水泥建成的蒸散量測定裝置，觀測潛在蒸散量（見圖 4-4）。

圖 4-5 顯示從 1998 年至 2017 年天文台記錄的蒸發和潛在蒸散量（又稱可能蒸散量）的月均分布和逐年變化趨勢，年均蒸發量波動範圍為 1127 毫米至 1400 毫米，平均值為每年約

圖 4-3 1985 年至 2017 年香港主要九個流域錄得降雨量的年際變化統計圖

資料來源：　香港天文台在各流域監測站降雨記錄（1985 年至 2017 年）。香港地方志中心製作。

圖 4-4　京士柏氣象站設置的蒸發皿和蒸滲儀。左圖為蒸發皿，用途為測試水面蒸發。右圖為蒸滲儀，用途為測試潛在蒸散發。（攝於 2022 年，香港天文台提供）

1252 毫米。潛在蒸散發亦在每年 730 毫米至 1400 毫米之間波動，其中 2016 年為最低，僅有 732 毫米；2007 年則為最高值，年可能蒸散發量為 1387 毫米。年潛在蒸散發與年降雨的入滲比值在 0.24 至 0.82 之間，平均比值為 0.456，可看出降雨中約 45.6% 以蒸散發的形式，回到大氣水汽中；其他部分以入滲形式進入地下水系統中，或以地面漫流形式，

圖 4-5　1998 年至 2017 年京士柏站錄得月均蒸發和潛在蒸散量統計圖（又稱可能蒸散量）（上圖），以及蒸發、潛在蒸散發的月變化和潛在蒸散發與降雨入滲比統計圖（下圖）

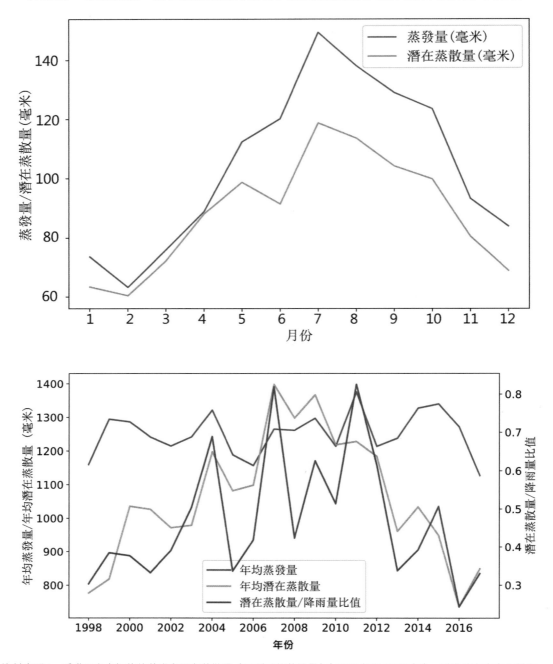

資料來源：　香港天文台記錄的蒸發和潛在蒸散量（又稱可能蒸散量）（1998 年至 2017 年）。香港地方志中心製作。

形成河流徑流。同時，也可看出蒸發或潛在蒸散發，是流域水循環中除降雨之外的最主要組分。

三、河流流量

環境保護署（環保署）在香港十個主要流域，共設 82 個河溪水質監測站，以監測香港主要河溪的水質參數。圖 4-6A 顯示 82 個監測站錄得 1986 年至 2017 年間平均徑流量的年際變化，可看出年平均徑流量在 0.4 億立方米至 7.7 億立方米間波動，平均值為 1.27 億立方米。平均流量的峰值在 1989 年、2003 年和 2009 年錄得。各流域的月均流量方面，啟德河、城門河、上水和元朗流域於 1986 年至 2017 年錄得的平均流量高於其他流域，當中以啟德河流域錄得平均流量最高，與該流域大部分河道已渠道化密切相關。

流域平均流量是流域內所有監測站的平均流量，只能反映主要河溪流量的變化態勢，並不能反映流域的入海徑流量。入海徑流量需以流域入海口處監測站錄得流量為基準。圖 4-6B 顯示香港各流域入海口出監測站的平均入海流量，可看出各流域平均入海流量差別很大，錄得最大入海徑流量為啟德河流域，達到每年 2.33 億立方米。

啟德河降雨量巨大，加上大部分河道已渠道化，因此降雨入滲到地下部分較少，而大部分以河流徑流形式，流入維多利亞港。城門河、元朗和上水流域錄得的入海徑流量則次之，分別是 0.46 億立方米、0.79 億立方米和 0.96 億立方米。城門河流域和上水流域位於新界東部，年降雨較大，加上集水區面積大，因此錄得較大的入海徑流量。而其他流域入海徑流量則較小，俱為約 0.1 億立方米，主要受控於較小集水區面積和年降雨量。井欄樹流域近年的平均流量有反覆增長，與近期流域內河道渠化加強有關（見圖 4-6C，圖 4-6D）。

香港主要河溪總入海徑流量為每年 5.13 億立方米，主要河溪入海徑流量則等效於 460 毫米，佔該年年均降雨量 18.9%。在香港陸地水循環中，入海徑流量佔總降雨量的比例較高。陸地降雨主要以蒸散發形式，回到大氣水循環中。未入滲部分則形成地面漫流注入河溪；入滲的一部分，以基流形式匯入河流，約佔河水的水量至少四分之一，另一部分將以地下向海排放的方式到海域（見圖 4-1）。

根據環保署從 1986 年至 2017 年的河流流量監測資料，香港河流旱季流量為每秒 0.0068 立方米至 0.677 立方米。根據此流量可推算全港旱季（10 月到次年 4 月）地下水排泄至河流的水量約為 0.79 億立方米，此流量佔全年河流量約 28%。此流量屬於保守估值，因環保署監測主要限於大型河流，對於很多山區河流，如香港島、大嶼山和西貢等地區一些河流，俱未被監測；此外，即使在雨季，亦有地下水補給河流。以全球情況來說，三分之二河水來自於地下水。以此推算，香港應有相當比例的河水來自地下水。

圖 4-6A　1986 年至 2017 年香港流域所有監測站錄得的平均徑流量年際變化統計圖

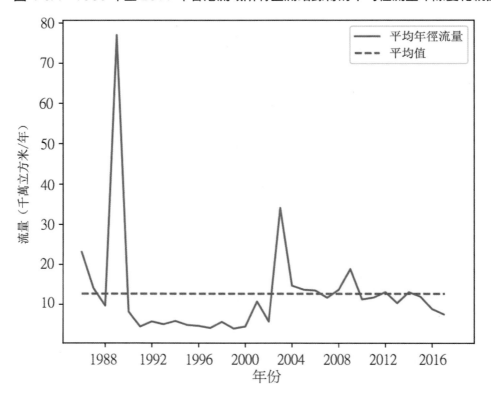

圖 4-6B　1990 年至 2017 年香港流域每個流域出口處的入海流量平均值統計圖

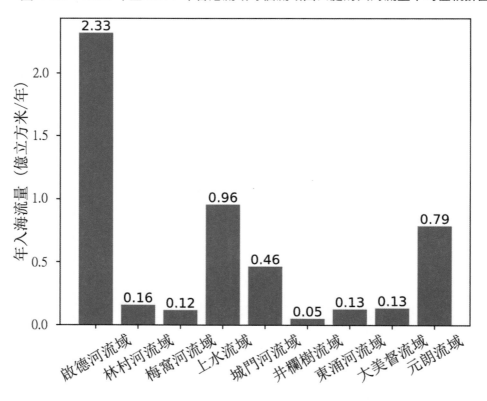

圖 4-6C 香港流域內監測站錄得平均徑流量的月季變化統計圖

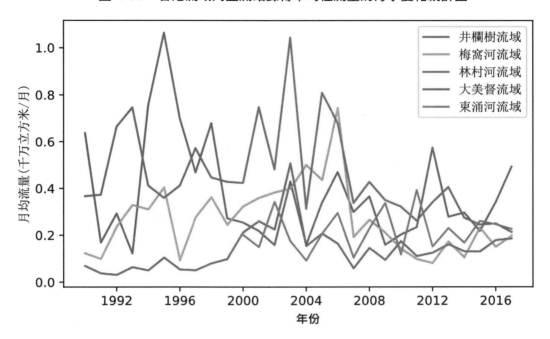

圖 4-6D 香港部分流域內監測站錄得平均徑流量的月季變化統計圖

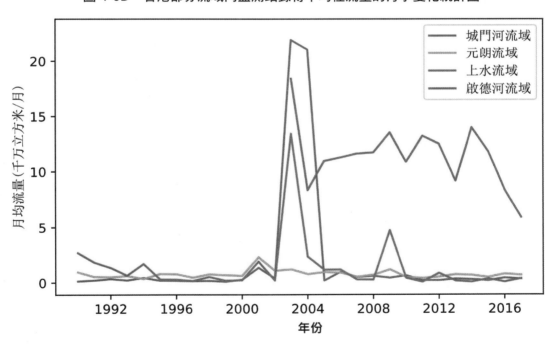

資料來源： 環境保護署河流流量監測資料（1986 年至 2017 年）。香港地方志中心製作。

圖 4-7　2017 年香港主要水塘分布位置圖

圖 4-7　2017 年香港主要水塘分布位置圖

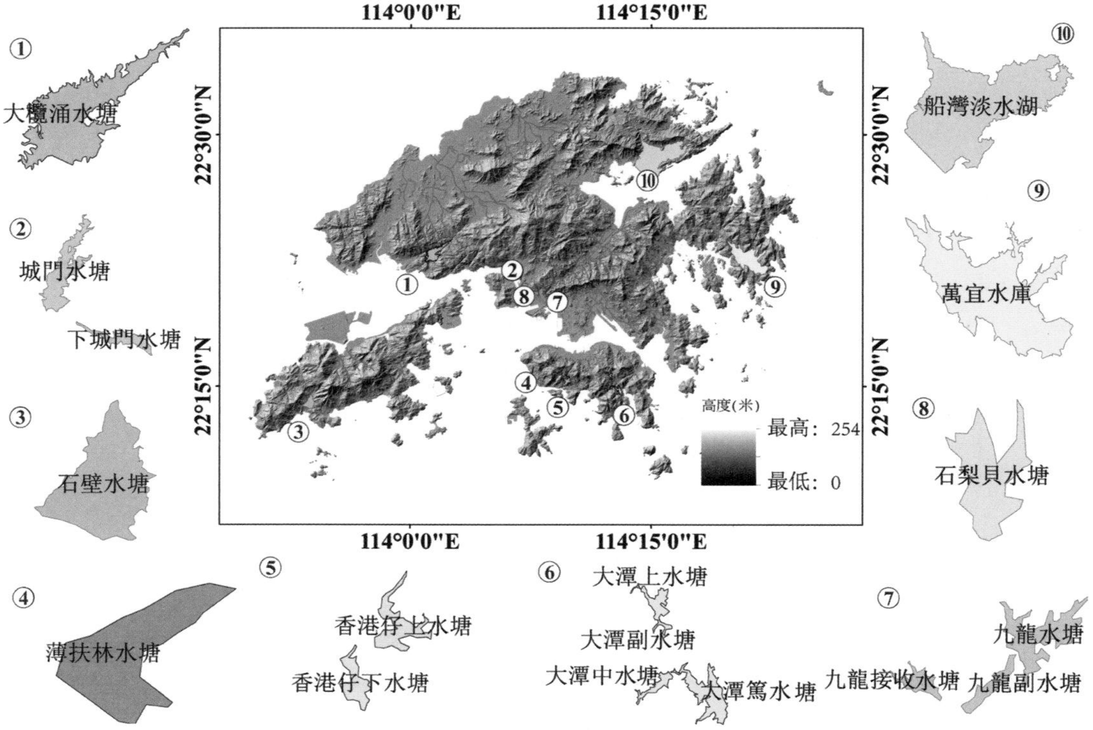

資料來源：　水務署。香港地方志中心製作。

四、水塘

水塘（impounding reservoir）通常有截流調蓄功能，是香港地面水和水循環中的重要組分。截至 2017 年，由水務署監測的食水水塘共有 17 個（見圖 4-7），總容量為 5.86 億立方米，其中萬宜水庫和船灣淡水湖的容量佔總容量的 85%。除食水水塘外，香港有 10 個灌溉水塘（9 個屬政府，1 個屬私人），總儲水量則較小，約 150 萬立方米，不及食水水塘總容量 1%，灌溉水塘儲存和截留的地面水，在整個陸地水循環中可忽略不計。

圖 4-8 顯示香港 17 個食水水塘於 2016 年至 2021 年實際總儲水量的變化，總實際儲水量呈現出明顯季節性變化規律，旱季總儲水量下降，雨季則增加。季節變化在 3.6 億立方米至 5.2 億立方米之間波動，佔總水庫容量 61% 至 89%。以上個別食水水塘與環保署監測的主要河溪連接，且受本地集水（降雨、河溪和地下水補給）、東江供水、食水用量及其他人工調蓄因素影響。當食水水塘中東江調入和泵出的水量處於平衡狀態，食水水塘儲存淡水的季節變化，主要由截留地面水和地下水引起，變化範圍為 1.7 億立方米，等效於 153 毫米／年降雨量，佔香港年均降雨約 6.3%。

圖 4-8　2016 年至 2021 年香港主要水庫總儲水量年際變化統計圖

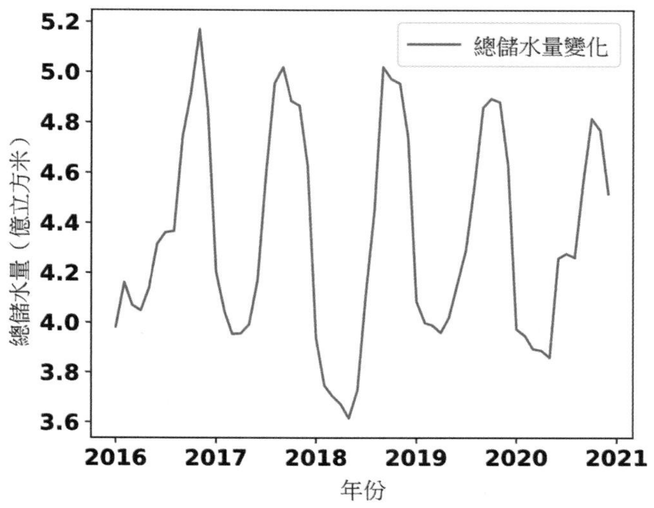

香港 17 個食水水塘實際總儲水量的變化，呈現明顯季節性變化規律。
（資料來源：水務署。香港地方志中心製作。）

五、地下水向海排泄

地下水向海排泄是指所有由陸地地下水系統排泄到近海的總淡水水量，屬於陸地水循環中一重要部分（見圖 4-1）。

綜合 1990 年至 2017 年的數值，與香港總降雨量相比，水循環中蒸散發佔比 51.6%，河流入海徑流量佔比 18.9%，水塘截留佔比 6.3%，上述組分合計佔比 76.8%。而香港對於地下水的開採和利用，則可忽略不計。考慮陸地水循環的水量平衡，剩餘 23.2% 需以地下水向海排泄的方式排到海水中。因此，在整個水循環中，地下水向海排泄亦是一個重要環節，比例甚至高於河流入海徑流量。

以吐露港為例，該集水區地下水向海排泄水量約為每年 0.77 億立方米，而吐露港所有河流入海徑流量（包括林村河、城門河和大美督流域）為每年 0.94 億立方米（見圖 4-6B），該集水區的地下水向海排泄量與河流入海徑流量相差不遠。

第二節　地面水

香港位於亞熱帶季風地帶，其特徵為夏季潮濕多雨、冬季乾燥少雨，大約 85% 雨量於 4 月至 9 月期間錄得。香港群山起伏，多山的地形特徵，使香港有超過 200 條河溪，擁有較高河網密度。香港河溪徑流經常從降雨獲得補充，降雨對河溪徑流有明顯的影響。香港降雨呈現季節性，而香港河流亦展現季節性的徑流特徵，除了少數河流終年有水流動，香港大

多數河流屬間歇河，均只於雨季出現。

香港有着廣泛分布的溪流和河流，如位於本港中部的香港最高峰大帽山，就是多條溪流以及河流發源地，例如梧桐水系、大雷水系、大石水系、大曹水系、大圓水系及大城水系等。香港作為島嶼型地區，河流中下游通常為城市人口密集居住地帶，地勢平坦，接近大海；河流中上游通常位於山地，為樹林所覆蓋。香港河流蘊藏豐富的自然資源和珍貴物種，具重要生態功能，為各種動植物提供生境。

一、地表徑流

香港多山的地形和廣泛分布的坡面，在季風期接受大量降雨沖刷，會沿坡面對植被和土壤造成破壞，造成水土流失和坡面侵蝕，形成多種侵蝕地貌，並沿侵蝕形成的溝壑演變出溪流和河流。香港河溪通常較短，但水流湍急，在夏季下雨時，水位會突然高漲，但在冬季乾旱時，水位會降低，有時只留下些小水窪。

1. 土壤侵蝕

土壤侵蝕（Soil erosion）是土壤及其岩體在外營力作用下，包括由水力、風力、重力、凍融等各種作用，令岩土表層被剝蝕、破壞、分離、搬運和沉積的過程。土壤侵蝕帶來的後果主要為（1）地表肥沃土壤流失，導致可利用的土地資源減少，土地生產力降低，農業產量降低和生態環境被破壞；（2）侵蝕過程會搬運泥沙，可能造成河溪及水庫淤塞，加劇旱澇災害；（3）遷移過程中攜帶的污染物，造成河流、湖泊、水庫的水體營養分過高，進而影響下游地區的生態環境和社會經濟；（4）侵蝕搬運過程將使土壤碳氮磷的含量與成分發生變化，影響自然系統生存要素循環，更甚者可影響全球氣候變化。土壤侵蝕以水蝕作用為最重要，土壤受降雨、徑流等水力作用侵蝕和搬運。水侵蝕發生的地區，通常為人類活動最活躍的地區。影響水侵蝕環境因素包括氣候、土壤、地形和土地利用等，而每個因素不僅單獨影響水侵蝕過程，也與其他因素發生相互作用。

香港境內山多平地少，山脊大致呈東北—西南走向。自然形成較大的平地，主要集中於新界西北部。元朗、粉嶺等由河流自然形成的沖積平原土地肥沃，適合耕種。但由於地勢低窪，一旦遇上暴雨，地區會容易被浸，而高地及斜坡遇上豪雨，容易出現山泥傾瀉，在植被較稀薄的山坡造成水土流失。一般來説，在樹林和耕地上，土壤侵蝕速率較低，而在荒地侵蝕速率則較高。1959 年，農林漁業管理處曾比較過在荒地和樹林區的徑流和降雨量關係，發現在強降雨後，地表徑流在貧瘠地區比較樹林地區高出約 1.5 倍，可見荒地的土壤侵蝕速度，遠比在樹林區為大。

嚴重的土壤侵蝕會產生劣地，劣地是荒蕪和缺乏植被的禿地，地貌特徵是荒蕪乾旱的地面有紋溝和沖溝發育。香港在 1970 年代之前，許多郊野山坡缺乏人工植樹，非常貧瘠而禿劣，荒地廣泛存在於港島和九龍，在沙田、獅子山、大欖涌、九龍東、青山、南丫島、長洲等花崗岩質地區，均有不同規模的劣地發育。

圖 4-9　香港、九龍及新界沙田地區劣地分布圖

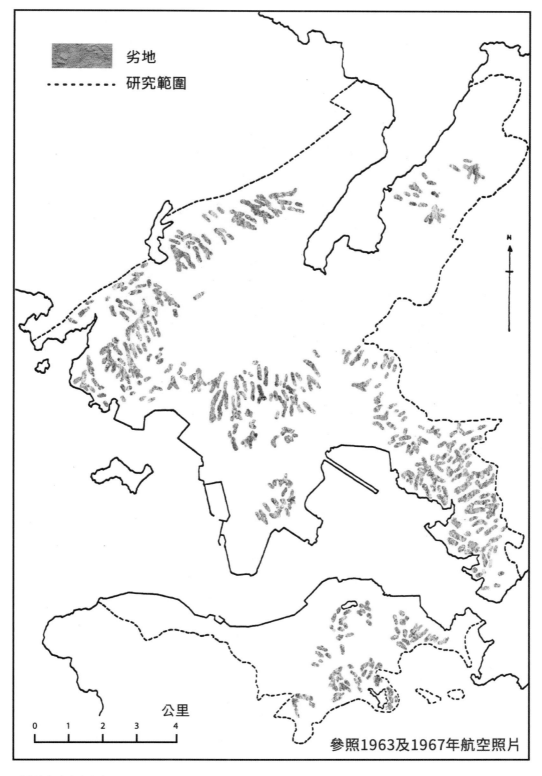

香港地方志中心參考 Figure 21 in Lam, K. C., "Badland development in weathered granite in the Hong Kong Harbour area" (bachelor thesis, University of Hong Kong, 1969) 製作。

圖 4-10　元朗大棠荒地。（攝於 1972 年，林健枝提供）

林健枝於 1969 年的研究顯示，香港、九龍及新界沙田地區山坡上，均有不同程度的劣地正在形成（見圖 4-9）。在其研究範圍內，約 10% 區域受到水土流失影響，廣泛形成沖溝，沒有成熟的河溪。研究範圍中受影響最嚴重的地區是香港島柏架山、九龍山、牛頭角西和葵涌地區山麓。該項研究測量了 451 個荒坡、605 個沖溝的方位，結果顯示貧瘠斜坡的多為南向，而沖溝多呈東西或東南向。

大欖涌地區在 1970 年代之前植被稀疏（見圖 4-10），主要為一片劣地的地貌。林健枝於 1977 年曾在該地區進行土壤侵蝕速度研究。在 15 個月時間裏，在研究區域內 449 個地點，進行了斜坡沖刷率測量，獲得地面每年 2.17 厘米的平均後退速度，而且後退速度存在很大空間差異。結果還顯示測量點與測量點之間斜坡沖刷率的變化，不能完全歸因於土壤、地形和距離等參數。

2. 土壤侵蝕地貌

荒地上土壤侵蝕造成的劣地地貌和侵蝕過程，包括形成土塔的雨滴濺擊、表面水的片狀侵蝕和表面水開始匯聚而形成的紋溝和沖溝（見圖 4-11）。在香港土壤侵蝕最嚴重的地方，是在花崗岩地質和缺乏植被的山坡。劣地一般發育在較酸泥土上，而花崗岩含有大量石英和長石礦物，其中石英能輕微溶於水而形成矽酸，增加泥土酸性。

此外，許多地區岩石內存在石英脈，亦可導致岩土酸度增加。另一個導致土壤酸度增加的原因是造林樹種。例如，元朗大棠地區因山火、砍伐和人類活動，曾導致大片劣地的形

圖 4-11　土壤水蝕示意圖

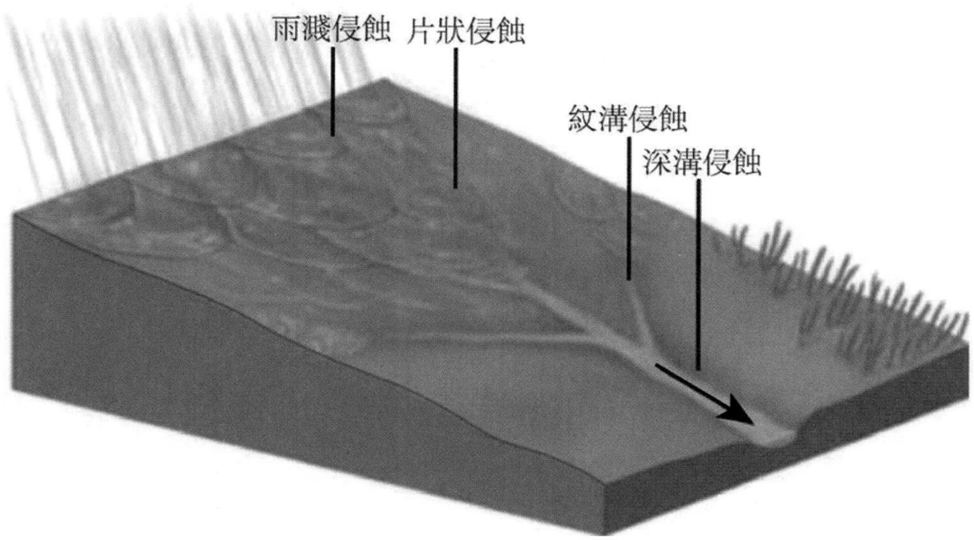

（香港地方志中心製作）

成。港府早期人工造林中，使用大量馬尾松，松樹上掉下來的針葉覆蓋地面，但由於落葉屬酸性，增加土壤酸度，不宜其他植物生長，導致地面缺乏底層植物覆蓋，促進了劣地的形成。後來港府改用其他樹種造林，包括前述大棠地區的劣地地貌才大大改善。

地貌的發展亦受山坡坡度控制，在不同坡度的坡段，有不同侵蝕作用。在接近山脊較為平緩的山坡，會以雨滴濺擊為主；在坡度較大的坡段，片流強烈，並開始聚集流入紋溝，紋溝一般較淺和闊。在斜度更大的坡段，紋溝匯流形成沖溝。形成紋溝的片狀侵蝕，發生在角度低至 4 度至 25 度的斜坡上，沖溝侵蝕則發生在稍大斜度的坡段。

雨滴侵蝕／濺擊

雨滴濺擊（rain splash）是指雨滴直接打擊土壤表面，使土壤顆粒飛濺到空中，發生分散、分離、躍遷位移的過程，是坡面土壤侵蝕過程始端，發生在坡面匯流之初。雨滴濺擊直接破壞土壤結構，使坡面徑流的湍流得到加強，增強徑流的分散和搬運能力。另一方面，通過雨滴打擊土壤表面，使土壤孔隙被顆粒堵塞，雨水下滲受到阻滯，增強地面徑流和侵蝕能力。

當雨滴濺擊發生在斜坡上時，土壤顆粒被擊中向上飛濺時，向各方向的隨機性相等，沒有一個特定方向，但是向下位移的距離，較顆粒向上坡位移的距離大。長期作用之下，土壤像蠕動般慢慢順坡朝下移動。雨濺侵蝕與雨滴的物理特性和地面坡度有着極其密切的關係。雨滴的物理特性主要包括雨滴的大小、形狀、終點速度、動能等。土壤顆粒受雨滴濺擊而發生位移，但仍不平均分布於土壤表面。

圖 4-12　以大東山為例的土壤水蝕衛星圖

大東山

雨濺侵蝕

片狀侵蝕

二東山

紋溝侵蝕

深溝侵蝕

不同侵蝕作用出現的具體位置見圖中箭咀。（Google, Maxar Technologies, CNES／Airbus；香港地方志中心後期製作）

圖 4-13　大嶼山花瓶地區劣地上的土塔。（陳龍生提供）

香港地區許多郊區和山地都被植被覆蓋，受雨滴濺擊侵蝕影響的區域只局限在植被較少的山脊和無水泥覆蓋的坡面上（見圖 4-12）。但在植被稀疏和劣地發育地區，雨濺侵蝕作用較強。尤其是在花崗岩地區，例如大欖、青山以西一帶，泥土常存在許多殘餘石英顆粒，雨濺侵蝕許多時在地表形成小型土塔，土塔頂有石英碎塊，土塔形成群狀。圖 4-13 是大嶼山花瓶地區受雨滴濺擊造成的土塔群，土塔大小亦由形成塔帽碎屑的大小所控制。

片狀侵蝕

片狀侵蝕（sheet erosion）是雨水在坡面匯集成河溪之前的表面片流，將表層岩土侵蝕、搬運發生的沖刷現象，通常發生在荒地斜坡的最上層。片狀侵蝕令土壤的腐殖質層被沖刷移除，露出底土。圖 4-14 顯示了青山地區一位置片狀侵蝕造成的水土流失，導致地面向下退近 30 厘米，令到底土外露，但沒有明顯小溪或紋溝的發育。

紋溝

降雨後，若在地表形成地表片流，水沿着低窪處流動，或者地表岩層土壤因抗蝕強度不同，流水開始切蝕軟弱岩層土壤，在地表形成許多細小紋溝（rill）。由於紋溝細長，分布頗密，當匯集紋溝內的雨水動能足夠時，會對坡面造成下切，形成溝狀凹糟。最初形成的紋溝多呈線狀，橫切面一般呈現 V 形狀，通常深度平淺，在 30 厘米以內，深度與闊度比例相對比較細，溝道兩邊山坡平緩，相對周邊坡面最高位置，紋溝深度一般不足 1 米（見圖 4-14）。

圖 4-14　青山西劣地紋溝和片狀侵蝕。（陳龍生提供）

沖溝

當來自地表片流和紋溝的水被收集到較大溝狀凹糟，便會形成沖溝（gully）（見圖 4-15）。沖構的特色是溝道兩側通常非常陡峭，底部崎嶇不平，橫切面呈 U 型或 V 型，深度與闊度比例相對較大。而沖溝長年乾涸，存在的流量和沖溝大小不成比例，周邊崖坡沒有植被生長。香港地區沖溝深度一般為 1 米至 5 米之間，其中以在屯門西良田地區形成的沖溝最為突出，但個別地區形成的沖溝，亦受區域地質條件所控制。在山坡較低位置，沖溝的水流開始較穩定存在，並匯集成河溪。

3. 香港劣地分布

香港在 1970 年代之後，港府在山坡進行大規模系統性人工植林，許多荒地被恢復成林區，劣地範圍大幅度減少，本來在劣地中的沖溝被樹木包圍，不容易被觀察到。目前尚存在香港發育較完善的劣地地區分述如下。

青山西劣地

這是香港最大的劣地區，劣地形成一片東北偏北至西南偏南走向、總長度約 8 公里、寬約 1 公里的區域。區域內所有山脊和山咀均已變成荒地，基本上沒有樹木。這裏的岩石是花崗岩形成的風化岩土，迅速的土壤侵蝕造成非常崎嶇險惡的地形。日佔時期，日軍曾到此廣泛砍伐木材，建造堡壘和軍事設施，加速這區域的表土流失，形成嚴重的劣地地貌。區內劣地最發育的是接近青大石澗和臥龍潭一帶，佔地約 0.2 平方公里，包括菠蘿山大峽谷和月牙谷。

圖 4-15　大嶼山花瓶地區劣地上的沖溝。（陳龍生提供）

菠蘿山（良田）大峽谷　　該大峽谷位於屯門良田公共屋村以西的菠蘿山。這個特殊溝壑存在的一個主要原因，是由於在此地區的花崗岩存在一條近 100 米寬的剪切帶，剪切帶內及附近的岩石被糜棱岩化，並存在大量石英脈，令岩石變得脆弱，容易被侵蝕（見圖 4-16）。

月牙谷　　月牙谷是位於青大石澗上游區的沖溝群，形狀如新月。個別的沖溝群可以深達 10 米。

大欖涌劣地

大欖涌地區地質為花崗岩，該地區曾經是一大片荒地，經過大規模人工植林之後，目前劣地發育只集中在區內的山脊。劣地總體範圍約為 0.4 平方公里。

大嶼山花瓶

大嶼山北部花瓶地區主要以火山岩為主，但該處有一條近 1 米厚的石英岩脈。石英岩脈的存在導致泥土酸度增加，不宜植物生長，因而形成一片三角形狀近 150 平方米範圍的劣地，劣地內形成非常突出土塔群。

其他劣地地區

除上述劣地之外，在大嶼山梅窩、西貢大水坑和元朗大棠等地，均有小規模的劣地存在。一般荒地集中在山脊地區，水土流失以雨滴濺擊、表面片流、紋溝侵蝕為主，沒有大型的沖溝發育。

圖 4-16　屯門西菠蘿山大峽谷。（陳龍生提供）

二、河流地形和流域

溫暖潮濕的氣候和群山起伏的地形，有利於風化及河流侵蝕作用，促進了香港河流的形成。大部分河溪的形成是一個自然過程，河流流經山區，流水侵蝕作用顯著，形成眾多瀑布和階地，然後流經地勢平坦區域，流水沉積作用顯著。而在河谷和平原地區，因城市化因素，自然河道被人為干擾程度較高。

1. 地形特徵

香港有超過 200 條河流和溪澗，當中大部分長度較短，且尚未被命名。香港地形以山巒深谷為主，平地主要集中在沿岸地域。數以百計的小溪澗產生於山巒深谷之中，順山勢而下，愈近源頭的水流愈急，愈近平地則愈見紓緩。又長又彎的大型河流在本港並不多見，主要位於新界北部和西北部的沖積平原。

本港天然河溪總長度超過 2500 公里，大部分位於鄉郊地區山坡。香港較大型河流集中於香港西北部，如山貝河、錦田河、雙魚河、梧桐河等。如包括香港和深圳的界河，香港最長河流是深圳河，全長約 37 公里；如不包括界河，香港最長河流為城門河，其長度為約 16.5 公里。自 1980 年代開始，環保署在香港十個主要流域共計 82 個地點，開展了每月一次水質的連續監測和採樣工作（見圖 4-17）。以下根據環保署河溪水質監測區劃，介紹各個主要流域地形、地貌和水文特徵。

2. 新界東部的流域

大美督流域

大美督流域位於新界東北部，毗鄰船灣海和船灣淡水湖。該流域是環保署在監測十大流域中最小的流域，流域面積約為 6.61 平方公里，河流長度約為 2.38 公里，平均坡度為 0.25，在 1990 年至 2017 年錄得年均徑流量為 1340 萬立方米。流域內河網主要由山寮溪和洞梓溪組成，兩條溪流是典型天然河流。其中山寮溪流經汀角村，毗鄰山寮村，洞梓溪位於大埔區東北船灣一帶。

林村河流域

林村河流域位於新界東部，由林村河、大埔河和大埔滘溪組成。其中林村河為香港典型中型河流，位於大埔新市鎮以西，發源於大帽山北麓海拔約 740 米位置。幹流流經梧桐寨瀑布群（見圖 4-18）、寨乪，橫過林錦公路後轉向東北，蜿蜒流過麻布尾、新塘、放馬莆、川背龍。下游進行河流改造工程，由植草磚河底及樹島構成（見圖 4-19）。河流到圍頭村附近轉向東南，經梅樹坑流向水圍，然後在大埔新市鎮匯合大埔河之後，在廣福邨旁流入吐露港。林村河下游由大埔頭抽水站以東至吐露港，已改建為人工河道，失去天然地貌。

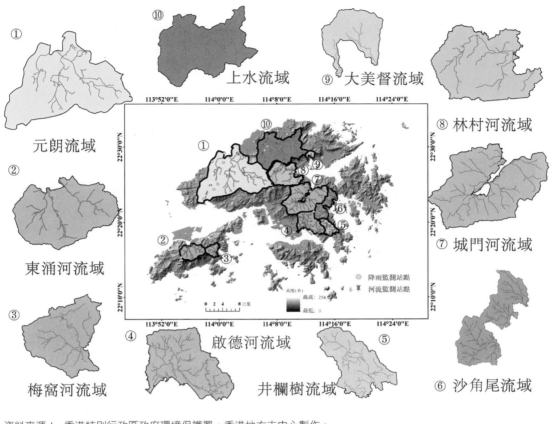

圖 4-17　環境保護署進行水質監測的流域分布位置圖

資料來源：　香港特別行政區政府環境保護署。香港地方志中心製作。

林村河上游大刀岇及大帽山北麓，分別被列為林村及大帽山郊野公園，林村河下游的沖積平原大部分則被規劃作耕地。隨着大埔新市鎮的發展，林村河下游大部分地方逐漸列作不透水地面的土地用途。流域面積約為 18.6 平方公里，河流長度約為 10.8 公里，平均坡度為 0.069。在 1990 年至 2017 年錄得年均徑流量為 1270 萬立方米。

大埔河位於新界大埔，源於大帽山打鐵岇，流經草山、鉛礦坳、元墩下，然後至碗窰、半山洲，至運頭塘邨和大埔墟站，最後在廣福邨附近與林村河匯合。流域面積約為 9.59 平方公里，河流長度約為 6.12 公里，平均坡度為 0.2，在 1990 年至 2017 年錄得年均徑流量為 706 萬立方米。原來大埔河直接流出大埔海，並未與林村河匯合。1970 年代，因應大埔新市鎮的發展，開展填海工程，令大埔河延長至廣福邨附近，致令兩河匯合，再於元洲仔附近流出吐露港，形成今天的面貌。

圖 4-18　梧桐寨瀑布。（攝於 2020 年，羅新提供）

圖 4-19　林村河下游。（攝於 2021 年，羅新提供）

大埔滘溪位於大埔滘自然保護區內草山東北部的山谷，整個山谷被成齡茂林覆蓋。流域面積約為 3.68 平方公里，溪流長度約為 3.6 公里，平均坡度為 0.18，在 1990 年至 2017 年錄得年均徑流量為 227 萬立方米。該溪流是香港典型山間河流，整條河溪分布有水流緩慢的小水潭，以及水流湍急的淺灘，河床覆蓋着大小不一的石頭和少量泥沙（見圖 4-20）。該溪擁有極佳水質和生物多樣性。

井欄樹流域

井欄樹流域位於新界將軍澳西北，飛鵝山東及大上托旁的清水灣道一帶。其地形猶如水井與茂盛樹木，該流域的溪流通稱井欄樹溪。流域面積約為 10.47 平方公里，河流長度約為 8.68 公里，平均坡度為 0.19。在 1990 年至 2017 年錄得年均徑流量為 600 萬立方米。井欄樹溪發源於飛鵝山東部，上游地勢平緩，水流較慢，水體淨化能力較低，中下游地勢較陡，流速增加，水體淨化能力增強。井欄樹溪是流入將軍澳海的唯一溪流，1950 年代已為旅遊勝地，當中有號稱「小夏威夷」河段。

西貢溪流集水區

西貢溪流集水區，面積為 17.75 平方公里，主要分布三條溪流，分別是蠔涌河、大涌口溪和沙角尾溪。蠔涌河從水牛山和東洋山附近流出，最後流入白沙灣，流域面積約為 9.22 平方公里，溪流長度約為 4.5 公里，平均坡度為 0.2，在 1990 年至 2017 年錄得年均徑流量為 1740 萬立方米。

圖 4-20　大埔滘自然護理區溪流。（攝於 2021 年，香港特別行政區政府漁農自然護理署提供）

大涌口溪發源於芙蓉別、石芽山及水牛山等山澗，流經大涌口村，最後流入白沙灣。流域面積約為 3.93 平方公里，溪流長度約為 2.52 公里，平均坡度為 0.18，在 1990 年至 2017 年錄得年均徑流量為 961 萬立方米。

沙角尾溪源於馬鞍山和大金鐘，流經西貢的村落再流入西貢海，流域面積約為 4.6 平方公里，溪流長度約為 4.09 公里，平均坡度為 0.22。在 1990 年至 2017 年錄得年均徑流量為 349 萬立方米。

城門河流域

城門河位於新界中部，大帽山東南面。在 1990 年至 2017 年錄得年均徑流量為 4600 萬立方米。其幹流發源於大帽山山頂以南海拔約 930 米地方，是香港發源地最高的河流。城門河幹流最高河段被稱為大城石澗，先流入城門水塘，經城門峽進入下城門水塘，再流入大圍，進入城門河道，其後與觀音山溪、小瀝源明渠和火炭明渠匯合，最終經沙田污水處理廠附近流入沙田海。城門河原來河口位於香港文化博物館附近，而博物館至今天入海位置，是後來於淺海填海而成的人工延伸河道。流域面積約為 58 平方公里，幹流水平長度約為 16.5 公里，平均坡度為 0.056。

3. 新界西北部的流域

元朗流域

元朗流域由山貝河、錦田河、錦繡花園明渠和天水圍明渠組成。該流域面積較大，約有 140 平方公里。流域平均坡度為 0.09。其中山貝河為香港大型河流之一，發源地位於九逕山東面山脊，海拔約為 380 米。流域面積約為 29.2 平方公里，主幹長度約為 14.3 公里，平均坡度為 0.02，流域坡度極緩，在 1990 年至 2017 年錄得年均徑流量為 6420 萬立方米。上游溪澗仍保留着天然面貌，是不少無脊椎動物，包括蜻蜓、豆娘等的棲息地。其中位於楊家村河段，被列為具重要生態價值河溪。山貝河沒有明顯中游，其坡度在流出山區後變得平緩，直至河口為止。山貝河流經元朗新市鎮時，其生態價值因大規模河道工程而下降。

1960 年代，港府為免元朗地區受到水浸威脅，進行了大規模防洪渠化工程，將山貝河下游多條河道擴闊、挖深和拉直，在河床及河岸鋪上混凝土，使山貝河景觀出現明顯變化。同時，港府亦興建了一條排水繞道，將山貝河流域河水，直接引到錦田河下游排走。在排水繞道下游附近，則開闢一片面積達 7 公頃的人工濕地，為野生雀鳥、兩棲類動物及蜻蜓提供生境。人工濕地內設有碎磚池、蠔殼池和蘆葦圃，運用天然方法，淨化排水繞道的河水。山貝河河口一帶，具極高生態價值。沿着山貝河的魚塘屬於濕地生境，孕育各類生物。山貝河與錦田河匯合後在后海灣出海，該處被列為拉姆薩爾濕地，是水鳥重要棲息地。

錦田河位於元朗市東部錦田地區，流域面積約為 44.3 平方公里，河流長度約為 13 公里。其幹流發源於海拔約 910 米大帽山山頂，是香港發源地第二高的河流。幹流流過大帽山後

坡度驟降，並進入錦田平原與一條大支流匯合，然後轉向西北方，最後在南生圍附近與山貝河匯合，再流入后海灣（見圖 4-21）。錦田河是香港其中一條水量充沛的大型河流，是昔日下游農地重要的灌溉水源。在 1990 年至 2017 年錄得年均徑流量為 3550 萬立方米。

上水流域

上水流域由梧桐河和雙魚河組成，整個流域面積為 32 平方公里。梧桐河是深圳河水系的主要支流，流域範圍包括龍躍頭、粉嶺、上水等地區，流域面積約為 21.2 平方公里，幹流長度約為 10.6 公里，流域平均坡度 0.21，在 1990 年至 2017 年錄得年均徑流量為 3370 萬立方米。流域位於新界東北部，範圍包括龍躍頭、粉嶺、上水等地區。梧桐河發源於紅花嶺山頂以南海拔約 450 米地方，向西流至虎地坳，並在附近與石上河和雙魚河這兩條支流匯合，再北轉匯入深圳河。

雙魚河流經粉嶺／上水新市鎮以西的新界北區，地理上是梧桐河的一條大型支流，流域面積約為 11.09 平方公里，幹流長度約為 10.4 公里。由於該河流經的河上鄉附近有兩座山並排聳立，景象如兩尾魚戲水，因此稱為雙魚河。雙魚河發源於大刀岇，幹流首先流經八鄉打石湖一帶村落，經過粉錦公路後向北流過營盤、蕉徑、蓮塘尾和長瀝。該河到達坑頭村附近轉向東北，再流向古洞、燕崗和河上鄉，繼而在壆原以北，先後與石上河和梧桐河匯合。

圖 4-21　錦田河景致。（攝於 2021 年，羅新提供）

4. 大嶼山的流域

東涌河流域

東涌河位於大嶼山北部，發源於鳳凰山鳳嶺與凰嶺之間海拔約 880 米地方，是香港發源地第三高的河流（第一是城門河、第二是錦田河）。東涌河分為西河和東河兩大支流，西河幹流向北流經北天門、地塘仔、閘門頭和莫家，在牛凹和黃家圍之間與東河匯合（見圖4-22），向北流入東涌灣。流域面積約為 11 平方公里，河流長度約為 4.31 公里，平均坡度為 0.204，是一條短而落差較大的陡斜河流。在 1990 年至 2017 年錄得年均徑流量為1000 萬立方米。東涌河生態價值高，被劃為具重要生態價值河溪。

梅窩河流域

梅窩河（銀河）位於大嶼山東部，流域內有多條河道，流域面積約為 8 平方公里，河網總長度約為 3.1 公里，平均坡度為 0.18，其中以下游最為寬闊。在 1990 年至 2017 年錄得年均徑流量為 1030 萬立方米。梅窩河上游主要是一些未受影響的天然河段，下游大部分已經渠道化。上游有三條山溪，包括白銀鄉河、大地塘河及鹿地塘河。白銀鄉河流經銀礦瀑布和銀礦洞，大地塘溪由龍尾坑和大地塘地區流出。這幾條支流在袁氏更樓及嶺咀頭一帶匯合，然後流經銀灣、銀景中心及梅窩政府合署，最後在銀濤軒及梅窩護老院一帶流入銀礦灣。

圖 4-22　東涌河的東河與西河在距離河口約 560 米處（即牛凹與黃家圍之間）匯合，然後流入東涌灣。（香港大學社會科學學院「賽馬會惜水·識河計劃」提供）

5. 新界西南部及九龍的流域（屯門至維多利亞港的東端一帶）

啟德河流域

啟德河流域位於九龍，流域面積約為 24.3 平方公里，河流長度約為 6.04 公里，平均坡度為 0.17。在 1990 年至 2017 年錄得年均徑流量為 2.33 億立方米，是全港徑流量最高的流域，這與流域高度城市化、河道渠化程度較高有關。啟德河源於慈雲山，上游接鳳凰溪，由蒲崗村道起，沿彩虹道經東頭邨和太子道東至啟德發展區，最後流入維多利亞港。河道主體部分已被渠道化，是九龍東部主要排洪管道，也被稱為啟德明渠。1990 年以後，港府在啟德明渠周邊興建污水截留設施，水質得以明顯改善。其主要補給為雨洪時期形成的地面漫流。因渠道化程度較高，河流與地下水系統的水力聯繫較弱，主要功能為排洪。

屯門河流域

屯門河位於新界西北部，惟在分區上，環保署把「新界西北部河溪」界定為位於后海灣水質管制區、流入深圳河或直接流入后海灣（深圳灣）的河溪，因此屯門河並未被納入，而歸屬新界西南部及九龍。流域面積約為 21 平方公里，幹流長度約為 8.7 公里，平均坡道為 0.056，於 1990 年至 2017 年錄得年均徑流量為 2600 萬立方米。其起源為九逕山山頂海拔約 480 米地方，先流入藍地灌溉水塘，經過虎地下村，於兆康苑附近匯入屯門河道，流經屯門新市鎮後進入青山灣。

自 1950 年代以來，港府於屯門河開展多項水務工程。至 1970 年代，港府於屯門河下游與河口進行大規模填海及防洪工程，以配合屯門新市鎮發展，同時把部分原本流入青山灣的溪澗渠道化，並延伸成為屯門河道的新支流。昔日屯門河河口位於今杯渡路與后角天后廟之間，而今杯渡路以南的河段，則為淺海填海而成的人工延伸河道。

三、河溪水質

1. 監測概況

自 1986 年起，環保署以水質管制區為單位，展開河溪水質監測計劃。在監測計劃開始時，香港共設有 47 個監測站，涵蓋 14 條河溪，其中最早展開監測的是大埔河、城門河、林村河、大埔滘溪。至 2017 年，監測站已增加到 82 個，涵蓋 30 條河溪，大部分河流監測站位於河流中下游。

監測工作包括每月定期到各監測站實地量度水質，以及收集水樣本作實驗室分析（見圖 4-23）。樣本分析達 40 多項物理、化學及生物參數，主要參數包括酸鹼值、溶解氧、五天生化需氧量、化學需氧量、懸浮固體、氨氮和大腸桿菌等。溫血動物（包括人類、禽畜、寵物及鳥類等）糞便含有大腸桿菌，河溪水中大腸桿菌濃度，被廣泛用於作為監測及評估糞便污染程度指標。

圖 4-23　工作人員在採集河水樣本。（攝於 2017 年，香港特別行政區政府環境保護署提供）

香港採用一套「水質指數」，以反映河溪的整體水質健康狀況。水質指數以溶解氧、五天生化需氧量和氨氮水平這三項參數作評估基礎，將河溪水質分為「極佳」、「良好」、「普通」、「惡劣」和「極劣」五個評級。

2. 水質現狀

全港整體狀況

按環保署香港內陸河溪水質指數評級，2017 年被評為「極佳」和「良好」等級的河溪佔87%，被評為「惡劣」等級的河溪佔 6%，沒有河溪被評為「極劣」等級。被評為「良好」或「極佳」的監測站，大部分位於大嶼山、新界東部、新界西南部及九龍區。同年，香港河溪水質整體達標率達到 90%，該達標率是所有河溪水質監測站達標率的全年平均值。全港而言，新界東部河溪水質較佳，新界西北河溪水質較差（見圖 4-24）。

2017 年，全港共有 82 個監測站。酸鹼值達標率（佔總監測站數目的百分比）為 95% 以上；溶解氧達標率為 95% 以上；五天生化需氧量達標率為 70% 以上，化學需氧量達標率為 85% 以上；懸浮固體達標率為 95% 以上。

2017 年，全港有 24% 監測站錄得「低」或「稍低」大腸桿菌含量（即等於或不多於每百毫升 1000 個的全年幾何平均值），有 40% 的監測站則錄得「高」（即高於每百毫升10,000 個的全年幾何平均值）或「極高」的含量（即高於每百毫升 100,000 個的全年幾何平均值），當中錄得「極高」者佔 7% ，這些監測站大多位於新界西部（如元朗河和錦田

圖 4-24　2017 年河溪監測站位置圖及其水質指數

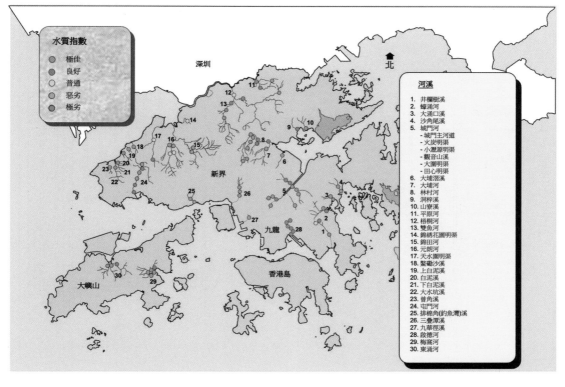

資料來源：　香港特別行政區政府環境保護署。

河），主要是受禽畜農場排放、未鋪設公共污水管道的鄉村地表徑流以及舊區內錯誤接駁污水管道的影響（見圖 4-25）。

區域狀況

新界東部　2017 年，新界東部有十條河溪受到環保署監測，即城門河、林村河、大埔河、大埔滘溪、山寮溪、洞梓溪、蠔涌河、沙角尾溪、大涌口溪和井欄樹溪。該區水質指標整體達標率為 95%。除個別下游河流監測站受生活污水影響，大致水質指數為「良好」評級，其餘均達到「極佳」評級，當中大埔河、大埔滘溪、山寮溪及洞梓溪完全（即 100%）達到水質指標。

城門河是沙田區主要河道，流域共有十個監測站，所有監測站點水質都在「良好」級別以上，其中七個達到「極佳」水平，城門河水質指標整體達標率為 93%。在蠔涌河、沙角尾溪、大涌口溪、井欄樹溪共九個監測站中，井欄樹溪的水質處於「普通」級別，其他八個站的水質達到「極佳」（六個）和「良好」（兩個）級別。井欄樹溪、蠔涌河、沙角尾溪、大涌口溪的水質指標整體達標率分別為 90%、99%、98% 和 95%。

新界西北部　2017 年，新界西北部有 13 條河溪受到監測，包括梧桐河、雙魚河、平原

圖 4-25　1988 年至 2017 年河溪大腸桿菌含量統計圖

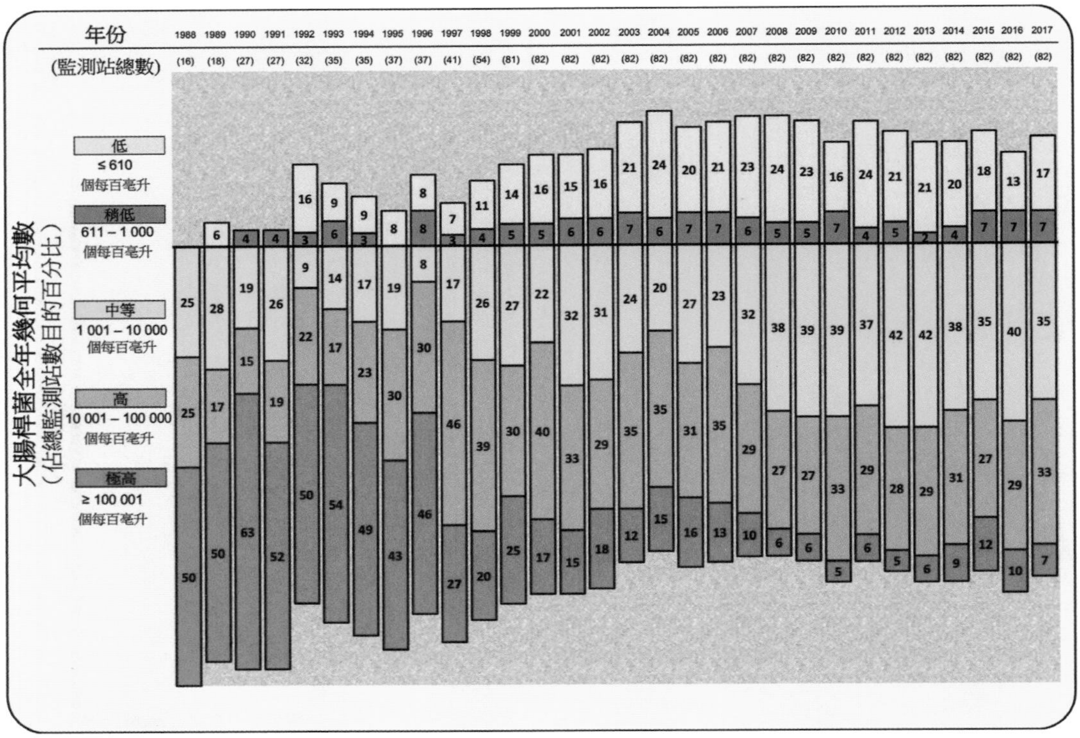

資料來源：　香港特別行政區政府環境保護署。

河、元朗河、錦田河、天水圍明渠、錦綉花園明渠，以及六條位於流浮山一帶的小溪，這些河溪分別流入深圳河或直接流入后海灣（深圳灣）。該區水質指標整體達標率為 80%，部分河溪如元朗河、錦田河、錦綉花園明渠則在 53% 至 60% 之間。

梧桐河是北區主要河道，收集來自粉嶺和上水兩個人口密集市鎮的地表徑流，與雙魚河匯合後流入深圳河。流域共有六個監測站，其中五個站水質達到「極佳」或「良好」，梧桐河水質指標整體達標率為 78%，而雙魚河則為 85%。在天水圍明渠、錦田河、元朗河和錦綉花園明渠共九個監測站中，其中四個站的水質被評為「惡劣」、另外四個站的水質被評為「普通」，只有一個站的水質達到「良好」級別。元朗河、錦田河、錦綉花園明渠的水質指標整體達標率分別為 53%、60% 和 60%。

大嶼山　2017 年，大嶼山有兩條河溪受到監測，即東涌河和梅窩河，兩河的水質指標整體達標率分別為 96% 和 99%。兩河共有八個監測站，當中六個站的水質被評為「極佳」、兩個站的水質被評為「良好」。

新界西南部及九龍區（屯門至維多利亞港東端一帶）　2017 年，該區域有五條河溪受到監測，即屯門河、排棉角溪、三疊潭溪、九華徑溪和啟德河。該區水質指標整體達標率為

91%，屯門河達標率為 91%，排棉角溪為 99%，三疊潭溪為 99%，九華徑溪為 97%，啟德河則為 85%。九龍區共有 12 個監測站，即排棉角溪、三疊潭溪、九華徑溪和啟德河的監測站，當中六個站的水質被評為「極佳」，另外六個站的水質被評為「良好」。屯門區共有六個監測站，其中兩個站的水質被評為「極佳」，三個站的水質被評為「良好」，一個站的水質被評為「惡劣」。

3. 水質時空變化

全港整體狀況

1987 年，香港河溪水質整體達標率只有 48%。在其後 30 年間，達標率持續上升，在 2017 年達標率已經達到 90%（見圖 4-26）。1987 年，只有 26% 的監測站水質達到「極佳」或「良好」評級，至 2017 年則有 87% 監測站的水質達到該兩項評級。1987 年，有 22% 的監測站水質被評為「惡劣」，大部分位於新界北部及西部；32% 的監測站水質則被評為「極劣」，至 2017 年則只有 6% 的監測站水質被評為「惡劣」，沒有水質被評為「極劣」的監測站。上述評級數據在 1987 年至 2017 年的變化，反映河溪水質已大為改善，河道污染量已大幅減少。

1987 年至 2017 年，除了酸鹼值的達標率，溶解氧、五天生化需氧量、化學需氧量和懸浮固體四者的達標率均出現顯著的提升。其中化學需氧量和五天生化需氧量由 1987 年約 25% 達標率，分別逐步升到 2017 年的 85% 以上和 70% 以上。溶解氧和懸浮固體的達標率，則分別從 1987 年的約 51% 和約 43%，俱穩步升至 2017 年的 95% 以上。酸鹼值的達標率，則在此 30 年間，大致維持在 90% 以上（見圖 4-27）。

區域狀況

新界東部　1987 年至 2017 年，區內河溪監測站水質指標整體達標率持續上升，由 1987 年的 59%，升至 1997 年的 86%、2007 年的 94%、2017 年的 95%。1987 年，城門河有十個監測站，只有一個站的水質被評為「極佳」、兩個站的水質達到「良好」，另有三個站的水質被評為「普通」、四個站的水質被評為「惡劣」。至 2017 年，所有監測站的水質都在「良好」級別以上。自 1987 年 4 月 1 日，港府於吐露港一帶實施水質管制，推行清淤城門河、興建污水回收和處理設施、關閉排污口等措施，令流域水質得到顯著改善。

1987 年，西貢地區河溪共有五個監測站，其中三個站在井欄樹溪，另外兩個站在蠔涌河。1987 年，井欄樹溪三個監測站的水質，一個站被評為「極劣」，一個站為「惡劣」，一個站被評為「普通」；蠔涌河兩個監測站的水質，則一個站被評為「良好」，一個站被評為「惡劣」。2017 年，西貢地區河溪監測站增至九個，其中六個站的水質被評為「極佳」，另有兩個站的水質被評為「良好」，一個站的水質被評為「普通」。

1987 年，蠔涌河水質整體達標率為 52%，1997 年升至 91%，並在 2007 年達至

圖 4-26　1987 年至 2017 年香港河溪水質整體達標率統計圖

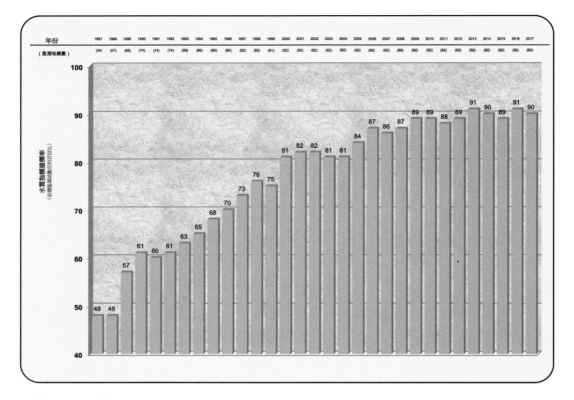

資料來源：　香港特別行政區政府環境保護署。

圖 4-27　1987 年至 2017 年香港河溪水質五個代表性參數達標率統計圖

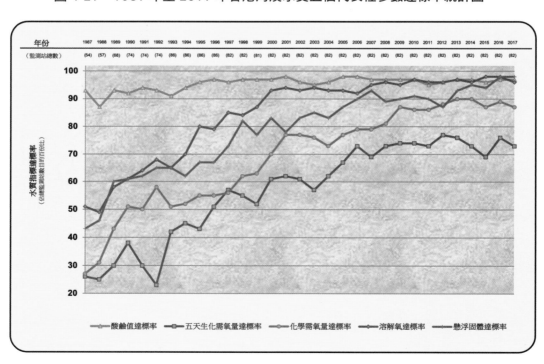

資料來源：　香港特別行政區政府環境保護署。

100%。蠔涌河是西貢區大型河道，1980年代，受到禽畜廢物和漂染業污水污染，河水顏色會隨着漂染廠排放的污水顏色經常改變，並發出惡臭。在環保署加強禽畜廢物管制，以及地政署收回其中大型漂染廠土地後，河水水質才得以陸續改善。

<u>新界西北部</u>　1987年至2017年，區內河溪監測站水質指標整體達標率持續上升，由1987年的25%，升至1997年的55%、2007年的70%，以及2017年的80%。1987年，上水地區有六個監測站，分布於梧桐河和雙魚河兩河。六個監測站中，五個站的水質被評為「極劣」，另外一個站的水質被評為「惡劣」。2017年，各監測站的水質，兩個站達到「極佳」，三個站達到「良好」，另有一個站屬「普通」，水質大為改善。1987年，梧桐河和雙魚河的水質指標整體達標率分別為22%和21%。至2017年，兩河達標率分別升至78%和85%。

1987年，元朗地區有六個監測站，分布於山貝河和錦田河，水質全部錄得「極劣」評級。至2017年，監測站增至九個，其中四個站的水質被評為「惡劣」，四個站的水質被評為「普通」，只有一個站的水質達到「良好」。河溪水質狀況與1987年相比已有所改善，但與同期其他河流相比，則仍有待提升。

<u>大嶼山</u>　1987年，區內有三個監測站，俱位於梅窩河，水質評級為兩個「惡劣」、一個「普通」。1980年代，梅窩河受到污染，源頭來自禽畜廢物排放及未鋪設公共污水管道的鄉村地表徑流。2017年，區內增至八個監測站，梅窩河的監測站增至五個，另外三個站位於東涌河，當中六個站的水質達到「極佳」評級，另外兩個站的水質為「良好」。

<u>新界西南部及九龍區（屯門至維多利亞港的東端一帶）</u>　1987年，區內有十個監測站，分布於三疊潭溪（三個）、九華徑溪（一個）和屯門河（六個）。三疊潭溪監測站的水質，一個站被評為「良好」，另外兩個站屬「普通」；九華徑溪監測站的水質則屬「普通」；屯門河監測站的水質，兩個站被評為「極劣」、三個站被評為「惡劣」、一個站被評為「普通」。

2017年，區內增至18個監測站，新增監測站位於啟德河（六個）和排棉角溪（兩個）。2017年，其中八個監測站的水質被評為「極佳」、九個站的水質被評為「良好」、一個站的水質被評為「惡劣」。1987年至2017年，屯門河水質指標整體達標率由1987年的35%，持續升至1997年的75%，以及2017年的91%，水質有明顯改善。

第三節　地下水

地下水是水循環重要組成部分。香港地下水補給來源主要是大氣降水、河水入滲和各類水管滲漏。天然情況之下，受地形控制，地下水從山坡流向山谷，最終向海排泄。部分地下水通過蒸發、植被蒸騰作用返回大氣，也有部分地下水通過各類地下建築（如地鐵排水設施）排走。香港大部分岩石為花崗岩和火山岩，地下水主要富含於其中的裂隙帶。郊野公

園地下水水質良好，但市區地下水則有不同程度的污染。地下水位動態變化，主要受降雨影響，在海邊則同時受潮汐影響。

由於地下水影響邊坡穩定性，也是隧道和基坑開挖的主要障礙，地下水在香港主要被視為工程問題，而非重要的水資源。港府曾因某些重大工程項目及自然災害，如修建水庫、山泥傾瀉、岩溶塌陷等，對局部地下水展開詳細研究，但缺乏全港範圍的系統水文地質調研，因此地下水資源基本數據較缺乏。以下根據香港大學水文地質研究人員 1997 年以來相關研究成果，結合港府因應工程問題而組織的地下水研究，記述香港地下水狀況。

一、地下水開發概況

地下水是香港潛在水資源。香港至少有五個大型地下水匯水盆地，包括吐露港（見圖 4-28）和東涌地下水匯水盆地，前者是全港最大的地下水匯水盆地，面積約為 160 平方公里。吐露港附近年平均降雨量約 2400 毫米，匯水盆地每年可匯集雨水約 3.84 億立方米，約 20% 雨水入滲成為地下水，即大約 0.77 億立方米地下水。

1. 民井開發

香港地下水的使用，至少可追溯至漢朝（前 202—220）。在深水埗李鄭屋漢墓博物館內，陳列了該墓出土兩個陶井模型（見圖 4-29），說明香港地區開採地下水至少有約 2000 年的歷史。2014 年 4 月，香港鐵路有限公司在修建沙田至中環綫時，在土瓜灣站和宋皇臺站附近，發現六口宋（960—1279）元（1271—1368）和清代（1644—1912）古井（見圖 4-30），以及麻石明渠。其中位於宋皇臺站的宋元時代「J2 古井」，採用十層花崗岩建造，井臺建築講究，是香港目前發現的最早水井。此外，以古蹟作長期保留的水井，亦包括黃大仙文化公園的水井（見圖 4-31）。水井原為石鼓壟村民所用，至少有 100 多年歷史。

英佔初期，香港島民間普遍使用井水和泉水。香港島居民大部分居於海邊，海岸帶經常是泉水溢出地方，加上海岸附近地下水埋深較小，便於鑿井。至 1890 年代，香港島中環至堅尼地城已遍布水井（見圖 4-32）。水井以人手開挖，深約兩米。

截至 1920 年代，九龍寨城內有一結實大井（見圖 4-33），該處因而名為大井街，是寨城其中一條較古老街道，同時是當時寨城一帶居民主要生活水源。至 1960 年代，民居水井仍然星羅密布。十九世紀中葉以來，香港出現多次霍亂疫情。由於廁所簡陋，生活污水隨意排放，導致井水常被污染。受污染的井水被認為是霍亂源頭，港府因此多次禁止居民使用井水。1963 年，香港大旱，港九各區街坊福利會調查發現全港最少共有 3500 口水井，港府批准其中近 300 個短暫重開予市民取水。為了應付大旱，九龍居民亦在海邊開挖新井。

1980 年代，新界鄉村使用井水作生活用途仍相當普遍。1981 年，香港中文大學地理系對新界十多個鄉村地區，包括元朗、錦田、林村、逢吉、粉嶺、上水、八鄉、石崗等約 557

圖 4-28　吐露港周邊地下水匯水盆地位置圖

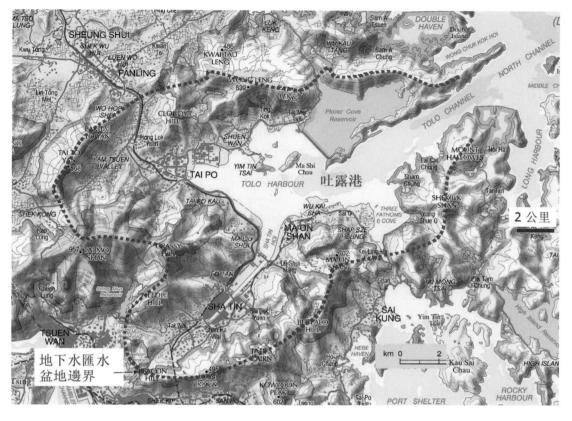

匯水盆地範圍以藍線標示。（地圖版權屬香港特區政府，經地政總署准許複印，版權特許編號 21/2023。香港地方志中心後期製作）

圖 4-29　深水埗李鄭屋漢墓博物館兩個陶井模型。陶井支柱可能為木杆，早已腐壞而未能保存。（古物古蹟辦事處提供）

圖 4-30　沙田至中環綫地盤考古遺蹟發現的宋代方井。（攝於 2014 年，香港大公文匯傳媒集團提供）

圖 4-31　黃大仙文化公園內原石鼓壟村民使用的水井。（焦赳赳提供）

圖 4-32　1896 年中環至堅尼地城一帶水井分布圖

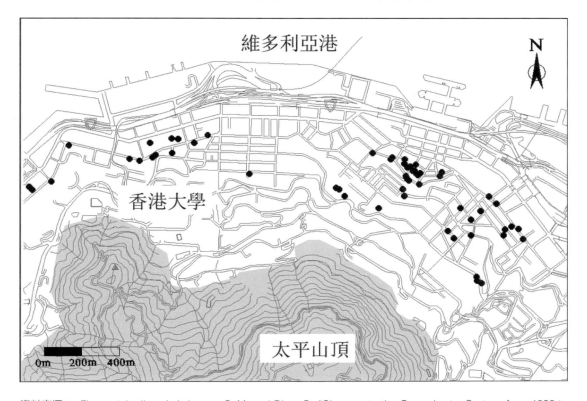

資料來源： Figure 4, in Jiao, J. J., Leung, C. M. and Ding, G., "Changes to the Groundwater System, from 1888 to Present, in a Highly-urbanized Coastal Area in Hong Kong, China," *Hydrogeology Journal,* Vol. 16, no. 8 (2008): pp. 1527-1539.

圖 4-33　九龍寨城內一個非常結實的大井，大井街因而命名。該井曾是整個城寨最主要生活水源。（約攝於 1920 年，三聯書店〔香港〕有限公司提供）

個民井進行水質調查，發現 70% 居民仍然飲用井水。至 2014 年，香港共有 24 個位於偏遠山區或離島的村莊，未有自來水供應，村民以井水、泉水和溪水為主要水源。

井水除了飲用，亦作其他用途。新界農民抽取地下水灌溉農地，亦有私人或企業抽取地下水冷卻設備，或加工食物等。銅鑼灣希雲街其中四幢舊式大廈自從 1950 年代興建以來，便使用地下水沖廁，水源主要來自三口井，其中兩口井後因受附近各類工程影響而乾涸。鑒於水量不足，上述大廈改為接駁鹹水，取代井水沖廁。

2. 政府地下水供應

1851 年，港府開始規劃向公眾供水。1852 年，港府在維多利亞城開井四口，免費向市民供應，是香港自來水供應之始。

1890 年，港府委託英國工程師查維克（Osbert Chadwick）在油麻地設計和興建九龍供水系統，完全以地下水為水源。該系統在油麻地東北何文田一帶三個河谷底部鋪設水管，將地下水匯集到河谷下游的三個大水井（見圖 4-34），並於每個水井下游河谷修建地下水壩，以攔截地下水和抬高地下水位。在重力作用之下，井水通過管道流向位於油麻地的蓄水池。

圖 4-34　1892 年九龍供水系統運作示意圖

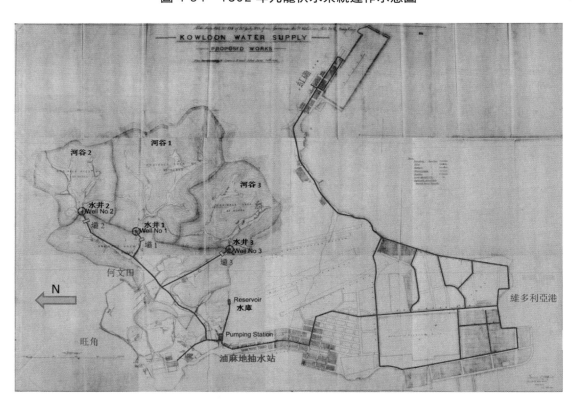

天藍色表示河床分布，深藍色表示水管線路。（資料來源："Kowloon Water Supply - Proposed Works〔dated June 30th 1892〕", 英國國檔案館提供，編號 CO129/255，香港地方志中心後期製作）

1895 年，港府建造油麻地抽水站（見圖 4-35A，圖 4-35B，圖 4-35C），將該蓄水池儲水抽至油麻地東部半山一個水庫。1895 年 12 月 24 日，該供水系統開始為約 13,000 名九龍居民供水。根據 1896 年的統計數據，該供水系統當時平均每月供水量為 18,487 立方米。九龍供水系統的落成，促進九龍的城市化，穩定供水亦加速地區人口增長，由 1891 年的約 23,000 人，增至 1897 年約 34,000 人。隨着 1906 年九龍水塘的落成，九龍供水系統重要性逐漸減低，同年停止運作。

圖 4-35A　油麻地抽水站建成初期照片（1895 年）。（英國國家檔案館提供，編號 CO1069/446/66）

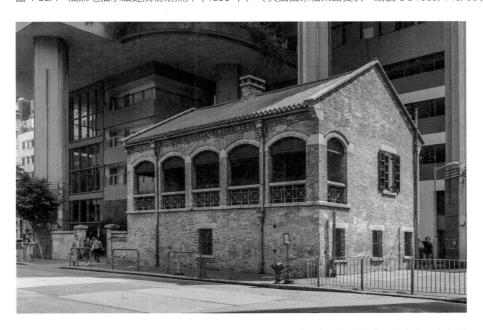

圖 4-35B　油麻地抽水站目前保留抽水站最右側一部分（紅磚屋），為當時職工宿舍和工程師辦公室。（攝於 2023 年，香港地方志中心拍攝）

圖 4-35C　位於油麻地京士柏的前油麻地配水庫。（攝於 2021 年，古物古蹟辦事處提供）

二、地層滲透性

香港基岩主要由花崗岩、火山岩和少量沉積岩、變質岩構成，其中火山岩覆蓋面積約
50%、花崗岩面積約 35%。區域地下水流場由斷裂構造的主體方向控制，香港基岩斷裂構
造以北東和北西向為主，形成岩體的共軛裂隙網路，主要斷裂延伸至中國內地。

在溫暖濕潤環境下，岩石遭受強烈風化，風化產物取決於母岩礦物成分、粒徑。花崗岩風
化產生的坡積物、殘積土，一般含有較粗石英顆粒，並含少量黏土的粉質砂土；火山岩風化
形成的殘積土，則多為含砂質、粉質或黏質的粉土。火山岩殘積土粉粒含量在 50% 以上，
一般超過花崗岩殘積土，因此火山岩殘積土滲透性低於花崗岩殘積土。以新鮮岩石而言，
鑒於火山岩裂隙相對發達，花崗岩滲透系數低於火山岩。

地層滲透性以水力傳導系數描述，香港比較新鮮的火成岩水力傳導系數約為 10^{-8} m/s，經
過強烈風化之後，該數值可變為 10^{-6} m/s。地層並非均質，某地水力傳導系數可能千變萬
化。比較新鮮的火成岩如果裂隙發育，水力傳導係數可能達 10^{-6} m/s，甚至更大；風化土
層如富含黏土，水力傳導係數可能低至 10^{-8} m/s。

岩石風化狀況控制地層滲透系數的垂直分布。地層剖面可根據風化程度分為六級（I-VI），可再粗略分為兩大段：淺層風化土，以及深層弱風化、微風化基岩。底部新鮮岩石裂隙較少或封閉，透水性較低。其上的弱風化岩石，裂隙相對發育，而且連通性較強，裂隙張開度大、充填物不多，滲透性遠高於新鮮岩石。再上的地層完全分化為土壤，含有大量黏土，滲透性因而降低。典型風化岩石剖面滲透性分布是：深部低、中間高、淺層又低，以中間滲透系數最大，可高達 10^{-5} m/s 以上，其間地下水流動性較佳。

三、地下水分類

1. 孔隙水、裂隙水和岩溶水

含水介質的空隙可分為孔隙、裂隙和碳酸鹽岩因溶蝕而成的溶穴，其中儲存的地下水可分為孔隙水、裂隙水和岩溶水。裂隙水是香港地下水的主要儲存方式。香港 80% 以上面積由花崗岩和火山岩覆蓋，在裂隙發育的火山岩含有裂隙水。香港處於亞熱帶地區，氣候潮濕多雨，便於火成岩風化，形成表層風化土壤，表層一般還有坡積物和沖積物。這些土體由於孔隙發育，形成孔隙水。

此外，香港海岸線有大面積的填海區，填料主要是風化土、建築廢料、海砂和河沙，填海區亦富含孔隙水。另外，馬鞍山和元朗一帶有大理岩分布，其中有各種溶蝕現象，因此富含岩溶水。地層中儲存地下水量和水遷移的速度，取決於空隙數量、大小和連通程度。以滲透性而言，一般由高至低的順序是岩溶水含水層、孔隙水含水層、裂隙水含水層。

2. 包氣帶水、潛水和承壓水

根據地下水埋藏條件，可將其分為包氣帶水、潛水和承壓水。在地面一定深度以下，地層空隙完全為水充填，稱為飽水帶（潛水）。在此之上，空隙中包含空氣，稱為包氣帶。兩者之間的介面為地下水位。其下地下水稱為潛水（見圖 4-36）。

在包氣帶如有局部相對隔水地層，使水難以繼續下滲，而形成規模較小具有自由水面的水體，稱為上層滯水（見圖 4-36A），該地層與地面接觸地方可形成泉水。上層滯水的動態受降雨影響較大。在長期不降雨旱季，上層滯水可能消失，但暴雨之後，其水位可快速上升，尤其在排泄不暢時期，將影響邊坡的穩定性。在香港山泥傾瀉調查報告中，上層滯水一般視為破壞邊坡的主因。

如果含水層之上為相對弱透水層，其中地下水是為承壓水（見圖 4-36B）。地下水以潛水或承壓水方式存在，取決於地層垂向滲透性分布。如果滲透性從上到下相差不大，或愈來愈弱，其中的地下水只能形成潛水；如果滲透性在地表小，向下變大，其中地下水可變成承壓水。承壓含水層中的水井可以自流，形成自流井。承壓含水層又稱為自流含水層（見圖 4-36B）。

圖 4-36　潛水含水層和上層滯水（圖 A）與承壓含水層（圖 B）示意圖

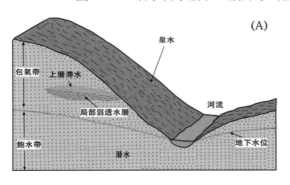
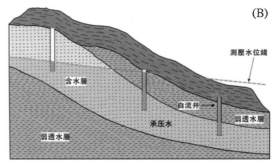

（香港地方志中心製作）

香港最早關於承壓地下水和自流井的討論，可追溯至地質學者烏格爾（William Uglow）在 1926 年所寫的香港第一份地質報告。報告提及自流含水層形成前提條件是：地層隨着坡向傾斜，有含水層上下為相對弱透水層隔開，該含水層在山頂出露，接受雨水補給。Uglow 結論指出，香港島沒有承壓水或自流水。港府於 1984 年出版的《斜坡岩土工程手冊》，亦指出香港地下水一般是潛水。

香港大學水文地質團隊經過長期調查研究，指出半山區基岩裂隙帶廣泛存在承壓水，表現為監測孔中的水從深部向淺部流動，部分在地面形成自流井。按照研究人員 2000 年所翻查的政府和企業鑽孔資料，半山區共有 11 個水從深部向淺部流動的上升流孔，以及 24 個溢流或自流孔（見圖 4-37）。

最典型承壓水於荷李活道 52 號發現，該處舊樓拆除重建時，曾進行場地勘查，其中兩個勘探井 BH1 和 BH3 中水位高出地表並形成自流井，BH1 和 BH3 兩孔地下水位分別高於地面 0.6 米和 3.7 米（見圖 4-38）。

有關上述高壓承壓水產生的原因，估計是太平山較高地帶接受降雨補給，地下水沿裂隙帶向海邊流動，沿着流動方向地下水可分為向下流動帶（downward flow）、向上流動帶（upward flow）、溢流帶（overflow），在溢流帶中鑽孔可形成自流井（見圖 4-39）。

四、地下水補給、徑流、排泄

1. 地下水補給和徑流

雨水入滲是地下水主要補給來源。入滲系數（即入滲到地下的水量與降雨量比值）取決於地面土層透水性。按照香港地質條件，雨水入滲系數一般不高於 50%。在擁有鬆散風化土的山區，入滲系數較高，達至 10% 至 30%；在主要是水泥路面或樓群的市區，地面入滲系數可低至不足 5%，甚至為零。

圖 4-37　香港島半山區一帶上升流孔和溢流或自流孔分布圖

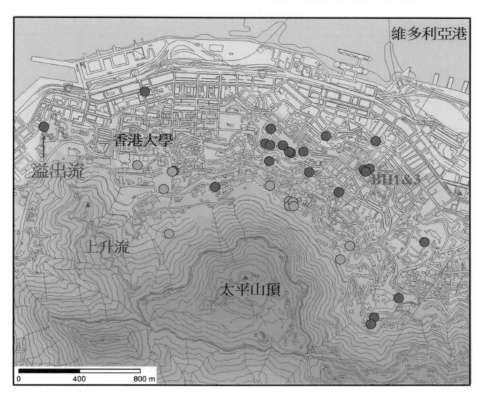

桔黃色圓點代表上升流孔，該處的地下水從深部向淺部流動。棕色圓點代表溢流或自流孔，該處的地下水流出地面。從流孔的分布可見，香港島半山區普遍存在承壓水。（資料來源：Figure 7, in Jiao, J. J., Ding, G. P. and Leung, C. M., "Confined Groundwater Near the Rockhead in Igneous Rocks in the Mid-Levels Area, Hong Kong, China," *Engineering Geology*, Vol. 84, Issues 3-4 [2006]: pp. 207-219）

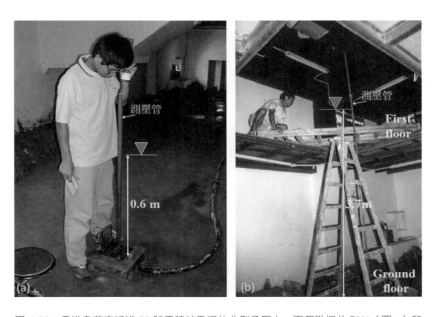

圖 4-38　香港島荷李活道 52 號重建時發現的典型承壓水。兩個勘探井 BH1（圖 a）和 BH3（圖 b）高出地表，形成自流井。在井孔上面接駁水管後，觀測到孔 BH1 和 BH3 地下水位分別高於地面 0.6 米和 3.7 米。（焦赳赳提供）

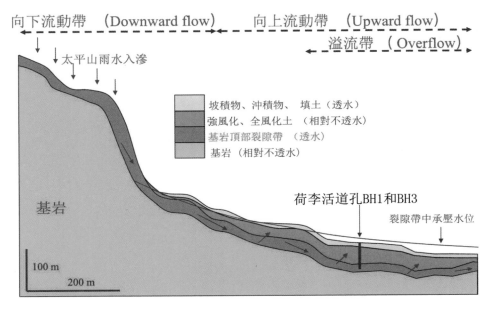

圖 4-39　香港島荷李活道 52 號自流井的水文地質概念剖面圖

資料來源：　Figure 9, in Jiao, J. J., Ding, G. P. and Leung, C. M., "Confined Groundwater Near the Rockhead in Igneous Rocks in the Mid-Levels Area, Hong Kong, China," *Engineering Geology*, Vol. 84, Issues 3-4 (2006): pp. 207-219.

此外，香港市區埋有大量水管，其中飲用水漏水，也是地下水的一種補給。其他類別水管也有不同程度的滲漏，包括排洪管道的雨水、沖廁用的海水和生活污水。這些水管的滲漏，尤其是海水和生活污水，將導致地下水水質惡化。

地下水一般在山區接受雨水補給，受到重力驅動，流向低窪的山谷，補給溪流，或流向更低窪的海岸帶。部分地下水在海岸帶以泉水形式排泄，形成海岸帶濕地，部分直接向海排泄（見圖 4-40）。整體而言，地下水在地層中遷移非常緩慢，在山區地下水徑流較快，在平原地區則較慢。

2. 地下水排泄

淺層含水層中地下水，可以蒸發向大氣排泄，也可被植物根系吸收，再通過蒸騰作用向大氣排泄；或排向其他地表水體，如溪流、湖泊、水庫和海岸等。香港位處海岸地區，地下水以海為排泄終點。向海排泄方式包括分散式和集中式，前者通過多孔介質向海水緩慢排泄，後者以海底泉的方式集中排泄。沙灘一般是地下水溢出帶，有時可見如河網的小水系，反映地下水在沙灘上排出地表，然後流向海水時形成的微觀地貌（見圖 4-41）。

人為排泄亦為香港地下水排泄途徑之一，包括新界農田以井水灌溉、邊坡排水管和排水隧道等形式。此外，地下工程亦涉及地下水排泄，包括地基開挖、隧道開挖、地下鐵路系統日常排水等。

圖 4-40 天然山坡地下水流動（圖 A）與受到城區地基和地下建築干擾的山坡地下水流動（圖 B）剖面圖

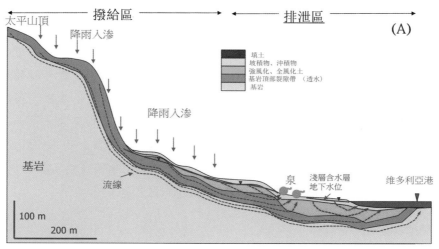

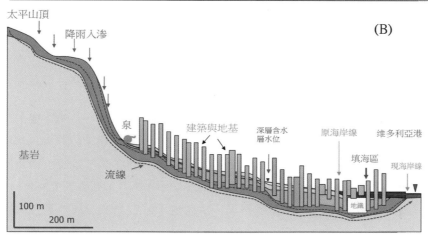

資料來源： Figure 12, in Jiao, J. J., Leung, C. M. and Ding, G., "Changes to the Groundwater System, from 1888 to Present, in a Highly-urbanized Coastal Area in Hong Kong, China," *Hydrogeology Journal*, Vol. 16, Issue 8 (2008): pp. 1527-1539.

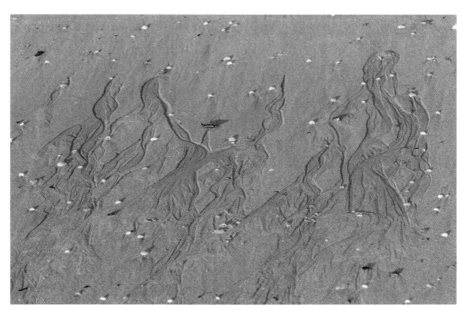

圖 4-41 沙灘地下水溢出形成的樹枝狀小溪流，水流方向由上至下。（焦赳赳提供）

五、地下水位動態

1. 地下水監測

地下水監測有助研究地下水位動態、地下水資源、地下水與其他水體關係。香港缺乏長期地下水監測，零散的監測工作，主要源於個別工程項目需要，監測時間一般為數天至數周，項目完成即結束監測，所獲資料較為零碎。港府主要的長期地下水監測項目，包括1979年至1990年，為配合半山區寶珊道山泥傾瀉研究，土力工程處監測了半山區300多個孔地下水位；1982年至2000年，水務署監測了吐露港和西貢之間18個孔的地下水位；1993年至1996年，環保署監測了林村一個孔的水位和水化學資料；自從2009年寶珊道排水系統落成後，土力工程處一直進行地下水位和流量監測。

2. 地下水位動態特徵

香港地下水水位同時受到降雨和潮汐影響。降雨是地下水主要補給來源，地層對降雨信號有過濾作用，地下水位波動幅度較降雨波動為小，並且出現滯後。波幅的減少和滯後作用，隨着地下水埋深加大更明顯。圖4-42顯示，不同深度的地下水，隨着降雨量波動而波動，淺層地下水位波動大於深層。水位變化滯後於降雨的變化，埋深愈大，滯後時間愈長。

地下水可隨降雨波動而快速波動，雨水可以某種快速通道（例如裂隙）補給地下水，深層裂隙帶對降雨反應可能更快。按圖4-43，淺層觀測孔（埋深17.5米）對降雨反應遲鈍，整個夏天降雨後水位抬升只有約1米，說明淺層監測孔所處地層滲透性較差，接受降雨補給緩慢。深層觀測孔（埋深56.5米）則對降雨反應敏感，雨季之初5月份水位抬高約30米，在雨季隨着降雨波動而快速波動。在整個雨季，深層地下水位高於淺層地下水，該處地下水變成承壓水，降低邊坡穩定性。在雨季過後的12月份，深層地下水位開始下降到低於淺層地下水位，含水層表現為潛水含水層。

此外，海邊地下水位隨海水水位波動而波動。地下水位潮汐效應，取決於含水層水力特性和離海岸的距離，一般陸地含水層中海潮信號隨着離海岸距離增加而衰減、滯後。在透水性較佳的含水層，海潮信號可傳遞至離海岸線數公里的內陸含水層。圖4-44展示香港國際機場第三條跑道兩個地下水監測孔的水位與附近海水位的對比。兩個孔OW-6-03a和SP-007的地下水位離北邊海岸距離分別為60米和104米，孔深約為10米。跟海水位相比較，兩者水位有明顯減幅和滯後效應，離海岸愈遠，效應則愈明顯。

圖4-45顯示香港國際機場南跑道承壓含水層中地下水位和海水位波動的情況。地下水位監測孔深度為34.5米，離海岸線最近距離271米。監測孔處於沖積物、洪積物地層中，該地層為承壓含水層。由於地下水位埋深較大，地下水與海水沒有直接水力聯繫。地下水位的波動不是海水波動直接造成，而是因海水波動，引起承壓含水層上面海水體重量波動，導致荷載波動，從而引起深部承壓含水層中地下水位的升降。海潮引起地下水水位波動的狀況，反映含水層水動力特性。

圖 4-42　2017 年沙田女婆山北坡某處鑽孔不同深度的地下水位和降雨關係統計圖
（地下 13 米與地下 32 米）

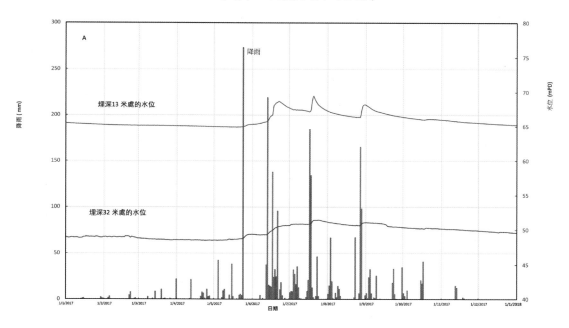

淺層（地下 13 米）地下水位對降雨反應較敏感，降雨後升幅較大；深層（地下 32 米）地下水位對降雨反應較慢。兩者的變化均滯後於降雨。（香港地方志中心製作）

圖 4-43　2017 年沙田女婆山北坡某處鑽孔不同深度地下水位和降雨的關係統計圖
（埋深 17.5 米與埋深 56.5 米）

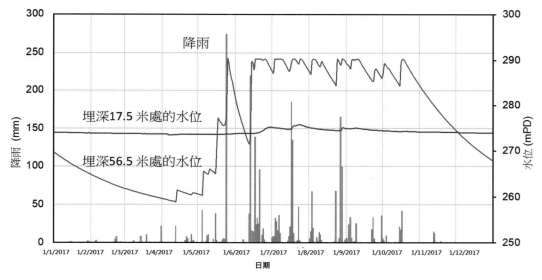

淺層觀測孔（埋深 17.5 米）對降雨反應遲鈍，而深層觀測孔（埋深 56.5 米）對降雨反應非常敏感。（香港地方志中心製作）

圖 4-44　機場第三跑道填土中孔 OW-6-03a 和 SP-007 地下水位與海潮（黑線）關係統計圖

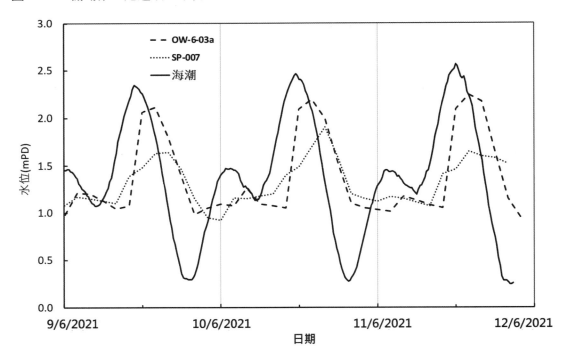

（香港地方志中心製作）

圖 4-45　香港機場南跑道承壓含水層中地下水位和海水位波動的情況統計圖

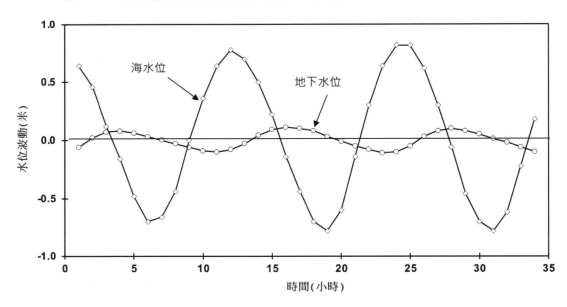

機場地下水隨着海水波動而波動。地下水位監測孔深度 34.5 米，離海岸線最近距離 27 米。監測時間為 1997 年 10 月 2 日上午 4 時至 10 月 3 日上午 9 時。（資料來源：Figure 7, in Jiao, J. J. and Tang, Z. H., "An Analytical Solution of Groundwater Response to Tidal Fluctuation in a Leaky Confined Aquifer," *Water Resources Research*, Vol. 35, Issue 3 [1999]: pp. 747-751）

六、地下水水質

地下水化學特徵，取決於補給地下的源水、所流經地層，以及在地層中滯留時間。香港四面環海，風雨掠過海面，攜帶海水浪花和泡沫。根據環保署資料，香港雨水於 1993 年至 1999 年酸鹼值變化範圍是 pH 4.21-6.50（在未受污染環境，雨水酸鹼值約為 pH 5）。香港雨水有海水稀釋的痕跡，鈉離子（Na+）和氯離子（Cl-）含量較高，雨水礦化度較低，[1] 對地下水的化學成分影響較低。

香港地下水化學成分，主要取決於地下水與其流經岩土的化學反應。香港岩石主要為花崗岩和火山岩之類的結晶岩，地下水與岩石化學反應緩慢，溶解岩石中礦物質的難度較高，香港地下水礦化度普遍較低。

化學風化是指在地下水作用之下，岩石中物種發生反應、分解。香港岩石化學風化生成其中物質為原矽酸（H_4SiO_4），是二氧化矽（SiO_2）的水合物。原矽酸不穩定，容易分解成偏矽酸（H_2SiO_3）。偏矽酸有利於人體健康，地下水偏矽酸濃度達到 25 mg/L 或以上，可稱為「偏矽酸礦泉水」，香港部分泉水已達此標準。

1. 水質基本特徵

研究者曾對香港島半山區地下水化學展開研究。半山區以寶珊道為界，其下為高樓林立城區，其上主要是植被覆蓋、較少受到人為影響的山區。研究者所取水樣小部分來自觀測孔，大部分來自泉水和邊坡排水管（見圖 4-46）。

表 4-1 根據水化學分析結果，劃分了水化學類型。山區水化學成分顯示有長石和雲母風化的跡象，18 個樣品的水化學結果呈現六個水化學類型，包括 Na-Ca-Cl-HCO₃-SO₄、Na-Ca-HCO₃-Cl、Na-Ca-HCO₃-Cl-SO₄、Na-HCO₃-Cl、Na-Ca-Cl-HCO₃ 及 Ca-Na-HCO₃。該區地下水滯留時間和遷移距離較短，溶解性固體物質總量（TDS）均少於 100 mg/L，水質演化處於初級階段。在城區地下水 TDS 介於 100 mg/L 至 5300 mg/L 之間，主要水化類型為 Na-Cl 和 Na-Ca-Cl。城區位於地下水流動系統的下游，TDS 高於山區。

表 4-1 水化學資料表明，城區地下水鈣含量偏高。半山區地下水酸鹼值為 5.63 至 7.52，平均值 6.75，總體偏酸性。大部分地基位於水位以下，浸泡在地下水中，與偏酸性地下水長期作用，使水泥中的鈣溶於地下水。鈣的溶解使得地基中水泥孔隙度增大，地基水泥強度會逐漸變低。當富含鈣的地下水通過邊坡裂隙或排水管流出地表時，其中的鈣又會沉澱成為鈣華，堵塞裂隙甚至排水管（見圖 4-47），降低邊坡排水能力，影響邊坡穩定性。此過程亦發生在歷史建築的磚牆上，影響磚牆牢固及美觀。

---

1 地下水所溶解的物質總量以「溶解性固體物質總量」（total dissolved solids, TDS）表示。TDS 愈大，礦化度愈高。

圖 4-46　2002 年雨季半山區地下水取樣點分布圖

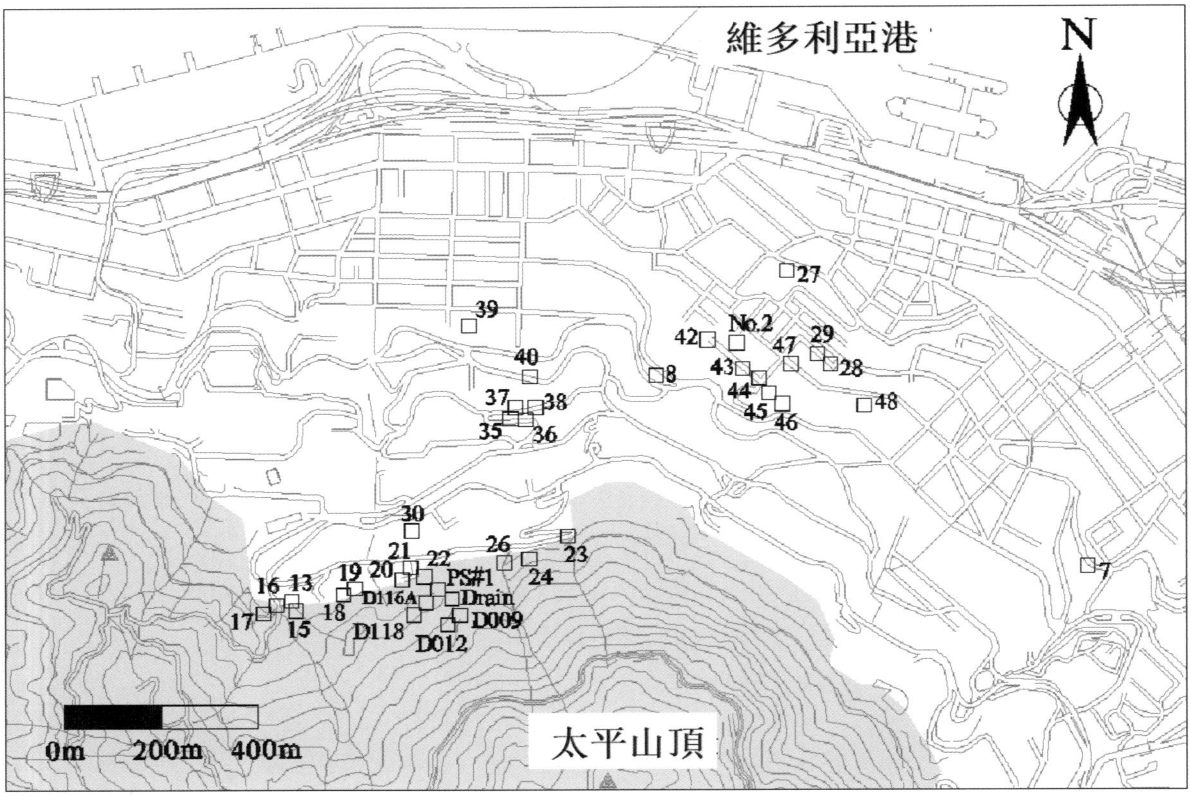

陰影部分為天然山坡，其餘白色部分為城市已發展區域。（資料來源：Figure 2, in Leung, C. M., Jiao, J. J., Malpas, J., Chan, W. T. and Wang, Y. X., "Factors Affecting the Groundwater Chemistry in a Highly Urbanized Coastal Area in Hong Kong: An Example from the Mid-Levels Area," *Environmental Geology*, Vol. 48, Issues 4-5 [2005]: pp. 480-495）

表 4-1　2002 年雨季半山區一帶自然山區和城區地下水樣的水化學類型和礦化度情況表

天然山坡			城區		
取樣點編號	水化學類型	溶解性固體物質總量 (mg/L)	取樣點編號	水化學類型	溶解性固體物質總量 (mg/L)
13	Na-Ca-Cl-HCO$_3$-SO$_4$	69	7	Ca-Na-HCO$_3$-Cl	227
15	Na-Ca-HCO$_3$-Cl	72	8	Na-Ca-Cl	806
16	Na-Ca-HCO$_3$-Cl-SO$_4$	70	27	Na-Cl	805
17	Na-Ca-HCO$_3$-Cl-SO$_4$	72	28	Na-Cl	1673
18	Na-HCO$_3$-Cl	75	29	Na-Cl	1671
19	Na-Ca-HCO$_3$-Cl	86	30	Na-Ca-HCO$_3$-Cl	133
20	Na-Ca-HCO$_3$-Cl	96	35	Na-Cl-SO$_4$	370
21	Na-Ca-HCO$_3$-Cl	91	36	Na-Ca-Cl	593
22	Na-Ca-HCO$_3$-Cl-SO$_4$	66	37	Na-Ca-Cl-HCO$_3$	275
23	Ca-Na-HCO$_3$	95	38	Na-Cl	5332
24	Na-Ca-Cl-HCO$_3$-SO$_4$	58	39	Na-Ca-Cl-HCO$_3$	561

圖 4-47　邊坡裂隙被鈣華堵塞（左）；邊坡排水管被鈣華堵塞（管前硬幣用作比例）（中）；歷史建築磚牆上的鈣華（右）。
（焦赳赳提供）

（續上表）

天然山坡			城區		
取樣點編號	水化學類型	溶解性固體物質總量（mg/L）	取樣點編號	水化學類型	溶解性固體物質總量（mg/L）
26	Na-Ca-Cl-HCO$_3$-SO$_4$	64	40	Na-Cl	3354
D009	Na-Ca-Cl-HCO$_3$-SO$_4$	56	42	Na-Cl	839
D012	Na-Ca-Cl-HCO$_3$-SO$_4$	53	43	Na-Cl	688
D116A	Na-Ca-HCO$_3$-Cl	67	44	Na-Ca-Cl	665
D118	Ca-Na-HCO$_3$	74	45	Na-Ca-Cl	799
Drain	Na-Ca-HCO$_3$-Cl	60	46	Na-Cl	857
PS#1	Na-Ca-HCO$_3$-Cl	69	47	Na-Ca-Cl	831
			48	Na-Cl	924
			No.2	Na-Ca-Mg-HCO$_3$-Cl	476

資料來源：《香港志》《自然環境》卷水文編纂團隊。

2. 地下水污染

香港地下水污染主要分布於維多利亞港兩岸，以及新界鄉村地區。沿海居民曾大量使用井水和泉水。由於衞生條件較差，地下水受污染嚴重。據港府一份 1882 年報告指出，分布於低地水井深度不夠，接近地表，大部分房屋並無完善排污設備，在人口擠迫地區，居民排污物接近食用水源，導致水源含大量細菌，不宜飲用。

十九世紀末至二十世紀初，香港鼠疫為患，以西區較嚴重（見圖 4-48）。港府組織醫療專家展開調查，結論指出地下水是鼠疫爆發的原因。報告指出房屋周圍有許多泉水，在離地表很淺地方發現地下水，並在多處流至地表，形成水池或潮濕土壤。由於該處地下水位較淺，泉點眾多，居民區潮濕環境導致蚊鼠成群，造成鼠疫傳播。1920 年代至 1930 年代因霍亂肆虐，港府封掉大量水井。

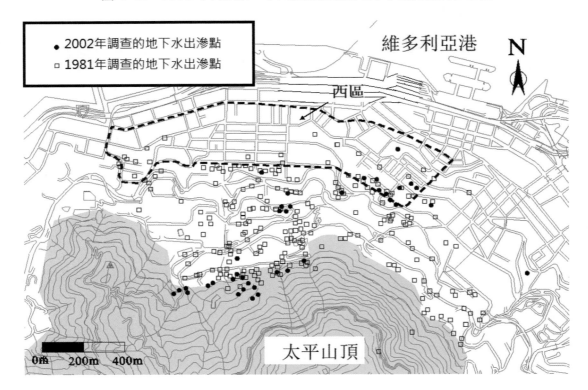

圖 4-48　1880 年代以來，半山區附近淺層地下水變化情況位置圖

圖中黑色虛線所示範圍為 1888 年因地下水位淺而引發鼠疫的西區（Western District）。港府和香港大學水文地質研究人員分別於 1981 年和 2002 年，調查地下水出滲點分布。地下水出滲點分別以方框和黑點表示。（資料來源：Figure 5, in Jiao, J. J., Leung, C. M. and Ding, G., "Changes to the Groundwater System, from 1888 to Present, in a Highly-urbanized Coastal Area in Hong Kong, China," *Hydrogeology Journal*, Vol. 16, Issue 8 [2008]: pp. 1527-1539）

1981 年，香港中文大學地理系對新界十多個村莊共 557 個民井進行水質調查，發現 40% 以上水井的硝酸鹽含量超過世界衞生組織飲用水標準，不宜飲用。井水污染源主要是化糞池和農田施肥。

此外，吐露港周邊地下水污染嚴重。吐露港沿岸、城門河兩岸曾廣泛分布水稻田，土壤殘留着農藥、化肥和禽畜排泄物；吐露港周邊有一個垃圾堆填區、兩個污水處理廠、馬鞍山鐵礦場，導致硝酸、亞硝酸鹽和磷含量偏高，對吐露港的海岸生態產生不良影響。

2011 年，香港大學水文地質研究人員分析吐露港周邊地下水與河水的營養物濃度。根據研究結果，周邊地下水的總無機磷較河水為低，而總溶解無機氮和總溶解矽酸鹽則高於河水（見表 4-2），顯示吐露港周邊地下水帶來的營養物高於河水。鑒於地下水排向吐露港的水量估計為 3.84 億立方米，而河水排向吐露港水量估計為 1.87 億立方米，反映地下水與吐露港 1980 年代以來爆發紅潮關係密切。

1970 年代以來，香港排污系統已大幅改善，農業活動亦逐漸衰微，來自生活和農田的污染

表 4-2　2011 年吐露港周邊地下水與河水營養物濃度比較統計表

單位：毫克 / 升

水源	取樣點位置	總無機磷	總溶解硅酸鹽	總溶解無機氮 [*]
地下水	林村	89.54	13.89	0.98
	龍尾	78.57	38.54	1.36
	馬鞍山	55.58	9.87	3.76
	步心排	742.52	16.06	2.57
	西澳	23.94	6.62	1.21
	汀角	80.39	11.46	1.11
	大埔滘	24.27	31.52	1.10
	洞梓	432.49	12.45	2.26
	井頭	75.43	14.94	1.69
	烏溪沙	127.78	9.75	0.62
	平均值	172.90	16.51	1.64
河水	大埔滘	30.40	6.84	0.85
	林村河	780.90	15.72	1.96
	大埔河	269.80	7.12	0.89
	山寮溪	247.95	12.35	1.54
	城門河	104.50	5.34	0.82
	平均值	286.90	9.47	1.21

注：[*] 表示以氮元素質量表徵。
資料來源：《香港志》《自然環境》卷水文編纂團隊。

源減少。至今香港只開發了不足 30% 土地，全港範圍而言，地下水仍屬乾淨。

七、特殊地理、地質環境下的地下水

1. 泉水

低窪地帶地下水位接近地表時，地下水出露地表，形成泉水，本地俗稱「山水」。在香港山區，泉水一般是小溪源頭。清嘉慶《新安縣志》提及香港兩處泉水，即桂角山桂角泉、長洲仙人井。對桂角泉記述如下：「桂角泉，在桂角山下，泉水甘美」；[2] 對仙人井記述如下：「仙人井，在長洲山麓，泉出石上，隆冬不竭，甘冽異常」。[3]

在十九世紀英佔香港早期，香港島海岸遍布泉水，後期因維多利亞港兩岸城市化，地面被

2　靳文謨修、鄧文蔚纂：《新安縣志》（清康熙二十七年〔1688〕刻本），收入廣東省地方史志辦公室輯：《廣東歷代方志集成・廣州府部》，第 26 冊（廣州：嶺南美術出版社，2009），卷 3，〈地理志・井泉〉，頁 27 上，總頁 25。舒懋官修、王崇熙纂：《新安縣志》（清嘉慶二十四年〔1819〕刻本），收入廣東省地方史志辦公室輯：《廣東歷代方志集成・廣州府部》，第 26 冊（廣州：嶺南美術出版社，2009），卷 4，〈山水略・井泉〉，頁 18 下，總頁 266。

3　舒懋官修、王崇熙纂：《新安縣志》，卷 4，〈山水略・井泉〉，頁 19 上，總頁 267。

水泥、鋼筋等建築材料置換，泉口被堵，或淺層地下水大量減少，市區泉水逐漸減少，現存者包括普慶坊泉和龍虎山泉。新界地區方面，至今仍有不少泉水分布點，包括九龍水塘山泉（位於金山郊野公園）、大帽山川龍村山泉。泉水是流經地層的地下水，鑒於與岩土所產生的化學物理作用，含有豐富的礦物質，包括鈣離子、鉀離子和矽酸等，產生不同味道，吸引市民取用，以作泡菜、煮食或直接飲用。

普慶坊泉

普慶坊泉位於香港島西區，24 小時連續供水。1963 年，香港發生嚴重旱災，吸引當地居民排隊取水（見圖 4-49），有警員駐守維持秩序。至今該泉水仍為居民熱衷的取水點，按照當地居民憶述，1970 年代泉水流量，遠較 2000 年代為高。

香港大學水文地質研究人員於 2002 年至 2003 年，對普慶坊泉的流量和各種物理化學參數，進行了為期一年監測。泉水從寬 25 米、高 5 米的擋土牆中排水管流出（見圖 4-50）。排水管共三排，常年有水者為中排和下排共四個排水管，大雨後另外五個泉孔亦有水排出。泉水匯集到牆腳的一個 U 型排水管排走。

圖 4-49　1963 年，香港發生嚴重旱災，居民在上環普慶坊泉排隊取水。（南華早報出版有限公司提供）

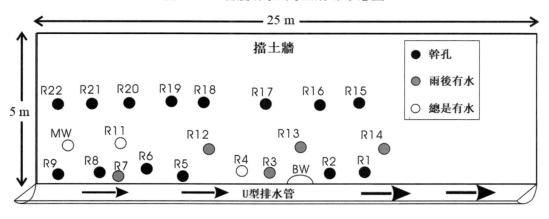

圖 4-50　普慶坊泉的泉點分布示意圖

泉點分布以空心圓圈表示。（資料來源：Figure 2, in Leung, C. M. and Jiao, J. J., "Temporal Variations of Physical and Hydrochemical Properties of Springs in the Mid-Levels Area, Hong Kong: Results of a 1-Year Comprehensive Monitoring Programme," *Hydrological Processes*, Vol. 22, Issue 8 [2008]: pp. 1080-1092）

U 型排水管流量為 750 mL/s 至 2010 mL/s，平均為 1300 mL/s，泉水補給範圍可達 0.37 平方公里。泉水流量與降雨關係密切，降雨量愈高，流量愈高，反之亦然。2002 年 9 月，泉水流量高達 2010 mL/s，當時降雨量約 160 毫米，兩個數字均為監測期間的最高值（見圖 4-51）。根據 2002 年觀測數據，泉水溶解性固體物質總量可高達 740 mg/L，以全港角度而言，普慶坊泉礦化度和鈣含量較高，反映地下水對地基中水泥溶解作用。監測期間，泉水平均溫度，接近多年平均氣溫，水溫峰值則滯後於氣溫峰值 40 多天。水溫夏季較高，冬季較低，與氣溫比較，泉水溫度波幅較小。在夏季，泉水比氣溫可低攝氏 5 度；在冬季，泉水可比氣溫高攝氏 10 度。

龍虎山泉

龍虎山泉位於龍虎山郊野公園，是附近居民的恒常取水泉點。2011 年至 2012 年期間，香港大學水文地質研究人員曾進行為期一年監測。該泉位於火山岩地層，地下水主要存於火山岩裂隙網路中。泉口已被改造，水從兩根鐵管流出（見圖 4-52）。

龍虎山泉流量為 20 mL/s 至 130 mL/s，平均為 60 mL/s，遠較普慶坊泉流量為低。泉水匯水面積有限，根據地形分析，泉口處標高大約 220 米，匯水區最大高程約 340 米，從最高補給點到泉口水平距離約 200 米。跟普慶坊泉相同，泉水流量與降雨關係密切（見圖 4-53）。降雨量愈高，流量愈高，反之亦然。2012 年 6 月至 7 月，泉水流量接近 140 mL/s，當時降雨量約 500 毫米，兩個數字均為監測期間的最高值。

根據化學分析，泉水的硝酸鹽和硫酸鹽組分，主要來自降水。鑒於地層的過濾和淨化作用，泉水硝酸鹽和硫酸鹽含量遠低於雨水。龍虎山泉地下水平均運移時間為數天至數星期，即降落至山坡上的雨水，大部分平均在幾天至幾星期以內，便通過泉口排出。由於地下水滲透途徑較短，總體礦化度不高，溶解性固體物質總量為 50 多 mg/L。

圖 4-51　2002 年 5 月至 2003 年 3 月普慶坊泉水總流量（曲線）和降雨量關係統計圖

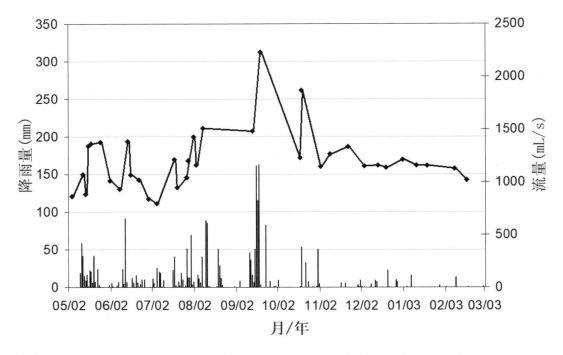

資料來源：　Figure 3, in Leung, C. M. and Jiao, J. J., "Temporal Variations of Physical and Hydrochemical Properties of Springs in the Mid-Levels Area, Hong Kong: Results of a 1-Year Comprehensive Monitoring Programme," *Hydrological Processes*, Vol. 22, Issue 8 (2008): pp. 1080-1092.

圖 4-52　龍虎山泉，泉口被人改造，水從兩根鐵管流出（左），泉口附近有漁農自然護理署修建的台階和欄杆（右）。（焦赳赳提供）

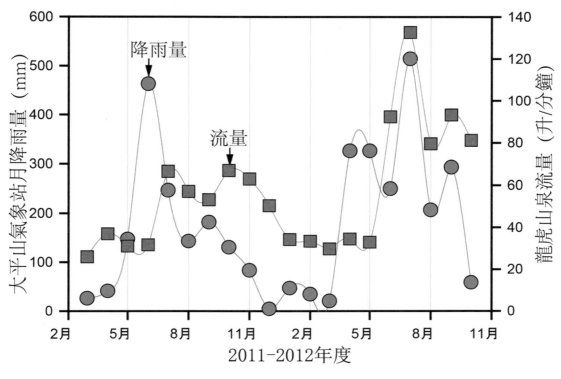

圖 4-53　2011 年 2 月至 2012 年 10 月龍虎山泉的流量和降雨量關係統計圖

（香港地方志中心製作）

主要山泉水化學成分

香港主要山泉共約 20 處，以普慶坊泉、龍虎山泉、川龍村山泉為代表，圖 4-54 列出其中 13 個山泉點。根據香港大學水文地質研究人員 2022 年的山泉水樣本化學分析，上述山泉水質良好（見表 4-3）。溶解性固體物質總量介於 10 mg/L 至 203 mg/L，平均為 54 mg/L。夏季水溫大多數低氣溫約攝氏 5 度，泉水普遍偏酸，酸鹼值介於 5.0-6.8，平均為酸鹼值 6.1，這與香港中酸性火成岩的普遍分布、偏酸性的降雨有關。

根據國家標準，泉水當中八種元素或指標，如鋰（Li）、鍶（Sr）、鋅（Zn）、碘化物、偏矽酸、硒（Se）、遊離二氧化碳、溶解性總固體超過一定濃度，該泉水可稱為礦泉水。例如偏矽酸含量超過 25 mg/L，即視為偏矽酸礦泉水。根據表 4-3，香港主要泉點的偏矽酸遠高於自來水，部分更接近或超過 25 mg/L，達到偏矽酸礦泉水的標準。

香港地下水達至飲用瓶裝水、甚至偏矽酸礦泉水的標準。參照上述 13 個山泉點和其他 5 個調查水點的偏矽酸數值（見表 4-4），當中以大棠水井和大帽山一處溪流兩處最高，偏矽酸高達 60 mg/L，遠超偏矽酸礦泉水的最低標準。地下水偏矽酸含量較高，主因是香港岩石大部分為花崗岩和火山岩，含有大量二氧化矽，與地下水反應後會生成偏矽酸。

表 4-3　2022 年香港主要八個泉點的水化學分析結果統計表

泉點編號	泉點位置	主要離子濃度（mg/L）						
		鈉	鉀	鎂	鈣	氯	硫酸根	硫酸氫根
1	粉嶺蝴蝶山徑	7.3	1.7	0.5	n.a.	9.1	4.0	3.8
2	元朗金錢村	7.3	6.5	7.0	29.4	17.6	22.8	5.4
3	大埔滘	7.1	n.a.	0.3	3.4	2.7	2.6	12.7
5	馬鞍山郊野公園	3.5	0.8	n.a.	0.7	1.2	1.1	7.3
6	馬鞍山大水坑村	4.5	0.2	n.a.	1.0	2.1	2.3	5.8
10	普慶坊	20.7	5.8	3.7	31.6	24.9	33.1	166.5
11	龍虎山泉	8.0	3.6	1.2	4.8	8.2	3.5	45.1
12	東涌黃龍坑道	3.4	n.a.	n.a.	1.6	1.8	1.6	3.9
	自來水	20.6	5.6	2.2	26.7	21.4	32.6	128.4

注：碳酸氫根、總硬度、總溶解固體為估算結果。自來水成分用作對照。「n.a.」表示低於檢測下限；「-」表示未測。
資料來源：《香港志》《自然環境》卷水文編纂團隊。

圖 4-54　香港 13 個主要山泉點位置圖

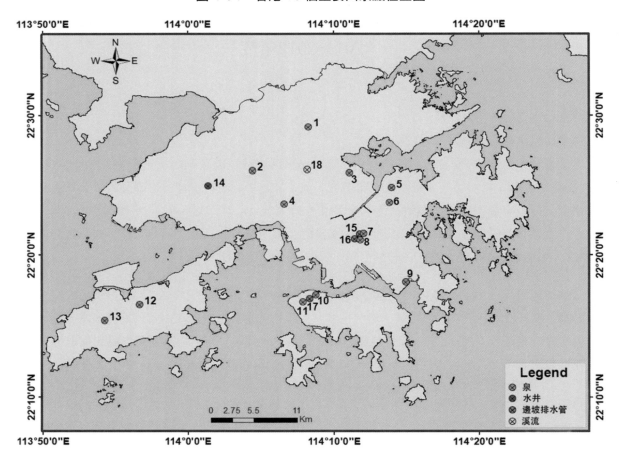

圖中泉點 1 至 13 是當地居民經常取水的泉點。泉點 14 至 18 點是偏矽酸濃度超過或等於 25 mg/L 的泉點；14 是水井，15、16、17 是邊坡排水管，18 是溪流。泉點位置：1 粉嶺蝴蝶山徑；2 元朗金錢村；3 大埔滘；4 荃灣川龍村；5 馬鞍山郊野公園；6 馬鞍山大水坑村；7 沙田坳道；8 竹園北邨；9 將軍澳澳景路；10 普慶坊；11 龍虎山泉；12 東涌黃龍坑道；13 東涌彌勒村；14 大棠；15 沙田坳道；16 竹園穎竹街；17 寶珊道；18 大帽山。（香港地方志中心製作）

按碳酸鈣計總硬度	總溶解固體（TDS）	偏硅酸	酸鹼值（pH）	水溫（攝氏度）
1.0	24.5	10.0	-	-
14.5	93.4	4.8	-	-
0.7	22.6	20.0	6.4	21.9
0.0	10.9	10.0	6.4	21.9
0.0	13.0	25.0	6.2	25.6
94.0	203.0	7.5	6.8	21.9
16.9	51.9	20.0	5.0	21.1
0.0	10.3	12.5	5.7	19.7
75.7	173.3	1.0	6.8	21.4

表 4-4　2022 年夏季偏矽酸達到礦泉水標準的五個香港水點統計表

泉點編號	泉點位置	偏硅酸（mg/L）	類型
14	大棠	63.3	水井
15	沙田坳道	25.0	邊坡排水管
16	竹園穎竹街	27.5	邊坡排水管
17	寶珊道	25.0	邊坡排水管
18	大帽山	60.0	溪流

資料來源：《香港志》《自然環境》卷水文編纂團隊。

2. 海島地下水

香港國際機場是香港最大人工島，截至 2017 年機場面積達 12 平方公里，在第三條跑道建成後將增至為 19 平方公里（見圖 4-55）。地形上機場與大嶼山並不相連，地質上機場填土之下地層則與大嶼山相通，東涌河周邊有個頗大的集水盆地，其中的地下水向東涌北邊海域排泄。機場正好坐落在該地下水盆地排泄區。可以推測，機場的興建可能減少該集水盆地地下水排泄，從而導致東涌一帶地下水位抬高（見圖 4-55）。

機場有深淺兩個地下含水系統（見圖 4-55）。淺層含水系統主要由填土構成，其厚度約 13 米至 20 米，平均約 17 米。該層滲透性能良好，易於接受雨水補給。填海區地下水在填海完成初期，因仍混雜海水，鹽度較高。隨着時間增加，降雨不斷入滲補給，使地下水逐漸淡化。初期地下水可作沖廁、澆花、洗車等之用，地下水完全淡化後，經驗證水質達到食水標準後，才可成為一個潛在的飲用水水源。深層含水系統包括沖積沙礫層與基岩裂隙含水層（見圖 4-55），其中地下水來自東涌補給。根據對觀測孔水位分析，沖積沙礫層平均水位比海平面高出約兩米，該含水層屬於承壓含水層。

圖 4-55　香港國際機場、大嶼山島東涌匯水盆地、周邊鑽孔及港珠澳大橋東人工島位置圖（圖 A）；上述一帶水文地質剖面圖（圖 B）

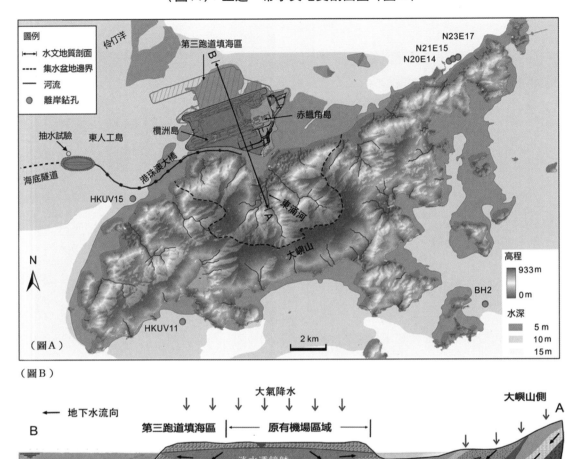

資料來源： Figure 1a & 1b, in Sheng, C., Jiao, J. J., Liu, Y. and Luo, X., "Impact of Major Nearshore Land Reclamation Project on Offshore Groundwater System," *Engineering Geology*, Vol. 303 (2022): 106672.

3. 海底地下水

一萬多年前，香港海平面較今天低約 120 米，相應海岸線在今香港以南約 120 公里位置。當時今香港陸地和大部分海域屬珠江流域，廣泛發育珠江帶來的大面積河流沉積物，同時富含淡水。由於特殊地質構造，部分淡水至今仍然保留。香港海底典型地層結構從上到下為：首先是一層淤泥，然後是一層黏土質粉沙，其下是一層河流沖積相的砂、礫含水層（見圖 4-56）。淤泥和黏土質粉沙總厚度可達 20 多米，滲透性較差，海水與深部砂礫含水層水力聯繫微弱。

研究者曾對大嶼山周邊海域六個鑽孔岩芯進行分析，重建孔隙水中氯離子深度分布剖面（見圖 4-57）。靠近海底淤泥氯離子約 15 g/L 至 20 g/L，與海水中氯離子相當。氯離子隨深

圖 4-56　修建萬宜水庫時，所觀測的香港海底典型地層結構。從上到下為：黑色淤泥、灰色黏土質粉沙、河流沖積相的砂、礫含水層。淤泥與灰色黏土質粉沙為不整合接觸，介面上有古風化殼。（資料來源：Figure S66, in Yim, W. W. S., "Submerged Coasts," in *Encyclopedia of Coastal Science, Encyclopedia of Earth Science Series*, edited by M. L. Schwartz [Dordrecht: Springer, 2005]）

圖 4-57　大嶼山周邊鑽孔（位置見圖 4-55 的圖 A）岩芯孔隙水氯離子濃度隨着深度的變化統計圖

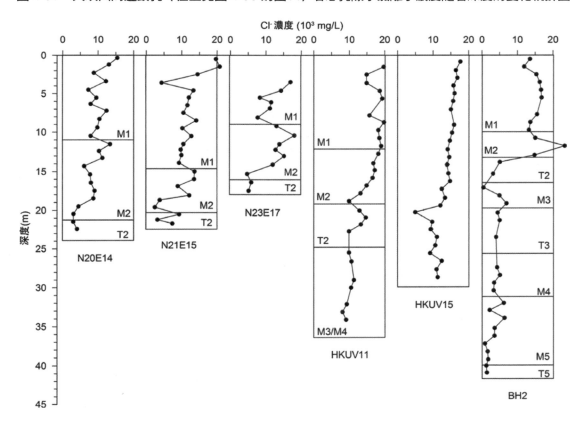

資料來源：　Figure 3, in Jiao, J. J., Shi, L., Kuang, X. X., Lee, C. M., Yim, W. W. S. and Yang, S. Y., "Reconstructed Chloride Concentration Profiles below the Seabed in Hong Kong (China) and Their Implications for Offshore Groundwater Resources," *Hydrogeology Journal*, Vol. 23, Issue 2 (2015): pp. 277-286.

461

度增加而降低，其中鑽孔 BH2 在 40 米深的氯離子濃度小於 1 g/L。在港珠澳大橋工程勘探期間，大量鑽孔表明，在海底 40 米至 50 米以下，廣泛分布着厚度為 20 米至 40 米的含水層，屬於自流含水層，其地下水水位高出海平面超過半米。該層地下水鹽度約為海水三分之一。

4. 地下熱水

1997 年至 2001 年期間，特區政府修建一條長達 12 公里隧道，將經過大埔濾水廠處理的水輸送至蝴蝶谷水庫。隧道穿過大帽山，在靠近大帽山北側鏈程 CH3000 到 CH4000 之間（見圖 4-58），發現湧入隧道地下水溫度可達攝氏 34 度至攝氏 36 度，流量平均為 41 L/s，局部可高達 250 L/s，流量和溫度在整個隧道開挖過程中經久不衰。

在有熱水鏈程範圍內有五至六條小斷層，地層為火山凝灰岩。熱水中氡含量可高達 374,800 Bq/m3。較高氡濃度是典型來自深部地熱的標誌，該處隧道標高約 100 米，相應地面標高約 400 米（見圖 4-59，圖 4-60）。

圖 4-58　大埔至蝴蝶谷食水隧道示意圖

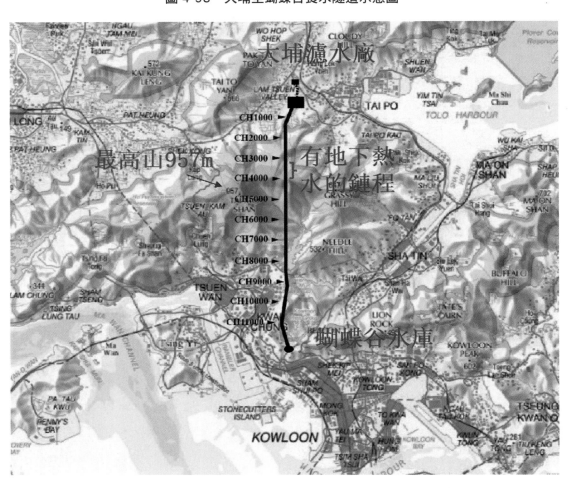

隧道將大埔濾水廠處理的食水輸送至蝴蝶谷水庫。在靠近大帽山北側鏈程 CH3000 到 CH4000 之間，發現溫度達到攝氏 34 度至攝氏 36 度的地下水。（資料來源：地圖版權屬香港特區政府，經地政總署准許複印，版權特許編號 21/2023。香港地方志中心後期製作）

圖 4-59 大埔濾水廠至蝴蝶谷水庫輸水隧道及發現地下熱水位置示意圖

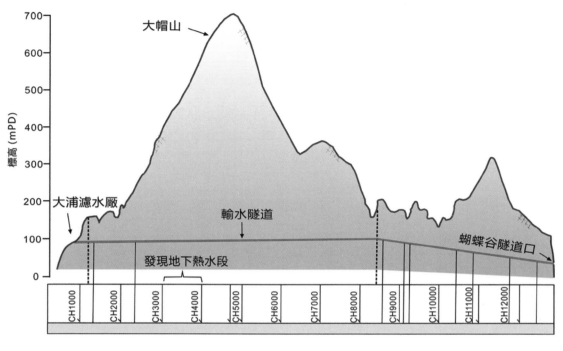

香港地方志中心參考 Figure 1.2, in Wong, W. L., "A Study of Radon-level in the Tai Po to Butterfly Valley Tunnel" (master's thesis, University of Hong Kong, 2002) 製作。

圖 4-60 修建連結大埔濾水廠和蝴蝶谷水庫的隧道時,隧道中熱水形成水霧,由隧道口飄出。(Richard Buckingham 提供)

第四節 海水

一、潮汐、洋流、水流

1. 潮汐

潮汐漲退由月球與太陽對海洋產生吸力引起。香港潮汐屬不正規半日潮。在一個月大部分時間內，每日有兩個漲潮和兩個退潮。每當新月或滿月的時候，潮差特別大，此時期稱為「大潮」。每個月上弦或下弦，潮差變得很小，此時期稱為「小潮」。有時在小潮期間，每日只有一個漲潮和退潮。一般來說，每日兩個漲潮的潮高都不相等。較高的漲潮通常在冬季時會在夜間出現，而在夏季時則會在日間出現。

在香港水域，漲退潮出現的時間和潮差，有一個自東南至西北逐漸變化的現象。在一個潮汐週期內，通常漲潮和退潮會首先在橫瀾島出現，而尖鼻咀則比較遲。平均延遲時間，漲潮大約是 1 小時 30 分，而退潮則是約為 2 小時 30 分。潮差方面，以尖鼻咀最大，橫瀾島最小。尖鼻咀平均潮差為 1.4 米，而在橫瀾島及維多利亞港則為 1 米。

清嘉慶《新安縣志》對縣屬範圍（包括今香港）的潮汐已有詳細記述，包括中國傳統曆法（簡稱中曆）30 天每天及四季潮夕的特點，當中提供中曆月份每天上半日和下半日漲潮時段，反映香港及鄰近地區居民的傳統潮汐觀測，記述如下（括號內對照 24 小時制相應時點）：

> 朝曰潮，夕曰汐。自東南大洋，道佛堂門，至南頭大海，一派而上，分五節。
>
> 初一至初三、十六至十八日，夏辰（7-9）冬午（11-13），春秋巳時（9-11）潮；夏戌（19-21）冬子（23-1），春秋亥時（21-23）汐，謂之平。
>
> 初四至初六、十九至二十一日，夏巳（9-11）冬未（13-15），春秋午時（11-13）潮；夏亥（21-23）冬丑（1-3），春秋子時（23-1）汐，謂之落。
>
> 初七至初九、二十二至二十四日，夏寅（3-5）冬辰（7-9），春秋卯時（5-7）潮；夏申（15-17）冬戌（19-21），春秋酉時（17-19）汐，謂之敗。
>
> 初十至十二、二十五至二十七日，潮皆同上，惟春則巳時（9-11）；汐皆同上，惟春則亥時（21-23），謂之起。
>
> 十三至十五、二十八至三十日，夏卯（5-7）冬巳（9-11），春秋辰時（7-9）潮；夏酉（17-19）冬亥（21-23），春秋戌時（19-21）汐，謂之旺，與他處異。

每年五月初一至初三、十六至十八日，潮最大，俗呼龍舟水。十一月初一至初三、十六至十八夜，汐最大，俗呼夜生水。八月中，潮較大。值颶風作時，早潮阻風不得落，晚潮復至，波濤洶湧，往往漂廬舍、沒禾稼、壞舟楫，謂之沓潮。或數十年一有之。

十月朔，候潮以占明年之水，以日值月。朔日潮盛，則正月大水；二日，則應二月，至十二日皆然，占之悉驗。又潮長之早晚，諺云：初一、十五當朝飯，初八、二十三，水大牛歸欄。此漁人舟子俚語，然百不失一也。[4]

據上述縣志引文，早在清嘉慶年間，本地漁民社群已對潮汐有深入的觀察，並為縣志編纂者採納。香港漁民有一套口耳相傳的潮汐詞彙和口訣，以大澳漁民為例，潮漲稱為「水大」，潮退稱為「水乾」；水漲到最頂點時，稱為「水滿」，潮水下至最低點時，稱為「水乾尾」；潮水降至最低點又開始上漲，稱為「水乾尾轉上」；潮水至頂點又開始下降，稱為「水滿轉落」。由水滿至水乾尾，或水乾尾至水滿，整個過程稱為「一潮」，在此過程開始的一段，稱為「流頭」；中間一段稱為「流身」，最末一段稱為「流尾」（見圖 4-61）。

2017 年，香港用於潮汐預報的潮汐測量站共有 14 個，包括赤鱲角、長洲、芝麻灣、高流灣、葵涌、樂安排、馬灣、鰂魚涌、石壁、大廟灣、大澳、大埔滘、尖鼻咀、橫瀾島，其中芝麻灣（1963 年至 1997 年運作）、樂安排（1981 年至 1999 年運作）和大澳（1985 年至 1997 年運作）已關閉，但上述三站仍持續提供潮汐數據。表 4-5 展示潮汐測量站經緯度，圖 4-62 顯示運作中 11 個觀測站在香港的地理位置。

表 4-5　2017 年香港運作中的潮汐測量站位置情況表

	潮汐測量站	北緯	東經
1	赤鱲角	22°19'14" N	113°56'43" E
2	長洲	22°12'51" N	114°01'23" E
3	高流灣	22°27'31" N	114°21'39" E
4	葵涌	22°19'25" N	114°07'22" E
5	馬灣	22°21'50" N	114°04'17" E
6	鰂魚涌	22°17'28" N	114°12'48" E
7	石壁	22°13'13" N	113°53'40" E
8	大廟灣	22°16'11" N	114°17'19" E
9	大埔滘	22°26'33" N	114°11'02" E
10	尖鼻咀	22°29'14" N	114°00'51" E
11	橫瀾島	22°10'59" N	114°18'10" E

資料來源：　香港天文台。

4　舒懋官修、王崇熙纂：《新安縣志》，卷 4，〈山水略・潮汐〉，頁 17 上 -17 下，總頁 266。

圖 4-61　大澳漁民社群對潮汐漲退現象傳統稱謂示意圖

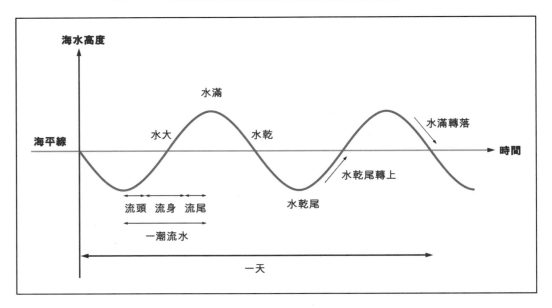

香港地方志中心參考廖迪生、張兆和：《香港地區史研究之二：大澳》（香港：三聯書店，2006 年），頁 85 製作。

圖 4-62　2017 年用於潮汐預報的香港潮汐測量站位置圖

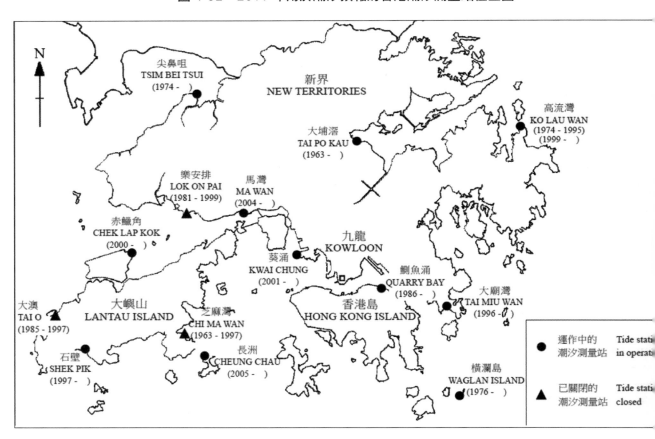

資料來源：　香港天文台。

圖 4-63 展示 14 個潮汐觀測站所記錄 2017 年的月平均潮位數據。6 月至 10 月，香港降雨量充沛，各個觀測點潮位處於上升，10 月錄得最高月平均潮位；12 月至翌年 1 月天氣乾燥，潮位處於下降。香港最東觀測站為高流灣，2 月至 3 月潮位升高，4 月至 5 月潮位趨降。最北面的觀測站為尖鼻咀，2 月潮位下降，3 月至 5 月略微升高。最南面觀測站為橫瀾島，2 月至 3 月潮位升高，4 月至 5 月份潮位下降。最西面觀測站為大澳，潮位在 2 月至 5 月一直趨於下降。2017 年，年平均潮位以橫瀾島觀測站最高，大澳觀測站潮位最低（見圖 4-64）。

圖 4-63　2017 年 14 個潮汐觀測站所記錄的月平均潮位數據統計圖

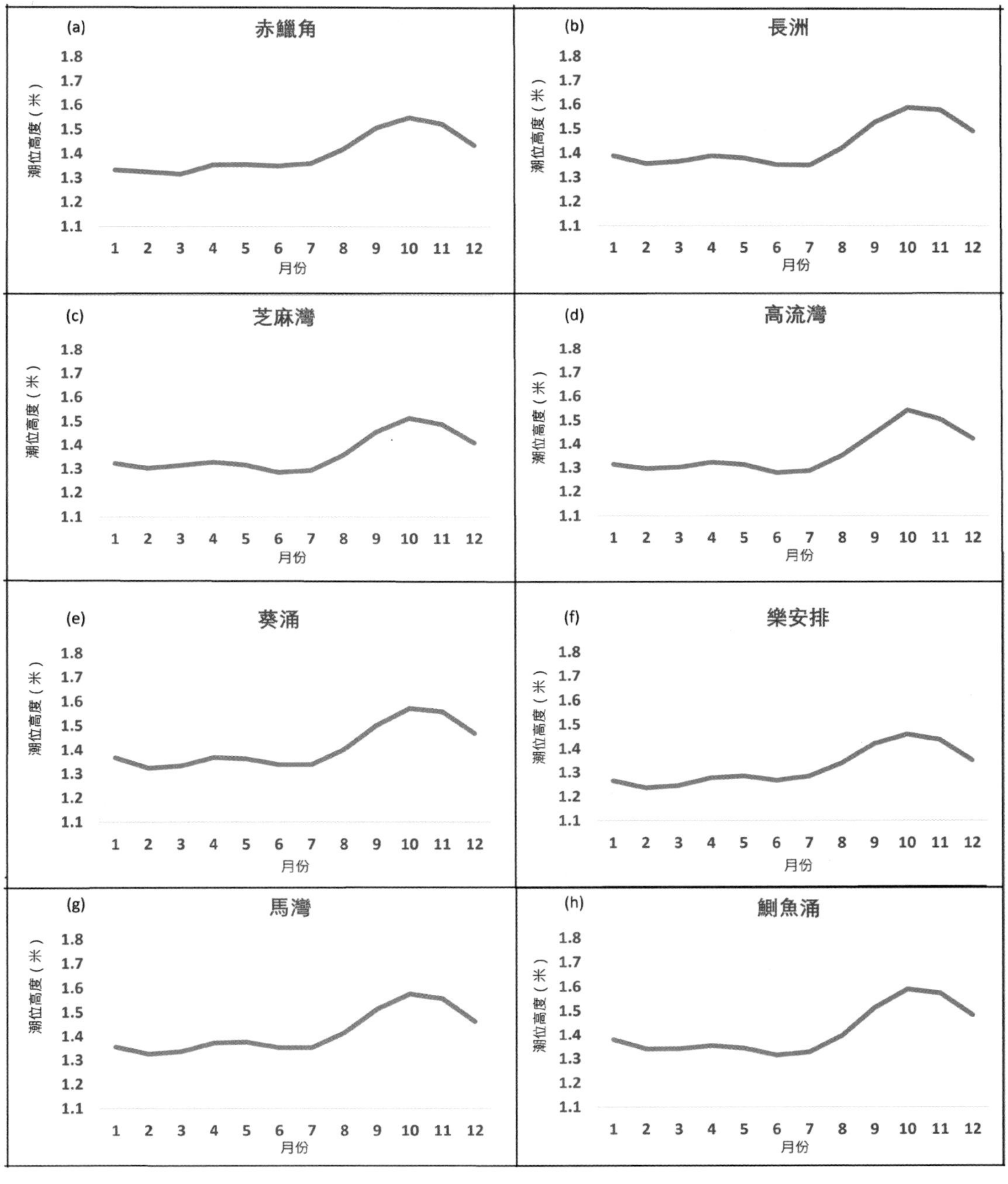

（續上圖）

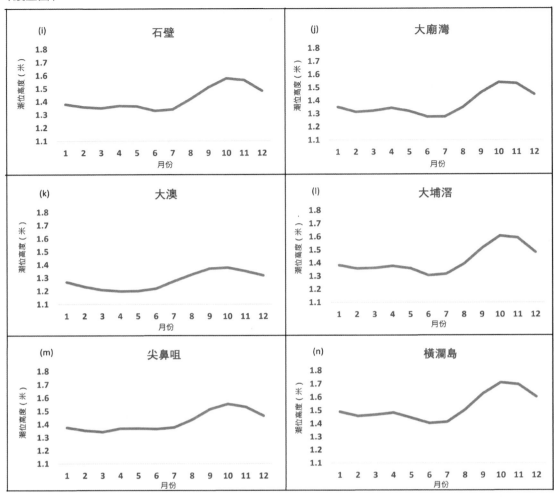

資料來源： 香港天文台《香港潮汐表 2017》。香港地方志中心製作。

圖 4-64　2017 年 14 個潮汐測量站的年均潮位統計圖

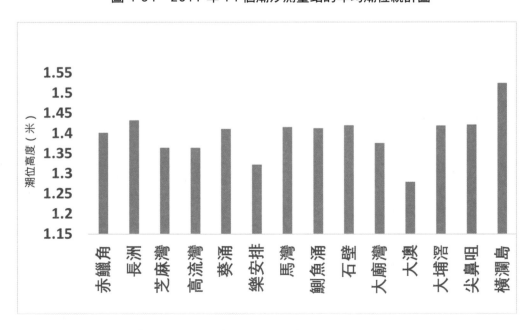

資料來源： 香港天文台《香港潮汐表 2017》。香港地方志中心製作。

2. 洋流

香港位於北回歸線以南 320 公里，年平均海水溫度介乎攝氏 17 度至攝氏 27 度。香港水域主要受三股洋流的影響，即海南洋流、台灣洋流和黑潮流（見表 4-6）。海南洋流為熱帶洋流，全年影響香港水域，夏季影響尤其顯著。台灣洋流和黑潮流則為溫帶洋流，在冬季影響香港水域。熱帶和溫帶洋流的季節交替，配合香港有如熱帶氣候的夏季和溫帶氣候的冬季，致使來自兩個生物地理區的海洋生物同時在本港生長。

海南洋流，又名南海暖流（South China Sea Warm Current），來自中國南海北部灣和海南島一帶，向東流經香港，後至台灣海峽。海南洋流鹽度較高，約為 34.5‰；表層和底層水溫差異較大，表層可達攝氏 29 度，300 米水深的溫度低至攝氏 12 度。

台灣洋流，又名中國沿岸流（China Coastal Current），來自中國東海，經台灣海峽後流經香港水域。台灣洋流水溫為攝氏 19 度至攝氏 23 度，鹽度則為約 32‰，相對黑潮流而言，水溫和鹽度較低。

黑潮流（Kuroshio Current），又名日本暖流，是全球第二大洋流（最大洋流為墨西哥灣暖流），來自西太平洋，經呂宋海峽，向西流經香港水域。黑潮流和暖，鹽度較高，水溫為攝氏 26 度至攝氏 29 度，鹽度為 34.4‰ 至 35‰。黑潮流為香港帶來溫帶的海水，令香港冬季海水溫度不致過低，使本地珊瑚群落在冬季仍然得以存續。

3. 水流

流速和流向

香港海域面積約為 1648 平方公里，境內主要水道自西至東由龍鼓水道、大小磨刀、汲水門、東博寮海峽、維多利亞港、藍塘海峽構成，是香港水域的航運和漁業活動中心。該水道狹長縱深，平均水深達 30 米以上，馬灣海峽和東博寮海峽更分別深達 58 米和 43 米，

表 4-6 影響香港水域三股主要洋流特點情況表

洋流名稱	出現季節	洋流路徑	海水特點
海南洋流（南海暖流）	全年	來自中國南海（海南島鄰近水域），經香港水域後，流向台灣海峽	高鹽度，表層和底層溫差較大
台灣洋流（中國沿岸流）	冬季	來自中國東海，經台灣海峽後流經香港水域	低鹽度，和暖
黑潮流（日本暖流）	冬季	來自西太平洋，經呂宋海峽後流經香港水域	高鹽度，和暖

資料來源： 香港地方志中心自製表，綜合以下研究著述：Sadovy, Y., Cornish, A. S., *Hong Kong Reef Fish* (Hong Kong: Hong Kong University Press, 2000), pp. 7-10; Morton B., Morton J., *The Sea Shore Ecology of Hong Kong* (Hong Kong: Hong Kong University Press, 1983), pp. 6-7; Williamson, G. R., "Hydrography and Weather of the Hong Kong Fishing Grounds," *The Sea Shore Ecology of Hong Kong*, No. 1 (1970): pp. 45-46；饒玖才：《十九及二十世紀的香港漁農業 傳承與轉變》（上冊 漁業）（香港：郊野公園之友會、天地圖書有限公司，2017），頁 10 及 12。

因此平均流和表層流出現較明顯差異。

銅鑼灣、赤鱲角、馬灣和青龍頭四個地點,分別位於主要水道的東部、西部和中部。(上述四個地點的地理位置見圖 4-65)。

圖 4-66 説明上述四個地點平均流和表層流的月度和季節變化。整體而言,表層流的流速

圖 4-65　銅鑼灣、赤鱲角、馬灣和青龍頭水流狀況示意圖

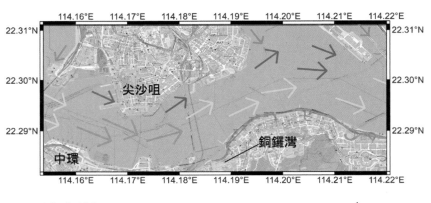

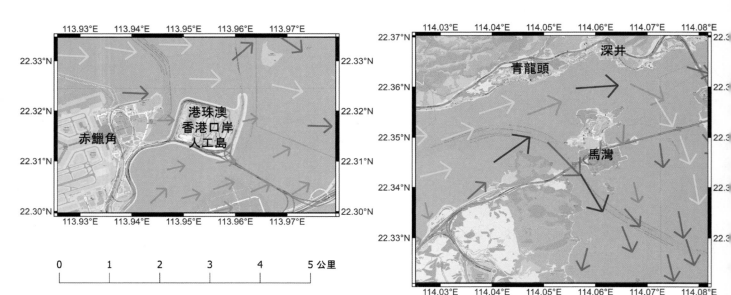

其中箭頭方向代表流向,紅色表示流速大於時速 2.5 節(海里)及以上,紫色、橙色、黃色、綠色和藍色分別表示流速範圍處於 2 節至 2.5 節、1.5 節至 2 節、1 節至 1.5 節、0.5 節至 1 節、0 節至 0.5 節。(資料來源:香港特別行政區政府海事處;地圖版權屬 OpenStreetMap [www.openstreetmap.org/copyright]。香港地方志中心製作)

較平均流為高；表層流和平均流的流向於 9 月至 3 月變化不大，但於 4 月至 8 月兩者則有較大差異，說明夏季水流流向較不穩定，尤其是表層流。以表層流而言，上述四個地點，皆以 4 月至 8 月春夏之際流速最高，跟香港和珠江口夏季降雨量較高有關，8 月後則大致趨向減速。以平均流而言，各地點則出現差異，銅鑼灣、赤鱲角的平均流速於 4 月開始增加，8 月開始減小；而馬灣和青龍頭的平均流速在 3 月減小，8 月增加。

圖 4-66　2017 年銅鑼灣、赤鱲角、馬灣和青龍頭平均流（上）和表層流（下）的流速和流向統計圖

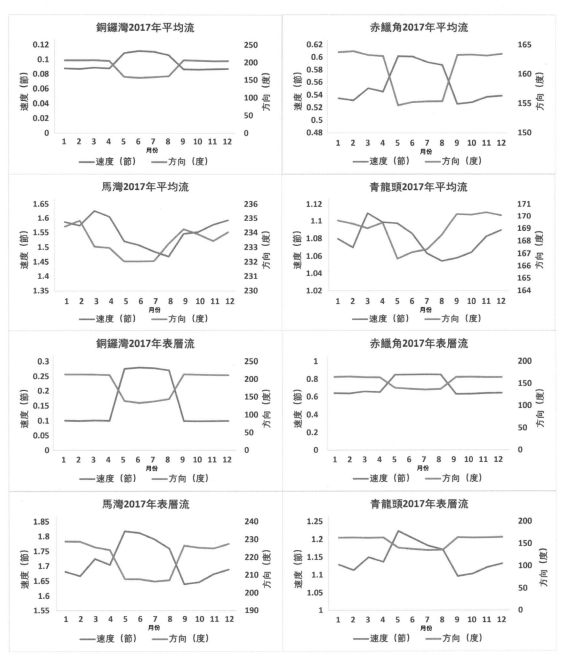

資料來源：　香港特別行政區政府海事處。香港地方志中心製作。

圖 4-67　汲水門兩岸其中一塊鎮流碑,位於大嶼山東北角的二轉,立碑年代不詳,用作祈求海上保安,反映汲水門水流湍急。(攝於 2022 年,香港地方志中心拍攝)

馬灣(汲水門)是全港流速最高地點,汲水門水道狹窄,水道愈窄流速便愈高(見圖 4-67)。以平均流而言,馬灣於 2017 年 3 月流速最高,時速超過 1.6 節;以表層流而言,馬灣於 2017 年 5 月流速最高,時速超過 1.8 節。馬灣水流狀況特殊,無論是平均流和表層流,在銅鑼灣、赤鱲角和青龍頭的流速和流向,皆呈相反變化規律;而馬灣的平均流流速和方向變化趨勢基本一致,只是表層流呈現相反規律。

波浪

土木工程處海港工程部 / 土木工程拓展署海港工程部自 1994 年起開展長期的波浪監測計劃,並於交椅洲及西博寮海峽附近水域設立兩個監測站。所收集的波浪數據,用於建立波浪模型,以預測海港的巨浪情況,並為設計海上結構提供參考資料。監測站提供的波浪數據包括波譜有效波高(Hmo)、波譜最高十分之一波高(H1/10)、最大記錄波高(Hmax)、譜峰週期(Tp)、跨零點波週期(Tz)、平均波浪方向、平均水深。

交椅洲監測站及西博寮海峽監測站錄得的平均水深為 9 米及 10 米。兩個監測站波浪數據包括有運作時間、平靜期、平均波譜有效波高、最大有效波高、平均譜峰週期、最大譜峰週期、最大記錄波高見於圖 4-68 和圖 4-69。

由 1994 年至 2017 年,交椅洲及西博寮海峽監測站平均運作時間分別為 78% 和 75%,平靜期佔比分別為 65% 和 47%。交椅洲監測站於 2015 年平靜期最少,而西博寮海峽監測站則在 2017 年。

根據交椅洲監測站數據,2009 年平均波譜有效波高和最大有效波高最大,説明在 2009 年

圖 4-68 1994 年至 2017 年交椅洲監測站波浪數據統計圖

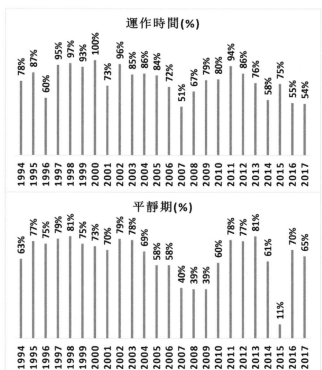

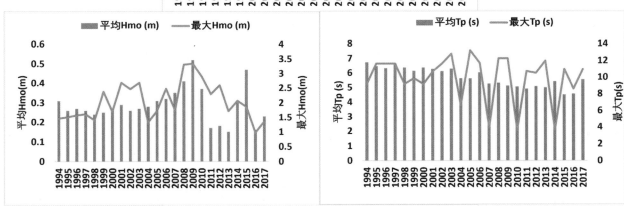

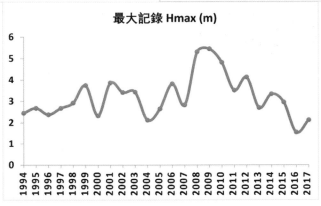

運作時間為波浪記錄儀之運作時間；平靜期（％）（Hmo<0.3m）乃相對於運作的時間。（資料來源：土木工程拓展署海港工程部波浪監測計劃歷年波浪數據。香港地方志中心製作）

圖 4-69　1994 年至 2017 年西博寮海峽監測站波浪數據統計圖

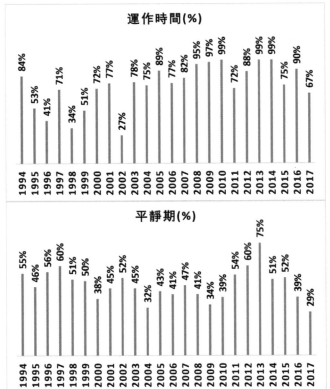

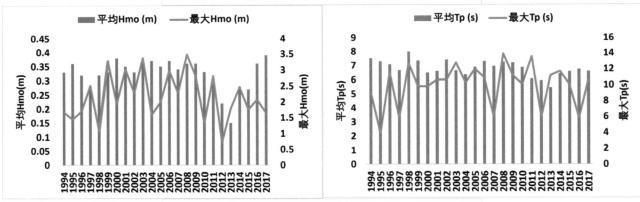

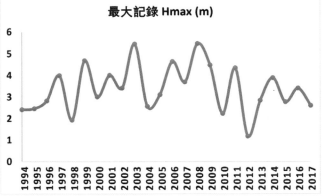

運作時間為波浪記錄儀之運作時間；平靜期（％）（Hmo<0.3m）乃相對於運作的時間。（資料來源：土木工程拓展署海港工程部波浪監測計劃歷年波浪數據。香港地方志中心製作）

風浪較強，出現瘋狗波概率較大。相對於最大有效波高，譜峰週期的變化趨勢則較平緩。同樣，交椅洲監測站的最大波高出現於 2009 年，這亦與最大波譜有效波高出現時間一致。

根據西博寮海峽監測站監測數據，最大有效波高和最大記錄波高均出現於 2008 年。2003年最大記錄波高基本與 2008 年的持平。此外，西博寮海峽監測站平均 Hmo 與交椅洲監測站數據比較，其變化則較為平緩。

對於最大譜峰週期，交椅洲監測站和西博寮海峽監測站的最大值，分別出現於 2005 年和2008 年。兩個監測站的數據顯示，波浪方向普遍為南方及東南方，而巨浪情況一般出現於熱帶風暴期間。

二、分類水文單元

1. 河口型、大洋型、過渡型海區

按照水文環境的差異，香港水域分為三個海區，分別是西部河口型（estuarine）海區、東部大洋型（oceanic）海區和中部過渡型（zone of transition）海區（見圖 4-70）。受到珠江排洪、沉積物和洋流的影響，三個海區出現不同鹽度、溶氧量、養分含量、混濁度，尤以夏季珠江排洪量最高的時期為甚。

圖 4-70　香港水域三個水文環境示意圖

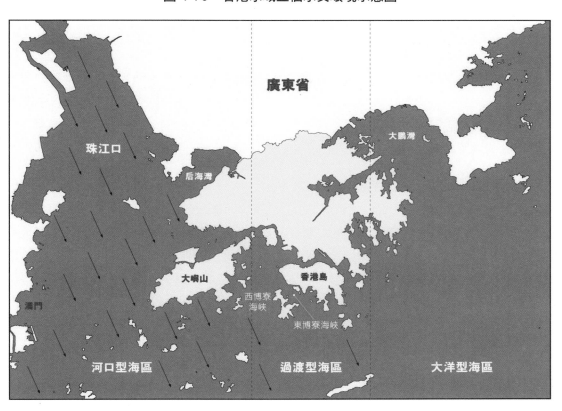

香港地方志中心參照 Morton, B. and Morton, J., *The Sea Shore Ecology of Hong Kong* (Hong Kong: Hong Kong University Press, 1983), p. 13 重繪。

西部河口型海區，包括后海灣、新界西南部沿岸和大嶼山南北兩岸。珠江是中國流量第二大河流（僅次於長江），每年為本港西面海域帶來約 3500 億立方米淡水和 8500 萬噸的沙泥，使該處鹽度徘徊在 20 PPT，比東面低約 40%。每逢夏天雨季，西面海域的鹽度更會進一步下降。珠江也帶來大量有機沉積物和養分，故西面海域磷、氮等養分較東面為高，在岸邊往往會看見較厚藻膜依附在上；頻密微生物活動也使該處溶氧度較低。隨珠江而來的大量沙泥使西部海區海水變得混濁，混濁度可超過 100 NTU，形成典型河口環境，吸引中華白海豚（*Sousa chinensis*）的棲息。

因受到大嶼山的阻隔，珠江對大嶼山北部和南部產生不同的影響，珠江排洪和沉積物對北部影響較大，大嶼山北水域鹽度較低，養分和混濁度則較高。而大嶼山南部至香港島一帶的海域，已逐漸由西部河口型環境過渡至東部大洋型環境。

東部大洋型海區，包括吐露港、西貢海、大鵬灣一帶。由於缺乏如珠江般大型河口，海洋環境直接受到西太平洋影響。東部海區的海水鹽度較高，約為 32 PPT，因強勁海浪沖刷，帶有更高的溶氧量（約為 6.4 mg/L）；混濁度也因缺乏沙泥沉積而較西部海區為低。東部海區的外海沒大型島嶼作為屏障，由西太平洋開始的風浪區可伸延數百公里才抵達本港，故湧浪和風浪均頗為強勁；相反，西部海區外海尚有擔桿洲、萬山群島、索罟群島等作為阻隔風浪的島鏈，因此東面的海岸浪力較西面為大。

香港東北海岸和吐露港一帶在地理上較為封閉，分別被大鵬灣和赤門海峽兩岸阻隔，故浪力又比東部、東南部海岸為低。東西海區沿岸的浪力差異，加上離岸島嶼（全港有 261 個面積大於 500 平方米的島嶼）及內海海灣的分布，使香港海岸線出現各類的海岸生境。

中部過渡型海區，包括維多利亞港、香港島沿岸及鄰近島嶼，水文環境介乎西部河口型和東部大洋型之間。在夏季，相對底層海水而言，表層海水的鹽度較低，溫度較高，溶氧量也較高；在冬季，表層和底層海水差異則較小。過渡型海區的範圍變化，受到季候風和珠江排洪量的影響。

2. 主要海岸生境水文

香港海岸線蜿蜒曲折，大小島嶼星羅滿布，提供各式各樣海岸生境予超過 5900 種海洋生物棲息。香港東西沿岸一帶海岸彎曲度（總長與直線距離的比例）高達 17.1，冠絕華南地區（平均值為 6.4），堪比長江舟山群島（約為 20.1）。香港的自然海岸線上，擁有岩岸、沙灘、泥灘、紅樹林、海草床、珊瑚群落等海岸生境，其中岩岸、沙灘、泥灘、紅樹林四個生境的海岸總長度為 554 公里（見表 4-7）。

香港東部擁有最長的天然海岸線，上述四個生境的海岸總長度為 213 公里，其中 168.6 公里屬岩岸，而東北、吐露、中部、西南、西北的四個生境海岸總長度，分別為 63.3 公里、32.3 公里、112.1 公里、102.9 公里、30.4 公里。多樣化的海岸生境，以及位處熱帶近北

回歸線和暖氣候，加上冬夏交替季節性洋流，令香港有豐富的海洋物種數量。香港海洋面積只佔全中國 0.03%，卻有全國 26% 的海洋物種。

表 4-7　香港岩岸、沙灘、泥灘和紅樹林海岸長度統計表

單位：公里

區域	岩岸海岸長度	沙灘海岸長度	泥灘海岸長度	紅樹林海岸長度
東北	23.0	14.5	15.5	10.3
吐露	2.6	12.8	5.0	11.9
東部	168.6	21.8	6.2	16.4
中部	97.8	13.1	0.7	0.5
西南	63.8	27.8	6.9	4.4
西北	2.9	9.0	1.5	17.0

注：東北指赤門海峽以北，包括沙頭角、鹿頸、印洲塘、東平洲一帶等；吐露指赤門海峽內海，包括大埔、馬鞍山、榕樹澳等；東部指赤門海峽以南至將軍澳一帶，包括西貢及其島嶼、布袋澳、東龍島等；中部指維港兩岸和港島南部海岸，包括石澳、鴨脷洲、南丫島等；西南指大嶼山及附近一帶島嶼，包括東涌、坪洲、石壁、大澳等；西北指汲水門及其西北一帶，包括小欖、龍鼓灘、白泥、尖鼻咀等。

資料來源：　香港地方志中心自製表，參照 Kwong, I. H. Y., Wong, F. K. K., Fung, T., Liu, E. K. Y., Lee, R. H. and Ng, T. P. T., "A multi-stage approach combining very high-resolution satellite image, GIS database and post classification modification rules for habitat mapping in Hong Kong," *Remote Sensing*, 14 (2022): 67.

岩岸

岩岸指具有連續岩石基質的海岸線，由強浪力沖刷拍打而形成的海岸，浪力是影響岩岸生物群落的關鍵因素。香港岩岸總長約 358.7 公里，主要分布在東部海岸，該處擁有 168.6 公里岩岸，佔全港岩岸總長 47%。香港海岸線曲折複雜，至少有 39 處岩岸，岬角和內灣連綿不斷。香港既有開闊、大浪的岩岸，也有封閉、弱浪的岩岸。

西貢東部和港島東南部外海地形開闊，拍岸浪力強勁，如西貢的長咀和西灣、港島的石澳和哥連臣角、離島如東龍島和蒲台島等。大嶼山以南外海缺少離島遮擋，加上繁忙的航運，使一些嶼南海岸，如石壁、芝麻灣一帶，因船浪頻仍，承受強勁的海浪。反之，在被岬角遮擋的內灣，則可找到浪力弱小的岩岸，例如吐露港一帶、西貢內海如鹽田梓和滘西洲、港島的大潭港、大嶼山北岸的欣澳長索島等地。

在強和弱浪力的海岸間則為中等浪力的岩岸，遍布全港：香港東北部島嶼；港島南如淺水灣、中灣等；坪洲和大嶼山東南一帶；汲水門如小欖、大轉二轉等；大嶼以北如大澳、龍鼓灘等海岸。

沙灘

沙灘指由沙粒組成的海岸，碎石只佔少於 10%，在衛星圖片上較泥灘淺色。相對岩岸而言，沙灘在地理上多位處內灣，或被突出的岬角遮擋，浪力較弱。沙泥等沉積物可隨時間累積，聚沙成灘。

香港沙灘總長度為約 99 公里，西南和東部有較多沙灘分布，兩處長度分別為 27.8 公里和

21.8 公里，佔全港沙灘總長 50%。香港至少有 146 處沙灘，大小沙灘遍布全港海岸線，既有在岩岸旁的、較大浪的沙灘，如西貢的浪茄和白臘、南大嶼的長沙、西北岸的龍鼓灘等；也有在內灣和紅樹林附近、浪力較弱的沙灘，如吐露港的海星灣、南大嶼的水口等。

在不同的沙灘上，沙粒的大小和分布各有不同。在大浪的沙灘上沙粒會較粗，沙面較斜，例如西貢或港島東南面的沙灘；相反，在浪力較低的沙灘沙粒則會較幼，沙面平坦，如南大嶼的水口和吐露港的海星灣等。香港西面海岸沙灘的沙粒顏色一般較黑，如龍鼓灘和水口等，可能源於砂土中黑雲母碎片和綠泥石成分。

泥灘

泥灘指由沙泥組成的海岸，碎石只佔少於 10%，在衛星圖片上較沙灘深色。泥灘是比沙灘浪力更小的海岸生境，只在相當遮蔽地形出現。弱小浪力令即使是小於 0.063 毫米微小顆粒也可隨時間累積，並為其他海岸生境，如紅樹林和海草床等提供合適基質。

香港泥灘總長度約 35.8 公里，東北海岸有較多泥灘分布，長度為 15.5 公里，佔全港泥灘總長 43%。由於只有在相當遮蔽的海岸，才能遠離風浪，因此本港泥灘海岸線少於岩岸、沙灘和紅樹林的長度。

香港至少有 49 處泥灘。大埔吐露港位處赤門海峽內海，南北兩側被黃竹角咀、大埔和西貢北部、馬鞍山等地遮擋，海浪相當弱小，可在港內找到多處泥灘，如老圍、榕樹澳、西徑和瓦窰頭等地。西面海岸也有不少浪力相當弱小的泥灘，如東涌、深屈、上下白泥和尖鼻咀一帶等。

紅樹林

紅樹林指具有紅樹的海岸線。香港紅樹林海岸線總長度約 60.5 公里，西北和東部海岸有較多紅樹林分布，兩處紅樹林長度分別為 17 公里和 16.4 公里，共佔全港紅樹林長度 55%。

在香港東部和東北海岸，紅樹林面積較西北海岸小，但分布頗廣，在鹿頸、荔枝窩、三椏村等印洲塘一帶，以及在大埔汀角、榕樹澳、西徑、瓦窰頭等吐露港一帶；西貢海沿岸如早禾坑、大環村；白沙灣一帶如蠔涌、南圍；以及海下、赤徑、黃宜洲一帶等均可找到。在本港西北海岸，紅樹林則分布在白泥、尖鼻咀一帶，延伸至深圳灣一帶的海岸。

大嶼山方面，在南大嶼山的水口和貝澳，均可在河口位置找到紅樹林；而在北大嶼山，則可在東涌、磡頭、深屈和大澳一帶找到，大澳更有大片因興建香港國際機場而補償種植的紅樹林。香港島方面，港島南部大潭紅樹林雖然只有約 0.2 公頃面積，卻是港島唯一分布的紅樹林。

三、海水水質

1. 監測概況

自 1986 年起，環保署開始實施全面海水水質監測計劃，以保護香港海洋生態和各類實益用途。在 1986 年監測計劃開始時，香港設有 92 個海水水質監測站，其中 77 個設於開放水域，每月採樣一次，其餘 15 個設於避風港內，每兩月採樣一次。此外，亦有 19 個海床沉積物監測站，每年採樣兩次。

至 2017 年，整個系統計劃覆蓋了按《水污染管制條例》（第三五八章）（*Water Pollution Control Ordinance*）劃分的十個水質管制區（見圖 4-71A），海水水質監測站增加至 94 個，其中 76 個設於開放水域，其餘 18 個設於避風港內。海床沉積物監測站則增加至 60 個，其中 45 個設於開放水域，15 個設於避風港內（見圖 4-71B），覆蓋全港海水水域。環保署定期在監測站進行水質監測，獲取的數據有助於揭示氣候、人類活動等導致的海洋水質變化，以及為制定水污染管制策略提供科學依據。

海水監測工作包括每月定期到 76 個監測站實地量度水質參數，並在其中 26 個站採集浮游植物樣本進行分析。其中水質參數包含溶解氧、營養物、非離子化氨氮、大腸桿菌、酸鹼

圖 4-71A 2017 年香港水質管制區劃分圖

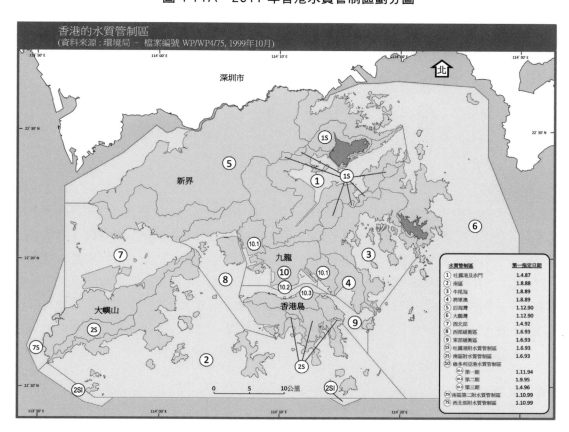

資料來源： 香港特別行政區政府環境保護署。

圖 4-71B　2017 年香港海水水質監測站分布圖

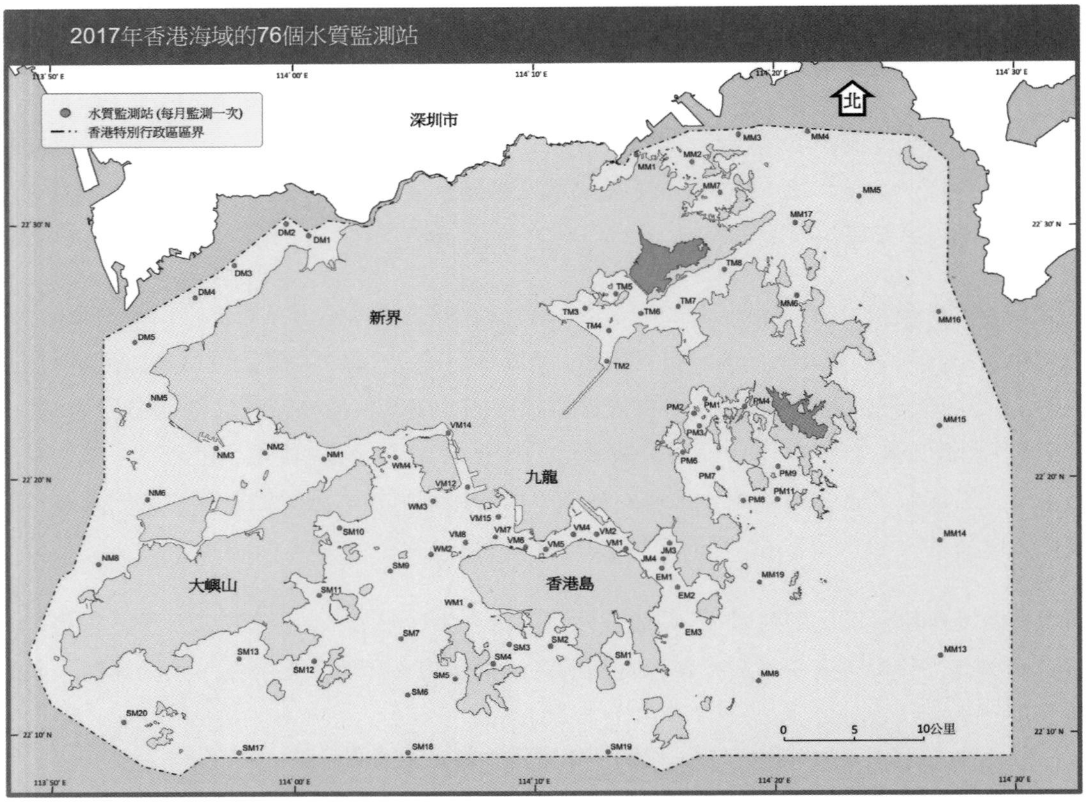

資料來源：　香港特別行政區政府環境保護署。

值、鹽度、溫度、懸浮固體，以及葉綠素 -a 等參數的水平。其中海水水質整體狀況可通過評估主要水質指標（如溶解氧、非離子化氨氮、無機氮、大腸桿菌）的達標率來反映。

2. 水質現狀

全港整體狀況

隨着環境保護法規的完善及防污基礎建設的啟用，香港整體海水水質自 1980 年代末以來持續改善。在 2017 年，水質達標率為 85%。而在四個較為重要的水質指標參數（溶解氧、總無機氮、非離子化氨氮及大腸桿菌）當中，大腸桿菌及非離子化氨氮達標率最為理想；相對而言，溶解氧和總無機氮較容易受到本地污染源以外、包括天氣及區域性水流和較高背景水平的影響，因此達標率未如理想，其中以總無機氮較明顯。在 2017 年，大腸桿菌及非離子化氨氮達標率都達到 100%，溶解氧的達標率為 93.4%，但總無機氮的達標率只有 55.1%。

區域狀況

根據海洋環境的水文條件，香港十個海水水質管制區共被劃分為東部、中部、南部、西部

四個水域，綜合 2016 年及 2017 年數據可以看出，東部及中部水域整體水質較佳並明顯優於南部及西部水域（見圖 4-72）。

圖 4-72　2016 年及 2017 年十個水質管制區的水質指標達標率統計圖

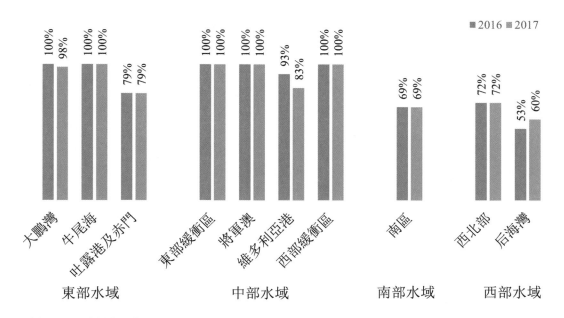

資料來源：　環境保護署《2017 年香港海水水質》以及環境保護署環境保護互動中心網站—海水水質數據。香港地方志中心製作。

圖 4-73　2017 年香港海水管制區東部水域位置圖

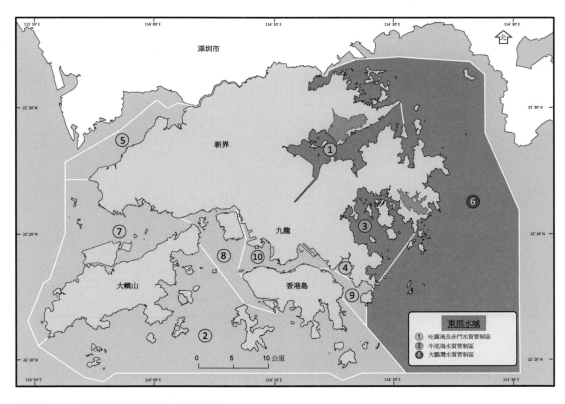

資料來源：　香港特別行政區政府環境保護署。

東部水域　香港東部水域覆蓋面積較為寬廣，共包含三個水質管制區：大鵬灣水質管制區、牛尾海水質管制區和吐露港及赤門水質管制區（見圖 4-73）。東部水域水質普遍良好，區內有多種海洋生物棲息，包括海綿、珊瑚及 300 多種珊瑚礁海洋生物。此外，優良的水質和豐富海洋生物帶動活躍的漁業和康樂活動，該水域共有 6 個憲報公布的泳灘、3 個海岸公園和 20 個魚類養殖區。

大鵬灣水質管制區的水質指標整體達標率，至 2017 年仍能維持在 98%；牛尾海水質管制區的水質指標整體達標率，至 2017 年，維持在 100%；吐露港及赤門水質管制區的水質指標整體達標率，至 2017 年為 79%。

中部水域　香港中部水域覆蓋 4 個水質管制區，包括維多利亞港水質管制區、東部緩衝區水質管制區、西部緩衝區水質管制區及將軍澳水質管制區，是主要的港口海域和航道（見圖 4-74）。因其位於香港島與九龍之間，維港兩岸早期所產生廢水，長時間只經過簡單過濾程序便排入港內，導致海水溶解氧含量下降，有機營養物和細菌水平上升。1994 年，港府推出淨化海港計劃，為環繞維多利亞港兩岸之區域（香港島及九龍）進行污水收集及處理，以改善維多利亞港的水質。

圖 4-74　2017 年香港海水管制區中部水域位置圖

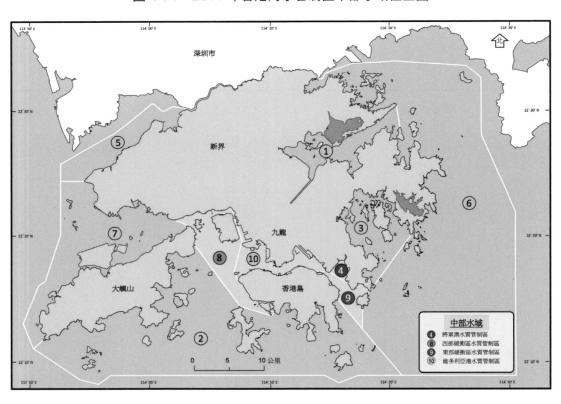

資料來源：　香港特別行政區政府環境保護署。

維多利亞港水質管制區的水質指標整體達標率，2017年為83%；東部緩衝區水質管制區海水水質指標整體達標率，至2017年為100%；將軍澳水質管制區海水水質指標整體達標率，至2017年為100%；西部緩衝區水質管制區海水水質指標整體達標率，至2017年同為100%。

西部水域　香港西部水域包括后海灣水質管制區及西北部水質管制區（見圖4-75）。毗鄰深圳的后海灣水淺而泥沙多，深受深圳河影響。后海灣生態價值高，米埔及內后海灣於1995年被列為拉姆薩爾濕地，區內每年有數以萬計遷徙的候鳥停留過冬。西北部水質管制區與珠江口相鄰，其內包含大嶼山西面和北面、屯門、沙洲及龍鼓洲，區內沙洲及龍鼓洲被劃為海岸公園（沙洲及龍鼓洲海岸公園），附近一帶水域更是中華白海豚棲息地。

后海灣水質管制區海水水質指標整體達標率，至2017年為60%；西北部水質管制區海水水質指標整體達標率，2017年為72%。

南部水域　香港南部水域包括南區水質管制區，區內面積廣闊，約有400平方公里，從香港島以南伸展至大嶼山以東水域，面臨中國南海（見圖4-76）。這片海域一般溶解氧含量高，但部分西面海域已明顯呈現水污染特徵，這與珠江水流入有直接的關係。近年珠江三

圖4-75　2017年香港海水管制區西部水域位置圖

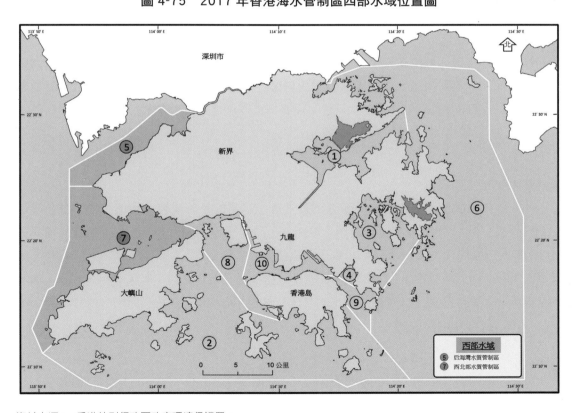

資料來源：　香港特別行政區政府環境保護署。

図 4-76　2017 年香港海水管制區南部水域位置圖

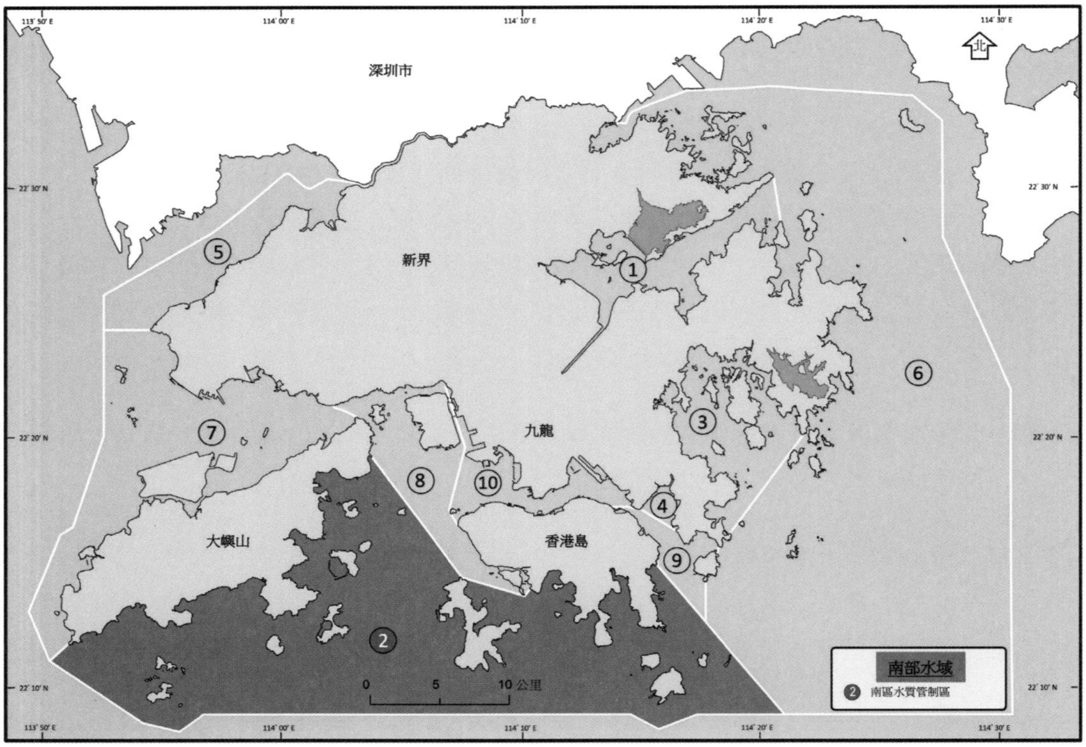

資料來源：　香港特別行政區政府環境保護署。

角洲經濟迅速發展，城市化及工業化建設日漸增加，珠江水中的營養物及污染物含量亦有
所增加，珠江水流對南區水質管制區西面的影響一般於夏天雨季，江水流量會增加至最高
峰位時特別明顯。2017 年，南區水質管制區海水水質指標整體達標率為 69%。

3. 水質時空變化

全港整體狀況

從 1986 年以來的水質變化趨勢，可看出香港海水水質有顯著改善，水質指標整體達標率
在 80% 左右浮動，並呈穩步上升趨勢（見圖 4-77）。有關四個主要海水水質指標達標率在
1986 年以來的變化，大腸桿菌和非離子化氨氮達標率均為 90% 以上，其中大腸桿菌的達
標率自 1987 年以後穩定維持 100%，非離子化氨氮達標率自 2015 年也達到 100%。溶解
氧達標率在波動中呈現上升趨勢，自 2015 年以後穩定在 90% 左右。總無機氮達標率則一
直在 60% 至 70% 之間徘徊。

區域狀況

東部水域　圖 4-78 顯示了大鵬灣、牛尾海以及吐露港 1986 年以來的水質變化趨勢，其中
大鵬灣和牛尾海水質基本維持在較高水準，且明顯優於吐露港區域。自 1980 年代初期，

圖 4-77　1986 年至 2017 年香港整體海水水質指標達標率統計圖

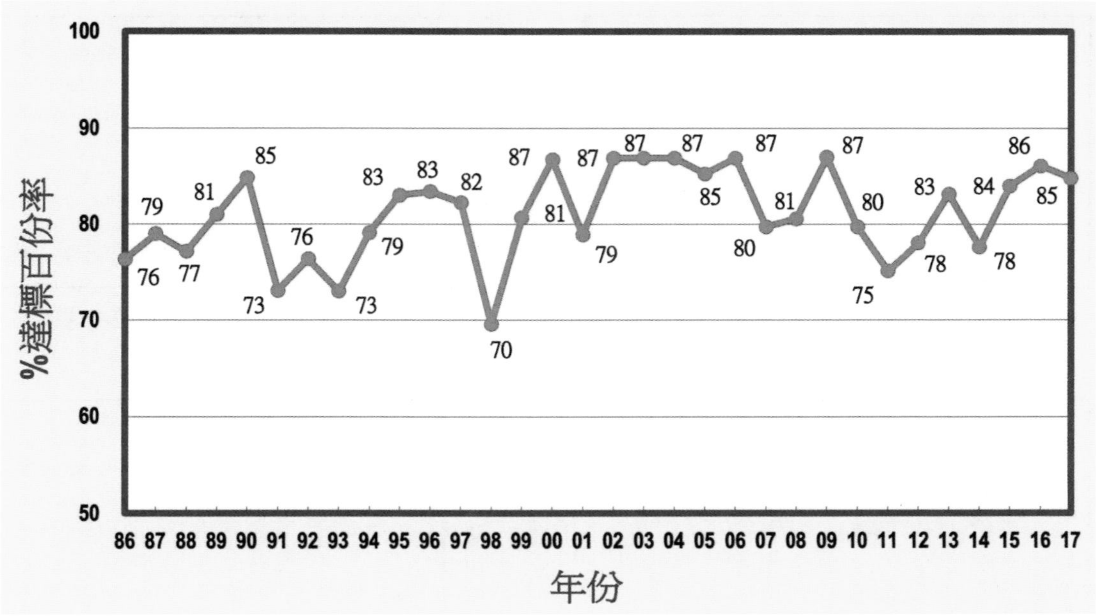

資料來源：　香港特別行政區政府環境保護署。

沙田及大埔新市鎮人口迅速增長，使沖洗力薄弱的吐露港內灣受到嚴重水質污染。港府在 1986 年制定吐露港行動計劃用以控制和改善吐露港水質，並於 1987 年開始實行。該計劃其中三個主要階段包括：1988 年開始實施禽畜廢物管制措施；1992 年改進沙田及大埔污水處理廠的污水處理程序；1998 年將全部沙田及大埔污水處理廠經處理後的污水輸往維多利亞港排放。從圖 4-78 可以看出，吐露港水質在 1998 年以後有顯著提升，且之後總體呈穩步上升趨勢。

大鵬灣水質管制區的水質指標整體達標率，1986 年為 100%，除了 1980 年代後期有較大跌幅外，包括 1988 年的最低點 67%，其餘時間整體表現穩定，至 2017 年，仍能維持在 98%。牛尾海水質管制區的水質指標整體達標率，1986 年為 100%，除了在 1991 年及 2010 年代初期稍有下跌外，包括 2012 年最低點的 75%，至 2017 年，維持在 100%。吐露港及赤門水質管制區的水質指標整體達標率，1986 年僅為約 50%，1987 年更跌至最低點的 40%，隨後逐步回升，在 2006 年達到較高的 86%，至 2017 年為 79%。

通過監測 1986 年以來正磷酸鹽磷、非離子化氨氮、大腸桿菌、五天生化需氧量四個主要水質參數水平的變化，可具體分析海水水質變化。水體中磷酸鹽對魚類沒有毒性，但如果其含量偏高，則可導致水中浮游植物大量繁殖，間接影響魚類生長，同時過高的非離子化氨氮含量，也會對魚類及部分水生生物產生毒害。大腸桿菌可被用作監測及評估來自生活污水或禽畜農場排放等有機物污染程度的指標，五天生化需氧量也可反映海水受污染程度，

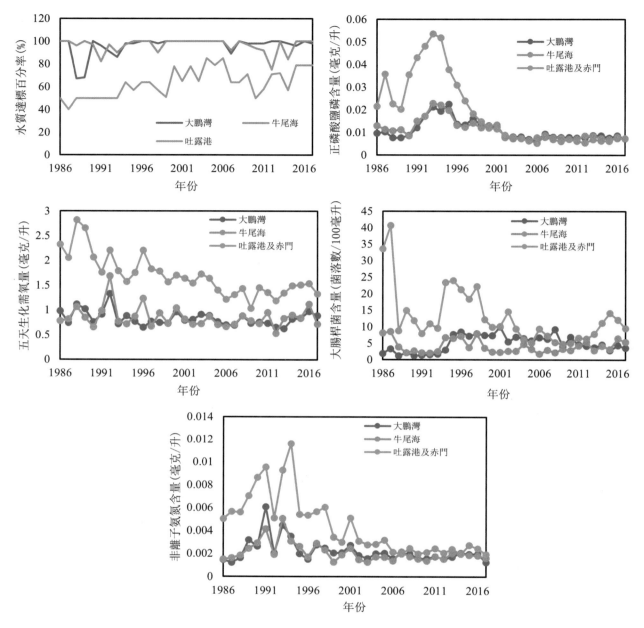

圖 4-78　1986 年至 2017 年東部水域海水水質變化以及主要海水水質指標達標率統計圖

資料來源：　環境保護署《2017 年香港海水水質》以及環境保護署環境保護互動中心網站 — 海水水質數據。香港地
　　　　　　方志中心製作。

其值愈高代表有機物污染愈嚴重。縱觀各項指數，除了五天生化需氧量，均在 1990 年代中
期大幅增長，此後得益於一系列污水管制措施，各項數據呈穩步下降趨勢。

<u>中部水域</u>　維多利亞港水質管制區的水質指標整體達標率，1986 年為 73%，在 1990 年
代及 2010 年代初期曾跌至最低的 45%，在 2002 年錄得較高的 97%，至 2017 年為
83%。東部緩衝區水質管制區海水水質指標整體達標率，1986 年為 67%，是該區有記錄

圖 4-79 1986 年至 2017 年中部水域海水水質變化以及主要海水水質指標達標率統計圖

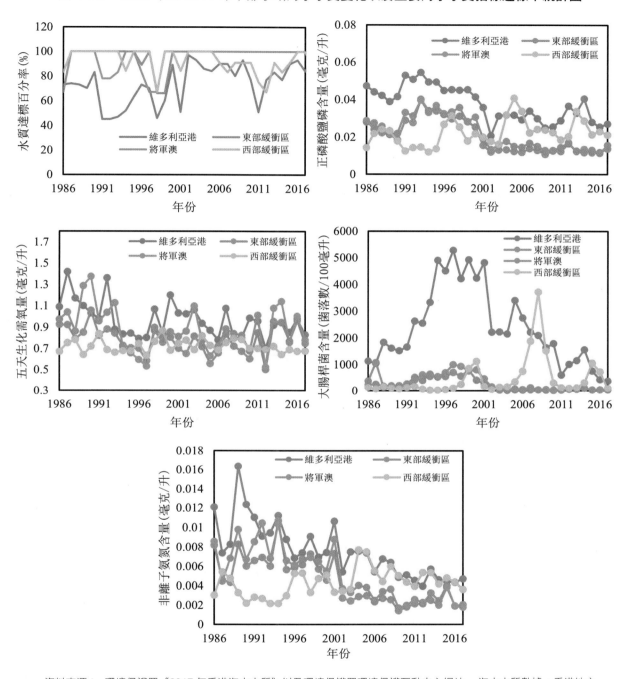

資料來源： 環境保護署《2017 年香港海水水質》以及環境保護署環境保護互動中心網站—海水水質數據。香港地方
志中心製作。

以來的最低點，隨後除了 1998 年、1999 年跌幅明顯外，長期維持極高水平，至 2017 年
為 100%。將軍澳水質管制區海水水質指標整體達標率，1986 年為 67%，同為該區有記
錄以來的最低點，隨後在 1990 年代初，以及 1997 年、1998 年下跌較多，之後維持極高
水平，至 2017 年為 100%。西部緩衝區水質管制區海水水質指標整體達標率，1986 年為

83%，其後曾跌至 1998 年及 2012 年最低點的 67%，後面回升至 2017 年的 100%。

從圖 4-79 可看出，自 1986 年以來，東部緩衝區及將軍澳總體水質，優於維多利亞港及西部緩衝區。1986 年至 2001 年間，維港水質一直處在較差水平。自 2001 年淨化海港計劃第一期啟動後，該區水質得到明顯改善，其中大腸桿菌含量在 2001 年以後下降明顯。此外正磷酸鹽磷含量、非離子化氨氮含量以及五天生化需氧量也有明顯下降趨勢。同時對比可看出東部緩衝區以及將軍澳的水質在該計劃實行後也有明顯提升。

西部水域　后海灣水質管制區海水水質指標整體達標率，1986 年為 50%，其後反覆變化跌至 2004 年最低點的 20%，之後逐步回升，至 2017 年為 60%。西北部水質管制區海水水質指標整體達標率，1986 年為 100%，其後跌至 1998 年最低點的 53%，之後反覆波動，至 2017 年為 72%。

圖 4-80 所示，西北部管制區整體水質一直明顯優於后海灣管制區，其中西北部水質達標率在 80% 左右波動，而后海灣水質則呈現穩步上升趨勢。由於深圳和香港新界西北部在 1990 年代中以後經濟高速發展，產生了一定的排放，導致后海灣水質一直處於較低水平。

1980 年代至 1990 年代初期，受到生活污水和禽畜農場排放影響，后海灣大腸桿菌等四項主要水質指標含量持續上升，構成嚴重污染問題，尤其對灣內的敏感生態和養蠔業造成很大的威脅。

為了改善后海灣水質，一方面粵港環境保護聯絡小組（2000 年改組成立粵港持續發展與環保合作小組）於 1992 年擬定了后海灣（深圳灣）行動計劃，目的是通過粵港兩地政府共同努力應對威脅后海灣生態環境的污染問題。其後粵港兩地於 1999 年制定了后海灣水污染管制聯合實施計劃，翌年制定了為期 15 年的計劃改善后海灣水質，減少現有的污染量，管制新污染源，使流入后海灣的污染總量在 2015 年時能減少到水體自我淨化能力之內。

另一方面，針對來自香港境內禽畜廢物和公共污水等污染源，環保署於 1987 年推行了禽畜廢物管制計劃，並於 1994 年進行檢討修訂以促進污染管制。為了進一步消減禽畜廢物污染，特區政府先後在 2005 年及 2006 年開始推行雞場及豬場自願交還牌照計劃。近年特區政府逐步擴建公共污水系統，在全港各區所推行的污水收集整體計劃也漸見成效，從圖 4-80 可看出，后海灣水域中的大腸桿菌含量以及非離子化氨氮含量在 2005 年及 2006 年明顯下降。

由於受到珠江水流影響，西北部水質管制區的總無機氮含量一般比較高，其中以接近珠江口的西面水域為甚。此外西北部水質管制區亦受到沿岸污染排放的影響，特別是來自望后石污水處理廠和附近未有公共污水設施的村屋。此外，西北部水質在 1995 年左右顯著下降（見圖 4-80）。由於建設香港國際機場，港府在赤鱲角和欖洲進行了為期三年（1993 年至 1995 年）的挖掘填海工程，此期間該水質管制區水中的懸浮固體及混濁度水平明顯上升，導致該區水質下降，在 1996 年填海工程完竣後，水質已回復正常。

南部水域　南區水質管制區海水水質指標整體達標率，1986 年為約 75%，曾升至 1990 年最高點的 84%，至 2017 年回落至 69%。

圖 4-80　1986 年至 2017 年西部水域海水水質變化以及主要海水水質指標達標率統計圖

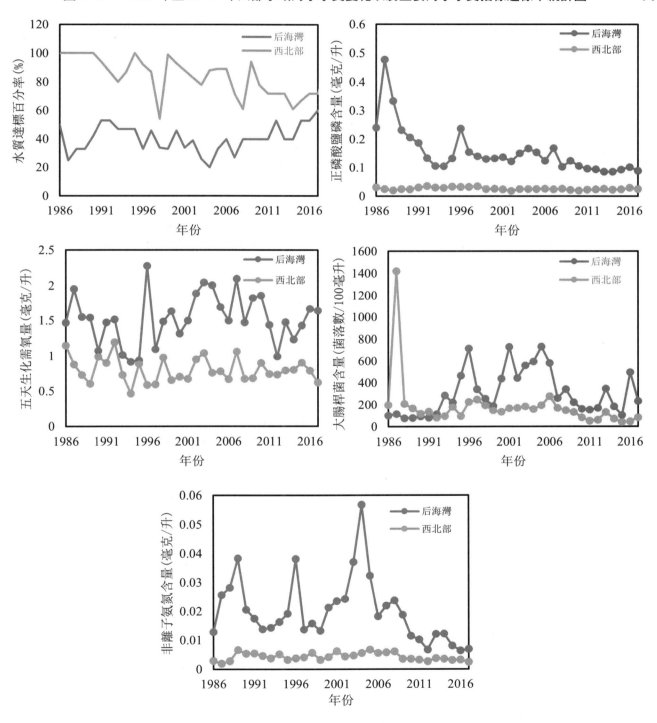

資料來源：　環境保護署《2017 年香港海水水質》以及環境保護署環境保護互動中心網站—海水水質數據。香港地方志中心製作。

圖 4-81 所示，南區水質管制區大部分監測站的總無機氮水平偏高，經常出現超標情況，該區水質達標率近 30 餘年一直在 70% 左右徘徊。此外，大腸桿菌含量普遍較低且分布均勻，一般每百毫升不超過 30 個。南區水質管制區內的次級接觸康樂活動分區 2017 年的大

圖 4-81　1986 年至 2017 年南部水域海水水質變化以及主要海水水質指標達標率統計圖

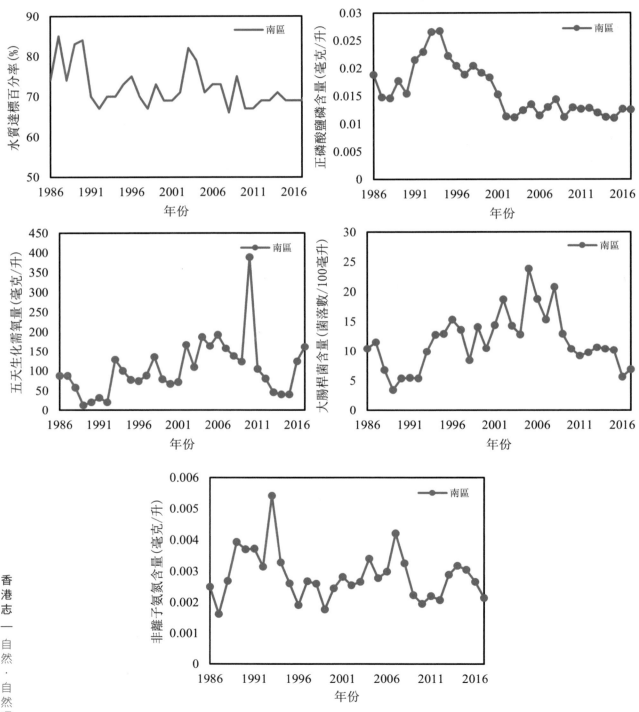

資料來源：　環境保護署《2017 年香港海水水質》以及環境保護署環境保護互動中心網站—海水水質數據。香港地方志中心製作。

腸桿菌指標達標率為 100%。這水質管制區內所有憲報公布的泳灘，包括 9 個位於離島區和 12 個位於南區，於 2017 年都達到適合游泳的細菌水質指標。

由於受到沿岸污水排放的影響，南區部分地帶的水質主要參數指標在 2005 年左右有所上升，其中包括南丫島的索罟灣及交椅洲附近水域。索罟灣灣內細菌水平受附近污染的影響，而交椅洲鄰近水域的變化則可能與淨化海港計劃第一期昂船洲污水處理廠的排放有關。

第五節　人為活動的水文影響

香港自有人類定居以來，各類人為活動，在不同時期對水文環境，產生不同程度的影響。1840 年代以前，香港經濟以漁農業為主，人口稀少，對水文環境影響有限，主要是小型水利工程，如修建引水道和陂堰，截取河溪水源，以滿足農業和起居需要。1840 年代，英佔香港以後，隨着經濟和社會發展，各類人為活動，對水文產生愈來愈大的衝擊，包括水務、填海、航運、建造地基、斜坡整治、河道整治等城建活動和工程，同時農業活動規模亦有所擴充。二戰以後，香港經濟發展迅速，人口急劇增長。尤其在 1980 年代至今，城市化步伐加速。

根據香港大學水文研究團隊 1985 年以來進行的城市化用地遙感影像研究（見圖 4-82），香港十個主要河流流域（環保署曾進行水質監測的流域）的城市化指數（即城市化面積所佔比例）由 1985 年起持續上升，以啟德河流域城市化指數最高，從 1985 年 0.35 逐步上升到 2017 年的 0.50 以上。

圖 4-82　1985 年至 2017 年香港主要流域城市化指數變化趨勢統計圖

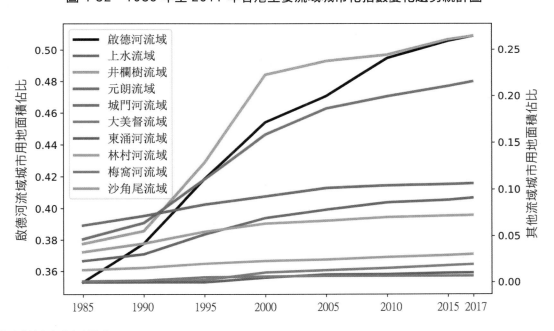

（香港地方志中心製作）

在城市化速度方面，則以井欄樹流域、元朗流域的城市化速度最快。井欄樹流域的城市化用地佔比從 1985 年的不足 0.05，快速增長至 2017 年的 0.27，對應將軍澳新市鎮的建設。元朗河流域城市化用地，則從 1985 年的 0.05，快速增長至 2017 年的 0.22，對應元朗新市鎮的建設。數據反映近現代人為活動對香港地面水、地下水和海水的影響，有增無減。隨着 1980 年代環境保護意識的抬頭，港府展開紓緩措施，主要有 1990 年代展開的淨化海港計劃、2000 年代展開的河道活化（河道改善工程），減輕人為活動對水文環境的物理、化學、生物影響。下文介紹七項特定人為活動的水文影響。

一、水塘、引水道和陂堰

農業活動需要截取溪流的水源，農作物收成的好壞，視乎能否得到充分的灌溉。例如一般蔬菜的生長需要大量水分，尤其在晴朗炎熱天氣之下，每天需要灌溉三次；稻米種植方面，傳統香港地區「農人種田，一年兩收。六月收早禾，為小造。收訖，再插秧」，[5] 對灌溉水源的需求更大。水源以溪流及地下水為主，一般以引水管或引水道引入附近溪水灌溉農田，如清嘉慶《新安縣志》有記「紅水山，……其坑流十餘里，田藉灌溉」，[6] 又或「龍躍嶺，……林木叢生，下有溪水」，[7] 反映溪水是農業重要水資源，而地下水則要開井取水。

由於新界溪流水源不穩，農民需要自行建築水池和堰，以作儲水之用，或在雨季來臨之前，在田畦間挖溝儲水，這些都對河溪帶來直接影響，尤以建堰影響較大。「堰」在客家話亦稱「坡頭」，是一種橫越河川、溪澗的障礙設施。堰的修建，除了為引水灌溉，亦為調節流量、預防山洪、增加水深等。一般而言，堰的尺寸較水壩小，在堰的上游，因攔截水流形成水潭，集滿後會越過壩體而溢出。

香港陂堰的修築歷史可追溯至 1841 年以前，按清嘉慶《新安縣志》的記載，新界北部當時已有不少類似工程，如「沙塘陂，在上水村後，源自水門山，流下十餘里，堰以灌田」、「石湖陂，在石湖墟側，水自塘坑流下，堰以灌田」、「河上鄉陂，在六都，自錦田迤水，入古洞陂流下，堰以灌田」等。[8] 至今香港仍在諸多溪澗築有大量低流速堰（low flow weir）或者攔河堰。（圖 4-83 顯示的為林村河支流和大埔滘中所築的攔河堰。）

水塘亦是人類對地面水一種主要的干擾手段。香港水塘主要作供水和灌溉功能，吸收了部分天然溪流的水量。截至 2017 年，香港共有 17 個食水水塘，最早竣工者為 1863 年的薄扶林水塘，最晚為 1978 年的萬宜水庫。個別食水水塘與環保署監測的河溪連接。另外，

5　靳文謨修、鄧文蔚纂：《新安縣志》，卷 3，〈地理志 · 風俗〉，頁 30 下，總頁 26。

6　舒懋官修、王崇熙纂：《新安縣志》，卷 4，〈山水略 · 山〉、〈山水略 · 紅水山〉，頁 6 下，總頁 260。

7　舒懋官修、王崇熙纂：《新安縣志》，卷 4，〈山水略 · 山〉、〈山水略 · 龍躍嶺〉，頁 8 下，總頁 261。

8　舒懋官修、王崇熙纂：《新安縣志》，卷 4，〈山水略 · 陂堰〉，頁 15 下 -16 下，總頁 265。

圖 4-83　林村河的攔河堰（左）；大埔滘溪的攔河堰（右）。（左圖由香港大學社會科學學院「賽馬會惜水·識河計劃」
提供；右圖攝於 2021 年，由香港特別行政區政府漁農自然護理署提供）

1950 年代以來，香港共興建了 10 個灌溉水塘（其中 9 個由水務署管理。愉景灣水塘屬私
人擁有，初為食水水塘，2000 年後改為灌溉水塘），由天然溪流的支流補給，水質極佳。

二、禽畜業排污

二戰後，香港河溪水質受到人類活動強烈影響。河溪中重金屬元素（如砷、硼、鎘和鉛）、
營養鹽（硝酸鹽、氨氮和總磷酸鹽）和大腸桿菌是人類活動帶來的主要污染物。根據環保
署 82 個河溪水質監測站 1987 年至 2020 年的重金屬、營養鹽和大腸桿菌含量指標演變
趨勢，在 82 個監測站中，只有 6 個站點的上述污染物濃度明顯低於其他站點，分別是下
白泥溪兩個站點（DB1 和 DB2）、東涌河兩個站點（TC1 和 TC2）、林村河上游兩個站點
（TR12C 和 TR12F）。下白泥溪、東涌河和林村河上游都是人類活動影響較小、保持較多
自然面貌，且水質較佳的河溪，側面反映人類活動大範圍地影響了香港河溪的水質。

二戰後，禽畜養殖業是新界農民一個重要的經濟來源，也是影響香港河溪水質的主要人為
活動。1972 年，港府委託顧問機構 Binnie and Partners，研究新界河溪污染問題。根據
1972 年冬季至 1973 年春季的調查，新界河溪的易腐垃圾（readily putrescible matter），
有 54.2% 來自豬場，13.4% 來自雞場，合共佔比超過三分之二。1974 年發表的報告指
出，這些禽畜業廢物是新界河道污染的主因。

1972 至 1973 年度新界地區共有超過 1.3 萬個豬場，畜養豬隻約 37 萬頭，當中至少 80%
豬糞未經任何處理，被直接排入道。新界有家禽鳥養殖場超過 3500 個，養殖約 600 萬
隻家禽，90% 的養殖場為雞場，每天製造約 350 噸糞便，超過 50% 被直接排入河道。來
自禽畜的有機廢物不但污染河溪，也污染排出口的泳灘和沿岸水質。

1979 年，香港活豬數量達至歷年最高的約 55.8 萬頭，至 1987 年跌至 35.8 萬頭；而
1987 年則為活雞數量高峰期，達至約 703 萬隻，連同活雜禽（鵝、鴨、鵪、鴿）約 200
萬隻，全港共有活禽 900 萬隻以上。1987 年，活豬和活禽共產生約 84 萬公噸廢物，大部
分廢物會流入本港的小溪和河流，最終流入大海。

1980 年代以來，港府推出多項法例和措施，從立例規管及源頭減廢兩方面，逐步減低禽畜
業對河溪的水質影響，包括《水污染管制條例》、《廢物處置規例》、禽畜廢物管制計劃、自
願退還牌照計劃等。1987 年禽畜廢物管制計劃實施，規定新界豬農及雞農處理禽畜廢物，
並禁止在市區及新市鎮飼養禽畜。自計劃實施以來至 1999 年底期間，禽畜廢物污染量共下
降逾 97%。2006 年，特區政府推出豬農自願退還牌照計劃，鼓勵豬農參與，結果 222 個
豬農退還禽畜飼養牌照。1996 年至 2017 年期間，每月收集的禽畜廢物由約 5000 公噸跌
至約 2015 公噸。

三、填海、航運及航道

1. 填海

自 1841 年英佔以來，填海是本港增加土地供應的主要方式。1852 年，港府填平今蘇杭街
與今摩利臣街一帶，並將新海旁命名為文咸東街，是香港首個正式填海工程。由 1887 年至
2017 年，香港填海所得土地合共 70.27 平方公里。（圖 4-84 顯示香港截至 2016 年的填
海工程覆蓋範圍）。

1990 年代，香港進入填海活動高峰期。1988 年 10 月，港府制定《港口及機場發展策
略》，提出在赤鱲角興建新機場相關的十項大型基建，即後來的香港機場核心計劃（又稱
「玫瑰園計劃」）。為配合香港機場核心計劃，1990 年代，香港海域進行多項大型填海工
程，其中以維多利亞港一帶為中心，包括西九龍填海計劃和中區填海計劃第一期。

填海亦涉及海底砂泥的挖掘和卸置。從 1946 年至 1982 年，全港挖泥量達 469 萬立方
米，挖掘地區分布於維多利亞港兩岸、荃灣、青衣等海域。在 1990 年代初至 2003 年香港
機場核心計劃進行期間，相關填海工程合共挖泥 3400 萬立方米。填海、挖泥、卸泥等工
程，對本港海域水質有顯著影響（見圖 4-85）。

維多利亞港的其中五個海水水質監測站是 VM4、VM5、VM6、VM7 及 VM8（見圖
4-86）。1988 年至 2017 年上述五站的混濁度、懸浮固體以及揮發性固體總量數據的變化
規律，反映香港海水水質受到填海影響的情況（見圖 4-87）。在填海高峰期的 1990 年代
至 2000 年代初，海水中懸浮固體及揮發性固體總量明顯高於其他年份。此外，整體海水混
濁度也略高。至 2000 年代末期以後，香港填海工程活動減少，上述五站的三個水質指標呈
現改善趨勢。

圖 4-84　截至 2016 年，香港歷年填海覆蓋範圍位置圖

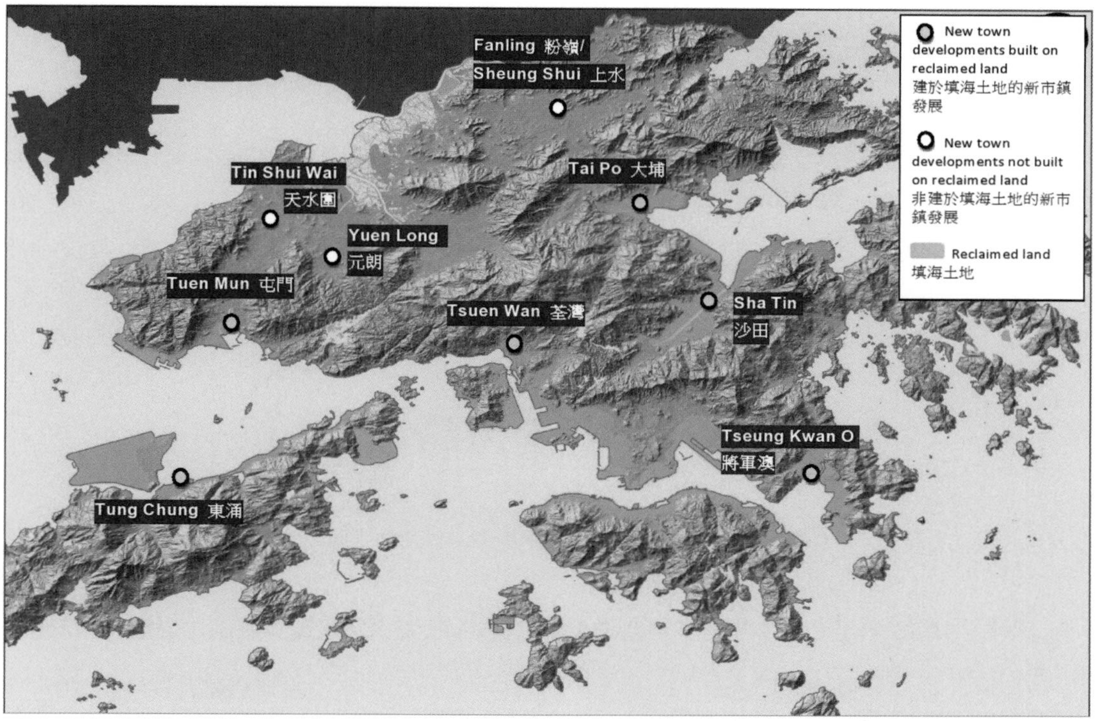

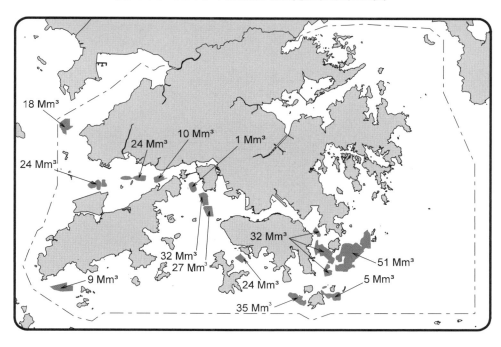

資料來源：　土地供應專責小組文件編號 07/2017 圖一。

圖 4-85　2014 年香港水域的挖泥區及位置圖

資料來源：　香港特別行政區政府土木工程拓展署。

図 4-86　2017 年維多利亞港水質管制區海水水質監測站位置圖

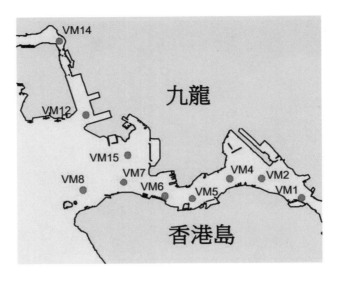

資料來源：　香港特別行政區政府環境保護署提供。

図 4-87　1988 年至 2017 年維多利亞港 VM4 至 VM8 海水水質監測站的水質變化統計圖

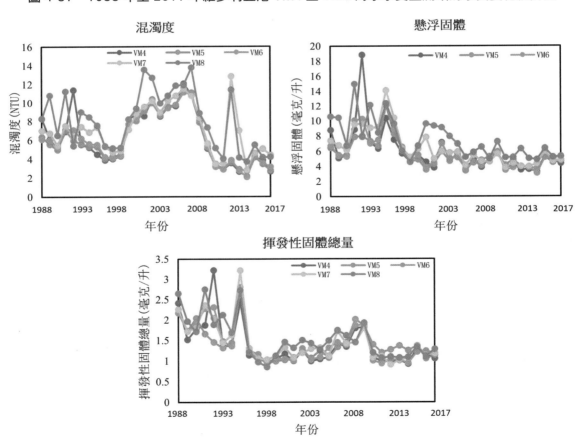

資料來源：　環境保護署環境保護互動中心網站─海水水質數據。香港地方志中心製作。

填海亦改變香港的地下水流動系統，進而改變海岸帶水循環。太平洋戰爭前，香港填海主要填料是生活廢物、建築廢物和風化土，二戰後則以海泥為主。填料與海泥結合成為填土，填海後填土被壓實和固結，以便提供地基，進行各項建築工程。填土被壓實和固結後，總體滲透性能將降低。

海洋是地下水排泄的終點。天然條件下，地下水直接向海排泄。填海後，海岸線向海延伸，地下水向海排泄滲流途徑增加，加上填土區較低的滲透性，導致地下水向海排泄減弱，最終導致地下水位抬升（見圖 4-88）。

2. 航運及航道

十九世紀中葉以來，香港發展成為遠東地區航運中心，大型輪船進出頻繁，以配合各類經濟活動。東博寮海峽是大型貨船從南部進入香港的必經之地，而汲水門、龍鼓水道是內河航運的主要航道。

二戰後，香港水域航運日趨繁忙。本地人口急劇增加，進出香港船次增加。1970 年，港府撥出葵涌海床興建貨櫃碼頭，成為香港貨運發展轉捩點。1972 年，葵涌貨櫃碼頭一號碼頭啟用，是香港第一個專供標準貨櫃船使用的碼頭。1970 年代以來，本港貨櫃吞吐量迅速增

圖 4-88　填海對濱海地區潛水含水系統影響示意圖

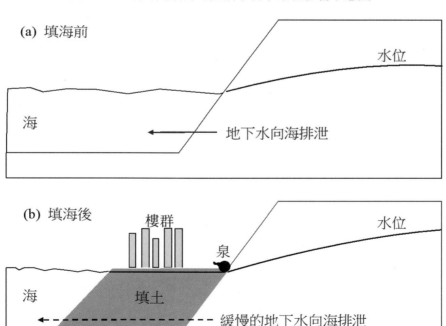

資料來源：　Jiao, J. J., "Modification of Regional Groundwater Regimes by Land Reclamation," *Hong Kong Geologist*, Vol. 6 (2000): pp. 29-36.

加。貨櫃船一般從東博寮海峽進入香港，駛經大洲尾、硫磺海峽、馬灣海峽進入貨櫃碼頭。

截至 2017 年，香港水域設有 13 條主要航道，包括東航道、紅磡航道、中航道、油麻地航道、北航道、青洲北航道、南航道、西航道、馬灣航道、汲水門航道、下棚航道、青山航道、龍鼓航道。另有兩條實施分道航行制的航道，即藍塘海峽和東博寮海峽（見圖 4-89）。主要航道貫穿整個維多利亞港，並延伸至新界西南部、香港島和大嶼山南部沿岸。

在航運和航道的發展過程中，香港海水水質受到明顯的影響。船舶在航行、停泊港口裝卸貨物過程中，會對周圍水域產生污染，主要污染物包括油污、生活污水及船舶垃圾三大類。此外，船舶污染也包含粉塵、化學物品及廢氣等對環境影響較小的污染物。船舶污染物會導致水體中大腸桿菌及非離子化氨氮含量升高，進而污染水質。維多利亞港是香港水域的航運中心，其水域受到船舶污染及其他污染源影響，大腸桿菌以及非離子化氨氮含量一直處於較高的水平。

為管制航運活動對香港海域的污染，港府於 1978 年至 1995 年間，制定或實施各項條例和規例，包括《船舶及港口管理條例》（1978 年）、《商船（防止油污染）規例》（1984 年）、

圖 4-89　2017 年香港主要航道及實施分道航行制航道示意圖

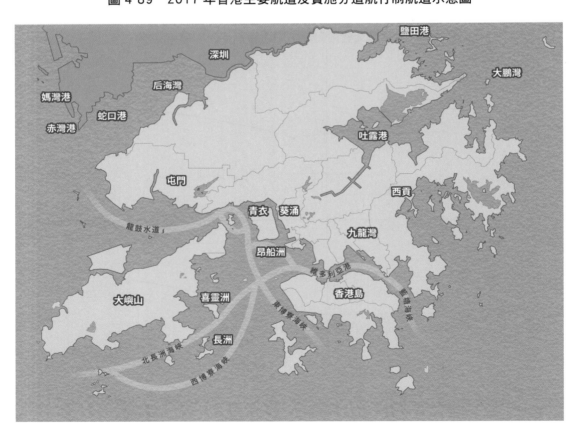

香港地方志中心參考香港海運港口局網頁製作。

《商船（控制散裝有毒液體物質污染）規例》（1987 年）、《商船（防止及控制污染）條例》
（1990 年）和《海上傾倒物料條例》（1995 年），以取締船泊廢物、油污對香港水域的污
染。1995 年《海上傾倒物料條例》的制定，落實了《1972 年防止傾倒廢物及其他物質污
染海洋公約》（簡稱《倫敦公約》），以管制船隻、飛機或海事構築物在海上棄置和傾倒廢
物及物品。

四、地基工程和石屎化

1. 地基工程

香港土地稀少，建築物多向高空發展。1955 年，港府修改《1955 年建築物條例》
（*Buildings Ordinance, 1955*），放寬對建築物高度的限制。至 2000 年，香港豪宅及公營房
屋平均樓層已超過 40 層，至今香港不少大廈更達 70 層以上。樓層愈高，對地基的要求愈
高。香港的建築物地基，一般由結實樁基組成，坐落在足夠強度的基岩（風化程度 1 至 3
級）之上。香港基岩深度一般為 20 米至 30 米，中環有些地方可達 140 米，東涌海邊基岩
更深達 180 米。

在地基開挖過程中，基坑四周一般建有連續的地下防滲牆，確保在基坑開挖和排水過程
中，避免周圍地下水流入基坑，影響施工。有時，基坑排水導致地下水流失，影響周邊其
它樓群的穩定性。

每當蓋建一座高樓大廈，同時需興建一個比樓面面積還大的不透水「地下水壩」。香港高樓
星羅密布，地下水壩不計其數。以樓高 78 層的中環廣場為例，在開挖地基時，大量採用挖
孔樁，其直徑高達 7.4 米，周邊安裝了連續的隔水牆，深至地面 30 米至 40 米以下花崗岩
基岩面。為了確保隔水牆能完全隔離牆外地下水，在基岩裂隙帶，再採用矽酸鹽灌漿。

1970 年代中期至今，香港發展地下鐵路，鐵路隧道周邊都使用隔水材料，導致城區從地面
到基岩幾十米的深度範圍內，原本可以透水、儲水的天然土層，被不透水的鋼筋、水泥之
類建築材料所置換，再加上填海的因素，令山區入滲補給的地下水，要經過密布不透水建
築材料的城區，才能到達海岸，過程變得困難。

當地下水向海排泄受阻後，地下水系統發生相應改變，減弱了香港城區地下水體的連繫
性，甚至被地基分隔成互不聯繫的水體。靠近山區的城區，由於城區地下水向海排泄受
阻，地下水位升高；而靠近海邊的城區，由於源自山區補給的地下水因地基而減少，地下
水位會下降，增加海水入侵的可能。

2. 石屎化

1840 年代，香港開始城市化。二戰後，城市化步伐加快。城市化後地面、淺層土層被不透
水建築材料所置換，出現俗稱「石屎化」過程，導致地下水系統發生變化。在天然條件之

下，降雨通過地面入滲補給地下水，地下水順坡流向海邊，靠近海邊地形變低和變緩，部分地下水以泉水形式排向地表，部分地下水繼續向海排泄（見圖 4-40）。下面以半山區為個案，説明香港十九世紀後期至今地下水系統的變化。

淺層地下水的變化

香港城市化之後，由於地面和淺層土層不透水建築物料的出現，淺層含水層中，雨水入滲困難，地下水流動不順暢，使得淺層含水層的地下水量減少。1890 年代，香港島西區是地下水溢出帶，地下水位較淺，泉點眾多，手挖淺井廣泛分布，土壤潮濕（見圖 4-48）。

1981 年與 2003 年降雨量分別為 1725 毫米和 2558 毫米，2003 年降雨量高於 1981 年，而出滲點數量卻大為減少，反映淺層地下水的變化。總體説來，在 1890 年代到 2001 年之間的 100 多年來，地下水溢出帶慢慢向山上移動（見圖 4-48）。淺層地下水量愈來愈少，地下水出滲點也愈來愈少，影響城區老樹的生長，樹木根系難以獲取水分，容易枯死。

深層地下水的變化

香港在城市化之後，淺層地下水減少，深層地下水則繼續接受山區雨水補給，但向淺層含水層和向海排泄均減少，導致深層含水層地下水位抬高，有機會在半山坡成泉（見圖 4-40B）。香港島半山區基岩裂隙帶廣泛地存在着承壓水，表現為有為數眾多的溢流或自流孔，在荷李活道更發現水位可高出地表數米的典型承壓水，表明深層地下水排泄不暢。

1979 年至 1990 年間，土力工程署在半山區監測了 300 個孔深層地下水位，其中 110 個監測孔，提供較為齊全資料，反映監測期間約 10 年的水位變化，除了在寶珊道和普慶坊，因曾發生大規模山泥傾瀉，港府在此增加排水設施，導致兩處地下水位以下降為主，而在香港大學及卑利街周邊，地下水位呈現上升趨勢。深層地下水的總體上升，更具有承壓性，造成泉水在半山腰的出現，降低斜坡穩定性，亦使半山腰一帶高樓地下室變得潮濕，甚至水浸。

五、水管滲漏和邊坡排水

1. 水管滲漏

為配合食水和沖廁用水的供給，以及排洪和排污的城市發展需要，全港建有各類水管網絡，當中尤以政府水管最為發達。2000 年，全港約有 5700 公里政府水管。香港的食水水管普遍出現滲漏情況，根據 2015 年審計署的供水流失報告，發現 2004 年至 2013 年未經處理的淡水量和經水錶記錄的淡水量，期間每年兩者皆有 30% 以上的差異。2010 年和 2013 年，因政府食水水管滲漏所造成的淡水流失量分別約為 1.73 億和 1.57 億立方米。

審計署在 2015 年的報告中，分析了本地水管爆裂及滲漏的主要原因，包括：（1）香港地勢環境，造成水壓偏高；（2）政府水管大部分埋在地下，易受附近駛經重型車輛震動影響；及

（3）市區地下公共設施擠迫，需要經常掘地維護，影響附近地下水管。水務署接納審計署建議，並進行改善工程，滲漏情況得以放緩。根據水務署數據，至 2015 年末，本地 3000 公里老化的公共食水喉管已大致修復完成。水管爆裂導致用水流失的情況因而有所改善，從 2000 年的 2500 宗個案，減至 2017 年的約 90 宗。整體食水漏水比率方面，也從 2000 年前的超過 25%，降至 2017 年的約 15%，與其他城市、地區或國家比較，例如愛爾蘭 47%、意大利 37%、西班牙 28%、英國 23%、葡萄牙 22%、比利時 21%、法國 20%、芬蘭 19%、瑞典 18%、捷克 17%、台灣地區 17%、波蘭 15%、美國 10% 至 18%、多倫多 10% 至 15%、丹麥 8%、德國 7%，以及荷蘭 5%，香港漏水比率排名位處中等。

食水水管出現破裂和滲漏後，食水將滲入地下，形成地下水補給。除了對水資源造成浪費，同時滲漏亦會導致地下水位升高，影響邊坡的穩定性。自 2000 年起，水務署推行更換及修復水管計劃，分階段更換或修復全港約 3000 公里老化的政府水管，包括 2500 公里的食水水管，該計劃於 2015 年底大致完成，水管爆裂和滲漏的個案大幅減少，滲漏個案由 2002／2003 年度的約 23,000 宗，減至 2015／2016 年度的約 9600 宗。

除了政府食水水管的滲漏，其他水管亦有不同程度的滲漏，包括排洪水管、沖廁海水管、污水管道。香港污水管道埋深可達 100 多米，遠低於地下水位。污水管道的滲漏，導致地下水的滲入，與食水補給地下水的情況剛好相反，出現地下水排泄的現象，變相增加污水的處理量和成本。

2. 邊坡排水

香港大多數邊坡裝有排水管，以便降低地下水位，增加邊坡穩定性。對於部分曾發生大規模、甚至致命山泥傾瀉的地點，排水管的排水強度更高。香港島普慶坊於 1925 年發生嚴重山泥傾瀉，導致 75 人死亡。該地地下水集中，泉點眾多，地下水位較高。為了降低地下水位，1940 年港府在附近修建排水隧道，排水量為 92 m³/d。

香港島寶珊道於 1972 年發生嚴重山泥傾瀉，導致 67 人死亡。1984 年至 1985 年期間，港府在該山泥傾瀉地點西側，安裝了 58 個長度 40 米至 90 米的排水管，長度為香港邊坡地面排水管之最，總排水量最高達到 780 m³/d，單個排水管最大流量則為 35 m³/d，約 70% 流量來自約 10% 水管。這些排水管道導致地下水位下降 5 米到 15 米。大部分邊坡排水管道，主要作用是排走淺層地下水，這些被排走的都是品質較佳的地下水。寶珊道排水管的 780 m³/d 最高總排水量，約可供應每年 2000 人至 3000 人的用水。

2006 年至 2009 年期間，特區政府在寶珊道邊坡基岩內部，修建兩個排水隧道，直徑 3.5 米，總長約 500 米，以加強該處邊坡的穩定性。另在隧道天花板安裝共 172 根排水管，長度 24 米至 100 米不等，從基岩一直穿透至淺層風化土層，成為香港以至亞洲的一個先進排水系統。深入基岩的排水隧道，可排走深層地下水。2011 年至 2016 年，該系統總排水量介於 50 m³/d 到 374 m³/d。排水後，邊坡內地下水位普遍下降，最大水位下降達 8 米。

六、河流渠道化和活化

1. 渠道化

渠道化也稱河道渠化或通道化，即以工程整修天然河道，使之形成溝渠，以提高泄洪速率、預防洪水氾濫、降低河岸侵蝕，或進行河道重組。渠道化是一種城市河網水利工程，具體工程包括（1）河道的挖深、挖闊和拉直，以增加河流負載能力和滿岸流量；（2）清除河床淤泥，減低河水與河床之間摩擦力，以提升流速；（3）在河岸建造堤基，減弱河岸侵蝕，進而降低河流中搬運物；及（4）降低濕周和減低河道摩擦和河道粗糙度，以提升河流流速，減少氾濫危機。

十九世紀中葉以來，為配合城市發展，香港河流開始渠道化，早期工程集中於香港島和九龍。1843 年，港府設立量地官（1892 年改稱工務司）和公共衛生及潔淨委員會，規劃維多利亞城一帶的排水系統。1860 年，位於今灣仔的寶靈渠建成，長 600 呎、闊 90 呎，是香港第一條人工河道；至 1920 年代因應灣仔的填海工程，寶靈渠另築成長 650 呎、闊 36 呎新明渠，連接至海旁排放。1916 年，九龍灣填海計劃展開，開發用地命名啟德濱。啟德濱規劃時，修建了一條明渠，以便排水防洪，成為今啟德明渠的雛形。在日佔時期和二戰後初年，啟德明渠經過不斷的擴建和重建。1960 年，觀塘佐敦谷大型徙置區第一期落成，並將該處原有河溪渠道化，命名為「佐敦谷明渠」。

二戰後，渠道化工程的重心，逐漸由港九市區，擴展至新界地區。1960 年代至 1970 年代期間，港府展開大規模防洪工程，以減低水浸風險，其中主要工程為河道渠道化。1960 年代至 1980 年代期間，元朗山貝河（元朗明渠，1960 年代）、沙田城門河（大圍明渠，1970 年代；火炭明渠，1980 年代）和大埔林村河（1970 年代），均先後被渠道化。1970 年代，屯門河流域亦因應填海工程，出現大規模渠道化。另外，港府為紓緩新界北部水浸問題，1990 年代至 2000 年代，在雙魚河進行渠道化，拉直、擴闊和挖深河道。

河流渠道化後的主要影響包括：河岸和河床覆蓋混凝土層，致使河流湍灘—深潭序列（riffle-pool sequence）萎縮，河岸帶（riparian zone）退化；混凝土層亦削弱河流和地下水的水利聯繫，壓縮河流潛流帶（hyporheic zone）體積；渠道化後，流速加快，水位降低，河流棲息地面積減少。上述渠道化帶來的環境變化，將會影響河流生態系統。

此外，渠道化亦影響河溪水質。河流的淨化功能，主要取決於潛流帶和河岸帶的生物化學反應、良好地下水-地表水水力聯繫、河床微生物膜（biofilm），及各類水生動植物豐富度。河流渠道化，將大幅降低河水與地下水的水力聯繫，減少河流潛流帶和河岸帶的面積和體積，破壞河床底部微生物膜，減低河流生物多樣性。以硝酸鹽的轉化為例，河流潛流帶是去除硝酸根的關鍵區域，當潛流帶因渠道化而收縮，將減低反硝化反應（即硝酸鹽轉化為

氮氣，或氧化二氮釋放至空氣中進而去除）。因此，渠道化將降低河流水質淨化能力，進而影響河流的生態系統。

2. 河道活化

傳統渠道化工程對水文和生態產生負面影響，令渠道化的河流失去原本多重功能和價值。隨着近年特區政府和公眾對日益關注環境保護，特區政府推行河道活化或改善工程，即採取具環保效益的工程設計，盡量保持天然河溪景觀和生態價值。

2005 年，渠務署編制《河道設計的環境和生態考慮指引》（*Guidelines on Environmental and Ecological Considerations for River Channel Design*），是河道改善工程中如何考慮環境及生態的內部專業指引。2015 年，特區政府在施政報告中指出渠道化過程中「藍綠建設」和「河道活化」概念，並將其應用於大型河道改善工程和新發展區規劃上。在綜合考量經濟效益和生態保育基礎上，河道活化旨在提升排洪能力，並引進具備綠化和生態保育元素的可持續排水系統，包括種植多樣植物、營造天然溪澗環境，以保育河道生態系統、促進物種繁衍和增加河道的生物多樣性。此外，河道活化也包含綠化元素、美化景觀、促進生物多樣性、親水及近水活動（water-friendly activities）的目標（見圖 4-90）。

截至 2017 年，蠔涌河、啟德河、麻笏河、林村河、梅窩河等河流已成功實施河道活化工程。例如 2007 年至 2009 年間，蠔涌河渠化河道展開活化工程，具體措施包括河岸牆設置牆洞、河道設置魚堤、設置折流堤調節水流和促進河流微生境發育（見圖 4-91）。2015 年，麻笏河實施河道活化工程，其中上游試驗河段約 250 米，具體措施包括河堤鋪設植草磚、河床鋪設拋石、河岸帶種植樹木。

2016 年，林村河下游大埔頭水圍長 65 米的河段，展開河道活化工程，具體措施包括以大石和泥沙等構造自然河床，取代渠道化時採用的混凝土河床，並在河床和河岸帶種植不同

圖 4-90 活化河道的元素及概念圖

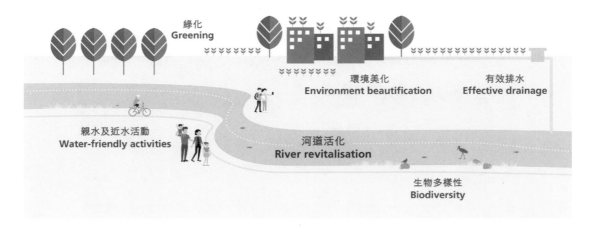

資料來源： 香港特別行政區政府渠務署。

植物，為淡水魚、兩棲類和雀鳥提供生境；於該處設置彎曲河道和魚堤，降低河水流速，營造水池和緩流等生境。

上述河道活化工程，提升了河流生物多樣性，植物、雀鳥、蜻蜓、蝴蝶及其他生物的數量和物種數量增加，同時亦產生淨化河流水質的作用。

圖 4-91A　蠔涌河活化河段的牆洞，於河水水位高漲時為魚類和其他水生動物提供庇護。（香港大學社會科學學院「賽馬會惜水‧識河計劃」提供）

圖 4-91B　蠔涌河活化河段由石塊組成的「折流堤」，可調節河水水流。（香港大學社會科學學院「賽馬會惜水‧識河計劃」提供）

圖 4-91C　林村河河道活化段魚梯。（攝於 2021 年，羅新提供）

圖 4-91D　河道活化後東涌河「河畔花園」概念圖。（香港特別行政區政府土木工程拓展署提供）

七、淨化海港計劃

十九世紀中葉以來，隨着經濟和社會發展，香港河溪和海域受到污水排放的影響。污水來源主要來自三方面：禽畜的排泄物、工業污水及家居污水。1990 年代初，每天有約 180 萬立方米污水排入海港，污染維多利亞港水質。

太平洋戰爭以前，香港處理污水主要策略是英佔初期的「雨污合流」（利用雨水沖走污物，雨水和污水共用同一條排水管道）及 1902 年推出「雨污分流」（雨水和污水排放系統分離）渠道系統。1980 年代，港府採取積極行動，逐步改善香港水質，包括 1980 年制定《1980 年水污染管制條例》（ *Water Pollution Control Ordinance, 1980* ）；1987 年開展污水收集整體計劃；1989 年，港府制定策略性污水排放計劃（後稱淨化海港計劃），成為香港當代污水處理主要政策，工程分為第一期和第二期（分甲、乙期），圖 4-92 為淨化海港計劃概略圖示。

圖 4-92　淨化海港計劃概略圖

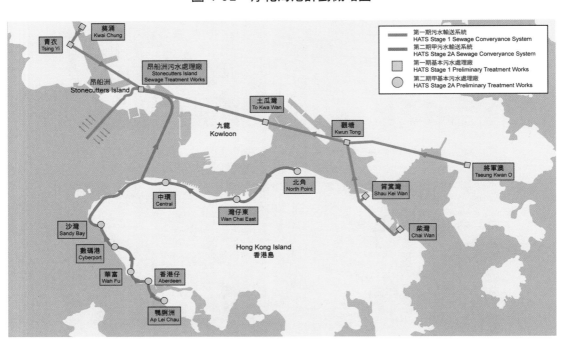

資料來源：　香港特別行政區政府渠務署。

1994 年，淨化海港計劃展開第一期的工程。工程包括建造一座位於昂船洲的化學強化一級污水處理廠、於昂船洲西南面建造一條長 1.7 公里的排放隧道及擴散器管道、全面提升七個初級污水處理廠，以及建造一個 23.6 公里的污水隧道網絡，收集來自九龍、青衣、葵涌、將軍澳及港島東部地區的污水，再輸往昂船洲的污水處理廠。

1997 年，昂船洲污水處理廠啟用（見圖 4-93）。該廠去除了污水中 70% 有機污染物（以生化需氧量計算）、80% 懸浮固體，每日截取 600 噸污水淤泥和有關污染物，維港海水嚴重污染的情況開始受到控制。2001 年 12 月，第一期工程全面啟用。維港污水集水區約 75% 污水被送往昂船洲污水處理廠，經處理後才排放到海港西部。

2008 年 4 月，淨化海港計劃第二期甲工程展開（見圖 4-94），主要措施包括：（1）改善

圖 4-93　昂船洲中央污水處理廠俯視圖。（攝於 2019 年，香港特別行政區政府渠務署提供）

圖 4-94　淨化海港計劃第二期甲污水輸送系統示意圖

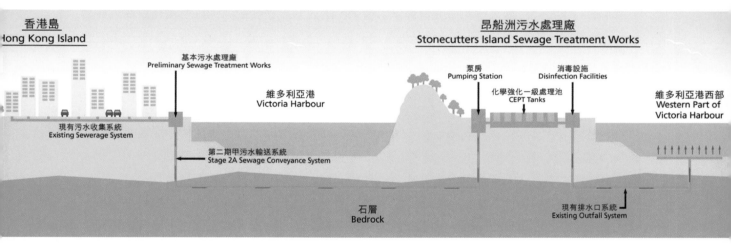

資料來源：　香港特別行政區政府渠務署。

北角、灣仔東、中環、沙灣、數碼港、香港仔、華富和鴨脷洲八個現有初級污水處理廠；
（2）提高昂船洲污水處理廠化學處理污水的能力，負荷量由每日 170 萬立方米提升至每日
245 萬立方米，並增加消毒設施；及（3）建造全長約 21 公里深層污水隧道，把來自初級
污水處理廠的污水輸送往昂船洲污水處理廠進一步處理，並在該廠加建消毒設施，減低污
水細菌含量。

2010 年 3 月，前期消毒設施啟用，令維港西部大腸桿菌水平顯著下降，在 1990 年代中期

至 2003 年因水質欠佳而關閉的荃灣七個刊憲泳灘逐步重開。2015 年 12 月，第二期甲工程全面啟用，將維港餘下 25% 源自港島北部和西南部、並只經初級處理的污水轉送至新擴建昂船洲污水處理廠，進行化學強化一級處理。

淨化海港計劃第一期和第二期甲實施後，香港公共污水收集網絡從 2001 年至 2018 年間累增 34%，總長度達 1770 公里，該網絡覆蓋全港 93% 人口。同時，污水處理量增加 17%至 10.07 億立方米，而同期人口增長則為 11%。截至 2017 年，隨着淨化海港計劃全面啟用後，維港水質已大幅改善，溶解氧含量持續上升，污染物濃度，包括大腸桿菌含量、非離子化氨氮水平、總無機氮水平，都大幅降低。由於水質改善，停辦多年維港渡海泳比賽於 2011 年復辦，並於 2017 年起採用 40 年前以尖沙咀為起點的海港中央賽道。

第六節　水文考察與研究

香港水文科研活動，包括對地面水、地表水和海水的考察、調查與研究。在 1840 年代英佔以前，僅有古代志書零星記述香港河、海、井泉等水體。建基於自然科學的科研活動，於十九世紀中葉以後才較活躍開展，長期以來研究者以外國和內地學者為主。各政府部門和大專學者，以不同角度考察和研究本地水文環境。三大類水文科研中，以海洋科研成果最豐碩，這與香港擁有 1648 平方公里海域，加上政府素來重視航運、商貿、漁業關係密切。

一、地面水

地面水科研工作，以河溪為主要對象，可追溯至古代方志的記載。清康熙、嘉慶《新安縣志》未設專題記述香港地區河川，但在記述山峰、海岸等自然風光、村落市集時，則往往旁及附近河流情況，尤其是開發較早的今新界西北部和北部。兩部《新安縣志》都有較詳細記載深圳河（時稱「滘水」）的情況：「滘水，在城東四十里，發源於梧桐，右莆隔，左龍躍雙魚諸山。西流曰釗日河，北出曰大沙河，二支分流至滘山，合流而西，曰滘水。經黃岡，逶迤四十里入後海」，[9] 河域流經新界北與深圳交界，最後在西邊流入后海灣。

在記載穿鼻滘時，也提及「穿鼻滘，在城東南三十里，發源於大帽、紅水諸山。由錦田、屏山十餘里西北合流，滙於穿鼻嘴，南折而入沙江海」，[10] 說明大帽山、紅水山一帶的河溪在新界西北合流，反映錦田河、山貝河、紅水河等河川的匯流狀況，合流位置約為今日香

9　靳文謨修、鄧文蔚纂：《新安縣志》，卷 3，〈地理志·海〉，頁 24 下 -25 上，總頁 23-24。舒懋官修、王崇熙纂：《新安縣志》，卷 4，〈山水略·水〉，頁 12 上，總頁 263。

10　舒懋官修、王崇熙纂：《新安縣志》，卷 4，〈山水略·水〉，頁 12 下，總頁 263。

港濕地公園、南生圍、米埔自然保護區之間的區域，最後流入后海灣。[11] 除天然河川外，《新安縣志》中也記載了不少人工建造、用以儲水灌溉的小型堤壩——「陂」，包括石湖陂、松柏蓢陂、三灣陂和河上鄉陂。

英佔以後，逐步出現建基於水文科學的河流調研。港府對河溪水文的調研，以環保署水質監測為主。在環保署成立前，工務局、農林漁業管理處等都曾經零星進行與水務工程相關的研究，包括集水區面積、流量和河網等。例如 1902 年，港府為滿足九龍地區日益增長的食水需求，展開九龍重力自流供水計劃，興建九龍塘配水庫（現稱前深水埗配水庫、深水埗主教山配水庫），工程於 1904 年完成，涉及對何文田一帶集水區的考察。1954 年，為配合香港島供水需要，港府於 1956 年至 1963 年間興建石壁水塘。1961 年因應水塘工程，當局堵截了南大嶼山的農田水源，造成該區嚴重缺水的問題，農林漁業管理處因而進行一系列輸水工程，涉及當地集水區河網的測量（見圖 4-95）。

自 1986 年起，環保署開始進行常規河溪水質監測計劃，審視河溪污染程度，監測河溪水質的長期變化趨勢，並為制訂相關政策提供科學依據。監測工作包括每月定期實地測量水質，以及收集水樣本作實驗室分析，包括有機物、營養物、金屬和大腸桿菌等 50 多個物理、化學及生物參數，並以按酸鹼值、懸浮固體、溶解氧、五天生化需氧量及化學需氧量五個具代表性的參數，計算水質指數達標率，每年公開讓大眾知情。在監測計劃開始時，香港共設有 47 個監測站，涵蓋 14 條河溪；至 2017 年，監測站已增加到 82 個，涵蓋 30 條河溪。環境署的監測數據，成為研究本地河溪的主要參照。

大專院校方面，河流研究的主力為地理、生態及相關學者。1994 年，英國生態學者杜德俊（David Dudgeon）與高行力（Richard Corlett）合著《山澗清流：香港的生態》（*Hills and Streams: An Ecology of Hong Kong*），書中首次把由凡諾提（Robin Vannote）等人於 1980 年提出的河流連續體概念（River Continuum Concept，RCC）應用於香港河川研究，說明土地河流互動對河川形成與變化的影響。

2007 年，地理和地質學者歐文彬（Bernie Owen）與蕭偉立（Raynor Shaw）合著《香港景觀：塑造荒蕪之地》（*Hong Kong Landscapes: Shaping the Barren Rock*），書中把香港分為十區，分述各區地形特色，旁及各區河流環境。其中在「新界西北」以較大篇幅介紹該區地面水文特徵，如米埔及鄰近濕地、氾濫平原及其形成的地貌，以及人為活動對該區水文環境的影響；在「新界東北」也提及因地質因素形成的瀑布、壺穴等地面水文現象。

2016 年，香港賽馬會慈善信託基金撥款予香港大學社會科學學院，進行「賽馬會惜水・識

11　靳文謨修、鄧文蔚纂：《新安縣志》，卷 3，〈地理志・海〉，頁 26 下 -27 上，總頁 24-25。舒懋官修、王崇熙纂：《新安縣志》，卷 4，〈山水略・水〉，頁 14 下，總頁 264。

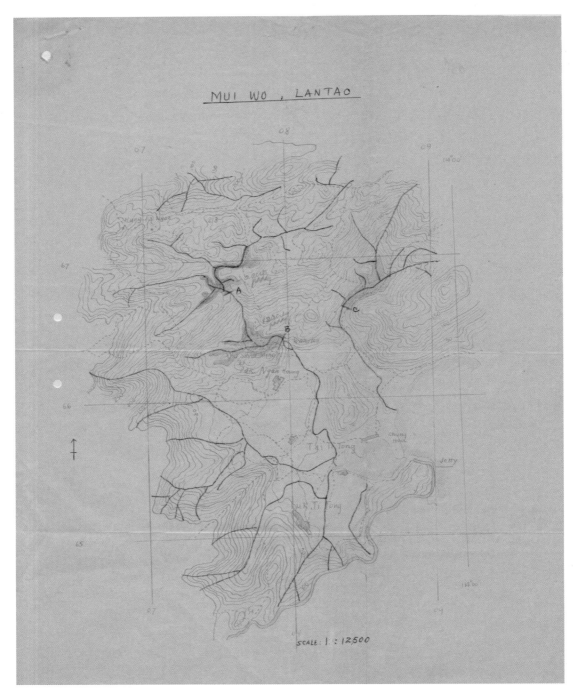

圖 4-95　梅窩一帶的集水區。1960 年代農林漁業管理處對梅窩地區集水區展開調查，以便向周邊村落供水灌溉，圖中可見梅窩地區河溪的幹流和支流分布。（政府檔案處歷史檔案館提供）

河計劃」（JC-Wise），通過推廣水足跡概念，將公眾與本地的河流重新連繫，加強公眾認識水資源的多重價值。計劃團隊以相關數據及資訊，製作了「香港河流資料庫」，當中的「香港河流概覽」記述河溪水質、河道管理等概況，「河道集」提供個別河道的具體資料及數據。

除了政府和大專院校，亦有非政府組織從事河流調研。2006 年至 2012 年，環保團體「綠色力量」以河川為單位，出版了一套六本的河流教師用書，從科普教育的角度記述林村河、錦田河、東涌河、山貝河、城門河及屯門河香港六條主要河道的河盆的地文、水文、土地利用、環境威脅和保育概況。

二、地下水

在香港水文科研中，以地下水取得成果最少，僅局限於個別、規模有限的應用型科研活動和項目，至今缺乏全面、系統的研究，零星研究成果集中於港島半山區，因該區曾爆發香港嚴重的鼠疫和山泥傾瀉事件，地下水被視為箇中重要的因素。

清康熙、嘉慶《新安縣志》未設專題記述香港地區的地下水，其中僅記述個別井泉，如「桂角泉，在桂角山下，泉水甘美」、「仙人井，在長洲山麓，泉出石上，隆冬不竭，甘冽異常」等。英佔以後，至 1920 年代以前，地下水的科研仍長期處於空白狀態。

1925 年至 1926 年，地質學者烏格爾從加拿大抵港，受聘於港府進行地質調查。1926 年，烏格爾發表《香港的地質和礦物資源》（*Geology and Mineral Resources of the Colony of Hongkong*）報告，提及自流含水層形成的前提條件是：地層隨着坡向傾斜，有含水層上下為相對弱透水層隔開，而該含水層在山頂出露，能讓雨水滲入補給。同時，該報告指出香港境內能符合上述條件的地方很少，主要在新界八仙嶺北面谷地，以及青山灣北面谷地，香港島則完全不具備這些條件。

1972 年，半山寶珊道發生嚴重山泥傾瀉事故。1980 年代，土木工程署轄下的土力工程處在當地安裝橫向排水管，以降低地下水位。2009 年，土力工程處設計了一個全新的地下水位調控系統，名為「寶珊排水隧道」，該系統包括 2 條排水隧道和 172 條排水斜管，並配有自動實時地下水監測系統，以便土力工程處調控地下水位，從而減少發生大型山泥傾瀉的風險。

至於香港地下水位的長期監測，數據非常有限。為配合半山區寶珊道滑坡研究，土力工程處在 1979 年到 1990 年監測了半山區 300 多個孔的地下水位；水務署在 1982 年到 2000 年監測了吐露港和西貢之間 18 個孔的地下水位；環保署在 1993 年到 1996 年監測了林村的 1 個孔水位和水化學資料；上文寶珊道排水系統自 2009 年建成後一直監測該區水位和流量。除此之外，政府再無其他地下水長期監測資料。

1990 年代以來，香港大學地球科學系的學者亦對地下水展開個案研究，其中焦赳赳的研究項目包括大規模填海對區域地下水系統的改變、港島半山區地下水研究，以及氡與鐳同位素在沿海區域經地下水流入吐露港情況等；羅新也發表了多篇地下水流入沿海地帶及湖泊的相關論文。

三、海水

1. 英佔以前的記載

相比地面水及地下水，傳統文獻對香港海洋記述較多，既有一般性的地理位置陳述，也有與航道相關的記述，更有潮汐漲退的觀察與記錄。

明嘉靖《廣東通志》已有記載佛堂門與急水門的水域情況，佛堂門「源于祥牁，經官富山西南入于海。在官富巡檢司東有島，上有天妃廟，分為南北二門，凡潮，自東南大洋西流，經官富止，而入于急水門。海番舶至此，無漂泊之處」；急水門「東自急水角，逕官富場之南，潮汐至此，勢愈湧急」，[12] 可見最晚至明代（1368—1644），佛堂門、汲水門一帶已經是船舶重要航道，且水流湍急。

清康熙、嘉慶《新安縣志》均設專題記述香港地區的潮汐概況，其中清康熙《新安縣志》記載：「潮：自縣東南大洋，通佛堂門，至南頭海。一派入虎頭門而上，其潮候消長，時刻不爽。」說明今香港海域潮水漲退自東南至西北的時間早晚規律。兩志書另有記述唐代（618—907）劉禹錫《沓潮歌》的典故。[13]

清嘉慶《新安縣志》記載了更多新安縣附近的海洋資訊，其中與香港地區相關者，如「後海，距城五里，通於海。東南即沙岡，其水中分沙江、水源二支，東南由大帽、紅水山滙歸穿鼻嘴，折而西。東由梧桐山迤邐而來，流至白鶴州合流，歸沙岡，繞護縣城」、「合連海，在城南百餘里，中繞大奚山」、「獨鼇洋，在城南二百里，左為佛堂門，右為急水門」、「急水門，在官富山南」、「鯉魚門，在官富山之南」等。[14]

此外，清嘉慶《新安縣志》對新安縣月間每天、以至四季的潮汐起落特點，更有深入記述，與使用現代科技觀測結果基本對應。可見當時官民對潮汐漲退，已有一定程度的觀察與掌握，並能歸納出箇中的變化軌跡。

---

12 黃佐纂修：《廣東通志》（明嘉靖間刻本），收入廣東省地方史志辦公室輯：《廣東歷代方志集成·廣州府部》，第 2 冊（廣州：嶺南美術出版社，2009），卷 13，〈輿地志一〉，頁 22 上，總頁 320。

13 靳文謨修、鄧文蔚纂：《新安縣志》，卷 3，〈地理志·海〉，頁 25 下，總頁 24。

14 舒懋官修、王崇熙纂：《新安縣志》，卷 4，〈山水略·水〉，頁 11 上 -11 下，總頁 263。

2. 海事及相關背景的水文測量

海圖製作、水深測量、水流監測

海圖主要描繪海床特徵，以及沿岸地理，目的在於協助船隻安全抵達目的地，同時也有軍事功能。早於 1767 年，英國人道爾林普（Alexander Dalrymple）以粗略探測方式，繪製了一份包含香港地區的珠江口東岸海圖。1841 年，「硫磺號」（HMS Sulphur）艦長、英國海軍中校卑路乍在入侵香港島時，製作了第一份香港海圖。

英佔初期，海域測量與海圖製作往往由英國海軍部負責。1860 年前，英軍只進行了個別的測量，至 1860 年代，為了填海和興建港口設施作準備，開始了在香港海軍船塢及維多利亞港海旁的水深測量。1877 年起，為確保日益繁忙的航道安全，英國海軍引入測量船協助測量工作，由是年至 1893 年測量水域包括藍塘海峽、將軍澳和佛堂門水道、九龍灣、維多利亞港兩岸和香港島南部（大潭沿岸、螺洲、橫瀾島一帶），範圍以中部水域為主。

1899 年起，「海上女巫號」（HMS Waterwitch）完成了多次測量任務，由 1899 年至 1909 年正式退役期間，測量海域包括大嶼山北部、吐露港、大鵬灣、吉澳海、印洲塘、沙頭角海、牛尾海和糧船灣，範圍以東部水域為主。

1902 年，「藍巴勒號」（HMS Rambler）首次在香港執行測量任務，負責在交椅洲至馬灣島、香港仔港、大鵬灣、東西博寮海峽、蒲台島與水道，以及香港海港探測水深，藍巴勒海峽（Rambler Channel）的命名正是紀念這艘船的貢獻。1909 年，「麥連號」（HMS Merlin）負責在不同填海區域、青山灣及后海灣測量水深，反映了踏入二十世紀初，測量範圍已逐步擴張至西部水域。

至 1929 年，「先驅號」（HMS Herald）成為駐香港水域的主要測量船，惟 1930 年代起，國際形勢變化，因此「先驅號」的測量工作轉為軍事性質。1936 年，「先驅號」在東博寮海峽和藍塘海峽為鋪設地雷和防衛圈進行測量和記號定位，協助海港東西入口的防禦工作。

二戰後，英國海軍測量船在香港水域的工作逐漸減少。1945 年，為改良和更新戰前的軍事海圖，當局成立特設的香港測量組（Hong Kong Surveying Unit），負責採集香港探測數據，並於 1946 年完成「通往澳門的水道」、「汲水門至虎門（珠江，南幅）」及「汲水門至虎門（珠江，北幅）」三份海圖。

1949 年後，兩艘海軍測量船「丹比爾號」（HMS Dampier）和「貝爾法斯特號」（HMS Belfast）派駐香港，基於軍事考慮，測量工作主要集中於海港東西入口。至 1960 年代至 1970 年代，「丹比爾號」依然負責多項測量任務，包括在 1958 年到 1961 年間為香港及鄰近地區港口工程與發展計劃進行一系列的測量工作、1960 年在香港海港六個區域的碼頭附近測量水深、1964 年與香港大學物理系合作，使用大學研發的原型側視聲納儀器詳細探

測香港海港的淺灘等。1972 年，最後一艘海軍測量船「長蛇號」（HMS Hydra）撤出香港，英國海軍船隻結束在香港海域進行測量工作。

1987 年 9 月，海事處成立海道測量組，向土木工程署提供航行所需的測量建議。1995 年，港府設立海道測量部。海道測量部負責測量水深和收集海道數據，以繪畫並更新海圖，於 2010 年完成整個系列的香港海圖。此外，該部亦與香港天文台及機場管理局合作管理本港 11 個測潮儀，並提供實時潮汐資訊。

潮汐和波浪監測

除了上述海道測量部外，香港天文台長時期負責潮汐監測工作。1887 年，天文台台長杜伯克（William Doberck）在維多利亞港首次以自錄儀器測量潮汐，其中 1887 年、1888 年和 1889 年的潮汐紀錄，後來成為英國海軍部自 1893 年起在潮汐表上公布的香港潮汐預測的基礎。另外，為監測維多利亞港海平面高度變化，自 1954 年起，天文台在北角／鰂魚涌設置驗潮儀，後於 1963 年在大埔滘另設驗潮儀，以監測吐露港一帶的海平面高度。數據顯示，維多利亞港的水位自 1954 年有儀器紀錄以來，以 1962 年的颱風溫黛為最高（3.96 mCD），2018 年的颱風山竹（3.88 mCD）、2017 年的颱風天鴿（3.57 mCD）與 2008 年的颱風黑格比（3.53 mCD）緊隨其後。

為建立波浪模型，預測海港的巨浪情況，自 1994 年起，土木工程處進行長期的波浪監測計劃，於交椅洲及西博寮海峽附近水域設立了兩個監測站，利用水下波浪記錄儀收集波浪數據（包括波譜有效波高、最大記錄波高、譜峰週期、跨零點波週期、平均波浪方向，以及平均水深）。數據顯示，波浪方向普遍來自南方及東南方，而巨浪情況一般出現於熱帶風暴襲港期間。

3. 漁業及相關背景的水文科研

1952 年，港府農林漁業管理處與香港大學合作成立香港漁業研究組（前身為太平洋戰爭前成立、尚屬臨時性質的漁業研究站），從事漁業相關科研活動。該組及後續單位在 1950 年代至 1980 年代之間曾配備過五艘漁業研究船，從事漁業技術研究和海洋學研究，以及協助開發漁場。曾在該組任職的周耀歧、區本元（R. Abesser）及黃志成，於 1950 年代《港大漁業彙刊》（_Hong Kong Fisheries Bulletin_）中發表多篇關於香港海域的水文研究，其中〈香港水域水文學之初步研究〉（"A Preliminary Study of the Hydrology of Hong Kong Territorial Waters"），運用了 1954 年 3 月至 1955 年 11 月透過研究船 Alister Hardy 在香港海域的海水測量結果（見圖 4-96），海水樣本取自香港海域 52 個不同分區的海面、水深 10 米、水深 20 米三處，測量其鹽度、溫度、含氧量及酸鹼值，研究反映香港海水水質深受珠江水流影響，而影響集中在香港西部海域，以及每年的 6 月前後，相反在每年 12 月至 3 月，影響力則明顯下降。

1960 年，港府與大學研究部門分家，香港漁業研究組移歸港府，由同年成立的新部門合作

圖 4-96　1953 年至 1977 年，Alister Hardy 研究船從事香港水域的水文調研。（攝於 1953 年，香港特別行政區政府漁農自然護理署提供）

事業及漁業管理處接手。同年，港府漁業研究站正式開辦，由該新部門管理，繼續進行漁業及相關科研。1960 年代，威廉森（Gordon Williamson）在〈香港水域漁場的水文和天氣〉（"Hydrography and weather of the Hong Kong fishing grounds"）報告中，採用了香港漁業研究組研究船「聖瑪利角號」（Cape St. Mary）在 1962 年至 1969 年收集的海洋資料，以及天文台的數據，總結前人的研究成果，並以當時最新的數據佐證前人論述，說明季候風、海潮、河流等因素對香港海域的影響。

在 1960 年香港漁業研究組全面移交港府後，香港大學仍進行海洋科研活動，以動物學系的海洋生物學者為主力。1972 年至 1973 年，動物學系研究人員每隔兩個星期，在香港水域五個地點抽取海水樣本，包括橫瀾島、昂船洲、香港仔、大欖涌、尖鼻咀，範圍橫跨香港東南至西北水域，以分析香港不同水域在海水溫度、鹽度、溶氧量、磷酸鹽含量等方面的特質。

1983 年，動物學系海洋生物學學者莫雅頓（Brain Morton）出版《香港海岸生態》（The Seashore Ecology of Hong Kong），是研究香港海洋生物學和生態學的權威著作。該書採納了 1972 年至 1973 年該系海水樣本數據，指出香港水域可分為東部、中部和西部三個次區，分別是大洋型海區、過渡型海區、河口型海區，成為香港海洋研究的經典理論。此外，莫雅頓亦積極推動香港海洋相關科研，促成 1989 年太古海洋研究所（Swire Marine Laboratory，1994 年改名為太古海洋科學研究所 Swire Institute of Marine Science）的成立，目前仍為香港海洋科研重鎮。

4. 環保背景的水質監測

自 1986 年起，環保署開始實施全面海水水質監測計劃，評估海水水質狀況，檢測主要水質指標的達標率，並監測水質的長期變化趨勢，從而為制定水污染管制策略提供科學依據。在 1986 年監測計劃開始時，香港設有 92 個海水水質監測站，其中 77 個設於開放水域，15 個設於避風塘，另有 19 個海床沉積物監測站。至 2017 年，海水水質監測站增加至 94 個，其中 76 個設於開放水域，18 個設於避風塘，另有 60 個海床沉積物監測站。

5. 其他科研活動

1970 年，香港中文大學海洋科學研究所（Marine Science Laboratory）成立（後改名李福善海洋科學研究中心），現址位於香港科學園，該研究所進行一系列關於生態學、基因組學、生態毒理學和生物技術等海洋研究。2010 年，香港城市大學海洋污染國家重點實驗室成立，匯集本地大學科研人員，專注於海洋污染問題，成為香港海洋研究的另一個重鎮。另外，在部分香港大專院校的機械工程系、土木工程系等科系亦有物理及工程學者，以物理學角度研究海洋水文相關課題，例如以流體力學理論研究波浪。

第五章
自然災害

香港位處華南沿岸，受亞熱帶季風氣候影響，四季分明，全年均會面對不同的自然災害。

香港夏季炎熱多雨，受暴雨影響至為頻繁，往往伴隨狂風、雷暴，而太平洋和中國南海生成的熱帶氣旋亦不時影響本港。當熱帶氣旋與本港距離較遠時，往往為本港帶來酷熱天氣以及湧浪，隨着熱帶氣旋移近，狂風暴雨以及風暴潮的破壞力隨風暴中心強度提升而增加。不論在短時間的暴雨和長時間的持續降雨影響下，本港山坡在高度城市化影響下加上缺乏保養，容易出現山泥傾瀉，而低窪地區和近岸地區則較常出現水浸和海水倒灌。伴隨雷暴偶發出現的龍捲風、水龍捲及雹暴，在本港亦有記錄。

秋冬季節，本港在強烈季候風和寒流影響下，偶爾出現低溫和罕見的霜雪現象，而乾燥天氣亦容易引發山火。春季潮濕多霧，容易出現低能見度現象，亦是紅潮出現的主要季節。

香港地質結構複雜以及高度城市化發展，使山泥傾瀉成為常見的地質災害，然而填海、興建隧道等基建工程亦有機會遇到沉降、溶洞和地下湧水等地質災害。雖然香港並非位於地震活躍帶，絕大部分境外發生的地震及其引發的海嘯對香港影響輕微，惟歷史紀錄表明香港不能完全免於地震和海嘯威脅，災害預警和潛在風險評估不可或缺。

面對各種自然災害，香港政府多年來致力完善預警系統，提升向公眾發布災害資訊的效率，社會的防災、應災意識亦與日俱增，整體而言社會遭受的破壞和損失逐漸減少。踏入二十一世紀，在全球氣候暖化影響下，極端天氣的出現次數愈發頻密，社會各界須保持警覺，加強防災、應災能力，將自然災害可能導致的人命傷亡和財物損失減至最低。

第一節　地震

一、華南地區地震與活動斷裂

地震是一種常見的自然現象，是斷裂帶兩側物質沿斷層面快速滑動的結果。據統計，全球平均每年可檢測到約 500,000 次有感地震。平均每年會發生一次 8 級或以上的大地震，以及 15 次 7 級範圍的地震。地球板塊運動形成了無數大小不一的板塊，而大地震則集中於板塊邊界。香港地區幅員不大，境內亦沒有大地震的紀錄，但發生在香港境外的地震，亦可能對香港造成一定的影響。香港的地震風險，取決於華南甚至整個東亞地區的地震格局，有機會影響香港的地震帶包括環太平洋地震帶、喜馬拉雅地震帶等，全數位處香港 800 公里以外。

中國地勢西高東低。印度板塊和歐亞板塊 5000 萬年前開始碰撞，令地殼快速隆升形成青藏高原，同時在整個周邊地區形成了眾多斷裂帶，並常伴有大地震，中國大多數 7 級以上地

震都發生在青藏高原周邊（見圖 5-1）。2008 年 5 月 12 日四川汶川 8 級大地震，發生在青藏高原與四川盆地之間的龍門山斷裂帶上，是進入二十一世紀以來中國傷亡最嚴重的一次地震，在 1400 公里外的香港也有震感。中國東部的地震活動較少，平均震級也顯著低於西部（見圖 5-1）。較大的地震主要集中在東北和華北地區，包括 1975 年海城 7.3 級地震和 1976 年唐山 7.8 級大地震。華南地區的主要地震事件包括明萬曆三十三年（1605）瓊州（今海南省）7.5 級地震、1918 年廣東省汕頭南澳 7.3 級地震和 1969 年廣東省陽江 6.4 級地震。台灣地區處於歐亞板塊和菲律賓海洋板塊碰撞的板塊邊界，所以亦是一個非常活躍的地震區。區內曾發生多次地震，包括 1999 年在台中至南投地區發生的 7.3 級集集大地震。該地震造成嚴重破壞和近 2400 人罹難，亦造成了許多大範圍的山泥傾瀉，經濟損失超過 92 億美元。

圖 5-1　1970 年 1 月 1 日至 2022 年 3 月 16 日中國及周邊 6.5 級以上地震分布圖

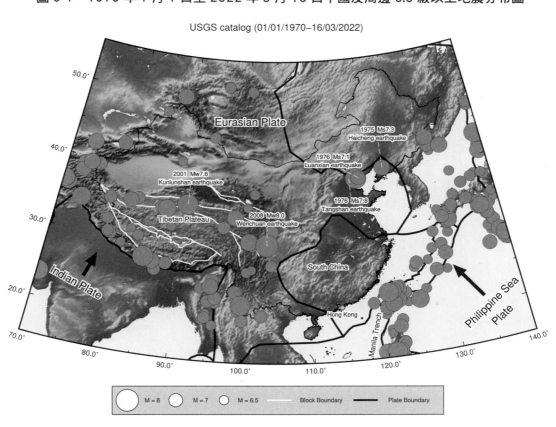

紫色圓點代表了地震位置（統計期限為 1970 年 1 月 1 日至 2022 年 3 月 16 日），白色實線代表青藏高原內部的主要斷裂帶，黑色實線為主要的構造塊體邊界。黃色鑽石標記了香港所在的位置。（香港地方志中心參考美國國家地質調查局〔USGS〕的地震資料以及 Bird, Peter, "An Updated Digital Model of Plate Boundaries," *Geochemistry Geophysics Geosystems*, Vol. 4, Issue 3 [2003]: p. 1027, doi: 10.1029/2001GC000252, 2003 的斷裂帶及構造塊體邊界資料製作）

華南地區經歷了從中生代板塊碰撞過渡到新生代地殼拉張的複雜變化，在沿海地區發育了許多東北—西南方向的斷裂帶（見圖 5-2）。其中蓮花山斷裂帶（Lianhuashan Fault Zone）南起珠江口，北抵粵東，連接政和 - 大浦斷裂帶，直至長江口，全長超過 1000 公里。斷裂帶上曾發生多次 5 級以上的中強度地震（見圖 5-3）。斷裂帶中個別斷裂以東北—西南向的規模最大、地表跡線最明顯，如政和 - 大浦斷裂帶、東莞斷裂帶、邵武 - 河源斷裂帶等（見圖 5-3）。此外，西北—東南方向也發育了大量斷裂，長度相對較短但活動性也很顯著。

除了陸地上的斷裂帶，海域中也發育了大小不一的斷裂帶。其中，濱海斷裂帶西起海南，連接北部灣，途經擔桿列島、南日島等島嶼，向東延伸至福建，總長達上千公里，是一條明顯的構造分界。濱海斷裂帶與香港直線距離最短約 40 公里，斷裂帶兩側的地殼特徵明顯不同，向內陸一側地殼厚度約 30 公里；而向海一側地殼厚度僅有 27 公里，屬大陸邊緣構造。這種構造差異也體現在重力、地磁場、衛星影像和地形地貌等觀測數據中。在珠江口地區，濱海斷裂帶稍向東南方向傾斜，擔桿列島外附近斷裂帶寬度約為 20 公里。雖然本港

圖 5-2　華南地區地質構造及主要斷裂帶分布圖

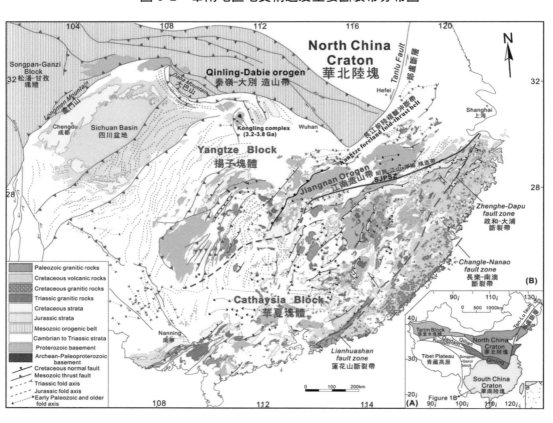

圖中標示了蓮花山斷裂帶的位置，南起珠江口，北抵粵東，連接政和 - 大浦斷裂帶，直至長江口，全長超過 1000 公里。（香港地方志中心參考中國地質科學院梁鋒提供的資料以及 Li, J., Y. Zhang, S. Dong, S. T. Johnston, "Cretaceous Tectonic Evolution of South China: A Preliminary Synthesis," *Earth-Science Reviews*, Vol. 134 [2014]: pp. 98-136 製作）

圖 5-3 華南地區主要斷裂帶和自 1970 年以來 5 級以上地震分布圖

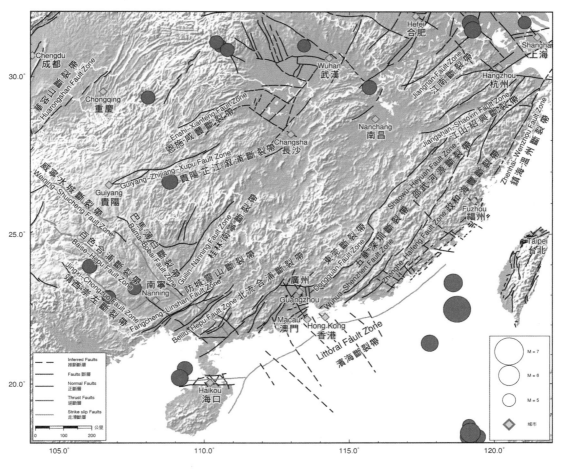

黑色及黃色實線代表華南地區的已知斷裂帶，紫色圓點代表地震（1970 年 1 月 1 日至 2022 年 3 月 16 日），黃色鑽石標記了部分主要城市。（香港地方志中心參考美國國家地質調查局〔USGS〕的地震資料，並綜合 Deng, Q. D., Deng, Q. D., P. Z. Zhang, Y. K. Ran, X. P. Yang, W. Min, L. C. Chen, "Active Tectonics and Earthquake Activities in China." *Earth Science Frontiers*, Vol. 10 [S1] [2003]: pp. 66-73 以及 Xia, S., J. Cao, J. Sun, J. Lv, H. Xu, X. Zhang, … & P. Zhou "Seismogenic Structures of the 2006 ML 4. 0 Dangan Island Earthquake Offshore Hong Kong", *Journal of Ocean University of China*, Vol. 17 [2018]: pp. 169-176 的斷裂帶資料製作）

未曾發生過破壞性地震，但在香港 200 公里範圍內發生多次中等規模地震，包括 1874 年 6 月 23 日擔桿列島 5.8 級地震、1905 年 8 月 12 日澳門附近海域的 5 級地震、1911 年 5 月 15 日惠州紅海灣 6 級地震等（見圖 5-4）。

香港境內也發育眾多西南─東北、西北─東南走向的斷裂帶（見圖 5-5，圖 5-6），與鄰近廣東省的斷層走向相同。個別斷層在華南地區可以追溯至 60 公里。大多數斷裂帶的寬度只有幾米寬，有些則可達到 1 公里，基本上是較老和沒有活動性的斷層。香港境內尚未錄得

破壞性地震，但偶有小地震發生，發生在長洲、后海灣、大欖涌、大鵬灣東等地方。1995
年 5 月 11 日大嶼山東部海域曾發生一次 3.1 級的地震，是香港自 1970 年代以來境內發生
最強的地震事件。

圖 5-4　香港周邊地區斷裂帶分布圖

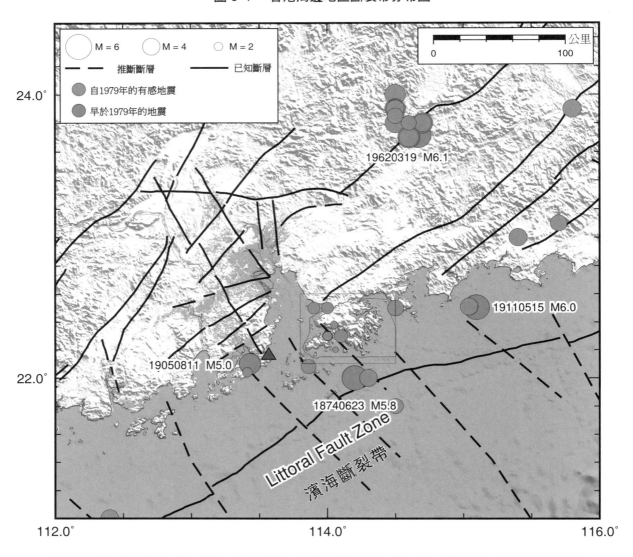

黑色實線為通過地質和地球物理調查確定的斷層，虛線為推斷的斷層。藍色和紅色圓點代表香港的有感地震分布。
紅色為早於 1979 年的地震，藍色為自 1979 年至 2022 年 3 月 16 日的香港有感地震。地震震級用英文字母 M 表
示。（香港地方志中心參考香港天文台的地震資料，並綜合 Deng, Q. D., Zhang, P. Z., Ran, Y. K., Yang, X. P., Min, W.,
Chen, L. C., "Active Tectonics and Earthquake Activities in China." *Earth Science Frontiers*, Vol. 10, S1 [2003] pp.
66-73 以及 Xia, S., Cao, J., Sun, J., Lv, J., Xu, H., Zhang, X., ... & Zhou, P., "Seismogenic Structures of the 2006 ML4.
0 Dangan Island Earthquake Offshore Hong Kong." *Journal of Ocean University of China*, Vol. 17, Issue. 1 [2018]:
pp. 169-176 的斷裂帶資料製作）

圖 5-5　　1979 年至 2022 年 3 月 16 日香港斷裂帶分布和有紀錄地震位置圖

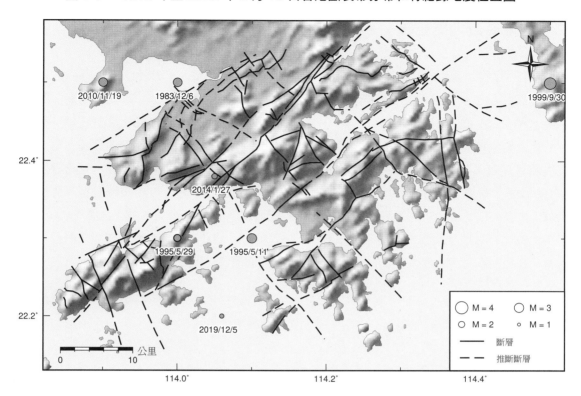

實線代表香港境內的已知斷層，虛線代表推斷的斷層位置，藍色圓點代表天文台記錄的地震（1979 年至 2022 年 3 月 16 日）。地震震級用英文字母 M 表示。（香港地方志中心參考香港天文台的地震資料以及土木工程拓展署《土力工程處報告第 311 號》的斷層資料製作）

圖 5-6　位於船灣郊野公園赤洲的正斷層。（譚佩玉提供）

二、香港有感地震紀錄

儘管香港遠離板塊邊界，但香港周邊地區不時有地震發生，部分地震也在香港引起了震感。根據文獻以及香港天文台（天文台）的報告記載，由 1905 年至 1978 年期間，共有 109 次強度不等的有感地震紀錄。自 1979 年香港短周期地震台網建成至 2017 年，香港共記錄到有感地震 70 次，平均每年大約 2 次。香港的有感地震大多來自台灣地區、華南地區以及菲律賓。其中震級最高者為 2008 年 5 月 12 日的四川汶川 8 級地震，距離香港近 1400 公里。根據香港的有感地震紀錄，距離香港約 800 公里之內的 6 級地震基本會引起震感，5 級有感地震的最遠距離約 500 公里，4 級地震則為 300 公里左右（見圖 5-7）。香港本地也偶有小地震發生，會引起輕微震感。1979 年至 2017 年，本地有感地震的震級最低為 1.8 級，為 2014 年 1 月 27 日的大欖涌水塘附近地震時所錄得。

震級是衡量一個地震大小的標度，地震烈度則衡量地震在地面造成的影響，與距離震源的遠近、震源深度和破裂特徵、當地的地質構造和土壤結構等因素密切相關。香港地區採用「修訂麥加利地震烈度表」（Modified Mercalli Scale），分為一（I）至十二（XII）度，一（I）度為最輕，十二（XII）度則極為嚴重。修訂麥加利地震烈度表對震動具體的描述見表 5-1。

香港絕大多數有感地震的烈度為修訂麥加利地震烈度表的 V 度以下，震感較為輕微（見圖 5-8）。

圖 5-7　香港有感地震的分布及震級統計圖

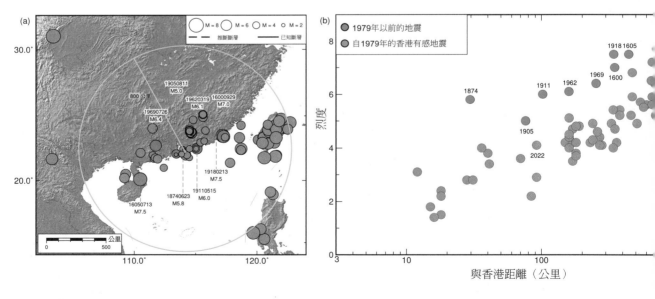

左圖是香港天文台記錄的香港有感地震分布，紅色圓圈代表 1979 年以前的地震，藍色為 1979 年至 2022 年 3 月 16 日的紀錄。地震震級用英文字母 M 表示。右圖是香港有感地震的震級與地震到香港的距離之間的相關性。約 800 公里之內的 6 級地震都可以在香港引起有感震動。震級最大有感地震為 2008 年 5 月 12 日的四川 8 級地震。（香港地方志中心參考香港天文台的地震資料製作）

表 5-1　香港天文台採用的修訂麥加利地震烈度情況表（1956 年版本）

烈度等級	震動描述
I 度	無感。屬於大地震影響範圍邊緣的長周期效應。
II 度	在樓宇上層或合適位置，且在靜止中的人有感。
III 度	室內有感。懸掛的物件擺動。類似小型貨車駛過的振動。持續時間可以估計。未必認為是地震。
IV 度	懸掛的物件擺動。類似大型貨車駛過的振動，震盪感如大鐵球撞牆。停放着的汽車擺動。門、窗、碗碟發出響聲。緊靠的玻璃及陶瓷器皿叮噹作響。更甚時，木板牆和框架會發出吱吱聲。
V 度	室外有感，方向可以估計。睡者驚醒。液體激盪，少量溢出容器之外。放置不穩的細小物件會移動或翻倒。門窗自開自合及搖擺。百葉窗及掛畫移動。擺鐘時停時擺或者時快時慢。
VI 度	人人有感。多數人會驚慌跑出戶外。不易穩步而行。窗戶、碗碟、玻璃器皿碰破。書籍及小擺設從架上掉下。掛畫從牆上跌落。傢具移動或翻倒。不結實的灰泥及 D 類磚石建築出現裂縫。教堂和學校小鐘自鳴。樹木和叢林出現搖擺（看見擺動或者聽到沙沙聲）。
VII 度	站立有困難。汽車司機感到地震。懸掛的物件抖動。傢具破壞。D 類磚石建築出現裂縫及損毀。脆弱的煙囪自屋頂破裂。灰泥、鬆散的磚塊、石片、瓦片、飛簷、孤立的矮牆及建築飾物紛紛墮下。C 類磚石建築出現若干裂縫。池塘揚起波浪。池水混濁有泥。沿沙石堤岸發生輕微山泥傾瀉和塌陷。大鐘自鳴。混凝土製的灌溉渠道受到破壞。
VIII 度	行駛中汽車受到影響。C 類磚石建築出現損毀，部分倒塌。若干 B 類建築損毀，A 類建築則不受影響。灰泥掉落，磚牆倒塌。煙囪、工廠煙囪、紀念碑塔、高架水塔等出現扭曲，甚至倒下。沒有釘牢在地上的木屋會在地基上移動，鬆的牆板會破落。腐朽的木柱折斷。樹枝脫落。泉井的水流或溫度出現變化。潮濕土地及斜坡出現裂縫。
IX 度	大多數人恐慌。D 類磚石建築被摧毀；C 類重大損毀，間中有全面倒塌；B 類亦嚴重損毀（地基普遍受到破壞）。沒有釘牢在地上的木屋震離地基，木架扯斷。水塘遭受嚴重損毀。地下管道破裂。地面裂縫顯著。沖積土地上有泥沙噴射現象，形成地震泉和沙穴。
X 度	大多數磚石建築及木屋均連地基摧毀。若干建造良好的木結構及橋樑亦遭摧毀。水壩、溝渠、堤岸受嚴重損毀。大範圍山泥傾瀉。引水道、河流、湖泊的水激盪拍岸。沙灘及平地上的泥沙作水平移動。鐵軌輕微彎曲。
XI 度	鐵軌大幅度彎曲。地下管道完全失去作用。
XII 度	破壞幾乎是全面的。巨石移動。地形改變。物件被拋擲至空中。

注：為免含糊，磚、石等建築物的品質分為 A、B、C、D 四類（這分類法與建造業慣用的 A、B、C 建築分類法毫無關係）。A 類：工藝、灰泥、設計各方面均屬良好；並以鋼筋混凝土等加固，尤其能抵受側面壓力。B 類：工藝、灰泥均屬良好；有加固，但在設計上沒有詳細考慮抵受側面壓力。C 類：工藝及灰泥只屬一般水平；雖不至於有牆角不銜接一類重大弱點，但卻沒有加固，更沒有抵抗水平壓力的設計。D 類：用料脆弱，如用土坯；灰泥質劣；工藝不佳；水平承受力弱。

資料來源：　香港天文台。

香港有紀錄以來錄得的最高烈度地震為 1918 年 2 月 13 日位於廣東省汕頭附近的南澳 7.3 級地震，地震發生時間為下午 2 時 07 分，距離香港約 300 公里。震中附近的極震區烈度達到 X 度（見圖 5-9），在香港造成達 VI 至 VII 度烈度的震感。地震發生時全港都感受到明顯震動，幾乎所有建築物都在搖晃，市民從猛烈搖晃的建築物中湧到街上，更有人驚慌受

圖 5-8　香港有感地震烈度統計圖

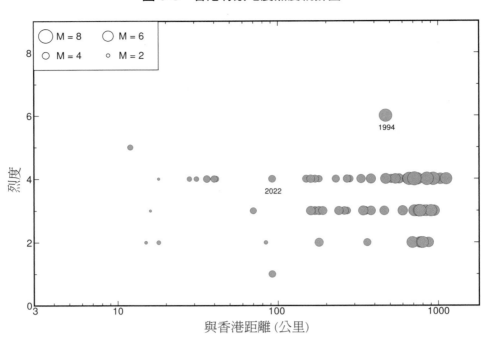

本表包括自 1979 年以來，香港有感地震（距離本港 1000 公里或以內範圍）的烈度分布，圓圈大小對應着地震的震級（以英文字母 M 表示）。其中在香港烈度最高的一次為 1994 年 9 月 16 日台灣海峽南部 7.3 級地震。（香港地方志中心參考香港天文台的地震資料製作）

傷。香港多棟建築物在該地震中受損，據 1918 年天文台台長報告中記載，這次地震中天文台總部上層的房間牆壁亦出現裂痕；而羅便臣道的聖若瑟書院，更因校園受到嚴重破壞而需要搬遷。

自 1960 年代起，在香港造成明顯震感的 6 級以上地震包括 1962 年的廣東省河源 6.1 級地震和 1969 年廣東省陽江 6.4 級地震，距離香港分別約 180 公里和 250 公里，是距離香港最近、震感最強烈的兩個地震。其中廣東省河源 6.1 級地震發生在 1962 年 3 月 19 日上午 4 時 18 分，是中國迄今為止最大的水庫誘發地震。河源市新豐江水庫小地震頻繁，以 2 級左右居多。該地偶爾有超過 4 級的地震，在香港會引起震感（見圖 5-7）。陽江 6.4 級地震發生於 1969 年 7 月 26 日當地時間上午 6 時 49 分，這次地震是自 1918 年以來廣東省最大的一次地震，也引起了多次餘震，部分餘震曠日持久，包括 1986 年 1 月 28 日及 1987 年 2 月 25 日兩次 5.2 級地震，在香港也有震感。

至於天文台自 1979 年起設立短周期地震監測網以來，由該監測網在香港錄得的最高地震烈度紀錄為 VI 度，來自 1994 年 9 月 16 日下午 2 時 20 分於台灣海峽南部發生的 7.3 級地震，距離香港約 500 公里，在香港造成少見的強烈震感。此次地震也引發了小規模的海嘯，在台灣地區澎湖錄得 0.38 米的波高。

圖 5-9　1918 年南澳 7.3 級地震震中位置（紅色點）及烈度分布圖

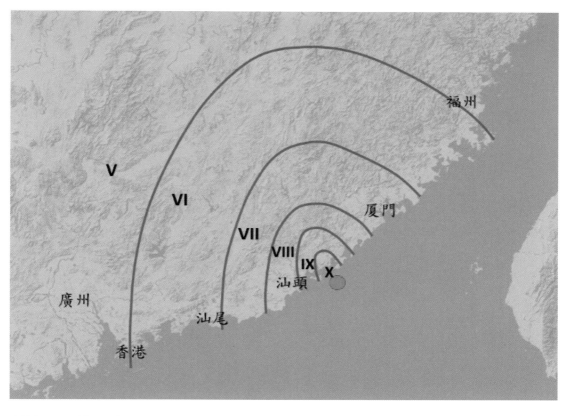

資料來源： 香港天文台。

天文台網站亦設有「報告香港有感地震」的服務，讓感受到地震的市民，可以及時報告自己所在位置、感受到的晃動情況等信息。

三、香港地震監測台網

天文台自 1921 年 10 月起，開始利用地震儀來監測地震，首套儀器是三分量長周期 Milne-shaw 地震儀，於 1924 年 1 月 10 日記錄到了香港第一次有感地震，一直運作至 1941 年。日佔期間，儀器遺失，因此戰時地震紀錄缺失，直到 1951 年安裝了由美國聖路易斯生產的自震周期為 15 秒的 Sprengnether 地震儀（水平及垂直方向自震周期分別為 14.5 秒及 1.5 秒），香港才重新恢復地震監測。

1963 年起，天文台使用自震周期為 15 秒的 Sprengnether 地震儀以及 1 秒的短周期 Benioff 地震儀，作為全球標準地震台網（World-Wide Standardized Seismograph Network, WWSSN）的一部分（見圖 5-10）。地震儀自投入運作以來，記錄到了多次地震。圖 5-11 展示 1969 年 7 月 26 日廣東省陽江 6.4 級地震。

圖 5-10　香港天文台在 1963 年起使用的地震儀。（香港天文台提供）

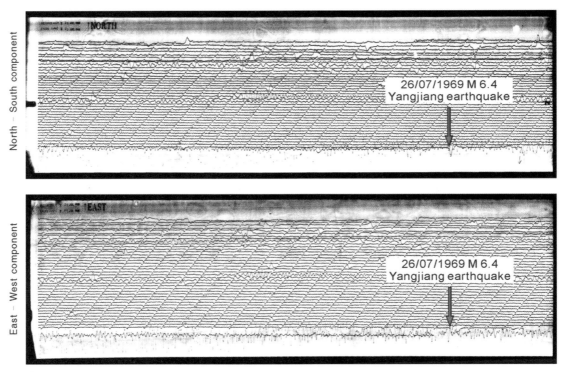

UTC Time (02:39 25 JUL 1969 - 23:46 25 JUL 1969)

圖 5-11　香港天文台記錄的 1969 年 7 月 26 日廣東省陽江 6.4 級地震。（香港天文台提供）

自 1979 年起，天文台在香港境內設立了短周期地震台網，包括四個站址：天文台總部、尖鼻咀、元五墳和長洲，監測香港及鄰近區域的地震活動。1997 年，香港地震台網增至五個站，全部地震儀升級為數碼化記錄。2017 年，香港共有七個短周期地震儀站，分別位於鶴咀、長洲、羌山、鉛礦凹、鹿頸、尖鼻咀和元五墳（見圖 5-12）。此外，香港還建有兩個寬頻帶地震儀站，位於港島寶珊道和尖沙咀天文台總部，與短周期地震儀站共同構成了香港地震台網（見圖 5-12）。寶珊站建於港島半山寶珊道的排水隧道內，深入山體 300 米，配備寬頻帶地震儀，在 2010 年 2 月開始正式運作。2011 年，尖鼻咀、鉛礦凹、元五墳、寶珊和天文台總部台站安裝了強震儀，可以實時記錄地震中地面震動的加速度。

除了香港本地的地震監測台網，天文台還實時從全球地震台網收集地震波形資料，並計算地震發生時間、震中位置和震級，及時向公眾發布。天文台也從各地不同部門收集相關地震資料，包括中國地震局、廣東省地震局、聯合國教科文組織政府間海洋學委員會南中國海區域海嘯預警中心（South China Sea Tsunami Advisory Center, SCSTAC，下稱南中國海區域海嘯預警中心）、美國國家海洋與大氣管理局負責運行的太平洋海嘯預警中心（Pacific Tsunami Warning Center, PTWC）、日本氣象廳負責運行的西北太平洋海嘯預警中心（North West Pacific Tsunami Advisory Center, NWPTAC）、美國國家海嘯預警中

圖 5-12　2017 年香港地震台站分布圖

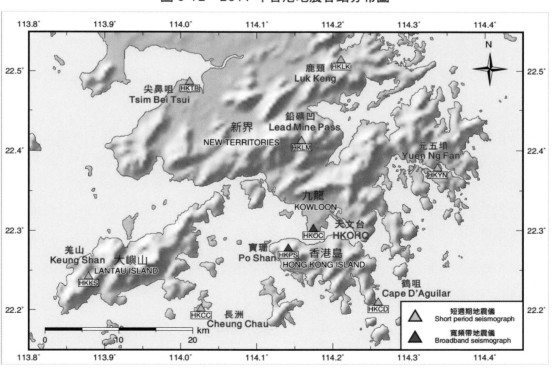

天文台總部和寶珊配備了寬頻帶地震儀（藍色），可以同時記錄上下、東西、南北三個不同方向的地面晃動。而其他台站則配備了短周期地震儀，其中部分台站亦配備強震儀（加速度儀器）。（香港地方志中心根據香港天文台資料製作）

心（National Tsunami Warning Center）、美國國家地質調查局（United States Geological Survey）等。天文台通過多渠道發布全球 5 級或以上地震信息；還會自動推送 6 級或以上地震信息給相關政府部門、新聞媒體等。一般情況下，5 級或以上地震發生後十數分鐘內，天文台會在網站和社交媒體專頁發出「地震速報」公布有關信息。

與短周期地震儀相比，寬頻帶地震儀可用作監測全球地震的長周期信號，其記錄到的地震波數據透過位於美國的世界地震學聯合研究會（Incorporated Research Institutions for Seismology, IRIS）實時與全球科研人員共享。寶珊站也是本港唯一與 IRIS 實時共享數據的台站。

短周期地震儀站對於監測和研究香港周邊地區的地震十分關鍵，相關的數據紀錄可用於地震定位和震源機制等方面的研究。此外，短周期地震儀站可以記錄高頻的地震震動速度和加速度。對於香港附近的地震，紀錄累積的數據可以用於本港的地震災害評估。

四、地震風險評估

香港距離主要的板塊邊界較遠，自 1918 年南澳大地震以來未曾遭遇破壞性地震，但香港周邊仍有許多大大小小的斷裂帶，包括濱海斷裂帶。這些斷裂帶是否會產生破壞性地震，尚待科學界研究。對於長時間未曾有破壞性地震發生的區域，地震風險評估尤為關鍵。華南地區發生過一系列破壞性地震，以濱海斷裂帶發生數次 7 級以上的地震為甚。由於華南地區人口密集、經濟發達，加上國家正在建設粵港澳大灣區，區內人口約 7000 萬，經濟總量大，地區生產總值佔全國的比例超過 12%，一旦發生強震，造成的損失和社會影響不可估量。

開展相應的地震風險評估是保障經濟發展、事關國計民生的重要課題。不同機構和團隊曾開展了多次香港地震災害評估，並發布了相關的分析結果。香港土木工程署（2004 年起與拓展署合併為土木工程拓展署）轄下土力工程處先後於 1998 年和 2015 年發布了《香港地震災害分析報告》，當中的災害評估由土力工程處委託奧雅納工程顧問（Arup，下文簡稱奧雅納）與廣東省地震局工程防震研究院在 2011 年合作完成。

自 1918 年南澳地震以後，香港境內未曾錄得破壞性地震，所以地震風險評估的主要依據是歷史上曾發生的地震和由儀器記錄的周邊小地震。

2012 年，土力工程處開展了香港地震紀錄調查，包括歷史文獻中的描述，以及由近代地震儀記錄的地震。歷史上地震的烈度可以見於不同文獻紀錄，並可透過烈度來推斷震級。土力工程處在 2012 年發表的香港周邊地震目錄中，包括了所有距離香港 500 公里之內、發生在 2011 年 9 月之前 5 級或以上的地震（見圖 5-13），以及 1970 年至 2011 年 9 月所

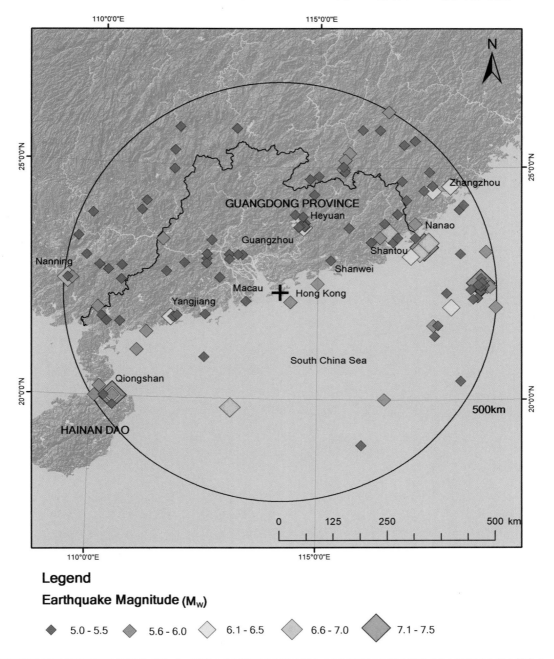

圖 5-13 截至 2011 年 9 月，距香港 500 公里之內，5 級或以上地震的分布圖

Legend

Earthquake Magnitude (Mw)

◆ 5.0 - 5.5　◆ 5.6 - 6.0　◇ 6.1 - 6.5　◇ 6.6 - 7.0　◆ 7.1 - 7.5

不同顏色標記代表不同的矩震級（Mw），藍色：5.0 級至 5.5 級；綠色：5.6 級至 6.0 級；黃色：6.1 級至 6.5 級；橙色：6.6 級至 7.0 級；紅色：7.1 級至 7.5 級。（資料來源：香港特別行政區政府土木工程拓展署轄下土力工程處《土力工程處刊物第 1/2012 號》）

有距離香港 150 公里之內儀器記錄震級在 2.1 或以上的小地震（見圖 5-14）。

地震災害評估中，其中一個關鍵指標是活動斷層。2015 年土力工程處發布的報告，利用了各種方法來判斷香港境內是否有活動斷層，包括地層錯動證據、斷層相關物質定年、大型

図 5-14 截至 2011 年 9 月，距香港 150 公里之內，2.1 級或以上地震的分布圖

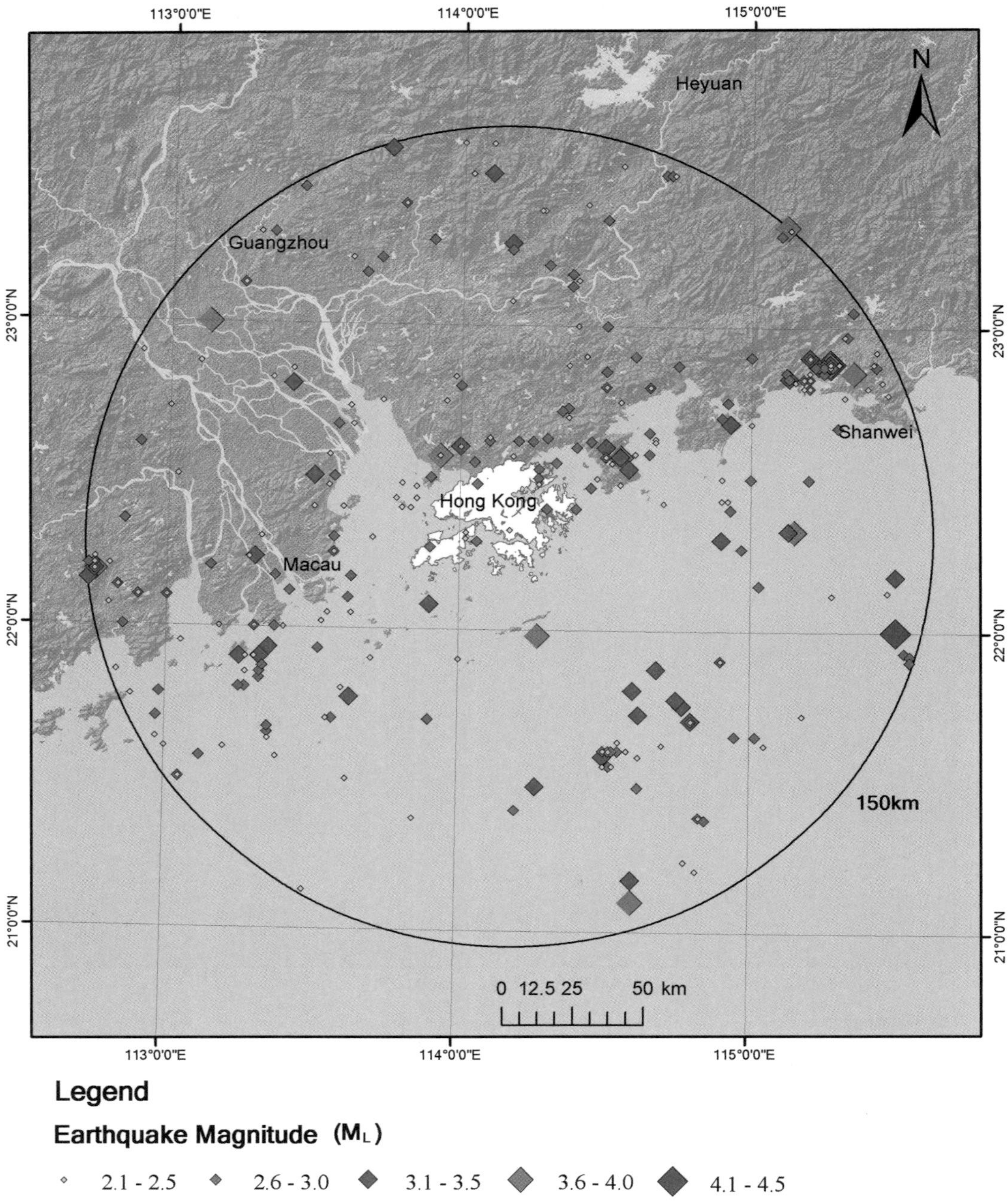

Legend

Earthquake Magnitude （M$_L$）

◇ 2.1 - 2.5　　◆ 2.6 - 3.0　　◆ 3.1 - 3.5　　◆ 3.6 - 4.0　　◆ 4.1 - 4.5

不同顏色標記代表不同震級，灰色：2.1 級至 2.5 級；綠色：2.6 級至 3.0 級；黃色：3.1 級至 3.5 級；橙色：3.6 級至 4.0 級；紅色：4.1 級至 4.5 級。（資料來源：香港特別行政區政府土木工程拓展署轄下土力工程處《土力工程處刊物第 1/2012 號》）

滑坡定年，以及野外斷層地質調查。最終結論是，所有在香港境內觀測到的斷層滑動都發生最少在數萬年之前，大多數活動都遠在白堊紀，因此香港目前沒有活動斷層。有關活動斷層的判定，對確定香港周邊的潛在震源區十分重要。

地震災害評估中的關鍵一環是將研究區劃分為不同的小區塊，然後根據歷史地震紀錄、斷層尺寸及活動性、小地震分布等，評價每一個小區塊中可能產生的地震最大震級。潛在震源區劃分的原則可概括為歷史地震重演和構造類比兩條基本原則。歷史地震重演原則認為，歷史上發生過大地震的地方，將來還可能發生類似的地震。根據歷史地震的地點和強度，結合現代強震活動及中小地震活動特點和規律的研究，劃分潛在震源區。構造類比原則是根據已經發生強震地區發震構造條件的研究，外推到具有相同或類似構造條件的區域。然而，大地震並不是在深大斷裂帶上均勻發生，而只在某些具有特定發震構造條件的部位和地段發生。因此，潛在震源區劃分應在研究地震活動性、強震活動與地球物理場及深部構造的相關性、強震活動與現代構造運動的相關性及現代構造應力場的基礎上進行。

在製作《中國地震動參數區劃圖》的過程中，廣東省地震局工程防震研究院將華南沿海地區劃分為 156 個潛在震源區（見圖 5-15），並評估了每個區域的潛在最大震級。每個震源區大小面積不等，最大評估震級也存在明顯區別。在 1918 年南澳地震發生的區域，最大評估震級被設定為 8 級。距離香港較近的濱海斷裂帶擔桿島段的最大評估震級為 7.5 級，附近海域中的兩個區域最大評估震級為 7 級（見圖 5-16），而珠江口區域的最大評估震級被劃定為 6.5 級。

香港本身就是一個潛在震源區，區內包括東側的西北向大鵬灣斷裂，位於西側的西北向珠江口斷裂，南部的東北偏東向擔桿島斷裂，北部的五華 - 深圳斷裂。這些斷裂在第四紀期間都有不同程度的活動，本區的震級上限為 5.5 級。奧雅納根據香港周邊地震分布、地質構造背景，構建了另一個潛在震源區的模型（見圖 5-17）。與廣東省地震局的震源區劃相比，奧雅納的震源區覆蓋面積較小，集中在香港周圍地區。個別震源區的面積較大，因此總體數量較少，總數為 20 個，其中包括 4 個海域震源區，16 個陸地震源區，然而兩個機構劃分的區域界線基本一致（見圖 5-18）。在奧雅納的區劃中，靠近汕頭的南澳地震源區的最大評估震級同樣被設定為 8 級，靠近香港的擔桿島區域最大評估震級為 7.5 級，靠近海南島曾發生過 1605 年瓊州地震的區域被設定為 7 級，其餘區域的潛在最大評估震級統一為 6.5 級（見圖 5-18）。

在劃定潛在震源區和評估最大震級後，可以計算每個區域內每年大於某一震級的地震數目。由於小地震對於社會、經濟的影響微乎其微，所以通常選取 4 級或 5 級地震作為截止震級。以奧雅納的震源區劃為例，每個震源區可估算到每年 4 級地震以上的數目，再平均分配到每平方公里面積上，就得到了 4 級以上地震的年度發生率（見圖 5-19）。圖中顯示，年度發生地震數目最高的區域為廣東省河源新豐江水庫。在劃分潛在震源區、估算每個震源區的最大震級、計算每個震源區的年度平均地震發生率之後，通過地震震級和地表強震動的衰減關係（地面震動隨距離增加而減小，這個衰減關係與地震波的周期有關），再考慮到不同震源參數（震源深度、破裂方向性）的影響，就可以圈定一個地區，超越某一地表震動等級的概率（超越概率）。

圖 5-15　廣東省地震局工程防震研究院的華南沿海地區潛在震源區劃分圖和歷史地震紀錄

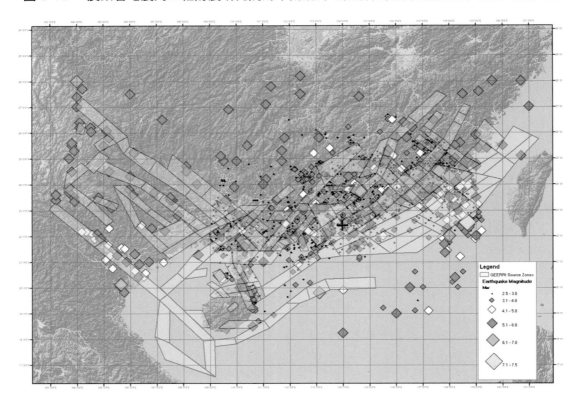

黑色十字標記了香港的位置。不同顏色標記代表不同的矩震級（Mw），黑色：2.5 級至 3.0 級；綠色：3.1 級至 4.0 級；
白色：4.1 級至 5.0 級；紅色：5.1 級至 6.0 級；橙色：6.1 級至 7.0 級；黃色：7.1 級至 7.5 級。（資料來源：香港特別
行政區政府土木工程拓展署轄下土力工程處《土力工程處報告第 311 號》）

圖 5-16　廣東省地震局工程防震研究院的華南沿海地區潛在震源區劃分圖和最大評估震級

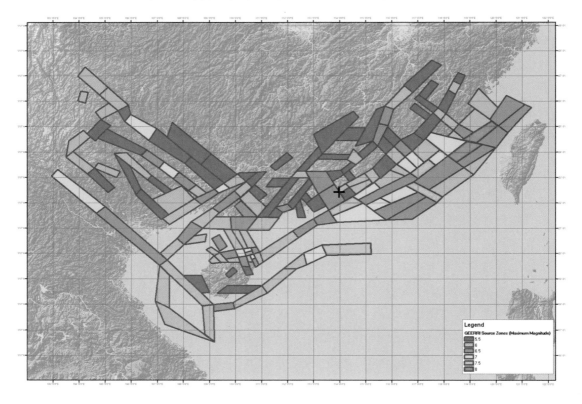

香港附近的擔桿島段最大評估震級為 7.5 級（橙色標示），鄰近海域為 7 級（黃色標示），珠江口區域為 6.5 級（綠色
標示）。（資料來源：香港特別行政區政府土木工程拓展署轄下土力工程處《土力工程處報告第 311 號》）

圖 5-17　奧雅納參考廣東省地震局工程防震研究院的潛在震源區劃分圖，修訂得出的新潛在
震源區劃分圖

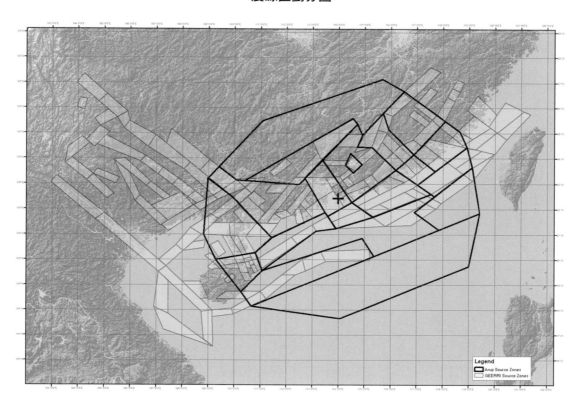

奧雅納劃分的潛在震源區域（黑色線）與廣東省地震局工程防震研究院的劃分結果對比。兩者劃分區域的設計理念基
本一致，但是區域覆蓋面積不同。（資料來源：香港特別行政區政府土木工程拓展署轄下土力工程處《土力工程處報
告第 311 號》）

圖 5-18　奧雅納的潛在震源區劃分圖的最大震級

不同顏色標記代表不同的最大震級，藍色：6.5 級；綠色：7 級；黃色：7.5 級；黑色斜線：8 級。（資料來源：香港特
別行政區政府土木工程拓展署轄下土力工程處《土力工程處報告第 311 號》）

圖 5-19 奧雅納潛在震源區劃分圖所示大於 4 級地震的年度發生率

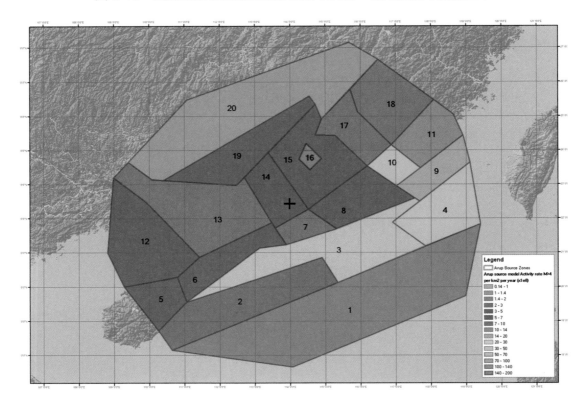

年度發生地震數目最高的區域為紅色標示的廣東省河源新豐江水庫。（資料來源：香港特別行政區政府土木工程拓展署轄下土力工程處《土力工程處報告第 311 號》）

2015 年 5 月，土力工程處發表的《香港地區地震災害分析》的結論與之前調查結果基本相同：香港周邊的地震稀少，活動程度低，香港的地震災害程度也遠低於台灣地區、中國西部、菲律賓等地區，然而香港的地震風險不容忽視。以未來 50 年內的時間窗口為例，香港地區有 10% 的概率會發生 0.09 g 至 0.12 g 的地表震動，相當於重力加速度的十分之一。能產生這種震動等級的地震有多種可能性，比如 60 公里之外一個 5.75 級的地震，或者 150 公里之外的一個 6.75 級地震。相比之下，香港地區有 2% 的機率會產生 0.24 g 的基岩峰值加速度（以 0.5 秒周期為參考，近地表較弱的軟土層會對基岩加速度有放大作用），相當於一個本地的 5.5 級地震，或者 60 公里之外的一個 7 級地震，或者 300 公里之外的 7.75 級地震。

除了對香港開展整體性的評估，土力工程處與奧雅納和廣東省地震局廣東省工程防震研究院也針對新界西北部作出地震微分區劃評估（seismic microzonation assessment）。根據地形和地質環境，研究提出了土壤液化潛力（liquefaction potential）和地形對地震波放大反應（topographic amplification factor）的微分區地圖，如圖 5-20 至圖 5-22 所示。但由於地形放大效應主要於山脊線發生，預計並不會對研究區域內的主要建築範圍造成影響，但有機會引致山泥傾瀉。

有見及此，土力工程處在 2018 年發表了《地震引起的天然山坡山泥傾瀉風險評估》研究報告，並計算天然山坡在地震和暴雨的聯合影響下山泥傾瀉的易發性。總括而言，地震對天然山坡山泥傾瀉的影響遠比暴雨低（見圖 5-23，圖 5-24）。可是，地震造成的崩塌山泥可

圖 5-20　未來 50 年內超越概率 2%的遠場地震下基於最佳估算（best estimate design lines）
得出的液化可能性等高圖

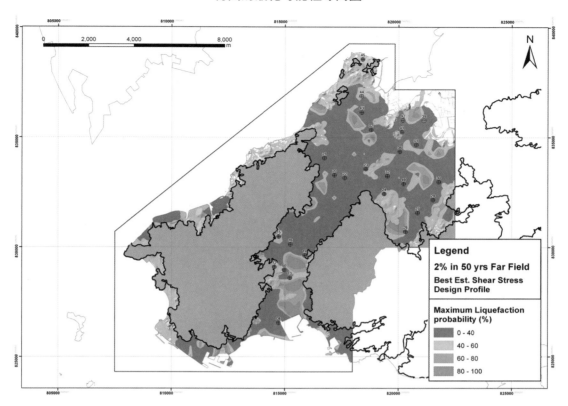

估算範圍涵蓋新界西北地區。不同顏色標記代表不同的最大液化概率，綠色：0-40%；黃色：40-60%；橙色：60-80%；紅色：80-100%。（資料來源：香港特別行政區政府土木工程拓展署轄下土力工程處《土力工程處報告第 338 號》）

圖 5-21　未來 50 年內超越概率 2%的遠場地震下基於上估算（upper estimate design lines）
得出的液化可能性等高圖

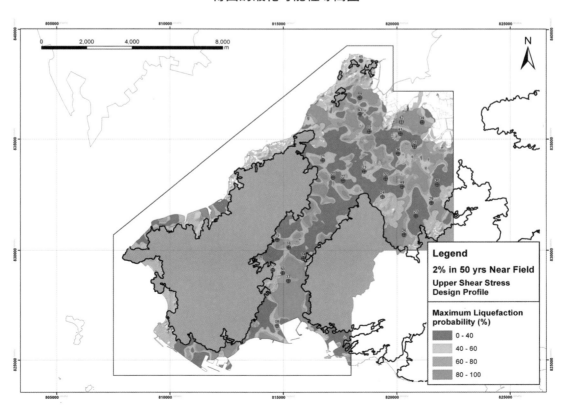

估算範圍涵蓋新界西北地區。不同顏色標記代表不同的最大液化概率，綠色：0-40%；黃色：40-60%；橙色：60-80%；紅色：80-100%。（資料來源：香港特別行政區政府土木工程拓展署轄下土力工程處《土力工程處報告第 338 號》）

圖 5-22　地形對地震波放大反應的分區圖

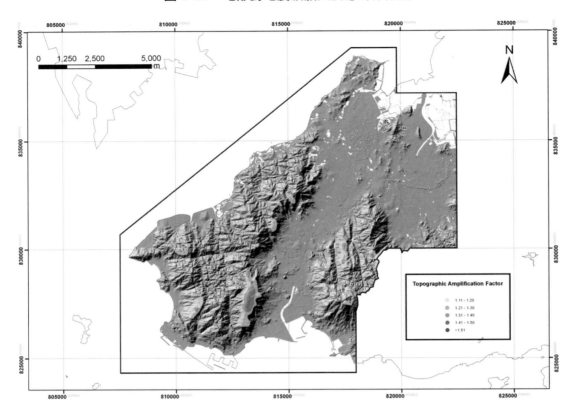

山頂地形對地震波放大率隨坡度增加，1.1 以下的放大率一般而言可以被忽略。（資料來源：香港特別行政區政府土木工程拓展署轄下土力工程處《土力工程處報告第 338 號》）

圖 5-23　未來 50 年內地震及暴雨影響下山泥傾瀉的易發性分布圖

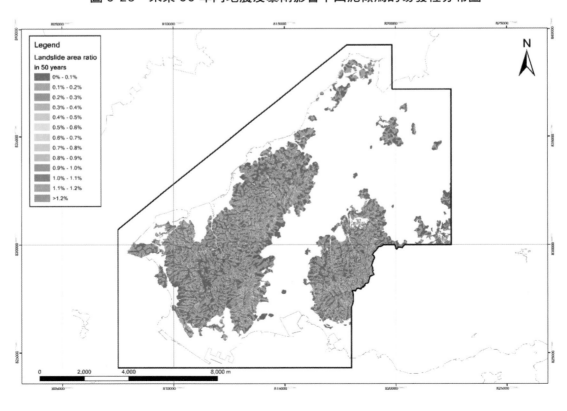

整體風險約為 0.261%。（資料來源：香港特別行政區政府土木工程拓展署轄下土力工程處《土力工程處報告第 338 號》）

圖 5-24　未來 50 年內暴雨影響下山泥傾瀉的易發性分布圖

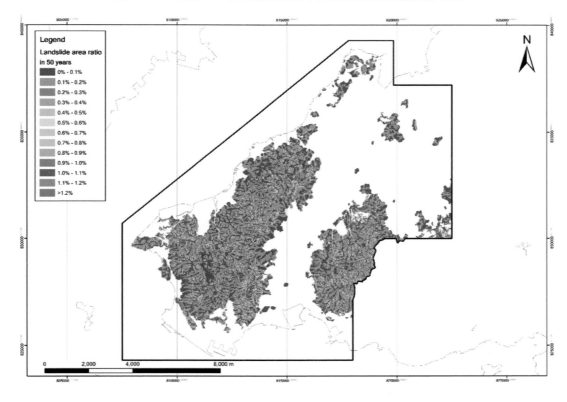

整體風險約為 0.244%，只是稍低於包括地震影響的情況，其差別亦落於單考慮降雨的山泥傾瀉預測誤差之內。（資料來源：香港特別行政區政府土木工程拓展署轄下土力工程處《土力工程處報告第 338 號》）

能再次在之後的暴雨中引發山泥傾瀉，所以震後的天然山坡山泥傾瀉風險可能增加。研究指出，地震後將需要對受影響的天然山坡進行檢測及評估。

五、地震與防震要求

根據中國內地最新頒布並於 2016 年 6 月 1 日正式實施的 GB18306-2015《中國地震動參數區劃圖》（通稱「第五代國家地震區劃圖」或「五代圖」），香港地區 50 年內超越概率 10% 的地震動峰值加速度為 0.15 g，對應抗震設防烈度為 VII 度。國家《建築抗震設計規範》中規定，建築物要保持「小震不壞、中震可修、大震不倒」。其中的小震是當地平均 30 年發生一次的烈度為 V 度的地震，中震指烈度為 VII 度的地震，而大震則指千年一遇的罕見地震，烈度可達 VIII 度或以上。

截至 2017 年，香港的《建築物條例》並沒有訂明私人樓宇的法定抗震設計標準，但條例訂明本港樓宇需要能夠抵受每小時 250 公里的陣風風力，此要求相當於設計水平加速度 0.07 g。政府認為根據防風標準興建的樓宇具有很強的荷載抵禦能力，故此在發生地震烈度 VII 度的地震時仍然安全，不會受到嚴重損毀。同樣地，與緊急救援行動有關的現時政府建築物，如消防局、醫院及警署等建築物的設計並無抗震設計標準，其抵禦地震的能力亦是基於禦風能力。

本港法例也沒有特別規定地下管道的抗震設計。香港的地下公共喉管，包括供水管、排水管及氣體喉管等，都是按照國際廣泛認可的標準以及因應香港環境設計，足以抵禦日常繁忙路面交通帶來的震動和泥土下陷，所以特區政府認為管道可承受一定程度的地震。

香港多項主要基建設施，例如機場、道路橋樑、鐵路橋樑、水塘及污水隧道，包括與私人發展項目相關的道路橋樑，即使沒有法定抗震標準，皆有採取防震設計，能抵禦烈度 VI 至 VIII 度的地震，其中船灣淡水湖的堤壩能抵受烈度 VIII 度的地震。

人造斜坡、擋土牆及填海地區方面，土力工程處早於 1980 年代作出地震研究。研究顯示地震會對人造斜坡、擋土牆及填海地方造成明顯破壞的可能性低。此外，土力工程處於 1993 年公布擋土牆的設計指引，把地震荷載預防措施適用於有可能影響高危建築物或主要生命線（如發電廠和水幹管）的新擋土牆。至於人造斜坡或一般擋土牆便沒有需要特別進行抗震設計。土力工程處的研究確認，符合現行岩土工程標準的人造斜坡或擋土牆不會受烈度 VII 度的地震嚴重影響，因為降雨對這些設施的設計要求比防禦地震的要求更為嚴格。

1994 年 11 月，港府公布香港災害處理計劃，作為適用於任何災害的通用計劃，涵蓋警報系統、災後救援工作、各個負責處理災害的部門和機構的任務和職責等。1997 年特區成立以後，根據特區政府的《天災應變計劃》，當香港受到嚴重地震影響時，政府將會啟動保安局轄下的緊急事故監察及支援中心，以統籌不同政府部門的應急行動，進行救援、善後及復原的工作，但應急計劃的制定和運作尚欠缺法律基礎。

雖然香港的地震活動只屬低至中等，特區政府考慮到本港安全及地震可能對社會、經濟帶來的影響，正準備新的防震規範。2017 年，屋宇署已委託顧問就本港的抗震設計標準進行研究，同時着手制訂《香港建築物抗震設計標準作業守則》，就抗震建築物相關設計與建造提供技術指引，旨在減輕將來地震可能在本港造成的人命傷亡及財物損失，並檢討現行的《建築物條例》及其附屬規例。

六、海嘯紀錄及風險

儘管海嘯的發生頻率低，但往往可以導致嚴重災害。2004 年蘇門答臘 9 級地震在印度洋引發了巨大海嘯、2010 年智利 8.8 級地震和 2011 年日本本州以東海域 9 級地震都引發了跨越太平洋的大海嘯。2011 年日本的海嘯更是造成了日本福島的核電站損壞，導致放射性物質大量泄漏（主要泄漏至大氣層、部分至地下水，兩個途徑的泄漏最終亦污染海洋），影響遠遠超過地震和海嘯災害本身。引起海嘯的機制包括地震、火山爆發、海底滑坡等。與普通的海浪不同，海嘯波具有超長的波長和極快的傳播速度。海嘯波在深水區平均速度可以達到每小時 700 公里至 900 公里，而且衰減很慢，可以穿越極遠的距離。

香港地處中國南海之濱，同樣也面臨着海嘯威脅。1950 年至 2017 年，香港有七次海嘯紀錄（見表 5-2）。1952 年 11 月 5 日，堪察加俯衝帶發生 9 級地震，導致太平洋產生海嘯，

抵達香港時引起了 0.15 米的浪高。而 1960 年智利 9.5 級大地震產生的海嘯，在兩天後跨越太平洋抵達香港，浪高 0.3 米。與這些遠程地震引起的海嘯相比，在中國南海發生的海嘯，對香港以及華南沿海地區的威脅更加嚴重。1988 年 6 月 24 日，呂宋海峽發生 5.7 級地震，儘管震級遠小於上述地震，也引起了海嘯，在香港錄得 0.3 米的海嘯浪高。

表 5-2　截至 2017 年，香港錄得由海嘯引發的水位異常紀錄情況表

日期	震中地點	震級	水位異常（正常潮位以上高度）
1952 年 11 月 5 日	堪察加半島	9.0	0.15 米
1960 年 5 月 23 日	智利	9.5	0.3 米
1985 年 3 月 4 日	智利	7.9	少於 0.1 米
1988 年 6 月 24 日	呂宋海峽	5.7	0.3 米
2006 年 12 月 26 日	台灣地區南部附近海域	7.1	少於 0.1 米
2010 年 2 月 28 日	智利	8.8	少於 0.1 米
2011 年 3 月 11 日	日本本州以東海域	9.0	0.2 米

資料來源： 香港天文台。

科學界認為從 1067 年到 2009 年期間，華南沿海地區包括海南、廣東、福建以及台灣，至少曾發生過 32 次海嘯，其中 23 次確鑿無疑，其餘 9 次則存在不同的可信度。文獻紀錄中另有 16 次海嘯紀錄，但被認為可信度極低。這些海嘯紀錄多數集中在台灣地區東部，但也有部分在華南沿海地區，包括北宋治平四年（1067）潮汕、明萬曆三十二年（1604）泉州（今福建省南部）、萬曆三十三年（1605）瓊州（今海南省）、清乾隆三十年（1765）澳門和廣州、1994 年台灣海峽南部的淺灘（見圖 5-25）。

在中國南海引起海嘯的可能源頭包括馬尼拉海溝、濱海斷裂帶以及中國南海北部陸坡區域和海盆內部的滑坡，其中以馬尼拉海溝的威脅最為顯著。馬尼拉海溝是中國南海和菲律賓之間的邊界，歷史上發生過很多次大地震，也引起了海嘯。根據菲律賓火山地震研究所整理的菲律賓海嘯紀錄，1828 年馬尼拉海溝南部發生 Ms 6.6 級地震、1924 年中部發生 Ms 7.0 級地震、1934 年中部靠近黃岩島發生 Ms 7.6 級地震，均引發了不同程度的海嘯。儘管歷史紀錄中，馬尼拉海溝從未發生過 8 級以上的地震，但是根據馬尼拉海溝的匯聚速率、斷層之間的耦合程度等判斷，馬尼拉俯衝帶有可能發生 8 級以上、甚至接近 9 級的地震。

倘若馬尼拉俯衝帶發生 9 級地震（見圖 5-26），破裂貫穿整個馬尼拉海溝，當前利用數值模擬技術可以估算整個中國南海海域的海嘯波特徵。科學界的研究結果顯示，中國華南沿海地區，包括廣東省、福建省和海南省，是除了台灣地區南部和菲律賓沿海這些離地震震源較近的區域外，受到海嘯威脅最大的區域。海嘯波將於 2 小時至 3 小時之內抵達沿海城市，最大海嘯波高約 10 米（見圖 5-26）。在珠江口區域，包括香港，最大海嘯波高約為 4 米。受到中國南海北部陸架區域的局部地形影響，海嘯波在華南沿海多處發生波浪匯聚，包括陽江、珠江口、汕尾和漳州沿海，匯聚效應將導致這些區域遭遇比其他鄰近海岸更大的海嘯波高（見圖 5-26），持續時間也更久。

除馬尼拉俯衝帶外，華南沿海另外一個海嘯威脅的主要來源是濱海斷裂帶。明萬曆年間，該區發生三次大地震，引致嚴重人員傷亡和海嘯，包括萬曆二十八年（1600）汕頭 7.0 級地震、萬曆三十二年泉州 8.0 級地震，以及萬曆三十三年瓊州 7.5 級地震。1918 年發生在潮汕地區的南澳 7.3 級大地震，是二十世紀中國南海北部少數導致海嘯發生的地震之一。

儘管南澳地震引發了部分鄰近區域的海嘯，由於數據紀錄有限，這次地震是否曾經為華南沿海廣泛地區帶來海嘯、具體海嘯的波高等信息仍有待科學界進一步研究。因為濱海斷裂帶所處的海域水深僅有 30 米至 50 米，一般情況下僅僅能觸發局部海嘯。通過對多組可能的南澳 1918 年地震震源模型進行模擬，發現了該地震事件觸發的海嘯波將在 3 小時後抵達福建省泉州，約 3.5 小時到達香港，波高可以達到 0.3 米（見圖 5-27）。而在離震源最近的南澳島，波高可達 3 米至 4 米。

濱海斷裂帶在珠江口段有多次錯斷，斷層具有高角度正斷兼右旋走滑特徵。儘管歷史上尚未產生過破壞性地震，但是無論在「第五代國家地震區劃圖」，或者香港地震風險評估報告中，珠江口外可能產生地震的最大震級為 7.5 級，與濱海斷裂帶南澳段、瓊州海峽段曾發生的地震最大震級等同。如果珠江口產生 7.5 級地震，很可能會產生海嘯，對沿岸地區是個顯著威脅。儘管主要影響在珠江口局部地區，但是海嘯波在很短時間內就會抵達珠江口沿岸，為海嘯預警工作帶來挑戰。據估計，由珠江口擔桿島地震引起的海嘯，在香港的海嘯波高峰值可高達 3 米。

此外，濱海斷裂帶處於中國南海北部陸架區域，水深較淺。當海嘯在淺水區域產生後，向深水區域傳播時，會形成強烈反射，導致陸架淺水區域產生強烈震盪。由於在深海的海嘯傳播速度更大，導致沿陸坡方向的傳播更快。這種反射效應會在某些遠離震源的區域放大海嘯波高，形成嚴重的災害。在一個數值模擬的情景中，濱海斷裂帶粵西段發生 7 級地震，距離香港超過 200 公里，但是產生的海嘯經過陸架過渡區的反射，在珠江口形成了波高超過 0.2 米的海嘯（見圖 5-28）。這種區域海底地貌和水深變化導致的海嘯波放大效應，在未來的海嘯預防中應得到重視。

除地震外，中國南海的海嘯源頭還包括海底滑坡。近十年以來，隨着南海深水調查和油氣勘探的開展，高精度海底地形和高分辨率地震資料都顯示，中國南海海域內曾經發生過大量的海底滑坡，尤其在海盆四周的陸坡區域。在已經發現的滑坡體中，分布於中國南海北部陸坡的數量最多、規模最大。與地震導致的海嘯相比，海底滑坡形成海嘯的機制更加複雜，其產生災害性海嘯的大小和滑坡體的初始深度、滑坡體材料組成與特性、滑動速度等息息相關。以在中國南海北部陸坡的白雲凹陷地區為例，若此處產生大面積海底滑坡，滑坡上方區域將產生海嘯巨浪，會對附近的石油平台和天然氣開採設施造成災難性影響。海嘯波將在 2 小時至 3 小時抵達粵港澳大灣區，並且受陸架地區的地形影響，在大灣區形成明顯的匯聚現象，波高峰值達到 4 米至 5 米（見圖 5-29）。而在中國南海海盆內部，如曾

母暗沙的海底滑坡引起海嘯，將在 1 小時之內抵達中國南海諸島，局部高達 10 米的浪高將對島嶼產生毀滅性影響。

圖 5-25　中國南海海嘯歷史紀錄、地質紀錄及主要潛在海嘯源分布圖

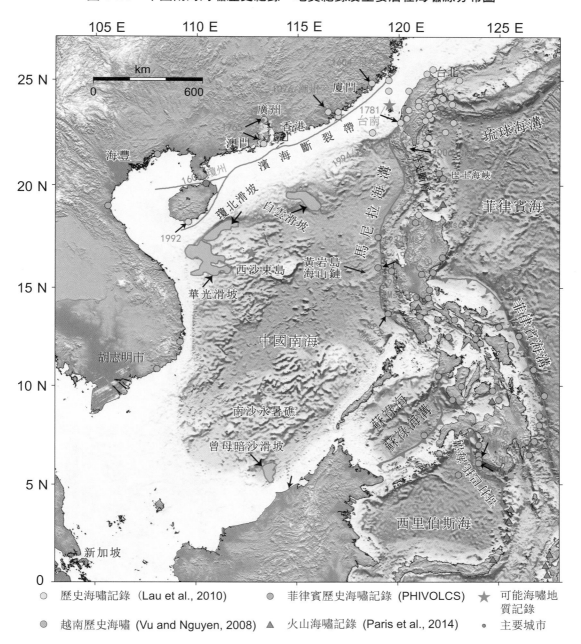

本圖綜合科學界對中國南海海嘯歷史紀錄的整理結果，基本反映 2017 年及以前的情況。黃色圓點標註了中國南海東北部華南沿海和台灣地區海嘯紀錄；紅色三角標註了東南亞區域火山海嘯紀錄；綠色圓點標註了越南沿海的海嘯紀錄；橙色圓點標註了菲律賓火山地震研究所整理的菲律賓 1589 年至 2012 年間的海嘯地震；紅色五角星標註了海嘯沉積和疑似海嘯沉積紀錄；橙色區域標註了南海海盆周邊的幾次不同滑坡位置。（資料來源：Figure 1 in Li, Linlin, Qiang Qiu, Zhigang Li and Peizhen Zhang, "Tsunami Hazard Assessment in the South China Sea: A Review of Recent Progress and Research Gaps," *SCIENCE CHINA Earth Sciences*, Vol. 65, no. 5 [2022]: pp. 783-809）

圖 5-26　馬尼拉俯衝帶 9 級地震最差情景斷層滑動量分布圖（左）及利用數值模擬技術得到的中國南海海嘯波傳播特徵數據圖（右）

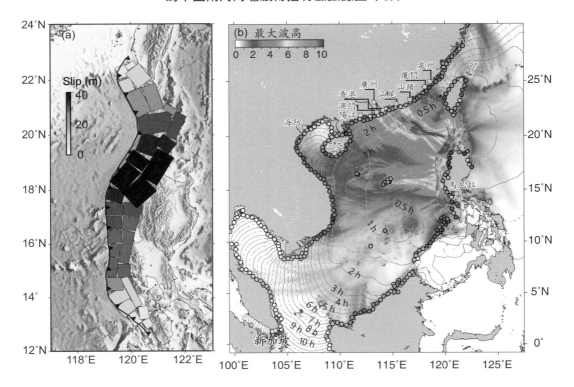

海嘯波將於 2 小時至 3 小時內到達華南沿岸，香港的最大海嘯波高約為 4 米。（資料來源：Figure 2 in Li, Linlin, Qiu, Qiang, Li, Zhigang and Zhang, Peizhen, "Tsunami Hazard Assessment in the South China Sea: A Review of Recent Progress and Research Gaps," *SCIENCE CHINA Earth Sciences*, Vol. 65, no. 5 [2022]: pp. 783-809）

圖 5-27　數值模擬技術得出 1918 年南澳 7.5 級地震觸發的海嘯波高數據圖

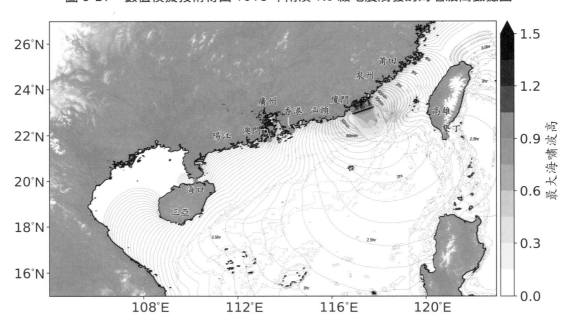

海嘯波將於大約 3.5 小時後到達香港，波高可達 0.3 米。（資料來源：Figure 8 in Li, Linlin, Qiu, Qiang, Li, Zhigang and Zhang, Peizhen, "Tsunami Hazard Assessment in the South China Sea: A Review of Recent Progress and Research Gaps," *SCIENCE CHINA Earth Sciences*, Vol. 65, no. 5 [2022]: pp. 783-809）

圖 5-28　數值模擬技術得出濱海斷裂帶粵西段 7 級地震觸發的海嘯波高數據圖

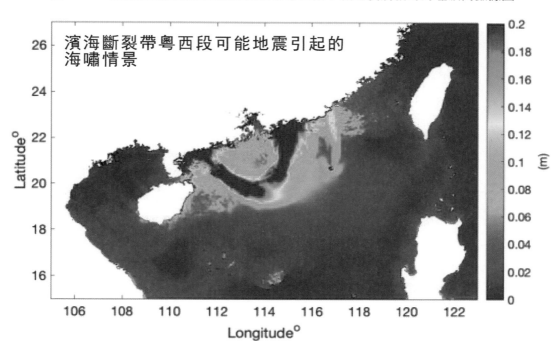

海嘯波將大約於 3.5 小時後到達香港，波高可達 0.3 米。（香港地方志中心根據 Li, Linlin, Qiu, Qiang, Li, Zhigang and Zhang, Peizhen, "Tsunami Hazard Assessment in the South China Sea: A Review of Recent Progress and Research Gaps," *SCIENCE CHINA Earth Sciences*, Vol. 65, no. 5 [2022]: pp. 783-809 製作）

圖 5-29　白雲滑坡（左）和曾母暗沙滑坡（右）產生的最大海嘯情景數據圖

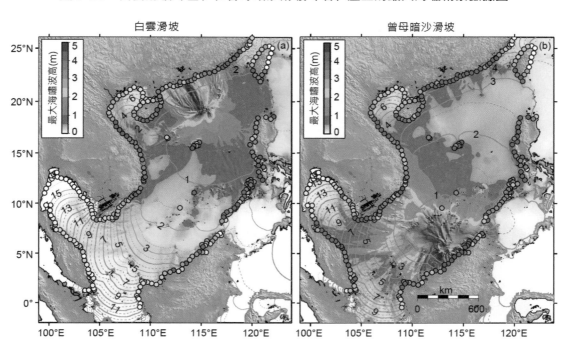

資料來源：　Figure 12 in Li, Linlin, Qiu, Qiang, Li, Zhigang and Zhang, Peizhen, "Tsunami Hazard Assessment in the South China Sea: A Review of Recent Progress and Research Gaps," *SCIENCE CHINA Earth Sciences*, Vol. 65, no. 5 (2022): pp. 783-809.

七、海嘯預警系統

歷史紀錄表明，太平洋周邊國家和地區遭受到不計其數的海嘯襲擊。天文台自 1960 年代開始運作海嘯預警系統。2004 年 12 月 26 日印度洋發生大海嘯後，市民對海嘯的資訊甚為關注。鑒於香港受海嘯影響的機會甚微，市民可能會因太少接觸天文台的海嘯信息而在有海嘯警告時不知所措，因此天文台在 2005 中新增了海嘯報告服務，即使海嘯對香港的影響輕微，天文台亦會發布信息，以保持市民對海嘯的警覺。

1949 年，美國政府於夏威夷建立了太平洋海嘯預警中心，旨在促進國際間應對海嘯災難的合作，包括海嘯警報，截至 2017 年已經有包括香港在內的 46 個國家和地區參與。一旦從地震中心得知海域中發生了地震，該中心就可以根據地震震級和類型評估產生海嘯的可能，計算出海嘯到達太平洋各地的時間，發出警報。圖 5-30 展示了 2010 年智利 8.8 級地震之後，該中心發出的海嘯警報信息。現代海嘯預警系統還包括深海浮標測潮站（見圖 5-31），深海浮標主要是用作連繫海底的壓力探測儀器和海嘯預警中心。當海底的儀器探測到海嘯（海底壓力變化），資訊會先送往海面的浮標，再由衛星送到海嘯預警中心。太平洋海嘯預警中心已經在全球建立超過 500 個觀測站，包括近岸區域和大洋，香港境內的水位監測站位於大嶼山石壁和鰂魚涌（見圖 5-32）。

華南地區所面臨的主要海嘯威脅來自中國南海。2013 年 9 月，在太平洋海嘯預警與減災系統政府間協調組（ICG/PTWS）大會上，正式通過依託中國國家海洋局海嘯預警中心，建設南中國海區域海嘯預警中心。該中心作為太平洋海嘯預警與減災系統的一個組成部分，為中國南海周邊的九個國家，包括中國、文萊、柬埔寨、印尼、馬來西亞、菲律賓、新加坡、泰國和越南提供全天候海嘯監測預警服務。

香港天文台在香港設置了地震儀，並實時接收全球數以百計地震台站的數據，以自動地震數據處理系統在地震發生後 10 分鐘內探測到全球 6 級或以上的地震，海嘯數值模擬系統則在數分鐘內估算海嘯到達香港的時間及高度，作為發出海嘯預警的參考，香港天文台同時監視太平洋、中國南海及香港的潮汐站的實時海平面高度變化數據。

香港天文台亦時刻留意國家自然資源部、中國地震局、廣東省地震局、太平洋海嘯預警中心、南中國海區域海嘯預警中心、西北太平洋海嘯預警中心以及美國國家海嘯預警中心所發出的地震和海嘯資訊，作為輔助。

香港天文台如預料中國南海或太平洋發生的強烈地震會引發海嘯，導致香港受顯著海嘯（即海嘯高度比正常水位高出 0.5 米以上）影響，並預計海嘯會在 3 小時內抵達香港，會發出海嘯警告，提醒市民採取預防措施。對於有可能影響香港但在 3 小時後才抵達香港的顯著海嘯，天文台會首先發出海嘯報告通知市民。此外，如香港可能受海嘯影響但預料海嘯並不顯著，天文台亦會發出海嘯報告通知市民。

香港 1950 年代初安裝自動潮汐站後，曾經 7 次記錄海嘯引發的輕微水位異常，而自 1960 年代設立海嘯預警系統以來，香港天文台均無須發出海嘯警告，惟分別在 2006 年 12 月 26 日台灣南部附近海域發生的 7.1 級地震及 2011 年 3 月 11 日日本本州以東海域發生的 9.0 級地震後發出過海嘯報告。

圖 5-30　2010 年 2 月 27 日智利 8.8 級地震後太平洋海嘯預警中心發出的海嘯警報信息數據圖

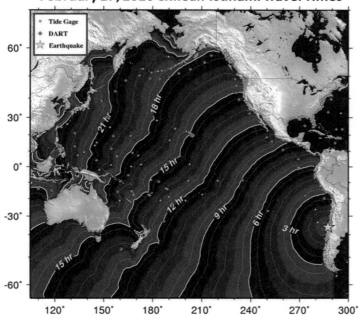

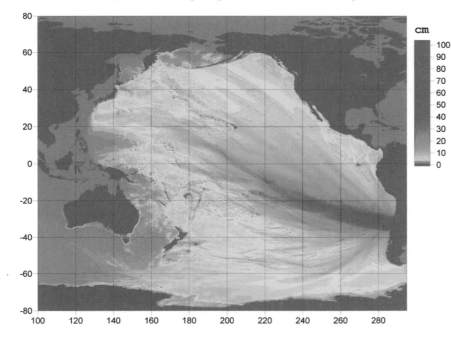

上圖為海嘯波到達各地的時間，海嘯波從智利到達華南沿岸，需時逾 24 小時。下圖為海嘯波在不同位置的峰值，海嘯波到達華南沿岸時，高度少於 5 厘米。（美國阿拉斯加州帕爾默市的美國國家海洋及大氣管理局國家海嘯預警中心提供）

圖 5-31　現代海嘯預警系統運作原理示意圖

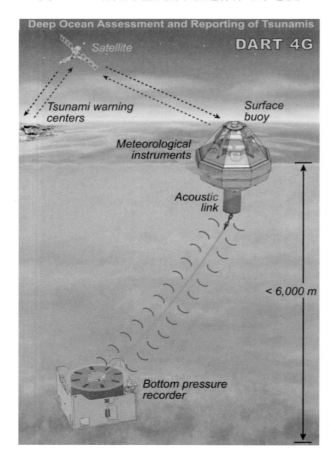

針對虛假警報或者漏報問題，現代海嘯預警系統設有深海浮標測潮站，深海浮標主要是用作連繫海底的壓力探測儀器和海嘯預警中心。當海底的儀器探測到海嘯（海底壓力變化），資訊會先送往海面的浮標，再由衛星送到海嘯預警中心。（美國國家海洋及大氣管理局的太平洋海洋環境實驗室提供）

圖 5-32　中國南海和西北太平洋用作監測海嘯的測潮站和浮標位置圖

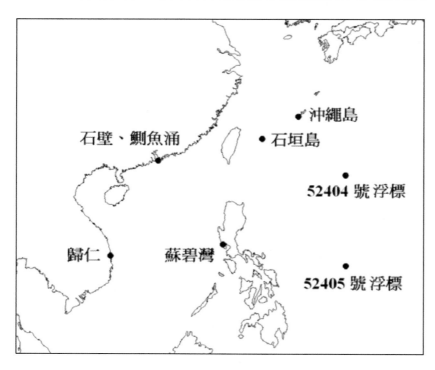

資料來源：　香港天文台。

第二節　地質災害

一、山體運動

香港地質結構複雜，在僅逾 1100 平方公里的陸地範圍內，同時存在有火成岩、沉積岩和變質岩三大岩石類別。部分火成岩中更積存厚厚的風化層。西北地區的地層則有非常厚的石灰岩，石灰岩中更有溶洞的存在。香港的地質災害也常與地質結構有關。香港地區的斷層和節理縱橫交錯，是引致山泥傾瀉、土地沉降和隧道湧水等現象的原因之一。香港地勢山多平地少，尤其新界東部山巒的山坡陡峭，超過一半面積為天然斜坡。

1950 年代開始，香港人口急增和城市擴展，大量樓宇和道路於山坡上建造，大面積的天然山坡被切割成數以千計沒有經過專業人士設計和缺乏監管的人造斜坡。香港氣候屬於亞熱帶季風氣候，每逢夏天受西南季候風、低壓槽及颱風影響，極端降雨頻密，大雨下容易出現山泥傾瀉。山泥傾瀉是香港最為常見而且最為嚴重的地質災害，對市民的生命和財產造成巨大威脅。

1. 山泥傾瀉

山泥傾瀉現象

山泥傾瀉又稱山崩、滑坡、走山或土溜，是指岩石或土壤受河流沖刷、地下水活動、雨水積累、地震、火山活動及人工開採因素影響，在重力作用下，沿着一定的軟弱面整體或者分散地向下滑動的現象。

山泥傾瀉事件

在 1972 年之前，港府並沒有系統地記錄山泥傾瀉，然而太平洋戰爭前不少造成嚴重破壞的山泥傾瀉可見於政府紀錄和報章報道。1889 年 5 月 29 日至 30 日一場豪雨，帶來了接近 900 毫米的雨水，在香港造成廣泛的破壞，中區雅賓利食水配水庫下邊的水道兩旁山坡倒塌，山泥阻塞排水道，排水道不能有效地疏水，導致洪水和泥濘沖擊半山區和中區，至少 23 人在雨災中喪生。

1925 年半山區堅道普慶坊一幅擋土牆在大雨下倒塌引發山泥傾瀉，沖毀洋房，造成 75 人死亡和 20 人受傷。1927 年 8 月 20 日颱風在香港造成大規模的山泥傾瀉，九龍區的災情特別嚴重，有 120 座建築物倒塌，至少 27 人在風災下喪生。1966 年 6 月 7 日至 13 日連日暴雨（又稱「六一二雨災」），港島區發生多宗山泥傾瀉及泥石流，造成 64 人死亡和 29 人受傷。

1968 年 6 月 13 日，港島筲箕灣馬山村發生山泥傾瀉，壓毀多間木屋，造成 16 人死亡，另有兩母子被泥石活埋 3 小時後獲救。

1972 年 6 月 16 日至 18 日，本港連日暴雨，三日總降雨量達到 652.3 毫米，並發生兩宗嚴重山泥傾瀉事故，是香港有記錄以來最嚴重的地質災害。6 月 18 日早上，觀塘翠屏道木屋區北部的山坡出現小規模山泥傾瀉，到下午 1 時 10 分，曉光街一幅山坡突然崩塌，山泥和石塊掩埋山下的木屋區，導致 71 人死亡和 60 人受傷。同日晚上 8 時 55 分，香港島半山區的寶珊道一幅山坡突然下塌，沖毀寶珊道一座住宅車房，並將干德道一座六層高的樓宇完全摧毀，混雜樓宇瓦礫的泥石流衝向旭龢道的旭龢大廈，令大廈即時倒塌，並波及山坡下尚未入伙的一棟樓宇，造成 67 人死亡和 20 人受傷。

1976 年 8 月 25 日，熱帶風暴愛倫掠過香港，觀塘區再次發生嚴重山泥傾瀉。在相距 1972 年 6 月 18 日山泥傾瀉位置約 200 米外，一幅填土坡在雨中突然塌下，大量山泥隨即湧入秀茂坪邨第 9 座的低層民居以及地面商舖，山泥堆積至二樓位置，事故造成 18 人死亡和 24 人受傷。

1972 年 6 月及 1976 年 8 月合共三宗大型山泥傾瀉事故，導致港府更積極了解導致山泥傾瀉的原因，以及制定相應措施防止同類事件再次發生。1977 年，港府成立土力工程處，專門管制岩土工程，致力減少山泥傾瀉造成的災害，並規管山坡的發展，自此山泥傾瀉造成的人命傷亡逐漸減少。

1982 年 5 月 28 日至 31 日，本港連日暴雨，全港發生逾 1100 宗山泥傾瀉，合計造成 22 人喪生，全部為寮屋區或平房區的居民。8 月 15 日至 19 日，本港再受暴雨影響，全港發生逾 200 宗山泥傾瀉，合計造成 5 名寮屋區居民喪生。1984 / 85 年起，港府開始推行非發展性清拆寮屋計劃，評估寮屋區的斜坡安全情況，勸喻受山泥傾瀉威脅的居民搬遷並負責安置事宜。

1992 年 5 月 8 日，港島薄扶林域多利道碧瑤灣上方的山坡倒塌，涉及擋土牆和後面的填土平台。坍塌的岩土向下滑動了 100 多米，造成 1 名 7 歲兒童和 1 名政府工程師死亡，近 1500 多名居民需要被疏散。同日，灣仔堅尼地道山泥傾瀉，壓向一輛駛經的私家車，司機傷重不治。

1994 年 7 月 23 日，堅尼地城觀龍樓 D 座下方發生山泥傾瀉，導致一幅護土牆崩塌，造成 5 人死亡和 3 人受傷（見圖 5-33）。隨後港府展開調查，並邀請了國際土力工程專家加入調查委員會。調查結果顯示由於長時間強降雨，雨水最初通過地下輸水設施，例如雨水渠和污水渠的滲漏進入地下，造成護土牆背後的土壤水分飽和，導致水壓增加，加上護土牆的厚度比較同類型護土牆薄得多，最後護土牆承受不了地下水壓而崩塌。委員會建議土力工程處全面檢查香港護土牆的厚度和狀態，制定指引評估和維修護土牆，並和大學科研單位合作，研究用地球物理勘探技術去評估斜坡和護土牆穩定性的可行性。之後，土力工程處邀請了多家國際地球物理勘探公司，在香港四個斜坡和四幅護土牆進行地球物理勘探，所用的勘探方法包括傳統地震法、地震面波法、探地雷達、電磁法、電阻率法和紅外線測

圖 5-33 堅尼地城觀龍樓山泥傾瀉。（香港消防處提供）

探技術等等。其後更擴展到利用中子孔隙率和伽馬能譜等探井技術，研究調查地下存在可能滑坡面的可能性。

1995 年 8 月 9 日至 13 日，颱風海倫吹襲香港並且造成強降雨，在本港造成至少 120 宗山泥傾瀉。8 月 13 日，柴灣翡翠道的山泥傾瀉，導致道路被泥石掩埋，造成 1 人死亡和 1 人受傷。事故發生在一個路邊斜坡，山泥的滑動分兩個階段發生。最先是接近地面的幾十立方米的岩石和泥砂滑下，20 分鐘後發生大型山泥傾瀉，形成了一個長約 90 米、深約 15 米的疤面，滑落的泥石估計約 14,000 立方米，跨越翡翠道並沖入馬路對面一所教堂，泥石厚度有 6 米。土力工程處的調查結果表明，造成滑坡的其中一個原因，是當地凝灰岩內，因為風化作用沿着岩體的節理形成了一層約 0.6 米厚的高嶺土黏土層。黏土層以 10 至 25 度向外傾斜，形成山泥傾瀉的潛在滑面。

同日，香港仔深灣道的山泥傾瀉破壞了海旁的三間造船廠和一間工廠，並引發火災，造成 2 人死亡和 5 人受傷（見圖 5-34）。該山泥傾瀉由在半山的南朗山道伸展到海旁的深灣道，傾瀉範圍在南朗山道寬約 60 米、長約 140 米，在深灣道寬約 90 米，總體積為 26,000 立方米，是自 1972 年寶珊道山泥傾瀉以來體積最大，涉及受人為影響山坡的山泥傾瀉事故。該山泥傾瀉發生在風化的火山岩和約 40,000 年前形成的崩積層，並在山泥傾瀉層下面發現一層薄薄的高嶺土黏土層，估計該黏土層導致地下水壓增加，是造成山泥傾瀉的一個原因。

圖 5-34　香港仔深灣道山泥傾瀉。（香港特別行政區政府土木工程拓展署提供）

1997 年 7 月 2 日，沙田九肚山麗坪路發生的山泥傾瀉，涉及一段 135 米長的山坡，完全阻塞麗坪路，泥石體積達 4000 平方米。土力工程處調查發現，滑坡頂 30 米至 50 米處，觀察到新地面位移的證據，潛在着大規模滑坡的可能性，滑動岩土總面積估計約可達 100,000 立方米。同日上午，在附近萬佛寺後的斜坡發生山泥傾瀉，觀音殿受損，附近的一間小屋被岩土掩埋。事故導致 1 人死亡和 1 人受傷。

1997 年 8 月 3 日，在呈祥道發生的山泥傾瀉完全阻塞了一段 50 米長的行車線，並困住了一輛西行方向的私家車，未有造成傷亡。土力工程處調查發現，事故地區下方於 1954 年及以前的採石活動造成大規模的破壞，斜坡存在長期不穩定狀態。事故發生前一個月，該處的斜坡工程導致斜坡表面受損，加劇地表水滲入山坡的速度，最後導致山坡倒塌。1999 年 8 月 25 日，石硤尾邨第 35 座、36 座和 38 座後面的斜坡有明顯的剝裂，特區政府認為斜坡有進一步倒塌危險，三座樓宇的居民需永久遷離，房屋署安置受影響居民。

2005 年 8 月 16 日至 22 日期間，暴雨引發了共 229 宗山泥傾瀉。8 月 20 日，荃灣芙蓉山村的山坡發生的山泥傾瀉，泥石量估計體積約 400 立方米，摧毀了數間寮屋和部分行人道，導致 1 人死亡。土力工程處調查後，認為長時間強降雨使土壤吸水力喪失，令近地表的地下水壓瞬時增加，造成山泥傾瀉。

2008 年 6 月 7 日，香港出現暴雨，全港發生了近 360 宗人造斜坡山泥傾瀉，亦在各偏遠

地區的天然山坡引發逾 2400 宗天然山坡山泥傾瀉。大嶼山西部錄得 4 小時降雨量為 384 毫米，其中北大嶼山公路旁的天然山坡發生約 35 宗山泥傾瀉，山泥量由 5 立方米至 400 立方米不等，傾瀉的岩土阻塞了排水系統，公路嚴重水浸，導致通往香港國際機場的重要交通走廊封閉約 16 小時。同一天，香港大學周亦卿樓後方的天然山坡，亦發生了山泥傾瀉，涉及山泥總量約 2740 立方米，滑坡包括一個較大的初級和一個較小的次生源區。另外，屯門舊咖啡灣發生山泥傾瀉，山泥量估計約 300 立方米。泥石和倒塌的混凝土護土牆壓毀一間寮屋，造成 2 人喪生。

2016 年 5 月 21 日，一場強暴雨導致西貢東郊野公園西灣路一帶的天然山坡發生 34 宗山泥傾瀉，其中西灣亭以西約 600 米的山泥傾瀉規模最大，傾瀉山泥量約為 2100 立方米，堵塞西灣路。這次的山泥傾瀉特別之處，是受凝灰岩內席狀節理（sheeting joint）所控制，最大深度約為 12 米。總體來說，土力工程處持續推行防治山泥傾瀉計劃，使本港自 1990 年代以後再無發生導致大規模人命傷亡的山泥傾瀉。

附錄 5-1 列出 1997 年至 2017 年經土力工程處調查的主要山泥傾瀉事件，附以人命傷亡的數字。

圖 5-35　1948 年至 2017 年山泥傾瀉在香港所造成的死亡人數統計圖

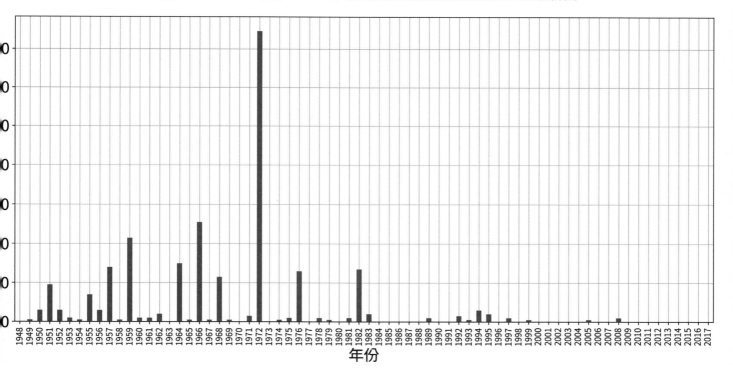

1948 年至 2017 年間，山泥傾瀉在香港導致近 500 人死亡。1980 年代起，山泥傾瀉的死亡人數呈明顯下降趨勢。2008 年以後，本港未再有人因山泥傾瀉事故喪生。（香港地方志中心參考土力工程處歷年統計資料製作）

2. 泥石流

泥石流現象

泥石流（debris flow）是指山區的泥土和岩石，在長時間降雨下導致土壤吸水能力減弱和近地表土層水壓瞬時增加的情況下，受重力作用沿着斜坡或山溝傾流而下的現象。典型的泥石流都包含着大件的碎屑物和含粉砂及黏土的泥漿，覆蓋的面積、體積、流量和摧毀能力都很大。泥石流一般發生突然，流速快，而且流量大，破壞力驚人。泥石流可以沖毀公路或鐵路等交通設施，甚至毀滅整條村鎮，容易造成巨大損失。

泥石流事件

香港的大型泥石流事件許多和颱風及暴雨有關。1926 年 7 月 19 日單日降雨達 534.1 毫米，薄扶林水塘泵房被塌下 3000 噸巨石擊中，將泵房內工作人員活埋，亦令山頂區食水中斷。崩塌的沙土被洪水沖到中區鬧市，主要街道都被數尺深的泥濘水所淹沒。

1950 年代以後香港高速發展，許多樓宇在半山區以及山頂興建，令到山泥傾瀉和泥石流的風險大大提高。1964 年 8 月颱風艾黛侵襲香港，在九龍東觀塘地區造成大規模的泥石流。估計泥石流砂石總體積超過 20,000 立方米，湧入觀塘翠屏道的沙土深達 1 米。同年 10 月颱風黛蒂襲港，再次造成大量山泥傾瀉和泥石流。

1990 年 9 月 11 日，青山東麓發生一次較大規模的泥石流（又稱「青山泥石流」），泥石流的總量約 22,000 立方米，從香港高程基準面之上 404 米源頭開始，泥石流在山坡上挖出了 1035 米長的疤痕，包括一個受侵蝕而成的鬆散溝壑，礫岩崩積層下層是強風化花崗岩，疤痕外有巨石滾動的痕跡（見圖 5-36）。

1999 年 8 月 23 日，暴雨導致深井新村上方的天然山坡發生山泥傾瀉，泥石流順流而下，泥石總量達 600 立方米，摧毀深井新村河道上方和附近一些寮屋，造成 1 人死亡和 13 人受傷。

2000 年 4 月 14 日早上 6 時至 7 時，屯門在暴雨影響下發生兩宗泥石流事故。第一宗泥石流發生於青山東面山麓，涉及泥石量約 1600 立方米，波及山腳的屯門繞道工程地盤，並導致龍門路交通受阻，而輕鐵介乎屯門碼頭總站至鳴琴站服務亦暫停約 5 小時。另一宗泥石流發生於良景邨附近一幅山坡，涉及泥石量約 70 立方米到 600 立方米，導致良景邨一條邨內通道受阻。兩宗事故都沒有造成傷亡。

2001 年 9 月 1 日，葵涌梨貝街對上約 130 米的天然山坡發生泥石流，涉及約 780 立方米的泥石，摧毀了兩間寮屋，並堆積在山坡下的建築工地和石籬邨，未有造成傷亡，梨貝街須封閉三天清理。

2003 年 5 月 5 日，大埔九龍坑村以北的山坡在強降雨期間發生泥石流。泥石流源於九龍坑

圖 5-36　1990 年青山泥石流。（香港特別
行政區政府土木工程拓展署提供）

村以北的一條天然排水線頂端，沿崩積層和風化凝灰岩界面平面滑動，涉及估計約 200 立
方米的泥石，堵塞通往九龍坑山發射站的唯一通道四天，並切斷了一條電纜和山腳處一個
果園的圍欄，未有造成傷亡。

2005 年 8 月 20 日下午 4 時至 5 時，山泥傾瀉警告和黃色暴雨警告分別生效超過 19 小時
和 7.5 小時。位於荃灣老圍以北集水區的斜坡發生山泥傾瀉，隨後引發約 1400 立方米泥
石流沖至老圍路。事故令附近寮屋的 118 名居民及 84 名寺廟訪客需要疏散，無人傷亡。
土力工程處事後測量土壤吸水能力，發現地塊需要相當長的時間才能恢復降雨前的吸水能
力，同時山坡上非法傾倒的垃圾，亦有可能進一步增加地表土層在強降雨後的壓力。從
地貌環境和從 1963 年的航拍照片推斷，山坡的底部過度陡峭，亦導致山坡容易引起山體
滑動。

2005 年 8 月 21 日早上，飛鵝山配水庫附近天然山坡發生山泥傾瀉並引發泥石流，泥石量
達 3350 立方米，堵塞飛鵝山道及百花林路，無人傷亡。

2005 年 8 月 22 日早上，沙田大老山附近觀音山的一幅天然山坡發生山泥傾瀉，涉及泥石
量約 2350 立方米，其中 1000 立方米泥石發展成泥石流，沖至 330 米下的引水道。事故
沒有造成傷亡，惟一段麥理浩徑需封閉維修。

2008 年 6 月 7 日早上，大嶼山多處在暴雨下發生山泥傾瀉，並在東涌、大澳、羗山、深屈等地引發泥石流。其中東涌裕東路上方天然山坡約 20 處出現山泥傾瀉，引發 3400 立方米泥石流，堵塞裕東路。石壁水塘附近亦出現約 1.8 公里長泥石流，長度破當局紀錄。全部事故沒有造成傷亡。

附錄 5-2 列出 1997 年至 2017 年經土力工程處調查的主要泥石流事件，附以人命傷亡的數字。

3. 崩石

崩石現象
各種人為或自然因素均可令岩石剝離，導致崩石發生。例如植物的根部，可將岩石中的裂隙撐開，導致崩石發生。在一些緯度較高的高山地區，由於凍裂作用，岩石裂縫中的水結冰，在岩壁裂隙上施以壓力，使岩石破裂分離而下墜，這情況也十分普遍。本港大規模的崩石多數發生在暴雨之後。這是因為雨水滲入岩層的裂隙後，一方面會增加岩石的重量，另一方面能夠使裂隙中的充填物或岩石中的某些軟弱夾層軟化，並增加地下水壓，使其邊坡的穩定性降低。有時由於河流的沖刷，削弱了邊坡的支撐部分，也會促使邊坡的岩體產生崩石。崩石是一種極之快速的崩塌現象，通常可摧毀道路、橋樑以及靠山的房屋，或堵塞隧道入口，擊毀途經車輛。儘管崩石是極為危險、比較難預防的地質災害，歷年來在香港造成的人命傷亡或財產損失，相對山泥傾瀉較為有限，惟其中兩次崩石事故較為嚴重。

崩石事件
1997 年 12 月 4 日，秀茂坪道一幅岩石斜坡坍塌，摧毀路旁一段斜坡防護圍欄，碎石阻塞秀茂坪道四條行車線，範圍長達 25 米，未有造成人命傷亡，但道路需要關閉 17 天，以清除碎石、檢查斜坡和修復圍欄。土力工程處事後調查發現，斜坡上方的土地平整工地曾使用炸藥進行爆石工程，而爆破產生的短距離衝擊波很可能導致崩石發生。2001 年 6 月 9 日，近葵涌華園村一段青山公路的土石削坡出現崩石，石塊擊中途經的郵局貨車，2 人受傷。

附錄 5-3 列出 1997 年至 2017 年經土力工程處調查的主要崩石事件 (規模大於 1 立方米)。

二、溶洞

溶洞是指在可溶性岩石中，因地下水長期溶蝕而形成的天然洞穴。一般來說，石灰岩或大理岩含有碳酸鈣（$CaCO_3$），當遇到含有二氧化碳的流水時，碳酸鈣、水和二氧化碳會產生化學作用，轉化為可溶性的碳酸氫鈣（$Ca(HCO_3)_2$）。溶洞的發育程度主要受岩石的可溶性、地質構造包括岩層、斷層、裂痕等和地下水控制。由於石灰岩或大理岩層各部分成分不同，因此溶洞的形狀和大小取決於岩石被侵蝕的程度。

香港境內尚未發現大理岩出露於地表,但在新界西北元朗、大嶼山北部東涌和馬鞍山地區的鑽孔中,發現覆蓋在沉積物下的潛伏大理岩。部分地方的大理岩內有大型溶洞,溶洞的大小視乎地質因素,厚層的大理岩內的溶洞相對較大,最大的溶洞高度可超過 20 米,而在含有大理岩礫石的火山岩內的溶洞相對較小和罕見。在元朗地區的大理岩,溶洞區的厚度可超過 100 米。雖然在香港未曾出現由溶洞造成的災難,但溶洞對工程設計和施工造成重大困難。

香港政府已在新界西北、馬鞍山及大嶼山北岸等地潛伏大理岩可能出現的地帶,劃為指定地區(見圖 5-37)。區內的工程項目,必須就可能出現的溶洞和大理岩進行特別設計和制定相應施工措施。對於需要深地基的工程建設,勘探鑽孔應該要穿透基岩 20 米,並利用包括探地雷達和微重力探測等地球物理技術,以探測工程範圍內存在溶洞的可能性。探地雷達是通過發射天線,向地下發射高頻率的電磁波,通過接收天線接收反射回地面的電磁波,一般在地底深度約 3 米至 10 米範圍內有較高的解析度。若地下存在足夠大的溶洞,可以造成重力異常,並透過微重力探測發現。

三、沉降

1. 沉降現象

在岩土工程中,沉降是指地面的垂直運動,通常是由於地球內部應力的變化引起的。而「地陷」是經常用來描述地面塌陷或下沉的術語,跟沉降不同的是,地陷發生跟土壤或岩石中的壓力無關。沉降會導致地表下陷,令地上的建築物或設施變形和損壞。沉降幾乎是瞬間發生,也可能需要數年或數十年才能發生,具體情況取決於底層土壤條件和運動原因。沉降成因大致可分為自然引致、填海引致和工程引致三種。地表沉降是一種地質災害,而本港的地表沉降現象主要和工程有關。總體來說,香港未曾出現地表沉降所造成的災難事件。不過,有個案顯示,過度抽取地下水是導致地表沉降的因素之一。

2. 沉降事件

自 1998 年年底,特區政府接獲將軍澳區接連出現不正常沉降報告,異常沉降影響範圍,主要包括調景嶺、將軍澳市中心、將軍澳第 86 區(今日出康城)及將軍澳工業邨(見圖 5-38),沉降幅度為 50 毫米至 900 毫米,遠遠超過填海區正常 150 毫米至 300 毫米的地面沉降幅度。填海區出現地面沉降不可避免,而一般建築物都是在填海區土體固結、地面沉降完成後才建造,故此將軍澳區屋宇建成後地面持續沉降屬不尋常。2000 年 11 月 21日,土木工程署就將軍澳不正常沉降事件公布顧問調查報告,指出將軍澳填海區下層土壤大量地下水流入興建中的策略性污水排放計劃(2001 年起改稱淨化海港計劃)第一期的排污隧道,曾導致區內大範圍地面大幅度沉降,而不正常沉降現象經已停止。區內樓宇結構,經房屋署、屋宇署及建築署調查後證實安全。同年年底,隧道的防止地下水滲入工程

圖 5-37　特區政府環境運輸及工務局於 2004 年發布的技術
　　　　通告，列明本港可能存在潛伏大理岩的指定地區位置圖

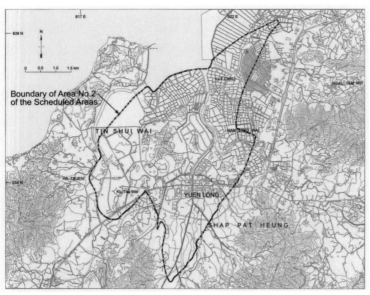

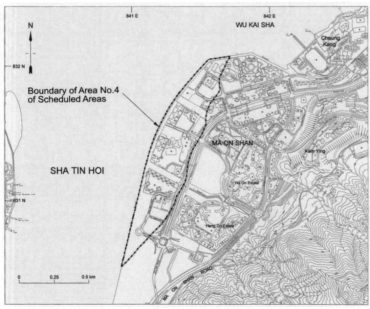

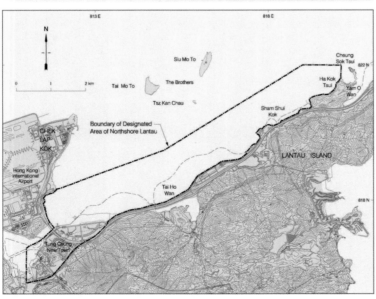

由上至下分別為新界西北、馬鞍山、大嶼山
北。（香港特別行政區政府發展局提供）

図 5-38　2000 年將軍澳受不正常沉降影響地區位置圖

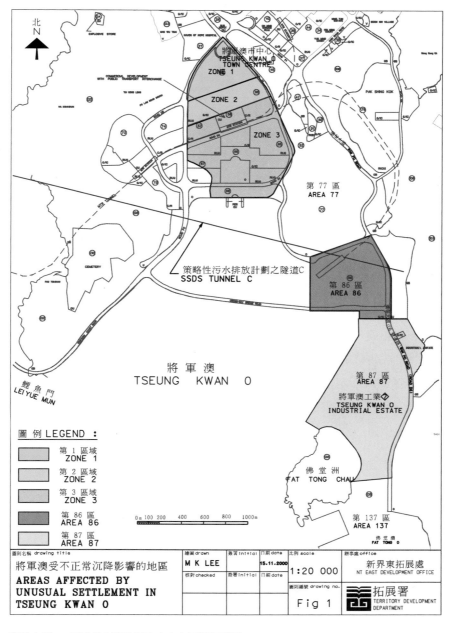

資料來源：　香港特別行政區政府土木工程拓展署。

完成，沉降情況於數年內逐漸回復正常。這是本港歷年隧道開挖工程所造成的最嚴重的事件之一。

2015 年至 2017 年間，港鐵沙田至中環綫興建期間，港鐵公司的工程監督報告發現會展站地盤有 14 個監測點測到沉降超標。2016 年起，港鐵公司的紀錄顯示土瓜灣站地盤周邊 23 棟樓宇亦出現沉降幅度超出容許上限。截至 2017 年年底，會展站和土瓜灣站地盤如常進行，沉降現象未有造成明顯的樓宇結構安全問題以及人命傷亡的意外。

四、地下湧水

1. 地下湧水現象

地下湧水是指大量地下水在短時間內急速湧入地下空間的現象。地下湧水造成的地質災害，包括在山坡沿着風化層的泥管排水而釀成的山泥傾瀉，亦包括於隧道挖掘工地造成水浸。香港的地質環境，使興建隧道系統極具挑戰性，如果隧道工地在海平面下極深處，當岩石本身有裂縫和破碎，在開發過程中可能會遇到意想不到的高壓地下水快速湧入，幾分鐘之內就會淹沒整個隧道，迫使地下工程延誤，甚至造成人命傷亡。大量的地下水流失，還會導致地面沉降以及建築物受破壞。

2. 地下湧水事件

1995 年開展的策略性污水排放計劃第一階段的目的是收集葵涌、青衣、九龍半島、將軍澳、觀塘和港島東北部的污水，在昂船洲濾水廠進行初級處理。工程需要在土瓜灣至昂船洲之間興建六條排污隧道。隧道穿越數條斷層帶，包括 280 米寬的赤門斷層帶、120 米寬的破碎流紋岩和在鉛礦坳斷裂形成的 20 米寬黏土層。斷層帶中破碎的岩石和黏土不單容易堵塞探鑽，而且造成岩體的高透水度，導致大量湧水的情況。問題在 1996 年開始出現，六條隧道中其中兩條出現湧水問題，承建商聲稱該項目不安全而無法繼續工程。其後香港政府轉換了承建商，並進行岩體穩固工作。隧道鑽探工作恢復後，鑽探速度由原先預計的每周平均 50 米至 60 米，減少到每周平均 5 米至 6 米。

1999 年起將軍澳出現的不正常沉降，亦與地下水湧入隧道有關。將軍澳的排污隧道大概位於海平面 85 米以下的基岩內。隧道開挖時有大量地下水湧入，從 1999 年 3 月到 7 月湧水量達到每分鐘 5300 升至 7200 升。從 1999 年 1 月到 2000 年 5 月，總湧水量約有 400 萬立方米，形成一個以隧道為中心的地下水降落漏斗。漏斗的水力梯度表明湧進隧道的水並非來自與隧道相距只有 80 多米的大海，而是從 1 公里之外的新市鎮已建區流向隧道。一般基岩的滲透性差，以其作隧道隔水層，不可能有大量湧水。在海底開挖隧道，由於海底有淤泥和黏土隔水，海水亦不一定會侵入。將軍澳不正常沉降事件充分表明，如果裂隙發育，基岩可以形成一承壓含水層（confined aquifer），讓地下水通過裂隙網路湧入。

第三節　氣象災害

由於香港位於華南海濱，自古以來，常受風雨侵襲，造成人命傷亡與財產損失。當中尤以颱風及暴雨之影響最為頻密和嚴重。

一、颱風

1. 颱風現象

現代氣象科學將強風之形成、風向、風力等因素加以判識後,將由海上的暖濕空氣不斷轉動而醞釀成的巨大漩渦,統稱熱帶氣旋。依天文台標準,當熱帶氣旋接近風暴中心的 10 分鐘最高平均風力達 118 公里或以上,即屬颱風。由 2009 年起,天文台依據風力,將颱風分為三級,包括颱風(每小時 118 公里至 149 公里)、強颱風(每小時 150 公里至 184 公里)及超強颱風(每小時 185 公里或以上)。比颱風弱的熱帶氣旋也會依據風力分為三級:即熱帶低氣壓(每小時 41 公里至 62 公里)、熱帶風暴(每小時 63 公里至 87 公里)及強烈熱帶風暴(每小時 88 公里至 117 公里)。

表 5-3　2009 年天文台新修訂熱帶氣旋級別情況表

熱帶氣旋級別	接近風暴中心之 10 分鐘最高平均風力(時速)
熱帶低氣壓	41 公里至 62 公里
熱帶風暴	63 公里至 87 公里
強烈熱帶風暴	88 公里至 117 公里
颱風	118 公里至 149 公里
強颱風	150 公里至 184 公里
超強颱風	185 公里或以上

資料來源: 香港天文台

自 1952 年,香港為了區別兩股或以上同時出現的熱帶氣旋,採納美國聯合颱風警告中心(Joint Typhoon Warning Center)的風名表為西北太平洋及中國南海區域的每個熱帶氣旋命名,起初採用女性名字,到 1979 年加入男性名稱交替使用。2000 年起,聯合國亞洲及太平洋經濟社會委員會 / 世界氣象組織「颱風委員會」(ESCAP / WMO Typhoon Committee)的成員各自提出有代表意思的名字交替使用,如香港提出的「獅子山」及「鳳凰」。

颱風造成的直接危害包括吹毀結構脆弱的建築物、導致海上船隻沉沒,亦會引致樹木倒塌,阻礙交通和危及途人。風暴有可能迅速改變風向而影響飛機航班升降、吹起各種重物或吹毀大廈玻璃等,造成危害;颱風亦會引起風暴潮及狂風暴雨等,繼而引致水浸、海水倒灌、山泥傾瀉、山洪暴發、掀起大浪使船隻擱淺和翻沉,更會引致越堤浪造成沿海地區水浸。颱風來臨前亦會出現酷熱天氣、能見度下降及湧浪。

2. 古代風災事件

南北朝劉宋時期(420—479)沈懷遠編《南越志》記載「颶風」:「熙安間多颶風,颶者具四方之風也。一曰懼風,言怖懼也。常以六七月興,未至時,三日雞犬為之不鳴。大者

或至七日，小者一二日，外國以為黑風。」唐朝（618—907）劉恂著《嶺表錄異》亦有記載：「惡風謂之颶。壞屋折樹，不足喻也。甚則吹屋瓦如飛蝶，或二三年不一風，或一年兩三風……」。清（1644—1912）康熙《新安縣志》〈天文志〉[1] 記：「六七八月有颶風，其作也，斷虹先兆，雲凝不行，雷隱不動，海氣沸騰，磯石響，水禽遯，狂颺乍起乍息。常有過夜北風，其成也毀屋、拔木、沉舟；其息也，必轉東蕩西而南，然後停止……」。此外，清康熙、嘉慶《新安縣志》〈防省志‧災異〉亦分別有記載明崇禎十六年（1643）、清康熙八年（1669）、康熙十年（1671）及康熙十六年（1677）發生的颶風，吹毀民房建築，大雨浸沒農產牲畜，損傷慘重。

3. 近現代風災事件

1874 年「甲戌風災」，風暴吹襲香港及珠江口沿岸地區，本港罹難者逾 2000 人。「甲戌風災」所引起的風暴潮及巨浪令香港島海岸設施受嚴重破壞（見圖 5-39），經再分析得出的維多利亞港最高潮位達海圖基準面以上（mCD）4.88 米。1906 年的「丙午風災」（見圖 5-40）及 1937 年的「丁丑風災」（見圖 5-41），更分別造成超過 10,000 人罹難，其中「丁丑風災」的風暴潮在吐露港及維多利亞港分別帶來 6.25 mCD 及 4.05 mCD 的最高潮位，大埔受嚴重風暴潮衝擊，成為重災區。幾次風災都造成了大範圍的破壞和沿岸水浸，引致嚴重的人命傷亡。

二戰後，本港的防災能力逐步提升，惟颱風偶爾仍會造成嚴重破壞，如 1962 年的超強颱風溫黛（見圖 5-42），天文台總部錄得最高陣風紀錄每小時 259 公里，大老山雷達站錄得最高陣風紀錄每小時 284 公里，為天文台歷來最高紀錄。溫黛引發的風暴潮在吐露港及維多利亞港分別帶來 5.03 mCD 及 3.96 mCD 的最高潮位，成為 1954 年有儀器觀測記錄以來的最高潮位紀錄，引致港九多區嚴重水浸，約 72,000 人無家可歸，合共 183 人死亡或失蹤。沙田尤其是白鶴汀村，受嚴重風暴潮衝擊，成為重災區。

1979 年超強颱風荷貝襲港，為吐露港帶來 3.23 米的風暴潮，其中大埔地區出現水浸，大埔鹹水龍村有多間木屋被淹浸，造成一家三口死亡，惟風暴潮並非潮漲時出現，未造成更嚴重傷亡。1983 年超強颱風愛倫襲港，風暴潮導致九龍西美孚新邨被水淹，最嚴重港島西區鋼線灣村及摩星嶺海旁的村落幾乎被完全覆滅。1989 年颱風布倫達雖然沒有正面吹襲，但在香港卻造成 1170 公頃地方水浸。1999 年颱風森姆為香港帶來了 616.5 毫米雨量，是自有記錄以來最多雨量的熱帶氣旋。同年 9 月颱風約克襲港，上水石湖新村及天平山發生嚴重水浸，兩村幾乎被淹沒。2017 年超強颱風天鴿襲港，香港多區因風暴潮導致水浸，其中杏花邨地庫停車場有汽車被淹沒，另外市區多棟大廈玻璃幕牆損毀。天文台與保險業聯會的研究估計，天鴿對全港造成的直接經濟損失達 12 億元。

1　清嘉慶《新安縣志》〈輿地略〉亦有大致相同記載。

圖 5-39　1874 年「甲戌風災」災情：中環海旁滿目瘡痍（左上及右上）；香港仔船塢被毀（左下）；輪船於香港仔擱淺（右下）。（蕭險峰提供）

圖 5-40　1906 年「丙午風災」災情：中環海旁被大浪沖擊（左上）；輪船沉沒（右上）；法國魚雷艇「投石號」（La Fronde）沉沒（左下）；九龍倉損毀嚴重（右下）。（岑智明提供）

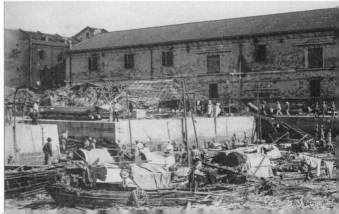

圖 5-41　1937 年「丁丑風災」災情：貨船在中環擱淺（左上）；中環舊皇后碼頭被毀（右上）；風暴潮為大埔帶來嚴重破壞（左下）；九廣鐵路一段路軌被大浪沖毀（右下）。（左上、右上、左下由岑智明提供；右下由政府檔案署歷史檔案館提供）

圖 5-42　1962 年超強颱風溫黛災情：車輛被強風吹至四輪朝天（左上）；漁船被風暴潮沖上沙田戲院（左下）；貨船於西環海旁翻沉（右）。（左上、右由岑智明提供；左下由香港特別行政區政府提供）

2018 年，超強颱風山竹襲港，錄得本港有記錄以來最大的風暴潮 3.40 米（吐露港）及 2.35 米（維多利亞港），吐露港及維多利亞港的潮位分別高達 4.71 mCD 及 3.88 mCD，導致多個低窪地區嚴重水浸（見圖 5-43），其中港島杏花邨及將軍澳有住宅地庫停車場被淹沒，另外各區沿岸公共設施受不同程度損壞，多棟大廈和住宅玻璃幕牆損毀。山竹導致 458 人受傷，超過 40,000 戶斷電，超過 60,000 宗塌樹，東鐵綫部分路段及全港主要幹道交通亦告癱瘓，全港直接經濟損失估計達 46 億元。

歷年的颱風災害見附錄 5-4，所載主要為天文台需要發出颶風信號的個案（自 1917 年數字颱風信號啟用後）。其他所載為對社會有重大影響的個案。

圖 5-43　2018 年超強颱風山竹災情：巨浪沖擊海怡半島（左）；將軍澳南海濱長廊被大浪沖毀（右上）；紅磡海旁商廈的玻璃幕牆嚴重損毀（右中）；位於低窪地區的鯉魚門受風暴潮影響而水浸（右下）。（左圖由冼偉洪提供；右上由岑智明提供；右中及右下由香港大公文匯傳媒集團提供）

圖 5-44　1874 年至 2017 年熱帶氣旋在香港造成的死亡人數統計圖

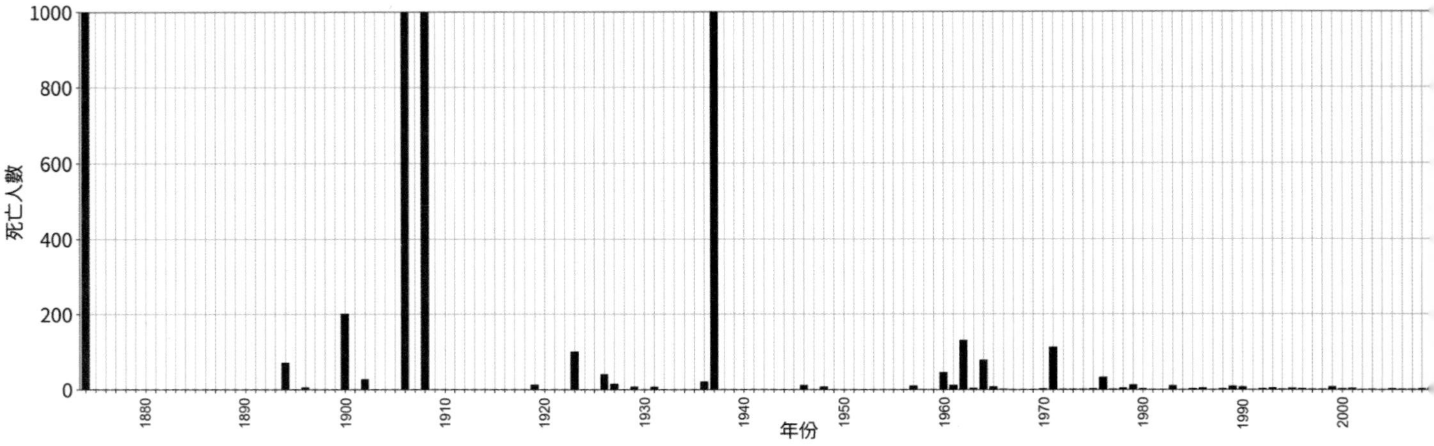

熱帶氣旋於 1874 年、1906 年及 1937 年分別造成的死亡人數均超過 1000 人,而於 1908 年則造成近 1000 人死亡。
(香港地方志中心根據香港天文台歷年熱帶氣旋統計資料製作)

香港經歷多次由颱風帶來具毀滅性的威脅,例如吹毀於山坡上或低窪地區的寮屋,造成嚴重傷亡。踏入二十一世紀,因城市規劃、基礎建設與技術進步,以及預測、預警、通報與相關管理日趨完善,因此颱風所帶來的傷害已大為降低(見圖 5-44),這從 1962 年的超強颱風溫黛與 2018 年的超強颱風山竹的威力作對比亦可窺見。儘管山竹與溫黛的威力接近,但對市民財物安全所造成的直接傷害卻比溫黛低,顯見香港社會已經有應對颱風的豐富經驗,市民在充足預防措施下,使颱風造成的損害降至最低。從保險業及特區政府數據所得,山竹所帶來的直接經濟損失約為 46 億港元,為整個大灣區的直接經濟損失的 32%,遠低於 2010 年代個別強度接近的颱風在東亞地區所造成的直接經濟損失(平均約 360 億港元),凸顯香港防禦颱風的整體能力。

面對氣候變化和更頻密的極端天氣影響,颱風的強度、降雨及風暴潮的威脅將會增加,特區政府不時教育和提醒市民不能掉以輕心。至於天文台發出八號或以上的熱帶氣旋警告信號下市面停止經濟活動和交通,無可避免會對本港造成經濟損失。

二、風暴潮、大浪及湧浪

1. 風暴潮現象

風暴潮是指熱帶氣旋中心附近海平面上升的現象。水位上升主要是因為熱帶氣旋的猛風把海水推往岸邊,再加上氣旋中心的低氣壓把海水吸高。因為風暴潮疊加在天文潮汐之上,倘遇上漲潮時,海平面高度超越正常水位令沿岸淹浸。相反,若風暴潮於退潮時出現,其危害則會相應減低。

2. 海浪現象

海浪是指由風吹過海面而引起的波動,同時亦受風速影響而增減,在沿海最高海浪可超過14米。當海浪接近岸邊時,因應地形或海床高度變化而形成越堤浪,在罕見地形下浪高可達30米以上。

湧浪(俗稱瘋狗浪)是指海浪傳播至熱帶氣旋範圍以外的波浪。湧浪可以在海上傳播數百公里,而且浪速比颱風的移動快,因此湧浪常在不易察覺的情況下湧至。湧浪進入淺水區時,高度會突然增加,出其不意地侵襲沿岸地區,對在岸邊的人士及正在垂釣或進行水上活動的人士構成威脅。例如在2009年9月27日,颱風凱薩娜在本港700公里以外橫過中國南海時,一名大學生在大浪西灣被湧浪捲走而喪命。

3. 古代風暴潮事件

香港位處沿海地帶,自古以來每受強烈風雨侵襲,容易引起浪潮。唐代詩人劉禹錫所作《沓潮歌》提及屯門浪潮情勢:

> 屯門積日無迴飆,滄波不歸成沓潮。轟如鞭石矻且搖,亘空欲駕黿鼉橋。驚湍蹙縮悍而驕,大陵高岸失岧嶢。四邊無阻音響調,背負元氣掀重霄。介鯨得性方逍遙,仰鼻噓吸揚朱翹。海人狂顧迭相招,闢衣髮首聲嘵嘵。征南將軍登麗譙,赤旗指麾不敢囂。翌日風回溶氣消,歸濤納納景昭昭。烏泥白沙復滿海,海色不動如青瑤。

其詩序記載:

> 元和十年〔816〕夏五月,終風駕濤,南海羨溢。南人曰:「沓潮也,率三更歲一有之。」余為連州,客或為予言其狀,因歌之,附於《南越志》。

這是最早記載香港範圍風暴潮現象的文獻。另唐代劉恂所著《嶺表錄異》描述了廣州至沿海一帶沓潮(風暴潮)現象與颱風的關係:「沓潮者,廣州去大海不遠二百里。每年八月,潮水最大,秋中復多颶風。當潮水未盡退之間,颶風作,而潮又至,遂至波濤溢岸,淹沒人廬舍,蕩失苗稼,沉溺舟船,南中謂之沓潮。或十數年一有之,亦繫時數之失耳。俗呼為海翻為漫天。」

清嘉慶《新安縣志》〈山水略〉亦載:

> 朝曰潮,夕曰汐。自東南大洋,道佛堂門,至南頭大海,一派而上,分五節。……每年五月初一至初三、十六至十八日,潮最大,俗呼龍舟水。十一月初一至初三、十六至十八夜,汐最大,俗呼夜生水。八月中,潮較大。值颶風作時,早潮阻風不得落,晚潮復至,波濤洶湧,往往漂廬舍、沒禾稼、壞舟楫,謂之沓潮。或數十年一有之。

可見本港居民一直受風暴潮之影響，少則損失漁農物產，財物毀壞，大則威脅性命，影響不容忽視。

綜合清康熙、嘉慶《新安縣志》、清嘉慶《東莞縣志》、清光緒《廣州府志》等古代方志所載，宋代（960—1279）以來香港境內及鄰近地區嚴重風暴潮的情況包括：

> 宋淳祐五年（1245）五月三十日。夏五月颶風大作，夜潮不退，晝潮沓之，瀕海室廬水深四五尺，溺二千餘家。

> 明成化十一年（1475）秋颶風，鹽水上田，禾半壞。

> 清康熙元年（1662），潮大溢。

> 清康熙八年（1669）正月，潮大溢，如元年。是年復村。

> 清康熙十二年（1673）五月二十一日，颶風作，海潮大溢，沒屋浸禾。知縣李可成為文祭之。

> 清同治十三年（1874）八月十三日，颶風，併潮大作。壞房屋船筏無算，風從東南海上起，頃刻潮高兩丈，受災最重東莞、新會，新安次之，南海、番禺又次之，至肇慶止。

4. 近現代風暴潮事件

風暴潮和越堤浪都可以引致沿岸地區嚴重水浸。由於香港地勢關係，維多利亞港、吐露港、后海灣及一些沿岸低窪地區例如大澳及長洲都曾出現風暴潮及大浪而造成嚴重淹浸。評估風暴潮的威脅並非純粹依據風力，亦須考量風向、潮汐水位或周期天文大潮等因素，故此風力較低的風暴倘遇上天文大潮，則危險程度相應大為提高。由於風暴潮發展具有多變性，特區政府不時提醒市民進行防風準備時不能掉以輕心。

風暴潮及大浪等影響大多集中於沿岸地帶，儘管本地城市建設及經濟模式隨時代改變，但岸邊的建築物及低窪地區依然會受到風浪及水浸波及，而身處海邊或水上進行活動的人士亦可能被海浪捲走，生命安全受到威脅。

二十世紀以降，風暴潮的影響於大埔和吐露港一帶特別嚴重，而新界西北部由於地勢平坦，亦常受到風暴潮影響。據天文台紀錄，在大埔滘所錄得三次最高潮位依次是 1937 年「丁丑風災」的 6.25 mCD、1962 年超強颱風溫黛襲港時的 5.03 mCD 及 2018 年超強颱風山竹襲港時的 4.71 mCD。其中，1937 年的「丁丑風災」令吐露港出現嚴重的風暴潮，重災區大埔傷亡慘重，一段九廣鐵路亦被沖斷；風暴潮和大浪也令中環海旁水浸，近 30 艘輪船及近 2000 艘漁船擱淺或沉沒，一艘輪船更被沖上干諾道中擱淺（見圖 5-41），風災中共約 11,000 人死亡。1962 年溫黛引致的風暴潮造成全港多區嚴重水浸，沙田是重災區，

數條村落被淹沒，全港亦有多艘輪船被吹毀而沉沒（見圖 5-42），合共造成 130 人死亡和 53 人失蹤，至少 296 人受傷。2018 年山竹的風暴潮亦為本港沿岸地區帶來嚴重破壞，其中以港島的杏花邨和海怡半島，以及新界的將軍澳影響最大（圖 5-43）。杏花邨和海怡半島面海的住宅單位分別被高達 5 樓和 10 樓的大浪沖擊，將軍澳的海濱長廊亦被嚴重破壞，另外三地均有地庫停車場被水淹沒。風暴潮在本港各處毀壞不少汽車及沿岸設施，未有造成傷亡，惟災情警惕大眾絕不可輕視風暴潮和大浪的威力。香港較嚴重風暴潮數據見附錄 5-5。

除了颱風和熱帶氣旋可以引發風暴潮外，在秋季或冬季天文大潮前後，冬季季候風帶來的強風，亦可以導致海平面上升，為低窪地區帶來水浸。

三、雨災

1. 暴雨現象

暴雨是指在特定時間內降雨量異於平常水平的降雨。閃電、狂風、雷暴經常伴隨暴雨發生，有時亦會出現冰雹或龍捲風現象。短時間內的暴雨，可引發山洪、水浸等即時災禍，而持續降雨引致水土或物質變化，亦會衍生山泥傾瀉、屋宇倒塌等非即時性災禍。

2. 古代雨災事件

古代《東莞縣志》及清康熙、嘉慶《新安縣志》〈防省志・災異〉亦有記錄暴雨侵襲香港地區，尤以清康熙二十五年（1686）四月之暴雨最為嚴重。因境內連日大雨，雨水洶湧，各處水浸丈餘，民房盡塌，居民以竹木作筏，渡水而走。農田牛畜均被淹沒，傷亡損失難以估算。

3. 近現代雨災事件

十九世紀及二十世紀初，多宗暴雨亦為本港帶來嚴重的影響。如 1889 年 5 月 29 日至 30 日的暴雨創下 24 小時最高降雨紀錄，截至 2020 年仍然未破，大雨沖毀山頂纜車軌道及供水設施，洪水及山泥沖落中環、金鐘一帶（見圖 5-45），市面近乎癱瘓，導致至少 23 人死亡和 11 人受傷。1925 年 7 月 14 日至 17 日的暴雨則引致港島半山發生嚴重的山泥傾瀉，普慶坊七間洋房被毀（見圖 5-46），導致 75 人死亡和 20 人受傷。1926 年 7 月 19 日的暴雨亦創下截至 2020 年的單日最高降雨紀錄，造成多處山泥傾瀉及水浸，道路被沖毀、淹沒或阻塞（見圖 5-47）。

二戰後多宗雨災，往往造成即時性及非即時性災禍。1966 年 6 月 7 日至 13 日連場大雨，其中 6 月 12 日雨勢最大，錄得 382.6 毫米的日雨量。雨災下，多區發生山泥傾瀉及建築物外牆倒塌，而北角寶馬山水庫氾濫，使街道變成了洶湧的洪流，區內嚴重水浸，數十架汽車被洪水沖至明園西街與英皇道交界（見圖 5-48）。暴雨共造成 64 人死亡，災民逾 8000 人，是為「六一二雨災」（又稱「六六雨災」）。

圖 5-45　1889 年暴雨後金鐘美利兵房一帶的災情。（岑智明提供）

圖 5-46　1925 年暴雨令普慶坊洋房倒塌。（岑智明提供）

圖 5-47　1926 年暴雨令跑馬地馬場被淹。（岑智明提供）

圖 5-48　1966 年北角明園西街在「六六雨災」後的災情。（岑智明提供）

1972 年 6 月 16 日至 18 日，持續數天的暴雨引致觀塘及港島西半山發生災難性山泥傾瀉。九龍秀茂坪有 78 間寮屋被沖毀，造成 71 人死亡。港島西半山的 12 層高旭龢大廈全棟被沖毀倒塌，同時引致另一棟大廈被削掉 4 層（見圖 5-49），造成 67 人喪生，是為「六一八雨災」。1976 年 8 月 25 日，暴雨下秀茂坪再次發生山泥傾瀉，大量山泥湧入秀茂坪下邨第 9 座最低數層民居及地面商舖，造成 18 人死亡。

1992 年 5 月 8 日早上，香港受暴雨影響，天文台於早上 6 時至 7 時錄得 109.9 毫米雨量。由於事發早上上學上班時間，大雨及嚴重水浸造成各區交通混亂，市民安全受到威脅。暴雨造成 4 人死亡和 1 人失蹤。

1994 年 7 月 22 日，新界北部錄得超過 300 毫米雨量，多達 300 公頃農地及 150 公頃魚塘遭淹沒，須由警察及消防員出動橡皮艇拯救受困村民（見圖 5-50），對市民生命安危及經濟造成巨大威脅。

2008 年 6 月 7 日，天文台於上午 8 時至 9 時錄得 145.5 毫米的最高 1 小時雨量紀錄，截至 2020 年仍然未被打破。大嶼山發生大量山泥傾瀉（見圖 5-51），北大嶼山公路出現嚴重水浸，影響機場對外交通，而羌山道路段被沖斷令大澳居民被圍困數日。大雨期間，本港多區出現水浸，交通嚴重擠塞。

歷年的暴雨災害見附錄 5-6，載有造成人員死亡或對社會有廣泛影響的個案。

圖 5-49　1972 年「六一八雨災」後香港島西半山寶珊道的災情。（香港特別行政區政府提供）

圖 5-50　1994 年 7 月 22 日，新界北部大範圍水浸，須由警察及消防員出動橡皮艇拯救受困村民。（岑智明提供）

圖 5-51　2008 年 6 月 7 日雨災，大嶼山出現大量山泥傾瀉，圖中可見大澳災後情況。（香港特別行政區政府土木工程拓展署提供）

四、旱災

1. 旱災現象

旱災是指因長期乾燥天氣而導致供水不足的自然災害，其主要氣象成因是降雨量不足。除了因降雨量不足外，香港自 1840 年代起，人口持續且迅速增長，加上工商業蓬勃發展，惟香港的水塘工程規劃與相關設施，未能追及社會需求，亦間接助長旱災發生。

旱災最直接影響是食水的供應及自然生態系統，而人們會因飲用水不足（缺水），而令慢性疾病加劇及增加中暑風險，危害健康，嚴重者可引致死亡。此外，雨水不足和持續乾旱亦會影響衛生條件以致有利傳染病的持續傳播。水荒亦會因妨礙工商及漁農業生產及導致工人失去工作或面臨減薪，打擊經濟，當中尤其以漁農業首當其衝。

2. 古代旱災事件

古代由於食水資源完全仰賴於河流及降雨所供應，因此遇上旱天，首先影響民生健康，繼而影響漁農經濟作業，牽連甚大。據清雍正、嘉慶、民國《東莞縣志》；清康熙、嘉慶《新安縣志》及乾隆《新修廣州府志》等古代方志所記，香港及鄰近地區較嚴重的旱患紀錄包括：

宋紹熙二年（1191）歲旱。

明天順五年（1461）大旱飢。知縣吳中勸賑捐錢至七千以上者五十人。

明嘉靖十五年（1536）大旱，飢。明嘉靖三十七年（1558）是歲亢旱。

明嘉靖四十四年（1565）夏四月，大旱，斗米銀一錢零。

明萬曆十一年（1583）夏秋大旱。

明萬曆二十四年（1596），大旱，斗米銀一錢八分，民多飢死者。

明崇禎九年（1636）夏四五月，旱。斗米銀一錢六分。縣發粟賑飢。移文各都祈雨，縣自步禱。

清康熙三年（1664）春、夏旱，至五月十六日方雨。

清康熙六年（1667）春旱。

清康熙二十五年（1686），秋旱，禾稻無收。

清乾隆四十二年（1777），大旱，米貴，人多餓死。

清乾隆四十三年（1778），大旱，米貴，人多餓死。

清乾隆五十一年（1786），秋冬旱，大飢。

清乾隆五十二年（1787），大旱，斗米洋銀一圓，人多餓死。

3. 近現代旱災事件

十九世紀英國佔領香港後，港府為應付缺水問題，透過建造水塘收集雨水，又透過引進水
錶、清拆旁喉、頒布制水等級等措施，並成立水務署管理水務供應，以及透過天文台採用
科學方法監測乾旱程度。不過香港人口持續增加，本港到了 1960 年代仍無法避免因雨水不
足而出現的旱情。

1875 年，港府因為降雨不足而要求用戶節約用水，到 1894 年更首次實施制水措施，限制
市民用水。進入二十世紀，旱災屢次襲港，造成嚴重水荒，尤其是 1928 年下半年及 1929
年發生的旱災，造成了長達 20 日的 7 級制水，當年更有 70,000 人因未能忍受制水而選擇
離開香港。港府最終以改用海水洗地、安裝水櫃、從外地輸入淡水等措施紓緩水荒問題。

二戰後供水仍然非常緊張，制水成為常態。港府透過增設水櫃、開放水井、研發人造雨、
派出船隻到內地取水試圖增加食水供應，仍未能徹底解決水荒。1963 年、1964 年連續兩
年發生的旱災，引發了長達 360 天的制水措施，情況最嚴峻時更規定每 4 天只供水 4 小
時，對市民生活及健康造成相當影響。普羅市民面對嚴峻旱情，在無計可施下，亦得仿傚
古人向上天祈雨，而各大宗教亦發起持續數月的求雨活動。制水期間，大多數勞動階層因
不能犧牲工作時間來排隊，改到水渠、公共廁所取水，導致公共衛生程度大幅下降，增加
了傳染病及各種疾病在社區蔓延，由是引發當年的霍亂個案。

1963 年，港府與廣東省政府達成協議，於 1965 年起引進東江水，加上港府擴充自來水系
統，逐漸解決香港長期以來所面對的水荒問題。因此，即使 1980 年代末至 1990 年代初數
次出現嚴重乾旱的情況（見圖 5-52），未再造成嚴重水荒。二戰後實施的制水措施見表 5-4。

圖 5-52 1884 年至 2017 年持續 24 個月的標準化降水指數統計圖

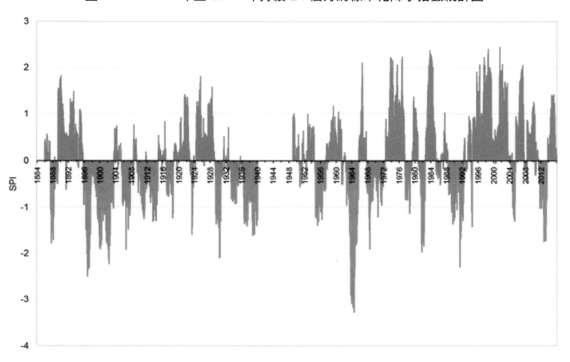

指數可以反映乾旱的嚴重程度，數值低於 -1 表示中度乾旱，低於 -1.5 表示嚴重乾旱，而低於 -2 則表示極端乾旱。
1963 年至 1964 年指數降至 -3 以下，是天文台有記錄以來最乾旱的兩年。此外，1890 年代後期至 1900 年代初期、
1929 年及 1991 年亦達到極端乾旱的程度。（香港天文台提供）

表 5-4　1946 年至 1982 年若干年份港府實施的制水措施情況表

年份	制水				供水時間（小時）
	由（月／日）		至（月／日）		
1946	4	27	6	7	13
	9	12	12	31	16
1947	1	1	1	19	16
	1	24	4	4	16
1948	1	15	2	8	16
	2	11	3	17	16
	3	18	6	1	10
	6	2	6	12	15
	12	1	12	31	16
1949	1	1	1	28	16
	1	31	7	18	16
	7	21	8	11	16
	8	12	10	31	17
	11	1	12	31	15
1950	1	1	2	12	15
	2	13	2	15	12
	2	19	4	3	12
	4	4	5	14	10.5
	5	15	5	21	14
	5	22	6	4	15
	6	5	9	20	17
	9	21	10	2	12
	10	3	10	5	14.5
	10	6	10	6	16.5
	10	7	10	19	17
	10	20	12	31	12
1951	1	1	1	3	12
	1	4	2	4	10.5
	2	7	5	16	10.5
	5	17	7	22	14.5
	7	23	10	11	11.5
	10	12	11	15	9.5
	11	16	12	24	5
	12	27	12	31	5
1952	1	1	1	25	5
	1	28	3	1	5
	3	3	6	5	5
	6	6	7	24	8
	7	25	11	16	11
	11	17	12	24	5
	12	26	12	31	5

（續上表）

年份	制水				供水時間（小時）
	由（月／日）		至（月／日）		
1953	1	2	2	12	5
	2	16	5	20	5
	5	21	6	1	11
	6	3	6	18	11
	6	19	6	22	16
	6	23	6	26	11
	6	27	6	27	16
	6	28	7	3	11
	7	4	7	6	16
	7	7	7	10	11
	7	11	7	13	16
	7	14	8	4	11
	8	5	8	7	9.5
	8	8	8	16	7.5
	8	17	9	2	5
	9	3	9	6	10
	9	7	9	18	11
	9	19	10	19	12
	10	20	11	9	10.5
	11	10	12	23	7.5
	12	24	12	24	11
	12	27	12	27	13.5
	12	28	12	30	7.5
	12	31	12	31	11
1954	1	2	1	2	13.5
	1	3	2	1	7.5
	2	5	2	5	13.5
	2	6	2	25	7.5
	2	26	5	9	8.5
	5	10	5	19	5
	5	20	5	30	4
	5	31	8	10	3
	8	11	10	8	4
	10	9	12	31	3
1955	1	1	1	22	3
	1	25	1	25	9
	1	26	5	11	3
	5	12	6	21	9.5
	6	22	6	29	11
	6	30	7	17	9.5
	7	18	10	13	11
	10	14	11	2	7

（續上表）

年份	制水				供水時間（小時）
	由（月／日）		至（月／日）		
1955	11	3	11	25	5
	11	26	12	31	2.5
1956	1	1	2	10	2.5
	2	13	2	13	9
	2	14	4	30	2.5
	5	1	5	19	3
	5	20	6	4	2.5
	6	5	6	12	3
	6	13	6	17	2.5
	6	18	7	18	7
	7	19	12	31	5
1957	1	1	1	28	5
	2	1	5	8	5
	5	9	5	9	7
	5	10	5	16	9
	5	17	5	17	16
	5	18	5	21	9
	7	29	8	25	16
	9	11	9	21	16
	10	6	10	8	16
	10	10	10	10	18
	10	11	10	13	16
	10	14	12	24	10
	12	27	12	30	10
	12	31	12	31	17
1958	1	2	1	26	10
	1	27	2	16	8
	2	17	2	17	11.5
	2	20	2	20	14
	2	21	3	31	8
	4	1	4	1	9.5
	4	2	4	24	10
	4	25	4	30	5
	5	1	5	1	7
	5	2	5	15	4
	5	16	5	16	8.5
	5	17	7	8	10
	7	9	7	9	9.5
	7	10	7	31	5
	8	1	8	1	6.5
	8	2	9	2	10

（續上表）

年份	制水				供水時間（小時）
	由（月／日）		至（月／日）		
	9	6	9	11	16.5
	9	29	9	30	10
	10	2	10	2	10
	10	3	10	8	16.5
1958	10	11	11	25	10
	11	26	11	26	9.5
	11	27	12	24	8
	12	26	12	30	8
	12	31	12	31	17.5
	1	1	1	1	18
	1	2	2	5	8
	2	6	2	6	7.5
	2	9	3	12	8
	3	14	4	2	3
	4	3	4	3	3.5
	4	4	4	23	8
	4	24	4	29	10
	4	30	4	30	18.5
	5	2	6	14	10
	6	17	6	17	10
	6	18	6	18	13
1959	6	19	6	22	17.5
	6	25	7	5	17.5
	7	6	7	6	13
	7	7	7	19	17.5
	7	23	8	2	17.5
	8	13	8	31	17.5
	9	4	9	24	17.5
	9	25	9	29	13
	9	30	9	30	19.5
	10	2	10	8	13
	10	9	10	9	19.5
	10	11	10	29	8
	10	30	12	31	4
	1	1	1	25	4
	1	26	1	26	5
	1	29	1	29	5
1960	1	30	4	23	4
	4	24	5	6	3
	5	7	6	8	4
	6	9	6	9	8

年份	制水				供水時間（小時）
	由（月／日）		至（月／日）		
1960	6	10	8	28	10
	10	3	10	8	10
	10	9	10	9	19
	10	10	10	10	18
	10	11	12	23	10
	12	24	12	24	19
	12	27	12	30	10
	12	31	12	31	19
1961	1	2	2	13	10
	3	5	4	24	10
	4	25	5	25	12
	6	1	6	29	12
	6	30	7	19	12*
	7	20	11	8	12
	11	9	12	24	10
	12	25	12	25	18
	12	26	12	30	10
	12	31	12	31	19
1962	1	1	1	1	15
	1	2	2	3	8
	2	7	5	19	8
	5	20	5	20	6
	5	21	6	13	4
	6	14	6	14	6
	6	15	7	24	8
	6	25	6	25	7
	6	26	8	30	5
	8	31	9	14	3
	9	15	12	23	4
	12	28	12	30	4
1963	1	3	1	21	4
	1	28	5	1	4
	5	2	5	15	3
	5	16	5	30	4／每2日
	6	1	12	31	4／每4日
1964	1	1	2	11	4／每4日
	2	12	2	12	10
	2	13	5	28	4／每4日
	5	29	6	10	4／每2日
	6	11	6	30	4
	7	1	8	31	8

（續上表）

年份	制水			供水時間（小時）
	由（月/日）		至（月/日）	
	2	15	5	31	16
	6	1	6	28	8
1967	6	29	7	12	4／每2日
	7	13	8	21	4／每4日
	8	27	9	5	4
	9	27	9	30	4
1974	9	25	10	8	16
	10	9	10	17	10
1977	6	1	7	4	16
	7	5	12	31	10
1978	1	1	4	18	10
1981	10	8	10	25	16
	10	26	12	31	10
1982	1	1	5	4	10
	5	5	5	28	16

注：* 代表供水給九龍區 12 小時；供水給香港島 7 小時。
資料來源： 香港水務署。

五、酷熱天氣

1. 酷熱天氣現象

酷熱天氣是指天氣炎熱得令到人、動物以及植物不適應而產生不良影響的自然天氣現象。根據天文台標準，當氣溫達攝氏 33.0 度或以上，即屬酷熱天氣。當最低氣溫為攝氏 28.0 度或以上，即屬熱夜。

由於人體不能像儀器般精確探測溫度，市民有可能因未及時察覺酷熱天氣而未有採取防暑措施，而出現熱痙攣、熱衰竭、中暑及體溫過高等病症，嚴重的可導致死亡。酷熱天氣亦會令慢性疾病惡化，並帶來間接健康影響，包括精神健康、疾病傳播、醫療服務、空氣質素等。較受酷熱天氣影響的群體包括長者、兒童、戶外及體力勞動者、運動人士、弱勢社群等。酷熱天氣同時會造成疾疫滋生及加速霍亂、麻疹等傳染病散播。

2. 酷熱天氣事件

踏入二十一世紀，受全球暖化影響，酷熱天氣的最高溫紀錄在 20 年內屢被打破，先於 2015 年 8 月 8 日由熱帶氣旋蘇迪羅所帶來的酷熱天氣，錄得氣溫高達攝氏 36.3 度，打破 1884 年以來的最高氣溫紀錄。在 2017 年 8 月 22 日，香港受超強颱風天鴿影響，再打破自 1884 年以來的最高氣溫紀錄，其中天文台總部錄得攝氏 36.6 度，濕地公園更錄得攝氏 39.0 度。2020 年，天文台錄得全年 47 日酷熱天氣日數及 50 日熱夜日數，兩者都創下

天文台的紀錄。1884 年全年酷熱天氣僅 8 天，直到 2020 年的酷熱天氣日數已增長達 47 天，顯見酷熱天氣趨於頻密，而且持續時間亦有所延長，如 2020 年 7 月 11 日至 30 日，酷熱天氣警告維持達 467 小時，可見全球暖化問題日益嚴重，香港社會所受到的影響亦愈發顯著。

酷熱天氣對香港社會的主要威脅為增加市民中暑機會，輕則昏迷，重則死亡，例如 2005 年至 2008 年間共有 325 人中暑或熱暈，包括 23 人死亡；而 2011 年 5 月至 7 月期間，亦有 4 人在戶外工作時中暑，最終不幸死亡。另外，長者由於身體機能下降，加上部分患有慢性疾病的長者須服用藥物，因此較易受酷熱天氣影響。有本地研究發現，當長者在五天內經歷兩日酷熱天氣及三晚熱夜，死亡風險可增加 5.9%。

六、低溫及霜雪

1. 低溫現象
強冷鋒和強烈的冬季季候風透過急速帶來冷空氣，造成香港的低溫現象。即使香港位於亞熱帶，在極端天氣影響下亦會出現持續寒潮天氣。寒冷天氣亦會為香港帶來結霜、結冰、霧淞、雨夾雪（或稱夾冰丸）和降雪等特殊天氣現象。根據天文台標準，當氣溫達攝氏 12.0 度或以下，即屬寒冷天氣。若氣溫達攝氏 7.0 度或以下，則屬嚴寒天氣。低溫天氣對香港造成的損害主要有霜雪凍壞農作物及凍死牲口，強冷鋒和強烈冬季季候風會使生物產生風寒效應，讓人感到身體不適，甚至死亡。

2. 霜雪現象
霜雪則是天氣寒冷導致大氣中的水分凝結成固體的天氣現象。霜是大氣中的水汽凝華，意指水汽跳過液體階段，直接於溫度達冰點以下的平面上凝結成冰晶的天氣現象。

3. 低溫及霜雪事件
香港所處經緯度較低，氣候偏於溫暖，遇上低溫及霜雪情況尚屬少數，清嘉慶《新安縣志》〈輿地略・氣候〉云：「粵為炎服，多燠而少寒，三風無寒，四時似夏，一雨成秋。」點出了本地氣候之特性，而查清嘉慶《新安縣志》中有關本地霜雪之紀錄僅得「乾隆二十二年〔1757〕正月十五夜，霜厚尺許。是年米貴。」1883 年天文台成立以後，引入科學測量技術，始有系統明確記錄低溫與霜降。1893 年 1 月 18 日，天文台錄得攝氏 0.0 度的低溫紀錄，港島山頂更出現結冰現象，這是天文台成立以來錄得的最低溫紀錄，截至 2020 年仍未被打破。

1996 年 2 月 18 日至 28 日，11 天之內香港維持在攝氏 12 度以下低溫，其中 3 天更處在攝氏 5 度至 7 度之間，這股寒潮導致 150 名長者死亡，影響相當嚴重。2008 年 1 月 24 日至 2 月 18 日的 26 天以內，天文台連續發出寒冷天氣警告長達 594.5 小時，是自 1999

年創立寒冷天氣警告以來最長的一次。2016 年 1 月，香港因受到強烈寒潮南下影響，大帽山山頂錄得攝氏 -0.6 度的低溫，當日有過百名越野賽跑手及賞雪的市民被困於大帽山，而消防的拯救行動亦礙於路面結霜受阻。

七、雷暴、冰雹及龍捲風

1. 雷暴及相關現象

雷暴是香港常見的天氣現象，主要特徵有閃電和雷響。雷暴主要因積雨雲產生。因活躍天氣如低壓槽而產生的積雨雲所形成的雷暴，通常較為持久及影響範圍較大。因太陽熱力所產生的積雨雲所形成的雷暴，則較為短暫及影響範圍較小。閃電是源於雲層之間的電荷大量累積而形成過大的電壓；雷則是因放電通道周圍的空氣急劇膨脹而產生。多個雷暴及雷暴區亦會組成颮線（squall lines），造成強烈的雷雨帶並帶來大雨、猛烈雷暴及狂風，破壞力不可忽視。另外，龍捲風、水龍捲及冰雹亦有機會伴隨雷暴襲港。

雷暴對香港所構成的主要威脅，包括閃電可能損毀電力設施，引起火警，導致地區性停電，影響民生，更有可能造成電殛，導致人命傷亡。狂風或猛烈陣風亦常出現於雷暴當中，本地有稱為「石湖風」，有機會讓船隻脫錨甚至翻沉；雷暴的下沉氣流，尤其微下擊暴流，可以令風向及風速急劇改變而影響飛機升降甚至造成飛機失事；狂風、猛烈陣風、龍捲風、水龍捲及冰雹所帶來的破壞阻礙各行各業日常運作，影響經濟發展，招致財物損失。

2. 雷暴及相關事件

清嘉慶《新安縣志》〈防省志‧災異〉記載本地錄得雷暴相關災害情況：「嘉慶十二年〔1807〕，二月初七日，日有白暈。初十、十一等日，九龍、蠔涌一帶雨雹，牛畜多被擊死。」此乃古代縣志明確記錄香港境內出現強烈雷暴首例。

1974 年 5 月 30 日，6 名中六預科生在鳳凰山觀日出時遭雷擊，造成 3 死 3 傷。1988 年 8 月 31 日，一架中國民航客機由廣州飛抵香港，在大雨中降落啟德機場失事，衝出跑道並墜落九龍灣海面，導致 7 人死亡和 15 人受傷。飛機意外調查雖未能確定意外成因，但亦不排除風切變的影響。2001 年 5 月 9 日，颮線吹倒葵涌區貨櫃碼頭內的 50 個貨櫃。2005 年 5 月 9 日，香港同樣受颮線吹襲，葵涌錄得高達每小時 135 公里的陣風，吹倒貨櫃碼頭部分貨櫃，導致 1 人死亡和 2 人受傷，全港錄得超過 100 宗樹木及棚架倒塌。2014 年 3 月 30 日晚上，九龍塘又一城商場在暴雨及冰雹下，多處漏水，導致大量雨水湧入商場並引致水浸，途人慌忙走避。

1982 年至 2020 年，香港共有八次造成破壞或人命傷亡的龍捲風報告，其中 1982 年 6 月 2 日在元朗出現的龍捲風造成 2 人死亡和 5 人受傷。1959 年至 2020 年，香港共有五次造成破壞或人命傷亡的水龍捲報告，其中 1978 年 6 月 27 日的其中一個水龍捲破壞了海洋公

園的登山吊車系統，而 1986 年 8 月 21 日在塔門出現的水龍捲則造成 3 人死亡和 1 人失蹤。該 13 次龍捲風及水龍捲事件見附錄 5-7。

八、山火

1. 山火現象

自然山火是指非人為疏忽，例如受雷電觸發的山火。本港山火往往亦因人為疏忽產生，例如清明節或重陽節期間，掃墓人士留下火種導致山火。大概每年 9 月至翌年 2 月是香港的山火季，這季節相對濕度普遍較低，天氣較為乾燥，山火常在這時候發生，而大風和陡斜草坡更有助火勢蔓延。

山火會對自然生態造成顯著的影響，包括破壞原生樹木及動物棲息地，即使山火不是經常發生，但一次山火對自然生態的破壞往往需時多年修補。山火亦有機會危害到遠足人士以及火場附近居民的生命安全。

2. 山火事件

1973 年 12 月 24 日，大欖植林區發生山火，燒毀共 70 多萬棵林木，山火範圍面積達 245 公頃。

1979 年 11 月 18 日，大欖植林區發生山火，火場面積達 500 公頃，焚毀近 265,000 棵林木，未有造成人命傷亡。

1986 年 1 月 8 日，城門郊野公園近菠蘿壩發生山火，火場面積達 740 公頃，焚毀城門和大帽山兩個郊野公園合共近 282,500 棵林木，未有造成人命傷亡。11 日起，漁農處封閉城門、大帽山、大欖三個郊野公園及大埔滘自然護理區，以保護郊野公園及保障遊客安全，2 月 18 日重開。

1996 年 2 月 10 日發生的「八仙嶺大火」造成 5 人死亡和 13 人受傷。是次山火是源於行山人士丟下煙蒂所致，亦與當日的相對濕度偏低（48%）導致山草乾燥、容易燃燒和加速蔓延有密切關係。

2006 年 11 月 1 日上午，大欖郊野公園近元朗黃泥墩水塘發生山火，由於風勢強勁，山火向藍地和屯門方面蔓延，火場面積達 630 公頃，焚毀 66,000 棵林木，未有造成人命傷亡。

2008 年 1 月 1 日下午，屯門菠蘿山發生山火，焚毀逾 500 公頃林木，未有造成人命傷亡。

2013 年 12 月 5 日，大嶼山竹篙灣附近發生山火，焚毀逾 300 公頃林木，未有造成人命傷亡。

九、低能見度

1. 低能見度現象

能見度是指擁有正常視力的人能看到和辨認出適合目標的最大距離。在此節，低能見度泛指由不同天氣現象，如霧、大雨、煙霞、降雪、沙塵、低雲底等而令能見度降低的情況。當天氣潮濕，能見度低於 1000 米或以下時稱為霧，而能見度高於 1000 米、不超過 5000米時則稱為薄霧。當天氣較乾燥，能見度在 5000 米或以下時稱為煙霞。沙塵天氣在香港並不常見，主要是來自北方，而沙塵暴一般會在途中自然稀釋或被雨帶洗刷，繼而降低對本港的影響。[2]

2. 低能見度事件

受低能見度影響，飛機升降及船隻行駛因而受阻延，甚至會釀成嚴重傷亡事故。低能見度亦影響陸路交通，但影響相對較少。

歷年低能見度引致的事故見附錄 5-8。

第四節　近岸水文災害

一、水浸

香港位於亞熱帶地區，平均年雨量為 2431.2 毫米，具有明顯季節性差異。每年雨季為 5 月至 9 月，佔全年雨量約 80%，當中以 6 月雨量最大。香港山多平地少，雨量地域分布甚不平均，橫瀾島年雨量只有約 1800 毫米，大帽山則超過 2800 毫米。靠山的地方受地勢影響，容易出現較大降雨，加上排水系統老化和不足，暴雨期間容易出現水浸。

太平洋戰爭前有關水浸的紀錄不多，大部分與颱風有關。1980 年代以來，新界急速發展，上水、粉嶺、元朗等鄉郊地區本來用作農地、魚塘的洪泛平原，被填平用作建屋、發展工商業，而覆蓋地面的混凝土並沒有儲存雨水的能力，大大減弱地表儲存雨水的天然緩衝能力，加上排水系統配套不足，導致許多低窪地區每逢暴雨後出現水浸。

1989 年，渠務署成立，主要處理污水和雨水處理排放服務，包括監管和控制水浸情況，制定排洪策略和改善長遠排洪措施和污水水質。渠務署制定有關水浸定義的指標，當地表水

2　特區成立以後，受沙塵天氣影響的主要例子包括：2010 年 3 月 21 日，受源自中國北部的沙塵暴影響，香港東區所錄得的 10 微米以下的懸浮粒子濃度（PM10）達每立方米 700 微克以上，能見度僅 2000 米至 3000米，情況到 22 日晚上才好轉。

位達到 100 毫米時就稱為水浸,再根據嚴重程度將水浸劃分成 4 級(見表 5-5)。

表 5-5　渠務署水浸黑點分級情況表

級別	程度	影響
第 1 級	嚴重	受影響面積多於 100 公頃,或對社會或經濟造成嚴重影響。
第 2 級	中程度	受影響面積多於 10 公頃,或造成重大財產損失或嚴重交通擠塞。
第 3 級	小程度	受影響面積多於 0.25 公頃,或造成農作物、財產損失或交通擠塞。
第 4 級	輕微	受影響面積少於約 50 米×50 米(面積少於 0.25 公頃),或對公眾構成輕微滋擾及不便。

資料來源: 渠務署。

1980 年代之前,港府沒有系統地記錄水浸黑點,一般根據消防處收到的報告,制定水浸黑點名單。渠務署自成立後,有系統地進行各類型防洪工程,水浸黑點數目日益減少。截至 2017 年,渠務署的水浸黑點有七個,主要用以監察為減輕該等地點發生水浸而採用維修紓緩措施的成效,不一定代表實際或潛在的水浸風險。

二、海水倒灌

海水倒灌是指海水經過地表流入陸地的過程,和海水入侵不同。海水入侵主要是指海水侵入地下水的情況。海水入侵能導致地下水變鹹,會影響沿岸的農業和生態系統。一般情況下,兩者在本港不會構成大範圍的地質災害。

海水倒灌主要因為海平面上升,將沿海低窪地區淹沒。海平面的上升可能和長期性或短期性的因素有關。長期性的因素包括地殼運動造成的大陸沉降、填土區經長時間擠壓造成的沉降、或者因為全球氣候變化造成的海平面上升。短期性的因素包括因為颱風經過造成的風暴潮、天文大潮和瘋狗浪等等。海水倒灌造成的損壞可以是由於海浪氾濫,或因為浪接浪沖擊海濱地區路面,以及低窪地區直接被入侵的海水淹沒。

香港的海岸線近 1000 公里,沿岸的陸地有 15% 處於海平面 5 米以下,現有的海岸線包括多種不同的類型和人工設置。近岸地區水浸的程度受多種因素和環境的影響,例如地理位置、地表及海底地形、海防結構等。較狹窄的港灣會將浪湧的幅度放大,令水位增高。總體而論,因為地形因素造成海水倒灌最嚴重的範圍集中在香港南部地區。特區政府 2015 年有關氣候變化的報告,劃出了可能遭受洪水氾濫的元朗及低窪地區。

三、紅潮

1. 紅潮現象

紅潮是本港常見的自然現象,出現與否,一般受制於光照、水溫、鹽分、養分、微量元素和水流等自然因素,而人為因素亦不容忽視。當未經處理的工業或農業污水排入大海,水中的無機營養物如磷和氮便會急升,引起富營養化。在春季至初夏期間,當水溫上升和日照時間較長等有利條件配合下,海水的富營養化使一些浮游藻類急促繁殖,這生態現象稱為「藻華」。

紅潮屬藻華的一種,是由於大量帶有紅色、粉紅色、深綠色或褐色色素的微小單細胞藻類如甲藻(dinoflagellates)和硅藻(diatoms)在海面積聚,把海水染成一片赤色而得名。因應藻類物種和數量的差異,紅潮也可令海水呈現其他顏色,例如本港水域常見的夜光藻(*Noctiluca scintillans*),細胞含有螢光素,在夜間受到海浪拍打刺激時會發出藍光(俗稱「藍眼淚」)。

紅潮令海水變得混濁,使水中其他藻類和沉水植物無法進行光合作用而死亡。大量藻類亦會消耗水中氧氣,使魚類和其他海洋生物缺氧而死。當細菌分解水中生物的屍體時,不但產生臭味,還會消耗更多氧氣,造成惡性循環,令水底含氧量進一步降低,形成缺氧區域,大量魚類窒息而死,為漁業帶來嚴重經濟損失。

此外,紅潮產生的黏液會堵塞魚鰓,阻礙魚類呼吸,而一些紅潮也會分泌毒素,使海洋生物的呼吸系統因受破壞而死亡。人們進食受毒素污染的海產後,會出現食物中毒的症狀,如嘔吐、腹痛、腹瀉和手腳麻痺等,甚至死亡。藻類產生的微囊藻毒素也能對游泳人士的眼睛、鼻子及皮膚造成輕微的刺激或敏感,引致呼吸道不適。

2. 紅潮事件

1975 年至 2017 年,漁農處 / 漁農自然護理署於本港水域共錄得 932 宗紅潮個案(見圖 5-53)。自 1980 年代起,紅潮個案持續上升,至 1988 年達到高峰,隨後紅潮個案趨勢逐漸下降至過去十年平均每年約 20 宗。歷年主要的紅潮列表參閱表 5-6。

雖然紅潮可能對海洋生態和人類健康構成重大的威脅,1975 年至 2017 年只有約 30 宗紅潮個案涉及魚類死亡。漁護署統計,曾在本港形成紅潮的 85 種藻類物種中,超過 80% 都是無害的(見圖 5-54),至於可能有害或有毒的物種有 22 個,其中 5 種曾引致大量魚類死亡(見圖 5-55),另有 2 種能釋放毒素並污染貝類海產(見圖 5-56)。

圖 5-53　1975 年至 2017 年香港海域十個水質管制區紅潮發生次數統計圖

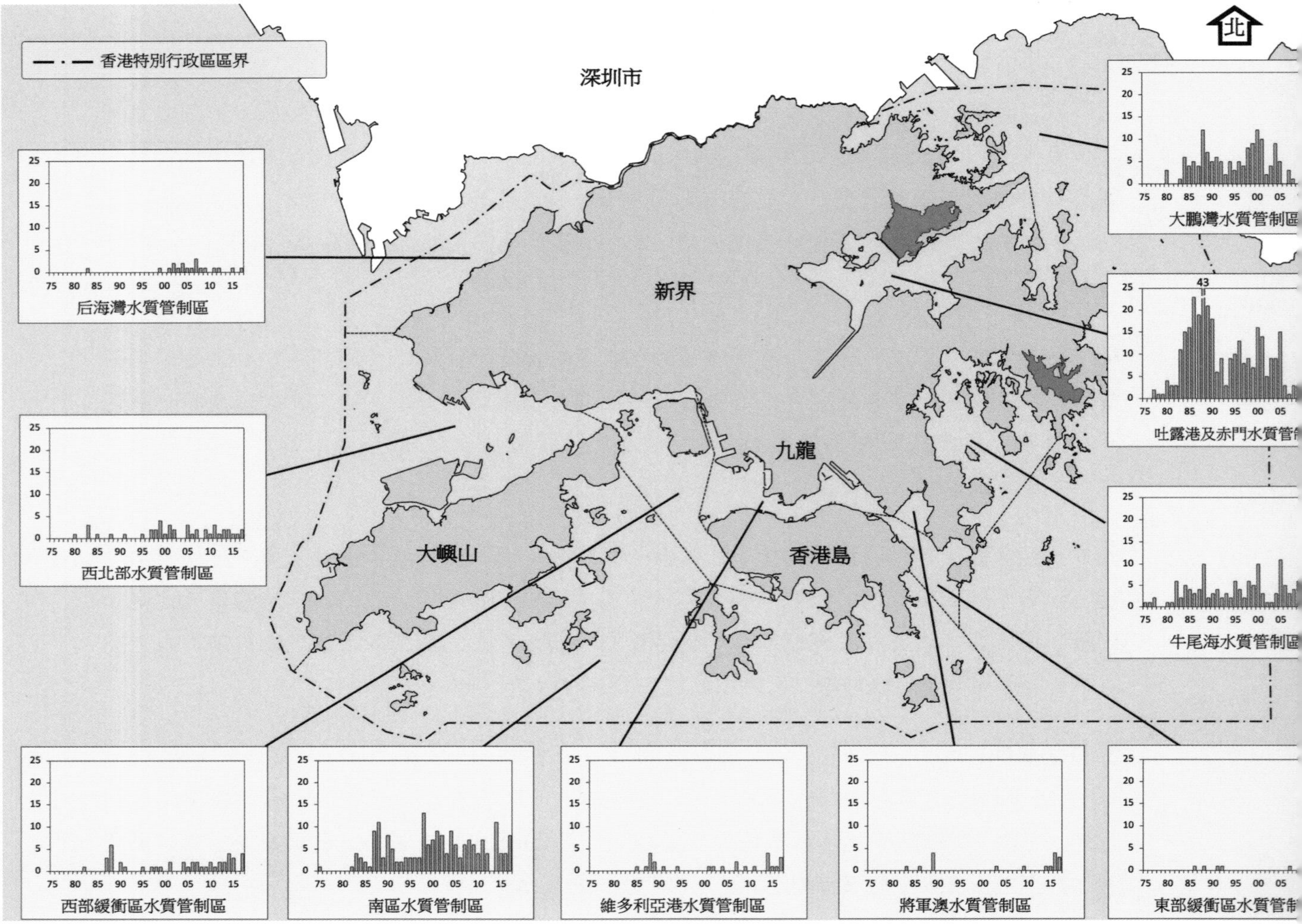

資料來源：　香港特別行政區政府環境保護署。數據來源：漁農自然護理署。

表 5-6　1971 年至 2017 年本港主要紅潮情況表

日期	地點	紅潮物種	影響
1971 年 6 月 19 日至 26 日	港島南面、大嶼山銀礦灣及南丫島附近水域	夜光藻（Noctiluca scintillans）	此為本港官方紀錄的首個紅潮，未有危及人類健康及造成魚類死亡。6 月 26 日，市政總署公布紅潮已消退。
1983 年 10 月 18 日	大埔吐露港	米氏凱倫藻（Karenia mikimotoi）	環保署驗出每公斤魚類組織所含毒素為 1200 mu（白鼠單位），是本港官方紀錄的首個有毒紅潮，未達危害人類健康程度。
1988 年 5 月 5 日	大埔吐露港	多紋膝溝藻（Gonyaulax polygramma）	吐露港出現大量死魚，養魚業估計達 35 噸。
1989 年 3 月 17 日	將軍澳田下灣	鏈狀亞歷山大藻（Alexandrium catenella）	漁農處從田下灣、吉澳及南丫島養魚區收集的貝類樣本均驗出麻痺性貝毒，並超出世界衛生組織標準。漁農處宣布收集全港養魚區附生的貝類予以銷毀。
1998 年 3 月 18 日至 4 月 18 日	全港廣泛水域	指溝凱倫藻（Karenia digitata）	養魚業統計全港 26 個養魚區當中有 23 個受到紅潮影響，估計全港死魚量達 1500 噸，合共損失 2.5 億元，而特區政府則估計損失至少約 8000 萬元。
2016 年 1 月 1 日至 2 月 9 日	本港東部大埔、西貢一帶水域	米氏凱倫藻（Karenia mikimotoi）	養魚業估計損失近 3000 萬元。

資料來源：　歷年報章、漁農自然護理署。

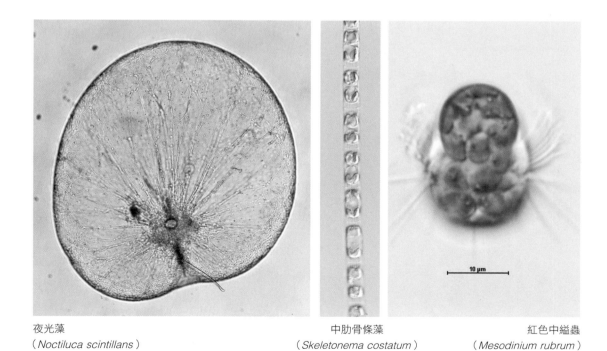

夜光藻
（Noctiluca scintillans）

中肋骨條藻
（Skeletonema costatum）

紅色中縊蟲
（Mesodinium rubrum）

圖 5-54　本港常見的無害藻類，以顯微鏡拍攝。（香港特別行政區政府漁農自然護理署提供）

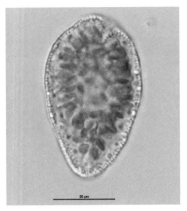
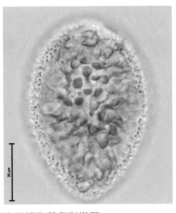
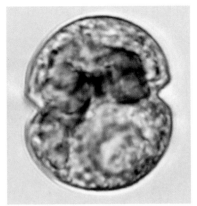

海洋褐胞藻
（*Chattonella marina*）

海洋褐胞藻卵形變種
（*Chattonella marina var. ovata*）

指溝凱倫藻
（*Karenia digitata*）

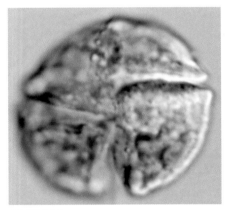
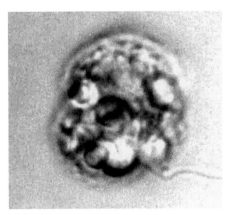

米氏凱倫藻
（*Karenia mikimotoi*）

裸甲藻 X
（*Gymnodinium sp. X*）

圖 5-55　曾在本港引致大量魚類死亡的有毒藻類，以顯微鏡拍攝。（香港特別行政區政府漁農自然護理署提供）

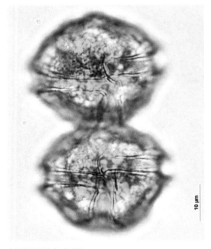
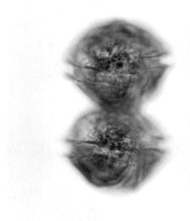

鏈狀亞歷山大藻
（*Alexandrium catenella*）

塔馬亞歷山大藻
（*Alexandrium tamarense*）

圖 5-56　在本港發現能產生貝類毒素的藻類，以顯微鏡拍攝。（香港特別行政區政府漁農自然護理署提供）

第五節 自然災害預警系統

香港每年均經歷潮濕多雨和乾燥的季節，不時要面對熱帶氣旋、暴雨、極端氣溫等天氣災害。

預警系統是應對自然災害威脅重要的一環，旨在盡早發現、及時預測和有效把警告信息傳送給社會，包括市民、受影響的工商機構和社會團體、政府的防災和救災單位等。此外，為了達到防災減災目的，還必須配合公眾教育、有效的預防措施，以及具抵禦災害能力的基礎建設等。隨着天氣預報能力提高、預警制度和信息傳送技術等不斷進步，政府和社會的動員能力增強，以及本港房屋和工程基建的改善，天氣災害造成的人命傷亡和財物損毀，以及對經濟和社會活動的影響，自 1980 年代以來顯著減少。

一、監測和預報

1. 熱帶氣旋

天文台應對熱帶氣旋的主要工作是確定熱帶氣旋的中心位置、強度和風力分布，以及預測熱帶氣旋未來的移動路徑、強度和風力分布等變化。

訂定熱帶氣旋的中心位置和強度，需要知道中心附近的氣壓、風速和風向資料。傳統方法依靠在熱帶氣旋中心附近的地面氣象站和氣旋範圍內的船舶氣象觀測報告。1945 年美國開始進行氣象偵察飛行，量度中國南海熱帶氣旋的氣象參數，直到 1987 年 8 月停止。

近岸海島氣象觀測對監測在香港近距離掠過或登陸的熱帶氣旋非常重要，天文台早於 1892 年及 1907 年分別開始接收在蚊尾洲燈塔及橫瀾島燈塔的氣象觀測，其後分別於 1952 年和 1953 年在橫瀾島和長洲加建氣象觀測站。1984 年天文台開始與廣東省氣象局合作，在香港境內及鄰近水域的小島建設多個自動氣象站，以及分享陸地、海島、海面氣象浮標及油田的氣象站數據，包括黃茅洲、沱濘列島、內伶仃島及外伶仃島，提高了區內的監測及預警能力。

1959 年開始運作天氣雷達，預報員可以分析雷達屏上的雨回波，測定熱帶氣旋中心的位置。天氣雷達還可以提供雨區移動的速度，幫助估算熱帶氣旋的強度。

1964 年，天文台開始接收美國極軌衛星的雲圖，到了 1978 年開始接收日本地球同步氣象衛星的圖像，自此衛星雲圖成為主要的熱帶氣旋定位工具。預報員可以根據螺旋雲帶的形狀，或是風暴中心附近雲塊的相對移動，推斷風暴中心的位置，以及藉分析紅外線衛星圖片，推斷熱帶氣旋的強度。

1990 年代以前，電腦運算尚未普及，天文台跟隨國際慣例，基於氣候學、統計學、外推法等客觀方法，預報熱帶氣旋移動路徑。至於預測熱帶氣旋對香港天氣影響，天文台則參考過去熱帶氣旋對香港天氣影響的統計分析數字，開發多個客觀預報工具，協助預測相關天氣，例如按熱帶氣旋的強度和中心位置，估算香港出現黃昏雷暴和高溫天氣的概率、強風或烈風的概率和雨量等。

1990 年代開始，利用電腦運算的數值天氣預報模式逐漸發展成為天文台預報熱帶氣旋的主要工具，尤其適用於較長時效的預報。除了移動路徑預報外，數值模擬還可以提供熱帶氣旋生成、強度變化及對香港天氣影響等預報資料，對公眾及業界的相關氣象服務質素亦相應提升。踏入二十一世紀，隨着觀測方法增加、數據增多、數值天氣預報模式持續發展，天文台預測熱帶氣旋移動的能力持續上升，24 小時、48 小時及 72 小時預報位置誤差穩步下降，2010 年代的誤差值依次下降至少於 100 公里、150 公里和 200 公里（見圖 5-57）。

2011 年，天文台開始與香港政府飛行服務隊合作，在定翼機上安裝氣象探測儀器收集中國南海熱帶氣旋的氣象數據。2016 年開始，定翼機上添置了一套下投式探空系統，以收集大氣不同高度的氣象資料，增強分析熱帶氣旋的強度和三維結構能力。

2. 強烈季候風

香港冬季主要吹東北季候風，夏季主要吹西南季候風，間中會吹東南風。兩季的季候風尤其在離岸地區，有時可達強風或以上程度，需要發出強烈季候風信號，提醒市民於進行戶外活動、城市高空作業和路經高架橋等情況時注意安全。與熱帶氣旋比較，季候風一般較為持久，往往會延續多天。

圖 5-57　1990 年至 2017 年天文台熱帶氣旋路徑預測誤差走勢統計圖

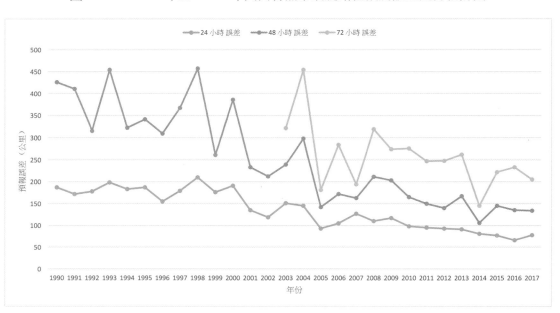

預測誤差適用於熱帶氣旋中心位於北緯 10 度至 30 度，東經 105 度至 125 度內的熱帶氣旋路徑。（香港地方志中心根據香港天文台歷年熱帶氣旋路徑驗證數據製作）

香港水域自動氣象站探測到的風力數據，是監測季候風強度的工具，預報方面主要觀測數值天氣預報模式提供的大尺度地面氣壓分布形勢。

早於 1970 年代，氣象科學界研究指出，當大氣中層（500 百帕斯卡）有低壓槽掠過貝加爾湖（Lake Baikal），約兩日後會有一股冬季季候風寒潮抵達香港。即使數值天氣預報發展迅速，天文台仍會參考這個重要的經驗法則。

3. 強對流天氣

強對流天氣包括雷暴和暴雨。香港的暴雨通常在夏季出現，可導致水浸及山泥傾瀉等災害。

雷暴是一種地區性現象，閃電能破壞電力設備導致停電、引起火警及使人遭雷殛而死。雷暴期間，猛烈陣風常以颮線出現，對船隻、臨時建築物和貨櫃等構成威脅，而雷暴帶來的風切變對飛機升降亦構成潛在危險。

強對流天氣具有突發、地區性和快速變化的特質，監測依靠頻密注意氣象雷達圖像、雨量站數據、自動氣象站報告、人造衛星雲圖。預報方面，天文台在 1999 年起採用自主研發的「小渦旋」臨近預報系統，從雷達及雨量站數據自動綜合分析雨區的移動和變化，提供未來 3 小時之內香港的雨量預報，支援暴雨及山泥傾瀉預警服務。2005 年新臨近預報系統「激流」投入業務，揉合「小渦旋」和高分辨率數值模式的預報，為預報員提供每小時更新的雨量分析，以及延伸至 6 小時的定量降雨預報指引。

監測閃電方面，2005 年天文台與廣東省氣象局和澳門地球物理暨氣象局合作，建成珠三角地區閃電定位網絡，追蹤閃電的分布，有助估計閃電的短期變化趨勢。2008 年，天文台更成功開發自動化的雷暴和閃電預警系統。

4. 酷熱及寒冷天氣

酷熱天氣能令勞動人員中暑或因精神不易集中造成工傷意外，寒冷天氣則能令資源不足基層家庭生活艱苦，甚至引致低溫死亡，而極端的酷熱或寒冷天氣均會觸發長期病患者發病。

酷熱和寒冷天氣主要受大尺度的天氣系統調節，亦須考慮雲量、降雨、相對濕度和風力等因素。天文台透過電腦數值天氣預報模式，能夠為未來數天可能出現的高、低溫提供可靠預測。由於人體的舒適度除了氣溫外，也受濕度、太陽照射和風力等影響，因此天文台亦會參考綜合的暑熱壓力指標，如天文台與本地大學研發的「香港暑熱指數」，向市民預報酷熱天氣。

5. 霜凍

香港冬季高地或新界北部間中有結霜現象，為農民帶來經濟損失。天文台預料地面結霜時，會向農民發出霜凍警告。

在天朗氣清及微風的情況下，晚間的輻射冷卻可以把地面及無遮蔽物體表面的溫度降至冰點以下，霜便會在冰點以下的表面形成。雲量及風力均會影響輻射冷卻的效果，在多雲或大風的夜晚不利於霜的形成。天文台發出霜凍警告與否，需考慮位於新界北部和高地的氣溫和草溫，以及晚間的雲量和風力。

6. 火災危險

香港的秋冬兩季天氣乾燥，郊區的植物入秋後乾枯，造成山火頻繁發生且容易蔓延。遊人較多的周末和公眾假期，以及多人掃墓的清明節和重陽節，山火風險都會增加。

天文台會在火災容易發生的時間發出火災危險警告，提醒市民火災的危險性甚高，需要提高警惕，並採取各項預防措施，減低火警的可能性，以免破壞生態環境或引致生命及財產損失。

天文台發出火災危險警告與否，需要考慮相對濕度、風速及降雨等因素，並參考由漁農自然護理署提供用作反映草被乾枯程度的草黃指數。

二、預警系統

1. 熱帶氣旋警告信號

1877 年 8 月 2 日開始，船政廳在港口辦事處懸掛一個黑色的圓柱體作為信號，就熱帶氣旋帶來的惡劣天氣向本地船民及航海人士發出警告。當時作為水警總部的三桅帆船「約翰阿當斯號」（John Adams）亦會懸掛信號及鳴炮示警。

天文台於 1884 年 5 月 25 日開始提供熱帶氣旋警告服務。當香港受強風影響時，天文台會通知船政廳、電報公司和報館，並提供有關熱帶氣旋的消息。隨後，於同年 8 月 16 日宣布運作一套熱帶氣旋警告系統（又稱「風球」）。這套系統大致分為非本地熱帶氣旋警告信號和本地熱帶氣旋警告信號。

天文台所發出的熱帶氣旋警告信號有助政府部門及工商各業及時作出相應的防風措施，例如宣布休業休學或安排高危地區的人士撤離。

非本地熱帶氣旋警告信號

自 1884 年 8 月開始，香港採用一套分別為圓柱形、向下圓錐形、圓形和向上圓錐形的四個紅色信號，作為日間的目視系統，向港內船隻發布關於熱帶氣旋相對於香港的四個不同方向（分別為東、南、西和北）的消息。這個信號系統稱為非本地熱帶氣旋警告信號（non-local storm signal codes）。最初懸掛非本地熱帶氣旋警告信號的位置在尖沙咀水警總部。首個非本地熱帶氣旋警告信號在 1884 年 9 月 8 日懸掛。

在 1890 年，四個紅色信號增加了相對應的黑色信號，表示熱帶氣旋在香港 300 海里之內，紅色信號則代表在香港 300 海里之外。到了 1904 年再增加另外四個方向的信號，分別為東南、東北、西南和西北。在 1906 年之後，香港使用的信號也緊隨中國沿海港口所使用的風暴信號而演變，包括在 1906 年至 1917 年間採用中國沿海信號（China Coast Code）（見圖 5-58），在尖沙咀訊號山懸掛。1910 年代初，除了以目視信號，非本地熱帶氣旋警告信號亦被轉為電碼以電報發布。1911 年 9 月 8 日，懸掛非本地熱帶氣旋警告信號的位置由尖沙咀水警總部搬遷至訊號山。自此至 1917 年 7 月 1 日，非本地熱帶氣旋警告信號及中國沿海信號同時在訊號山懸掛。

1917 年 7 月 1 日起，香港使用一套新的非本地熱帶氣旋警告信號。天文台其後應香港總商會的要求，於 1920 年 6 月 1 日採用中國海域風暴信號（China Seas Storm Signal Code）（見圖 5-59）。非本地熱帶氣旋警告信號分別在 1931 年和 1950 年根據遠東地區氣象會議的建議作出修訂。[3]

二戰後，由於警報信息已經可以直接使用語言文字通過無線電發布，非本地熱帶氣旋警告信號停止以電報發布，但目視信號仍然沿用，直至 1961 年 6 月底完全停止使用。

由 1946 年開始，當有熱帶氣旋位於北緯 10 度至 30 度、東經 105 度至 125 度範圍內，天文台會通過無線電方式發出為船舶提供的熱帶氣旋警告（tropical cyclone warning for shipping），內容包括熱帶氣旋的中心位置及移動方向，到了 1948 年更增設移動速度信息。至 1963 年，為船舶提供的熱帶氣旋警告內容包括熱帶氣旋的中心位置、強度及移動方向和速度、24 小時預報位置和熱帶氣旋周邊風力。隨着預報能力上升，為船舶提供的熱帶氣旋警告的預報時效分別於 1978 年、2003 年及 2015 年延長至 48 小時、72 小時和 120 小時。

本地熱帶氣旋警告信號

1884 年 8 月 16 日開始，天文台以鳴放風炮向社會示警烈風將會吹襲香港。最初鳴放風炮的位置為尖沙咀水警總部。首個風炮於 1884 年 8 月 21 日鳴放。

天文台在 1890 年開始在夜間發布熱帶氣旋警告信號，最初在尖沙咀水警總部懸掛兩個燈籠作為示警，兩個垂直懸掛的燈籠表示香港受惡劣天氣影響及預料風將順時針轉向，兩個水平懸掛的燈籠表示香港受惡劣天氣影響及預料風將反時針轉向。

1906 年，「丙午風災」奪去超過 10,000 人性命。翌年，天文台汲取教訓，以燃放炸藥的

3　分別為 1930 年 4 月 28 日至 5 月 2 日於香港舉行的遠東地區氣象局長會議（Conference of Directors of Far Eastern Weather Services）及 1949 年 5 月於馬尼拉舉行的風暴預警程序會議（Storm Warning Procedures Conference）。

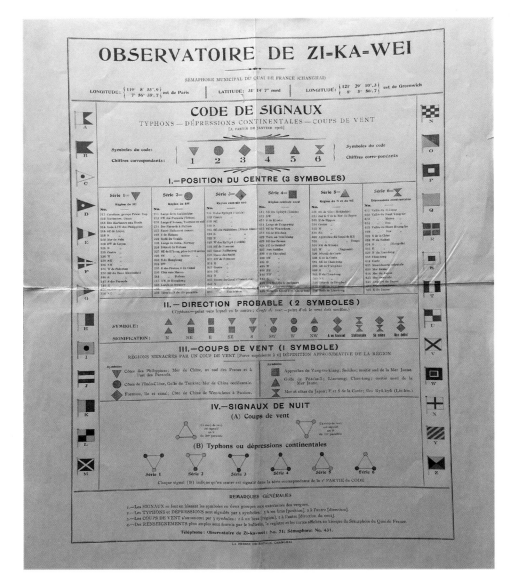

圖 5-58　中國沿海信號法文版海報。（上海市氣象局宣傳科普與教育中心提供）

巨響取代鳴放風炮。當颱風吹襲香港時，水警總部和船政廳會燃放三響炸藥，每響相隔 10 秒，而且會在懸掛中的非本地熱帶氣旋警告信號上方再加上一個黑色十字形的符號，其中十字符號後來演變成 1917 年的颶風信號（七號風球）及 1931 年的颶風信號（十號風球）。1937 年「丁丑風災」後，港府不再透過燃放炸藥發出警告。夜間信號亦在 1907 年作出調整，以三個垂直懸掛的綠色燈號表示颱風在香港 300 海里之外，垂直懸掛的綠紅綠燈號表示颱風在香港 300 海里之內，及垂直懸掛的紅綠紅燈號表示預料隨時會受颶風影響，如果信號是在夜間首次發出，還會同時燃放炸藥示警。夜間燈號除了在水警總部顯示，亦在船政廳及添馬艦顯示。此外，當港內懸掛風球時，九個離岸地區：橫瀾島、蚊尾洲、香港仔、

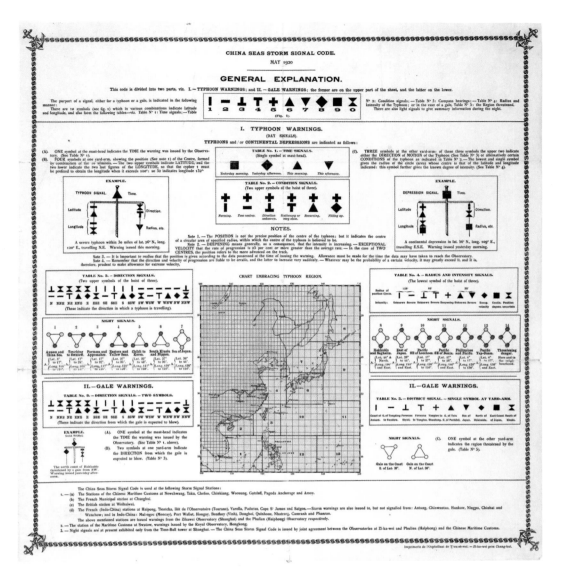

圖 5-59　中國海域風暴信號海報。（上海市氣象局宣傳科普與教育中心提供）

赤柱、歌連臣角、大埔、沙頭角、西貢及筲箕灣會同時懸掛錐形輔助警告（supplementary warnings）提醒經過的船艇。

香港在 1917 年 7 月 1 日開始採用以數字為基礎的本地熱帶氣旋警告信號，主要是警告市民提防熱帶氣旋所帶來的風力威脅。這本地信號系統以一至七號信號代表本地風暴情況（見圖 5-60）。一號表示有熱帶氣旋可能令香港在 24 小時內吹烈風；二號至五號分別表示烈風將會由北、南、東或西四個方向吹襲本港；六號代表烈風風力增強；而七號則代表最高的颶風信號。這本地信號系統亦包括一套新的夜間信號系統（見圖 5-60）。這套夜間系統一

直沿用至 2001 年底香港所有信號站停止運作為止。本地熱帶氣旋警告信號最初在訊號山、船政廳、添馬艦、青洲、香港九龍碼頭及貨倉有限公司、荔枝角標準石油公司及鯉魚門軍營懸掛；夜間燈號在九廣鐵路鐘樓、添馬艦及船政廳顯示。1919 年 10 月 3 日，天文台總部取代訊號山懸掛本地熱帶氣旋警告信號。1920 年 6 月 1 日，天文台總部亦開始顯示夜間燈號。

天文台為了滿足社會發展需要，逐步改進熱帶氣旋警告信號系統。基於 1930 年在香港舉辦的遠東地區氣象局長會議上的建議（見圖 5-61），自 1931 年起，本地熱帶氣旋警告信號更改為一至十號（見圖 5-62），一號為戒備信號，表示有熱帶氣旋可能會影響香港，二號及三號分別表示強風由西南及東南方向吹襲本港，四號為非本地信號，不在香港使用，五號至八號分別代表來自西北、西南、東北或東南四個方向的烈風，九號代表烈風風力增強，而十號則代表最高的颶風信號。輔助警告改為兩個信號：紅色 T 字元號代表一號風球已經懸掛，黑色錐形則代表五號至十號風球已經懸掛。兩個輔助警告信號亦有相應夜間燈號。此後二、三、四號信號時有時無，到 1930 年代後期取消。

日佔時期使用的熱帶氣旋警告信號系統於 1942 年 6 月 11 日對外公布，包括一至十號信號的颶風信號，再加上一套以一和二號信號的補助信號（見圖 5-63）。颶風信號的一號信號為戒備信號，五號至八號分別表示強風將會由西北、西南、東北或東南四個方向吹襲本港，九號代表風力增強，而十號則代表最高的颶風信號。而補助信號的一號信號表示「有強風襲來之兆」，二號信號表示「強風吹到」。颶風信號於 1943 年 10 月取消，只保留補助信號。

二戰後，天文台恢復使用戰前的熱帶氣旋警告系統。根據 1949 年 5 月在馬尼拉舉行的風暴預警程序（Storm Warning Procedures）會議的建議，天文台於 1950 年 1 月 1 日推出本地強風信號，並以黑球表示，用以警告小艇有關季候風及較弱熱帶氣旋所引致的強風。隨後於 1956 年 4 月 15 日新增三號強風信號（倒轉 T 字元號），以及推出強烈季候風信號代替本地強風信號，以區分由季候風和熱帶氣旋所引致的強風警報。同年，一號戒備信號的戒備範圍定為香港 400 海里之內。

本地熱帶氣旋警告信號站起初建於維多利亞港及離岸區域，隨着二戰後人口增長，信號站亦逐漸增加，至 1960 年代增至最多 42 個。隨着通訊科技日新月異，使用信號站的需要逐漸減少，天文台總部用作懸掛風球的信號桿於 1978 年拆卸，而最後一個位於長洲的信號站則在 2002 年 1 月 1 日停用，完成懸掛實體風球的歷史任務。

天文台發出警告信號時，會向市民提供影響香港的熱帶氣旋最新位置、強度及預測路徑，並概述及預測對香港的影響及建議公眾需要採取的防風措施。1962 年超強颱風溫黛襲港，天文台首次於熱帶氣旋警告信號發出時警示風暴潮的威脅。天文台於 9 月 1 日早上 6 時 15

分發出十號颶風信號後，於 6 時 30 分發出風暴潮預警，警示維多利亞港水位會比正常漲潮高出超過 6 呎，吐露港水位預計更高，低窪地區會出現水浸。

1973 年 1 月 1 日起，天文台為避免公眾混淆，以八號西北、八號西南、八號東北及八號東南四個信號，取代五號至八號風球。

1986 年，因改用公制，一號戒備信號的戒備範圍定為距離香港 800 公里之內。

1987 年開始，天文台在發出八號信號前 2 小時，發出預警八號熱帶氣旋警告信號之特別報告，預早通知公眾，減輕公共交通於發出八號熱帶氣旋警告信號後承受的壓力，避免市面出現混亂。

2006 年 3 月，天文台宣布一號戒備信號定義中「影響香港」一詞包含「香港境內海域吹強風」的意思，主要適用於熱帶氣旋襲港後期用作取代三號強風信號的一號戒備信號，用以提醒市民提防周邊海域的強風。

2007 年開始，天文台發出三號和八號信號的風力參考範圍由維多利亞港擴大至涵蓋全港不同地區接近海平面的八個測風站。該八個參考站分別為長洲、香港國際機場、啟德、濕地公園、西貢、青衣島蜆殼油庫、沙田和打鼓嶺。這些測風站處於較為空曠的位置，地理上的考慮也包括山脈地勢的自然分隔，可概括反映全港風勢。當參考網絡中半數或以上的測風站錄得或預料持續風速達到指標的風速限值，而且風勢可能持續時，天文台會考慮發出三號或八號信號。2013 年，濕地公園參考站被流浮山站取代。

自 1917 年 7 月 1 日開始採用以數字為基礎的本地熱帶氣旋警告信號以來，共有 26 個颱風引致天文台發出最高級別的颶風信號（見表 5-7）。太平洋戰爭前（1917 年至 1941 年）有 10 個，二戰後有 16 個，大部分都在 8 月和 9 月發生，分別有 11 個和 9 個；颶風信號維持最長的是 1919 年 8 月 22 日的颱風，維持了 19 小時 34 分，其次是 1923 年 7 月 22 日的颱風，維持了 18 小時 20 分，都屬於太平洋戰爭前，至於二戰後至 2020 年，則以 1999 年 9 月 16 日的颱風約克最長，共維持了 11 小時。

一年內最早和最遲日子發出颶風信號的颱風，分別為 1961 年的颱風愛麗斯（5 月 19 日）和 1975 年的超強颱風愛茜（10 月 15 日）。

二戰後的 16 個颶風信號中，與香港距離最遠的颱風是 2012 年的強颱風韋森特和 2018 年的超強颱風山竹（分別在香港西南和西南偏南 100 公里掠過）。

表 5-8 列出 1961 年至 2020 年懸掛或發出熱帶氣旋警告信號時距離香港最遠的熱帶氣旋。表 5-9 列出 1946 年至 2020 年懸掛或發出熱帶氣旋警告信號時間最長的熱帶氣旋。

THE HONGKONG GOVERNMENT GAZETTE, JUNE 15, 1917. 365

ROYAL OBSERVATORY.

No. 283.—It is hereby notified that new Local and Non-Local Storm Signal Codes will be introduced at Hongkong on **1st July, 1917,** in place of the old Local Code, and the China Coast Code.

The principal change in the Local Code is that the new Signals will show the direction from which the gale is expected, whereas the old signals showed the position of the typhoon. The latter will be indicated, as heretofore, by the Non-Local Signals. The new **Local Code** is given below :—

DAY SIGNALS.

Signal.	Symbol.	Meaning.
1	▲	A typhoon exists which may possibly cause a gale at Hongkong within 24 hours.
2	▲	Gale expected from the North (N.W. to N.E.)
3	▼	„ „ „ South (S.E. to S.W.)
4	■	„ „ „ East (N.E. to S.E.)
5	●	„ „ „ West (N.W. to S.W.)
6	⧗	Gale expected to increase.
7	✚	Wind of typhoon force expected (any direction).

Signal No. 7 will be accompanied by three explosive bombs, fired at intervals of 10 seconds at the Water Police Station and repeated at the Harbour Office.

The signals will be lowered when it is considered that all danger is over.

The Day Signals will be displayed at the masthead of the storm signal mast on Blackhead Hill, the Harbour Office, H.M.S. *Tamar*, Green Island signal mast, the flagstaff on the premises of the Hongkong and Kowloon Wharf and Godown Company at Kowloon, the flagstaff on the premises of the Standard Oil Company at Lai-chi-kok, and the flagstaff near the Field Officer's Quarters at Lyemun.

NIGHT SIGNALS. (Lamps.)

1	2	3	4	5	6	7
WHITE	WHITE	GREEN	GREEN	WHITE	GREEN	RED
WHITE	GREEN	WHITE	GREEN	WHITE	GREEN	RED
WHITE	GREEN	WHITE	WHITE	GREEN	GREEN	RED

The Night Signals will be displayed, at sunset, on the tower of the Railway Station, on H.M.S. *Tamar*, and on the Harbour Office flagstaff. They will have the same signification as the day signals.

Signal No. 7 will be accompanied by explosive bombs as above, in the event of the information conveyed by this signal being first published at night.

圖 5-60　天文台於 1917 年 6 月 15 日刊登憲報，公布在 7 月 1 日實施的新本地熱帶氣旋警告信號。（政府檔案處歷史檔案館提供）

— 60 —

less telegraphy. One year's observations to be published by each observatory in rotation. It is desirable that :

    (*a*) No observations should be published from ships in the vicinity of a land station.

    (*b*) Except during the typhoon season, only those observations should be published which emanate from areas the meteorology of which is very little known.

    (*c*) Observations made by ships in typhoon weather should be printed in greater detail than at present and due recognition given to observers. (pages 39 and 40).

    16. The Conference agreed, in principle, to a proposal by Lieut.-Comdr. Dodington that observatories in the Far East should include in their synoptic messages any observations they receive from ships: the question of code and other details to be settled by correspondence. (page 40).

LOCAL STORM SIGNAL CODE.

Recommended for use in the Far East at a Conference of Directors of Far Eastern Weather Services, held at Hong Kong, in the year 1930.

DAY SIGNALS.

SIGNAL.	SYMBOL.	MEANING.
1	Black T.	A depression or typhoon exists which may possibly affect the locality.
2	Black horizontal bar (actually a flat cylinder).	Strong wind with squalls may possibly occur from the S.W.
3	Black inverted T.	Strong wind with squalls may possibly occur from the S.E.
4	Black diamond	Typhoon dangerous but danger to locality not imminent.
5	Black cone point upward	Gale expected from the N.W. (W.-N.)
6	Black cone point downward	Gale expected from the S.W. (S.-W.)
7	Black drum	Gale expected from the N.E. (N.-E.)
8	Black sphere	Gale expected from the S.E. (E.-S.)
·9	Black hour glass	Gale expected to increase.
10	Black cross	Wind of typhoon force expected (any direction).

NIGHT SIGNALS.

1	2	3	4.	5	6	7	8	9	10
White	White	Green	White	White	·Green	Green	White	Green	Red
White	Green	White	White	Green	White	Green	White	Green	Green
White	White	Green	Red	Green	White	White	Green	Green	Red

圖 5-61　1930 年遠東地區氣象局長會議建議採用的本地熱帶氣旋警告信號，包括日間信號（風球）和夜間信號（燈號）。（香港天文台提供）

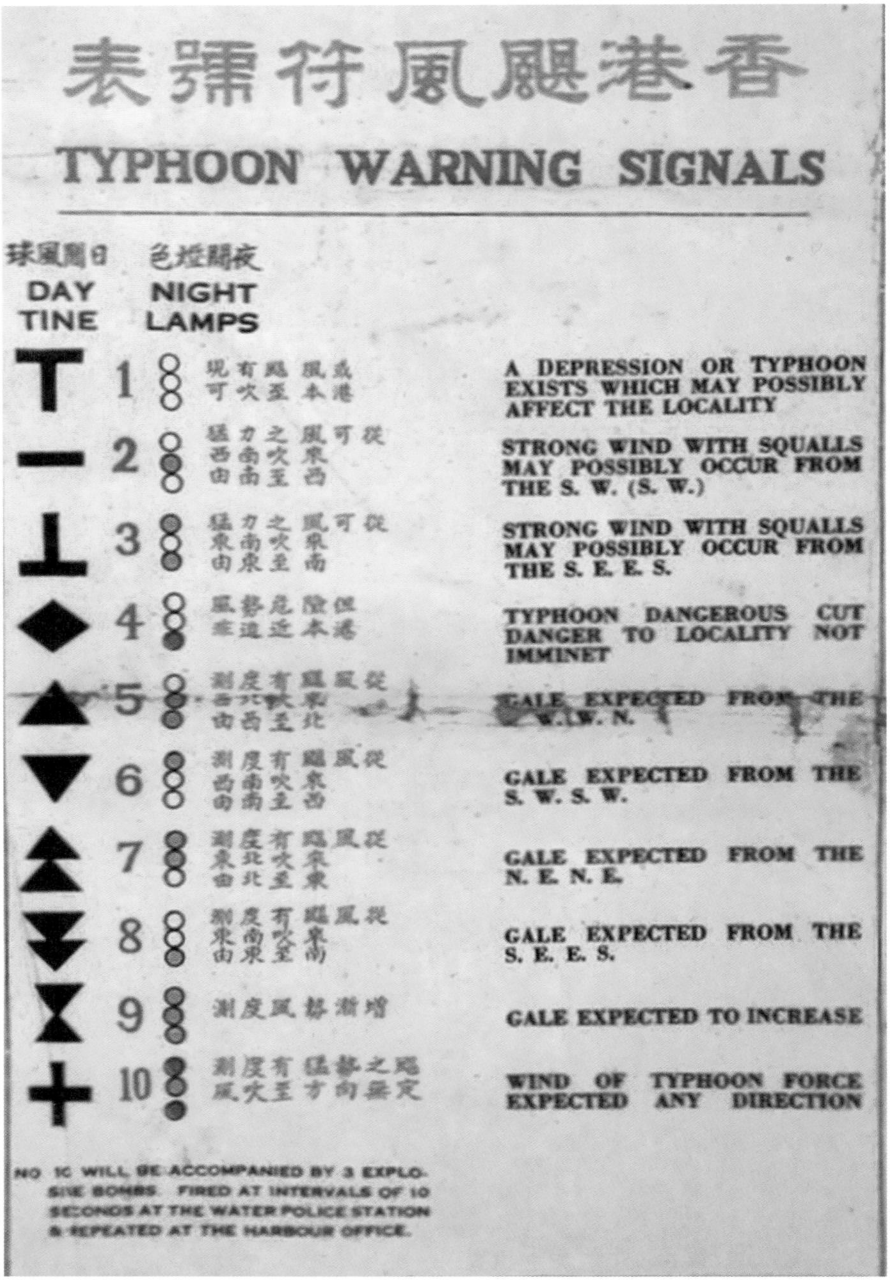

圖 5-62　1931 年至 1935 年之間香港使用的一至十號熱帶氣旋警告信號。（任正全提供）

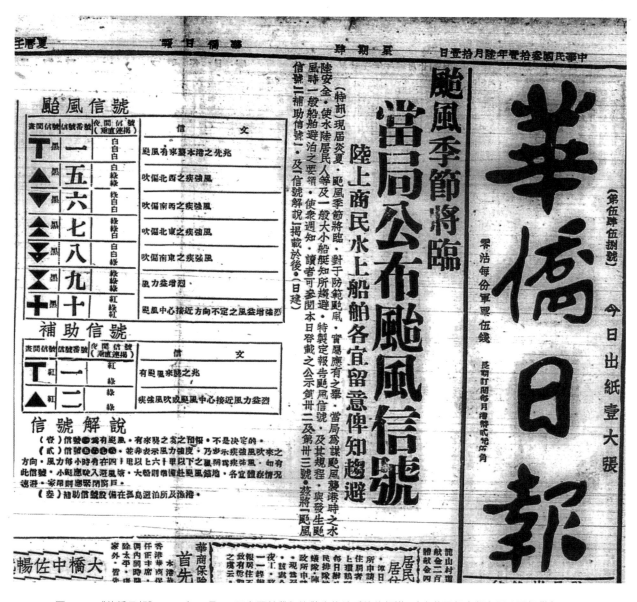

圖 5-63 《華僑日報》1942 年 6 月 11 日有關熱帶氣旋警告信號系統的報導。（南華早報出版有限公司提供）

表 5-7　1917 年天文台實施數字為基礎的本地熱帶氣旋警告信號後，發出颶風信號的颱風情況表

颱風名稱	懸掛或發出時間	除下或取消時間	維持時數
無名	1918 年 8 月 15 日 上午 5 時 35 分	1918 年 8 月 15 日 上午 10 時 35 分	5 小時
無名	1919 年 8 月 22 日 上午 10 時 56 分	1919 年 8 月 23 日 上午 6 時 30 分	19 小時 34 分
無名	1923 年 7 月 22 日 下午 12 時 30 分	1919 年 7 月 23 日 上午 6 時 50 分	18 小時 20 分
無名	1923 年 8 月 18 日 上午 9 時 0 分	1923 年 8 月 18 日 下午 2 時 50 分	5 小時 50 分
無名	1926 年 9 月 27 日 上午 6 時 32 分	1926 年 9 月 27 日 下午 3 時 12 分	8 小時 40 分
無名	1927 年 8 月 20 日 上午 10 時 35 分	1927 年 8 月 20 日 下午 4 時 27 分	5 小時 52 分
無名	1929 年 8 月 22 日 上午 11 時 45 分	1929 年 8 月 22 日 下午 3 時 0 分	3 小時 15 分
無名	1931 年 8 月 1 日 上午 11 時 14 分	1931 年 8 月 1 日 下午 4 時 23 分	5 小時 9 分
無名	1936 年 8 月 17 日 上午 0 時 25 分	1936 年 8 月 17 日 上午 6 時 25 分	6 小時
無名	1937 年 9 月 2 日 上午 1 時 58 分	1937 年 9 月 2 日 上午 6 時 20 分	4 小時 22 分
無名	1946 年 7 月 18 日 下午 3 時 15 分 *	1946 年 7 月 18 日 下午 8 時 0 分 *	4 小時 45 分
姬羅莉亞	1957 年 9 月 22 日 下午 12 時 50 分 *	1957 年 9 月 22 日 下午 8 時 45 分 *	7 小時 55 分
瑪麗	1960 年 6 月 9 日 上午 3 時 30 分 *	1960 年 6 月 9 日 下午 12 時 40 分 *	9 小時 10 分
愛麗斯	1961 年 5 月 19 日 上午 10 時 30 分 *	1961 年 5 月 19 日 下午 1 時 0 分 *	2 小時 30 分
溫黛	1962 年 9 月 1 日 上午 6 時 15 分 *	1962 年 9 月 1 日 下午 2 時 15 分 *	8 小時
露比	1964 年 9 月 5 日 上午 11 時 40 分 *	1964 年 9 月 5 日 下午 3 時 35 分 *	3 小時 55 分
黛蒂	1964 年 10 月 13 日 上午 4 時 0 分 *	1964 年 10 月 13 日 下午 12 時 15 分 *	8 小時 15 分
雪麗	1968 年 8 月 21 日 下午 4 時 10 分 *	1968 年 8 月 21 日 下午 11 時 45 分 *	7 小時 35 分
露絲	1971 年 8 月 16 日 下午 10 時 50 分 *	1971 年 8 月 17 日 上午 4 時 40 分 *	5 小時 50 分
愛茜	1975 年 10 月 14 日 下午 2 時 15 分 *	1975 年 10 月 14 日 下午 5 時 05 分 *	2 小時 50 分
荷貝	1979 年 8 月 2 日 下午 1 時 0 分 *	1979 年 8 月 2 日 下午 4 時 45 分 *	3 小時 45 分
愛倫	1983 年 9 月 9 日 上午 2 時 0 分	1983 年 9 月 9 日 上午 10 時 0 分	8 小時

（續上表）

颱風名稱	懸掛或發出時間	除下或取消時間	維持時數
約克	1999 年 9 月 16 日 上午 6 時 45 分	1999 年 9 月 16 日 下午 5 時 45 分	11 小時
韋森特	2012 年 7 月 24 日 上午 0 時 45 分	2012 年 7 月 24 日 上午 3 時 35 分	2 小時 50 分
天鴿	2017 年 8 月 23 日 上午 9 時 10 分	2017 年 8 月 23 日 下午 2 時 10 分	5 小時
山竹	2018 年 9 月 16 日 上午 9 時 40 分	2018 年 9 月 16 日 下午 7 時 40 分	10 小時

注：* 代表在開始時間欄或終結時間欄表示夏令時間，即香港時間 +1 小時。
資料來源： 香港天文台。

表 5-8　1961 年至 2020 年發出熱帶氣旋警告信號時距離香港最遠的熱帶氣旋情況表

信號	熱帶氣旋	信號發出時間	與香港距離
一號	超強颱風山竹	2018 年 9 月 14 日 下午 10 時 20 分	1110 公里
	強烈熱帶風暴霍蘿茜	1969 年 10 月 1 日 下午 4 時 15 分（夏令時間）	890 公里
三號	超強颱風嘉娜	1967 年 10 月 17 日 上午 9 時 45 分（夏令時間）	930 公里
	超強颱風林茵	1987 年 10 月 24 日 上午 5 時	800 公里
八號	熱帶風暴浪卡	2020 年 10 月 13 日 上午 5 時 40 分	450 公里
	超強颱風山竹	2018 年 9 月 16 日 上午 1 時 10 分	410 公里
	強颱風柏美娜	1972 年 11 月 8 日 下午 3 時 15 分	410 公里

資料來源： 香港天文台。

表 5-9　1946 年至 2020 年發出熱帶氣旋警告信號時間最長的熱帶氣旋情況表

	熱帶氣旋	信號維持時間	總時數
所有熱帶氣旋 警告信號	強颱風桃麗達	1964 年 9 月 15 日上午 4 時 40 分（夏令時間）發出一號信號；9 月 21 日下午 9 時 40 分（夏令時間）除下所有信號。	161 小時
	颱風戴娜	1977 年 9 月 16 日下午 4 時 30 分發出一號信號；9 月 22 日上午 11 時 40 分除下所有信號。	139 小時 10 分鐘
八號或 以上信號	颱風瑪麗	1960 年 6 月 6 日下午 9 時 40 分（夏令時間）發出八號信號；6 月 9 日下午 4 時 30 分（夏令時間）改掛三號信號。	66 小時 50 分鐘
	強颱風蘇珊	1953 年 9 月 17 日上午 6 時 50 分（夏令時間）發出八號信號；9 月 19 日上午 8 時（夏令時間）直接除下所有信號。	49 小時 10 分鐘

資料來源： 香港天文台。

2. 強烈季候風信號

天文台於 1950 年 1 月 1 日推出本地強風信號，並以黑球表示，用以警告小艇有關季候風及較弱熱帶氣旋所引致的強風。1956 年 4 月 15 日，天文台新增三號強風信號（倒轉 T 字元號）以及強烈季候風信號，代替本地強風信號，以區分由季候風和熱帶氣旋所引致的強風警報。

強烈季候風信號表示在本港境內任何一處接近海平面的地方，冬季或夏季季候風之平均風速現已或預料將會超過每小時 40 公里。冬季季候風一般從北面或東面吹來，而夏季季候風則主要是西南風。在空曠地方，季候風的風速可能超過每小時 70 公里。

1987 年 11 月 28 日，在強烈的東北季候風影響下，黃大仙天馬苑的行人通道上發生市民被強風吹倒事件，天文台此後發出強烈季候風信號會按情況加入注意事項，提醒市民採取適當的防護措施。

2014 年年底起，當本港遇上特別強勁的季候風時，天文台會在強烈季候風信號發出後，另外發出特別天氣提示，提醒市民預料香港吹某一方向之強風，並提防海面大浪可能帶來的危險。

首個強烈季候風信號於 1956 年 4 月 21 日早上 6 時 15 分（夏令時間）發出，共生效 11 小時 15 分，至下午 5 時 30 分（夏令時間）取消。1956 年至 2020 年維持時間最長的強烈季候風信號於 2000 年 10 月 11 日上午 6 時 30 分發出，至 10 月 16 日上午 5 時 45 分取消，共生效 119 小時 15 分。

3. 強對流天氣預警

暴雨警告

1966 年「六一二雨災」，香港多處水浸及山泥傾瀉，造成重大死傷，社會有意見認為大雨應該如颱風一樣有警告服務，讓市民及各機構掌握雨勢情況，及早防範短時間出現的暴雨所帶來的危害。1967 年 4 月 1 日起，天文台開始提供雷暴及大雨警告，通過政府新聞處將警告分發到各電台及報章並向公眾發布，又通過電話公司通報大型工程及承辦公司和政府部門，警示香港境內未來 6 小時內可能受到雷雨或每小時 50 毫米或以上的暴雨影響。雷暴及大雨警告視乎天氣情況，可以只警示雷暴或大雨，或兩者皆警示。雷暴及大雨警告在熱帶氣旋警告信號或強烈季候風信號生效期間不會發出。

1977 年天文台與同年成立的土力工程處合作，增設山泥傾瀉警告。1983 年，天文台鑒於市民容易混淆雷暴及大雨警告的內容，改為設立水浸警告及雷暴警告予以取代，以天氣情況及其影響分辨兩種警告，其中水浸警告警示大雨引致水浸的風險。

1992 年 5 月 8 日一場大暴雨，導致早上繁忙時間市面混亂，促使天文台制定一套以顏色區

分暴雨嚴重程度的警告系統，並於年中實施使用。每當香港受暴雨影響，有機會導致路面嚴重水浸及交通擠塞時，天文台便發出綠色、黃色、紅色及黑色四個級別的暴雨警告（見表 5-10）。綠色及黃色暴雨警告具有預測成分，只向政府部門及公共服務機構發布，而紅色及黑色暴雨警告則根據錄得的雨量發出，並向市民公開發布，讓市民及各機構掌握雨勢情況，及早防範短時間出現的暴雨所帶來的危害。

1998 年 3 月，天文台回應社會要求，更新暴雨警告系統，以黃、紅及黑三色表示暴雨的嚴重性（見表 5-11），並引入預測暴雨成分，以盡早警示暴雨來臨。三種顏色的警告信號均向公眾發出。同時，鑒於新界北部出現水浸的情況與其他地區有別，天文台增設「新界北部水浸特別報告」。當新界北部受大雨影響，引致低窪地帶出現水浸或將會出現水浸時便會發出報告，提醒區內市民做好預防措施，減低人命及經濟損失；渠務處亦着手在新界東北至西北地區進行廣泛的渠務工程，藉人工規劃以徹底改善各區的排水系統，達致有效防洪和排洪的目的，亦降低人命與經濟的損失。同年，天文台停止使用水浸警告。

2016 年，天文台增設局部地區大雨報告服務，提醒市民，雖然全港雨勢未達至需要發出紅色或黑色暴雨警告的指標，但個別地區雨勢可能引致嚴重水浸並構成危險。

1992 年至 2020 年，天文台共發出 28 次黑色暴雨警告，其中 5 次是 1998 年更新警告系統之前發出；23 次在 5 月至 9 月的雨季中發出；最早在 3 月，最遲在 10 月，各有 1 次，分別在 2014 年 3 月 30 日晚上 8 時 40 分和 2016 年 10 月 19 日下午 4 時正發出。1999 年 8 月，受颱風森姆影響，天文台先後在 8 月 23 日上午 6 時 13 分和翌日 8 月 24 日上午 4 時 35 分共發出兩次黑色暴雨警告，第一次維持了 5 小時 47 分，是生效時間最長的黑色暴雨警告；第二次亦維持了 5 小時 25 分。

表 5-10　1992 年至 1998 年運作的綠色、黃色、紅色及黑色四個級別暴雨警告情況表

顏色	意義
綠色	預料未來 12 小時內會有顯著雨量。
黃色	預料未來 6 小時內，香港境內會有超過 50 毫米雨量。
紅色	暴雨已經開始，在過去 1 小時或更短時間內，香港廣泛地區錄得超過 50 毫米雨量。
黑色	在過去 2 小時或更短時間內，香港境內錄得超過 100 毫米雨量。

資料來源：　香港天文台。

表 5-11　1998 年開始運作的黃色、紅色及黑色三個級別暴雨警告情況表

顏色	意義
黃色	表示香港廣泛地區已錄得或預料會有每小時雨量超過 30 毫米的大雨，且雨勢可能持續。
紅色	表示香港廣泛地區已錄得或預料會有每小時雨量超過 50 毫米的大雨，且雨勢可能持續。
黑色	表示香港廣泛地區已錄得或預料會有每小時雨量超過 70 毫米的大雨，且雨勢可能持續。

資料來源：　香港天文台。

雷暴警告

1967 年 4 月 1 日起設立的雷暴及大雨警告，當中對雷暴發出的警報，表示 6 小時內會發生雷暴，提醒市民做好防雷措施。雷暴及大雨警告在熱帶氣旋警告信號或強烈季候風信號生效期間不會發出。

1983 年，天文台將雷暴及大雨警告分拆為水浸警告及雷暴警告。

1997 年起，雷暴警告預警時效由 6 小時改為 4 小時。

2005 年 7 月起，天文台進一步增強雷暴警告的資訊內容，因應實際情況加插特別天氣信息，例如有關強陣風、冰雹、龍捲風的報告及預防措施。

2011 年起，當天文台預測或錄得陣風超過每小時 70 公里的時候，會在雷暴警告加插相關字句，說明哪一個地區受影響。2013 年，有關資訊被特別天氣提示取代。

1967 年至 2020 年維持時間最長的雷暴警告於 1975 年 5 月 14 日下午 2 時 30 分（夏令時間）發出，至 5 月 18 日上午 7 時（夏令時間）取消，共生效 88 小時 30 分。

山泥傾瀉警告

1972 年 6 月 18 日及 1976 年 8 月 25 日先後發生嚴重山泥傾瀉，導致多人死亡後，社會要求有相應的警告服務。1977 年 4 月開始，天文台與於該年成立的土力工程處合作，在雨量達到預警水平時，向各政府應急機構發出黃色或紅色山泥傾瀉警告。年內分別於 5 月 31 日及 7 月 20 日發出黃色山泥傾瀉警告。

1983 年起黃色及紅色山泥傾瀉警告簡化為山泥傾瀉警告，並開始公開發布。

1998 年起，在本港受暴雨影響或持續有大雨時，天文台除了根據當日的降雨量，亦參考過去約 15 日的雨量及降雨情況，與土力工程處商議是否需要發出山泥傾瀉警告。2000 年開始，天文台與土力工程處商議是否需要發出山泥傾瀉警告時，亦考慮天文台臨近預報系統對未來 3 小時的雨量預報。

土力工程處持續分析香港自 1985 年起，每一場引致發出山泥傾瀉警告的暴雨和引發的山泥傾瀉數目，並綜合全港斜坡分布資料，估算一場暴雨可能引發的山泥傾瀉數量，並制定該場暴雨的山泥傾瀉指數（見圖 5-64）。指數於暴雨過後公開發布，沒有即時預警性質，旨在提醒公眾須對暴雨及山泥傾瀉維持警覺性，以及提升土力工程處的山泥傾瀉風險管理工作。

首個公開發布的山泥傾瀉警告於 1983 年 4 月 8 日上午 11 時 2 分發出，共生效 10 小時 36 分，至晚上 9 時 38 分取消。1983 年至 2020 年維持時間最長的山泥傾瀉警告於 1994 年 7 月 22 日上午 3 時正發出，至 7 月 26 日上午 10 時取消，共生效 103 小時。

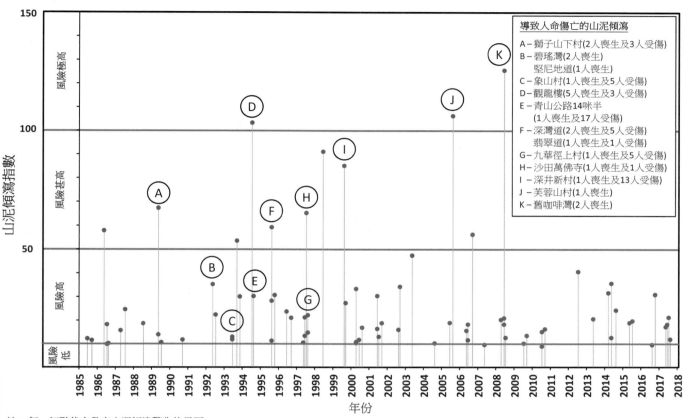

圖 5-64　1985 年至 2017 年土力工程處制定的山泥傾瀉指數統計圖

導致人命傷亡的山泥傾瀉

A－獅子山下村(2人喪生及3人受傷)
B－碧瑤灣(2人喪生)
　　堅尼地道(1人喪生)
C－象山村(1人喪生及5人受傷)
D－觀龍樓(5人喪生及3人受傷)
E－青山公路14咪半
　　(1人喪生及17人受傷)
F－深灣道(2人喪生及5人受傷)
　　翡翠道(1人喪生及1人受傷)
G－九華徑上村(1人喪生及5人受傷)
H－沙田萬佛寺(1人喪生及1人受傷)
I－深井新村(1人喪生及13人受傷)
J－芙蓉山村(1人喪生)
K－舊咖啡灣(2人喪生)

註：每一紅點代表發出山泥傾瀉警告的暴雨

資料來源：　香港特別行政區政府土木工程拓展署。

城門河水浸警告

1969 年 8 月 11 日的暴雨，令下城門水塘滿溢，水壩下游村落受嚴重水浸影響，天文台於 1970 年與水務署、警務處及大埔民政司署合作運作城門河水浸警告，當城門水塘或下城門水塘儲水量達到警戒水平而又預料會有大雨導致水庫滿溢，天文台便向有關部門發出警告。首個城門河水浸警告於 1970 年 9 月 8 日發出。港府鑑於管控城門河水浸的工作有長足進展，城門河水浸警告運作至 1972 至 1973 年度後停用。

地區性洪水警告響號系統

踏入二十一世紀，為減輕水浸損失，渠務署在長遠改善工程完成前實施中期措施，在容易發生水浸的鄉村提供地區性洪水警告響號系統。當洪水水位達到預定水平，該系統會透過水浸警報器或自動電話致電村代表通知村民，在水浸發生前發出警報，讓村民有足夠時間撤離或採取預防措施。

4. 酷熱天氣警告

1999 年 12 月，天文台公布於翌年夏季推出酷熱天氣警告服務，預料天氣酷熱時發出，提醒市民加以防範。政府部門和社區組織亦同時提供各種服務，例如民政事務總署會開放社區中心供有需要人士入住，長者安居協會則會致電提醒長者注意中暑風險等。此外，勞工處特別編定《預防工作時中暑的風險評估》指引（2009 年）、《建築地盤之熱壓力評估核對表》（2010 年）及《戶外清潔工作地點之熱壓力評估核對表》（2010 年）供僱主和僱員作出預防，而職業安全健康局亦編製單張及宣傳資訊供在室內或戶外工作的人士要採取適合預防措施。2013 年，建造業議會亦發出《在酷熱天氣下工作的工地安全指引》，要求總承建商及分包商提供合適的環境、設施及管理措施，包括供應足夠飲用食水及休息時間，以保障建造業工人在酷熱天氣下的身心健康。

天文台發出酷熱天氣警告的指標是氣溫超過攝氏 33.0 度，同時亦會考慮濕度及風速等其他因素。首個酷熱天氣警告於 2000 年 5 月 29 日發出。2020 年 7 月 11 日上午 6 時 45 分至 7 月 30 日下午 5 時 45 分發出的酷熱天氣警告，共維持 467 小時，是 2000 年至 2020 年間維持時間最長的。

2000 年至 2020 年的夏季中，最早發出的酷熱天氣警告在 2018 年 5 月 3 日，最遲的在 2017 年 10 月 12 日。

由 2014 年夏季開始，天文台在天氣頗為炎熱、但未達到酷熱天氣警告指標的日子，基於「香港暑熱指數」發放炎熱天氣特別提示，提高公眾的防暑意識。

5. 寒冷天氣警告

由於連續多年冬天發生市民使用氣體熱水爐中毒死亡事件，天文台在 1993 年設立安全使用氣體熱水爐預警（Gas Heater Alert），於天氣寒冷時發出，以提醒市民使用熱水爐時要保持空氣流通。首個安全使用氣體熱水爐預警於 1993 年 1 月 14 日下午 4 時 30 分發出，1 月 31 日下午 4 時 15 分取消，共生效 407 小時 45 分，亦是生效時間最長的安全使用氣體熱水爐預警。1999 年 11 月，特區政府立法禁止在浴室使用無煙道式熱水爐，天文台於 2000 年 2 月 24 日至 3 月 2 日最後一次發出預警。

1999 年冬季，天文台鑒於嚴寒天氣下長者、露宿者及弱勢社群凍死事件頻發，設立寒冷天氣警告，於預料天氣寒冷時發出。

寒冷天氣警告生效期間，民政事務總署會為有需要避寒人士提供臨時棲身之所，即「避寒中心」，並按情況向入住人士提供毛氈和墊褥等日常用品；而教育局亦因應寒潮襲港情況而宣布全港幼稚園及小學停課，2016 年 1 月 24 日是本港首次因寒潮襲港而停課。民間方面，汲取 1996 年寒潮的經驗，社區團體成立長者安居服務協會。該協會特別關注寒冷天氣對長者的影響，推出平安鐘服務，提供 24 小時呼援及關懷服務。

天文台發出寒冷天氣警告的指標是氣溫低於攝氏 12.0 度，亦考慮濕度和風速等因素。首個寒冷天氣警告在 1999 年 12 月 19 日發出。2008 年 1 月 24 日下午 3 時正發出的寒冷天氣警告為有記錄以來維持時間最長，持續至 2 月 18 日上午 9 時 30 分才結束，共生效 594 小時 30 分。1999 年至 2020 年的冬季中，最早需要發出的寒冷天氣警告在 2009 年 11 月 16 日，最遲的在 2007 年 4 月 3 日，亦是唯一在 4 月發出的寒冷天氣警告。

6. 霜凍警告

天文台於 1969 年 2 月 4 日及 2 月 5 日就新界內陸地區及高地出現低溫及可能出現結冰和結霜而發出警告，提醒農民採取措施保護農作物。此後每年冬季，天文台都在有需要時發出警告。

7. 火災危險警告

天文台鑒於郊區遊人逐年增多使山火風險上升，於 1968 年 11 月 15 日開始運作山火危險警告，但只在假期時發出。該年秋冬季發出了兩次山火危險警告。

為了提高市民的防火意識，1972 年 10 月開始改為火災危險警告，並分為黃色和紅色兩個級別，警告範圍亦包含市區。黃色火災危險警告表示火災危險性頗高，而紅色火災危險警告表示火災危險性極高。

8. 紅潮警報

1975 年起，漁農處開始記錄本港出現的紅潮。1983 年，港府制定紅潮應急計劃，由各相關政府部門組成聯絡和監測網絡，同年漁農處開始有系統地處理有關的紅潮管理、報告、調查及研究工作。截至 2017 年，香港政府未曾設立紅潮警告系統，但漁護署會負責協調工作，包括定期於全港魚類養殖區進行水質監測和浮游植物監察工作、接收紅潮報告及作出調查，並向養魚戶發出有關紅潮風險的警報及提供適當減災及防範措施以減低損失。

附錄

附錄 1-1　香港河溪情況表

本表收集了香港具有名稱的河流、支流和石澗。河流級別釐定的方法，是從河流最高支流作為一級河段開始，每兩支流相匯變成二級河段，兩條二級河段相匯變成三級河段，如此類推，直到河流的出海口，作為該河流的級別。因為香港許多河流是間歇河，釐定河段時，以地形圖藍線為準。

地區	名稱	主要附屬支流	源頭	出口	河級
新界北	梧桐河	麻笏河 蠶山北坑 軍地河 丹山河 獅頭嶺坑 屏鶴石澗 白燕瀝	屏風山	深圳河	5
新界北	雙魚河	營盤坑 雙羊澗 圭角東坑 石塘右坑 石塘左坑 牛咕角坑 油柑坑	大刀岏	梧桐河—深圳河	5
新界北	石上河	不詳／不適用	箕勒仔	梧桐河—深圳河—后海灣	4
新界北	平原河	不詳／不適用	禾徑山	梧桐河—深圳河—后海灣	2
新界北	新桂田坑	不詳／不適用	麻雀嶺	梧桐河—深圳河—后海灣	3
新界北	蓮麻坑河	不詳／不適用	紅花嶺	梧桐河—深圳河—后海灣	2
新界北	南坑	不詳／不適用	沙嶺	梧桐河—深圳河—后海灣	1
新界北	缸窰河	不詳／不適用	禾徑山	梧桐河—深圳河—后海灣	2
新界北	山貝河	黃棠石澗 神仙轍坑 崇山石澗	九徑山	錦田河—后海灣	4
新界北	錦田南河	清潭澗 大石石澗 大雷石澗 甲龍石澗 觀凌坑 觀石坑 河背坑	大帽山	錦田河—后海灣	3
新界北	錦田北河	大江埔澗 竹坑 橫台山坑	大帽山	錦田河—后海灣	4
新界北	沙頭角河	不詳／不適用	伯公坳	沙頭角海	3
新界北	麻雀石澗	不詳／不適用	麻雀嶺	沙頭角海	2
新界北	担水坑	不詳／不適用	麻雀嶺	沙頭角海	2
新界北	荔枝窩河	不詳／不適用	吊燈籠	沙頭角海	4

（續上表）

地區	名稱	主要附屬支流	源頭	出口	河級
新界北	南涌河	龜南坑 屏南石澗 黃嘉石澗 屏嘉石澗	黃嶺	沙頭角海	4
新界北	咸坑	不詳／不適用	減龍嶺	沙頭角海	3
新界北	馬尿河	不詳／不適用	坳背峒	印洲塘	1
新界北	黃竹涌	不詳／不適用	長托	印洲塘	2
新界北	牛角涌	不詳／不適用	橫嶺	印洲塘	3
新界北	東灣坑	不詳／不適用	牛屎石	印洲塘	1
新界北	苗三石澗	不詳／不適用	上苗田	印洲塘	1
新界北	鳳凰溪	不詳／不適用	鹿湖峒	赤門海峽鳳凰笏	1
新界北	花藍坑	不詳／不適用	橫嶺	印洲塘烏洲塘	1
新界北	小塘坑	不詳／不適用	擔柴山	赤門海峽荔枝莊	2
新界北	石荔坑	不詳／不適用	石屋山	赤門海峽荔枝莊	2
新界北	石深右坑	不詳／不適用	蛇石坳	赤門海峽深涌灣	1
新界北	仙姑南坑	不詳／不適用	八仙嶺	船灣水庫	2
新界北	礦頭窰坑	不詳／不適用	妝臺嶺	船灣水庫	2
新界北	仙礦石澗	不詳／不適用	八仙嶺	船灣水庫	3
新界北	涌尾石澗	牛罅瀝 芬箕托西坑 石水澗 橫涌石澗 橫山溪 犁橫石澗	黃嶺	船灣水庫	4
新界北	洪水坑	不詳／不適用	竹篙岈嶺	天水圍渠—后海灣	3
新界東	馬甲崙坑	不詳／不適用	馬甲崙	企嶺下	2
新界東	飛龍河	不詳／不適用	馬甲崙	企嶺下	2
新界東	飛鳳河	不詳／不適用	雞公山	企嶺下	1
新界東	隱龍河	不詳／不適用	雞公山	企嶺下	2
新界東	長情坑	不詳／不適用	欖樹山	企嶺下	1
新界東	西徑坑	不詳／不適用	欖樹山	企嶺下	2
新界東	夾萬坑	雙鹿石澗 大蚊坑 研船坑 田鹿石澗	牌頭山	大浪灣	2
新界東	流白水	不詳／不適用	西灣山	大浪灣	1
新界東	西灣山北坑	不詳／不適用	西灣山	大浪灣	1
新界東	爛灶坑	不詳／不適用	睇魚岩頂	大浪灣	1
新界東	風琴坑	不詳／不適用	西灣山	大浪灣	1
新界東	沉船坑	不詳／不適用	米粉頂	沉船灣	1
新界東	大枕蓋南坑	不詳／不適用	大枕蓋	萬宜水庫	1
新界東	田尾坑	不詳／不適用	田尾山	萬宜水庫	2
新界東	黃竹坑左源	不詳／不適用	螺地墩	萬宜水庫	2
新界東	黃竹坑右源	不詳／不適用	螺地墩	萬宜水庫	1

地區	名稱	主要附屬支流	源頭	出口	河級
新界東	吹筒坳坑	不詳／不適用	回頭龍	萬宜水庫	1
新界東	噙蝶坑	不詳／不適用	回頭龍	萬宜水庫	2
新界東	蜈蚣南坑	不詳／不適用	西灣山	萬宜水庫	1
新界東	西灣山西坑	不詳／不適用	西灣山	萬宜水庫	2
新界東	浪茄坑	不詳／不適用	西灣山	浪茄灣	1
新界東	浪茄仔坑／東天門石澗	不詳／不適用	西灣山	浪茄灣	1
新界東	長岩溪	不詳／不適用	睇魚岩頂	長岩灣	1
新界東	猴塘溪	不詳／不適用	石屋山	大灘海高塘口	1
新界東	北坑	不詳／不適用	牌頭山	大灘海赤徑口	2
新界東	赤坑	不詳／不適用	牛背墩	大灘海赤徑口	2
新界東	爐仔石石河	不詳／不適用	爐仔石	大灘海高塘口	1
新界東	大雞坑	不詳／不適用	大嶺峒	東部水域	1
新界東	平托坑	不詳／不適用	平托坑山	東部水域	1
新界東	大坑	不詳／不適用	大蛇頂	糧船灣海	1
新界東	大蛇坑	不詳／不適用	大蛇頂	糧船灣海	1
新界東	淡水右坑	不詳／不適用	大蛇頂	糧船灣海淡水灣	1
新界東	淡水左坑	不詳／不適用	大蛇頂	糧船灣海淡水灣	1
新界東	蠔涌河	大藍湖石澗 黃涌石澗 大腦石澗	黃牛山	牛尾海白沙灣	2
新界東	璧山溪	不詳／不適用	企璧山	白沙灣	2
新界東	龍坑	牛耳石坑 光潭石澗 秋楓石澗 牌額西坑 鯽魚湖石澗	岩頭山	牛尾海斬竹灣	3
新界東	井欄樹溪	不詳／不適用	鷓鴣山	將軍澳	1
新界東	馬西石澗	不詳／不適用	馬鞍山	牛尾海	2
新界東	巨壩石澗／彎曲坑	不詳／不適用	彎曲山	牛尾海	2
新界東	滘西坑	不詳／不適用	神仙井山	滘西洲西牛尾海	1
新界東	滘東坑	不詳／不適用	大嶺	滘西洲西牛尾海	1
新界東	泥涌坑	不詳／不適用	二嶺	滘西洲西牛尾海	1
新界西	丹桂坑	不詳／不適用	竹篙峒嶺	洪水坑水塘	3
新界西	紅塘左坑	不詳／不適用	無名山	洪水坑水塘	1
新界西	鰲磡沙溪／靈鰲石澗／上白泥溪	不詳／不適用	圓頭山	西部水域	2
新界西	下白泥溪／青大石澗／大水坑溪	青大石澗 雙清溪 牛頭坑 大冷溪	獅子頭	西部水域	3
新界西	曾角溪	不詳／不適用	禾塘頭	后海灣	1

（續上表）

地區	名稱	主要附屬支流	源頭	出口	河級
新界西	紫田右澗	不詳／不適用	西坑尾山	屯門河	2
新界西	老虎坑	不詳／不適用	九徑山	屯門河	2
新界西	青散坑	不詳／不適用	青山	屯門河	1
新界西	小冷溪	石鼓山南溪	石鼓山	珠江口龍鼓灘	2
新界西	望後溪	不詳／不適用	望後石頂	屯門蝴蝶灣	1
新界西	乾下石澗	不詳／不適用	乾山	后海灣	2
新界西	乾白石澗／ 白泥溪	不詳／不適用	乾山	后海灣	2
新界西	龍鼓上坑澗	不詳／不適用	禾塘頭	珠江口龍鼓灘	2
新界西	九青坑	不詳／不適用	九徑山	青山灣	1
新界西	九徑西坑	不詳／不適用	九徑山	青山灣	1
新界西	屯門河	不詳／不適用	九徑山	青山灣	4
新界中	九管右坑	不詳／不適用	大石嶺	大欖涌水塘引水道	1
新界中	金沙坑	不詳／不適用	竹篙峒嶺	大欖涌水塘引水道	2
新界中	白石坑	不詳／不適用	竹篙峒嶺	大欖涌水塘引水道	1
新界中	欖北坑	不詳／不適用	水婆婆山	大欖涌水塘	1
新界中	七渡河	田夫仔坑 蓮花石澗	田夫仔山	大欖涌水塘	3
新界中	圓墩北坑	不詳／不適用	石托山	大欖涌水塘	1
新界中	九黃石澗	不詳／不適用	竹篙峒嶺	黃泥墩水塘	1
新界中	神仙轍坑	不詳／不適用	竹篙峒嶺	黃泥墩水塘	2
新界中	桃坑峒西坑	不詳／不適用	桃坑峒	汀九青山水域	1
新界中	圓墩西坑	不詳／不適用	桃坑峒	汀九青山水域	2
新界中	深井坑	蝴蝶坑	花山尾	汀九青山水域	1
新界中	汀九坑	不詳／不適用	石敲拱	汀九青山水域	2
新界中	石龍拱南坑	不詳／不適用	石敲拱	汀九青山水域	1
新界中	石龍坑	不詳／不適用	石敲拱	汀九青山水域	2
新界中	九管左坑	不詳／不適用	九逕山	大欖涌水塘引水道	2
新界中	九管右坑	不詳／不適用	大石頂	大欖涌水塘引水道	1
新界中	蛇舌坑	不詳／不適用	圓墩附近無名山	大欖涌水塘引水道	1
新界中	鬼怒坑	不詳／不適用	石托山	大欖涌水塘引水道	2
新界中	曹公潭溪	下花坑 白石橋坑 大曹石澗 牛寮坑	大帽山	荃灣地下系統	3
新界中	大圓石澗	大圓左澗 大圓右澗	大帽山	荃灣地下系統	3
新界中	禾梨坑	不詳／不適用	橫排嶺	荃灣地下系統	1
新界中	草城石澗	不詳／不適用	鉛礦坳	城門水塘	2

（續上表）

地區	名稱	主要附屬支流	源頭	出口	河級
新界中	大城石澗	湖洋山石澗 禾秧右坑 禾秧坑 大城左澗 大城北坑 西南坑 四城澗	大帽山	城門水塘	3
新界中	蝦公坑	不詳／不適用	針山、草山一帶	城門水塘	2
新界中	針山南坑	不詳／不適用	針山	下城門水塘	2
新界中	走私坳左坑	不詳／不適用	走私坳	下城門水塘	1
新界中	六合坑	不詳／不適用	走私坳	沙田區排水道	1
新界中	香粉寮坑	不詳／不適用	針山	城門河	1
新界中	神秀坑	不詳／不適用	針山	城門河	3
新界中	七弦琴石澗	不詳／不適用	針草坳	城門河	1
新界中	瀝源河	石花坑 老鼠田坑 馬麗口左坑	大老山	城門河	3
新界中	坳背灣坑	不詳／不適用	草山	城門河	2
新界中	蚊坑	不詳／不適用	狗肚山	城門河	1
新界中	狗肚南坑	不詳／不適用	狗肚山	城門河	1
新界中	城門河	不詳／不適用	大帽山	吐露港	3
新界中	九肚坑	不詳／不適用	大埔坳	吐露港	2
新界中	大埔尾坑	樟樹灘坑	大埔坳	吐露港	3
新界中	九青坑	不詳／不適用	九徑山	青山灣	1
新界中	九徑北坑 （裂桃坑）	不詳／不適用	九徑山	大欖涌水塘引水道	2
新界中	大埔河	燕岩溪 打鐵屻左坑 打鐵屻右坑	四方山	吐露港	4
新界中	林村河	塘面左坑 新塘坑 （刀屻南坑） 林村上坑 五維河 白石牛坑 雞公坑 玉女溪 蕉坑	大帽山	吐露港	5
新界中	象山西坑	不詳／不適用	象山	九龍排水系統	1
新界中	鵝肚坑	不詳／不適用	飛鵝山	九龍排水系統	1
新界中	黃嶺南坑	犁壁坑	黃嶺	吐露港大埔海	4
新界中	純陽南坑	不詳／不適用	八仙嶺	吐露港大埔海	3
新界中	大坑	猛鬼坑	草山	吐露港大埔海	4
新界中	荔枝坑	不詳／不適用	荔枝山	吐露港大埔海	4

（續上表）

地區	名稱	主要附屬支流	源頭	出口	河級
新界中	鹿巢坑	梅大石澗 鹿巢坳左坑 鹿巢坳右坑 茅坪坑 女婆東坑 （石板坨） 石壘仔坑	企壁山	城門河	3
新界中	女婆西坑	不詳／不適用	女婆山	城門河	1
新界中	牛樟石澗	不詳／不適用	牛押山	馬鞍山排水系統	1
新界中	東馬肚坑	靈象石澗 大洞坑	馬鞍山	馬鞍山排水系統	3
新界中	牛烏石澗	不詳／不適用	牛押山	馬鞍山排水系統	2
新界中	折雁坑	不詳／不適用	吊手岩	馬鞍山排水系統	1
新界中	雁恒石澗	不詳／不適用	吊手岩	馬鞍山排水系統	3
新界中	馬大石澗	西馬肚石澗 西馬肚右坑 馬肚坑 吊手岩南坑 下吊手岩南坑	馬鞍山	吐露港	3
新界中	水泉澳坑	不詳／不適用	水泉澳	城門河	1
新界中	觀音山河	不詳／不適用	慈雲山	城門河	1
新界中	蓮花澗	不詳／不適用	午地墩	大欖涌水塘	1
新界中	寮肚坑	不詳／不適用	寮肚	青衣	1
港島	潭崗石澗	不詳／不適用	柏架山	大潭篤水塘	3
港島	雙潭石澗	不詳／不適用	大潭上水塘	大潭篤水塘	1
港島	紫潭石澗	不詳／不適用	紫羅蘭山	大潭中水塘	3
港島	孖崗石澗	不詳／不適用	長連山	大潭中水塘	2
港島	長連坑	不詳／不適用	老虎山	大潭篤水塘	1
港島	老虎坑	蓮花井南坑 龜山南坑	老虎山	赤柱東引水道	3
港島	龜山北坑	不詳／不適用	龜山	大潭篤水塘	2
港島	畢潭石澗	不詳／不適用	畢拿山	大潭上水塘	1
港島	畢潭右澗	不詳／不適用	畢拿山	大潭上水塘	1
港島	渣大石澗	不詳／不適用	渣甸山	大潭上水塘	1
港島	馬坑	不詳／不適用	馬坑山	赤柱東引水道	2
港島	野豬徑南坑	不詳／不適用	野豬徑	大潭港	1
港島	柴大石澗	不詳／不適用	哥連臣山	大潭港	2
港島	風門石澗	砵浪坑 馬塘坳坑	砵甸乍山	大浪灣	3
港島	深水灣石澗	深紫石澗	聶高信山	深水灣	2
港島	金馬倫南坑	不詳／不適用	金馬倫山	香港仔排水系統	1
港島	歌賦南坑	不詳／不適用	歌賦山	香港仔水塘	1
港島	薑花石澗	不詳／不適用	奇力山	香港仔水塘	2
港島	石岩水	不詳／不適用	金馬倫山	香港仔水塘引水道	1

（續上表）

地區	名稱	主要附屬支流	源頭	出口	河級
港島	下塘坑	不詳／不適用	馬己仙峽	香港仔	2
港島	小馬坑	不詳／不適用	小馬山	寶馬山水庫	2
港島	太古坊坑	不詳／不適用	寶馬山	東區排水系統	2
港島	小馬東坑右源	畢柴石澗 畢劍石澗	畢拿山	東區排水系統	3
港島	耀東坑	不詳／不適用	柏架山	筲箕灣區排水系統	1
港島	淺水碼頭右坑	不詳／不適用	柏架山	筲箕灣區排水系統	1
港島	愛秩序坑	不詳／不適用	柏架山	筲箕灣區排水系統	1
港島	柏柴石澗	不詳／不適用	柏架山	南區引水系統	2
港島	乾坑	不詳／不適用	柏架山	柏架山引水道	1
大嶼山	灣篤河	不詳／不適用	花瓶頂	四白灣	3
大嶼山	虎白石澗	不詳／不適用	老虎頭	大白灣	2
大嶼山	大水坑	不詳／不適用	紅水山	坪洲西海域	1
大嶼山	橫塘溪	不詳／不適用	黃龍嶺	銀礦灣	1
大嶼山	銀河／ 梅窩河	銀龍石澗 龍尾坑 潛龍石澗	蓮花山	銀礦灣	3
大嶼山	貝澳河	雙龍石澗	二東山	貝澳灣	2
大嶼山	南龍石澗	不詳／不適用	大東山	貝澳灣	2
大嶼山	青龍石澗	不詳／不適用	大東山	貝澳灣	2
大嶼山	鳳大南坑	不詳／不適用	大東山	長沙	1
大嶼山	黃龍石澗	北龍石澗 懸龍石澗 左龍石澗 右龍石澗 龍嚎石澗 藏龍石澗	蓮花山	東涌灣	3
大嶼山	東涌河	地塘石澗 鳳彌石澗 北天門石澗 彌東坑 龍躍石澗 降龍石澗 鳳大北坑	鳳凰山	東涌灣	3
大嶼山	鳳大南坑	不詳／不適用	大東山	長沙	1
大嶼山	鳳塘石澗 （東狗牙坑）	牛塘石澗	鳳凰山	塘福	3
大嶼山	中狗牙坑	不詳／不適用	狗牙嶺	石壁水塘及引水道	1
大嶼山	西狗牙坑	不詳／不適用	鳳凰山	石壁水塘及引水道	3
大嶼山	鳳壁石澗	木魚坑 獅壁石澗 獅子頭南坑	鳳凰山	石壁水塘	3
大嶼山	閻王坑	不詳／不適用	鳳凰山	石壁水塘	2
大嶼山	羌山東坑	不詳／不適用	羌山	石壁水塘	2
大嶼山	大浪坑	不詳／不適用	羌山	大浪灣	2

（續上表）

地區	名稱	主要附屬支流	源頭	出口	河級
大嶼山	苗笛竹坑	不詳／不適用	靈會山	石壁水塘引水道	1
大嶼山	雲白石澗	雲白中澗 雲白右澗	靈會山	大浪灣	2
大嶼山	狗嶺涌石澗	不詳／不適用	大磡森	嶼南水域	2
大嶼山	分流西坑	不詳／不適用	深坑瀝	分流西灣	1
大嶼山	大坪坑	不詳／不適用	深坑瀝	二澳	2
大嶼山	水澇漕石澗	萬丈布石澗 萬丈九曲	靈會山	二澳	2
大嶼山	牙鷹西坑	不詳／不適用	牙鷹山	二澳	1
大嶼山	牙鷹北坑	不詳／不適用	牙鷹山	大澳	2
大嶼山	大澳涌	龍仔坑 羌山北坑 凌風石澗 龍岩石澗	麒麟嶺	大澳	4
大嶼山	象榕坑	不詳／不適用	象山	嶼西水域	2
大嶼山	深屈河	獅子頭坑 昂深石澗 昂深右澗 昂深中澗 彌深石澗 蓮深右澗 蓮深中澗 蓮深左澗	彌勒山	嶼西水域	4
大嶼山	彌沙石澗	不詳／不適用	蓮花山	沙螺灣	3
大嶼山	箔刀屻北坑	不詳／不適用	薄刀屻	東涌灣排水系統	2
大嶼山	白芒坑	不詳／不適用	牛牯膊	大蠔灣	2
大嶼山	大蠔河	田寮坑	和尚峒	大蠔灣	2
大嶼山	田字坑	不詳／不適用	田寮坑	大蠔灣	2

資料來源： 綜合 Hong Kong Historic Maps 網（https://www.hkmaps.hk/viewer.html）及其他各方資料。

附錄 1-2　香港島嶼情況表（大於 1600 平方米）

名稱	海域	分區	面積（平方公里）	座標
大嶼山 Lantau Island	大嶼山	離島	144.2300	22.2644N，113.9405E
香港島 Hong Kong Island	維多利亞港	中西區 東區 南區 灣仔區	78.3300	22.2601N，114.1926E
南丫島 Lamma Island	東博寮海峽	離島	13.7400	22.2068N，114.1268E
赤鱲角 Chek Lap Kok	赤鱲角	離島	12.7000	22.3089N，113.9203E
青衣 Tsing Yi	青衣	葵青	10.6900	22.3468N，114.0983E
滘西洲 Kau Sai Chau	牛尾海	西貢	6.7000	22.3615N，114.3133E
蒲台島 Po Toi Island	雙四門	離島	3.6900	22.1695N，114.2625E
長洲 Cheung Chau	北長洲海峽	離島	2.4600	22.2087N，114.0295E
東龍洲 Tung Lung Chau	大廟灣	西貢	2.4200	22.2482N，114.2896E
吉澳 Kat O	吉澳海	北區	2.3500	22.5384N，114.2970E
往灣洲 Double Island	印洲塘	北區	2.1300	22.5142N，114.3125E
喜靈洲 Hei Leng Chau	西博寮海峽	離島	1.9300	22.2535N，114.039E
吊鐘洲 Jin Island	牛尾海	西貢	1.8000	22.3332N，114.3238E
塔門 Grass Island	赤洲口	大埔	1.6900	22.4759N，114.3613E
鴨脷洲 Ap Lei Chau	東博寮海峽	南區	1.3000	22.2417N，114.1529E
大鴉洲 Tai A Chau	大嶼山以南	離島	1.2000	22.1617N，113.9105E
石鼓洲 Shek Kwu Chau	大嶼山以南	離島	1.2000	22.1955N，113.9877E
螺洲 Lo Chou	雙四門	離島	1.2000	22.1848N，114.24986E
東平洲 Ping Chau	大鵬灣	大埔	1.1600	22.5408N，114.4348E
坪洲 Peng Chau	大嶼山及港島之間水域	離島	0.9900	22.2848N，114.0390E

（續上表）

名稱	海域	分區	面積 （平方公里）	座標
娥眉洲 Crescent Island	印洲塘	北區	0.9700	22.5286N， 114.3161E
橋咀洲 Sharp Island	牛尾海	西貢	0.9000	22.3632N， 114.2940E
火石洲 Fo Shek Chau	糧船灣河	西貢	0.8300	22.3151N， 114.3651E
小鴉洲 Siu A Chau	大嶼山以南	離島	0.7300	22.1826N， 113.9122E
馬灣 Ma Wan	汲水門	荃灣	0.6900	22.3489N， 114.0593E
沙塘口山 Bluff Island	糧船灣河	西貢	0.6900	22.3202N， 114.3503E
伙頭墳洲 Town Island	糧船灣河	西貢	0.6200	22.3343N， 114.3644E
牛尾洲 Ngau Tau Pai	牛尾海	西貢	0.5500	22.3261N， 114.2971E
大頭洲 Tai Tau Chau	深篤門	西貢	0.5400	22.3726N， 114.32526E
周公島 Sunshine Island	西博寮海峽	離島	0.5400	22.2611N， 114.0513E
馬屎洲 Ma Shi Chau	吐露港	大埔	0.5300	22.4500N， 114.2333E
赤洲 Port Island	赤門海峽	大埔	0.4700	22.5005N， 114.3594E
宋崗 Sung Kwong	雙四門	離島	0.4500	22.1847N， 114.2863E
龍鼓洲 Lung Kwu Chau	龍鼓水道	屯門	0.3800	22.3788N， 113.8837E
鹽田仔 Yim Tin Tsai	牛尾海	西貢	0.3100	22.3772N， 114.3031E
北果洲 North Ninepin Island	清水灣	西貢	0.2500	22.2665N， 114.3476E
大洲 Tai Chau	清水灣	西貢	0.2500	22.2564N， 114.3502E
橫洲 Wang Chau	糧船灣河	西貢	0.2300	22.3296N， 114.3734E
燙波洲 Middle Island	深水灣	南區	0.2200	22.2343N， 114.1854E
交椅洲 Kau Yi Chau	大嶼山及港島 之間水域	離島	0.2100	22.2842N， 114.077E
銀洲 Round Island	深水灣	南區	0.1300	22.2158N， 114.1855E
沙洲 Sha Chau	龍鼓水道	屯門	0.1300	22.3456N， 113.8901E
大磨刀 Tai Mo To	屯門與大嶼山 之間水域	屯門	0.1200	22.3311N， 113.9662E

（續上表）

名稱	海域	分區	面積 （平方公里）	座標
青洲 Green Island	硫磺海峽	中西區	0.1100	22.2846N， 114.1127E
鴨脷排 Ap Lei Pai	東博寮海峽	南區	0.1000	22.2313N， 114.1604E
小磨刀 Siu Mo To	屯門與大嶼山 之間水域	屯門	0.1000	22.3375N， 113.9819E
橫瀾島 Waglan Island	雙四門	離島	0.1000	22.1840N， 114.3044E
黃宜洲 Wong Yi Chau	斬竹灣	西貢	0.0940	22.3861N， 114.3166E
鹿洲 Luk Chau	東博寮海峽	離島	0.0790	22.2247N， 114.1345E
青洲 Steep Island	清水灣	西貢	0.0760	22.2761N， 114.3140E
羊洲 Yeung Chau	西貢海	西貢	0.0750	22.3803N， 114.2812E
雞翼角 Peaked Hill	大嶼山以南	離島	0.0740	22.2163N， 113.8368E
匙洲 Bay Islet	糧船灣河	西貢	0.0690	22.3358N， 114.3340E
洋洲 Yeung Chau	船灣海	大埔	0.0650	22.4615N， 114.2215E
罐杉環 Kwun Cham Wan	牛尾海	西貢	0.0600	22.3836N， 114.3034E
孖洲 Ma Chau	大嶼山以南	離島	0.0540	22.1722N， 113.9005E
長石咀 Chueng Shek Tsui	鴨洲海	北區	0.0500	22.5477N， 114.2630E
銀洲 Flat Island	海下灣	大埔	0.0500	22.4786N， 114.3312E
大頭洲 Tai Tau Chau	鶴咀半島	南區	0.0470	22.2300N， 114.2581E
樟木頭 Cheung Muk Tau	大嶼山以南	離島	0.0460	22.1788N， 113.9248E
虎王洲 Fu Wong Chau	印洲塘	北區	0.0450	22.5200N， 114.2868E
小交椅洲 Siu Kau Yi Chau	大嶼山及港島 之間水域	離島	0.0440	22.2886N， 114.0589E
白沙洲 Round Island	西貢海	西貢	0.0410	22.2228N 114.1780E
狗脾洲 Kau Pei Chau	鶴咀半島	南區	0.0390	22.2058N， 114.2594E
墳洲 Fun Chau	吉澳海	北區	0.0380	22.5329N， 114.2758E
五分洲 Ng Fan Chau	鶴咀半島	南區	0.0350	22.2259N， 114.2575E

（續上表）

名稱	海域	分區	面積（平方公里）	座標
丫洲 Center Island	吐露港	大埔	0.0350	22.4393N， 114.2221E
頭顱洲 Tau Lo Chau	大嶼山以南	離島	0.0350	22.1550N， 113.9227E
龍珠島 Pearl Island	青山灣	屯門	0.0300	22.3652N， 113.9894E
長索 Cheung Sok	陰澳灣	荃灣	0.0300	22.3354N， 114.0230E
枕頭洲 Cham Tau Chau	西貢海	西貢	0.0300	22.3793N， 114.2885E
大洲尾 Tai Chau Mei	清水灣	西貢	0.0290	22.2545N， 114.3463E
燈籠洲 Tang Lung Chau	汲水門	荃灣	0.0280	22.3399N， 114.0625E
圓洲 Yuen Chau	大嶼山以南	離島	0.0270	22.1739N， 113.9048E
大利 Tai Lei	坪洲西北	離島	0.0260	22.2893N 114.0329E
烏洲 Wu Chau	企嶺下海	大埔	0.0230	22.4255N， 114.2730E
墨洲 Mat Chau	蒲台以南	離島	0.0190	22.1605N， 114.2503E
飯甑洲 Conic Island	浪茄灣	西貢	0.0180	22.3638N， 114.3914E
大洲 Tai Chau	大浪灣	西貢	0.0180	22.4032N， 114.3856E
破邊洲 Po Pin Chau	浪茄灣	西貢	0.0170	22.3616N， 114.3713E
雞洲 Kai Chau	深篤門	西貢	0.0170	22.3670N， 114.3244E
鴨洲 Ap Chau	鴨洲海	北區	0.0160	22.5485N， 114.2745E
大癩痢 Trio Island	牛尾海	西貢	0.0160	22.3010N， 114.3199E
黃茅洲 Wong Mau Chau	蚺蛇灣	西貢	0.0150	22.4483N， 114.3949E
弓洲 Kung Chau	赤洲口	大埔	0.0140	22.4834N， 114.3709E
鴉洲 A Chau	沙頭角海	北區	0.0120	22.5276N， 114.2108E
火藥洲 Magazine Island	東博寮海峽	南區	0.0120	22.2433N， 114.1395E
羅洲 Lo Chau	赤柱半島	南區	0.0120	22.2070N， 114.2227E

（續上表）

名稱	海域	分區	面積 （平方公里）	座標
茶果洲 Cha Kwo Chau	大嶼山以南	離島	0.0120	22.2148N， 113.9459E
尖洲 Tsim Chau	大浪灣	西貢	0.0110	22.4018N， 114.3861E
平面洲 Ping Min Chau	牛尾海	西貢	0.0110	22.3117N， 114.3187E
短洲仔 Tuen Chau Chai	清水灣	西貢	0.0110	22.2653N， 114.3698E
磨洲 Mo Chau	海下灣	大埔	0.0100	22.4799N， 114.3338E
圓崗洲 Yeun Kwong Chau	大嶼山以南	離島	0.0100	22.1626N， 113.9166E
石牛洲 Shek Ngau Chau	大鵬灣	大埔	0.0098	22.4660N， 114.4278E
三杯酒 Sam Pui Chau	企嶺下海	大埔	0.0076	22.4326N， 114.2719E
頭洲 Tau Chau	深水灣	南區	0.0075	22.2244N， 114.1916E
和尚洲 Wo Sheung Chau	沉船灣	西貢	0.0056	22.4357N， 114.4019E
燈洲 Tang Chau	赤門海峽	大埔	0.0052	22.4456N， 114.2580E
匙羹洲 Tsz Kan Chau	屯門與大嶼山 之間水域	屯門	0.0037	22.3271N， 113.9787E
石洲 Shek Chau	大嶼山以南	離島	0.0037	22.1734N， 113.9071E
細洲尾 Sai Chau Mei	清水灣	西貢	0.0032	22.2628N， 114.3451E
薯莨洲 Sheu Long Chau	清水灣	西貢	0.0031	22.2667N， 114.3669E
長咀洲 Cheung Tsui Chau	大浪灣	西貢	0.0028	22.4130N， 114.4061E
牛屎砵 Ngau Shi Pui	沉船灣	西貢	0.0024	22.4335N， 114.4018E
銀洲 Ngan Chau	大嶼山及港島 之間水域	離島	0.0021	22.2835N， 114.0487E
執毛洲 Chap Mo Chau	印洲塘	北區	0.0019	22.5143N， 114.2946E
龍山排 Lung Shan Pai	東博寮海峽	南區	0.0016	22.2408N， 114.1432E
岩口石 Ngam Hau Shek	大嶼山及港島 之間水域	荃灣	0.0016	22.3296N， 114.0587E

資料來源： 綜合地政總處及各方資料。

附錄 1-3　香港山脈情況表

中文名稱	最高點所在分區	最高程（米）	最高點座標	附屬郊野公園
大帽山 Tai Mo Shan	荃灣	957	22.4101N， 114.1245E	大帽山郊野公園
鳳凰山 Lantau Peak	離島	934	22.2491N， 113.9201E	南大嶼郊野公園
大東山 Sunset Peak	離島	869	22.2572N， 113.9528E	南大嶼郊野公園
四方山 Sze Fong Shan	大埔	785	22.4170N， 114.1407E	大帽山郊野公園
禾秧山 Wo Yang Shan	大埔	771	22.4175N， 114.1360E	大帽山郊野公園
蓮花山 Lin Fa Shan	離島	766	22.2661N， 113.9709E	北大嶼郊野公園
彌勒山 Nei Lak Shan	離島	751	22.2630N， 113.9111E	北大嶼郊野公園
二東山 Yi Tung Shan	離島	747	22.2588N， 113.9639E	北大嶼郊野公園
馬鞍山 Ma On Shan	大埔	702	22.4090N， 114.2524E	馬鞍山郊野公園
牛押山 The Hunch Backs	大埔 / 沙田交界	674	22.4143N， 114.2484E	馬鞍山郊野公園
草山 Grassy Hill	荃灣	647	22.4116N， 114.1659E	大帽山郊野公園
黃嶺 Wong Leng	大埔	639	22.4895N， 114.2079E	八仙嶺郊野公園
水牛山 Buffalo Hill	沙田	606	22.3744N， 114.2344E	馬鞍山郊野公園
黃牛山 West Buffalo Hill	沙田	604	22.3732N， 114.2321E	馬鞍山郊野公園
飛鵝山 Kowloon Peak	西貢	602	22.3408N， 114.2232E	馬鞍山郊野公園
純陽峰 Shun Yeung Feng	大埔	591	22.4867N， 114.2237E	八仙嶺郊野公園
吊手岩 Tiu Sham Ngam	沙田	588	22.4137N， 114.2446E	馬鞍山郊野公園
雞公嶺 Kai Kung Leng	元朗	585	22.4635N， 114.0836E	林村郊野公園
青山 Castle Peak	屯門	583	22.3887N， 113.9533E	不屬於郊野公園範圍
蓮花山 Lin Fa Shan	荃灣	578	22.3981N， 114.0894E	大欖郊野公園
大老山 Tate's Cairn	黃大仙	577	22.3579N， 114.2176E	馬鞍山郊野公園

（續上表）

中文名稱	最高點 所在分區	最高程 （米）	最高點座標	附屬郊野公園
大刀屻 Tai To Yan	大埔 / 元朗交界	566	22.4510N， 114.1182E	林村郊野公園
扯旗山 Victoria Peak	中西區	552	22.2758N， 114.1454E	薄扶林郊野公園
犁壁山 Lai Pek Shan	北區 / 大埔交界	550	22.4899N， 114.2153E	八仙嶺郊野公園
鐘離峰 Chung Li Fung	大埔	550	22.4862N， 114.2253E	八仙嶺郊野公園
狗牙嶺 Kau Nga Ling	離島	548	22.2419N， 113.9169E	南大嶼郊野公園
觀音山 Kwun Yam Shan	元朗	546	22.4265N， 114.1191E	大帽山郊野公園
東山 Dong Shan	黃大仙	544	22.3546N， 114.2204E	馬鞍山郊野公園
果老峰 Kao Lao Feng	大埔	541	22.4861N， 114.2269E	八仙嶺郊野公園
石芽山 Shek Nga Shan	沙田	540	22.3825N， 114.2356E	馬鞍山郊野公園
大金鐘 Pyramid Hill	大埔 / 沙田交界	536	22.3967N， 114.2528E	馬鞍山郊野公園
東洋山 Tung Yeung Shan	沙田	533	22.3585N， 114.2243E	馬鞍山郊野公園
針山 Needle Hill	沙田 / 荃灣交界	532	22.3868N， 114.1606E	城門郊野公園
柏架山 Mount Parker	東區	532	22.2684N， 114.2212E	大潭郊野公園
薄刀屻 Pok To Yan	離島	529	22.2819N， 113.9566E	北大嶼郊野公園
芙蓉別 Fu Yung Pit	西貢	522	22.3733N， 114.2394E	馬鞍山郊野公園
仙姑峰 Hsien Ku Feng	大埔	515	22.4849N， 114.2340E	八仙嶺郊野公園
湘子峰 Shueng Tsz Feng	大埔	513	22.4850N， 114.2325E	八仙嶺郊野公園
采和峰 Choi Wo Fung	大埔	511	22.4853N， 114.2313E	八仙嶺郊野公園
曹舅峰 Tsao Kau Fung	大埔	508	22.4858N， 114.2298E	八仙嶺郊野公園
拐李峰 Kuai Li Fung	大埔	507	22.4861N， 114.2269E	八仙嶺郊野公園
九徑山 Kau Keng Shan	屯門	501	22.3896N， 113.9974E	大欖郊野公園
奇力山 Mount Kellet	中西區	495	22.2617N， 114.1484E	薄扶林郊野公園
獅子山 Lion Rock	沙田	495	22.3527N， 114.1869E	獅子山郊野公園

（續上表）

中文名稱	最高點所在分區	最高程（米）	最高點座標	附屬郊野公園
西高山 High West	中西區 / 南區交界	493	22.2721N， 114.1361E	薄扶林郊野公園
紅花嶺 Robin's Nest	北區	492	22.5413N， 114.1900E	紅花嶺郊野公園
靈會山 Ling Wui Shan	離島	490	22.2227N， 113.8696E	南大嶼郊野公園
慈雲山 Temple Hill	沙田	488	22.3559N， 114.2063E	不屬於郊野公園範圍
龜頭嶺 Kwai Tau Leng	北區	486	22.5062N， 114.1940E	八仙嶺郊野公園
婆髻山 Por Kai Shan	離島	482	22.2860N， 113.9605E	北大嶼郊野公園
石屋山 Shek Uk Shan	大埔	481	22.4360N， 114.3064E	西貢西郊野公園
木魚山 Muk Yue Shan	離島	479	22.2509N， 113.9081E	南大嶼郊野公園
歌賦山 Mount Gough	中西區	479	22.2685N， 114.1594E	香港仔郊野公園
石龍拱 Shek Lung Kung	荃灣	473	22.3813N， 114.0874E	大欖郊野公園
蚺蛇尖 Sharp Peak	西貢	468	22.4307N， 114.3763E	西貢東郊野公園
大磡森 Tai Hom Shan	離島	466	22.2223N， 113.8572E	南大嶼郊野公園
老虎頭 Lo Fu Tau	離島	465	22.2995N， 114.0002E	北大嶼郊野公園
羌山 Keung Shan	離島	459	22.2318N， 113.8812E	南大嶼郊野公園
筆架山 Beacon Hill	沙田	457	22.3496N， 114.1701E	獅子山郊野公園
岩頭山 Ngam Tau Shan	大埔 / 西貢交界	451	22.4252N， 114.3192E	西貢西郊野公園
象山 Cheung Shan	離島	449	22.2599N， 113.8797E	北大嶼郊野公園
長㘁山 Cheung Yan Shan	離島	443	22.2418N， 113.9370E	南大嶼郊野公園
九龍坑山 Cloudy Hill	大埔	440	22.4757N， 114.1700E	八仙嶺郊野公園
金馬倫山 Mount Cameron	灣仔	439	22.2623N， 114.1751E	香港仔郊野公園
雞胸山 Unicorn Ridge	沙田	437	22.3561N， 114.1946E	獅子山郊野公園
畢拿山 Mount Butler	東區	436	22.2676N， 114.2111E	大潭郊野公園
觀音山 Kwun Yam Shan	離島	434	22.2412N， 113.8896E	南大嶼郊野公園

中文名稱	最高點 所在分區	最高程 （米）	最高點座標	附屬郊野公園
紫羅蘭山 Violet Hill	南區	433	22.2491N， 114.2001E	大欖郊野公園
渣甸山 Jardine's Lookout	灣仔 / 東區交界	433	22.2663N， 114.1983E	大欖郊野公園
鷓鴣山 Razor Hill	西貢	432	22.3386N， 114.2523E	不屬於郊野公園範圍
聶歌信山 Mount Nicholson	灣仔	430	22.2594N， 114.1857E	香港仔郊野公園
小馬山 Siu Ma Shan	灣仔 / 東區交界	424	22.2713N， 114.2068E	大潭郊野公園
吊燈籠 Tiu Tang Lung	北區	416	22.5113N， 114.2594E	船灣郊野公園
鹿山 Luk Shan	大埔	407	22.4268N， 114.1882E	大埔滘自然護理區
狗肚山 Kau to Shan	沙田	401	22.4091N， 114.1917E	不屬於郊野公園範圍
女婆山 Turret hill	沙田	401	22.3912N， 114.2242E	不屬於郊野公園範圍
大上托 / 過背山 Tai Sheung Tok	西貢	400	22.3250N， 114.2390E	不屬於郊野公園範圍
雞公山 Kai Kung Shan	大埔 / 西貢交界	399	22.4160N， 114.2903E	西貢西郊野公園
乾山 Kon Shan	屯門	395	22.4153N， 113.9574E	不屬於郊野公園範圍
畫眉山 Wa Mei Shan	大埔 / 西貢交界	391	22.4243N， 114.3061E	西貢西郊野公園
孖崗山 The Twins	南區	386	22.2306N， 114.2054E	大潭郊野公園
雷打石 Lui Ta Shek	西貢	381	22.4135N， 114.3044E	西貢西郊野公園
榴花峒 Liu Fa Tung	離島	378	22.3047N， 114.0012E	北大嶼郊野公園
牙鷹山 Nga Ying Shan	離島	378	22.2371N， 113.8606E	南大嶼郊野公園
圓頭山 Yuen Tau Shan	元朗	375	22.4328N， 113.9738E	不屬於郊野公園範圍
擔柴山 Mount Hallowes	大埔	374	22.4578N， 114.3146E	西貢西郊野公園
大蚊山 Tai Mun Shan	大埔 / 西貢交界	371	22.4154N， 114.3648E	西貢東郊野公園
金山 Kam Shan	沙田	371	22.3649N， 114.1471E	金山郊野公園
龍山 Lung Shan	北區	361	22.4909N， 114.1601E	八仙嶺郊野公園
山地塘 Mount Stenhouse	離島	353	22.1918N， 114.1275E	不屬於郊野公園範圍

（續上表）

中文名稱	最高點所在分區	最高程（米）	最高點座標	附屬郊野公園
歌連臣山 Mount Collinson	南區	348	22.2514N，114.2348E	石澳郊野公園
尖風山 Hebe Hill	西貢	346	22.3418N，114.2416E	馬鞍山郊野公園
釣魚翁 High Junk Peak	西貢	344	22.2956N，114.2859E	清水灣郊野公園
桃坑峒 To Hang Tung	屯門／荃灣交界	342	22.3715N，114.0344E	大欖郊野公園
尖峰山 Tsim Fung Shan	離島	339	22.2416N，113.8650E	北大嶼郊野公園
石獅山 Shek Sze Shan	離島	338	22.2653N，113.9443E	北大嶼郊野公園
孖指徑 Smuggler Ridge	沙田	338	22.3733N，114.1460E	金山郊野公園
三支香 Sam Chi Heung	葵青區	336	22.3368N，114.1010E	不屬於郊野公園範圍
牛潭山 Ngau Tam Shan	元朗／北區交界	334	22.4813N，114.0895E	不屬於郊野公園範圍
廟仔墩 Miu Tsai Tun	西貢	330	22.2993N，114.2826E	清水灣郊野公園
鶴咀山 D'Aguilar Peak	南區	328	22.2167N，114.2488E	不屬於郊野公園範圍
禾寮墩 Wo Liu Tun	離島	324	22.2697N，113.9425E	北大嶼郊野公園
獅山 Sze Shan	離島	322	22.2525N，113.8747E	北大嶼郊野公園
太墩 Tai Tun	西貢	319	22.3988N，114.3117E	西貢西郊野公園
西灣山 Sai Wan Shan	西貢	315	22.3872N，114.3776E	西貢東郊野公園
下花山 Ha Fa Shan	荃灣	314	22.3794N，114.0981E	不屬於郊野公園範圍
芙蓉山 Fu Yung Shan	荃灣	314	22.3836N，114.1181E	大帽山郊野公園
砵甸乍山 Pottinger Peak	東區	314	22.2554N，114.2465E	石澳郊野公園
葵坳山 Kwai Au Shan	西貢	313	22.3448N，114.2411E	馬鞍山郊野公園
雞仔峒 Wang Leng	北區／大埔交界	312	22.4933N，114.2592E	船灣郊野公園
老人山 Lo Yan Shan	離島	307	22.2274N，113.9896E	南大嶼郊野公園
尖山 Eagle's Nest	沙田	305	22.3473N，114.1565E	獅子山郊野公園
觀音峒 Mount Newland	北區／大埔交界	304	22.4977N，114.2804E	船灣郊野公園

中文名稱	最高點所在分區	最高程（米）	最高點座標	附屬郊野公園
東灣山 Tung Wan Shan	西貢	298	22.4245N， 114.3896E	西貢東郊野公園
公庵山 Kung Um Shan	元朗	298	22.4204N， 114.0076E	不屬於郊野公園範圍
鹿湖峒 Luk Wu Tun	北區／ 大埔交界	296	22.4922N， 114.2937E	船灣郊野公園
馬頭峰 Ma Tau Fung	北區／ 大埔交界	296	22.4968N， 114.2477E	船灣郊野公園
大峒 Tai Tung	北區／ 大埔交界	295	22.4957N， 114.2726E	船灣郊野公園
大嶺峒 Tai Leng Tung	西貢	292	22.2976N， 114.3033E	清水灣郊野公園
松嶺 Pine Hill	大埔	290	22.4664N， 114.1669E	八仙嶺郊野公園
南朗山 Brick Hill	南區	285	22.2416N， 114.1733E	不屬於郊野公園範圍
打爛埕頂山 Shek O Peak	南區	284	22.2357N， 114.2437E	石澳郊野公園
禾塘頭 Tsang Kok	屯門	282	22.4105N， 113.9268E	不屬於郊野公園範圍
五桂山 Black Hill	西貢	281	22.3062N， 114.2422E	不屬於郊野公園範圍
大蛇頂 Tai She Teng	西貢	279	22.3646N， 114.3448E	西貢東郊野公園
大牛湖頂 Tai Ngau Wu Teng	離島	275	22.2497N， 113.9896E	南大嶼郊野公園
田下山 Tin Ha Shan	西貢	274	22.2766N， 114.2848E	清水灣郊野公園
摩星嶺 Mount Davis	中西區	270	22.2770N， 114.1248E	不屬於郊野公園範圍
雲枕山 Wan Cham Shan	南區	266	22.2438N， 114.2400E	石澳郊野公園
牛湖墩 Ngau Wu Tun	大埔	264	22.4212N， 114.3387E	西貢東郊野公園
箕勒仔 Kei Lak Tsai	北區	257	22.4822N， 114.1305E	林村郊野公園
龍虎山 Lung Fu Shan	中西區	255	22.2806N， 114.1353E	龍虎山郊野公園
田灣山 Tin Wan Shan	南區	252	22.2580N， 114.1583E	香港仔郊野公園
菱角山 Ling Kok Shan	離島	252	22.2042N， 114.1368E	不屬於郊野公園範圍
照鏡環山 Chiu Keng Wan Shan	西貢	247	22.3001N， 114.2461E	不屬於郊野公園範圍
小菴山 Siu Om Shan	大埔	245	22.4378N， 114.1381E	不屬於郊野公園範圍

（續上表）

中文名稱	最高點所在分區	最高程（米）	最高點座標	附屬郊野公園
橫頭墩 Wang Tau Tun	西貢	233	22.3874N， 114.3512E	西貢東郊野公園
南堂頂 Tung Lung Chau Peak	西貢	233	22.2493N， 114.2894E	不屬於郊野公園範圍
茅湖山 Mau Wu Shan	西貢	229	22.3118N， 114.2517E	不屬於郊野公園範圍
風門山 Fung Mun Shan	荃灣	226	22.3732N， 114.0595E	不屬於郊野公園範圍
琵琶山 Piper's Hill	沙田／ 深水埗交界	223	22.3465N， 114.1528E	獅子山郊野公園
麒麟山 Hadden Hill	元朗	223	22.4971N， 114.0892E	不屬於郊野公園範圍
魔鬼山 Devil's Peak	西貢	220	22.2937N， 114.2438E	不屬於郊野公園範圍
寮肚山 Liu To Shan	葵青	219	22.3509N， 114.0904E	不屬於郊野公園範圍
花山 Fa Shan	西貢	211	22.3582N， 114.3701E	西貢東郊野公園
擺頭墩 Pai Tau Tun	西貢	205	22.3865N， 114.3325E	西貢東郊野公園
寶馬山 Braemar Hill	東區	200	22.2866N， 114.2066E	大潭郊野公園 （鰂魚涌擴建部分）
玉桂山 Mount Johnson	南區	198	22.2379N， 114.1566E	不屬於郊野公園範圍
平山 Ping Shan	觀塘	189	22.3308N， 114.2188E	不屬於郊野公園範圍
大石磨 Crest Hill	北區	184	22.5223N， 114.1066E	不屬於郊野公園範圍
大嶺 Tai Leng	北區／ 大埔交界	153	22.5068N， 114.3319E	船灣郊野公園

資料來源： 綜合地政處及各方資料。

海峽名稱（別稱）	位置	可容大型貨輪（A）或只可容小型遊艇（B）通過	兩岸最窄距離（米）
鯉魚門（古稱鹽江口） Lei Yue Mun/ Carpgates	香港筲箕灣和 九龍油塘之間	A	450
汲水門（原稱急水門） Kap Shui Mun	大嶼山東北及 馬灣之間	A	285
佛堂門 Fat Tong Mun	清水灣半島與 東龍洲之間	A	340
馬灣海峽（古稱雞踏門、 鹹湯門 、咸湯門） Ma Wan Channel	青衣及馬灣之間	A	1400
藍巴勒海峽（青衣海峽、 青衣門） Rambler Channel	青衣及荃灣、 葵涌之間	B	250
硫磺海峽 Sulphur Channel	青洲及香港島區之間	B	450
東博寮海峽 East Lamma Channel	香港島鴨脷洲及 南丫島之間	A	2300
西博寮海峽 West Lamma Channel	坪洲、喜靈洲、長洲等 島嶼及南丫島之間	A	6500
藍塘海峽（原名南堂海峽） Tathong Channel	香港島及將軍澳之間	A	1600
赤門海峽（赤門、 吐露海峽） Tolo Channel	位於黃竹角半島及 西貢半島	A	1250
龍鼓水道（暗士頓水道） Urmston Road	屯門及大嶼山之間	A	7300
北長洲海峽 North Cheung Chau Channel	長洲西北岸及大嶼山 東南部芝麻灣半島之間	B	1300
香港仔海峽 Aberdeen Channel	香港南南朗山與 鴨脷洲之間	B	130
大嶼海峽（大濠水道） Lantau Channel	新界大嶼山西南部的 分流以南	A	4470
官門（現為萬宜水庫） Kwun Mun Channel	西貢半島與糧船灣之間	B	450
滘西州 Kau Sai Chau	滘西洲與吊鐘洲之間	B	40
深篤門 Sham Tuk Mun	大頭洲與糧船灣間	B	320
鎖匙門 Sor See Mun	伙頭盤洲與糧船灣之間	B	220
黃白門 Wong Pak Mun	橫洲與糧船灣之間	B	230

（續上表）

海峽名稱（別稱）	位置	可容大型貨輪(A)或 只可容小型遊艇(B)通過	兩岸最窄 距離（米）
塔門口 South Channel	塔門魚高流灣之間	B	530
紅石門 Hung Shek Mun	吊燈籠北與往灣洲之間	B	90
直門頭 Chik Mun Tau	往灣洲與娥眉洲之間	B	140
橫門海 Wang Mun Hoi	娥眉洲與吉澳島之間	B	300

資料來源： 綜合香港特別行政區政府海事處及各方資料。

附錄 1-5　香港港灣與沙灘情況表

位置	港灣名稱	前往難度	環境	面向方位
沙頭角海	鹿頸	1	泥灘 / 濕地	北
沙頭角海	鳳坑	1	泥灘	北
沙頭角海	大環	3	泥灘	北
沙頭角海	亞公灣	3	泥灘	北
沙頭角海	榕樹凹灣	3	泥灘	北
沙頭角海	大深涌	3	泥灘	北
吉澳海	鎖羅盆灣	3	泥灘	東北
吉澳海	荔枝窩	3	泥灘	東北
吉澳海	白角灣	3	泥灘	東北
吉澳海	牛屎湖灣	3	泥灘	東北
吉澳海	涌灣	3	泥灘	東北
印洲塘	龍井灣	3	泥灘	東
印洲塘	三椏灣	3	泥灘	東
印洲塘	北海篤	3	泥灘 / 岩岸	東
印洲塘	大水壺	3	泥灘 / 岩岸	北
印洲塘	紅石門灣	3	泥灘	北
印洲塘	赤沙灣	3	沙灘	北
印洲塘	烏洲塘	3	泥灘	北
印洲塘	大塘瀝	3	泥灘	北
印洲塘	塘瀝仔	3	岩岸	北
印洲塘	大王灣	3	泥灘	北
印洲塘	石灣仔	3	泥灘	北
赤門海峽	鳳凰笏	3	泥灘 / 岩岸	東南
赤門海峽	老虎笏	3	泥灘 / 岩岸	東南
赤門海峽	往灣仔	4	沙灘	東南
赤門海峽	牛環奮	2	沙灘	東南
船灣水庫	大灣	4	岩岸	西南
船灣水庫	窩環	4	岩岸	西南
船灣水庫	上環	4	岩岸	西南
船灣水庫	下環	4	岩岸	西南
船灣水庫	砵樹環	4	岩岸	西北
吉澳島	東澳灣	2	沙灘	東
吉澳灣	深涌	3	泥灘	西
吉澳澳背塘	門仔灣	3	岩岸	北
吉澳島	白沙頭灣	4	泥灘	西
吉澳島	涌灣	4	沙灘	南
娥眉洲	峨眉灣	4	沙灘	北
娥眉洲	籮箕灣	4	沙灘	南

（續上表）

位置	港灣名稱	前往難度	環境	面向方位
往灣洲	往灣	4	岩岸	南
往灣洲	東灣	4	沙灘	東
往灣洲	魷魚塘	4	泥灘	北
往灣洲	漆樹灣	4	岩岸	西
東平洲	長沙灣	2	沙灘	東
東平洲	大塘灣	2	沙灘	東
東平洲	阿媽灣	2	沙灘	東北
赤洲	大環	4	沙灘	東北
赤洲	流水坑氹	4	沙灘	北
塔門	弓背	2	沙灘 / 石灘	東
塔門	車灣	2	石灘	東
塔門	北灣	2	石灘	東
吐露港	海星灣	2	泥灘	東
吐露港	龍尾泳灘	1	沙灘	東
泥涌	泥涌石灘	2	泥灘	北
泥涌	企嶺下海	2	泥灘 / 岩岸	北
赤門海峽	深涌灣	2	泥灘 / 濕地	西
赤門海峽	深笏灣	2	沙灘 / 泥灘	北
赤門海峽	荔枝莊	2	泥灘 / 濕地	西北
赤門海峽	海下灣	2	泥灘 / 岩岸	北
大灘海	高塘口	3	淺灘	北
大灘海	赤徑口	3	泥灘	北
大灘海	深灣	3	泥灘	西
大灘海	蛋家灣	3	沙灘	西
大鵬灣	蚺蛇灣	3	沙灘	北
東部水域	長秆灣	4	沙灘	北
東部水域	深灣	4	沙灘	北
東部水域	蚊灣	4	沙灘 / 岩岸	東北
東部水域	沉船灣	4	沙灘 / 岩岸	東
大浪灣	瀨灣	4	岩岸	西南
大浪灣	螺灣	4	沙灘 / 岩岸	西南
大浪灣	金雞灣	4	岩岸	西南
大浪灣	大浪東灣	3	沙灘	東
大浪灣	大灣	3	沙灘	東
大浪灣	鹹田灣	3	沙灘	東
大浪灣	大浪西灣	3	沙灘	東
東部水域	長岩灣	3	岩岸	東
東部水域	浪茄灣	3	沙灘	東南
東部水域	浪茄仔	3	沙灘	東南
東部水域	撿豬灣	3	岩岸	東
東部水域	馬蹄肚	3	岩岸	東
東部水域	黃魚占灣	3	岩岸	東

（續上表）

位置	港灣名稱	前往難度	環境	面向方位
東部水域	白腊仔	3	沙灘／石灘	東南
東部水域	白腊灣	3	沙灘	東南
伙頭墳洲	東灣	4	沙灘	北
伙頭墳洲	雞魚灣	4	岩岸	南
伙頭墳洲	大環	4	沙灘	西
火石洲	海鰍環	4	岩岸	東
沙塘口	甕缸灣	4	沙灘	北
糧船灣	馬頭環	3	沙灘	西
糧船灣	田仔灣	3	岩岸	東南
糧船灣	石仔灣	3	沙灘	東南
糧船灣	蠄蟧灣	3	沙灘	西
糧船灣	大蛇灣	3	泥灘	西
糧船灣	淡水灣	3	岩岸	南
糧船灣	深篤	3	泥灘／岩岸	西
西貢半島	南風灣	3	淺灘／岩岸	西南
西貢半島	曝罟灣	3	淺灘	南
西貢半島	起子灣	3	淺灘／泥灘	西
西貢半島	斬竹灣	3	淺灘／泥灘	南
滘西洲	堀頭氹	3	淺灘／泥灘	北
滘西洲	吊杉灣	3	淺灘	東
滘西洲	雞門笏	3	泥灘	東
滘西洲	滘中灣	3	沙灘	東南
滘西洲	滘東灣	3	沙灘	東南
滘西洲	滘西灣	3	沙灘	南
滘西洲	威士忌灣	3	沙灘	西
滘西洲	雞籠灣	3	淺灘／泥灘	西
西貢	三星灣泳灘 *	2	沙灘	南
橋咀	海星灣泳灘 *	1	沙灘	西
橋咀	廈門灣泳灘 *	1	沙灘	西
橋咀	石鼓環	3	沙灘	東南
橋咀	浪芒灣	3	沙灘	東
吊鐘洲	大往灣	3	沙灘	西
吊鐘洲	長灣	4	沙灘	東
白沙灣	三星灣	2	沙灘	南
牛尾海	露營灣	2	沙灘	東
清水灣半島	銀線灣泳灘 *	2	沙灘	東
清水灣半島	碧沙灣	3	沙灘	北
清水灣半島	小棕林灘	3	沙灘	北
清水灣半島	檳榔灣	3	石灘	東
清水灣半島	田下灣	2	石灘	東
清水灣半島	相思灣	2	沙灘	東北
清水灣半島	龍蝦灣	2	石灘	北

（續上表）

位置	港灣名稱	前往難度	環境	面向方位
清水灣半島	碎石灣	3	石灘	東南
清水灣半島	㞘笏灣	3	石灘	南
清水灣半島	牽魚灣泳灘 *	2	沙灘	南
清水灣半島	清水灣泳灘 *	2	沙灘	東
清水灣半島	大氹灣	3	岩岸	東南
清水灣半島	大廟灣	2	沙灘	西南
調景嶺	照鏡灣	1	沙灘	東南
汀九	近水灣泳灘 *	1	沙灘	南
汀九	汀九灣泳灘 *	1	沙灘	南
汀九	麗都灣泳灘 *	1	沙灘	南
汀九	更新灣泳灘 *	1	沙灘	南
深井	海美灣泳灘 *	1	沙灘	東南
深井	雙仙灣泳灘 *	1	沙灘	南
深井	釣魚灣泳灘 *	1	沙灘	東南
深井	更生灣泳灘 *	1	沙灘	東南
屯門	黃金泳灘 *	1	沙灘	西南
屯門	青山灣 *	1	沙灘	南
屯門	加多利灣 *	1	沙灘	南
屯門	咖啡灣 *	1	沙灘	南
屯門	蝴蝶灣泳灘 *	1	沙灘	南
屯門	龍鼓灘	1	沙灘	西
屯門	龍鼓上灘	1	沙灘	西
馬灣	東灣泳灘 *	2	沙灘	東
馬灣	東灣仔	2	沙灘	東
馬灣	北灣	2	沙灘	北
馬灣	公仔灣	1	避風塘	西
馬灣	龍蝦灣	1	沙灘	西南
大嶼山北	倒扣灣	2	已填	北
大嶼山北	青洲灣	2	已填	北
大嶼山北	陰灣	1	淺灘	北
大嶼山北	鹿頸灣	1	沙灘	東北
大嶼山北	陰灣仔	1	石灘	北
大嶼山北	田字灣	1	泥灘	北
大嶼山北	大㘷灣	1	淺灘	北
大嶼山北	東涌灣	1	泥灘	北
大嶼山北	鱟殼灣	2	泥灘	北
大嶼山北	沙螺灣	2	泥灘	北
大嶼山北	散石灣	2	沙灘	北
大嶼山北	茜草灣	2	泥灘	北
大嶼山西	寶珠潭	2	泥灘	北
大嶼山西	二澳	3	泥灘	北
大嶼山西	深屈灣	3	泥灘	北

（續上表）

位置	港灣名稱	前往難度	環境	面向方位
大嶼山西	煎魚灣	3	沙灘	西
大嶼山西	分流西灣	3	沙灘	西
大嶼山西	分流廟灣	3	沙灘	西
大嶼山西	分流東灣	3	沙灘	東
大嶼山南	大浪灣	3	沙灘	南
大嶼山南	涌口	3	沙灘	南
大嶼山南	籮箕灣	1	沙灘	南
大嶼山南	水口灣	1	泥灘	東
大嶼山南	塘福泳灣	1	泥灘	東
大嶼山南	長沙海灘 *	1	沙灘	南
芝麻灣半島	貝澳灣 *	1	沙灘	西南
芝麻灣半島	望東灣	3	沙灘	西
芝麻灣半島	大浪灣	3	沙灘	南
芝麻灣半島	長沙灣	2	沙灘	北
芝麻灣半島	芝麻灣	2	沙灘	東
大嶼山東	牛牯灣	3	沙灘	東南
大嶼山東	水井灣	3	岩岸	東南
大嶼山東	銀礦灣 *	1	沙灘	東南
大嶼山東	狗虱灣	2	沙灘	東
大嶼山東	竹仔灣	2	沙灘	南
大嶼山東	大水坑	2	沙灘	東
愉景灣	稔樹灣	1	沙灘	東南
愉景灣	大白灣 *	1	沙灘	東
愉景灣	二白灣 *	1	沙灘	東
愉景灣	三白灣	1	沙灘	東
愉景灣	四白灣	1	沙灘	東南
坪洲	東灣	1	沙灘	東
長洲	東灣 *	1	沙灘	東
長洲	觀音灣 *	1	沙灘	東
長洲	南氹灣	2	岩岸	南
長洲	白鰭灣	2	沙灘	西
長洲	東灣仔	1	沙灘	東
長洲	大貴灣	2	沙灘	西
南丫島	蘆荻灣	1	沙灘	東
南丫島	索罟灣	1	沙灘	東
南丫島	蘆鬚城海灘 *	1	沙灘	東
南丫島	模達灣	1	沙灘	北
南丫島	石排灣	2	沙灘	東
南丫島	深灣	2	沙灘	南
南丫島	洪聖爺灣 *	1	沙灘	西
南丫島	桔仔灣	2	沙灘	西
南丫島	牙較灣	2	沙灘	西

（續上表）

位置	港灣名稱	前往難度	環境	面向方位
南丫島	鐵砂塱	2	沙灘	西
港島東	銀灣	2	沙灘	東
港島東	草堆灣	2	沙灘	東
港島東	大浪灣*	1	沙灘	東
港島東	石澳灣*	1	沙灘	東
港島東	石澳後灘*	1	沙灘	東
港島東	香島灣	1	沙灘	東南
港島南	垃圾灣	2	沙灘	東
港島南	鶴咀灣	2	沙灘	西
港島南	大氹灣	2	沙灘	西南
港島南	土地灣	2	沙灘	西
港島南	爛泥灣	2	沙灘	西
港島南	龜背灣*	2	沙灘	南
港島南	聖士提反灣*	1	沙灘	東
港島南	赤柱灣*	1	沙灘	西
港島南	夏萍灣*	1	沙灘	南
港島南	東頭灣	2	岩岸	東
港島南	白沙灣	2	沙灘	東
港島南	沙石灘	2	石灘	東
港島南	春坎灣*	2	沙灘	西
港島南	淺水灣南灣*	1	沙灘	西南
港島南	淺水灣中灣*	1	沙灘	西南
港島南	淺水灣*	1	沙灘	西南
港島南	深水灣*	1	沙灘	西南
港島南	鋼綫灣	1	已發展	西南
港島南	沙灣	1	石灘	西南
蒲台島	大灣	1	沙灘	西南
蒲台島	南氹灣	1	沙灘	西南
蒲台島	大氹灣	3	岩岸	東
蒲台島	大排灣	3	岩岸	東
蒲台島	北流灣	3	岩岸	北
東龍島	鹿頸灣	2	沙灘	西
東龍島	南塘灣	2	淺灘	北
東龍島	白沙灣	1	沙灘	北
果洲	大氹	4	岩岸	東
果洲	果洲灣	3	沙灘／岩岸	西

注：① 前往難度：1—公共交通可達；2—公共交通不頻密，或須徒步一小時以內；3—徒步一小時以上，步道以山
　　　徑為主；4—必須特別安排前往方法或行程非常艱巨。
　　② * 為公眾泳灘。
　　③ 部分泳灘曾經人工加寬。
資料來源： 綜合各方資料。

附錄 2-1　香港天文台歷年重力觀測數據統計表

日期	觀測者	香港天文台內觀測地點	實測值	修正值
1895 年 8 月 1 日 - 2 日	（奧） Alexander Lernet	標準鐘室	978,788	978,797
1896 年 11 月 22 日 - 23 日	（奧） Friedrich Muttoné	地磁小屋	978,741	978,750
1897 年 10 月 28 日 - 29 日	（奧）Otto Herrmann	標準鐘室	978,725	978,734
1902 年	（奧）Wilhelm Kesslitz	取 1895 年 - 1897 年平均值	不適用	978,760
1903 年 2 月 24 日 - 27 日	（日）新城新藏 （日）大谷亮吉 （日）山川弘毅	地磁小屋	978,783	978,789
1904 年 11 月 9 日 - 25 日	（德）海克爾	地磁小屋	978,789	978,787
1933 年 3 月 23 日	（法）雁月飛	不詳	978,767	不適用
1951 年	美國威斯康辛大學 （美）博尼尼	總部大樓長廊 (IGB 09724N)	978,769.9	不適用
1951 年	美國威斯康辛大學 （美）博尼尼	地震監察室樓梯底部 (IGB 09724B)	978,771.3	不適用
1958 年	美國威斯康辛大學 （美）勞頓	總部大樓長廊 (IGB 09724N)	978,769.7	不適用
1958 年	美國威斯康辛大學 （美）勞頓	地震監察室樓梯底部 (IGB 09724B)	978,771.1	不適用
1970 年 7 月	國際重力基準網 1971	總部大樓長廊 (IGB 09724N)	978,768.10	978,754.47
1970 年 7 月	國際重力基準網 1971	地震監察室樓梯底部 (IGB 09724B)	978,769.47	978,755.85
1979 年 9 月 8 日 - 11 月 14 日 1980 年 9 月 7 日 - 11 月 10 日	（日）中川一郎團隊	地震監察室樓梯底部 (IGB 09724B)	978,755.882	978,755.882
1990 年	不適用	總部大樓重力測量基點	978,754.47 ± 0.028	不適用
2000 年 7 月	香港地政總署	總部大樓長廊	978,754.460	不適用
2000 年 7 月	香港地政總署	地震監察室	978,755.821	不適用

（續上表）

日期	觀測者	香港天文台內觀測地點	實測值	修正值
2001 年 10 月 17 日 - 20 日	香港地政總署 德國聯邦地理測繪局 （德） Reinhard Falk （德） Andreas Reinhold	地震監察室 （國家重力基準點 1012 號）	978,755.2732	不適用
2001 年 12 月 10 日 - 12 日	中國國家測繪局 （中）岳建利 （中）王忠良 （中）張世偉 （中）段昭宇	地震監察室 （國家重力基準點 1012 號）	978,755.25428	978,755.6615
2002 年 12 月	中國國家測繪局	地震監察室樓梯底部 (IGB 09724B)	978,755.7970	不適用
2002 年 12 月	中國國家測繪局	總部大樓長廊 （國家重力基準點 2124 號）	978,754.4294	不適用
2002 年 12 月	中國國家測繪局	總部大樓長廊 (IGB 09724N)	978,754.4358	不適用
2005 年 3 月 1 日 - 7 日	日本國土地理院 （日）木村勳 （日）檜山洋平 （日）竹本修三	地震監察室 （國家重力基準點 1012 號）	978,755.6446	不適用
2005 年 3 月 1 日 - 7 日	日本國土地理院 （日）木村勳 （日）檜山洋平 （日）竹本修三	地震監察室樓梯底部 (IGB 09724B)	978,755.766	不適用
2005 年 3 月 8 日 - 12 日	中國科學院 （中）張為民	地震監察室 （國家重力基準點 1012 號）	978,755.6410	不適用

資料來源： ① "Relative Schwerebestimmungen während der Reise S. M. Schiffes "Aurora" in Süd- und Ostasien, 1895/96," in *Relative Schwerebestimmungen durch Pendelbeobachtungen, I. Heft: Beobachtungen in den Jahren 1893-1896 während der Reisen S. M. Schiffe "Fasana", "Donau", "Aurora" und "Miramar"* (Pola: 1897), pp. 47-69.

② "Relative Schwerebestimmungen während der Erdumseglung S. M. Schiffes "Saida"1895/97," in *Relative Schwerebestimmungen durch Pendelbeobachtungen, II. Heft: Beobachtungen in den Jahren 1895-1898 während der Reisen S. M. Schiffe "Albatros", "Saida", "Zrinyi" und "Panther"* (Pola: 1898), pp. 24-53.

③ "Relative Schwerebestimmungen während des II. Theiles der Reise S. M. Schiffes "Panther" in Süd- und Ostasien 1897/98," in *Relative Schwerebestimmungen durch Pendelbeobachtungen, II. Heft: Beobachtungen in den Jahren 1895-1898 während der Reisen S. M. Schiffe "Albatros", "Saida", "Zrinyi" und "Panther"* (Pola: 1898), pp. 74-93.

④ "Resultat aus den Schwerebestimmungen durch Pendelbeobachtungen, ausgeführt von k. u. k. See-Officieren in den Jahren 1892-1901," in *Relative Schwerebestimmungen durch Pendelbeobachtungen, III. Heft: Beobachtungen während der Reisen S. M. Schiffe "Donau" 1897/98, "Frundsberg" 1898/99 und "Donau" 1900/01, und Resultat aus den Schwerebestimmungen durch Pendelbeobachtungen, ausgeführt von k. u. k. See-Officieren in den Jahren 1892-1901* (Pola: 1902), pp. 33-37.

⑤ S. Shinjo 新城新藏 , R. Otani 大谷吉亮 and K. Yamakawa 山川弘毅 , "On the Gravity and the Magnetic Survey at Five Stations in Eastern Asia 東亞ニ於ケル重力及磁力ノ測定 ," *Tokyo Sugaku-Butsurigakkwai Hokoku*, Vol. 2, no. 7 (1903), pp. 41-53.

⑥ W. Doberck, "Report of the Director of the Hongkong Observatory, for the Year 1904" (dated 21 February 1905), *Hongkong Government Gazette* (2 June 1905), p. 746.

⑦ Oskar Hecker, *Bestimmung der Schwerkraft auf dem Indischen und groszen Ozean und an deren Küsten sowie erdmagnetische Messungen* (Berlin: Georg Reimer, 1908), p. 77.

⑧ W. Doberck, "Report of the Director of the Hongkong Observatory, for the Year 1904" (dated 21 February 1905), *Hongkong Government Gazette* (2 June 1905), p. 746.

⑨ R. P. Pierre Lejay, *Exploration Gravimétrique de l'Extrême-Orient* (Paris, 1936), pp. 19, 21, 29, 36, 44.

⑩ C. Morelli et al., *The International Gravity Standardization Net 1971 (I.G.S.N.71)* (Paris: Bureau Central de l'Association Internationale de Geodesie, 1974).

⑪ 中川一郎、中井新二、志知龍一、田島広一、井筒屋貞勝、河野芳輝、東敏博、藤本博巳、村上亮、太島和雄、船木實：〈環太平洋地域における国際重力結合 (I) ──ラコスト重力計（G 型）定数の精密検定と国際重力基準網 1971 の精度〉，《測地学会誌》，第 29 巻第 1 號（1983 年），頁 48-63。

⑫ 平岡喜文、木村勲、檜山洋平、木田昌樹、雨宮秀雄、鈴木平三、竹本修三、福田洋一、東敏博：〈東アジア絶対重力基準網確立に関する共同研究 (II)〉，《国土地理院時報》，第 110 號（2006 年），頁 19-25。

⑬ 孫和平、張為民、王勇、竹本修三、福田洋一：〈中國 - 日本絕對重力儀器測量比對結果〉，《測繪科學》，第 31 卷 6 期（2006 年），頁 33-34, 51。

⑭ 香港天文台數據。

⑮ 香港地政總署數據。

附錄 2-2　香港天文台歷年地磁觀測數據統計表

年份	磁偏角 （正：偏西） （負：偏東）	磁傾角 （偏北）	水平強度 （奈特斯拉 nT）	垂直強度 （奈特斯拉 nT）	總強度 （奈特斯拉 nT）
1884	-0°35.9'	32°31.9'	36,119	23,038	42,841
1885	-0°33.1'	32°29.7'	36,123	23,009	42,828
1886	-0°30.4'	32°28.3'	36,170	23,018	42,873
1887	-0°29.8'	32°26.0'	36,215	23,012	42,908
1888	-0°27.5'	32°22.5'	36,225	22,967	42,892
1889	-0°26.3'	32°20.1'	36,277	22,964	42,935
1890	-0°23.8'	32°11.6'	36,333	22,874	42,934
1891	-0°21.5'	32°8.0'	36,373	22,846	42,953
1892	-0°20.7'	32°6.5'	36,445	22,869	43,026
1893	-0°18.0'	31°59.3'	36,533	22,818	43,073
1894	-0°16.3'	31°56.0'	36,538	22,772	43,054
1895	-0°15.3'	31°49.8'	36,574	22,703	43,048
1896	-0°13.7'	31°43.6'	36,604	22,631	43,035
1897	-0°10.4'	31°39.6'	36,648	22,599	43,056
1898	-0°9.5'	31°36.2'	36,716	22,591	43,109
1899	-0°8.2'	31°33.3'	36,768	22,580	43,148
1900	-0°5.3'	31°27.6'	36,817	22,526	43,162
1901	-0°4.1'	31°24.2'	36,874	22,511	43,202
1902	-0°2.6'	31°19.9'	36,922	22,477	43,226
1903	-0°1.4'	31°13.8'	36,953	22,406	43,215
1904	0°2.7'	31°11.7'	37,032	22,423	43,292
1905	0°4.7'	31°10.7'	37,075	22,434	43,334
1906	0°5.3'	31°10.5'	37,123	22,460	43,389
1907	0°6.9'	31°6.2'	37,133	22,403	43,368
1908	0°7.7'	31°5.6'	37,152	22,406	43,385
1909	0°10.7'	31°2.9'	37,193	22,391	43,413
1910	0°12.2'	31°0.9'	37,210	22,371	43,417
1911	0°15.5'	31°2.1'	37,233	22,403	43,453
1912	0°16.3'	31°0.0'	37,235	22,373	43,440
1913	0°18.8'	30°56.2'	37,260	22,332	43,440
1914	0°20.3'	30°55.7'	37,282	22,338	43,462
1915	0°24.3'	30°54.3'	37,271	22,311	43,438
1916	0°26.4'	30°53.5'	37,234	22,277	43,389
1917	0°29.0'	30°52.6'	37,250	22,273	43,401
1918	0°31.3'	30°50.9'	37,250	22,248	43,388
1919	0°33.1'	30°50.2'	37,240	22,232	43,371
1920	0°33.4'	30°50.2'	37,246	22,235	43,378

（續上表）

年份	磁偏角 （正：偏西） （負：偏東）	磁傾角 （偏北）	水平強度 （奈特斯拉 nT）	垂直強度 （奈特斯拉 nT）	總強度 （奈特斯拉 nT）
1921	0°34.2'	30°46.2'	37,315	22,218	43,429
1922	0°33.7'	30°48.4'	37,313	22,249	43,443
1923	0°35.9'	30°47.1'	37,330	22,240	43,453
1924	0°36.2'	30°45.2'	37,341	22,219	43,451
1925	0°40.3'	30°43.3'	37,372	22,211	43,474
1926	0°42.9'	30°45.1'	37,395	22,249	43,513
1927	0°46.2'	30°42.1'	37,427	22,224	43,528
1928	0°43.2'	30°39.2'	37,465	22,204	43,550
1929	0°43.7'	30°38.2'	37,475	22,195	43,555
1930	0°43.2'	30°36.8'	37,481	22,178	43,551
1931	0°43.4'	30°34.1'	37,511	22,156	43,566
1932	0°43.2'	30°32.9'	37,535	22,153	43,585
1933	0°42.8'	30°31.3'	37,560	22,144	53,602
1934	0°42.5'	30°30.5'	37,578	22,143	43,616
1935	0°43.2'	30°29.6'	37,603	22,144	43,639
1936	0°42.5'	30°29.0'	37,635	22,154	43,671
1937	0°41.8'	30°27.6'	37,665	22,151	43,696
1938	0°41.3'	30°24.8'	37,689	22,124	43,703
1939	0°40.4'	30°23.1'	37,711	22,112	43,716
1971	1°16.1'	30°22.8'	38,225	22,409	44,309
1972	1°16.1'	30°24.7'	38,203	22,424	44,298
1973	1°17.9'	30°25.8'	38,215	22,448	44,320
1974	1°21.6'	30°29.5'	38,246	22,506	44,377
1975	1°25.3'	30°27.3'	38,290	22,514	44,419
1976	1°27.2'	30°30.3'	38,283	22,554	44,433
1977	1°27.4'	30°32.8'	38,258	22,578	44,423
1978	1°30.8'	30°36.2'	38,247	22,623	44,436
1988	1°42.3'	不適用	不適用	不適用	不適用
1990	1°50.0'	不適用	不適用	不適用	不適用
2007	2°12.3'	不適用	不適用	不適用	不適用
2010	2°19.4'	32°13.3'	不適用	不適用	44,792
2015	2°36.9'	32°51.6'	不適用	不適用	45,011

資料來源： Department of Physics, University of Hong Kong and Royal Observatory, Hong Kong, *Geomagnetic Data 1978* (Hong Kong, 1980) 以及香港天文台數據。

附錄 2-3　非香港天文台人員在香港所進行之地磁觀測數據統計表

在香港天文台成立前，已有零星的地磁觀測活動，現表列觀測結果如下。有關地磁強度觀測，當時未有國際公認的單位，英國地磁學家薩賓（Edward Sabine）提出以喬城天文台該處的地磁強度，定義為英國單位（British Unit）。M. R. Neighbour 曾把英國單位測值換算成伽馬，但換算疑有誤。下表保留原始數據，不作換算。

日期	觀測者	觀測地點	磁偏角	磁傾角（偏北）	水平強度（英國單位）	垂直強度（英國單位）	總強度（英國單位）
1841 年 1 月	Belcher	香港島	不詳	30°27'	不詳	不詳	不詳
1843 年	Belcher	香港島	0°37' 偏東	不詳	不詳	不詳	不詳
1843 年	Belcher	香港島	不詳	不詳	不詳	不詳	8.95
1843 年 8 月	Belcher	香港島	不詳	30°50'	不詳	不詳	不詳
1851 年	Collinson	香港島	不詳	29°40'	不詳	不詳	不詳
1855 年	Richards	九龍	0°30' 偏東	不詳	不詳	不詳	不詳
1857 年 5 月 26 日	Charles Shadwell	香港島 威靈頓炮台	不詳	31°26.0'	不詳	不詳	不詳
1858 年	Novara	香港島	不詳	31°8'	不詳	不詳	不詳
1858 年	Novara	香港島	不詳	不詳	不詳	不詳	8.95
1858 年 2 月 22 日	Charles Shadwell	香港島 威靈頓炮台	不詳	31°25.3'	不詳	不詳	不詳
1859 年 12 月 12 日	Charles Shadwell	香港島 威靈頓炮台	不詳	31°28.5'	不詳	不詳	不詳
1872 年 4 月 12 日	Charles Shadwell	香港島 威靈頓炮台	不詳	32°17.9'	不詳	不詳	不詳
1873 年 4 月 1 日	Charles Shadwell	香港島 威靈頓炮台	不詳	32°19.5'	不詳	不詳	不詳
1874 年 9 月	Maclear	九龍	0°55.6' 偏東	不詳	不詳	不詳	不詳
1874 年 12 月 21 日	Charles Shadwell	香港島 威靈頓炮台	不詳	32°17.3'	不詳	不詳	不詳
1874 年 9 月	Maclear	九龍	不詳	32°20.4'	不詳	不詳	不詳
1874 年 9 月	Maclear	九龍	不詳	不詳	不詳	不詳	9.231
1875 年 9 月 29 日	Fritsche	不詳	0°53' 偏東	31°56.7'	不詳	不詳	不詳

香港天文台成立後，亦有國際人員訪港，進行地磁觀測，如下表所示。有關地磁強度觀測，原始數據用 CGS(厘米—克—秒) 單位，今改為奈特斯拉，以便比對。

日期	觀測者	觀測地點	磁偏角	磁傾角（偏北）	水平強度（奈特斯拉 nT）	垂直強度（奈特斯拉 nT）	總強度（奈特斯拉 nT）
1895 年 8 月 1 日 - 3 日	奧匈帝國海軍	不詳	0°25.4' 偏東 0°27.3' 偏東	31°48.2' 31°46.5'	36,647	不詳	不詳
1903 年 4 月 2 日 - 3 日	新城新藏 大谷亮吉 山川弘毅	香港天文台地磁小屋	0°19'17" 偏東	31°14.2'	36,838	不詳	不詳
1904 年 12 月 20 日 - 27 日	勞積勳	寶雲道	0°13.8' 偏東	31°14.9'	36,940	不詳	43,210
1904 年 12 月 22 日	勞積勳	薄扶林	0°19.1' 偏西	30°52'	36,850	不詳	42,930

1941 年，日軍入侵香港後，香港天文台中止地磁觀測，至 1971 年才恢復，其間亦有零星地磁觀測活動，表列如下：

日期	觀測者	觀測地點	磁偏角	磁傾角（偏北）	水平強度（奈特斯拉 nT）	垂直強度（奈特斯拉 nT）	總強度（奈特斯拉 nT）
1955 年 12 月	英國海軍測量船 Dampier	大老山	0°46'42" 偏西	不詳	38,230	22,118	不詳
1956 年 2 月 27 日	不詳	飛鵝山	1°1.8' 偏西 1°3.2' 偏西	不詳	不詳	不詳	不詳
1960 年	不詳	啟德機場	1°3' 偏西	不詳	不詳	不詳	不詳
1961 年	不詳	啟德機場	1°5' 偏西	不詳	不詳	不詳	不詳
1962 年	不詳	啟德機場	1°7' 偏西	不詳	不詳	不詳	不詳
1963 年	不詳	啟德機場	1°9' 偏西	不詳	不詳	不詳	不詳
1964 年	不詳	啟德機場	1°10' 偏西	不詳	不詳	不詳	不詳
1968 年 4 月 6 日	P. M. McGregor	凹頭	不詳	不詳	38,288	22,303	44,293
1969 年 5 月 16 日	不詳	東經 114°9' 北緯 22°19'	不詳	不詳	37,650	21,550	不詳

附錄 3-1　1884 年至 2017 年天文台總部氣象儀器主要變化歷程情況表

時間	儀器
溫度	
1884 年 1 月 1 日	使用史蒂文生式百葉箱內乾濕球溫度計及最高溫度計和最低溫度計。 百葉箱在主樓西南偏西約 23 米。 每日三次氣溫、濕度及每日高、低溫度記錄開始。
1884 年 4 月 1 日	使用旋轉溫度計、儀器室內喬城式記溫儀配乾濕球溫度計及史蒂文生式百葉箱內最高溫度計和最低溫度計。 每小時氣溫及濕度記錄開始。
1889 年 6 月	使用「印度式」雙層棕櫚葉屋頂棚架，即溫度表棚，在主樓東南約 25 米，取代百葉箱。
1912 年 5 月 27 日	停止使用喬城式記溫儀。
1913 年夏季	使用新建溫度表棚，在中星儀室東北偏北約 15 米。
1917 年 3 月 20 日	使用在溫度表棚內李察士雙金屬記溫儀記錄最高和最低溫度。
1933 年	使用新建溫度表棚，在主樓東南舊址。
1934 年 6 月 29 日	使用電阻溫度計和劍橋科學儀器公司（Cambridge Instrument Company）製線型記錄儀取代李察士記溫儀。
1941 年至 1945 年	儀器及觀測記錄在日佔時期散失，日佔前夕、日佔時期及二戰結束初期沒有記錄。
1947 年 4 月 14 日	使用溫度表棚內納格洛蒂‧贊柏拉（Negretti and Zambra）製鋼管水銀記溫儀。 停止使用旋轉溫度計。
1982 年 5 月 7 日	使用溫度表棚內白金電阻溫度計，數值自動顯示在電子屏幕。 玻璃水銀最高和最低溫度計備用。
最低草溫	
1949 年 12 月 1 日	使用玻璃水銀溫度計。
1995 年 5 月	使用白金電阻溫度計，數值自動顯示在電子屏幕。 玻璃水銀溫度計備用。
土壤溫度	
1950 年 1 月 6 日	使用玻璃水銀溫度計，置於直管中分別深入地下 0.3 米和 1.2 米。
1967 年	測量深度增加為：0.1 米、0.2 米、0.3 米、0.5 米、1 米、1.2 米、1.5 米。
1976 年 11 月 1 日	停止在天文台總部（和京士柏）測量地下 0.3 米和 1.2 米的土壤溫度。
1977 年 10 月 12 日	安裝新玻璃水銀溫度計測量地下 3 米的土壤溫度。
1978 年 10 月 1 日	安裝新玻璃水銀溫度計測量地下 0.05 米的土壤溫度。
1995 年 5 月	使用白金電阻溫度計，數值自動顯示在電子屏幕。玻璃水銀溫度計備用。
氣壓	
1884 年 1 月 1 日	使用納格洛蒂‧贊柏拉製 No. 1368（0.5 吋口徑）標準氣壓計。氣壓計水銀槽海拔高度約 33.2 米。 每日三次氣壓記錄開始。
1884 年 4 月 1 日	繼續使用納格洛蒂‧贊柏拉製 No. 1368（0.5 吋口徑）標準氣壓計。 使用在儀器室內的門羅製喬城式記壓儀記錄，水銀刻度透過一條縫隙被照亮及拍攝。 每小時氣壓記錄開始。

（續上表）

時間	儀器
1897 年 6 月 8 日	使用科賽樂製 No. 1323（0.5 吋口徑）標準氣壓計。
1911 年	使用科賽樂製 No. 2451 標準氣壓計。
1922 年	使用馬文製虹吸式定槽記壓儀取代喬城式記壓儀。
1941 年 10 月至 1946 年 6 月	儀器及觀測記錄在日佔時期散失，日佔前夕、日佔時期及二戰結束初期沒有記錄。
1947 年	1 月 1 日至 8 月 31 日使用納格洛蒂・贊柏拉製 No. 1409 氣壓計。9 月 1 日起使用 No. 3336 氣壓計。
1950 年 12 月 1 日	使用福達通製 No.3478/46 氣壓計取代納格洛蒂・贊柏拉製 No. 3336。
1962 年 7 月 21 日	使用福達通製喬城式氣壓計 No. S3423/47/56。
1977 年 7 月 1 日	使用福達通製喬城式氣壓計 No. S3495/46/54/56。
1982 年 5 月 7 日	當日下午 2 時，氣壓計搬遷至天文台百周年紀念大樓頂層的預測總部（海拔 62 米）。
2000 年 4 月 1 日	使用西特製 361 型數碼氣壓計。玻璃水銀氣壓計備用。
2003 年	使用西特製 270 型氣壓計。玻璃水銀氣壓計備用。
2005 年 12 月 16 日	氣壓計移至海拔 40 米。
2010 年	使用西特製 470 型數碼氣壓計。另一部同型號氣壓計備用。
雨量	
1884 年 2 月 1 日	使用雨量儀器不詳。 每日雨量記錄開始。
1884 年 3 月 1 日	使用柏克萊製水銀浮動記雨儀，位於主樓西南約 25 米的地面上。其外緣的直徑為 11.25 吋並離地 21 吋。 每小時雨量記錄開始。
1913 年 1 月 14 日	使用柏克萊製記雨儀及中村製記雨儀。
1918 年	停止使用柏克萊製記雨儀，繼續使用中村製記雨儀。
1933 年 1 月 15 日	雨量計移至天文台主樓入口西南方約 15 米。
1935 年	使用中村製記雨儀和科賽樂製記雨儀。
1936 年	停止使用中村製記雨儀，繼續使用科賽樂製記雨儀。
1941 年 10 月至 1946 年 6 月	儀器及觀測記錄在日佔時期散失，日佔前夕、日佔時期及二戰結束初期沒有記錄。
1946 年 7 月	使用 8 吋標準雨量計。
1947 年 4 月	使用丹斯製傾斜虹吸式雨量記錄器及 8 吋標準雨量計。
1949 年	使用 8 吋標準雨量計；丹斯製傾斜虹吸式雨量記錄器作為比對。
1989 年 1 月 1 日	使用 203 毫米雨量計取代 8 吋標準型雨量計，位於主樓前 8.5 米、雨量計舊址以北 7.5 米的草坪上。新雨量計的外緣離地 300 毫米；丹斯製傾斜虹吸式雨量記錄器作為比對。
2007 年	使用 203 毫米雨量計；科賽樂製 100573 型 0.5 毫米翻斗式雨量計作為比對。
2011 年	安裝 SL3-1 型 0.1 毫米翻斗式雨量計。
2015 年	安裝 0.1 毫米秤重式雨量計。
風速和風向	
1884 年 3 月 1 日	使用羅賓遜式柏克萊風杯式風速計，位於主樓樓頂中央，風速計共四個風杯，其直徑為 23 厘米，裝嵌在 60 厘米長的鐵臂上。風杯的水平旋轉面離屋頂約 4 米高、離地約 13.6 米、及位於海拔約 47 米。 每小時風向風速記錄開始。

（續上表）

時間	儀器
1910 年 1 月	繼續使用羅賓遜式柏克萊風杯式風速計。 安裝丹斯‧巴克桑德爾製壓管風速計與風杯式風速計作為比對。壓管風速計位於主樓樓頂，離風杯式風速計東北偏北方向約 3 米處，該風速計的風向標比風杯式的高約 0.15 米。
1938 年	分別於 10 月 1 日及 4 日拆卸柏克萊式風速計和丹斯製風速計。 於 11 月 21 日，丹斯製風速計搬遷至主樓樓頂中央位置，而風速計頭頂部分，由原本離屋頂約 4 米，提升至離屋頂約 9.8 米。並安裝新容器來量度 180 海里 / 小時以內的陣風。
1939 年 1 月 11 日	丹斯製風速計頭頂部分更換為新型號。 使用新型丹斯製風速計為標準。
1941 年 10 月至 1946 年 6 月	儀器及觀測記錄在日佔時期散失，日佔前夕、日佔時期及二戰結束初期沒有記錄。
1947 年	使用丹斯‧門羅製壓管記風儀。 風速計頭頂部分離樓頂最高點約 9.8 米，並離地約 22.3 米。
1959 年	7 月 2 日上午 10 時至 7 月 25 日中午 12 時期間，丹斯風速計由原本離樓頂約 9.8 米（離地約 22.3 米）提升至離樓頂約 16.6 米（離地約 29 米）。 7 月 25 日下午 1 時後丹斯風速計恢復運作。
1982 年	在 1 月至 5 月期間，暫停天文台總部的風速測量。其間啓德機場的記錄作為替代。 於天文台總部西邊安裝 MK4 型風杯式風速計，風杯中央位於海拔 71.7 米。 6 月 1 日上午 1 時後 MK4 型風杯式風速計投入運作。 另一個同款風速計安裝在百周年紀念大樓樓頂作為備用，其風杯中央位於海拔 73.8 米（離樓頂 8.6 米）。
1992 年 7 月 31 日	於天文台總部西邊安裝的 MK4 型風杯式風速計被拆除。使用位於百周年紀念大樓樓頂的 MK4 型風速計。
2017 年	使用 Met One 製 WS-201 型風速計取代 MK4 型風速計。
日照時間	
1884 年 3 月 1 日	使用萊基製康培爾‧斯托克日照計 No. 51，位於主樓樓頂南面護牆的中央鋪石，高度約 10.4 米。 每小時日照時間記錄開始。
1930 年	使用位於樓頂護牆西端的希克斯製康培爾‧斯托克日照計。
1933 年 1 月	使用移至中央鋪石的希克斯製康培爾‧斯托克日照計。
1941 年 10 月至 1946 年 6 月	雖然日照計沒有受損，但由於觀測記錄在日佔時期散失，二戰結束初期亦未能恢復運作，在日佔前夕、日佔時期及二戰結束初期沒有記錄。
1947 年 7 月	恢復使用希克斯製康培爾‧斯托克日照計。
1960 年	於 12 月 31 日，停止在天文台總部測量日照時長，改在京士柏氣象站測量。

資料來源： 香港天文台元數據。

自動氣象站	啟用日期
天文台	1984 年 7 月 10 日
香港國際機場 / 赤鱲角	1997 年 6 月 1 日
沙田	1984 年 10 月 1 日
黃茅洲	1985 年 7 月 10 日
流浮山	1985 年 9 月 16 日
打鼓嶺	1985 年 10 月 14 日
青柏樓（青衣）	1987 年 4 月 1 日
大帽山	1987 年 12 月 8 日
大老山	1987 年 12 月 8 日
黃竹坑	1989 年 8 月 1 日
橫瀾島	1989 年 8 月 22 日
青洲	1989 年 9 月 11 日
將軍澳	1991 年 12 月 1 日
長洲	1992 年 3 月 30 日
京士柏	1992 年 7 月 1 日
平洲	1993 年 1 月 1 日
吉澳	1993 年 1 月 1 日
大美督	1993 年 1 月 1 日
沙螺灣	1993 年 2 月 25 日
西貢	1993 年 3 月 3 日
塔門	1993 年 9 月 15 日
黃麻角（赤柱）	1995 年 1 月 1 日
鯽魚湖	1995 年 10 月 1 日
沱濘列島	1996 年 8 月 13 日
石崗	1996 年 11 月 4 日
內伶仃	1996 年 11 月 15 日
外伶仃	1997 年 10 月 31 日
彌勒山	1998 年 2 月 12 日
啟德	1998 年 9 月 4 日
大埔	1999 年 2 月 3 日
自動氣象浮標 1 號，香港國際機場西面	2001 年 12 月 7 日
昂坪	2002 年 1 月 1 日
自動氣象浮標 2 號，香港國際機場西面	2002 年 8 月 16 日
山頂	2003 年 2 月 17 日
自動氣象浮標 4 號，香港國際機場東面	2004 年 1 月 6 日
坪洲	2004 年 6 月 1 日
上水	2004 年 7 月 9 日

（續上表）

自動氣象站	啟用日期
濕地公園	2005 年 10 月 11 日
中環碼頭	2005 年 12 月 20 日
荃灣可觀	2006 年 4 月 25 日
屯門兒童及青少年院	2007 年 1 月 1 日
香港公園	2007 年 9 月 4 日
筲箕灣	2007 年 9 月 17 日
九龍城	2008 年 4 月 11 日
滘西洲	2008 年 7 月 3 日
跑馬地	2008 年 12 月 1 日
黃大仙	2009 年 3 月 27 日
赤柱	2009 年 6 月 12 日
觀塘	2009 年 10 月 21 日
西灣河	2009 年 12 月 22 日
深水埗	2010 年 3 月 9 日
新青衣站	2010 年 8 月 23 日
嘉道理農場暨植物園	2010 年 12 月 1 日
荃灣城門谷	2010 年 12 月 7 日
南丫島	2011 年 7 月 25 日
自動氣象浮標 8 號，香港國際機場東面	2012 年 1 月 1 日
上水雙魚河	2012 年 12 月 6 日
啟德跑道公園	2014 年 12 月 17 日
元朗公園	2015 年 3 月 20 日
只測風	
屯門政府合署	1987 年 10 月 23 日
九龍天星碼頭	1987 年 12 月 15 日
青衣島蜆殼油庫	1992 年 12 月 1 日
小蠔灣	1997 年 9 月 8 日
大磨刀	1997 年 10 月 17 日
二東山	1997 年 10 月 30 日
沙洲	1997 年 11 月 22 日
北角	1998 年 9 月 4 日
大澳	2004 年 5 月 24 日
長洲泳灘	2009 年 9 月 14 日
大埔滘	2010 年 12 月 1 日
塔門東	2017 年 7 月 6 日
只量度雨量	
愉景灣	1984 年 12 月 30 日
踏石角	1984 年 12 月 30 日
尖鼻咀	1984 年 12 月 30 日
大埔王肇枝中學	1984 年 12 月 30 日
沙頭角	1984 年 12 月 30 日
北潭凹	1984 年 12 月 30 日

（續上表）

自動氣象站	啟用日期
鶴咀	1985 年 3 月 31 日
西貢三育中學	1985 年 6 月 30 日
凹頭	1985 年 6 月 30 日
大美督抽水站	1985 年 6 月 30 日
落馬洲	1985 年 9 月 30 日
鰂魚涌	1992 年 11 月 1 日
昂坪食水主配水庫	2006 年 9 月 1 日
破邊洲	2014 年 4 月 1 日
屯門食水主配水庫	2016 年 1 月 1 日
大灘訓練營	2017 年 4 月 1 日

注：① 大帽山由 1987 年 12 月 8 日至 1996 年 12 月 9 日只測量風向風速，由 1996 年 12 月 20 日起亦逐步加入雨
　　　量、氣溫、濕球溫度、露點溫度、相對濕度及平均海平面氣壓的觀測，由 2008 年 2 月 6 日起亦測量草溫。
　　② 大老山由 1987 年 12 月 8 日至 1997 年 12 月 17 日只測量風向風速，由 1997 年 12 月 18 日起亦逐步加入雨
　　　量、氣溫、濕球溫度、露點溫度、相對濕度及平均海平面氣壓的觀測。
　　③ 滘西洲分別於 2008 年 6 月、2010 年 3 月及 2011 年 12 月加入土壤溫度、草溫和濕球溫度觀測。
資料來源： 香港天文台元數據。

附錄 3-3 香港分區氣候各氣象站氣候平均值計算年份情況表

氣象站	氣候平均值計算年份	
	由	至
天文台	1991	2020
打鼓嶺	1991	2020
流浮山	1991	2020
塔門	1994	2020
大埔	2000	2020
石崗	1997	2020
屯門	1991	2020
大帽山	1997	2020
沙田	1991	2020
西貢	1994	2020
青衣	1998	2020
將軍澳	1992	2020
赤鱲角／香港國際機場	1998	2020
山頂	2004	2020
昂坪	2002	2020
黃竹坑	1991	2020
長洲	1993	2020
橫瀾島	1996	2020
觀塘	2010	2020
啟德	1991	2020

資料來源： 香港天文台數據。

附錄 3-4 1969 年至 2017 年香港與北京、東京及曼谷氣象線路變更情況表

年份	線路速度 / 變更		
	香港—北京	香港—東京	香港—曼谷
1969	不適用	75 baud	不適用
1970	不適用	不適用	高頻無線電線路
1975	75/50 baud*	不適用	不適用
1983	不適用	200 baud	不適用
1988	不適用	不適用	200 baud
1990	9.6 kbps	不適用	不適用
2000	不適用	16 kbps	不適用
2001	64 kbps	不適用	終止
2008	4 Mbps	不適用	不適用
2009	不適用	1 Mbps	不適用

注：* 香港—廣州：75 baud；香港—北京：50 baud。
資料來源： 香港天文台資料。

附錄 3-5　1996 年至 2017 年香港天文台網站主要新增資訊及更新歷程情況表

年份	新增內容 / 更新
1996	氣象衛星圖片 船舶天氣預報 香港氣象觀測摘錄
1997	天文現象資料 三天天氣預報 本港地區天氣預報 華南海域天氣報告 地震新聞發布 潮汐預報 天氣圖 「天文台之友」通訊 熱帶氣旋警告及路徑圖
1998	亞洲地區氣候平均氣溫及風速 溫室效應 四天天氣預報 電視天氣節目 厄爾尼諾現象 世界各大城市天氣 廣東省各地天氣預測 全國各大城市天氣預測 本港雨量分布圖
1999	48 小時氣溫時間序列 教育資源 校對電腦時鐘 每日天氣摘要 早晨天氣節目 警告及信號資料庫 紫外線指數
2000	等雨量線圖 分區天氣 輻射監測 每小時氣象衛星圖片 天文台職員編寫的報告及短文
2001	有聲網頁 長期天氣預報 天氣雷達圖像（立體版） 香港分區最高 / 最低氣溫 WAP 網站 網上暢遊機場氣象所

（續上表）

年份	新增內容／更新
2002	簡體字版網站 網上展覽廳 香港風力及風向分布圖 香港水域能見度報告 廣東省旅遊點天氣預報 極地軌道衛星圖像 航空界通訊 香港志願觀測船舶通訊
2003	中國風雲二號B衛星實時圖像 統一外觀與風格網站 分區天氣網頁加入天空影像 天氣資料室 天氣雷達圖像（降雨率） 飛行運動天氣資訊
2004	「個人數碼助理」網站 電腦模式預測天氣圖 世界機場天氣報告 天氣雷達圖像動畫序列 太空天氣 地球觀測衛星圖像 本地熱門旅遊景點實時天氣照片
2005	閃電位置資訊 MTSAT-1R衛星的實時圖像 中國風雲二號C衛星實時圖像 陣風資料
2006	紫外線指數預測 季度氣候預報 氣候資料服務 天氣雷達和衛星圖像網頁換新裝 雷達及閃電圖像 加強區域風力分布資訊服務 市區能見度實時資料 水上運動天氣資訊 新界北區草面溫度資料
2007	學校天氣資訊 主版網頁換新裝 閃電位置資訊網頁換新裝 氣候變化 遠足及攀山天氣資訊 關顧長者天氣資訊 每月星圖
2008	香港分區氣溫預報 台長網誌 天氣精靈工具程式 指定地點閃電戒備服務 珠江三角洲地區降雨臨近預報 反軌跡路線圖 香港分區氣候

（續上表）

年份	新增內容／更新
2009	太陽總輻射量網頁換新裝 全新面貌網站 網上時鐘服務 香港 2009 東亞運動會天氣網站
2010	滑浪風帆風速預測 數碼天氣預報 太陽直接輻射及太陽漫射輻射資訊 氣候變化網頁換新裝 氣候資料服務網頁更新版 熱帶氣旋路徑網頁加強版 大珠三角天氣警告 漁民作業天氣資訊
2011	全新天文台網頁流動版本 熱帶氣旋網頁換新面孔 紫外線 A 資訊 沙塵天氣資訊 核事故監察特別網頁 「小小天文台」網站 風暴潮記錄資料庫 分區閃電次數 遠足及攀山天氣資訊全新網頁 加強簡易資訊聚合資訊服務
2012	彩色繪製天氣圖 航運界天氣資料 節慶日氣候 首頁分區天氣圖換新裝 全新長者天氣資訊 二十四節氣氣候 全新水上運動天氣資訊 主版網頁換新裝 網站採用最新無障礙網頁設計標準
2013	香港分區天氣網頁加強版 個人版網站 全新天氣精靈工具程式 自動分區天氣預報
2014	網上暢遊「香港天文台—有緣相聚百三載」展覽 天文觀測天氣資訊 「小小天文台」網站換新裝 教育資源網頁新面貌
2015	全球地震資訊 氣候資料服務網頁革新版 新版衛星圖像網頁 擴大電腦預測天氣圖範圍 「地圖天氣」一站式全球天氣資訊服務 向日葵 8 號氣象衛星雲圖 全新潮汐資料及潮汐預報網頁 全新面貌網站

（續上表）

年份	新增內容／更新
2016	戶外攝影天氣資訊 加強衞星圖像服務 氣候變化網頁新面貌 新版本指定地點閃電戒備服務及流動版 學校天氣資訊網頁換新裝 香港旅遊天氣資訊
2017	閃電預報 延伸展望預報 香港暑熱指數資訊 熱帶氣旋路徑概率預報 更新版流動網站

資料來源： 香港天文台資料。

附錄 3-6　2010 年至 2017 年「我的天文台」流動應用程式主要新增資訊及更新歷程情況表

年份	新增內容 / 更新
2010	iOS 版本 1.0：提供使用者位置附近自動氣象站的最新天氣資料，包括溫度、相對濕度、雨量、風向、風速和天氣照片及指定地點閃電戒備服務。 iOS 版本 2.0：七天天氣預報、天氣警告、紫外線指數報告及預測、衛星及雷達圖像、世界主要城市天氣預測、天文及潮汐資料、華南海域天氣報告、天文台熱帶氣旋風暴路徑（Google 地圖版）、閃電位置（Google 地圖版）及天文台 YouTube 影片。 iOS 流動應用程式擴展至 iPad。 Android 版本 1.0：七天天氣預報、天氣警告、紫外線指數報告及預測、衛星及雷達圖像、世界主要城市天氣預測、 天文及潮汐資料、華南海域天氣報告、天文台熱帶氣旋風暴路徑（Google 地圖版）、閃電位置（Google 地圖版）及天文台 Youtube 影片。
2011	iOS 版本 3.0：雨量分布圖、加上閃電位置的雷達圖像、台長網誌、天文台 Twitter 帳戶連結。 Android 版本 1.1：雨量分布圖、疊加閃電位置的雷達圖像、天文台網誌、天文台 Twitter 及微博帳戶連結。 iOS 版本 3.1：用戶於主頁自行選擇顯示本地天氣預報或七天天氣預報、當天氣警告生效時給市民的天氣提示、顯示今日正生效或曾生效的天氣警告、輻射資訊、潮汐預報圖表、天文台微博帳戶連結。 Android 版本 2.0：用戶自行選擇顯示七天或本地天氣預報、當天氣警告生效時給市民的天氣提示、顯示今日的天氣警告、輻射資訊及潮汐預報圖表。
2012	Android 版本 2.1：天氣警告通知功能。 iOS 版本 3.2：支援 iPad、特別天氣提示及支援顯示兩個天氣標記。 Android 版本 2.2：特別天氣提示及支援顯示兩個天氣標記。 iOS 版本 3.3：過去 30 天的天氣圖及優化流動應用程式。 iOS 版本 4.0：定點降雨預報。 Android 版本 3.0：定點降雨預報。
2013	Android 版本 3.1：我的天氣報告及加強風暴路徑的用戶介面。
2014	Windows Phone 版本 1.0：在原有 iPhone 及 Android 平台上功能的基礎上，再引入於首頁顯示與天文台網上時間伺服器自動校對的時鐘、新增位置設定，除自動定位服務外，亦讓用戶自行選擇「我的位置」及提供更多個人化選擇如字體大小、日夜主題顏色等。 iOS 版本 4.1：我的天氣報告、航空氣象、收看天文台製作的天氣短片，包括天氣廣播站、氣象冷知識、及天文台消息等。 Android 版本 3.2：航空氣象。 Android 版本 3.3：收看天文台製作的天氣短片，包括天氣廣播站、氣象冷知識、及天文台消息等。 iOS 版本 4.2.1 及 Android 版本 4.0：九天天氣預報。 Windows Phone 版本 1.1：九天天氣預報、動態磚功能。 Android 版本 4.1 及 Windows Phone 版本 1.2：天氣預報摘要及船舶天氣預報。 Android 版本 4.2：全球地震資訊及核事件消息。 Windows Phone 版本 1.3：全球地震資訊、核事件消息及降雨預報通知。

（續上表）

年份	新增內容／更新
2015	iOS 版本 5.0：全新設計用戶介面，支援用戶選擇自動定位或自定的位置來提取該位置的天氣報告。用戶可加入多個喜愛地點，以便取得不同地點的天氣狀況。新版本亦加強多項內容，包括地震資訊、船舶天氣預報和教育資源等。 Android 版本 4.3 及 Windows Phone 版本 1.4：包括教育資源及風暴路徑由三天延長至五天。 Android 版本 4.4：包括重新設計的小工具介面及天文及潮汐資訊。 Android 版本 4.5：包括「即時天氣標示」及增強雷達圖像功能。 iOS 版本 5.1：提供天氣小工具及加強雷達圖像功能。
2016	Android 版本 4.6：自動分區天氣預報。 iOS 版本 5.2 及 Windows Phone 版本 1.5：自動分區天氣預報。 iOS 版本 5.3：支援 Apple Watch，除提供溫度、相對濕度、風速等實況天氣資料外，亦提供未來 24 時每 3 小時間隔的自動天氣預報、九天天氣預報及天文潮汐等資料。 iOS 版本 5.3.1：「天氣，天文及潮汐資料」小工具。 Android 版本 4.7 及 iOS 版本 5.4：「今日提提你」服務。
2017	iOS 版本 5.5 及 Android 版本 4.8：加強氣象衛星圖像服務。 iOS 版本 5.6 及 Android 版本 4.9：延伸展望及熱帶氣旋路徑概率預報。

資料來源： 香港天文台資料。

附錄 3-7　1885 年至 1966 年使用擺鐘作授時服務的變更情況表

時期	恒星鐘	平時鐘
1885 年 1 月 1 日	使用 E Dent & Co No 40912 為時間標準。	使用 E Dent & Co No 40917 為時間球塔提供報時信號。
1892 年	不適用	布洛克製擺鐘成為「標準平時鐘」，與 E Dent & Co No 40917 以相等的權重為時間球塔提供報時信號。
1913 年至 1918 年	將 E Dent & Co No 40917、No 40912 及布洛克製標準平時鐘的鋅鋼補償鐘擺更換為因瓦鐘擺，務求提高時鐘準確度。	
1918 年 4 月 12 日	不適用	恢復使用 E Dent & Co No 40917 向時間球塔及其他用戶提供報時信號。
1924 年 12 月 1 日	不適用	Leroy 1350 平時鐘取代 E Dent & Co No 40917 為時間球塔及其他用戶提供報時信號。
1925 年 3 月 10	Cottingham and Mercer No 507 恒星鐘取代 E Dent & Co No 40912 成為天文台的時間標準。	不適用
1941 年 12 月至 1946 年初	太平洋戰爭時期至二戰結束後初期天文台停止運作，而 Leroy 1350 平時鐘、Cottingham and Mercer No 507 標準恒星鐘及布洛克製擺鐘都能逃過戰火洗禮。	
1946 年中	天文台恢復運作後不再使用恒星鐘。	天文台恢復運作，使用 Leroy 1350 平時鐘為授時標準。
1950 年 9 月	使用電動機械式同步標準擺鐘為授時標準。	
1966 年 9 月 1 日	石英報時系統取代同步標準擺鐘為授時標準。使用擺鐘作授時服務成為歷史。	

資料來源：　香港天文台資料。

附錄 3-8 1885 年至 1933 年天文台時間球服務的 變更情況表

日期	服務變更
1885 年 1 月 1 日	於工作日（星期一至六）下午 1 時降下時間球。
1891 年 11 月 25 日	於工作日及星期日下午 1 時降下時間球。
1901 年 12 月 1 日	回復只在工作日下午 1 時降下時間球。
1913 年 1 月 1 日	全年每天下午 1 時降下時間球。
1920 年 1 月 1 日	降下時間球的時間改為星期一至五上午 10 時和下午 4 時、星期六上午 10 時和下午 1 時及星期日和公眾假期上午 10 時。
1928 年 4 月 29 日至 10 月 11 日	因應時間球塔進行加建一層的工程，時間球暫停運作。在此段時間於日間上午 10 時及下午 4 時提供較光亮的報時燈號。
1933 年 6 月 30 日	時間球服務在下午 4 時起永久停用。

資料來源： 香港天文台資料。

附錄 3-9 「香港衞星定位參考站網」參考站開始運作日期情況表（以首個衞星接收器安裝日期計算）

參考站名稱	首個衞星接收器安裝日期
藍地	2000 年 10 月 5 日
錦田	2000 年 10 月 5 日
小冷水	2000 年 10 月 7 日
粉嶺	2000 年 10 月 22 日
沙田	2000 年 11 月 13 日
昂船洲	2002 年 10 月 4 日
黃石	2002 年 10 月 4 日
石碑山	2004 年 7 月 6 日
昂坪	2004 年 7 月 8 日
坪洲	2004 年 7 月 26 日
梅窩	2004 年 8 月 12 日
十四鄉	2004 年 11 月 1 日
赤鱲角	2008 年 9 月 1 日
T430	2008 年 9 月 1 日
鰂魚涌	2008 年 9 月 1 日
滘西洲	2014 年 4 月 16 日
南丫島	2014 年 4 月 16 日
沙頭角	2014 年 4 月 16 日

資料來源： 地政總署資料。

附錄 3-10　1974 年至 1975 年香港大氣飄塵放射性活度統計表

活度單位：每公斤皮居里 pCi kg^{-1}

時期	總量	銫-137	鋯-95	鑭-140	鈰-144	鈰-141	釕-106	釕-103	銻-125	錳-54	碘-131
1974 年											
1 月	0.089	0.0010	0.0095	未能測出	0.0077	0.0017	0.0075	0.0063	未能測出	未能測出	未能測出
2 月	0.085	0.0015	0.0075	未能測出	0.0082	0.0012	0.0054	0.0018	<0.0002	<0.0002	未能測出
3 月	0.11	0.0026	0.013	未能測出	0.024	0.0023	0.031	<0.0002	<0.0002	<0.0002	未能測出
4 月	0.11	0.0035	0.017	未能測出	0.038	0.0036	0.024	0.0028	0.0016	0.0017	未能測出
5 月	0.10	0.0018	0.0094	未能測出	0.024	0.0016	0.025	0.0031	0.0010	0.0006	未能測出
6 月	0.034	0.0011	0.0034	未能測出	0.0067	0.0018	0.0077	0.0019	<0.0002	<0.0002	未能測出
7 月	0.030	0.0003	0.0008	0.0004	0.0012	0.0006	0.0014	0.0006	<0.0001	<0.0001	<0.0001
8 月	0.030	0.0012	0.0031	0.0006	0.0052	<0.0001	0.0037	<0.0001	<0.0001	<0.0001	未能測出
9 月	0.034	0.0009	0.0040	<0.0001	0.0036	<0.0001	0.0036	<0.0001	<0.0001	<0.0001	未能測出
10 月	0.030	0.0009	0.0026	未能測出	0.0049	0.0008	0.0051	<0.0001	<0.0001	<0.0001	未能測出
11 月	0.027	0.0008	0.0043	未能測出	0.0045	0.0016	0.0045	<0.0001	0.0011	<0.0001	未能測出
12 月	0.041	0.0010	0.0033	未能測出	0.0031	0.0007	0.0025	<0.0001	0.0004	0.0006	未能測出
1975 年											
1 月	0.061	0.0016	0.016	未能測出	0.011	0.0025	0.0094	0.0041	<0.0001	<0.0001	未能測出
2 月	0.062	0.0018	0.0092	未能測出	0.015	0.0017	0.0097	0.0039	0.0019	0.0008	未能測出
3 月	0.15	0.0024	0.010	未能測出	0.024	0.0029	0.020	0.0026	0.0011	0.0010	未能測出
4 月	0.044	0.0023	0.0058	未能測出	0.017	<0.0001	0.020	<0.0001	0.0016	<0.0001	未能測出
5 月	0.021	0.0005	0.0010	未能測出	0.0042	<0.0001	0.0042	<0.0001	<0.0001	<0.0001	未能測出
6 月	0.007	0.0004	0.0004	未能測出	0.0021	未能測出	0.0015	未能測出	<0.0001	<0.0001	未能測出
7 月	0.009	0.0005	0.0006	未能測出	0.0038	未能測出	0.0011	未能測出	0.0003	<0.0001	未能測出
8 月	0.008	0.0008	0.0012	未能測出	0.0021	未能測出	0.0026	未能測出	0.0004	<0.0001	未能測出
9 月	0.006	0.0006	0.0001	未能測出	0.0011	未能測出	0.0014	未能測出	<0.0001	<0.0001	未能測出
10 月	0.059	0.0003	0.0003	未能測出	0.0015	未能測出	0.0015	未能測出	0.0005	0.0005	未能測出
11 月	0.043	0.0003	<0.0001	未能測出	0.0013	未能測出	0.0025	未能測出	0.0003	0.0002	未能測出
12 月	0.037	0.0005	<0.0001	未能測出	0.0023	未能測出	0.0014	未能測出	<0.0001	<0.0001	未能測出

資料來源：　United Kingdom Atomic Energy Authority, *Radioactive Fallout in Air and Rain: Results to the End of 1975* (Harwell, 1976), p. 48.

附錄 3-11　1998 年至 2020 年香港環境輻射整體測量結果概要統計表（大氣樣本）

活度單位：每立方米微貝可 µBqm⁻³

年份	大氣樣本	碘 -131	銫 -137	銫 -134	鍶 -90	鈈 -239
1987 年至 1991 年（本底）	大氣飄塵	<10#	<10	<10	≤5	<0.2
1998	大氣飄塵	<10	<10	低於探測下限	1.3-2.8	<0.2
1999	大氣飄塵	<10	<10	低於探測下限	1.6-4.9	<0.2
2000	大氣飄塵	<10	<10	低於探測下限	1.6-4.9	<0.2
2001	大氣飄塵	<10	<10	低於探測下限	0.8	<0.2
2002	大氣飄塵	<10	<10	低於探測下限	1.1	<0.2
2003	大氣飄塵	<10	<10	低於探測下限	0.7-3.0	<0.2
2004	大氣飄塵	<10	<10	低於探測下限	1.1-2.8	<0.2
2005	大氣飄塵	<10	<10	低於探測下限	0.8-1.8	<0.2
2006	大氣飄塵	<10	<10	低於探測下限	0.7-1.7	<0.2
2007	大氣飄塵	<10	<10	低於探測下限	1.2	<0.2
2008	大氣飄塵	<10	<10	低於探測下限	1.1-4.5	<0.2
2009	大氣飄塵	<10	<10	低於探測下限	1.0-4.6	<0.2
2010	大氣飄塵	<10	<10	低於探測下限	0.9-3.4	<0.2
2011	大氣飄塵	26-132$*	24-41*	12-35*	0.7-4.0	<0.2
2012	大氣飄塵	<10	<10	<10	1.0-4.9	<0.2
2013	大氣飄塵	<10	<10	<10	0.9-4.8	<0.2
2014	大氣飄塵	<10	<10	<10	0.8-4.6	<0.2
2015	大氣飄塵	<10	<10	<10	0.9-4.2	<0.2
2016	大氣飄塵	<10	<10	<10	1.3-3.1	<0.2
2017	大氣飄塵	<10	<10	<10	1.2-3.9	<0.2
2018	大氣飄塵	<10	<10	<10	1.1-4.9	<0.2
2019	大氣飄塵	<10	<10	<10	1.6-4.9	<0.2
2020	大氣飄塵	<10	<10	<10	3.4-4.7	<0.2

注：① 除說明外，測量結果為每月樣本的活度。
　　② 測量值低於探測下限以 "<xx" 表示，xx 是該類測量的典型探測下限值。如只在部分樣本中探測到該放射性核素，測量值以 "≤xx" 表示，xx 則為測量到的活度最大值。
　　③ 測量值範圍只計算高於探測下限的樣本的測量值。
　　④ # 期間京士柏兩個每周大氣飄塵中測量出碘 -131（活度每立方米 328 及 38 微貝可），但經調查後相信碘 -131 是來自附近伊利沙伯醫院的小量低放射性醫療廢物排放，因此沒有包括在本底活度範圍。
　　⑤ $ 為每週大氣飄塵樣本中的碘 -131 活度。
　　⑥ * 檢測出的碘 -131、銫 -137 及銫 -134 活度源於日本福島核事故。
資料來源：　香港天文台：《香港環境輻射監測摘要》（香港：2004-2021）。

附錄 3-12　1998 年至 2020 年香港環境輻射整體測量結果概要統計表（地面樣本）

活度單位：每公斤貝可 Bq kg^{-1}（食米及蔬菜）、每公升貝可 Bq L^{-1}（牛奶）

年份	地面樣本	碘 -131	銫 -137	銫 -134	氚	鍶 -90
1987 年至 1991 年（本底）	食米	<0.1	≤0.9	<0.1	<1	≤0.056
	牛奶	<0.2	≤0.3	<0.3	<6	<0.081
	蔬菜	<0.3	<0.4	<0.3	≤7.4	≤0.570
1998	食米	<0.1	0.1-0.15	低於探測下限	0.1	0.006-0.026
	牛奶	低於探測下限	低於探測下限	低於探測下限	低於探測下限	低於探測下限
	蔬菜	<0.3	<0.4	低於探測下限	0.2-3.3	0.012-0.217
1999	食米	<0.1	<0.2	低於探測下限	0.2	0.001-0.012
	牛奶	<0.4	<0.4	低於探測下限	0.2-2.2	0.006-0.047
	蔬菜	<0.3	<0.4	低於探測下限	0.4-5.8	0.038-0.185
2000	食米	<0.1	<0.2	低於探測下限	0.2	0.001-0.012
	牛奶	<0.4	<0.5	低於探測下限	0.7-3.3	0.009-0.020
	蔬菜	<0.3	<0.4	低於探測下限	0.4-5.8	0.009-0.089
2001	食米	<0.1	0.1	低於探測下限	0.1	0.004-0.012
	牛奶	<0.4	0.3	低於探測下限	2.0-3.9	0.005-0.015
	蔬菜	<0.3	<0.4	低於探測下限	0.5-7.7	0.015-0.372
2002	食米	<0.1	0.1	低於探測下限	0.02	0.002-0.006
	牛奶	<0.4	<0.5	低於探測下限	1.86-3.24	0.010-0.015
	蔬菜	<0.3	<0.4	低於探測下限	0.22	0.008-0.217
2003	食米	<0.1	0.1	低於探測下限	0.4	0.005-0.008
	牛奶	<0.2	<0.3	低於探測下限	1.5-5.9	0.013-0.024
	蔬菜	<0.3	<0.4	低於探測下限	0.2-5.9	0.012-0.153
2004	食米	<0.1	<0.2	低於探測下限	0.9	0.006-0.007
	牛奶	<0.2	<0.3	低於探測下限	1.3-4.0	0.009-0.010
	蔬菜	<0.3	<0.4	低於探測下限	1.1-6.0	0.015-0.179
2005	食米	<0.1	<0.2	低於探測下限	0.1-0.3	0.005-0.006
	牛奶	<0.3	<0.4	低於探測下限	0.4-4.3	0.005-0.015
	蔬菜	<0.3	<0.4	低於探測下限	1.1-5.9	0.015-0.231
2006	食米	<0.1	<0.2	低於探測下限	0.1-0.8	0.002-0.006
	牛奶	<0.3	<0.4	低於探測下限	1.1-4.6	0.004-0.009
	蔬菜	<0.3	<0.4	低於探測下限	0.5-5.6	0.012-0.180
2007	食米	<0.1	<0.2	低於探測下限	0.1	0.003-0.005
	牛奶	<0.3	<0.4	低於探測下限	0.9-4.4	0.007-0.045
	蔬菜	<0.3	<0.4	低於探測下限	0.4-4.4	0.007-0.125
2008	食米	<0.1	<0.2	低於探測下限	<0.5	0.003-0.005
	牛奶	<0.2	<0.3	低於探測下限	1.5-3.2	0.004-0.021
	蔬菜	<0.3	<0.4	低於探測下限	0.5-1.7	0.011-0.249

（續上表）

年份	地面樣本	碘-131	銫-137	銫-134	氚	鍶-90
2009	食米	<0.1	<0.2	低於探測下限	0.1	0.004-0.006
	牛奶	<0.2	<0.3	低於探測下限	<4	0.004-0.013
	蔬菜	<0.3	<0.4	低於探測下限	1.4-2.5	0.012-0.158
2010	食米	<0.1	<0.2	低於探測下限	<0.5	0.003-0.005
	牛奶	<0.2	<0.3	低於探測下限	1.3-2.8	0.006-0.041
	蔬菜	<0.3	<0.4	低於探測下限	0.2-2.7	0.009-0.121
2011	食米	<0.2	<0.2	<0.1	0.01-0.14	0.003-0.005
	牛奶	<0.2	<0.3	<0.3	0.07-0.22	0.006-0.013
	蔬菜	<0.3	<0.4	<0.3	0.1-3.3	0.008-0.220
2012	食米	<0.2	<0.2	<0.1	0.02-0.16	0.005-0.009
	牛奶	<0.2	<0.3	<0.3	0.7-1.1	0.006-0.011
	蔬菜	<0.3	<0.4	<0.3	0.3-2.6	0.014-0.134
2013	食米	<0.1	<0.1	<0.1	0.06-0.09	0.004-0.007
	牛奶	<0.2	<0.3	<0.3	1.3-4.1	0.004-0.011
	蔬菜	<0.3	<0.4	<0.3	0.1-2.4	0.019-0.170
2014	食米	<0.1	<0.1	<0.1	0.1-0.2	0.002-0.005
	牛奶	<0.2	<0.3	<0.3	0.1-3.6	0.004-0.013
	蔬菜	<0.3	<0.4	<0.3	0.1-3.8	0.034-0.176
2015	食米	<0.1	<0.1	<0.1	0.1	0.002
	牛奶	<0.2	<0.3	<0.3	0.1-2.1	0.005-0.060
	蔬菜	<0.3	<0.4	<0.3	0.2-2.5	0.014-0.248
2016	食米	<0.1	<0.1	<0.1	0.1	<0.002
	牛奶	<0.2	<0.3	<0.3	0.7-2.0	0.004-0.014
	蔬菜	<0.3	<0.4	<0.3	0.3-2.8	0.017-0.112
2017	食米	<0.1	<0.1	<0.1	<0.3	0.002
	牛奶	<0.2	<0.3	<0.3	0.6-1.0	0.006-0.014
	蔬菜	<0.3	<0.4	<0.3	0.2-2.8	0.009-0.161
2018	食米	<0.1	<0.1	<0.1	0.2	0.001-0.004
	牛奶	<0.2	<0.3	<0.3	0.3-2.4	0.006-0.010
	蔬菜	<0.3	<0.4	<0.3	0.2-2.4	0.011-0.147
2019	食米	<0.1	<0.1	<0.1	0.2-0.2	<0.002
	牛奶	<0.2	<0.3	<0.3	0.5-2.9	0.007-0.009
	蔬菜	<0.3	<0.4	<0.3	0.5-2.8	0.010-0.049
2020	食米	<0.1	<0.1	<0.1	0.1-0.1	<0.002
	牛奶	<0.2	<0.3	<0.3	0.6-0.9	<0.005
	蔬菜	<0.3	<0.4	<0.3	0.8-2.9	0.006-0.039

注：① 除説明外，測量結果為每月樣本的活度。

② 測量值低於探測下限以 "<xx" 表示，xx 是該類測量的典型探測下限值。如只在部分樣本中探測到該放射性核素，測量值以 "≤xx" 表示，xx 則為測量到的活度最大值。

③ 測量值範圍只計算高於探測下限的樣本的測量值。

資料來源： 香港天文台：《香港環境輻射監測年報》（香港：1999-2003）；香港天文台：《香港環境輻射監測摘要》（香港：2004-2021）。

附錄 3-13　1998 年至 2020 年香港環境輻射整體測量結果概要統計表（水體樣本）

活度單位：每公斤貝可 Bq kg^{-1}（魚）、每公升貝可 Bq L^{-1}（飲用水）

年份	水體樣本	碘 -131	銫 -137	銫 -134	氚	鍶 -90	鈈 -239
1987 年至 1991 年（本底）	魚	<0.1	≤0.2	<0.1	<2	≤0.094	<0.002
	飲用水	<0.1	<0.1	<0.1	<6	沒有測量	沒有測量
1998	魚	<0.1	0.1	低於探測下限	0.1-1.3	0.002-0.015	<0.002
	飲用水	<0.1	<0.1	低於探測下限	0.2-5.7	沒有測量	沒有測量
1999	魚	<0.1	0.1	低於探測下限	0.2-1.0	0.004-0.025	<0.002
	飲用水	<0.1	<0.1	低於探測下限	0.2-4.3	沒有測量	沒有測量
2000	魚	<0.1	0.1	低於探測下限	0.2-1.0	0.004-0.025	<0.002
	飲用水	<0.1	<0.1	低於探測下限	0.2-4.3	沒有測量	沒有測量
2001	魚	<0.1	<0.2	低於探測下限	0.1-1.6	0.002-0.007	<0.002
	飲用水	<0.1	<0.1	低於探測下限	0.5-1.7	沒有測量	沒有測量
2002	魚	<0.1	0.1	低於探測下限	0.4-1.3	0.002-0.014	<0.002
	飲用水	<0.1	<0.1	低於探測下限	0.5-4.5	沒有測量	沒有測量
2003	魚	<0.03	0.04-0.10	低於探測下限	0.2-1.6	0.004-0.018	<0.002
	飲用水	<0.1	<0.1	低於探測下限	0.7-5.7	沒有測量	沒有測量
2004	魚	<0.03	0.03-0.09	低於探測下限	0.2-1.8	0.007-0.014	<0.002
	飲用水	<0.1	<0.1	於探測下限	0.7-5.5	沒有測量	沒有測量
2005	魚	<0.07	0.04-0.08	低於探測下限	0.3-1.6	0.003-0.027	<0.002
	飲用水	<0.1	<0.1	低於探測下限	0.7-5.9	沒有測量	沒有測量
2006	魚	<0.07	0.04-0.08	低於探測下限	0.3-1.1	0.003-0.007	<0.002
	飲用水	<0.1	<0.1	於探測下限	0.2-5.5	沒有測量	沒有測量
2007	魚	<0.07	0.04-0.10	低於探測下限	0.1-1.8	0.003-0.009	<0.002
	飲用水	<0.1	<0.1	低於探測下限	0.2-4.3	沒有測量	沒有測量
2008	魚	<0.07	0.04-0.10	低於探測下限	0.1-0.7	0.004-0.011	0.002
	飲用水	0.1	<0.1	低於探測下限	<4	沒有測量	沒有測量
2009	魚	<0.07	0.03-0.12	低於探測下限	0.1-0.3	0.003-0.009	<0.002
	飲用水	<0.1	<0.1	低於探測下限	0.6-2.4	沒有測量	沒有測量
2010	魚	<0.07	0.04-0.10	低於探測下限	0.7-2.2	0.002-0.008	<0.002
	飲用水	<0.1	<0.1	於探測下限	0.6-2.4	沒有測量	沒有測量
2011	魚	<0.1	0.03	<0.1	0.06-0.08	0.003-0.010	<0.002
	飲用水	<0.1	<0.1	<0.1	0.1-3.6	沒有測量	沒有測量
2012	魚	<0.1	0.04	<0.1	0.03-1.81	0.004-0.016	<0.002
	飲用水	<0.1	<0.1	<0.1	0.4-3.4	沒有測量	沒有測量
2013	魚	<0.1	<0.1	<0.1	0.04-0.7	0.003-0.015	<0.002
	飲用水	<0.1	<0.1	<0.1	0.1-0.9	沒有測量	沒有測量
2014	魚	<0.1	0.1	<0.1	0.1-0.9	0.003-0.021	<0.002
	飲用水	<0.1	<0.1	<0.1	0.2-3.7	沒有測量	沒有測量

年份	水體樣本	碘-131	銫-137	銫-134	氚	鍶-90	鈈-239
2015	魚	<0.1	<0.1	<0.1	0.1-0.5	0.004-0.005	<0.002
	飲用水	<0.1	<0.1	<0.1	0.1-1.2	沒有測量	沒有測量
2016	魚	<0.1	0.1	<0.1	0.1-1.0	0.003-0.011	<0.002
	飲用水	<0.1	<0.1	<0.1	0.1-1.9	沒有測量	沒有測量
2017	魚	<0.1	0.1	<0.1	0.1-0.5	0.002-0.010	<0.002
	飲用水	<0.1	<0.1	<0.1	0.1-1.8	沒有測量	沒有測量
2018	魚	<0.1	0.1	<0.1	0.1-0.4	0.002-0.016	<0.002
	飲用水	<0.1	<0.1	<0.1	0.4-5.6	沒有測量	沒有測量
2019	魚	<0.1	0.1	<0.1	0.1-1.8	0.002-0.010	<0.002
	飲用水	<0.1	<0.1	<0.1	0.8-2.0	沒有測量	沒有測量
2020	魚	<0.1	0.1	<0.1	0.1-1.1	0.003-0.006	<0.002
	飲用水	<0.1	<0.1	<0.1	0.1-2.4	沒有測量	沒有測量

注： ① 除說明外，測量結果為每月樣本的活度。

② 測量值低於探測下限以 "<xx" 表示，xx 是該類測量的典型探測下限值。如只在部分樣本中探測到該放射性核素，測量值以 "≤xx" 表示，xx 則為測量到的活度最大值。

③ 測量值範圍只計算高於探測下限的樣本的測量值。

資料來源： 香港天文台：《香港環境輻射監測年報》（香港：1999-2003）；香港天文台：《香港環境輻射監測摘要》（香港：2004-2021）。

附錄 5-1 1997 年至 2017 年經土力工程處調查的主要山泥傾瀉事件情況表

日期	地點	涉及泥石量（立方米）	死亡人數	受傷人數
1997 年 5 月 8 日	葵涌道近荔景	15	0	0
	葵涌道近荔景	23	0	0
1997 年 6 月 4 日	荔景鍾山台	450	0	0
	九華徑上村	360	1	5
	沙田九肚山麗坪路	4000	0	0
	火炭站附近	20	0	0
	沙田萬佛寺	1500	1	1
1997 年 7 月 2 日	沙田道風山	1300	0	0
	大圍美松苑	100	0	0
	荃灣青山公路近灣景花園	70	0	0
	下禾輋	60	0	0
	青山公路汀九段近麗都灣	750	0	8
1997 年 7 月 3 日	上城門水塘	3000	0	0
	西貢康村路	250	0	0
1997 年 7 月 2 或 3 日	馬鞍山路近城安臨時房屋區	3000	0	0
1997 年 7 月 4 日	大埔公路近沙田花園	50	0	0
1997 年 7 月 7 日	呈祥道	500	0	0
1997 年 7 月 17 日	呈祥道	700	0	0
1997 年 8 月 3 日	呈祥道	2000	0	0
1998 年 2 月 8 日	沙田恆樂里	1100	0	0
1998 年 5 月 4 日至 6 月 9 日	汀九橋	1300	0	0
1998 年 5 月 24 日	鹿頸黃屋	150	0	0
	慈雲山沙田坳道鳳凰食水配水庫	120	0	0
	將軍澳澳頭村	170	0	0
	西貢白沙灣村	300	0	0
	青山公路汀九段	200	0	0
1998 年 6 月 9 日	大埔道近澤安邨	1400	0	0
	飛鵝山	2500	0	0
	西貢外展學校	900	0	0
	屯門小冷水	1000	0	0
	西貢窩尾	1350	0	0
1999 年 6 月 7 日	香港中文大學	30	0	0
1999 年 8 月	石崗甲龍	2000	0	0
1999 年 8 月 12 日	油塘茶果嶺道	25	0	0
1999 年 8 月 23 日	荃錦公路	1300	0	0
	大嶼山深屈道	1700	0	0

（續上表）

日期	地點	涉及泥石量 （立方米）	死亡人數	受傷人數
1999 年 8 月 24 日	大嶼山嶼南道近禮智園	1000	0	0
	青衣路	1000	0	0
1999 年 8 月 25 日	石硤尾邨	200	0	0
2000 年 3 月	大欖涌引水道	1500	0	0
2000 年 7 月 17 及 19 日	灣仔中峽道	23	0	0
2000 年 8 月 3 日	將軍澳一個建築工地	180	0	0
2000 年 8 月 24 日	石澳道	300	0	0
	半山堅尼地道	250	0	0
	清水灣龍蝦灣路	200	0	0
	大潭道	700	0	0
	大坑道	360	0	0
	半山寶雲道	120	0	0
2000 年 8 月 26 日	九龍城高山道公園	20	0	0
2000 年 12 月	蓮麻坑路	2100	0	0
2001 年 6 月 9 日	荃灣半山村	35	0	0
2001 年 6 月 10 日	粉嶺和合石墳場	250	0	0
2001 年 6 月 11 日	粉嶺田心村	90	0	0
2001 年 9 月 1 日	清水灣井欄樹騰龍台	50	0	0
2001 年 9 月	慈雲山觀坪路	20	0	0
2002 年 7 月 29 日	荃灣油柑頭青山公路	55	0	0
2002 年 8 月 9 日	元朗攸潭美村	100	0	0
2002 年 8 月 10 日	薄扶林域多利道建築工地	80	0	0
2002 年 9 月 15 日	沙田牛皮沙新村	50	0	0
2002 年 9 月 16 日	藍田茶果嶺村	30	0	0
2003 年 5 月 5 日	粉錦公路	20	0	0
	大嶼山嶼南道	150	0	0
	元朗黃竹園	160	0	0
2003 年 9 月 14 日	秀茂坪曉光街	200	0	0
2005 年 8 月 11 日	葵涌荔景山路	15	0	0
2005 年 8 月 20 日	荃灣芙蓉山村	400	1	0
	灣仔中峽道	400	0	0
	牛池灣平定道	36	0	0
	薄扶林域多利道	250	0	0
	寶雲道	950	0	0
	瑪麗醫院後山	1000	0	0
	沙田沙田嶺路福來別墅、桂園 12 座附近	1200	0	0
	大嶼山嶼南道近塘福	500	0	0
	荃錦公路近光板田村	130	0	0
2005 年 8 月 21 日	飛鵝山	3500	0	0
	馬鞍山上村	1000	0	0

（續上表）

日期	地點	涉及泥石量 （立方米）	死亡人數	受傷人數
2005 年 8 月 22 日	獅子山隧道公路上方山坡	400	0	0
2006 年 6 月 2 日	馬鞍山村良友路	350	0	0
2006 年 9 月 13 日	錦田香港騎術學校	100	0	0
	石澳道	20	0	0
2007 年 6 月 30 日	淺水灣道	600	0	0
	摩星嶺	910	0	0
	大嶼山深屈道	1735	0	0
	大澳道	500	0	0
	大嶼山羌山道	4100	0	0
	北角百福道	1270	0	0
	大澳新村	500	0	0
	大澳橫坑村	1050	0	0
	大澳南涌村	680	0	0
2008 年 6 月 7 日	大澳石仔埗街	2000	0	0
	大澳吉慶後街	150	0	0
	東涌上嶺皮灰窰下	180	0	0
	沙田坳道	3550	0	0
	跑馬地鳳輝臺	500	0	0
	灣仔堅尼地道倚雲閣後方山坡	200	0	0
	跑馬地金山花園後方山坡	75	0	0
	北大嶼山公路附近天然山坡	670	0	0
	香港大學後方天然山坡	2740	0	0
	屯門舊咖啡灣泳灘	300	2	0
2009 年 4 月 25 日	屯門大欖懲教所	10	0	0
2009 年 8 月 6 日	沙頭角蓮麻坑路	125	0	0
	沙田田心白田村	100	0	0
2010 年 7 月 22 日	深水埗白雲街	150	0	0
	葵涌石籬坑村	80	0	0
2011 年 6 月 16 日	跑馬地司徒拔道下方山坡	30	0	0
2011 年 10 月 18 日	沙頭角萊洞村	150	0	0
2012 年 7 月 24 日	大老山隧道九龍入口上方山坡	60	0	0
2012 年 9 月 25 日	咸田村以北山坡	6	0	0
2013 年 5 月 22 日	秀茂坪安達臣道前石礦場用地發 展項目工地	530	0	0
2013 年 6 月 14 日	慈雲山沙田坳道	25	0	0
2013 年 8 月 3 日	林錦公路	120	0	0
	深水灣壽臣山道	420	0	0
2014 年 5 月 12 日	淺水灣道	60	0	0
	茶果嶺村	0.5	0	0
2015 年 7 月 24 日	粉嶺鶴藪道	340	0	0
2015 年 8 月 15 日	沙田排頭村	6	0	0

（續上表）

日期	地點	涉及泥石量 （立方米）	死亡人數	受傷人數
2016 年 5 月 21 日	西貢西灣路	2100	0	0
2016 年 9 月 7 日	大嶼山嶼南道	100	0	0
2016 年 10 月 19 日	灣仔肇輝臺	65	0	0
2017 年 5 月 4 日	粉嶺崇謙堂村	7	0	1
2017 年 5 月 24 日	青衣路	1300	0	0
2017 年 6 月 13 日	大潭道	60	0	0
2017 年 6 月 21 日	鯉魚門三家村	90	0	0

注：部分山泥傾瀉日期，土力工程處只提供年份及月份。
資料來源： 土力工程處。

附錄 5-2　1997 年至 2017 年經土力工程處調查的主要泥石流事件情況表

日期	地點	涉及泥石量 （立方米）	死亡人數	受傷人數
1999 年 8 月 23 日	深井新村	600	1	13
2000 年 4 月 14 日	青山	1600	0	0
	屯門良景邨	70-600	0	0
2001 年 9 月 1 日	葵涌梨貝街	750	0	0
2003 年 5 月 5 日	大埔九龍坑村	200	0	0
2005 年 8 月 20 日	荃灣老圍以北	1400	0	0
2005 年 8 月 21 日	飛鵝山配水庫附近	3350	0	0
2005 年 8 月 22 日	沙田大老山附近觀音山	1000	0	0
2008 年 6 月 7 日*	東涌裕東路	3400	0	0

注：* 當日石壁水塘附近亦出現約 1.8 公里長泥石流，長度破當局紀錄，惟確實涉及總泥石量不詳。
資料來源： 土力工程處。

附錄 5-3　1997 年至 2017 年經土力工程處調查的主要崩石事件情況表（規模大於 1 立方米）

日期	地點	規模（立方米）
1997 年 5 月 4 日	石澳道	6
1997 年 6 月 13 日	域多利道	3
1997 年 8 月 3 日	石澳鶴咀道	10
1997 年 8 月 22 日	鰂魚涌街	5
1997 年 8 月 23 日	香港仔舊大街	1.5
1997 年 12 月 4 日	秀茂坪道	1000
1998 年 2 月 20 日	渣甸山大坑道	2
1998 年 4 月 2 日	葵涌道	3
1998 年 5 月 30 日	摩星嶺道	2-3
1998 年 6 月 11 日	荔枝角平房區	1.5
1998 年 7 月 3 日	薄扶林域多利道	2
2000 年 4 月 28 日	青山公路深井段上方一幅山坡	2
2000 年 8 月 3 日	秀茂坪曉明街	15
2001 年 6 月 25 日	天后英皇道	1.1
2002 年 5 月 22 日	慈雲山沙田坳道	7
2002 年 7 月 26 日	扎山道近沙田坳道交界	3
2002 年 8 月 5 日	山頂白加道	2
2002 年 9 月 16 日	南丫島索罟灣近蘆鬚城學校	1.5
2002 年 10 月 22 日	筲箕灣阿公岩道	2.3
2003 年 5 月 7 日	粉嶺和合石墳場	3
2003 年 6 月 6 日	筲箕灣阿公岩東健道	70
2003 年 6 月 9 日	沙田沙田坳道	3
2003 年 6 月 11 日	藍田晒草灣復康徑	15
2003 年 8 月 25 日	荃錦公路	16
2004 年 3 月 31 日	石澳鶴咀灣	3
2004 年 9 月 1 日	下葵涌村	3
2004 年 12 月 17 日	柴灣歌連臣角道	1.3
2005 年 5 月 21 日	赤柱村道	4
2005 年 5 月 28 日	山頂盧吉道	1.4
2005 年 5 月 29 日	荔景山道	3
2005 年 6 月 24 日	域多利道	10
	干德道	2
	赤柱峽道	1.6
	九龍城東頭村	8
2005 年 7 月 1 日	大埔公路 - 大窩段	3
2005 年 7 月 9 日	南丫島索罟灣	2
2005 年 8 月 19 日	荔枝角長坑路	1.5

（續上表）

日期	地點	規模（立方米）
2005 年 8 月 20 日	大坑道	5
2005 年 8 月 21 日	牛池灣佛教孔仙洲紀念中學對面	156
	東涌石門甲	2
2005 年 8 月 23 日	荃灣老圍	2
2005 年 8 月 26 日	南丫島索罟灣	5
2005 年 11 月 30 日	南丫島索罟灣	3
2006 年 5 月 3 日	鹿頸路	20.5
2006 年 5 月 8 日	西貢萬宜水庫東壩	15
2006 年 6 月 2 日	大欖郊野公園	2
2006 年 7 月 7 日	沙田坳配水庫	2005
2006 年 7 月 14 日	沙田車公廟後方	1.2
2006 年 8 月 1 日	荃灣城門隧道高架橋西面山坡	10
2006 年 8 月 4 日	薄扶林根德公爵夫人兒童醫院	10
2006 年 8 月 11 日	大埔滘新圍村	12
2006 年 8 月 26 日	荔枝角鐘山台	22
2006 年 9 月 13 日	南丫島鹿洲灣	1.1
2006 年 9 月 18 日	大潭龜背灣泳灘以西集水區	10
2006 年 9 月 19 日	西貢萬宜路	4
2007 年 6 月 10 日	荃錦公路	4
2007 年 6 月 28 日	飛鵝山道	1.5
2007 年 7 月 11 日	歌連臣山集水區	15
2007 年 7 月 12 日	長沙灣永康街休憩花園後方天然山坡	3
2007 年 8 月 30 日	坪洲配水庫	1.5
2008 年 4 月 21 日	香港中文大學	12
2008 年 5 月 2 日	淺水灣麗海堤岸路	3
2008 年 6 月 7 日	青衣路	250
2008 年 6 月 8 日	大欖郊野公園	3
2008 年 6 月 10 日	石硤尾公園	7
2008 年 6 月 12 日	香港大球場	25
2008 年 6 月 16 日	青山公路－大欖段	2
2008 年 6 月 27 日	鰂魚涌太古小學	1.5
2008 年 7 月 8 日	石硤尾巴域街近崇真小學	10
2008 年 8 月 8 日	黃泥涌峽道	2
2008 年 8 月 27 日	粉嶺鶴藪水塘	2
2009 年 1 月 8 日	歌連臣角徑	2
2009 年 3 月 6 日	屯門公路大欖段附近	2
2009 年 9 月 15 日	沙田坳道	2
2009 年 12 月 3 日	嶼南道	2
2009 年 12 月 8 日	沙田石古壟村	3
2010 年 3 月 12 日	西灣河耀興道	12.5
2010 年 7 月 19 日	坪洲東灣	2
2011 年 6 月 19 日	新娘潭路	8

（續上表）

日期	地點	規模（立方米）
2011 年 7 月 11 日	大坑道	3
2011 年 8 月 3 日	沙田坳道	3
2012 年 7 月 24 日	半山馬己仙峽道	2
2012 年 7 月 27 日	飛鵝山道	2
2012 年 3 月 5 日	馬鞍山村	11.6
2012 年 4 月 20 日	西貢孟公窩路	1.2
2012 年 4 月 30 日	大欖郊野公園	1.1
2012 年 7 月 26 日	荃灣城門引水道	2
2012 年 10 月 15 日	大埔山塘路	6.5
2012 年 11 月 6 日	沙頭角紅花嶺	2
2013 年 4 月 17 日	飛鵝山扎山道	2
2013 年 5 月 15 日	洪水橋丹桂村	1.8
2013 年 5 月 22 日	西貢銀線灣	2.5
2013 年 5 月 26 日	南丫島索罟灣	1.2
2013 年 5 月 28 日	黃泥涌水塘公園健身徑	2
2013 年 5 月 30 日	沙田坳道	2
2013 年 6 月 14 日	慈雲山沙田坳道	25
2013 年 6 月 17 日	大欖涌引水道	3
2013 年 7 月 25 日	西貢西灣路	1.3
2013 年 7 月 29 日	麥理浩徑近基維爾營地	5
2013 年 9 月 10 日	大欖涌引水道	1.5
2013 年 9 月 16 日	大潭東引水道	4.8
2013 年 9 月 23 日	沙田排頭村	2
2013 年 9 月 26 日	荃灣顯達路	2
2014 年 4 月 17 日	大欖涌引水道	2
2014 年 5 月 17 日	南丫島索罟灣	5
2014 年 5 月 19 日	大埔滘林道	1.5
2014 年 5 月 21 日	西貢孟公窩路	3.5
2014 年 5 月 23 日	荔景華景山路	2
2014 年 6 月 20 日	南丫島索罟灣	1.3
2014 年 6 月 27 日	石鼓洲	120
2014 年 10 月 14 日	荔枝角	2.3
2014 年 11 月 13 日	蒲台島	3.6
2015 年 5 月 27 日	沙田水泉澳街	1.8
2015 年 6 月 23 日	大埔公路馬料水段	2
2015 年 8 月 17 日	屯門龍門路	8
2015 年 10 月 4 日	沙田坳道	22
2015 年 10 月 27 日	荃錦公路	1.5
2016 年 1 月 29 日	大欖郊野公園	16
2016 年 5 月 23 日	南大嶼集水區 C 部分	13.5
2016 年 8 月 17 日	大坑道瑞士花園 GH 座對面	9
2016 年 8 月 20 日	鯉魚門馬環村	1.2

（續上表）

日期	地點	規模（立方米）
2016 年 9 月 3 日	柯士甸山道	2
2016 年 10 月 20 日	西灣河耀興道	18
2017 年 2 月 15 日	大潭水塘道	4.4
2017 年 6 月 19 日	淺水灣麗景道	2.6
2017 年 6 月 19 日	清水灣龍蝦灣路	3.2
2017 年 6 月 21 日	春坎角道	2
2017 年 6 月 21 日	油塘欣榮街	28
2017 年 9 月 1 日	大嶼山大浪灣村附近集水區	4.8

資料來源： 土力工程處。

附錄 5-4　歷年颱風災害情況表 [1]

時間	災情說明
975 年 11 至 12 月（北宋開寶八年十月）	冬十月颶風、大雨水。
1245 年 6 月 25 日（南宋淳祐五年五月三十日）	夏五月颶風大作，夜潮不退，晝潮沓之，瀕海室廬水深四五尺，溺二千餘家。
1415 年（明永樂十三年）	秋颶風，大水。
1422 年 5 至 6 月（明永樂二十年五月）	夏五月己未，颶風暴雨，潮水氾濫，漂沒廬舍，居民溺死甚眾。
1475 年（明成化十一年）	秋颶風，鹽水上田，禾半壞。
1523 年（明嘉靖二年）	颶風，倒塌東西南三城樓，並左右炮樓周圍城牆百餘處。
1527 年 8 至 9 月（明嘉靖六年八月）	秋八月廣州颶風大雨水，清遠、增城、龍門、東莞為甚，水高七八尺，害稼及壞民居。
1643 年 6 月 10 日（明崇禎十六年四月二十四日）	颶風作，大雨如注，其風拔木毀屋，二晝夜乃息，巨浪覆舟，溺死者甚眾。
1669 年 6 至 10 月（清康熙八年六月、八月、九月）	颶風六八九月凡三作。
1669 年 9 月 20 日（清康熙八年八月二十六日）	颶風大作，民復鄉初歸，新蓋房屋，盡被吹毀。
1671 年 9 月 23 日（清康熙十年八月二十一日）	颶風大作，自辰起至申止，城垣、學宮、衙宇、民房盡吹頹毀，大樹盡拔。近海旁沙頭尾村，牛成群被風飄去海中溺死。
1673 年 7 月 5 日（清康熙十二年五月二十一日）	颶風作，海潮大溢，沒屋浸禾。
1676 年（清康熙十五年）	縣治頭門鼓樓、官房、衙宇遭颶風傾圮。
1677 年 9 月 17 日（清康熙十六年八月二十一日）	夜颶風大作，風中遙見火光迅烈，比前尤劇。闔邑城垣、衙宇、廟祠暨民間房舍、頹塌甚眾，男女、牛畜，多壓死焉。
1681 年（清康熙二十年）	學衙又遭颶風傾圮。
1686 年（清康熙二十五年）	縣治門樓、官房，衙宇遭颶風傾圮。
1760 年 9 月 17 日（清乾隆二十五年八月初九）	颶風。
1761 年 9 月 8 日（清乾隆二十六年八月初十）	颶風。
1791 年（清乾隆五十六年）	颶風屢作。
1797 年 6 至 7 月（清嘉慶二年閏六月）	颶風一連四作，拔木倒屋甚多。
1841 年 7 月 20 日至 21 日	颶風暴雨，浪大如山，毀屋無數。港內 6 艘外國船隻沉沒，4 艘船隻吹到岸上，另有 22 艘船隻有各種程度之損壞，大量船民死亡。
1841 年 7 月 26 日	颶風又作，水大至，早禾大傷。
1848 年 8 月 31 日至 9 月 1 日	颶風起於香港、澳門及省垣等處。颶風吹毀 13 艘船隻，近岸小村及屋宇損毀者眾，損失巨大。

1　此表所載主要為天文台需要發出颶風信號的個案（自 1917 年數字颶風信號啟用後）。其他所載為對社會有重大影響的個案。

時間	災情說明
1855 年 9 月 23 日至 25 日	颶風吹襲廣東沿海，波及鶴山、南海、海豐、普寧。颶風發屋拔木，大雨導致本港上環房屋倒塌，港內交通設施受到破壞。
1862 年 7 月 27 日	颶風吹襲新會、香山、東莞、順德、番禺、南海、高明、四會、高要、清遠各處，風雨大作，雨浪竟日，平地水深數尺。城鄉古木半折，屋宇石坊倒毀，海中覆舟不可勝計，人畜被風浪捲去者以十萬計，官衙撈屍八萬餘。本港風力亦達暴風至颶風，西部更甚，數人死亡。
1864 年 7 月 16 日	颶風，維多利亞山頂東風十二級。
1870 年 9 月 26 日	颶風吹毀海堤，一艘蒸汽船和一艘遊艇沉沒，大量帆船沉沒，數百船民喪生。
1871 年 9 月 2 日	維多利亞山頂東風十二級。港內許多船隻損壞及擱淺，包括法國及德國的輪船。
1873 年 10 月初旬	汕頭、香港、澳門傷斃數千人。
1874 年 9 月 22 日至 23 日	粵港澳一帶受颶風吹襲，颶風，併潮大作。壞房屋船筏無算，風從東南海上起，頃刻潮高兩丈，受災最重東莞、新會，新安次之，南海、番禺又次之，至肇慶止。本港逾 2000 人死亡，潮浪摧毀堤圍、碼頭貨倉、船塢等設施，引致嚴重水浸，並引發火災。颶風摧毀民房逾 1000 間，包括山頂港督別墅、民用醫院及聖約瑟教堂等。數十艘輪船沉沒或擱淺，漁船沉沒數目無法估計。煤氣廠因水浸停運，電線及電報桿被吹倒，導致市面停電及失去通信。經濟損失估算達五百萬元，史稱「甲戌風災」。
1875 年 10 月 29 日	石建監獄被風毀壞。
1881 年 8 月 22 日	風眼掠過香港西南約 50 英里處。維多利亞山頂東風十一級。
1881 年 10 月 14 日	颶風吹襲廣東沿海，破毀農林民宅。風眼在香港之西南面掠過，大量帆船及一艘貨船沉沒或被拋至岸上。
1884 年 9 月 10 日至 11 日	天文台首次鳴放風炮示警。一艘蒸汽輪脫錨撞向碼頭，並有多艘帆船受損，碼頭及房屋被毀。
1894 年 9 月 24 日至 25 日	天文台鳴放風炮示警。風暴導致 60 人死亡，多艘帆船受損，小艇沉沒，碼頭及房屋受損。
1894 年 10 月 4 日至 5 日	風暴下 11 人死亡，多艘小艇被毀或沉沒，碼頭及房屋受損，經濟損失約 30 萬元。
1896 年 7 月 29 日	港九多處房屋、碼頭及沿海堤圍受損，大樹及燈柱被吹倒，道路被海水淹浸及部分被沖毀，港內多艘帆船及小艇沉沒、擱淺或受損，艦隻脫錨，電話通訊及電力供應中斷，煤氣燈受損。域多利遊樂會受損嚴重，損失估計約 5000 元，而干諾道亦有華人三層倉庫倒塌而估計損失 3000 元。全港至少 7 人死亡。
1900 年 11 月 9 日至 10 日	大量舢舨及小艇被風浪擊沉，10 艘蒸汽艇、110 艘帆船及一艘炮艇沉沒。天星小輪碼頭亦遭到嚴重破壞。岸上房屋損毀嚴重，油麻地填海區的棚屋被強風夷平，大批樹木損壞或被連根拔起。燈柱及電話柱被強風吹致彎曲。風暴造成逾 200 人死亡，史稱「庚子風災」。
1902 年 8 月 2 日	港九多處房屋倒塌壓斃多人，30 多艘渡輪沉沒或擱淺，至少 27 人死亡或失蹤。
1906 年 9 月 18 日	侏儒颱風吹襲香港。風浪令維港兩岸成為重災區，除被海水淹浸，沉沒、擱淺及受損的大小船隻約超過 3000 艘，包括商船、戰艦、篷船、小汽輪及小艇。大量建築損毀，包括九龍倉、西角貨倉及其碼頭等。其中法國魚雷艇「投石號」沉沒，船上 5 名法國官兵死亡，事後興建方尖碑以茲紀念。大埔亦有 38 間房屋倒塌，有居民被淹死。風暴下死亡人數估計超過 10,000，主要為水上人口，而經濟損失保守估計約 7000 萬元，史稱「丙午風災」。

（續上表）

時間	災情說明
1908 年 7 月 27 日至 28 日	大部分碼頭受損，約 200 艘不同類型的船隻沉沒、擱淺或損壞，近 1000 人被淹死，另有多人失蹤，包括英京輪沉沒所造成的 424 名乘客及船員溺斃。港九新界多處有山泥傾瀉、水浸及樹木倒塌，倉庫受損，木棚被夷為平地，大約 20 座房屋倒塌，至少 24 人死亡、6 人受傷，另有 3 名警員在執勤時受傷。港九合共有約 370 條電線損壞，加上電話線及煤氣燈受損，切斷了電力供應和通訊網絡，史稱「戊申風災」。
1919 年 8 月 21 日至 23 日	烈風導致至少約 600 艘大小船艇沉沒，大批漁民無家可歸，估計不超過 12 人死亡。岸上亦有棚廠、大樹、電線等被吹倒。是次颱風據警方估計共造成約 30,000 元損失。
1923 年 8 月 17 日至 18 日	港內受暴風吹襲，龍山輪及海軍潛艇 L9 在維港沉沒、22 艘輪船擱淺、小艇受損不計其數。港九地區多座屋宇被吹走、吹塌或嚴重受損。新界及離島更嚴重，大澳有最少 52 間屋被吹塌。是次風災造成超過 100 人死亡，災情亦包括山泥傾瀉、水浸及塌樹，單在維港所造成的損失估計約 70 萬元，史稱「癸亥風災」。
1926 年 9 月 26 日至 27 日	數以十計的人死亡，主要在海上遇難，多艘船隻遇險，多處有樹、路燈、棚架被吹倒，房屋倒塌或損毀。
1927 年 8 月 19 日至 20 日	至少 27 人死亡、7 人失蹤及 9 人受傷。風暴造成大規模的山泥傾瀉，九龍區的災情特別嚴重，港九多處房屋、倉庫、碼頭和木棚遭颱風吹毀，樹木被連根拔起。啟德機場停機庫部分被吹走，大埔橋嚴重損壞。長沙灣 120 餘間小屋傾塌，香港九龍的士有限公司於尖沙嘴的車庫倒塌，壓毀部分汽車，損失約數千元。多艘輪船、貨艇、舢舨被擊沉。據估計，政府公物損失至少 20 萬元，碼頭的損失約 20 萬元，南華體育會損失為 5000 元。
1929 年 8 月 21 日至 22 日	港九有房屋倒塌。紅磡、九龍、筲箕灣、深水埗及旺角的碼頭蓬蓋被吹毀，賣票室亦倒塌。香港島德忌利士街、干諾道、高陞戲院、皇后大道中的屋宇均有倒塌。風暴下導致 6 人死亡、至少 22 人受傷。
1931 年 7 月 31 日至 8 月 1 日	北角中華體育會球場及多個游泳場被風吹毀，香港仔西安街一樓宇全座被風吹塌，中環沿岸多個碼頭被風浪損毀，半山發生山泥傾瀉。風暴造成 6 人死亡、4 人受傷、10 人失蹤。
1931 年 9 月 2 日至 3 日	陸上影響不大，但港內有 1 人死亡、55 艘船沉沒及 29 艘船嚴重損壞，而港外則有 91 人死亡、30 艘船沉沒及 5 艘船嚴重損壞。
1936 年 8 月 16 日至 17 日	維多利亞港最高潮位為海圖基準面以上 3.81 米，風暴潮增水為 1.92 米。銅鑼灣渣甸街、旺角花園街、城門醫院、荔枝角監獄、荃灣警署及各區多棟屋宇倒塌，西洋樓房亦無一倖免。棚廠、寮仔、石屋均受毀壞。北角泳場嚴重損毀，3 人被電纜灼斃。風暴導致 20 人死亡、179 人受傷、1 人失蹤。
1937 年 9 月 1 日至 2 日	維港兩岸、吐露港及低窪地區受風暴潮影響嚴重淹浸，大埔墟整條村落被風暴潮摧毀，沙頭角超過一半的寮仔及小屋被吹毀，干諾道西七間店戶焚燬，九龍塘各住宅之花園圍牆、旺角警察學堂車房全數傾塌。紅磡、屯門、荃灣、錦田、亞公岩、西營盤、筲箕灣、半山荷李活道、九龍城、深水埗、長沙灣、沙田、粉嶺各處有屋宇、棚廠、木屋吹毀或全座倒塌。九廣鐵路路軌被沖斷。28 艘輪船及 1855 艘漁船沉沒或擱淺，其中「安利號」輪船被風暴潮及巨浪沖上中環海旁。估計風災造成約 11,000 人死亡，主要為水上人口，史稱「丁丑風災」。
1946 年 7 月 16 日至 18 日	香港島灣仔、西營盤、德輔道西損傷最嚴重，房屋損毀。數艘輪船及漁船擱淺或受損。風暴導致 11 人死亡、8 人受傷、1 人失蹤。
1948 年 7 月 27 日至 28 日	颱風露絲襲港。風暴下最少 2 人罹難、30 多人受傷、18 人失蹤。屋倒船翻，潮水被強風激起，長洲船艇吹毀 71 艘，筲箕灣亦有十多艘小艇沉沒，另有一艘輪船沉沒。九廣鐵路路軌因大雨沖毀堤壩及山泥傾瀉被阻，停駛四天。

（續上表）

時間	災情說明
1957 年 9 月 21 日至 23 日	超強颱風姬羅莉亞襲港。風暴下 8 人死亡、111 人受傷。新界損失達數百萬元，荃灣一區毀屋 400 間；青山、元朗、沙田、上水毀屋 500 間。深水埗、柴灣、九龍城老虎岩與虎尾布村、紅磡、筲箕灣、荃灣柴灣角村等木屋區被颶風嚴重吹毀，災民總數達 10,367 人。
1960 年 6 月 4 日至 9 日	颱風瑪麗襲港。長洲災情最為慘重，吹毀店屋十餘間、牌坊三座。筲箕灣、老虎岩（今樂富）、紅磡山谷道，最少有 30 多間木屋受毀，各地被毀木屋總數逾 330 間。風災共 45 人死亡、127 人受傷、11 人失蹤。
1961 年 5 月 18 日至 20 日	颱風愛麗斯襲港。何文田文華村受損嚴重，該村最少有十間村屋倒塌。風暴導致 4 人死亡、20 人受傷。
1962 年 8 月 30 日至 9 月 2 日	超強颱風溫黛襲港，風眼掠過長洲。大老山錄得 284 公里的風速紀錄，截至 2020 年仍然未打破。共造成 130 人死亡、53 人失蹤（其中包括 32 人假定死亡及 21 人失蹤）、至少 296 人受傷，約 72,000 人無家可歸。颶風、大雨及風暴潮造成廣泛破壞，2053 艘小艇沉沒或損毀，36 艘遠洋輪船擱淺或碰撞。全港各區如沙田墟、土瓜灣、界限街、砵蘭街等木屋盡毀，超過 1100 間寮屋、木屋及天台木屋被毀，2500 間損毀。多處樹木、棚架、招牌倒塌，電線斷裂及水浸甚多，眾多車輛受損。沙田區尤其白鶴汀村受害最大，筲箕灣、大埔墟亦受嚴重打擊，沙田被風暴潮淹浸，水深最高約達 10 呎，船艇被沖上火車站及沙田戲院。沙田農場內七成牲畜淹亡，約 650 公頃於沙田、大埔及沙頭角的稻田被海水淹浸，新界七成菜地被毀，元朗區大、小農場 2000 餘家受損，損失約值 78 萬的牲畜。水浸農田逾一周之久，令香港稻米年產量比 1961 年下降 20%。新界農業損失逾 730 萬元。估計全港經濟損失 1 億元以上。
1964 年 9 月 4 日至 6 日	超強颱風露比襲港。港九新界多處有棚架和圍牆倒塌、塌屋、樹木倒塌、廣告牌被吹落馬路、電線漏電着火等意外事件，西貢白沙灣有 120 艘遊艇沉沒。暴風雨共造成 38 人死亡、6 人失蹤、300 人受傷，20 艘遠洋輪船及 314 艘漁船受損。多區電話失靈、電力供應中斷加上道路阻塞，市面癱瘓。沙田、大埔等地水浸嚴重，加上香港仔、觀塘、西貢、沙頭角、長洲亦受災嚴重，超過 2460 名災民疏散至各處庇護中心，而新界農業的損失數字在百萬元以上。
1964 年 9 月 9 日至 11 日	超強颱風莎莉襲港。筲箕灣有大石從山上滾下，摧毀 2 間房屋，造成 7 人死亡。風災下共 9 人死亡、24 人受傷。
1964 年 10 月 10 日至 13 日	颱風黛蒂襲港。沙田西林寺半山、筲箕灣亞公岩、葵涌等地木屋區多間房屋倒塌。全港共 26 人死亡、85 人受傷、10 人失蹤，逾 500 人無家可歸。
1968 年 8 月 20 日至 22 日	颱風雪麗襲港。荃灣大窩口徙置區毀屋近百間。九龍灣、京士柏、何文田、竹園、沙田、大埔等亦有 80 多間民宅被毀。4 人受傷。
1971 年 8 月 14 日至 17 日	超強颱風露絲襲港。風暴下共 110 人死亡、286 人受傷、5 人失蹤。香港西部災情較為嚴重，全港有 24 間樓宇及 653 間木屋被吹毀，多達 5644 人無家可歸。山泥傾瀉令 110 處道路受阻，35 處低窪及沿岸地區被淹浸。多處樹木及棚架倒塌。33 艘遠洋輪船擱淺或碰撞，包括往來港澳的客輪「佛山號」及已停運的「利航號」翻沉，分別造成 88 人及 9 人死亡，另外「澳門號」則擱淺。全港另有約 300 艘小艇沉沒或損毀，3 艘來往香港及澳門的水翼船嚴重損毀，6 艘停泊在九龍灣的渡輪擱淺。1356 公頃農地的農作物受損，約 20,000 棵果樹被吹倒。中華電力公司位於觀塘的電力分站發生火災，令九龍及新界廣泛地區停電。

（續上表）

時間	災情說明
1975 年 10 月 12 日至 15 日	超強颱風愛茜襲港。颶風主要影響香港島南部。五艘遠洋輪船船錨鏈被吹斷,一艘小艇及一艘漁船沉沒,另一艘漁船擱淺。索罟群島大鴉洲一間村屋倒塌。風暴下有 46 人受傷。
1979 年 8 月 1 日至 3 日	超強颱風荷貝襲港,造成 12 人死亡、260 人受傷。全港超過 53 間木屋被吹毀,超過 68 間寮屋及天台木屋受損,796 人無家可歸。筲箕灣聖十字徑村的木屋被山泥壓毀,油麻地有 16 間天台木屋被大風吹倒,荃灣白田壩村、大埔鹹水龍村全村有十多間木屋被淹浸。多宗山泥傾瀉及樹木倒塌令道路阻塞。風暴潮及大雨導致新界廣泛地區水浸。政府九龍船塢損毀,大量貨物流失,270 罐山埃墮海。維港有 11 宗船撞船意外,牽涉 18 艘船隻。一艘 10,300 噸貨輪撞毀九龍天星碼頭後擱淺。另有 379 艘小艇及漁船沉沒或損毀。
1983 年 9 月 7 日至 9 日	超強颱風愛倫襲港。風暴造成 10 人死亡、333 人受傷、12 人失蹤。美孚新邨被風暴潮及大浪淹浸,最為嚴重,最高水深達 2 米。港島西部的鋼線灣村及摩星嶺海傍村幾近覆滅,274 間木屋倒塌,1600 人無家可歸。天文台赤鱲角氣象站亦被摧毀。44 艘遠洋輪船遇險,包括 26 艘輪船擱淺,23 艘輪船發生 15 次碰撞,包括一艘 9300 噸貨船撞向青衣美孚油庫碼頭,卸油裝置被破壞,另外一艘 6000 噸貨輪在長洲東灣擱淺,以及 355 艘小艇沉沒或損毀,船隻損毀程度比露絲及溫黛更大。1500 公頃農作物受損,120 公頃魚塘被淹浸,農作物及牲畜總損失達 5000 萬元。九龍及新界約有 80,000 戶停電,亦有數個屋邨沒有食水供應。約 14,000 棵樹木倒塌或損毀。颱風引發龍捲風,摧毀新田石湖圍新村的幾間木屋。保險賠償達 3 億元。
1989 年 5 月 19 日至 21 日	颱風布倫達襲港,大雨引致全港 1170 公頃土地水浸,其中上水、新田、牛潭尾、錦田、落馬洲、白泥及元朗情況較為嚴重,大量農田被淹。慈雲山有三間寮屋被泥石摧毀。林錦公路發生塌泥形成巨坑。全港共收到 118 宗水浸及 100 宗山泥傾瀉報告。風暴下共 6 人死亡、119 人受傷、1 人失蹤。
1999 年 8 月 20 日至 23 日	颱風森姆襲港,帶來連日暴雨,天文台於 23 日及 24 日連續兩天發出黑色暴雨警告。八號烈風或暴風信號生效時,中華航空 642 號班機降落香港國際機場時失事,造成 3 人死亡、50 人重傷、153 人輕傷。深井發生泥石流,造成 1 死 13 傷。全港共收到 310 宗水浸及 160 宗山泥傾瀉報告,共 4 人死亡、328 人受傷。
1999 年 9 月 13 日至 17 日	颱風約克襲港。天文台懸掛十號颶風信號達 11 小時,是二戰後最長紀錄。風暴造成 2 人死亡、至少 500 人受傷。灣仔稅務大樓及入境事務大樓玻璃幕牆 400 多塊玻璃無力抵禦強風而損毀或飛脫。一名風帆手在長洲被巨浪捲走溺斃。一艘貨船沉沒,另外兩艘船隻擱淺。超過 340 公頃農田被毀,直接經濟損失估計達數十億元。
2012 年 7 月 21 日至 24 日	強颱風韋森特襲港。香港西南部受颶風影響,長洲錄得平均風速達 128 公里,最高陣風風速達 184 公里。全港逾 138 人受傷。約 8800 棵樹木倒塌、兩宗山泥傾瀉及七宗水浸報告。電纜被塌樹壓毀,致東鐵綫全綫癱瘓,一艘貨船上七個貨櫃被吹倒引致 150 噸膠粒漂浮海上。
2017 年 8 月 22 日至 23 日	超強颱風天鴿襲港。襲港前一日,天鴿引發攝氏 36.6 度的酷熱高溫。風暴造成逾 129 人受傷。風暴期間,港島東部、大嶼山及元朗因風暴潮導致水浸,其中杏花村有地庫停車場的汽車被淹沒。將軍澳有天秤被吹倒,中環及灣仔有多棟大廈玻璃幕牆損毀。一艘輪船擱淺,36 艘小艇或漁船沉沒或受損。超過 5300 棵樹木倒塌。直接經濟損失估計達 12 億元。

（續上表）

時間	災情說明
2018 年 9 月 15 日至 17 日	超強颱風山竹襲港。維港及吐露港的風暴潮增水紀錄，創下天文台 1954 年設立監測儀器以來最高。全港共有 458 人受傷。離島及各區臨海地區因風暴潮及大浪導致嚴重水浸，港島杏花邨、海怡半島及新界將軍澳有住宅地庫停車場被淹沒。各區沿岸公共設施，包括污水處理廠、海灘、海濱長廊、運動場等受不同程度損壞。港內有 708 艘小艇或漁船沉沒或受損。紅磡、灣仔、中環、旺角及將軍澳有多棟大廈和住宅玻璃幕牆損毀。40,000 戶停電，其中 13,500 戶停電逾 24 小時。部分地區食水供應也因停電而受影響。全港有超過 60,000 宗塌樹，是有記錄以來最高，因廣泛塌樹令東鐵綫部分路段及全港主要幹道交通癱瘓，全港停課兩日。直接經濟損失估計達 46 億元。

資料來源：　綜合古代方志、香港天文台提供資料及公開資料整理，包括香港政府各部門年報和官方網頁、報章等。

附錄 5-5　歷年風暴潮數據情況表

日期	熱帶氣旋	最大風暴潮（高 / 米）			最高潮位（mCD）		
		維港	大埔滘	尖鼻咀	維港	大埔滘	尖鼻咀
1874 年 9 月 22 日	「甲戌風災」	2.83[#]	2.83[#]	不詳	4.88[#]	4.95[#]	不詳
1906 年 9 月 18 日	「丙午風災」	0.39[#]	1.98[#]	不詳	2.53[#]	4.15[#]	不詳
1923 年 8 月 18 日	「癸亥風災」	1.68[@]	不詳	不詳	3.20[@]	不詳	不詳
1936 年 8 月 17 日	不適用	1.92[@]	不詳	不詳	3.81[@]	不詳	不詳
1937 年 9 月 2 日	「丁丑風災」	1.98[@]	3.81[@]	不詳	4.05[@]	6.25[@]	不詳
1962 年 9 月 1 日	溫黛	1.77	3.20	不詳	3.96	5.03	不詳
1964 年 9 月 5 日	露比	1.49	2.96	不詳	3.14	3.54	不詳
1979 年 8 月 2 日	荷貝	1.45	3.23	不詳	2.78	4.33	不詳
1983 年 9 月 9 日	愛倫	*	1.74	1.22	*	3.04	3.62
1989 年 7 月 18 日	戈登	1.20	1.36	1.11	3.27	3.31	3.73
1993 年 9 月 17 日	貝姬	0.88	1.42	1.32	3.08	3.25	3.98
2001 年 7 月 6 日	尤特	1.12	1.35	1.07	3.38	3.47	3.58
2003 年 9 月 2-3 日	杜鵑	0.72	1.69	1.02	2.59	3.54	3.12
2008 年 9 月 23-24 日	黑格比	1.43	1.77	1.46	3.53	3.77	3.70
2009 年 9 日 10 日	巨爵	0.94	1.44	1.20	3.02	3.43	3.56
2016 年 8 月 2 日	妮妲	0.58	0.63	0.90	2.93	2.76	3.60
2017 年 8 月 23 日	天鴿	1.18	1.65	2.42	3.57	4.09	4.56
2018 年 9 月 16 日	山竹	2.35	3.40	2.58	3.88	4.71	4.18

注：[#] 代表電腦模擬結果；[@] 代表利用肉眼參考潮汐桿而估計；* 代表儀器受損，資料不全。
資料來源： 香港天文台。

時間	災情說明
1526 年 3 月至 4 月（明嘉靖五年二月）	大電雨。
1527 年 8 月至 9 月（明嘉靖六年秋八月）	大雨水。清遠、增城、龍門、東莞為甚，水高七八尺，害稼及壞民居。
1546 年 5 月至 6 月（明嘉靖二十五年夏五月）	潦潮大溢。
1655 年 11 月 11 日（清順治十二年冬十月二十四日）	大雨雹，屋瓦破毀，人被傷擊。
1660 年 11 月 29 日（清順治十七年十一月初八日）	雷電作，連雨七日夜，乃止。
1686 年 5 月 4 日（清康熙二十五年四月二十二日）	時淫雨連日，傾注治城高處山麓，而氾濫凶涌，渠不能泄……水深丈餘，民居盡頹塌，人民冒雨，四散投生，上下洶洶……沖決土寨、民房，不可勝計；居民皆升屋上，縛竹木為筏，浮水而渡，往往溺死；牛畜淹沒甚多。
1686 年 9 月 22 日（清康熙二十五年八月十五日）	天雨雹，如彈大。秋旱，禾稻無收。
1768 年 6 月 21 日至 27 日（清乾隆三十三年五月初七日至十三日）	連日大雨如注。
1770 年 6 月至 7 月（清乾隆三十五年閏五月）	大雨。
1788 年 3 月至 4 月（清乾隆五十三年二月）	雨雹。
1804 年 2 月至 4 月（清嘉慶九年正月至二月）	連雨，鹽大貴，每百斤洋銀十二圓。
1805 年 9 月 23 日（清嘉慶十年八月初一日）	大雨，潦溢。
1807 年 3 月 18 日（清嘉慶十二年二月初十日）	九龍、西貢蠔涌一帶連續兩日降雨雹，牛畜多被擊死。
1814 年 9 月至 10 月（清嘉慶十九年八月）	雨雹。
1814 年 11 月至 12 月（清嘉慶十九年十月）	大雨
1818 年 10 月 8 日（清嘉慶二十三年九月初九日）	大雨，潦水溢，鎮沙橋岸皆決，沙河洞等處陂田俱被沖壓崩陷。
1878 年 5 月 22 日	廣泛地區出現暴洪、山泥傾瀉及水浸。多區房屋及道路被毀，部分船隻脫錨，傷亡不詳。
1880 年 5 月	多雨，月雨量 800 多毫米。
1885 年 6 月 12 日	廣泛地區出現暴洪、山泥傾瀉及水浸，毀壞房屋及道路。灣仔的山泥傾瀉造成 2 人死亡、1 人受傷。

2　此表所載為造成人員死亡或對社會有廣泛影響的個案。

（續上表）

時間	災情說明
1889 年 5 月 29 日至 30 日	暴雨成災，迄今仍保持最高 24 小時（5 月 29 日上午 6 時至 5 月 30 日上午 6 時）697.1 毫米的降雨紀錄，佔全年總雨量約三分之一。暴雨造成港島多宗水浸和山泥傾瀉，沖毀寶雲道的大潭輸水管及位於中半山的濾水床、雅賓利食水配水庫、己連拿利和雅賓利明渠及山頂纜車路軌和橋樑。洪水及山泥沖到中環各主要道路，交通、電報通訊和食水供應一度中斷，洪水亦波及美利兵房，水浸達 4 呎，駐紮的軍人需要撤離。山泥傾瀉亦影響跑馬地、柴灣、西區及堅尼地城部分地區，估計全港出現約數百宗不同規模的山泥傾瀉。雨災導致至少 23 人死亡、11 人受傷。政府財產損失當時估計為 112,783 元，佔 1889 年政府年度支出約 6%。
1904 年 8 月 25 日	熱帶氣旋帶來的風雨造成 1 人死亡、至少 3 人受傷，有數間房屋倒塌、山泥傾瀉、大樹被吹倒，許多電線被吹斷，數以十計的船艇傾覆，海上漂浮失事船隻的殘骸和雜物，港口及市區部分商業運作停頓。
1916 年 6 月 1 日至 2 日	熱帶氣旋引起連續數天的大雨，導致港九新界山泥傾瀉及房屋倒塌，釀成至少 5 人死亡、6 人受傷。深水埗警署及大埔道有路面被雨水沖毀，阻塞交通。
1923 年 8 月 29 日	大雨造成港九新界多處水浸、山泥傾瀉、道路阻塞及塌屋，其中跑馬地黃泥涌村水浸最為嚴重，引致多間村屋倒塌（至 9 月 3 日共倒塌 37 間），並造成 2 人死亡、2 人受傷、1 人失蹤。九廣鐵路一條橋樑亦被沖斷，鐵路服務受阻。
1923 年 10 月 31 日	大雨造成 2 人死亡、1 人受傷，其中西營盤第三街一名婦女試圖帶着孩子橫過馬路，兩人被洪水沖走致死。全港各地有山泥傾瀉報告，山頂及灣仔有房屋倒塌，港島有水浸情況出現，導致道路封閉。半山寶雲道連接大潭水塘的輸水管破裂，導致港島市區供水受影響。
1925 年 7 月 14 日至 17 日	連日大雨引致半山護土牆倒塌，沖毀普慶坊七間洋房，導致 75 人死亡、20 人受傷，是香港單一山泥傾瀉意外死亡人數最高紀錄。
1926 年 7 月 19 日	受一股於汕頭附近登陸的熱帶氣旋殘餘雨帶影響，暴雨成災，截至 2020 年仍保持最高單日雨量 534.1 毫米的紀錄。暴雨集中在凌晨時分，引致港九多處山泥傾瀉及水浸，香港島受災較九龍嚴重，有房屋及護土牆倒塌、電線桿和電線被洪水沖毀，多處路面被沖毀、淹沒或阻塞，中環多處及灣仔皇后大道東水浸高達數呎，跑馬地部分地區水深更高達 5 呎至 6 呎。山頂纜車服務暫停多日。薄扶林水塘附近有 3000 噸巨石從山上滾下，壓毀水塘 3 號抽水站，切斷山頂食水供應。雨災共釀成至少 13 人死亡、6 人受傷、4 人失蹤。洪水淹沒多條村落，至少 100 多名災民無家可歸，40 頭豬被活埋。
1931 年 4 月 20 日	大雨引致河水上漲，九廣鐵路近大埔一段路基受洪水沖擊後倒塌，一列從深圳開往九龍尖沙咀載有 60 名乘客的火車因而出軌，導致 11 人死亡，9 人受傷需要留醫。
1934 年 6 月 20 日	大雨引致城門水塘工程 6 名工人被沖走，造成 2 人死亡、4 人失蹤。
1955 年 8 月 28 日	突如其來的大雨引發山洪，沖走在大埔滘松仔園橋下避雨的師生，造成共 28 人死亡，是截至 2017 年香港死亡人數最多的一次郊野活動意外。
1957 年 5 月 22 日	連日暴雨，導致各區路面路陷，同時破壞九廣鐵路及電車路基，市面交通大受影響。暴雨亦引發山泥傾瀉，最少 11 人死亡、逾 30 人傷。另老虎岩（現樂富）、牛池灣有多間民房損壞，750 人無家可歸。

時間	災情說明
1959 年 6 月 12 日至 15 日	連日暴雨成災，受災者達 11,729 人。共造成 46 人死亡、60 人受傷、21 人失蹤。港島北岸各處、九龍中部及西部、元朗等有嚴重水浸。山泥傾瀉以紅磡山谷道及筲箕灣川龍村造成人命損失最為嚴重。多處出現危樓，若干樓宇及 1000 間以上的木屋倒塌，其中荷李活道四層高舊樓塌下造成 5 人死亡、9 人受傷。大埔道、青山道、西貢南約公路、清水灣道、香島道、般咸道、衛理道等交通要道因山泥傾瀉而封閉，火車及纜車停駛，交通嚴重受阻，直至 17 日才恢復正常。保守估計損失接近千萬元。
1965 年 9 月 27 日至 28 日	颱風愛娜斯吹襲香港，帶來暴雨。港九、新界多處水浸，九龍灣牛池灣村水深曾達 9 呎，1000 名村民受災，香港島半山區、銅鑼灣有山洪暴發，堵塞交通。銅鑼灣亦有木屋倒塌。2 名婦人及 1 名女童被洪水沖走失蹤，另有 15 人受傷。
1966 年 6 月 7 日至 13 日	連日暴雨成災（「六一二雨災」，又稱「六六雨災」），導致 64 人死亡、29 人受傷，8561 人需要撤離，2672 人無家可歸，407 間屋宇或木屋受損或倒塌，43 艘船艇沉沒，超過 500 宗山泥傾瀉，共 10 萬噸山泥需要移除。寶馬山水庫氾濫，造成北角一帶嚴重水浸，大量車輛在明園西街被毀。多區因水管損壞而停止食水供應，因山泥傾瀉而交通中斷，以及連接 20,000 個電話的線路網絡失靈，工商業陷癱瘓狀態，學校停課多天，各種考試宣布改期。大埔及元朗區農田嚴重損毀，其中大埔近 95% 稻田及 50% 菜田被淹壞。元朗則有 35% 稻田淹壞，損失慘重。政府及公共設施經濟損失約 3100 萬港元。港府亦向 7838 名受災農民發放近 41 萬賑災基金。
1968 年 6 月 13 日	暴雨造成港九多處地方山泥傾瀉，港島筲箕灣馬山村的山泥傾瀉壓毀多間木屋，造成 16 人死亡、9 人受傷。港島大坑布朗街的山泥傾瀉亦造成 6 人死亡、1 人受傷。一艘停泊在大角咀的小艇被大風吹至翻沉，造成 1 人受傷、3 人失蹤。港九新界多處另外有 17 人在暴雨中受傷。全港合共約 415 人無家可歸。
1969 年 8 月 10 日至 11 日	連續兩天暴雨，新界低窪地區廣泛水浸，最高水位達 4 呎之深，沙田、荃灣、梅窩、貝澳成重災區。沙田三村被洪水淹浸，7000 名鄉民無家可歸，大涌橋被沖斷。另損失三分一農作物。港九及新界多處發生山泥傾瀉，毀壞房屋及路面，幸無傷亡。大雨令水塘溢滿，城門水塘、石壁水塘、船灣淡水湖需要排洪。
1970 年 5 月 12 日至 13 日	大雨導致 3 人死亡、2 人受傷。本港各處山泥傾瀉，道路阻塞。全港水淹事件共 390 宗，多處水淹入舖造成嚴重損失，貨物被浸。全港近 5% 的菜園受影響，逾千隻雞鴨溺斃，有近萬具電話失靈。
1972 年 5 月 10 日至 11 日	大雨引致多宗水浸、地陷、山泥傾瀉及懷疑電線漏電引起的火警，釀成 12 人死亡、18 人受傷。其中西區山道兩棟三層高舊樓在 11 日凌晨的雷電中發生火災，造成 12 人死亡、16 人受傷。深水埗區約有 30% 的商店被水浸，九龍城西頭村更曾被浸至水深達 6、7 呎。港島多處有山泥傾瀉，九龍多區塌屋。初步調查指約 9% 農地被水浸，受影響地區包括沙田、大埔、元朗、深灣、石崗、南丫島及銀礦灣等。另外全港約有 12 萬電話失靈。
1972 年 6 月 16 日至 18 日	史稱「六一八雨災」。持續數天的暴雨（首次連續三日每日雨量超過 200 毫米）引致香港多處山泥傾瀉、山洪暴發及水浸，尤其在九龍秀茂坪及港島西半山造成災難性山泥傾瀉。九龍秀茂坪有 78 間寮屋被山泥沖毀，造成 71 人死亡、60 人受傷。港島西半山的 12 層高旭龢大廈全棟被山泥沖毀倒塌，同時引致另一棟大廈被削掉 4 層，造成 67 人喪生、20 人受傷。另外，灣仔普樂里亦因山泥傾瀉塌樓，造成 3 人死亡、13 人受傷。雨災共造成 164 人死亡、110 人受傷、超過 26 人失蹤，災民多達 4854 名。

（續上表）

時間	災情說明
1974 年 10 月 18 日至 19 日	颱風嘉曼的風雨，造成 1 人死亡、17 人受傷，估計新界約 470 公頃農地受損，至少 3200 隻雞遭淹浸致死，至少 2 艘船艇沉沒。港九多處交通因水浸及山泥傾瀉影響而被封閉，大雨亦導致筲箕灣部分範圍停電，華富邨因路陷引致電話失靈。
1976 年 8 月 24 日至 25 日	熱帶風暴愛倫帶來暴雨。秀茂坪發生嚴重山泥傾瀉，引致 18 人喪生，連同各區意外共造成 27 人死亡、65 人受傷、3 人失蹤，2424 人需要疏散。北角及鰂魚涌水浸深達 4 呎，汽車被水沖入店舖。城門河火車橋被沖毀，快活谷馬場嚴重水浸。
1979 年 9 月 23 日	熱帶風暴麥克的風雨造成 1 人死亡、67 人受傷，屯門新墟天橋附近的 10 多間店舖被 3 呎高的洪水淹浸。港九新界有多宗山泥傾瀉、水浸和房屋、棚架及大樹倒塌，元朗八鄉警署附近一個農場據報約有 2000 隻雞溺斃。
1982 年 5 月 28 日至 31 日	連日暴雨令 28 人死亡，其中 22 人因山泥傾瀉喪命，120 人受傷，8000 人無家可歸。全港共 296 宗山泥傾瀉。香港多處發生嚴重水浸，新界西北河水氾濫，出現大範圍水浸，部分地區水深達 2 米。水浸溺斃 70 萬隻家禽及 10,000 頭豬，1000 公頃農田及約 400 個魚塘被毀，損失約 570 噸漁獲及 230 萬條魚苗。全港多區有工務工程工地受破壞，損失約 5600 萬元。
1982 年 8 月 15 日至 19 日	港九新界多處受暴雨影響，出現山泥傾瀉、山洪暴發及交通意外，導致 6 人死亡、至少 11 人受傷、1 人失蹤，超過 1110 名災民無家可歸。豪雨下石梨貝水塘滿溢，造成惠民村及蝴蝶谷村山洪暴發，59 戶村民需要緊急疏散。水浸亦令各區交通受阻，地鐵荃灣綫部分路段及荃灣碼頭航線暫停服務。暴雨影響本地蔬菜供應，比平日少 40 公噸，新界估計有 250 公頃稻田及約 310 公頃魚塘被水淹浸，5000 隻雞及約 100 頭豬在水浸中溺斃。
1983 年 6 月 17 日至 18 日	暴雨引致 393 宗水浸及 134 宗山泥傾瀉報告，災情集中在香港島，造成 1 人死亡、12 人受傷，超過 600 人無家可歸。水浸影響港島東部及南部、九龍東部、粉嶺及錦田，水深高達 1 米。新界、大嶼山及南丫島共 36 公頃農地被淹。山頂發生嚴重的山泥傾瀉，一段道路崩塌。香港仔亦發生山泥傾瀉，掩埋 6 部車輛。
1988 年 7 月 19 日至 20 日	颱風華倫引發暴雨，新界北部和西北部嚴重水浸，共造成 12 人受傷、1 人失蹤、溺斃豬隻 1370 頭及家禽 133,000 隻。上水天平山有 20 多人被困，需由直升機和橡皮艇營救。共收到 118 宗水浸和 5 宗山泥傾瀉報告。
1989 年 5 月 20 日至 21 日	颱風布倫達的暴雨引致 100 宗山泥傾瀉及 118 宗水浸。獅子山下村發生山泥傾瀉，壓毀數間寮屋，造成 2 人死亡、3 人受傷。另外，有 3 人因交通意外死亡，1 人因拖船沉沒而溺斃。新界水浸非常嚴重，凹頭 100 名村民被洪水圍困，需要用船艇救出。新界 130 公頃魚塘被淹，損失漁獲估計 250 公噸，約值 280 萬元。另外亦有 190 公頃農田被淹，引致 66,000 隻雞、6000 隻鴨、2600 隻鴿及 1000 頭豬死亡。農戶損失估計達 600 萬元。布倫達共造成 6 人死亡、119 人受傷、1 人失蹤。
1992 年 5 月 8 日	連場暴雨，早上 6 時至 7 時雨勢最大，創當時最高 1 小時雨量 109.9 毫米。暴雨引致暴洪及 350 宗山泥傾瀉，共 4 人死亡、1 人失蹤、至少 7 人受傷，109 間寮屋及 22 棟樓宇的居民需要撤離，受災人數約 2000 人。在港島，大量洪水從正義道沖向金鐘道，引致嚴重水浸，有途人更被洪水沖倒。域多利道碧瑤灣上方發生山泥傾瀉，造成 2 人死亡。由於暴雨主要在上午繁忙時間發生，令市面出現交通混亂，亦促使天文台在同年設立暴雨警告系統。

時間	災情說明
1992 年 7 月 18 日	熱帶風暴菲爾引致暴雨，香港首次發出黑色暴雨警告。一艘貨輪於南丫島下尾灣擱淺。新界地區有嚴重水浸。港府共收到 152 宗水浸報告及 40 宗山泥傾瀉報告。
1993 年 6 月 16 日	荃灣象山邨發生山泥傾瀉，1 人死亡。港府共收到 268 宗水浸報告及 56 宗山泥傾瀉報告。暴雨共造成 1 人死亡、5 人受傷。
1993 年 9 月 25 日至 27 日	颱風黛蒂引發暴雨，造成 63 宗山泥傾瀉。新界北部低窪地區嚴重水浸，超過 40 條村落被淹浸，逾 200 條村落被洪水圍困，造成 33 人受傷，超過 450 公頃農田（佔香港農田四分之一）被浸壞，漁農業損失約 8000 萬元。另外有 1400 戶停電。
1994 年 7 月 22 日至 24 日	受低壓槽影響，香港在 7 月 22 日至 24 日出現連場暴雨，天文台總部共錄得超過 600 毫米雨量，而大帽山更錄得超過 1200 毫米。7 月 22 日的暴雨為新界北部帶來超過 300 毫米雨量，多達 300 公頃農地及 150 公頃魚塘遭淹沒，須由警察及消防員出動橡皮艇拯救受困村民。7 月 23 日的暴雨引致堅尼地城觀龍樓護土牆倒塌，山泥活埋多名途人，造成 5 人死亡、3 人受傷，2000 戶觀龍樓居民須撤離。
1994 年 8 月 7 日	暴雨引致青山公路 14 咪半近青龍頭發生山泥傾瀉，山泥將一輛行經的公共小巴沖落路旁沙灘，造成 1 人死亡、17 人受傷。
1995 年 8 月 9 日至 14 日	颱風海倫帶來暴雨。8 月 13 日柴灣及香港仔發生嚴重山泥傾瀉，造成 3 人死亡、6 人受傷。全港共收到超過 120 宗山泥傾瀉報告，風暴期間共 35 人受傷。
1995 年 10 月 1 日至 3 日	颱風斯寶的大雨為新界北部廣泛地區帶來水浸。上水燕崗村的水浸最嚴重，有 25 人被洪水圍困需要由消防員救出。全港約 320 公頃的農田被淹沒，風暴期間共 14 人受傷。
1997 年 6 月 4 日	暴雨引致九華徑上村發生山泥傾瀉，壓毀一間寮屋，造成 1 人死亡、5 人受傷。
1997 年 7 月 1 日至 3 日	影響華南地區的低壓槽帶來連日暴雨，天文台於 7 月 1 日早上發出黑色暴雨警告，共接獲 34 宗水浸報告和兩宗輕微山泥傾瀉報告。7 月 2 日，接獲 65 宗水浸報告和超過 55 宗山泥傾瀉報告。沙田萬佛寺發生山泥傾瀉導致 1 人死亡、1 人受傷，3 間廟宇倒塌及多間村屋損毀，數十名村民和僧侶須要疏散。深井的山泥傾瀉亦導致 8 人受傷。7 月 3 日，新界北部出現水浸，消防員動用橡皮艇營救受困村民。該場暴雨導致約 190 公頃農地遭淹沒，農作物損失約 600 萬元。
1998 年 6 月 9 日	特區政府共收到 118 宗水浸和 45 宗山泥傾瀉報告。新界北部部分地區水深達 1.5 米。上水及小欖分別有三個家庭被洪水圍困，需由消防員用橡皮艇拯救。暴雨亦導致 50 人無家可歸及約 134 公頃農地遭淹沒，估計造成損失達 400 萬港元。一名男子在鰂魚涌郊野公園拯救兩名被洪水沖走的小童，不幸遇溺身亡。
1999 年 8 月 23 至 26 日	颱風森姆帶來連日暴雨，天文台錄得總雨量（即熱帶氣旋在出現於香港 600 公里範圍內至其消散或離開香港 600 公里範圍之後 72 小時期間天文台錄得的雨量）為 616.5 毫米，打破了 1926 年由另一熱帶氣旋所創的 597.0 毫米的紀錄，成為自 1884 年有記錄以來為香港帶來最多雨量的熱帶氣旋。天文台於三天內共發出三次紅色暴雨警告信號及兩次黑色暴雨警告信號。新界北部水浸特別報告在 8 月 23 日生效接近 9 小時，其中深井發生的泥石流造成 1 人死亡、13 人受傷。新界北部出現嚴重水浸，積水一度深達兩米，部分村民攀上屋頂或樹頂待援。200 多名居於天平山村、米埔、打鼓嶺、丙崗、深井新村的村民被迫遷離。香港仔田灣約 30 間商舖被泥水圍困。山泥傾瀉導致港島多條道路需要封閉，另外大嶼山東涌道及嶼南道被山泥堵塞，大嶼山巴士服務幾陷癱瘓。在九龍，380 戶石硤尾邨居民因受危險斜坡威脅須永久撤離居所。全港共收到 310 宗水浸及 160 宗山泥傾瀉報告。

（續上表）

時間	災情說明
1999 年 9 月 13 日至 17 日	颱風約克的暴雨造成 64 宗水浸，大部分位於新界區。新界北部水浸特別報告在 9 月 16 日生效超過 9 小時。超過 300 多人要遷離，包括受山泥傾瀉及水浸威脅的 91 名深井新村居民。約 400 個漁排受影響，其中 189 漁戶報稱損失嚴重。在錦田、打鼓嶺、上水及大埔等地，超過 340 多公頃農田被浸，共約 800 農戶損失慘重。
2005 年 8 月 20 日	暴雨引致荃灣芙蓉山村發生山泥傾瀉，造成 1 人死亡，4 間寮屋的居民需要永久遷離。
2008 年 6 月 7 日	活躍低壓槽為本港帶來暴雨。當天早上 8 時至 9 時之 1 小時雨量為 145.5 毫米，為截至 2020 年的 1 小時降雨量最高紀錄。暴雨引發港九新界多處水災和山泥傾瀉，造成 2 人死亡、16 人受傷。暴雨造成 1000 宗水浸、近 360 宗人造斜坡山泥傾瀉以及逾 2400 宗天然山坡山泥傾瀉。北大嶼山公路嚴重水浸，並出現泥石流，癱瘓來往市區與機場及東涌的道路交通。羌山道路面被沖毀，大澳居民被圍困數日。香港多區亦有水浸，造成嚴重交通擠塞。

資料來源： 綜合古代方志、香港天文台提供資料及公開資料整理，包括香港政府各部門年報和官方網頁、報章等。

附錄 5-7　歷年帶來破壞或人命傷亡的龍捲風及水龍捲事件情況表

日期	時間	災情說明
1978 年 6 月 27 日	下午 4 時 30 分至 5 時 05 分（夏令時間）	赤柱半島以南、黃麻角與南灣頭洲之間及海洋公園同時出現三個水龍捲，後者破壞海洋公園登山吊車系統。
1982 年 6 月 2 日	上午 10 時 30 分至 11 時	龍捲風經過元朗白泥、羅屋村、橫洲、紅毛橋，在大江埔附近消散。多間木屋被吹倒，有大樹被連根拔起，2 人死亡、5 人受傷。
1982 年 8 月 18 日	上午 7 時 15 分至 7 時 20 分	青衣島南環出現水龍捲，捲起至少 14 個約 2 噸重的貨櫃箱，部分屋頂及臨時結構被吹走，玻璃窗被吹開。
1983 年 9 月 9 日	下午 1 時 15 分	受超強颱風愛倫影響，龍捲風經過新田石湖圍新村，令數間木屋被毀。這是天文台第一個於颱風過境香港期間的龍捲風報告。
1986 年 5 月 11 日	約正午	受暴雨及雷暴天氣影響，龍捲風經過元朗及流浮山，四間鐵皮木屋被吹塌。
1986 年 8 月 21 日*	約下午 9 時	在颱風韋茵第二次影響香港之後，當晚香港受黃昏雷暴影響，龍捲風經過香港仔，一棵約 7 米高大樹折斷。高流灣及塔門亦有水龍捲報告，其中塔門附近海面有兩艘漁船被捲起，再墮海翻沉，造成 3 人死亡（包括 1 名孕婦，一屍兩命）、1 人失蹤。
1987 年 5 月 16 日	下午 1 時 30 分	美孚新邨附近海面出現水龍捲，一艘 6 米長漁船沉沒，船上 4 人墮海獲救，2 人受傷送院。
1988 年 8 月 16 日	約正午	鴨脷洲東南對開海面出現水龍捲，水龍捲短暫移至陸上，造成輕微破壞。
1994 年 5 月 17 日	約下午 4 時	當日下午新界北部受強烈雷暴影響，龍捲風經過粉嶺，一面橫幅被撕毀，有木板被吹倒，一些小樹被吹歪。
2002 年 5 月 20 日	下年 8 時 30 分至 9 時 30 分	當天香港受強烈東南季候風及雷暴影響，龍捲風經過赤鱲角東部，航膳東路附近的多個廢紙箱被吹至東歪西倒。
2004 年 5 月 8 日	上午 7 時至 7 時 30 分	當天香港廣泛地區受大雨及雷暴影響，龍捲風經過西貢相思灣及橫洲。相思灣有樹木被吹斷，一隻長 4 米的獨木舟被吹走並打斷一張相距 10 米的木椅，有小艇被掀翻沉沒。橫洲有一艘長 24 米的漁船沉沒，導致 1 人失蹤。
2004 年 9 月 6 日	約下午 5 時 55 分	當天香港受雷雨影響，龍捲風經過香港國際機場。一輛貨車被吹翻，導致 1 人受傷，多件貨物被吹起並擊中一架正在加油的貨機，撞毀一條輸油管及引致漏油。

注：* 當天出現龍捲風及水龍捲各一次。
資料來源：　根據香港天文台提供資料及公開資料整理，包括香港政府各部門年報和官方網頁、報章等。

附錄 5-8　歷年低能見度引致的事故情況表

日期	事故
1948 年 12 月 21 日	中國航空公司客機在濃霧中失事，在西貢火石洲墜毀，全機 35 人罹難。
1949 年 2 月 24 日	國泰航空公司一架抵港客機因大霧影響而撞向北角山邊，23 人罹難。
1951 年 4 月 9 日	暹羅航空公司一架抵港客機，因能見度低未能於啟德機場降落，最終在石澳鶴咀附近海域墜落，機上 16 人罹難。
1961 年 4 月 19 日	一架美軍運輸機因濃霧於柏架山墜毀，造成 15 人死亡、1 人受傷。
1967 年 6 月 30 日	泰國航空公司一架客機因惡劣天氣及能見度低在起飛時失事墜海，24 人罹難。
1976 年 2 月 18 日	香港連日被大霧籠罩，在香港東南水域發生三宗撞船事件，其中日本貨船「碧洋丸」與索馬利亞貨船「崑山號」相撞後迅速沉沒，海事處及英軍前往救援，5 名船員獲救，另有 16 名船員墮海失蹤。
1978 年 3 月 28 日	大霧鎖港，西環對出海面發生嚴重撞船意外，貨輪「生力號」與貨櫃船相撞後漏油，並釀成 1 人死亡、1 人受傷。另有印尼貨輪與內地貨船在橫瀾島附近因濃霧而相撞，幸無傷亡。
1980 年 3 月 3 日	受濃霧、驟雨及狂風雷暴影響，能見度低，阻延 35 班航機升降。
1982 年 2 月 23 日	大霧籠罩香港，橫瀾島發生撞船意外，貨櫃輪撞沉漁船，4 人墮海獲救。
1988 年 8 月 31 日	中國民航客機於暴雨及能見度極低的情況下降落啟德機場，衝出跑道墮海，釀成 7 人死亡、14 人受傷。
2002 年 1 月 17 日	本港受潮濕海洋氣流影響，海面被大霧籠罩，能見度僅 400 米。藍塘海峽及西環對開維多利亞港發生兩宗撞船意外，造成 1 人失蹤、4 人受傷。
2003 年 8 月 26 日	政府飛行服務隊直升機在執勤期間因「低雲底」現象影響視野，在飛越大嶼山伯公坳時撞山，機師與空勤員殉職。
2004 年 8 月 20 日	大霧鎖港，凌晨發生六宗撞船意外，釀 1 人死亡、6 人受傷。
2008 年 1 月 12 日	港澳被濃霧包圍，海面能見度低，往來港澳的噴射船一日內多次撞船。
2014 年 2 月 18 日	大霧籠罩香港，內地雙體客船在屯門龍鼓灘水域與廢料貨櫃船相撞，幸無傷亡。 同日，往來港澳的噴射船及直升機服務，因能見度不足 100 米而延誤。
2016 年 3 月 18 日	大霧影響，能見度僅得 100 米，一艘開放式遊樂船在果洲群島以東水域被內地漁船撞翻，6 人墮海，1 人死亡、1 人受傷。
2016 年 3 月 19 日	屯門前往澳門的噴射船因大霧影響視野，於港珠澳大橋人工島附近與橋躉防護欄碰撞，幸無傷亡。

資料來源：　根據香港天文台提供資料及公開資料整理，包括香港政府各部門年報和官方網頁、報章等。

地理信息系統網站「香港地質資料館」

 香港地質資料館

「香港地質資料館」是一個地理信息系統網站，以香港地質學學者陳龍生的歷年野外考察成果為基礎制作而成。資料館以地圖形式顯示香港約 200 個地質和地貌熱點，配以中英文雙語簡介。資料館內含岩石種類、岩性、地質年代、地層等基本資訊，並輔以相片及影片。讀者可點擊瀏覽地圖上各個地質和地貌景點。

連結：https://www.hkchronicles.org.hk/hkgeoarchive

（《自然環境》編纂團隊制作，香港地方志中心版權擁有）

主要參考文獻

政府和相關組織文件及報告

《上海通志》編纂委員會編：《上海通志‧自然環境卷》（上海：上海人民出版社、上海社會科學院出版社，2005）。

中華人民共和國國務院：《中華人民共和國國務院令第 221 號：中華人民共和國香港特別行政區行政區域圖》（1997 年）。

香港特別行政區立法會秘書處：《資料摘要香港新建樓宇的抗震設計》（IN31/11-12 號文件）（2012 年 6 月 7 日）。

《香港特別行政區立法會會議過程正式紀錄》（2005 年 10 月 28 日）。

香港特別行政區政府天文台：《香港氣象觀測摘要》（1993-2005）。

香港特別行政區政府天文台：《香港氣象及潮水觀測摘要》（2006-2017）。

香港特別行政區政府天文台：《香港潮汐表 2021》。

香港特別行政區政府天文台：《香港環境輻射監測年報》（1998-2017）。

香港特別行政區政府天文台：《熱帶氣旋年刊》（1968-2017）。

香港特別行政區政府水務署：《香港供水里程碑》（2011）。

香港特別行政區政府海事處海道測量部：《本地船隻海圖冊》（2013 年 12 月）（印刷版）。

香港特別行政區政府海事處海道測量部：《香港水域海圖》（2013 年）（印刷版）。

香港特別行政區政府渠務署：《渠務署三十週年特刊》（2019）。

香港特別行政區政府發展局：《香港 2030+：跨越 2030 年的規劃遠景與策略》（2021 年 10 月）。

《香港特別行政區政府新聞公報》（1997-2017）。

香港特別行政區政府環境局：《香港氣候行動藍圖 2030+》（2017）。

香港特別行政區政府環境保護署：《2020 年香港河溪水質》。

香港特別行政區政府環境保護署：《香港河溪水質監測 20 年 1986-2005》（2006）。

深圳市地方志編纂委員會：《深圳市志‧基礎建設卷》（北京：方志出版社，2014）。

國家技術監督局：《飲用天然礦泉水》（GB8537-1995）（北京：中國標準出版社，1996）。

廣州市地方志編纂委員會編：《廣州市志‧自然地理志》（廣州：廣州出版社，1998）。

Allen, P. M. and Stephens, *Report on the geological survey of Hong Kong, 1967-1969* (Hong Kong: Government Printer, 1971).

Annual Reports of the Director of the Hong Kong Observatory (1883-1940, 1947-1980).

Annual Reports of the Hong Kong Observatory (1987-2018).

Arup, *Report on the Seismic Microzonation Assessment of the North-west New Territories* (GEO Report No. 338) (2018).

Arup, *Seismic Hazard Analysis of the Hong Kong Region* (GEO Report No. 311) (2015).

Arup, *Study Report on the Earthquake-induced Natural Terrain Landslide Hazard Assessment* (GEO Report No. 343) (2018).

Atwater, B. F., Cisternas, M., Bourgeois, J., Dudley, W. C., Hendley, J. W. II, and Stauffer, P. H., *Surviving a Tsunami-Lessons from Chile, Hawaii, and Japan*, United States Geological Survey Circular 1187, 1999.

Au-Yeung, Y. S. and Ho, K. K. S. (1995). *Gravity Retaining Walls Subject to Seismic Loading* (GEO Report No. 45) (1995).

Bennett, J. D., *Review of Hong Kong Stratigraphy* (Hong Kong: Geotechnical Control Office, 1984).

Bennett, J. D., *Review of superficial deposits and weathering in Hong Kong* (Hong Kong: Geotechnical Control Office, 1984).

Bennett, J. D., *Review of Tectonic History,*

Structure and Metamorphism of Hong Kong (Hong Kong: Geotechnical Control Office, Hong Kong, 1984).

Chan, C. C., *Cool season weather with cyclonic circulations in the South China Sea HKO Technical Note No. 80* (1989).

Campbell, S. D. G. and Sewell, R. J., *⁴⁰Ar-³⁹Ar Laser Microprobe Dating of Mafic Dykes and Fault Rocks in Hong Kong.* (GEO Report no. 206) (2007).

Civil Engineering and Development Department, HKSAR Government, *Seismicity of Hong Kong* (Information Note21/2022) (November 2022).

Duller, G. A. T. and Wintle, A. G., *Luminescence dating of alluvial and colluvial deposits in Hong Kong* (Hong Kong: Geotechnical Engineering Office, 1996), p. 30.

Environmental Resources Management, "Shatin to Central Link-Tai Wai and Hung Hom Section: Archaeological Survey-cum-Excavation for Sacred Hill (North) Works Contract 1109-Stations and Tunnels of Kowloon City Section, Interim Archaeological Survey-cum-Excavation and Additional Investigation Report," 2014.

Frost, D. V., *Geology of Yuen Long* (Hong Kong Geological Survey Sheet Report No. 1) (Hong Kong: Geotechnical Engineering Office, 1992).

Fyfe, J. A., Shaw, R., Campbell, S. D. G., Lai, K. W. and Kirk, P. A., *The Quaternary geology of Hong Kong* (Hong Kong: Geotechnical Engineering Office, 2000).

The Royal Observatory, Hong Kong Government, *Geomagnetic Data, Hong Kong* (1977-1978).

Geotechnical Control Office, Hong Kong Government, *Clear Water Bay: Solid and Superficial Geology, 1:20,000 Series HGM20* (Hong Kong Geological Survey Sheet 12) (1989c).

Geotechnical Control Office, Hong Kong Government, *Sai Kung: Solid and Superficial Geology, 1:20,000 Series HGM20* (Hong Kong Geological Survey Sheet 8) (1989b).

Geotechnical Control Office, Hong Kong Government, *San Tin: Solid and Superficial Geology, 1:20,000 Series HGM20* (Hong Kong Geological Survey Sheet 2) (1989a).

Geotechnical Control Office, Hong Kong Government, *Tsing Shan (Castle Peak): Solid and Superficial Geology, 1:20,000 Series HGM20* (Hong Kong Geological Survey Sheet 5) (1988c).

Geotechnical Control Office, Hong Kong Government, *Waglan Island: Solid and Superficial Geology, 1:20,000 Series HGM20* (Hong Kong Geological Survey Sheet 16) (1989d).

Geotechnical Control Office, Hong Kong Government, *Yuen Long: Solid and Superficial Geology, 1:20,000 Series HGM20* (Hong Kong Geological Survey Sheet 6) (1988b)

Geotechnical Control Office, Hong Kong Government, *Mid-Levels study: Report on Geology, Hydrology and Soil Properties* (January 1982).

Geotechnical Engineering Office, HKSAR Government, *Engineering Geological Practice in Hong Kong* (Geo Publication No. 1/2007) (March, 2007).

Geotechnical Engineering Office, Hong Kong Government / HKSAR Government, *Geotechnical manual for slopes* (1979-2011).

Geotechnical Engineering Office, Hong Kong Government / HKSAR Government, *Guide to Retaining Wall Design* (Geoguide 1) (1982-2020).

Geotechnical Engineering Office, Hong Kong Government, *Report on the Fei Tsui Road Landslide of 13 August, 1995* (February, 1996).

Geotechnical Engineering Office, HKSAR Government, *Review of Earthquake Data for the Hong Kong Region* (GEO Publication No. 1/2012) (2012).

Halcrow Asia Partnership Ltd, *Report on the Ching Cheung Road Landslide of 3 August 1997* (Geo Report No. 78) (1998).

Geotechnical Control Office, Hong Kong Government, *Geology of Sha Tin* (Hong Kong: Government Printer, 1986).

Hong Kong Government Gazette (1853-2017).

Hong Kong Government, *Report of the Commissioners appointed By His Excellency Sir G. William Des Voeux, K. C. M. G. to Enquire into the Cause of the Fever Prevailing in the Western District together With the Minutes of Evidence Taken Before the Commission (Blue Book) Fever Prevailing in the Western District* (Hong Kong: Hong Kong Government Printers, 1888).

Hong Kong Observatory Technical Notes (1949-2018).

Hong Kong Observatory Technical Reports on Environmental Radiation Monitoring in Hong Kong (1989-2022).

Hong Kong Special Administrative Region Civil Engineering and Development Department Port Works Design Manual (2002-2022).

Jones, N. S. "The geology and sedimentology of Upper Palaeozoic and Mesozoic sedimentary successions in Hong Kong", in *British Geological Survey Technical Report WH/96/130R* (U.K.: British Geological Survey, 1996), p. 48.

Jones, N. S. "The sedimentology of the (Devonian) Bluff Head Formation, New Territories, Hong Kong, with sedimentological notes on other strata examined within the area," in *British Geological Survey Technical Report WH/95/101R* (U.K.: British Geological Survey, 1995), pp. 60-68.

Kemp, S. J., Styles, M. T. and Merriman, R. J., "Mineralogy of Tertiary sedimentary rocks from Ping Chau, Hong Kong," in *British Geological Survey Technical Report WG/97/27C* (U.K.: British Geological Survey, 1997), p. 16.

Lai, K. W., Campbell, S. D. G. and Shaw, R., *Geology of the northeastern New Territories* (Hong Kong: Hong Kong Government Printers, 1996).

Langford, R. L., James, J. W. C., Shaw, R.,

Campbell, S. D. G., Kirk, P. A. and Sewell, R. J., *Geology of Lantau District* (Hong Kong Geological Survey Memoir No. 6) (1995).

Langford, R. L., Lai, K. W., Arthurton, R. S. and Shaw, R., *Geology of the Western New Territories* (Hong Kong Geological Survey Memoir No. 3) (1989).

Li, X. C., Sewell, R. J. and Fletcher, C. J. N., *The dykes of northeastern Lantau Island* (Geological Report GR 6/2000) (December 2000).

Martin, R. P., Siu, K. L., Premchitt, J. and Hong Kong Geotechnical Engineering Office, *Performance of horizontal drains in Hong Kong* (1995).

Maunsell Consultants Asia Ltd, *Investigation of unusual settlement in Tseung Kwan O town centre* (Unpublished, 2000).

Mok, H. Y., Koo, R. C. H., Kwan, J. S. H., Lau, D. S., *Earthquake Monitoring and Probabilistic Seismic Hazard Assessment of Hong Kong* (Hong Kong Observatory Reprint 1175).

Sewell, R. J. and Tang, D. L. K., *Expert report on the geology of the proposed geopark in Hong Kong* (GEO Report No. 282) (July 2013).

Sewell, R. J. and Campbell, S. D. G., *Absolute Age-dating of Hong Kong Volcanic and Plutonic Rocks, Superficial Deposits and Faults* (GEO Report No. 118) (2001).

Sewell, R. J., *Geology of Ma On Shan* (Hong Kong Geological Survey Sheet Report No. 5) (1996).

Sewell, R. J., Campbell, S. D. G., Fletcher, C. J. N., Lai, K. W. and Kirk, P. A., *The Pre-Quaternary Geology of Hong Kong* (2000).

Strange, P. J. and Shaw, R., *Geology of Hong Kong Island and Kowloon* (Hong Kong: Geotechnical Control Office, Civil Engineering Services Department, 1986).

Strange, P. J., Shaw, R. and Addison, R., *Geology of Sai Kung and Clear Water Bay* (Hong Kong: Geotechnical Control Office, Civil Engineering Services Department, 1990).

Sun, H. and Campbell, S., *The Lai Ping Road Landslide of 2 July 1997* (GEO Report No. 95) (1999).

The Royal Observatory, Hong Kong, Hong Kong Government, *A brief general history of the Royal Observatory, containing extracts from contemporary records, annual reports and memorandum* (Hong Kong: Government Printer, 1951).

The Royal Observatory, Hong Kong, Hong Kong Government, Hong Kong, *Conference of Directors of Far Eastern Weather Services, Hong Kong, 1930. Report of Proceedings with Appendices and List of Delegates* (1930).

The Royal Observatory, Hong Kong, Hong Kong Government, Hong Kong, *Hong Kong meteorological records & climatological notes 60 years: 1884-1939, 1947-1950* (Hong Kong: Government Printer, 1952).

The Royal Observatory, Hong Kong, Hong Kong Government, Hong Kong, *Hong Kong Meteorological Records for the 72 year, 1884-1939, 1947-1962* (1963).

The Royal Observatory, Hong Kong, Hong Kong Government, Hong Kong, *Magnetic Results* (1939).

The Royal Observatory, Hong Kong, Hong Kong Government, Hong Kong, *Meteorological Results* (1885-1940, 1948-1987).

The Royal Observatory, Hong Kong, Hong Kong Government, Hong Kong, *Surface Observations in Hong Kong* (1987-1992).

Uglow, W. L., "Geology and Mineral Resources of the Colony of Hongkong," *Hong Kong Government Sessional Paper*, Vol. 7 (1926): pp. 73-76.

Water and Drainage Department, Hong Kong Government, *Kowloon Water Supply Proposed Works* (1892).

Water Supplies Department, HKSAR Government, *Total Water Management Strategy 2019* (2019).

Wong, H. N. and Ho, K. K. S, *Preliminary Risk Assessment of Earthquake-induced Landslides at Man-made Slopes in Hong Kong.* (GEO Report No. 98) (2000).

古籍

沈懷遠：《南越志》（清順治三年〔1646〕宛委山堂刻說郛本），收入廣東大典編纂委員會編：《廣州大典》，第 34 輯，史部地理類，第 5 冊（廣州：廣州出版社，2015）。

周天成修，鄧廷喆、陳之遇纂：《東莞縣志》（清雍正八年〔1730〕刻本），收入廣東省地方史志辦公室輯：《廣東歷代方志集成·廣州府部》，第 23 冊（廣州：嶺南美術出版社，2009）。

張嗣衍修，沈廷芳纂：《廣州府志》（清乾隆二十四年〔1759〕刻本），收入廣東省地方史志辦公室輯：《廣東歷代方志集成·廣州府部》，第 4 至 5 冊（廣州：嶺南美術出版社，2009）。

陳伯陶：《東莞縣志》（民國十六年〔1927〕東莞養和印務局鉛印本），收入廣東省地方史志辦公室輯：《廣東歷代方志集成·廣州府部》，第 24 至 25 冊（廣州：嶺南美術出版社，2009）。

彭人傑修，范文安、黃時沛纂：《東莞縣志》（清嘉慶三年〔1789〕刻本），收入廣東省地方史志辦公室輯：《廣東歷代方志集成·廣州府部》，第 23 冊（廣州：嶺南美術出版社，2009）。

舒懋官修、王崇熙纂：《新安縣志》（清嘉慶二十四年〔1819 年〕刻本），收入廣東省地方史志辦公室輯：《廣東歷代方志集成·廣州府部》，第 26 冊（廣州：嶺南美術出版社，2009）。

黃佐纂修：《廣東通志》（明嘉靖間刻本），收入廣東省地方史志辦公室輯：《廣東歷代方志集成·省部》，第 2 至 4 冊（廣州：嶺南美術出版社，2009）。

靳文謨修、鄧文蔚纂：《新安縣志》（清康熙二十七年〔1688 年〕刻本），收入廣東省地方史志辦公室輯：《廣東歷代方志集成·廣州府部》，第 26 冊（廣州：嶺南美術出版社，2009）。

劉恂：《嶺表錄異》（北京：中華書局，1985）。

戴肇辰等修，史澄、李光廷纂：《廣州府志》（清光緒五年〔1879〕廣州粵秀書院刻本），收入廣東省地方史志辦公室輯：《廣東歷代方志集成・廣州府部》，第 6 至 8 冊（廣州：嶺南美術出版社，2009）。

專著及論文

丁原章、李焯芬、潘偉強：〈香港地區地震危險性分析〉，《華南地震》，1998 年第 18 期，頁 91-98。

丁新豹編：《李鄭屋漢墓》（香港：香港歷史博物館，2005）。

于津海、魏震洋、王麗娟、舒良樹、孫濤：〈華夏地塊：一個由古老物質組成的年輕陸塊〉，《高校地質學報》，2006 年第 12 卷第 4 期，頁 440-447。

方志剛、袁仲昇：《香港天氣常識及觀測》（香港：花千樹出版有限公司，2007）。

史志華、宋長青：〈水土水蝕過程研究回顧〉，《水土保持學報》2016 年第 5 期，頁 1-10。

江忠善、劉志：〈降雨因素和坡度對濺蝕影響的研究〉，《水土保持學報》1989 年第 2 期，頁 29-35。

何佩然：《風雲可測―香港天文台與社會的變遷》（香港：香港大學出版社，2003）。

何佩然：《香港供水一百五十年歷史研究報告》（香港：水務署，2009）。

何佩然：《點滴話當年：香港供水一百五十年》（香港：商務印書館，2001）。

岑智明、鄭楚明、李子祥：〈二戰以來香港天文台歷史〉，《香港桂冠論壇通訊》，2022 年第 13 期。

岑智明、鄭楚明、李子祥：〈香港天文台的早期歷史〉，《香港桂冠論壇通訊》，2021 年第 10 期。

李作明、陳金華、何國雄主編：《香港古生物和地層》（北京：科學出版社，1997）。

李琳琳、邱強、李志剛、張培震：〈南海海嘯災害研究進展及展望〉，《中國科學：地球科學》，2022 年第 52 卷 5 期，頁 803-831。

沈文偉、王東明：《香港韌性城市建設初步評估報告》（香港：香港理工大學，2017）。

香港特別行政區土木工程拓展署：《山崩土淹話今昔：香港山泥傾瀉百年史》（香港：土木工程拓展署，2013）。

馬冠堯：《戰前香港電訊史》（香港：三聯書店，2020）。

張人權、梁杏、靳孟貴、萬力、于青春：《水文地質學基礎（第六版）》（北京：地質出版社，2011）。

張虎男、吳堑虹：〈華南沿海主要活動斷裂帶的比較構造研究〉，《地震地質》，1994 年第 16 期，頁 43-52。

陳永宗、景可、蔡強國：《黃土高原現代侵蝕與治理》（北京：科學出版社，1988）。

陳龍生：《香港地質瑰寶》（香港：雅集出版社有限公司，2014）。

陳顒、史培軍：《自然災害》（北京：北京師範大學出版社，2013）。

黃永德、李健威：〈香港海嘯監測及警報系統的發展〉，《華南地震》，2008 年第 28 卷第 2 期，頁 118-124。

彭琪瑞、薛鳳旋、蘇澤霖：《香港與澳門》（香港：商務印書館，1986）。

彭琪瑞著、鈕柏樂譯：《香港礦物》（香港：市政局，1992）。

馮穎怡、陳兆偉、譚廣雄、林嘉仕：〈香港筲箕灣戶外二氧化碳濃度測量分析〉，第二十五屆粵港澳氣象科技研討會（香港：2011 年 1 月 26-28 日）。

溫克剛、宋麗莉編：《中國氣象災害大典：廣東卷》（北京：氣象出版社，2006）。

詹志勇、李思名、馮通編：《新香港地理（上冊）》（香港：天地圖書有限公司，2010）。

廖迪生、張兆和：《香港地區史研究之二：大澳》（香港：三聯書店，2006）。

劉俊娥、王占禮、高素娟：〈黃土坡面片蝕過程試驗研究〉，《水土保持學報》，2011 年第 3 期，頁 35-39。

劉偉公、詹素貞主修，黃秀政總纂：《續修臺北市志・卷二土地志》（台北：台北市文獻委員會，2014）。

劉智鵬、劉蜀永選編：《方志中的古代香港：《新安縣志》香港史料選》（香港：三聯書店，2020）。

廣州地方志編纂委員會辦公室及湖北省氣候應用研究所合編：《廣州地區舊志氣候史料彙編與研究》（廣州：廣東人民出版社，1993）。

潘惠強：〈在殘坦（垣）斷壁中建構歷史索引：探索土瓜灣「聖山遺址」的歷史啟示〉，《文化研究 @ 嶺南》，2014 年第 42 期。

鄧麗君、冼燕雯、Sewell, R. J.：《香港地質大爆炸：糧船灣超級火山的故事》（香港：香港特別行政區政府土木工程拓展署土力工程處香港地質調查組，2018）。

鄭粉莉、高學田：〈坡面土壤侵蝕過程研究進展〉，《地理科學》，2003 第 23 卷第 2 期，頁 230-235。

鄭睦奇、單家驊、胡麗恩：《從河而來：林村河》（香港：綠色力量，2006）。

鄭睦奇：《從河而來：錦田河》（香港：綠色力量，2007）。

鄭睦奇：《從河而來：東涌河》（香港：綠色力量，2008）。

鄭睦奇、呂德恒、莊詩玲、鍾翠珊：《從河而來：城門河》（香港：綠色力量，2011）。

鄭睦奇、呂德恒、鍾翠珊：《從河而來：城門河》（香港：綠色力量，2012）。

鄭睦奇、呂德恒、蘇安敏：《從河而來：山貝河》（香港：綠色力量，2010）。

鄭寶鴻、佟寶銘：《九龍街道百年》（香港：三聯書店，2012）。

羅婉嫻：《香港西醫發展史：1842-1990》（香港：中華書局，2018）。

蘇偉賢、鄧麗君、蕭偉立：《香港地質：四億年的旅程》（香港：土木工程拓展署，2009）。

Abel, Clarke, *Narrative of a Journey in the Interior of China: and of a Voyage to and from That Country, in the Years 1816 and 1817: Containing an Account of the Most Interesting Transactions of Lord Amherst's Embassy to the Court of Pekin and Observations on the Countries Which It Visited.* (England: Printed for Longman, Hurst, Rees, and Brown, 1818).

ADM Capital Foundation, Civic Exchange, WYNG Foundation, *The illusion of plenty: Hong Kong's water security, working towards regional water harmony* (Hong Kong: ADM Capital Foundation, 2018).

Anthony Dyson, *From Time Ball to Atomic Clock* (Hong Kong: Hong Kong Government Publication, 1983).

Atherton, M. J., "Palaeontologists from the Nanjing University Institute of Geology and Palaeontology: recent fossil finds in Hong Kong." *Hong Kong Geological Society of Hong Kong Newsletter*, Vol. 7 (1989), pp. 42-43.

Atherton, M. J., Lee, C. M., Chen, J. H., He, G. X. and Wu, S. Q., *Report on the stratigraphy of Hong Kong* (Hong Kong, Hong Kong Polytechnic Department of Civil and Structural Engineering, 1990), pp. A1-F22.

Bahr, A., Wong, H. K., Yim, W. W. S., Huang, G., Lüdmann, T., Chan, L. S. and Ridley Thomas, W. N., "Stratigraphy of Quaternary Inner-Shelf Sediments in Tai O Bay, Hong Kong, Based on Ground-Truthed seismic Profiles", *Geo-Marine Letters*, Vol. 25, no. 1 (2005): pp. 20-33

Bencala, Kenneth E., Gooseff, Michael N. and Kimball, Briant A., "Rethinking Hyporheic Flow and Transient Storage to Advance Understanding of Stream-Catchment Connections," *Water Resources Research*, Vol. 47, no. 3 (2011).

Boano, F. et al., "Hyporheic flow and transport processes: Mechanisms, models, and biogeochemical implications," *Reviews of Geophysics*, Vol. 52, no. 4 (2014): pp. 603-679.

Brock, R. W. and Schofield, S. J., "The geological history and metallogenic epochs of Hong Kong," *Proceedings of the Third Pan-Pacific Congress, Tokyo*, Vol. 1 (1926): pp. 576-581.

Brock, R. W., Schofield, S. J., Williams, M. Y. and Uglow, W. L., *Geological map of Hong Kong, 1:84,480* (Southampton: Ordnance Survey, 1936).

Buckingham, R. J, "Problems Associated with

Water Ingress into Hard Rock Tunnels," (master's thesis, University of Hong Kong, 2003).

Bureau of Geology and Mineral Resources of Guangdong Province (BGMRGP), "Regional geology of Guangdong Province", *Geological Memoirs Series*, Vol. 1 (1988).

Busby, J. P. and Langford, R. L., "Interpretation of the regional gravity survey of Hong Kong", *Hong Kong Geologist*, Vol. 1 (1995): pp. 52-66.

Busby, J. P., Evans, R. B., Lam, M. S., Ridley Thomas, W. N. and Langford, R. L., "The gravity base station network and regional gravity survey of Hong Kong", *Geological Society of Hong Kong Newsletter*, Vol. 10 (1992): pp. 2-5.

Campbell, S. D. G. and Sewell, R. J. "A proposed revision of the volcanic stratigraphy and related plutonic classification of Hong Kong", *Hong Kong Geologist*, Vol. 4 (1998): pp. 1-11.

Campbell, S. D. G. and Sewell, R. J., "Structural control and tectonic setting of Mesozoic volcanism in Hong Kong", *Journal of the Geological Society*, Vol. 154, no. 6 (1997): pp. 1039-1052.

Campbell, S. D. G., Sewell, R. J., Davis, D. W. and So, A. C. T., "New U-Pb Age and Geochemical Constraints on the Stratigraphy and Distribution of the Lantau Volcanic Group, Hong Kong", *Journal of Asian Earth Sciences*, Vol. 31, no. 2 (2007), pp. 139-152.

Chan, J. K., "Pan evaporation in Hong Kong," *Weather*, Vol. 62 no. 6 (2007): pp. 147-153.

Chan, L. S., Wang, C. Y. and Wu, X. Y. "Paleomagnetic Results from Some Permian-Triassic Rocks from Southwestern China," *Geophysical Research Letters*, Vol. 11, no. 11 (1984): pp. 1157-1160.

Chan, L. S. and Ng, S. L. et al., "Magnetic properties and heavy metal concentrations of contaminated seabed sediments of Penny's Bay, Hong Kong," *Marine Pollution Bulletin*, Vol. 42 (2001): pp. 569-583.

Chan, L. S., Yang, T., Liu, Q. and Zeng, Q. "Relationship Between Magnetic Properties and Heavy Metals of Urban Soils with Different Soil Types and Environmental Settings: Implications for Magnetic Mapping," *Environmental Earth Sciences*, Vol. 66, no. 2 (2012): pp. 409-420.

Chan, L. S., Yeung, C. H., Yim, W. W. S. and Or, O. L., "Correlation Between Magnetic Susceptibility and Distribution of Heavy Metals in Contaminated Sea-Floor Sediments of Hong Kong Harbour," *Environmental Geology (Berlin)*, Vol. 36, no. 1-2 (1998): pp. 77-86.

Chan, L. S. and Zhao, A., "Frequency and time series analysis of recent earthquakes in the vicinity of Hong Kong," *Hong Kong Geologist*, Vol. 2 (1996): pp. 11-19.

Chan, L. S., "Paleomagnetism of late Mesozoic granitic intrusions in Hong Kong: implications for Upper Cretaceous reference pole of South China," *Journal of Geophysical Research*, Vol. 96, no. B1 (1991): pp. 327-335.

Chan, L. S., "Spatial bias in b-Value of the frequency-magnitude relation for the Hong Kong Region," *Journal of Asian Earth Sciences*, Vol. 20, no. 1 (2001): pp. 73-81.

Chau, Yik Kee, "The influence of the outflow of the Pearl River on the waters of the South China Sea: with special reference to the phosphate and nitrate content" (master's thesis, University of Hong Kong, 1961).

Chau, S., Cheuk, J. and Lo, J., "Innovative approach for landslide prevention—a tunnel and sub-vertical drain system," HKIE Geotechnical Division Annual Seminar, pp. 114-120.

Chau, Y. K. and Abesser, R., "A Preliminary Study of the Hydrology of Hong Kong Territorial Waters," *Hong Kong University Fisheries Journal*, No. 2 (1958).

Chen, H., He, X., Yang, H. and Zhang, J., "Fault-plane determination of the 4 January 2020 off shore Pearl River Delta earthquake and its implication for seismic hazard assessment," *Seismological Research Letters*, Vol. 92, no. 3 (2021): pp. 1913-1925.

Chen, J., *Hong Kong on the record: 1950's-1980's: a collection of photographs* (Hong Kong: Joint Publishing (H. K.) Co., Ltd., 1999).

Cheng, S. K., "A study of the communicable disease policy of the Hong Kong government, 1945-1971" (master's thesis, University of Hong Kong, 2003).

Choy, C. W., Wu, M. C. and Lee, T. C., "Assessment of the Damages and Direct Economic Loss in Hong Kong Due to Super Typhoon Mangkhut in 2018," *Tropical Cyclone Research and Review*, Vol. 9, no. 4 (2020), pp. 193-205.

Darbyshire, D. P. F. and Sewell, R. J., "Nd and Sr Isotope Geochemistry of Plutonic Rocks from Hong Kong: Implications for Granite Petrogenesis, Regional Structure and Crustal Evolution," *Chemical Geology*, Vol. 143, no. 1 (1997): pp. 81-93.

Darbyshire, D. P. F., *The geochronology of Hong Kong* (Keyworth: NERC Isotope Geosciences Laboratory, 1990).

Darbyshire, D. P. F., *The geochronology of Hong Kong, Part II* (Keyworth: NERC Isotope Geosciences Laboratory Publication, 1993).

Davis, D. W., Sewell, R. J. and Campbell, S. D. G., "U-Pb dating of Mesozoic igneous rocks from Hong Kong," *Journal of the Geological Society*, Vol. 154, no. 6 (1997): pp. 1067-1076.

Davis, S. G. (eds), *Economic geology of Hong Kong* (Hong Kong: Hong Kong University Press, 1964).

Davis, S. G., *The geology of Hong Kong* (Hong Kong: Government Printer, 1952).

Decaudin, M., "Geological Discrimination: Granite and the Early British Colonisation of Hong Kong," *Journal of the Hong Kong Branch of the Royal Asiatic Society*, Vol. 59 (2019): pp. 76-107.

Ding, G. P., Jiao, J. J. and Zhang, D. X., "Modelling Study on the Impact of Deep Building Foundations on the Groundwater System," *Hydrological Process*, Vol. 22, no. 12 (2008): pp. 1857-1865.

Dudgen, David and Corlett, Richard, *Hills and Streams An Ecology of Hong Kong* (Hong Kong: Hong Kong University Press, 1994).

Electronic and Geophysical Services Ltd. (EGS), *Regional gravity survey of Hong Kong*, (Final Report Job Number HK50190) (Hong Kong: Electronic and Geophysical Services Ltd., 1991).

Fan, Y., Miguez-Macho, G., Jobbagy, E. G., Jackson, R. B. and Otero-Casal, C., "Hydrologic Regulation of Plant Rooting Depth," *Proceedings of the National Academy of Science*, Vol. 114, no. 40 (2017): pp. 10572-10577.

Fletcher, C. J. N., "The geology of Hong Kong", *Journal of the Geological Society*, Vol. 154, no. 6 (1997): pp. 999-1000.

Fletcher, C. J. N., Campbell, S. D. G., Busby, J. P., Carruthers, R. M. and Lai, K. W., "Regional Tectonic Setting of Hong Kong: Implications of New Gravity Models," *Journal of the Geological Society*, Vol. 154, no. 6 (1997): pp. 1021-1030.

Fletcher, C. J. N. and Chan, L. S., et al., "Basement heterogeneity in the Cathaysia crustal block, southeast China," *Geological Society London Special Publications*, Vol. 226 (2004): pp. 145-155.

Giles, J. and Marris, E., "Indonesian tsunami-monitoring system lacked basic equipment," *Nature (London)*, 2004.

Grabau, A. W., *Stratigraphy of China: Palaeozoic and older* (Peking: Geological Survey of China, 1922).

Heanley, C. M., "Notes on some fossiliferous rocks near Hong Kong," *Bulletin of the Geological Society of China*, Vol. 3 (1924): pp. 85-87.

Heim, A., "Fragmentary observations in the region of Hong Kong compared with Canton," *Annual Report of the Geological Survey, Kwangdung Kwangsi*, Vol. 2 (1929): pp. 1-32.

Ho K. K. S., Sun, H. W., Wong, A. C. W., Yam, C. F. and Lee, S. M., "Enhancing slope safety preparedness for extreme rainfall and potential climate change impacts in Hong Kong," in *Slope Safety Preparedness for Impact of Climate Change*, edited by K. K. S. Ho et al. (Taylor & Francis Group, CRC Press, 2016): pp. 105-146.

Hodgkiss, I. and Chan, B., "Studies on four streams entering Tolo Harbour, Hong Kong in relation to their impact on marine water quality," *Archiv fur Hydrobiologie*, Vol. 108 (1986): pp. 185-212.

Hsu, Y. J., Yu, S. B., Loveless, J. P., Bacolcol, T., Solidum, R., Luis, Jr. A., Pelicano, A. and Woessner, J., "Interseismic deformation and moment deficit along the Manila subduction zone and the Philippine Fault system," *Journal of Geophysical Research. Solid Earth*, Vol. 121, no. 10 (2016): pp. 7639-7665.

Jiao, J. J. and Post, V., *Coastal hydrogeology* (Cambridge: Cambridge University Press, 2019).

Jiao, J. J. and Tang, Z. H., "An analytical solution of groundwater response to tidal fluctuation in a leaky confined aquifer", *Water Resources Research*, Vol. 35 (1999): pp. 747-751.

Jiao, J. J., "A 5,600-year-old wooden well in Zhejiang Province, China," *Hydrogeology Journal*, Vol. 15, no. 5 (2007): pp. 1021-1029.

Jiao, J. J., "A water supply system in Kowloon Peninsula, Hong Kong in the 1890s," *Ground Water*, Vol. 61, no. 4 (2022): pp. 599-605.

Jiao, J. J., "Ceramic Models of Wells in the Han Dynasty (206 BC to AD 220), China," *Ground Water*, Vol. 46, no. 5 (2008): pp. 782-787.

Jiao, J. J., "Modification of regional groundwater regimes by land reclamation," *Hong Kong Geologist*, Vol. 6 (2000): pp. 29-36.

Jiao, J. J., Ding, G. P. and Leung, C. M., "Confined Groundwater Near the Rockhead in Igneous Rocks in the Mid-Levels Area, Hong Kong, China," *Engineering Geology*, Vol. 84, no. 3 (2006): pp. 207-219.

Jiao, J. J., Leung, C. M. and Ding, G., "Changes to the Groundwater System, from 1888 to present, in a Highly- Urbanized Coastal Area in Hong Kong, China," *Hydrogeology Journal*, Vol. 16, no. 8 (2008): pp. 1527-1539.

Jiao, J. J., Nandy, S. and Li, H. L., "Analytical Studies on the Impact of Land Reclamation on Ground Water Flow," *Ground Water*, Vol. 39, no. 6 (2001): pp. 912-920.

Jiao, J. J., Shi, L., Kuang, X. X., Lee, C. M., Yim, W. W. S. and Yang, S. Y., "Reconstructed Chloride Concentration Profiles Below the Seabed in Hong Kong (China) and Their Implications for Offshore Groundwater Resources," *Hydrogeology Journal*, Vol. 23, no. 2 (2015): pp. 277-286.

Jiao, J. J., Wang, X. S. and Nandy, S., "Confined Groundwater Zone and Slope Instability in Weathered Igneous Rocks in Hong Kong," *Engineering Geology*, Vol. 80, no. 1 (2005): pp. 71-92.

Jiao, J. J., Wang, X. S. and Nandy, S., "Preliminary Assessment of the Impacts of Deep Foundations and Land Reclamation on Groundwater Flow in a Coastal Area in Hong Kong, China," *Hydrogeology Journal*, Vol. 14, no. 1-2 (2006): pp. 100-114.

Jones, N. S., Fyfe, J. A., Sewell, R. J., Lai, K. W. and Lee, C. M., "Devonian Fluviodeltaic Sedimentation in Hong Kong," *Journal of Asian Earth Sciences*, Vol. 15, no. 6 (1997): pp. 533-545.

Jurkic, L. M., Cepanec, I., Pavelic, S. K. and Pavelic, K., "Biological and Therapeutic Effects of Ortho-Silicic Acid and Some Ortho-Silicic Acid-Releasing Compounds: New Perspectives for Therapy," *Nutrition & Metabolism*, Vol. 10, no. 1 (2013): pp. 1-12.

Keohan, Christopher, "Ground-based wind shear detection systems have become vital to safe operations," *ICAO Journal*, Vol. 62, no. 2 (2007).

Kong Y. C. and Lee, S. M., "Analysis of 20-Year Ozone Profiles over Hong Kong," conference paper, 29th Guangdong-Hong Kong-Macao

Seminar on Meteorological Science & Technology, Macao, 20-22 January 2015.

Kwong, Ivan H. Y., Wong, Frankie K. K., Fung, Tung, Liu, Eric K. Y., Lee, Roger H., and Ng, Terrence P. T., "A Multi-Stage Approach Combining Very High-Resolution Satellite Image, GIS Database and Post-Classification Modification Rules for Habitat Mapping in Hong Kong," *Remote sensing* (Basel, Switzerland), Vol. 14, no. 1 (2022): p. 67.

Lai, K. W. and Langford, R. L., "Spatial and temporal characteristics of major faults of Hong Kong," in *Seismicity in Eastern Asia. Geological Society of Hong Kong Bulletin*, edited by R. B. Owen, R. J. Neller and K. W. Lee, No. 5 (1996): pp. 72-84.

Lai, K. W., "Quaternary evolution of the on-shore superficial deposits of Hong Kong," Proceedings of the Fourth International Conference on the Evolution of the East Asian Environment, Hong Kong, 1997.

Lai, K. W., "Stratigraphy of the Ping Chau Formation, Hong Kong," *Geological Society of Hong Kong Newsletter*, Vol. 9 (1991): pp. 3-23.

Lam, C., "Central Plaza-78-storey intelligent building," *Hong Kong Engineer* (1991): pp. 12-15.

Lam, K. C., *The chemical quality and use of well water in the New Territories* (Hong Kong: Department of Geography, Chinese University of Hong Kong, 1983).

Lam, K. C., "Patterns and rates of slopewash on the badlands of Hong Kong," *Earth Surface Processes*, Vol. 2, no. 4 (1977): pp. 319-332.

Lam, K. C., "Upper Palaeozoic fossils of the Tolo Harbour Formation, Ma Sze Chau, Hong Kong," *Bulletin of the Hong Kong Geography Association*, Vol. 3 (1973): pp. 21-27.

Lau, A. Y. A., Switzer, A. D., Dominey-Howes, D., Aitchison, J. C., and Zong, Y., "Written Records of Historical Tsunamis in the Northeastern South China Sea—Challenges Associated with Developing a New Integrated Database," *Natural Hazards and Earth System Sciences*, Vol. 10, no. 9 (2010): pp. 1793-1806.

Lau, P. S., *Study of Acid Rain in Hong Kong. Final Report Submitted For The Provision Of Service To The Environmental Protection Department, HKSAR (Tender Ref AS 99-417)* (Hong Kong: Institute for Environment and Sustainable Development, Hong Kong University of Science and Technology, 2001).

Lee, C. M., "Lower Jurassic Fossil Assemblages at Sham Chung, N. T., Hong Kong," *Geological Society of Hong Kong Newsletter*, Vol. 2, no. 6 (1984): pp. 1-5.

Lee, C. M., Chen, J. H., Atherton, M. J. and He, G. X., "A report on the discovery of Lower Devonian fossils in Hong Kong," *Geological Society of Hong Kong Newsletter*, Vol. 8, Part I (1990): pp. 5-17.

Lee, C. M., Chen, J. H., Atherton, M. J., He, G. X., Wu, S. Q., Lai, K. W. and Nau, P. S., "Supplementary report on the discovery of Lower and Middle Devonian fossils in Hong Kong," *Geological Society of Hong Kong Newsletter*, Vol. 8, Part II (1990): pp. 16-24.

Lee, C. M., Jiao, J. J., Luo, X. and Moore, W. S., "Estimation of submarine groundwater discharge and associated nutrient fluxes in Tolo Harbour, Hong Kong," *The Science of the Total Environment*, Vol. 433 (2012), pp. 427-433.

Lee, J. S., *The Geology of China* (London: Thomas Murby, 1939).

Leung, C. M. and Jiao, J. J. "Temporal Variations of Physical and Hydrochemical Properties of Springs in the Mid-Levels area, Hong Kong: Results of a 1-Year Comprehensive Monitoring Programme." *Hydrological processes* 22, no. 8 (2008): pp. 1080-1092.

Leung, C. M. and Jiao, J. J., "Use of Strontium Isotopes to Identify Buried Water Main Leakage into Groundwater in a Highly Urbanized Coastal Area," *Environmental Science & Technology*, Vol. 40, no. 21 (2006): pp. 6575-6579.

Leung, C. M., Jiao, J. J., Malpas, J., Chan, W. T. and Wang, Y. X., "Factors Affecting the Groundwater Chemistry in a Highly Urbanized Coastal Area in Hong Kong: an Example from the Mid-Levels Area," *Environmental geology (Berlin)*, Vol. 48, no. 4-5: (2005), pp. 480-495.

Li, J., Zhang, Y., Dong, S. and Johnston, S. T., "Cretaceous tectonic evolution of South China: A preliminary synthesis," *Earth-Science Reviews*, Vol. 134 (2014): pp. 98-136.

Li, Y. X., Chan, L. S., Ali, J. and Lee, C. M., "New and Revised Set of Cretaceous Paleomagnetic Poles From Hong Kong: Implications For The Development of Southeast China," *Journal of Asian Earth Sciences*, Vol. 24, no. 4 (2005): pp. 481-493.

Luo, X. and Jiao, J. J., "Submarine Groundwater Discharge and Nutrient Loadings in Tolo Harbor, Hong Kong Using Multiple Geotracer-Based Models, and Their Implications of Red Tide Outbreaks," *Water Research (Oxford)*, Vol. 102 (2016): pp. 11-31.

Luo, X. and Jiao, J. J., "Unraveling Controlling Factors of Concentration Discharge Relationships in a Fractured Aquifer Dominant Spring-Shed: Evidence from Mean Transit Time and Radium Reactive Transport Model," *Journal of Hydrology (Amsterdam)*, Vol. 571 (2019): pp. 528-544.

Luo, X., "Groundwater Discharge Quantification in Marine, and Desert Environments Using Radium Quartet, Radon-222 and Stable Isotopes," (PhD thesis, University of Hong Kong, 2014).

Luo, X., Jiao, J. J., Moore, W. and Lee, C. M., "Submarine Groundwater Discharge Estimation in an Urbanized Embayment in Hong Kong via Short-Lived Radium Isotopes and Its Implication of Nutrient Loadings and Primary Production," *Marine Pollution Bulletin*, Vol. 82, no. 1-2 (2014): pp. 144-154.

Macedo, L., Castro, J. M., Chan, T. M. and Ho, G. W. M., "Steel Design-Design and Performance of Steel Buildings in Regions of Low to Moderate Seismicity," In Lam, N. T. K., Chan, T. K., *Design of Buildings and Structures in Low to Moderate Seismicity Regions,* 2018: pp. 83-98.

MacKeown, P. K., *Early China Coast Meteorology: The Role of Hong Kong* (Hong Kong: Hong Kong University Press, 2010).

Mak, S., Chan, L. S., Chandler A. M. and Koo, R. C. H., "Coda Q estimates in the Hong Kong Region," *Journal of Asia Earth Sciences*, Vol. 24, no. 1 (2004): pp. 127-136.

Marzadri, A., Dee, M. M., Tonina, D., Bellin, A. and Tank, J. L, "Role of Surface and Subsurface Processes in Scaling N_2O Emissions Along Riverine Networks," *Proceedings of the National Academy of Sciences*, Vol. 114, no. 17 (2017): pp. 4330-4335.

McFeat-Smith, Ian, "Geology of Hong Kong," *Bulletin of the Association of Engineering Geologists*, Vol. 26 (1989): pp. 23-107.

Melgar, D., and Ruiz-Angulo, A., "Long-Lived Tsunami Edge Waves and Shelf Resonance from the M8.2 Tehuantepec Earthquake," *Geophysical Research Letters*, Vol. 45, no. 22 (2018): pp. 12,414-12,421.

Mok, H. Y., Lui, W. H., Lau, D. S. and Woo, W. C., "Reconstruction of the Track and a Simulation of the Storm Surge Associated with the Calamitous Typhoon Affecting the Pearl River Estuary in September 1874," *Climate of the past*, Vol. 16, no. 1 (2020): pp. 51-64.

Mok, H. Y., Shun, C. M., Davis, S., Lui, W. H., Lau, D. S., Cheung, K. C., Kong, K. Y. and Chan, S. T. "A historical re-analysis of the calamitous midget typhoon passing through Hong Kong on 18 September 1906 and its storm surge impact to Hong Kong," *Tropical Cyclone Research and Review*, Vol. 11, no. 3 (2022): pp. 174-218.

Morgan, R. P. C., *Soil erosion and conservation* (New York: John Wiley & Sons, 2009).

Morton, B., Morton, J., *The Sea Shore Ecology of Hong Kong* (Hong Kong: Hong Kong

University Press, 1983).

Nanto, D., Cooper, W., Donnelly, M. and Johnson, R., "Japan's 2011 earthquake and tsunami: Economic effects and implications for the United States," *Current politics and economics of Northern and Western Asia*, Vol. 20, no. 4 (2011): pp. 623-649.

Nau, P. S., "Geology of the Ma Shi Chau Island, New Territories, Hong Kong," *Annals of the Geographical, Geological and Archaeological Society*, Vol. 9 (1981): pp. 17-27.

Ng, S. H., Lee, C. M., Lai, K. W., Ho, K. H. and Liu, C. T., "Discovery of Early to Middle Devonian Jurassic fossil plants at Tai O, Hong Kong," in "Palaeontology and stratigraphy of Hong Kong", *Science Press*, edited by C. M. Lee, K. W. Chan and K. H. Hopp (1997) pp. 163-174 [in Chinese].

Ng, S. L., Chan, L. S., Lam, K. C. and Chan, W. K. "Heavy metal contents and magnetic properties of playground dust in Hong Kong," *Environmental Monitoring and Assessment*, Vol. 89, no. 3 (2003): pp. 221-232.

Owen, Bernie and Raynor, Shaw, *Hong Kong Landscapes: Shaping the Barren Rock*, (Hong Kong: Hong Kong University Press, 2007).

Owen, R. B., Neller, R. J., Shaw, R. and Cheung, P. C. T., "Sedimentology, Geochemistry and Micropalaeontology of Borehole A5/2, West Lamma Channel," *Hong Kong Geologist*, Vol. 1 (1995): pp. 13-25.

Owen, R. B., Neller, R. J., Shaw, R. and Cheung, P. C. T., "Late Quaternary environmental changes in Hong Kong," *Palaeogeography, Palaeoclimatology, Palaeoecology*, Vol. 138, no. 1 (1998): pp. 151-173.

Pappin, J. W., Koo, R. C. H., Free, M. W. and Tsang, H. H., "Seismic Hazard of Hong Kong," *Electronic Journal of Structural Engineering*, Vol. Special Issue (01), (2008): pp. 42-56.

Peng, C. J., *Hong Kong minerals* (Hong Kong: Government Printer, 1978).

Peterson, B. J. et al., "Control of Nitrogen Export from Watersheds by Headwater Streams," *Science (American Association for the Advancement of Science)*, Vol. 292, no. 5514 (2001): pp. 86-90.

Pun, W. K. and Ambraseys, N. N., "Earthquake Data Review and Seismic Hazard Analysis for the Hong Kong Region," *Earthquake Engineering and Structural Dynamics*, Vol. 21 (1992): pp. 433-443.

Qiu, Q., Li, L., Hsu, Y. J., Wang, Y., Chan, C. H. and Switzer, A. D., "Revised earthquake sources along Manila trench for tsunami hazard assessment in the South China Sea," *Natural Hazards and Earth System Sciences*, Vol. 19, no. 7 (2019): pp. 1565-1583.

Ren, Y., Wen, R., Zhang, P., Yang, Z., Pan, R. and Li, X., "Implications of local sources to probabilistic tsunami hazard analysis in South Chinese coastal area," *Journal of Earthquake and Tsunami*, Vol. 11, no. 1 (2017): 1740001.

Roberts, K. J. and Strange, P. J. "The geology and exploitation of the Needle Hill wolframite deposit," *Geological Society of Hong Kong Newsletter*, Vol. 9 (1991): pp. 29-40.

Ruxton, B. P. and Berry, L., "The weathering of granite and associated erosional features in Hong Kong," *Bulletin of the Geological Society of America*, Vol. 68 (1957): pp. 1263-1292.

Ruxton, B. P., "Notes on the occurrence of high grade beryl ore in Hong Kong," *Colonial Geology and Mineral Resources*, Vol. 6 (1956): pp. 416-428.

Ruxton, B. P., "The geology and ore minerals of the Sha Lo Wan area, Lan Tau Island, Hongkong," *Far Eastern Economic Review*, Vol. 25 (1958): pp. 389-394.

Ruxton, B. P., "The geology of Hong Kong," *Quarterly Journal of the Geological Society of London*, Vol. 115 (1960): pp. 233-260.

Satake K. and Shimazaki K., "Free oscillation of the Japan Sea excited by earthquakes— I. Observation and wave-theoretical approach," *Geophysical Journal*, Vol. 93, no. 3 (1998): pp. 451-456.

Sewell, R. J. and Campbell, S. D. G., "Geochemistry of coeval Mesozoic plutonic and volcanic suites in Hong Kong," *Journal of the Geological Society*, Vol. 154, no. 6 (1997): pp. 1053-1066.

Sewell, R. J., Campbell, S. D. G. and Davis, D. W., "Three new U-Pb ages from igneous rocks in the NE New Territories of Hong Kong and their structural significance," *Hong Kong Geologist*, Vol. 4 (1998): pp. 31-36.

Sewell, R. J., Carter, A. and Rittner, M., "Middle Jurassic collision of an exotic microntinental fragment: Implications for magmatism across the Southeast China continental margin," *Gondwana Research*, Vol. 38 (2016): pp. 304-312.

Sewell, R. J., Chan, L. S., Fletcher, C. J. N., Brewer, T. S. and Zhu, J. C., "Isotope zonation in basement crustal blocks of southeastern China: Evidence for multiple terrane amalgamation," *Episodes*, Vol. 23, no. 4 (2000): pp. 257-261.

Sewell, R. J., Darbyshire, D. P. F., Langford, R. L. and Strange, P. J., "Geochemistry and Rb-Sr geochronology of Mesozoic granites from Hong Kong," *Transactions of the Royal Society of Edinburgh (Earth Sciences)*, Vol. 83, no. 1-2 (1992): pp. 269-280.

Sewell, R. J., Darbyshire, D. P. F., Langford, R. L. and Strange, P. J., "Geochemistry and geochronology of Hong Kong granitoids", in *The Second Hutton Symposium on the Origin of Granites and Related Rocks: proceedings of a symposium held at the Australian Academy of Science, Canberra, 23-28 September 1991*, edited by P. E. Brown and B. W. Chappell (Canberra: Bureau of Mineral Resources, Geology and Geophysics Record, 1991).

Sewell, R. J., Davis, D. W. and Campbell, S. D. G., "High precision U-Pb zircon ages for Mesozoic igneous rocks from Hong Kong," *Journal of Asian Earth Sciences*, Vol. 43, no. 1 (2012): pp. 164-175.

Shakoor, Abdul and Cato, Kerry, *Advances in Engineering Geology: Education, Soil and Rock Properties, Modeling*, in *IAEG/AEG Annual Meeting*, proceedings, San Francisco, California, 2018 Vol. 6 (Cham: Springer International Publishing AG, 2018).

Shakoor, Abdul and Cato, Kerry, "The Search for New Aggregate Sources in Hong Kong," in *IAEG/AEG Annual Meeting*, proceedings, San Francisco, California, 2018, Vol. 3 (Cham: Springer International Publishing AG, 2018): pp. 73-78.

Shaw, R., "Preliminary interpretations of the Quaternary stratigraphy of the eastern part of the Pearl River estuary," in *Marine geology of Hong Kong and the Pearl River mouth*, proceedings of the Seminar held in Hong Kong, September 1985, edited by P. G. D. Whiteside and R. S. Arthurton (Hong Kong: Geological Society of Hong Kong, 1985): pp. 61-67.

Shaw, R., Zhou, K., Gervais, E. and Allen, L. O., "Results of a palaeontological investigation of the Chek Lap Kok borehole (B13/13A), North Lantau," *Geological Society of Hong Kong Newsletter*, Vol. 4, No. 2 (1986): pp. 1-12.

Sheng, C., Jiao, J. J., Liu, Y. and Luo, X., "Impact of major nearshore land reclamation project on offshore groundwater system," *Engineering Geology*, Vol. 303 (2022), 106672.

Shun, C. M., "Ongoing research in Hong Kong has led to improved wind shear and turbulence alerts," *International Civil Aviation Organization (ICAO) Journal*, Vol. 58, no. 2 (2003).

Shun, C. M. and Chan, P. W., "Applications of an Infrared Doppler Lidar in Detection of Wind Shear," *Journal of Atmospheric and Oceanic Technology*, Vol. 25, issue 5 (2007): pp. 637-655.

Strange, P. J., "The classification of granitic rocks in Hong Kong and their sequence of emplacement in Sha Tin, Kowloon, and Hong Kong Island," *Geological Society of Hong Kong Newsletter*, Vol. 8, no. 1 (1990):

pp. 18-27.

Tam, C. M., Leung, Y. K., Pun, W. K., Fletcher, C. J. N. and Wilde, P. W, "The new Hong Kong digital seismic monitoring network," *Hong Kong Geologist*, Vol. 3 (1997): pp. 1-6.

Tang, D. L. K., Wilson, C. J. N., Sewell, R. J., Seward, D., Chan, L. S., Ireland, T. R. and Wooden, J. L., "Tracking the evolution of Late Mesozoic arc-related magmatic systems in Hong Kong using in-situ U-Pb dating and trace element analyses in zircon," *The American Mineralogist*, Vol. 102, no. 11 (2017): pp. 2190-2219.

Toy, T. J., Foster, G. R. and Renard, K. G., *Soil erosion: processes, prediction, measurement, and control* (New York: John Wiley & Sons, 2002).

Tsang, H. H. and Lam, N. T. K., "Recommended Earthquake Loading Model for Performance-Based Design of Building Structures in Hong Kong," In Lam, N. T. K. and Chan, T. K., *Design of Buildings and Structures in Low to Moderate Seismicity Regions,* (2018): pp. 141-155.

United Kingdom Atomic Energy Authority, *Radioactive Fallout in Air and Rain: Results to the End of 1975* (1976).

Waltham, T., *Foundations of engineering geology* (London: Blackie Academic & Professional, 1994).

Wang, F. L. and Jiao, J. J., "Preliminary numerical study on groundwater system at the Hong Kong International Airport," 4th International Symposium on Environmental Hydraulics and 14th Congress of Asia and Pacific Division, International Association of Hydraulic Engineering and Research, 2004, December 2004, Hong Kong.

Wang, K., Bilek, S., "Invited review paper: fault creep caused by subduction of rough seafloor relief," *Tectonophysics,* Vol. 610 (2014): pp. 11-24.

Wang, P. and Yim, W. W. S., "Preliminary investigation in the occurrence of marine microfossils in an offshore drillhole from Lei Yue Mun Bay," *Geological Society of Hong Kong Newsletter*, Vol. 3, no. 1 (1985): pp. 1-5.

Wang, S. et al., "Water source signatures in the spatial and seasonal isotope variation of Chinese tap waters," *Water resources research*, Vol. 54, no. 11 (2018): pp. 9131-9143.

Watts, J. C. D., "Further observations on the hydrology of the Hong Kong territorial waters," *Hong Kong Fisheries Bulletin*, No. 3 (1973): pp. 9-35.

Whiteside, P. G. D. and Arthurton, R. S, *Marine geology of Hong Kong and the Pearl River mouth* (Hong Kong: Geological Society of Hong Kong, 1985).

Williams & Marshall Strategy, "Hong Kong: Bottled Water Market and the Impact of COVID-19 on It in the Medium Term," *MarketResearch*, 2022.

Williams, M. Y., "The stratigraphy and palaeontology of Hong Kong and the New Territories," *Transactions of the Royal Society of Canada*, Vol. 37 (1943): pp. 93-117.

Williams, M. Y., Brock, R. W., Schofield, S. J. and Phemister, T. C., "The physiography and igneous geology of Hong Kong and the New Territories," *Transactions of the Royal Society of Canada*, Vol. 39 (1945): pp. 91-119.

Williamson, Gordon R., "Hydrography and weather of the Hong Kong fishing grounds," *Hong Kong Fisheries Bulletin*, No. 1 (1970).

Wong M. C., Mok, H. Y. and Lee, T. C., "Observed Changes in Extreme Weather Indices in Hong Kong," *International Journal of Climatology*, Vol. 31 (2011): pp. 2300-2311.

Wong, C., Lee, C. M. and Lai, K. W., "The Devonian plants of Shuen Wan (Plover Cove) Reservoir and Ma On Shan, Hong Kong," in *Palaeontology and stratigraphy of Hong Kong*, edited by C. M. Lee, K. W. Chan and K. H. Ho (Beijing: Science Press, 1998) [in Chinese].

Wong, K. M. and Ho, S., "Dolomitic limestone in Tolo Harbour," *Geological Society of Hong Kong Newsletter*, Vol. 4 (1986): pp. 20-23.

Wong, W. L., "A study of radon-level in the Tai Po to Butterfly Valley Tunnel" (master's thesis, University of Hong Kong, 2002).

Xia, S. et al., "Three-dimensional tomographic model of the crust beneath the Hong Kong region," *Geology*, Vol. 40, no. 1 (2012): pp. 59-62.

Yang, J. and Huang, X., "The 30 m Annual Land Cover Dataset and Its Dynamics in China from 1990 to 2019," *Earth System Science Data*, Vol. 13, no. 8 (2021): pp. 3907-3925.

Yim, W. S., Nau, P. S. and Rosen, B. R., "Permian corals in the Tolo Harbour Formation, Ma Shi Chau, Hong Kong," *Journal of Palaeontology*, Vol. 55 (1981): pp. 1298-1300.

Yim, W. W. S. and Yu, K. F., "Evidence for multiple Quaternary marine transgressions in a borehole from the west Lamma Channel, Hong Kong," in *Evolving landscapes and evolving biotas of East Asia since the mid-Tertiary*, edited by N.G. Jablonski (Hong Kong: Centre of Asian Studies, University of Hong Kong, 1993), Occasional Papers and Monographs, No. 107, pp. 34-58.

Yim, W. W. S., "Submerged coasts," in *Encyclopedia of coastal science*, edited by M. L. Schwartz (Springer Science & Business Media, 2006).

Yu, H., Liu, Y., Yang, H. and Ning, J., "Modeling earthquake sequences along the Manila subduction zone: Effects of three dimensional fault geometry," *Tectonophysics*, Vol. 733 (2018): pp. 73-84.

Yuen, D. K. M., "Characteristics and petrography of the Carboniferous Yuen Long marble," in *Karst Geology in Hong Kong, Geological Society of Hong Kong Bulletin*, edited by R. L. Langford, A. Hansen and R. Shaw, No. 4 (1990): pp. 73-87.

Yuen, D. K. M., "Discovery of an ammonite of probable Jurassic age near Yuen Long," *Geological Society of Hong Kong Newsletter*, Vol. 7 (1989), pp. 49-51.

網上資料庫

香港生物多樣性資訊系統網站。

香港特別行政區香港非物質文化遺產資料庫。

JC-WISE 香港河流資料庫。

網站及多媒體資料

大嶼山保育基金網站

中國地震動參數區劃圖網站

中華人民共和國自然資源部網站

香港大學許士芬地質博物館網站

香港太空館網站

香港地質公園網站

香港自然蹤跡網站

香港特別行政區政府一站通網站

香港特別行政區政府土木工程拓展署網站

香港特別行政區政府天文台網站

香港特別行政區政府地政總署網站

香港特別行政區政府地理資訊地圖網頁

香港特別行政區政府海事處網站

香港特別行政區政府規劃署網站

香港特別行政區政府渠務署網站

香港特別行政區政府發展局網站

香港特別行政區政府漁農自然護理署網站

香港特別行政區政府環境保護署網站

香港聯合國教科文組織世界地質公園網站

團結香港基金網站

衞奕信勳爵文物信託網站

環境及自然保育基金網站

聯合國網站

International Tsunami Information Center Website

Sea Level Station Monitoring Facility Website

World Meteorological Organization Website

鳴謝

中央人民政府駐香港特別行政區聯絡辦公室
香港特別行政區政府

三聯書店（香港）有限公司　　　　　　上海市氣象局宣傳科普與教育中心
上海皇家亞洲文會中國支會圖書館　　　中國科學院古脊椎動物與古人類研究所
中國科學院南京地質古生物研究所　　　中國氣象局
天主教香港教區　　　　　　　　　　　日本防衛省防衛研究所
日本氣象廳　　　　　　　　　　　　　世界氣象組織
古物古蹟辦事處　　　　　　　　　　　阿拉斯加州帕爾默市的美國國家海洋及
　　　　　　　　　　　　　　　　　　　大氣管理局的國家海嘯預警中心
南華早報出版有限公司　　　　　　　　政府檔案處歷史檔案館
科學出版社　　　　　　　　　　　　　美國國家海洋及大氣管理局的太平洋海
　　　　　　　　　　　　　　　　　　　洋環境實驗室
英國氣象局　　　　　　　　　　　　　英國國家檔案館
香港大公文匯傳媒集團　　　　　　　　香港大學社會科學學院「賽馬會惜水·
　　　　　　　　　　　　　　　　　　　識河計劃」
香港大學許士芬地質博物館　　　　　　香港天文台
香港太空館　　　　　　　　　　　　　香港旅遊發展局
香港消防處　　　　　　　　　　　　　香港特別行政區政府土木工程拓展署
香港特別行政區政府土木工程拓展署轄　香港特別行政區政府地政總署
　　下土力工程處
香港特別行政區政府地政總署測繪處　　香港特別行政區政府規劃署
香港特別行政區政府渠務署　　　　　　香港特別行政區政府發展局
香港特別行政區政府漁農自然護理署　　香港特別行政區政府環境保護署
國際民航組織　　　　　　　　　　　　雅邦規劃設計有限公司
嗇色園主辦可觀自然教育中心暨天文館　Google 地球
National Library of Australia　　　　Orwell Astronomical Society (Ipswich)
Royal Geographical Society (with IBG)

任正全　　曲　哲　　岑智明　　李琳琳　　冼偉洪　　林健枝
張悅熒　　梁　鋒　　許大偉　　陳龍生　　焦赳赳　　黃浩喬
鄧麗君　　鄭楚明　　蕭險峰　　龍德駿　　羅新　　　譚佩玉
蘇流泰　　Andrew Malone　　　Andy Lau
Family of Mr. G. S. P. Heywood　　　Family of Mr. Leonard Starbuck
John Peacock　　　Wanson Choi

（按筆畫序排列）

香港地方志中心

由全國政協副主席董建華先生牽頭創建的團結香港基金於 2019 年 8 月成立「香港地方志中心」。中心匯集眾多社會賢達和專家學者，承擔編纂首部《香港志》的歷史使命。《香港志》承傳中華民族逾二千年編修地方志的優良傳統，秉持以史為據，述而不論的原則，全面、系統、客觀地記錄香港社會變遷，梳理歷史脈絡，達至「存史、資政、育人」的功能，為香港和國家留存一份珍貴的文化資產。

《香港志》共分十個部類，包括：總述、大事記、自然、經濟、文化、社會、政治、人物、地名及附錄；另設三卷專題志；總共 65 卷，53 冊，全套志書約 2400 萬字，是香港歷來最浩瀚的文史工程。

香港地方志中心網頁

博采眾議　力臻完善

國有史，地有志。香港地方志中心承傳中華民族編修地方志的優良傳統，肩負編纂首部《香港志》的歷史使命。《香港志》記述內容廣泛，力爭全面、準確、系統，中心設立勘誤機制及網上問卷，邀請各界建言指正、反饋意見，以匯聚集體智慧，力臻至善。

立即提交意見